MATLAB® & Simulink® 开发实例系列丛书

MATLAB 语音信号分析与合成

(第 2 版)

宋知用　编著

配套资料(源程序+数据)

北京航空航天大学出版社

内 容 简 介

语音信号处理是数字信号处理的一个重要分支。本书含有许多数字信号处理的方法和 MATLAB 函数。全书共 10 章。第 1～4 章介绍语音信号处理的一些基本分析方法和手段，以及相应的 MATLAB 函数；第 5～9 章介绍语音信号预处理和特征的提取，包括消除趋势项和基本的减噪方法，以及端点检测、基音的提取和共振峰的提取，并利用语音信号处理的基本方法，给出了多种提取方法和相应的 MATLAB 程序；第 10 章结合各种参数的检测介绍了语音信号的合成、语音信号的变速和变调处理，还介绍了时域基音同步叠加（TD－PSOLA）的语音合成，并给出了相应的 MATLAB 程序。附录 A 中给出了调试复杂程序的方法和思路。

本书可作为从事语音信号处理的本科高年级学生、研究生或科研工程技术人员的辅助读物，也可作为从事信号处理研究与应用的科研工程技术人员的参考用书。

图书在版编目(CIP)数据

MATLAB 语音信号分析与合成 / 宋知用编著. --2 版. -- 北京 ：北京航空航天大学出版社，2017.10

ISBN 978－7－5124－2575－0

Ⅰ. ①M… Ⅱ. ①宋… Ⅲ. ①Matlab 软件－应用－语声信号处理 Ⅳ. ①TN912.3

中国版本图书馆 CIP 数据核字(2017)第 256066 号

MATLAB 语音信号分析与合成(第 2 版)

宋知用 编著

责任编辑 陈守平

*

北京航空航天大学出版社出版发行

北京市海淀区学院路 37 号(邮编 100191) http://www.buaapress.com.cn

发行部电话：(010)82317024 传真：(010)82328026

读者信箱：goodtextbook@126.com 邮购电话：(010)82316936

北京九州迅驰传媒文化有限公司印装 各地书店经销

*

开本：787×1092 1/16 印张：25 字数：656 千字

2018 年 1 月第 2 版 2024 年 1 月第 5 次印刷 印数：5 501～6 000 册

ISBN 978－7－5124－2575－0 定价：58.00 元

他、论坛和书*

（代序）

我希望将来退休的时候：每天早上去公园里走走，吃个惬意的早餐，回来的路上顺便去菜市场买菜；回到家里是上午9点左右，然后打开电脑，开始在MATLAB中文论坛里解答学生、研究人员提出的信号处理相关的问题；下午一杯茶，读一些书，调试一些MATLAB程序；晚上的时候，写写书稿，把自己的毕生所学传递给他人。

——这正是宋知用老师现在的生活。

很多读者可能不知道宋知用老师是谁。宋老师从20世纪70年代开始(我们大多数还没有出生！)就在中科院从事信号处理的相关研究工作。后来一直在工业界从事信号、语音方面的研究，可以说在中国，没有人再比宋老师和他的同事们更早从事信号处理(尤其是数字信号处理)方面的工作了。宋老师退休以后，常年“潜伏”在MATLAB中文论坛，为数以千计的学生、研究人员在信号处理方面排忧解难。“潜伏”总是有“危险”的，论坛里的两项数据把宋老师“出卖”了：**在线时间+回帖数**。到我写这个序言为止，宋老师在线1万多小时，回帖数是1679(当您拿到这本书的时候，相信回帖数已经发生了很大的变化)。请注意：**宋老师的1679个回帖全部都是解答问题贴**！你不信？到MATLAB中文论坛搜索一下宋老师的回帖吧：http://www.ilovematlab.cn/home.php?mod=space&uid=13862&do=thread&view=me&type=reply&from=space

我不能代表MATLAB中文论坛的70万会员，但是我能代表我自己和MATLAB中文论坛，对宋老师说：您辛苦了，您是我们的楷模！

得知宋老师的《MATLAB在语音信号分析和合成中的应用》一书即将出版，非常高兴。一位在一线工作近40年的工程师、一位在论坛里解答问题超过1 600个的热心人、一位在线时间超过10 000小时的会员写的书，我们有什么理由不去喝彩和期待？当我接到要为这本书写几句话这个光荣任务的时候，我对自己说，我必须亲自见到宋老师、必须跟他当面请教以后，我这个晚辈才有资格来写。终于在2013年8月13号，在北航出版社陈守平编辑的安排下，我有幸和宋老师在北京航空航天大学“雕刻时光”咖啡馆里促膝长谈。我们讨论了当今工业界研究方向、学生的教育、信号处理在各行各业的应用等，期间无时无刻不为宋老师的博学和对信号处理的高度驾驭能力所折服。

对于正在从事信号处理，尤其是语音方面研究的学生和学者，你们是幸运的。因为《MATLAB在语音信号分析和合成中的应用》是一本饱含了宋老师30多年工作经验的书，书

---

* 本序言为本书上一版时的序言，由MATLAB中文论坛的创始人math写于2013年8月。截至本书出版，宋老师在论坛的回帖已增至4500左右，最佳答案1000多个。序言中提到的《MATLAB在语音信号分析和合成中的应用》一书是本书上一版的书名。——编辑注

中的每个案例都有详细的解释说明，因为这么多年“驰骋”论坛已经让宋老师深知学生的需求；同时也因为你们有像宋老师这样负责任的作者，一年四季，风雨无阻在论坛里兢兢业业解答大家的提问。

不管什么样的语言在数据面前都是苍白的。我在这里传授给大家一个判断是否值得拥有一本书的小技巧：如果该书作者在**1 600 多个回帖里**，没有一个灌水帖、没有一项是敷衍的回答，就像宋老师这样，我想大声对你说：你就从了吧！

我(左)和宋知用老师在北航出版社门口合影(**2013.08.13**)

张延亮(博士，教授)

2013 年 8 月

(论坛用户名：math，MATLAB 中文论坛(www.iLoveMATLAB.cn)独立创始人)

第 2 版前言

本书第 1 版于 2013 年出版，出版后在广大网友和读者的帮助下我发现第 1 版书中有少量的编写和印刷错误，此次全部予以修正。在此要对所有帮助过我的网友和读者表示感谢！

对张延亮先生（MATLAB 中文论坛的独立创始人，在论坛的 ID 为 math）表示感谢，他在百忙之中为我的书写了序，介绍了本书。也对北航出版社的陈守平编辑表示感谢，多年来一直得到她的帮助和支持。对我家人的长期支持也深表感谢！

同时，我也通过 MATLAB 中文论坛发现过去的 3 年期间好多读者都没有认真阅读本书第 1 版的前言，没有按照要求在 MATLAB 中对本书提供的函数设置好必要的路径，使得经常发生一些低级的错误，例如找不到某些函数，等。在此再次特别强调，**要通过 set path 设置子目录的路径：**

(1) 运行本书程序，请设置 basic_tbx 子目录；

(2) 因为本书中引用的大部分语音信号都在 speech_signal 子目录中，所以请设置 speech_signal 子目录；

(3) 要进行 EMD 处理，请设置 EMD 子目录；

(4) 要运行主体-延伸基音检测，请设置 Pitch_ztlib 子目录；

(5) 要进行时域基音同步叠加语音合成（PSOLA），请设置 Psola_lib 子目录。

上述子目录都在随书赠送的配套资料之中。

宋知用

2017.3

配套资料（源程序+数据）

本书所有配套资料均可通过 QQ 浏览器扫描二维码免费下载。读者也可以通过以下网址下载全部资料：http://www.buaapress.com.cn/upload/download/20171013mlyyxh.ZIP 或者 https://pan.baidu.com/s/1o78SNJs。若有与配套资料下载或本书相关的其他问题，请咨询北京航空航天大学出版社理工图书分社，电话（010）82317036，邮箱：goodtextbook@126.com。

前　言

我与计算机打交道已有40多年。在20世纪70年代初开始接触计算机，最早使用的是晶体管的108乙机，用5孔电报纸带上机，用机器语言编程，调试一个小程序可能需要数周甚至数月。随着技术的发展，我曾使用过Nova1200、z80、Intel8086 / 80286 / 80386等，而编程使用的计算机语言也从汇编到BASIC、FORTRAN等。数字信号处理最基础的是快速傅里叶变换和数字滤波器，但在不同的机种用不同的编程语言都需要编制相应的基础性处理程序，这些都极其耗费时间和精力。

21世纪初我偶然接触到MATLAB语言，立刻被它的功能所吸引。MATLAB除了编程简单外，还有强大的工具箱(全世界的精英都为工具箱做贡献)。一些基础性的处理程序都已包含在工具箱中，不需要用户去从事这方面的开发工作，这样节省了大量的重复性的工作。对于用户来说，只须考虑怎样利用工具箱来实现自己的想法和算法。MATLAB的程序大部分不需要编译、链接等一套烦琐的过程，输入程序后就能运行。MATLAB是一种方便、实用、高效的计算机语言。

互联网的发展形成了很多以MATLAB为基础的科技讨论社区。在这些论坛社区里集中了来自社会各界和高校各学科各专业的MATLAB使用者、爱好者。我从2002年开始在国内一些成立较早的论坛社区如研学论坛和振动论坛等的信号处理版块中参与各类问题的解答。MATLAB中文论坛成立后，同样在信号处理版块经常与各种程度的MATLAB使用者打交道，解答使用者通常会遇到的一些问题。我发现在对语音信号进行处理的过程中，有好多用户对于怎么把MATLAB应用于语音处理不甚熟悉，这些因素促使我萌生了编写本书的想法。

运用MATLAB处理语音信号至少需要掌握三方面的知识：语音信号处理的基础理论、数字信号处理的基础理论和MATLAB的编程技术。本书的目的是帮助本科高年级学生和硕士研究生尽快掌握怎么把MATALB应用于语音信号的分析和合成中去，因此书中介绍了语音信号处理的基础知识，介绍了语音分析和合成的基本方法，以及相应的MATLAB函数和程序，读者以这些方法、函数和程序为基础，进一步去解决自己的问题，可少走一些弯路。书中介绍的各种方法都还有继续改善和拓展的空间，使它们更加完善，取得更好的效果。本书也适合于从事数字信号处理的广大高校师生和科研工作人员作为参考用书。但阅读本书的读者应掌握数字信号处理的基本知识，以及MATLAB编程的基本技能。

本书介绍语音信号分析和合成处理的基础、原理、方法和应用。全书共10章，具体内容如下：

第1章介绍语音信号处理的基础知识，如发音器官与听觉器官、语音信号的数学模型和语音信号感知特性等。

第2章和第3章介绍语音信号特征分析的基本处理技术，包括时域分析、频域分析、同态分析、DCT和MFCC分析、小波和小波包变换的分析以及EMD分析等方法。

第4章介绍线性预测分析方法。介绍了线性预测的模型、方程的建立、线性预测的自相关和自协方差解、线性预测的格型法解、由线性预测导出的其他参数和线谱对分析法等。

第5章介绍了带噪语音信号及预处理。介绍了信噪比的概念和带噪语音信号的产生，以及最小二乘法消除趋势项和数字滤波等。

第 6 章介绍语音端点的检测方法。首先从能量和过零率导出通用的双门限单参数和双参数的端点检测,接着介绍相关法、方差法、谱距离法、谱熵法、能零比和能熵比法、小波变换和 EMD 分解法等的端点检测,最后给出在低信噪比下端点检测的方法。

第 7 章介绍语音信号的减噪。介绍了利用自适应滤波器减噪、基本谱减法和改进谱减法的减噪,以及维纳滤波减噪等方法。

第 8 章介绍语音信号的基音检测技术。首先介绍了在基音检测中的端点检测和预滤波,接着分别介绍了倒谱法、自相关法、平均幅度差函数法和线性预测等方法的基音检测。这些方法中虽在基音检测后都进行了平滑处理,但在基音周期中都会有野点发生。这里提出了主体-延伸的基音检测方法,并详细说明了该方法的原理和处理步骤,改善了基音检测的结果。本章的最后介绍了带噪语音的基音检测技术。

第 9 章介绍语音的共振峰检测。首先介绍了在共振峰检测中的预加重和端点检测,接着介绍了倒谱法和线性预测法的共振峰检测,并在线性预测的基础上进一步介绍了简单 LPC 和改进的 LPC 对连续语音的共振峰检测。本章最后介绍了 HHT 法的共振峰检测。

第 10 章介绍语音信号的合成算法。首先介绍了数据接叠的三种方法,在此基础上介绍了频谱参数的语音合成、线性预测系数和预测误差的语音合成、线性预测系数和基音参数的语音合成、基音和共振峰的语音合成。通过合成技术又介绍了语音信号的变速和变调算法,最后介绍了波形拼接合成技术以及时域基音同步叠加(TD-PSOLA)的合成方法。

在附录 A 中以主体-延伸基音检测法为例,说明了程序的调试和修改方法,以帮助读者调试和修改程序使之成为适合自己的应用函数和程序。

本书中除第 1 章外的各章均附有函数和程序。书中经常会调用的一些函数(自编函数或取自其他应用工具箱中的函数),已集中在 basic_tbx 工具箱中,在运行本书的程序前请把该工具箱设置(用 set path 设置)在工作路径下。当要运行 EMD 处理时,要把 emd 工具箱设置在工作路径下;当要运行主体-延伸基音检测时,要把 Pitch_ztlib 工具箱设置在工作路径下;当要进行时域基音同步叠加语音合成时,要把 psola_lib 工具箱设置在工作路径下;当要应用本书提供的语音数据时,最好把 speech_signal 设置在工作路径下。本书的所有函数和程序都在 MATLAB R2009a 版本下调试通过。

本书的读者-作者在线交流平台为 http://www.ilovematlab.cn/forum-173-1.html。本书作者将通过该平台与广大读者交流,解决大家在阅读本书过程中遇到的问题,分享彼此的学习经验,从而达到共同进步的目的。

在编写本书的过程中,作者得到了 MATLAB 中文论坛创始人张延亮(math)博士的指导和帮助,也得到了北京航空航天大学出版社陈守平编辑的支持与鼓励,中国语音学会会长、中国社会科学院人类学与民族学研究所鲍怀翘教授对本书的编写提出了不少宝贵意见,在此向他们表示衷心的感谢。

由于编写时间仓促,加之作者学识所限,书中如有错误和疏漏之处,恳请广大读者和各位专家批评指正。

宋知用

2017.6

目　　录

第 1 章
语音的产生和感知

语音是人类所发出的声音，然而这是一种特殊的声音，是由人类讲话时发出的。语音由一连串的音所组成，各个音的排列由一些规则控制。对这些规则及其含义的研究属于语言学范畴，对语音中音的分类和研究称为语音学。

语音中最小的基本单位是音素。各种不相同的音是由不同的发音方法和发音部位所产生的。由音素构成音节，又由音节构成不同的词或单词。音素是人类能区别一个单词和另一个单词声音的基础。音素分为元音和辅音两类。

汉语不同于大部分西方语音，有其特殊性。汉语里也有元音和辅音之分。其中，不同的元音是由口腔不同的形状造成的；而不同的辅音是由发音部位和发音方法不同造成的。但是，汉语语音分析中总是把一个汉语音节分为声母和韵母两部分：声母是指一个汉语音节开头的辅音，它们比较简单，只是一个音素；而韵母则比较复杂，它们是汉字音节除了开头的声母以外的部分。汉语中有 21 个声母和 39 个韵母。

汉语的特点是：汉语的自然单位为音节，每一个字都是单音节字，即汉语的一个音节就是汉语一个字的音，这里所指的“字”是一个独立发音的单位；再由音节字构成词（主要是两音节字构成的词），而每一个音节字又都是由声母和韵母拼音而成；最后再由词构成句子。

汉语语音的另一个重要特点是其具有声调（即音调在发一个音节中的变化），这样使用汉语较其他语音更为经济。声调是一种音节在念法上的高低升降的变化。汉语有四种声调，即阴平（ˉ）、阳平（ˊ）、上声（ˇ）、去声（ˋ），括号内表示的是该声调的符号。由于有声调之分，所以参与拼音的韵母又有若干种（包括轻声在内至多有 5 种）声调。

本章对语言学和语音学都不作论述，而主要从声学角度介绍语音的产生过程、语音的声学模型和语音的感知（听觉系统）。

1.1 发声器官

人类的语音是由人体发音器官在大脑控制下作生理运动产生的。人体发音器官由三部分组成：肺和气管、喉、声道。

肺的主要生理功能是使血液和空气之间进行气体交换，即将空气中的氧气吸入血液，而将血液中的二氧化碳气体排出到空气中。这就是人体的呼吸功能。肺还有另一个重要功能，即将压缩空气供给发音器官。人在正常呼吸的情况下，不说话时，呼吸通常是规则的、平稳的、节律性的；而在说话时，为了保持语音有一定程度的连续性，呼吸就不得不有短暂的停顿，其特点是吸气短、呼气长，且呼吸受到句子结构的控制，并没有一个固定的规则。空气由肺部经气管进入喉部，又经过声带进入声道，最后由嘴辐射出声波，这才形成了语音。可见，肺是产生语音的能源所在。

气管连接着肺和喉，是肺与声道联系的通道。

喉是一个由软骨和肌肉组成的复杂系统，其中包含着重要的发音器官——声带。声带受喉部软骨和肌肉的控制。声带绷在喉头的前后壁上,前端由甲状软骨支撑,后端由杓状软骨支撑。杓状软骨与环状软骨的上部相连接。这些软骨由附在环状软骨上的一组肌肉所控制,可以移动声带的末端使之开启或闭合。当声带末端分离开启时,这就是正常呼吸的状态。两片声带之间的空间叫做声门。当声带末端闭合在一起时,肺道便被封闭起来构成了一个密闭的小室。声带具有生物学和声学两种功能。它的生物学功能是封闭气管以保护肺道(例如在吞咽食物时防止食物进入肺道),或在胸腔和腹腔建立一定气压(例如为了帮助排泄和分娩)。声带的声学功能是为产生语音提供主要的激励源。讲话时声带先合拢,后因受声门下气流的冲击而开启;但由于声带韧性又迅速地闭合,随后又开启与闭合,这样不断重复。不断地开启与闭合的结果,使声门向上送出一连串喷流而形成一系列脉冲。声带每开启和闭合一次的时间就是声带振动的周期,也就是音调周期或基音周期;它的倒数称为基音频率,简称为基音。基音决定了声音频率的高低,频率高则音调高,频率低则音调低。基音的范围为60～500 Hz,它随发音人的性别、年龄而定。老年男性偏低,小孩和青年女性偏高。

声道是指声门至嘴唇的所有发音器官,其剖面图如图1-1-1所示。声道包括咽喉、口腔和鼻腔。口腔包括上下唇、上下齿、上下齿龈、上下腭、舌和小舌等部分。上腭又分为硬腭和软腭两部分;舌又分为舌尖、舌前、舌中和舌后四部分。鼻腔在口腔上面,靠软腭和小舌(在软腭后端)将其与口腔隔开。当小舌下垂时,鼻腔和口腔便耦合起来;当小舌上抬时,口腔与鼻腔是不相通的。口腔和鼻腔都是发音时的共鸣器。口腔中各器官能够协同动作,使气流通过时形成各种不同情况的阻碍并产生震颤,从而发出一些不同的音来。声道可以被看成一根从声门一直延伸到嘴唇的具有非均匀截面的声管,其截面积主要取决于唇、舌、腭和小舌的形状和位置,最小截面积可以为零(对应于完全闭合的部位),最大截面积可以达到20 cm^2。在产生语音的过程中,声道的非均匀截面又是随着时间不断地变化的。成年男性的声道的平均长度约为17 cm。当小舌下垂使鼻腔和口腔耦合时,将产生出鼻音。

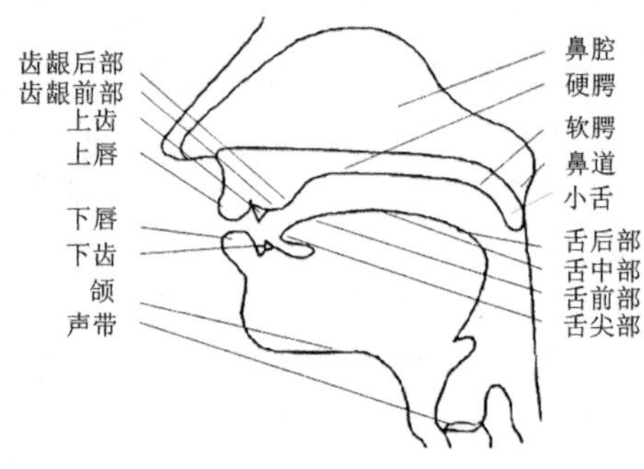

图1-1-1　声道剖面图

1.2　语音信号的数字模型[1,2]

表示采样语音信号的离散模型是特别重要的。为了定量描述语音处理所涉及的某些因素,虽然已经假定了许多不同的模型,但是可以肯定,目前还没有找到一种可以详细描述人类语音中已观察到的全部特征的模型(由于它的复杂性,也许不可能找到一个理想的模型)。建立模型的目的是要寻求一种可以表达一定物理状态下的数学关系,而且要使这种关系不仅具有最大的精确度,还要最简单。

模型既是线性的又是时不变的,才是最理想的。但是语音信号是一连串的时变过程,根据语音的产生机理,不能精确地满足这两种性质。此外,声门和声道相互耦合,形成了语音信号的非线性的特性。然而,在做出一些合理的假设、在较短的时间间隔内表示语音信号时,可以采用线性时不变模型。下面给出经典的语音信号数字模型,这里,语音信号被看成是线性时不变系统(声道)在随机噪声或准周期脉冲序列激励下输出。

长期研究证实，发不同性质的音时，激励的情况是不同的。大致分为两大类：发浊音时，气流通过绷紧的声带，冲激声带产生振动，使声门处形成准周期性的脉冲串，并用它去激励声道；发清音时，声带松弛而不振动，气流通过声门直接进入声道。

产生语音信号的示意图如图 1-2-1 所示。

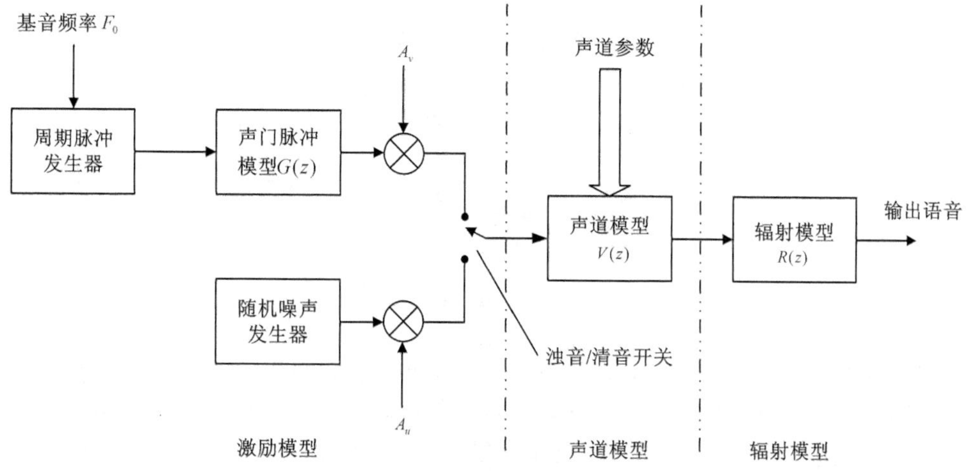

图 1-2-1　语音信号产生的时域模型

下面详细讨论语音信号数字模型的各部分。

1.2.1　激励模型

发浊音时，由于声带不断开启和关闭，将产生间歇的脉冲波。根据测量结果，这个脉冲波类似于斜三角形的脉冲，如图 1-2-2(a)所示。因此，此时的激励信号是一个以基音周期为周期的斜三角脉冲串。单个斜三角波形的数学表达式为

$$g(n)=\begin{cases}\dfrac{1}{2}[1-\cos(\pi n/N_1)] & 0\leqslant n\leqslant N_1\\ \cos[\pi(n-N_1)/2N_2] & N_1\leqslant n\leqslant N_1+N_2\\ 0 & \text{其他}\end{cases}\tag{1-2-1}$$

式中，N_1 为斜三角波上升部分的时间；N_2 为三角波下降部分的时间。单个斜三角波形的频谱 $G(e^{j\omega})$ 如图 1-2-2(b)所示。由图可见，它是一个低通滤波器，通常更希望将其表示为 Z 变换的全极点模型的形式

$$G(z)=\frac{1}{(1-e^{-CT}z^{-1})^2}\tag{1-2-2}$$

式中，C 是一个常数。

显然，式(1-2-2)表明斜三角波可描述为一个二极点的模型。

因此，斜三角波脉冲串可被看作加权的单位脉冲串激励上述单个斜三角波模型的结果。而该单位脉冲串及幅值因子可表示成下面的 Z 变换形式

$$E(z)=\frac{A_v}{1-z^{-1}}\tag{1-2-3}$$

所以整个激励模型可表示为

$$U(z)=G(z)E(z)=\frac{A_v}{1-z^{-1}}\cdot\frac{1}{(1-e^{-CT}z^{-1})^2}\tag{1-2-4}$$

另一种是发清音的情况。这时声道被阻碍形成湍流,所以可模拟成随机白噪声。实际上,可使用均值为0、方差为1,并在时间或在幅度上为均匀分布的序列。

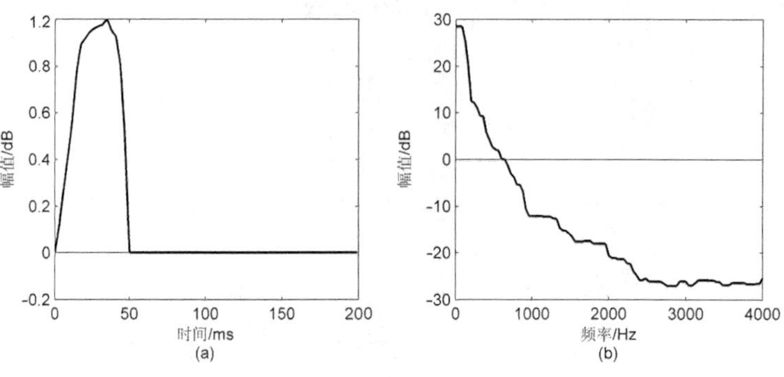

图1-2-2 单个斜三角波及其频谱

应该指出,这样简单地把激励分为浊音和清音两种情况是不严谨的。对于某些音,即使是把两种激励简单地叠加起来也是不合适的。但是,若将这两种激励源经过适当的网络后,是可以得到良好的激励信号的。为了更好地模拟激励信号,有人提出在一个音调周期时间内用多个(如三个)斜三角波脉冲的方法。此外,还有用多脉冲序列和随机噪声序列的自适应激励的方法等。

1.2.2 声道模型

关于声道部分的数学模型,目前有两种观点:一种是将声道视为由多个不同截面积的管子串联而成的系统,由此推导出"声管模型";另一种是将声道视为一个谐振腔,由此推导出"共振峰模型"。下面分别介绍。

1. 声管模型

最简单的声道模型是将其视为由多个不同截面积的管子串联而成的系统,这就是声管模型。在语音信号的某一段短时间内,声道可以表示为形状稳定的管道,如图1-2-3所示。

在声管模型中,每个管子可被看作一个四端网络,这个网络具有反射系数。这时,声道可由一组截面积或一组反射系数来表示。

通常用A表示声管的截面积。由于语音的短时平稳性,可假设在短时间内,各段管子的截面积A是常数。设第m段和第$m+1$段声管的截面积分别为A_m和A_{m+1},设$k_m=(A_{m+1}-A_m)/(A_{m+1}+A_m)$,称为面积相差比,其取值范围为$-1<k_m<1$。

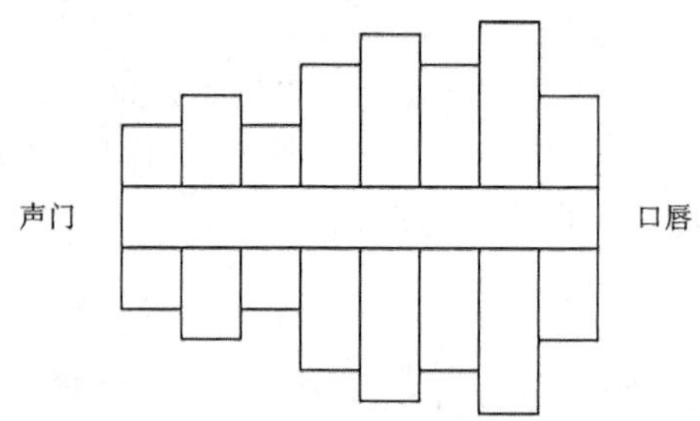

图1-2-3 声道的声管模型剖面图

2. 共振峰模型

另一种声道模型是将声道视为一个谐振腔,共振峰就是这个腔体的谐振频率。由于人耳听觉的纤毛细胞就是按频率感受而排列的,所以这种共振峰的声道模型方法是非常有效的。实践表明,用前三个共振峰来代表一个元音就足够了;对于较复杂的辅音或鼻音,大概要用到五个以上的共振峰才行。

基于共振峰理论，可以建立以下三种实用的模型。

(1) 级联型

认为声道是由一组串联的二阶谐振器构成的。根据共振峰理论，整个声道具有多个谐振频率和多个反谐振频率，所以它可被模拟为一个零极点的数学模型；但对于一般元音，可以用全极点模型。其传递函数为

$$V(z)=\frac{G}{1-\sum_{k=1}^{N}a_k z^{-k}} \tag{1-2-5}$$

式中，N 是极点个数；G 是幅值因子；a_k 是常系数。

此时，可将式(1-2-5)分解为多个二阶极点的网络的串联，则得

$$V(z)=\prod_{k=1}^{M}\frac{1-2e^{-B_k\pi T}\cos(2\pi F_k T)+e^{-2B_k\pi T}}{1-2e^{-B_k\pi T}\cos(2\pi F_k T)z^{-1}+e^{-2B_k\pi T}z^{-2}}=\prod_{k=1}^{M}\frac{a_k}{1-b_k z^{-1}-c_k z^{-2}} \tag{1-2-6}$$

式中

$$\left.\begin{aligned}c_k&=-\exp(-2B_k\pi T)\\ b_k&=2\exp(-B_k\pi T)\cos(2\pi F_k T)\\ a_k&=1-b_k-c_k,\ a_1a_2\cdots a_M=G\end{aligned}\right\} \tag{1-2-7}$$

式中，M 为小于 $(N+1)/2$ 的整数。

若 z_k 是第 k 个极点，则有 $z_k=\exp(-B_k\pi T)\exp(-j2\pi F_k T)$，其中 T 为采样周期。

取式(1-2-6)中的某一级，设为

$$V_k(z)=\frac{a_k}{1-b_k z^{-1}-c_k z^{-2}} \tag{1-2-8}$$

则系统运算示意原理图和幅频特性如图 1-2-4 所示。此时，整个声道可模拟成图 1-2-5 的形式，图中 G 是幅值因子。

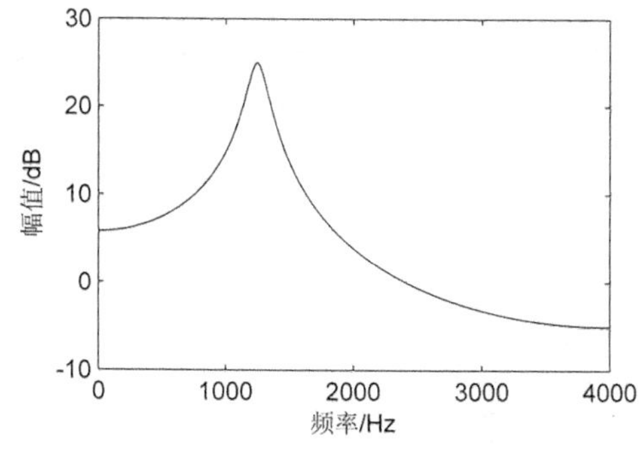

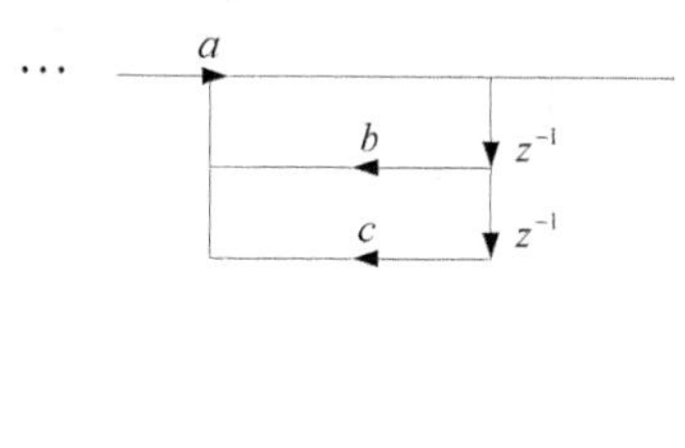

图 1-2-4　二阶谐振器

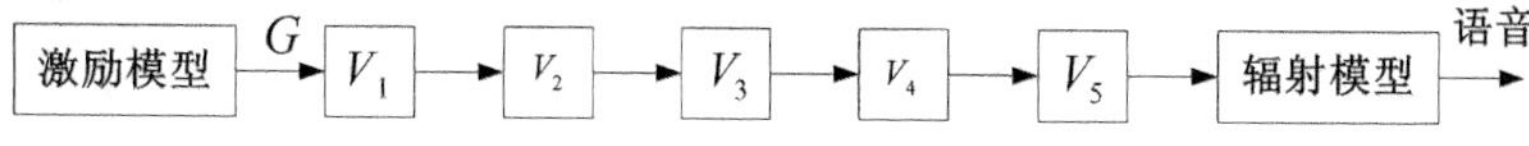

图 1-2-5　级联型共振峰模型

若您对此书内容有任何疑问，可以凭在线交流卡登录MATLAB中文论坛与作者交流。

(2) 并联型

对于非一般的元音和大部分辅音,必须采用零极点模型,此时其传递函数为

$$V(z)=\frac{\sum_{k=1}^{R} b_k z^{-k}}{1-\sum_{k=1}^{N} a_k z^{-k}} \tag{1-2-9}$$

通常,设 $N>R$,且设分子与分母无公因子及分母无重根,则式(1-2-9)可分解为部分分式之和:

$$V(z)=\sum_{k=1}^{M} \frac{A_k}{1-B_k z^{-1}-C_k z^{-2}} \tag{1-2-10}$$

这就是并联型的共振峰模型,如图1-2-6所示($M=5$)。

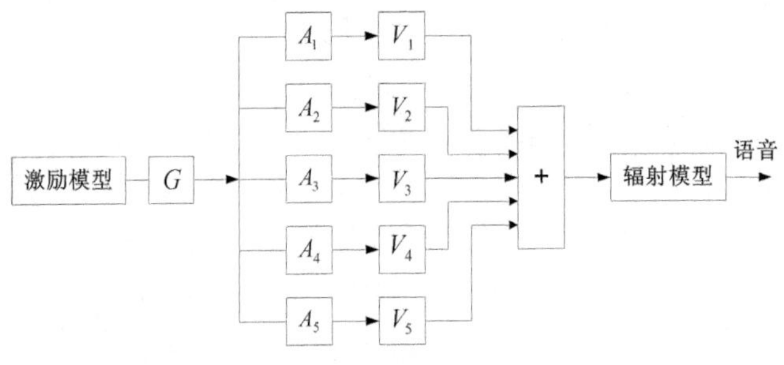

图1-2-6 并联型的共振峰模型

(3) 混合型

在级联型和并联型两种模型中,级联型比较简单,可用于描述一般的元音。其级联的级数取决于声道的长度。当声道长度为17cm左右时,取3~5级即可。当鼻化元音或鼻腔参与共振,以及发阻塞音成摩擦音等时,用级联型描述就不合适了。此时,腔体具有反谐振持性,必须考虑加入零点,使之成为极零点模型,为此可采用并联型结构。它比级联型复杂些,每个谐振器的幅度都要独立控制。

将级联型和并联型结合起来的混合型也许是比较完备的一种共振峰模型,如图1-2-7所示。该模型能够根据不同性质的语音进行切换。图1-2-7中的并联部分,第1~5共振峰的幅度都可以独立地进行控制和调节,用来模拟辅音频谱特性中的能量集中区。此外,并联部

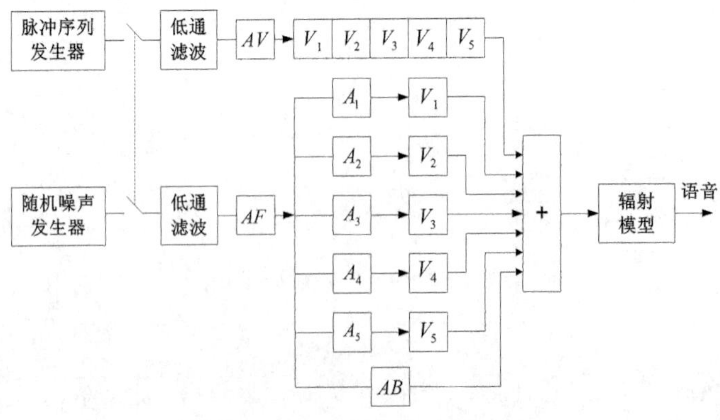

图1-2-7 混合型共振峰模型

若您对此书内容有任何疑问,可以凭在线交流卡登录MATLAB中文论坛与作者交流。

分还有一条直通路径，其幅度控制因子为 AB，这是专为一些频谱特性比较平坦的音素（如[f]、[p]、[b]等）而考虑的。

1.2.3 辐射模型

声道的终端为口和唇。从声道输出的是速度波，而语音信号是声压波，二者之比的倒数称为辐射阻抗 Z_L。它表征口和唇的辐射效应，也包括圆形头部的绕射效应等。

研究表明，口唇端辐射在高频端较为显著，在低频端时影响较小，所以辐射模型 $R(z)$ 应是一阶类高通滤波器的形式。口唇的辐射效应可表示为

$$R(z)=R_0(1-z^{-1}) \tag{1-2-11}$$

它是一阶后向差分。

在语音信号模型中，如果不考虑冲激脉冲串模型 $E(z)$，则斜三角波模型是二阶低通，而辐射模型是一阶高通，所以实际信号分析中常采用"预加重技术"，即在对信号取样之后，插入一个一阶的高通滤波器，这样只剩下声道部分，便于对声道参数进行分析。在语音处理完成后再进行"去加重"处理，就可恢复原来的语音。

由上所述，完整的话音信号数字模型可用激励模型、声道模型和辐射模型三个子模型的串联来表示。该模型的 Z 变换函数为

$$X(z)=U(z)V(z)R(z) \tag{1-2-12}$$

式中，$U(z)$ 是激励信号（声门脉冲），即斜三角波的形式；$V(z)$ 是声道传递函数，既可以用声管模型，也可以用共振峰模型来描述。在共振峰模型中，又可采用级联型、并联型或混合型等几种形式。

另外，语音信号产生模型可以用图 1-2-1 表示。发不同性质的音时，激励的情况是不同的。利用浊音和清音激励发生器在二者之间切换，可以模拟激励形式的改变。

应该指出，式(1-2-12)所示模型的内部结构并不和语音产生的物理过程相一致，但这种模型和真实模型在输出处是等效的。另外，这种模型是"短时"的模型，因为一些语音信号的变化是缓慢的，例如元音在 10～20 ms 内其参数可假定不变。这里，声道传递函数 $V(z)$ 是一个参数随时间缓慢变化的模型。另外，这一模型认为语音是声门激励线性系统——声道所产生的。实际上，声带与声道互相作用的非线性特性还有待研究。同时，正如 1.2.1 小节中所指出的，模型中用浊音和清音这种简单的划分方法是有缺陷的，对于某些音是不适用的，例如浊音当中的摩擦音。这种音要有发浊音和发清音的两种激励，而且二者不是简单的叠加关系。

1.3 语音的感知[2,3]

1.3.1 人耳的构造

人耳由外耳、中耳和内耳构成。外耳包括耳廓、耳道和鼓膜。中耳是鼓膜后面的一个小小的骨腔，里面有锤骨、砧骨和镫骨三块小骨，由它们共同作用使内耳与鼓膜建立机械链。内耳深埋在头骨中，由半规管、前庭窗和耳蜗三部分组成。声波引起外耳腔空气振动，由鼓膜经三块小骨传到内耳的前庭窗。由于鼓膜的面积比前庭窗大 25 倍左右，因此传到内耳的振动强度可放大 25 倍。耳蜗是一条盘起来的像蜗牛形状的管子，里面充满淋巴液。耳蜗中间和外面包着前庭膜和基底膜。基底膜上附有数以万计的纤毛细胞，纤毛细胞把接收到的机械振动转换

为神经冲动,由听神经传到大脑。基底膜具有与频谱分析器相似的作用。图1-3-1所示为人的听觉系统。

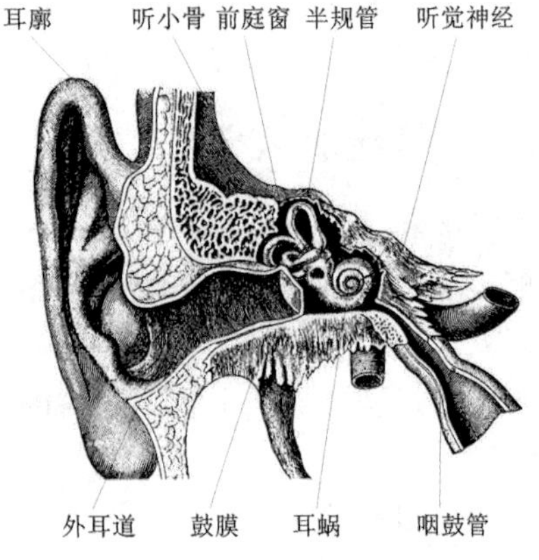

图1-3-1 人的听觉系统

1.3.2 听觉感受性

人耳对声强的感受有很大的动态范围,其范围为10^{-16}~10^{2} W/cm²,人耳能感受的频率范围为20~20 000 Hz。人耳对于频率的分辨能力也是非均匀的,在100~500 Hz范围中,可分辨的两个纯音的频率之差为$\Delta f \approx 1.8$ Hz,而在500~15 000 Hz范围中,相对频率分辨率几乎恒定,即$\Delta f/f \approx 3.5\%$,因此,20~20 000 Hz的频率范围总共约有620个频率间隔。当然,人耳对于频率的分辨能力是受声强的影响的,对于过强或者太弱的声音的频率分辨力都会降低。

人耳对时间的分辨可以短至2 ms,这是用两个紧连着的高低不同的音进行测听,看能否说出是两个音而测得的结果。

人类听觉器官对声波的音高、音强、声波的动态频谱具有分析感知能力。音色、音高、响度和时长是人类能够感受到的语音的四大要素。人们对这种感受特性已经有了比较深入的认识,提出了各种各样的听觉模型,并已应用于语音识别与语音编码中。但是,对于大脑是如何存储语音信息的,如何估算语音的相似度,如何利用区别特征进行模式分类,如何识别语音、理解语意等问题,目前的认识还比较肤浅。因此,目前的语音识别系统仍然无法与人类听觉系统相比。

1.3.3 掩蔽效应

掩蔽效应是使一个声音A能被感知的阈值因另一个声音B的出现而提高的现象,这时B称为掩蔽声(Masker),A称为被掩蔽声。被掩蔽声刚能听到时的掩蔽声的强度称为掩蔽阈限。研究掩蔽效应,有助于对音色、响度和音高的理解和估计。在语音增强和语音编码中,利用掩蔽效应改善输出语音质量已经取得了很大的效益。掩蔽现象有同时性掩蔽和非同时性掩蔽(或短时掩蔽)。非同时性掩蔽在研究音联现象时很重要。

1. 纯音对纯音的掩蔽

听觉掩蔽效应是指在一个强信号附近,弱信号将变得不可闻,被掩蔽掉了。例如,工厂机器噪声会掩蔽人的谈话声音。此时,被掩蔽掉的不可闻信号的最大声压级称为掩蔽门限或掩蔽阈值(Masking Threshold),在这个掩蔽阈值以下的声音将被掩蔽掉。图1-3-2给出了一个具体的纯音对纯音的掩蔽曲线。图中最底端的曲线表示最安静可听阈曲线,即在安静环境下,人耳对各种频率声音可以听到的最低声压级(纵坐标是声压级L_p,通常以dB单位)。可见,人耳对低频率和高频率都是不敏感的,而在1 kHz附近最敏感。该曲线表示由于1 kHz频率的掩蔽声存在,使得听阈曲线发生了变化。本来可以听到的三个被掩蔽声,变得听不到了,即由于掩蔽声的存在,在其附近产生了掩蔽效应,低于掩蔽曲线的声音即使声压级高于安静可听阈也将变得听不见了。

同时掩蔽是指在一个强信号频率附近同时出现一个弱信号时,强信号会提高弱信号的听

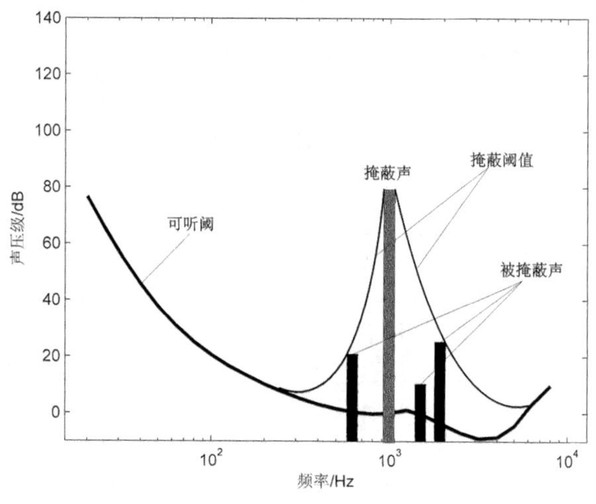

图 1-3-2　一个 1 kHz 掩蔽声的掩蔽曲线

阈。例如,同时出现的 A 声和 B 声,若 A 声原来的阈值为 50 dB,由于另一个频率不同的 B 声的存在,使 A 声的阈值提高到 68 dB,将 B 声称为掩蔽声,A 声称为被掩蔽声,68 dB−50 dB=18 dB 为掩蔽量。

掩蔽作用说明:当只有 A 声时,必须把声压级在 50 dB 以上的声音信号传送出去,50 dB 以下的声音是听不到的。但当同时出现了 B 声时,由于 B 声的掩蔽作用,使 A 声中的声压级在 68 dB 以下部分已听不到了,可以不予传送或处理,而只传送或处理 68 dB 以上的部分即可。一般来说,对于同时掩蔽,掩蔽声愈强,掩蔽作用愈大;掩蔽声与被掩蔽声的频率靠得愈近,掩蔽效果愈明显。两者频率相同时掩蔽效果最大。

当 A 声和 B 声不同时出现时,也存在掩蔽作用,称为短时掩蔽。短时掩蔽又分为后向掩蔽和前向掩蔽。掩蔽声 B 即使消失后,其掩蔽作用仍将持续一段时间,为 0.5～2 s。这是由于人耳的存储效应所致,这种效应称为后向效应。若被掩蔽声 A 出现后,相隔 0.05～0.2 s 之内出现了掩蔽声 B,它也会对 A 起掩蔽作用。这是由于 A 声尚未被人所反应接受而强大的 B 声已来临所造成的,这种掩蔽称为前向掩蔽。

2. 噪声对纯音的掩蔽

(1) 临界带宽概念

用一个中心频率为 f,带宽为 Δf 的白噪声来掩蔽一个频率为 f 的纯音,先将这个白噪声的强度调节到使被掩蔽纯音恰好听不见为止,然后将 Δf 由大到小逐渐减小,而保持单位频率的噪声强度(噪声谱密度)不变,起初这个纯音一直是听不见的,但当 Δf 小到某个临界值时,这个纯音就突然可以听见了。如果再进一步减小 Δf,被掩蔽音会越来越清晰。这里刚刚开始能听到被掩蔽声时的 Δf 宽的频带,称做频率 f 处的临界带。当掩蔽噪声的带宽窄于临界带的带宽时,能掩蔽住纯音 f 的强度是随噪声带宽的增加而增加的,但当掩蔽噪声的带宽达到临界带后,继续增加噪声带宽就不再引起掩蔽量提高了。临界带宽是随其中心频率而变的,被掩蔽纯音的频率(即临界带的中心频率)越高,临界带宽也越宽。不过,二者的变化关系不是一种线性关系。

(2) 频率群的概念

掩蔽效应具有临界带的现象可以从听觉生理上找到依据。人耳基底膜具有与频谱分析器相似的作用。在20～22 050 Hz范围内的频率可分成25个频率群,见表1-3-1。频率群的划分相应于基底膜划分成许多很小的部分,每一部分对应一个频率群,掩蔽效应就在这些部分内发生。对应于同一基底膜部分的那些频率的声音,在大脑中似乎是叠加在一起进行评价的,如果它们同时发声,可以互相掩蔽。因此,频率群与临界带之间存在密切的联系。

表1-3-1 频率群表

频率群(Bark)序号	中心频率 f_0/Hz	临界带宽 Δf/Hz	下限频率 f_l/Hz	上限频率 f_h/Hz
1	50	80	20	100
2	150	100	100	200
3	250	100	200	300
4	350	100	300	400
5	450	110	400	510
6	570	120	510	630
7	700	140	630	770
8	840	150	770	920
9	1 000	160	920	1 080
10	1 170	190	1 080	1 270
11	1 370	210	1 270	1 480
12	1 600	240	1 480	1 720
13	1 850	280	1 720	2 000
14	2 150	320	2 000	2 320
15	2 500	380	2 320	2 700
16	2 900	450	2 700	3 150
17	3 400	550	3 150	3 700
18	4 000	700	3 700	4 400
19	4 800	900	4 400	5 300
20	5 800	1 100	5 300	6 400
21	7 000	1 300	6 400	7 700
22	8 500	1 800	7 700	9 500
23	10 500	2 500	9 500	12 000
24	13 500	3 500	12 000	15 500
25	18 775	6 550	15 500	22 050

该频率群在第6章中被设计成对应的Bark滤波器,每个滤波器的中心频率、带宽、下限频率和上限频率就是表1-3-1中的各项参数。

1.3.4 响 度

响度是一种主观心理量,是人类主观感觉到的声音强弱程度。一般来说,声音频率一定时,声强越强,响度也就越大。但是,响度与频率有关,相同的声强,频率不同时,响度也可能不同。图1-3-3就是通过实验测得的等响度曲线(Equal-Loudness contours)。响度也可以像声强那样用相对值表示,这就是响度级 L_N,响度级的单位名称为方,符号为phon。根据国际协议规定,0 dB声级的1 000 Hz纯音的响度级定义为0 phon,n dB声级的1 000 Hz纯音的响度级就是 n phon,其他频率声音的声级与响度级的对应关系,要从等响度曲线才能查出。

图 1－3－3 中最下面那条等响度曲线是可听阈曲线，最上面是痛觉阈曲线。从图可以看出，人耳对于3 000～4 000 Hz 的声音音强的感觉是最灵敏的。

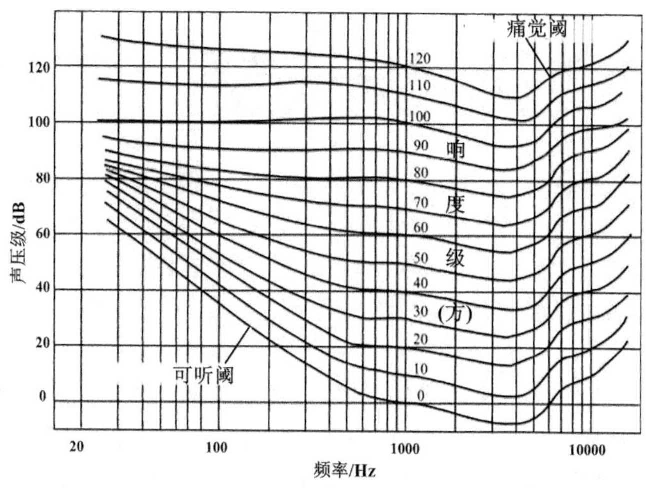

图 1－3－3　等响度曲线与声强级的关系

1.3.5　音　高

音高也是一种主观心理量，是人类听觉系统对于声音频率高低的感觉。音高的单位是美尔(Mel)。响度级为 40 phon、频率为 1 000 Hz 的声音的音高定义为 1 000 Mel，那么 16 000 Hz 的声音的音高为 3 400 Mel。图 1－3－4 所示就是主观音高与实际频率的关系曲线，它与 Koening 频率刻度的趋势是很接近的。

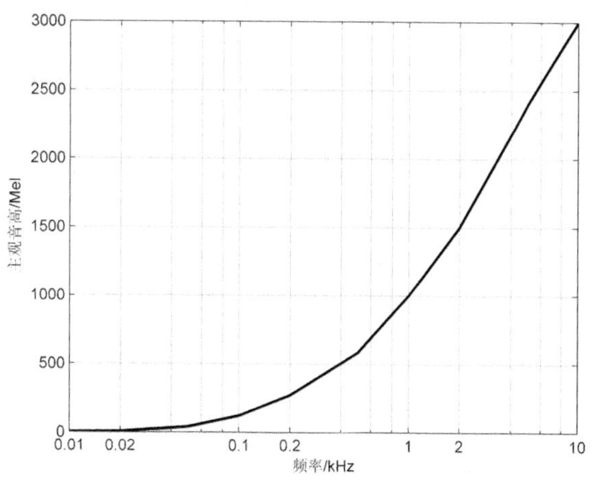

图 1－3－4　主观音高与实际频率的关系曲线

参考文献

[1] Rabiner L R，Schafer R W. Digital Processing of Speech Signals[M]. New Jersey：Prentice-Hall，Inc.，1978.

[2] 赵力. 语音信号处理[M]. 北京：机械工业出版社，2003.

[3] 杨行峻，迟惠生. 语音信号数字处理[M]. 北京：电子工业出版社，1995.

第 2 章

语音信号的时域、频域特性和短时分析技术

要对语音信号进行分析，首先要对语音信号提取出可表示该语音本质的特征参数。有了特征参数才可能利用这些参数进行有效的处理。所以语音分析、提取特征参数是语音信号处理的基础。在语音信号处理后，语音质量的高低不仅取决于处理的方法，同时也取决于是否选择了合适的语音特征参数。因此，语音信号分析、特征参数的提取在语音信号处理应用中具有十分重要的地位。

由第 1 章中有关语音产生过程的介绍，知道语音信号是一个非稳态的、时变的信号。但语音是由声门的激励脉冲通过声道形成的，而声道，即人的口腔(或耦合了鼻腔)肌肉运动是缓慢的，所以在“短时间”范围内可以认为语音信号是稳态的、时不变的。这个短时间一般指 10～30 ms。由于有这个特性，故常把语音信号称为“准稳态”的信号。这个“准稳态”的特性贯穿于语音分析和处理的全过程中，构成了语音信号的“短时分析技术”。

在短时分析中，将语音信号分为一段一段地来分析其特征参数，其中每一段称为一“帧”，帧长一般取 10～30 ms 。这样，对于整体的语音信号来讲，每一帧特征参数组成了特征参数时间序列。本章 2.1 节将介绍分帧技术。

根据提取参数的方法不同，可将语音信号分析分为时域分析、频域分析、倒频域分析和其他域分析的方法；根据分析方法的不同，又可将语音信号分析分为模型分析方法和非模型分析方法两种。时域分析方法具有简单、计算量小、物理意义明确等优点，但由于语音信号最重要的感知特性反映在功率谱中，而相位变化只起着很小的作用，所以相对于时域分析来说频域分析更为重要。

模型分析法是指依据语音信号产生的数学模型，来分析和提取表征这些模型的特征参数，如共振峰分析及声管分析(即线性预测模型)法；而不按模型进行分析的其他方法都属于非模型分析法，包括上面提到的时域分析法、频域分析法及同态分析法(即倒频域分析法)等。

不论是分析怎样的参数以及采用什么分析方法，在按帧进行语音分析、提取语音参数之前，有一些经常使用的、共同的短时分析技术必须预先进行，如语音信号的数字化、预加重、加窗和分帧等，这些也是不可忽视的语音信号分析的关键技术。

2.1 MATLAB 中的语音信号分帧

在 MATLAB 中，分帧函数有多个。

语音信号一般可以通过 MATLAB 中自带的函数 wavread 来读入。

名称：wavread

功能：读入以.wav 为扩展名的音频文件。

调用格式：[y,fs,nbits] = wavread(wavFilename)

说明：

① 输入参数 wavFilename 是指以.wav 为扩展名的音频文件名称。输出参数 y 是数字化的音频信号；fs 是采样频率；nbits 是每个样点在编码时的二进制位数(比特数)。

② wavread 函数调用格式常用的有以下几种：

y = wavread(wavFilename)：读取 wavFilename 所规定的.wav 文件，返回采样值放在向量 y 中。

y = wavread(wavFilename,N)：读取 N 点的采样值放在向量 y 中。

y = wavread(wavFilename,[N1,N2])：读取从 N1 到 N2 的采样点值放在向量 y 中。

③ 对语音信号 'xxx.wav' 读入数据的程序如下：

```
[y,fs,nbits] = wavread('xxx.wav');
```

其中，以.wav 为扩展名的音频文件名要用字符串表示，即 'xxx.wav'，通过 wavread 函数读入后存入 y 数组，y 通常被设置为列向量。

为了分析读入数据，通常进行分帧处理。在分帧中，往往设置在相邻两帧之间有一部分重叠。其原因是：语音信号是时变的，在短时范围内特征变化较小，所以作为稳态来处理；但超出这短时范围语音信号就有变化了。在相邻两帧之间基音发生了变化，如正好是两个音节之间，或正好是声母向韵母过渡，等等，这时，其特征参数有可能变化较大，但为了使特征参数平滑地变化，在两个不重叠的帧之间插一些帧来提取特征参数，这就形成了相邻帧之间有重叠部分，如图 2-1-1 所示。

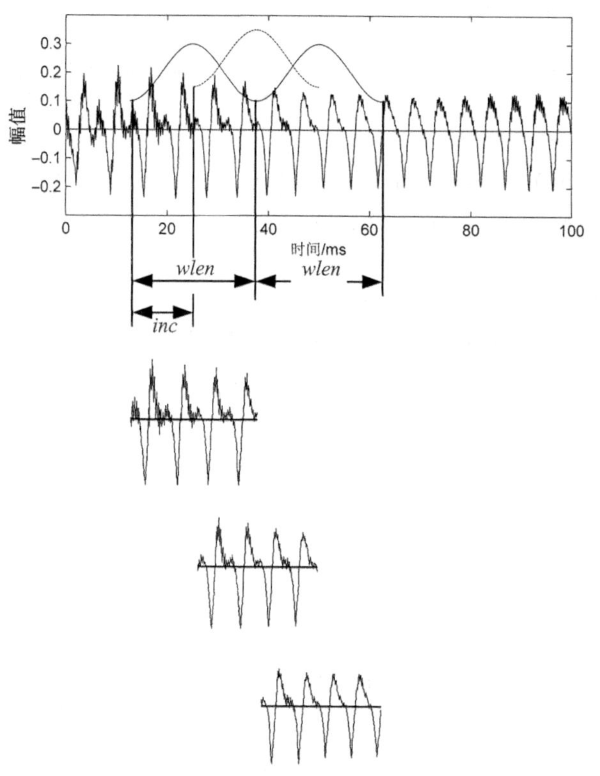

图 2-1-1　语音信号的分帧

设读入语音文件的数据存放在 y 中，y 长为 N，采样频率为 f_s，取每帧长为 $wlen$。在图 2-1-1 中取的语音段在两个音节间过渡区，基音正发生着变化。如果相邻两帧不重叠(图中的两个用实线表示的窗)，给出的基音可能有一个跳变。为了使其平稳过渡，在两帧之间再内插一帧或几帧(图中有一个用虚线表示的窗)，这样在相邻两帧之间就有重叠了。后一帧对前一帧的位移量(简称为帧移)用 inc 表示，相邻两帧之间的重叠部分为 $overlap = wlen - inc$。

对于长为 N 的语音信号按下式分帧：

$$
\begin{aligned}
fn &= (N - overlap)/inc = (N - wlen + inc)/inc \\
&= (N - wlen)/inc + 1
\end{aligned}
\qquad (2-1-1)
$$

数据将被分为 fn 帧,每一帧在数据 y 中开始的位置为

$$startindex = [0:(fn-1)] * inc + 1 \tag{2-1-2}$$

这样就可以进行分帧了。设分帧后的数组为 yseg,通过一个循环来完成(称为第一种方法),其中 y 是列数据序列,代码如下:

```
yseg = zeros(wlen, fn);
for i = 1:fn
    startIndex = (i-1) * inc + 1;
    yseg(:, i) = y(startIndex:(startIndex + wlen - 1));
end
```

但还有另一种分帧位置分配的设置方法,称为第二种方法,其中设置了每一帧在数据 y 中开始位置的指针:

```
indf = ((0 : (fn-1)) * inc).';
```

而其中 indf 是一个 fn×1 的列向量,每一帧的数据位置为 1 至 wlen,设成

```
inds = 1:wlen
```

其中,inds 是一个 1×wlen 的行向量。

扩展这两个向量:

```
indf(:,ones(1,wlen));   % 把 indf 扩展成 fn×wlen 的矩阵,每一列的数值都和原 indf 一样
inds(ones(fn,1),:);     % 把 inds 扩展成 fn×wlen 的矩阵,每一行的数值都和原 inds 一样
```

这个过程可以用 repmat 函数:

indf(:,ones(1,wlen))→repmat(indf,1,wlen);

inds(ones(fn,1),:)→repmat(inds,fn,1);

所以分帧过程可写为

```
yseg = y(repmat(indf,1,wlen) + repmat(inds,fn,1));
```

在 MATLAB 中有分帧函数 enframe,segment,buffer2,frame 等,其中 buffer2 和 frame 用的是第一种方法;而 enframe 和 segment 用的是第二种方法。enframe 是 voicebox 中的函数,应用比较多,现介绍如下。

名称:enframe
功能:把语音信号按帧长和帧移进行分帧。
调用格式:f = enframe(x,win,inc)

程序清单如下:

```
function f = enframe(x,win,inc)
nx = length(x(:));                    % 取数据长度
nwin = length(win);                   % 取窗长
if (nwin == 1)                        % 判断窗长是否为 1,若为 1,即表示没有设窗函数
   len = win;                         % 是,帧长 = win
else
   len = nwin;                        % 否,帧长 = 窗长
end
if (nargin < 3)                       % 如果只有两个参数,设帧 inc = 帧长
   inc = len;
end
nf = fix((nx - len + inc)/inc);       % 计算帧数
f = zeros(nf,len);                    % 初始化
indf = inc * (0:(nf - 1)).';          % 设置每帧在 x 中的位移量位置
inds = (1:len);                       % 每帧数据对应 1:len
f(:) = x(indf(:,ones(1,len)) + inds(ones(nf,1),:));   % 对数据分帧
if (nwin > 1)                         % 若参数中包括窗函数,把每帧乘以窗函数
    w = win(:)';
    f = f .* w(ones(nf,1),:);
end
```

说明：输入参数 x 是语音信号；win 是帧长或窗函数，若为窗函数，帧长便取窗函数长；inc 是帧移。输出参数 f 是分帧后的数组，将为帧数×帧长。

在这四个函数中，除 enframe 外，其他三个函数的输出矩阵都是帧长×帧数，enframe 函数的输出矩阵是帧数×帧长；在 frame 函数分帧中，相邻两帧之间没有重叠；enframe 和 segment 都可以把分帧和加窗函数同时进行。在源程序中能找到这四个函数，本书中大部分程序都用 enframe 函数进行分帧。

2.2　语音分析中的窗函数[1,2]

语音信号经过采样后为 $x(n)$，实际上是无限长的，但处理中进行分帧，相当于乘以一个有限长的窗函数

$$y_m(n)=x(n)w(m-n) \tag{2-2-1}$$

式中，$w(k)$ 是一个窗函数，当 k 在 0 和 $N-1$ 之间时，$w(k)=S(k)$；当 k 为其他值时，$w(k)=0$。从式(2-2-1)看出，m 是加窗位置，当 n 处在 $m-N+1$ 和 m 之间，才不为 0。窗函数一般具有低通的特性，窗函数的不同选择将有不同的带宽和频谱泄漏。在语音信号分析中常用的窗函数有矩形窗、海宁(Hanning)窗和汉明(Hamming)窗。这三种窗函数的定义如下。

(1) 矩形窗

$$w(n)=\begin{cases}1 & 0\leqslant n\leqslant L-1\\ 0 & \text{其他}\end{cases} \tag{2-2-2}$$

(2) 海宁窗

$$w(n)=\begin{cases}0.5\{1-\cos[2\pi n/(L-1)]\} & 0\leqslant n\leqslant L-1\\ 0 & \text{其他}\end{cases} \tag{2-2-3}$$

(3) 汉明窗

$$w(n)=\begin{cases}0.54-0.46\cos[2\pi n/(L-1)] & 0\leqslant n\leqslant L-1\\ 0 & \text{其他}\end{cases} \tag{2-2-4}$$

其中，窗长为 L。

这些窗函数的幅值频率响应特性曲线如图 2-2-1 所示。它们都具有低通特性，主瓣宽度(与峰值下降 3 dB 时的带宽)为 B，第一旁瓣衰减为 A。三种窗函数的特性见表 2-2-1。

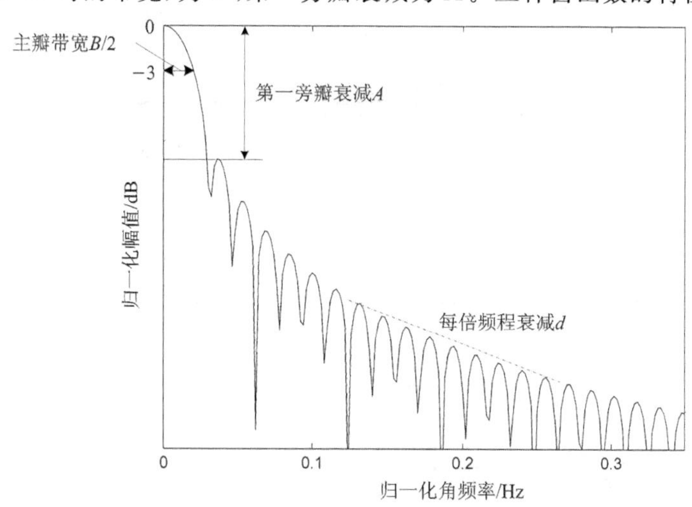

图 2-2-1　窗函数的幅值频率响应曲线

若您对此书内容有任何疑问，可以凭在线交流卡登录MATLAB中文论坛与作者交流。

表 2-2-1 三种窗函数的主瓣宽度 *B* 和第一旁瓣衰减 *A*

	矩形窗	海宁窗	汉明窗
B	$0.89\Delta\omega$	$1.44\Delta\omega$	$1.3\Delta\omega$
A/dB	13	32	43

表 2-2-1 中的 $\Delta\omega$ 是谱分析时的角频率分辨率。从表中可看出,矩形窗主瓣的宽度最窄,但第一旁瓣的衰减最小。也就是说,它的频谱泄漏要比另外两种窗函数大。在语音分析中,可根据不同的情况选择不同的窗函数。

2.3 语音信号短时时域处理[1,3]

语音信号分帧以后,可以在时域中处理,也可以在频域中处理。2.3 节主要介绍时域处理中提取语音信号的特性。

2.3.1 短时能量和短时平均幅度

设语音波形时域信号为 $x(n)$,加窗函数 $w(n)$ 分帧处理后得到的第 i 帧语音信号为 $y_i(n)$,则 $y_i(n)$ 满足:

$$y_i(n)=w(n)*x((i-1)*inc+n) \qquad 1\leqslant n\leqslant L,\quad 1\leqslant i\leqslant fn \qquad (2-3-1)$$

式中,$w(n)$ 为窗函数,一般为矩形窗或汉明窗;$y_i(n)$ 是一帧的数值,$n=1,2,\cdots,L$,$i=1,2,\cdots,fn$,L 为帧长;inc 为帧移长度;fn 为分帧后的总帧数。

计算第 i 帧语音信号 $y_i(n)$ 的短时能量公式为

$$E(i)=\sum_{n=0}^{L-1}y_i^2(n) \qquad 1\leqslant i\leqslant fn \qquad (2-3-2)$$

例如,一个语音信号 $x(n)$ 如图 2-3-1(a)中所示;给出了一个音节的语音波形,通过分帧和加矩形窗函数得到一帧数据 $y_i(n)$,如图 2-3-1(b)所示;按式(2-3-2)计算得到一帧的短时能量为 $y_i^2(n)$,如图 2-3-1(c)所示。

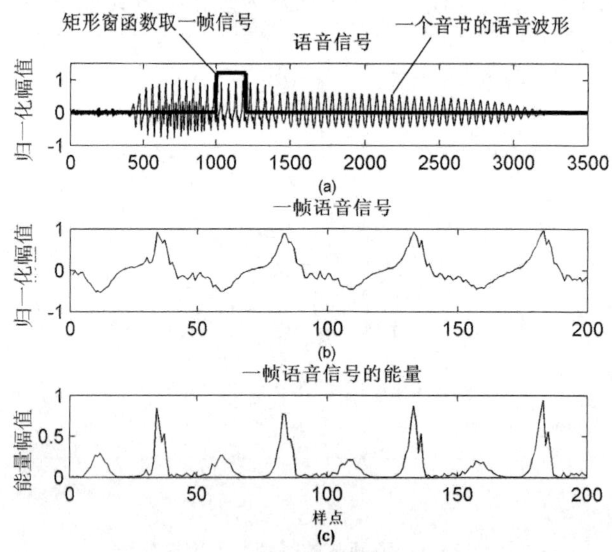

图 2-3-1 计算一帧的短时能量

若您对此书内容有任何疑问,可以凭在线交流卡登录MATLAB中文论坛与作者交流。

例 2-3-1(pr2_3_1) 读入语音文件 bluesky3.wav(内容为"蓝天,白云")中的数据,计算短时能量。

程序清单如下:

```
% pr2_3_1
clear all; clc; close all;

filedir = [];                               % 设置路径
filename = 'bluesky3.wav';                  % 设置文件名
fle = [filedir filename];                   % 构成完整的路径和文件名
[x,Fs] = wavread(fle);                      % 读入数据文件

wlen = 200; inc = 80;                       % 给出帧长和帧移
win = hanning(wlen);                        % 给出海宁窗
N = length(x);
X = enframe(x,win,inc)';                    % 分帧
fn = size(X,2);                             % 求出帧数
time = (0:N-1)/Fs;                          % 计算出信号的时间坐标
for i = 1 : fn
    u = X(:,i);                             % 取出一帧
    u2 = u.*u;                              % 求出能量
    En(i) = sum(u2);                        % 对一帧累加求和
end
subplot 211; plot(time,x,'k');              % 画出时间波形
title('语音波形');
ylabel('幅值'); xlabel(['时间/s' 10 '(a)']);
frameTime = frame2time(fn,wlen,inc,Fs);       % 求出每帧对应的时间
subplot 212; plot(frameTime,En,'k')           % 画出短时能量图
title('短时能量');
ylabel('幅值'); xlabel(['时间/s' 10 '(b)']);
```

在 pr2_3_1 程序中调用了 frame2time 函数,用于计算分帧后每一帧对应的时间。

名称:frame2time

功能:计算分帧后每一帧对应的时间。

调用格式:frameTime = frame2time(frameNum,framelen,inc,fs)

说明:输入参数 frameNum 是总帧数;framelen 是帧长;inc 是帧移;fs 是采样频率。输出参数 frameTime 是每帧的时间,即取这一帧数据中间位置的时间。

函数 frame2time 的程序清单能在源程序中找到,不在这里列出了。

运行 pr2_3_1 程序后求出的短时能量图如图 2-3-2 所示。

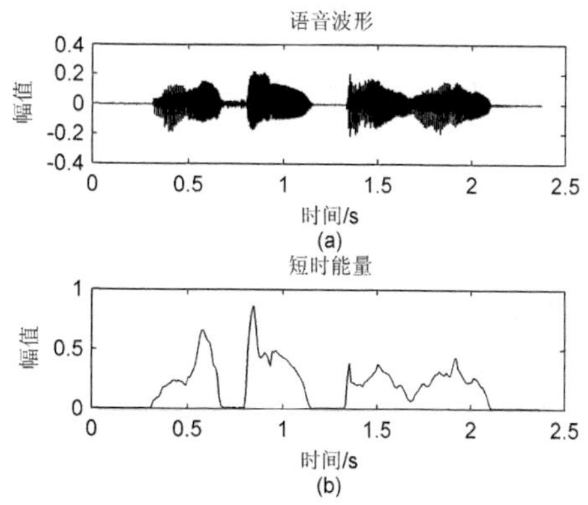

图 2-3-2 bluesky3.wav 文件数据对应的语音信号波形和它的短时能量图

语音信号的平均幅度定义为

$$M(i)=\sum_{n=0}^{L-1}|y_i(n)| \qquad 1\leqslant i\leqslant fn \tag{2-3-3}$$

$M(i)$ 也是一帧语音信号能量大小的表征,它与 $E(i)$ 的区别在于计算时不论采样值的大小,不会因取二次方而造成较大差异,在某些应用领域中会带来一些好处。

短时能量和短时平均幅度函数的主要用途有:区分浊音段与清音段,因为浊音时 $E(i)$ 值比清音时大得多;区分声母与韵母的分界和无话段与有话段的分界。

2.3.2 短时平均过零率

短时平均过零率表示一帧语音中语音信号波形穿过横轴(零电平)的次数。过零率分析是语音时域分析中最简单的一种。对于连续语音信号,过零即意味着时域波形通过时间轴;而对于离散信号,如果相邻的取样值改变符号,则称为过零。短时平均过零率就是样本数值改变符号的次数。

定义语音信号 $x(n)$ 分帧后有 $y_i(n)$,帧长为 L,短时平均过零率为

$$Z(i)=\frac{1}{2}\sum_{n=0}^{L-1}\left|\operatorname{sgn}[y_i(n)]-\operatorname{sgn}[y_i(n-1)]\right| \qquad 1\leqslant i\leqslant fn \qquad (2-3-4)$$

式中,sgn[·]是符号函数,即

$$\operatorname{sgn}[x]=\begin{cases}1 & x\geqslant 0\\ -1 & x<0\end{cases}$$

在实际计算短时平均过零率参数时,需要十分注意的一个问题是,如果输入信号中包含漂移,即信号在通往AD转换器前就有一个直流分量,使AD转换后继续带有这个直流分量。因为直流分量的存在影响了短时平均过零率的正确估算,所以建议在语音信号处理前先消除直流分量。

理论上短时平均过零率是按式(2-3-4)计算,而在MATLAB编程中,却用另一种方法。按上述过零的描述,即离散信号相邻的取样值改变符号,那它们的乘积一定为负数,即

$$y_i(n)y_i(n+1)<0 \qquad (2-3-5)$$

据此,如果一语音信号已分帧,分帧后的数组为X,其中每列数据表示一帧的数值,帧长为wlen,用zcr表示短时平均过零率,则MATLAB程序可以为:

```
zcr = zeros(1,fn);                    % 初始化
for i = 1:fn
    z = X(:,i);                       % 取得一帧数据
    for j = 1: (wlen - 1) ;           % 在一帧内寻找过零点
        if z(j) * z(j+1)< 0           % 判断是否为过零点
            zcr(i) = zcr(i) + 1;      % 是过零点,记录1次
        end
    end
end
```

而且还可以进一步简化,写为

```
for i = 1:fn
    zcr(i) = sum(X(1:end - 1,i). * X(2:end,i)<0);
end
```

例2-3-2(pr2_3_2) 读入语音文件bluesky3.wav(内容为"蓝天,白云")中的数据,分帧后计算短时平均过零率。

程序清单为:

```
% pr2_3_2
clear all; clc; close all;

filedir = [];                         % 设置路径
filename = 'bluesky3.wav';            % 设置文件名
fle = [filedir filename];             % 构成完整的路径和文件名
[xx,Fs] = wavread(fle);               % 读入数据文件
x = xx - mean(xx);                    % 消除直流分量
wlen = 200; inc = 80;                 % 设置帧长、帧移
win = hanning(wlen);                  % 窗函数
```

```
N = length(x);                          % 求数据长度
X = enframe(x,win,inc)';                % 分帧
fn = size(X,2);                         % 获取帧数
zcr1 = zeros(1,fn);                     % 初始化
for i = 1:fn
    z = X(:,i);                         % 取得一帧数据
    for j = 1: (wlen - 1) ;             % 在一帧内寻找过零点
         if z(j) * z(j+1)< 0            % 判断是否为过零点
             zcr1(i) = zcr1(i) + 1;     % 是过零点,记录 1 次
         end
    end
end
time = (0:N-1)/Fs;                      % 计算时间坐标,并绘图
frameTime = frame2time(fn,wlen,inc,Fs);
subplot 211; plot(time,x,'k'); grid;
title('语音波形');
ylabel('幅值'); xlabel(['时间/s' 10 '(a)']);
subplot 212; plot(frameTime,zcr1,'k'); grid;
title('短时平均过零率');
ylabel('幅值'); xlabel(['时间/s' 10 '(b)']);
```

运行 pr2_3_2 程序的结果如图 2-3-3 所示。

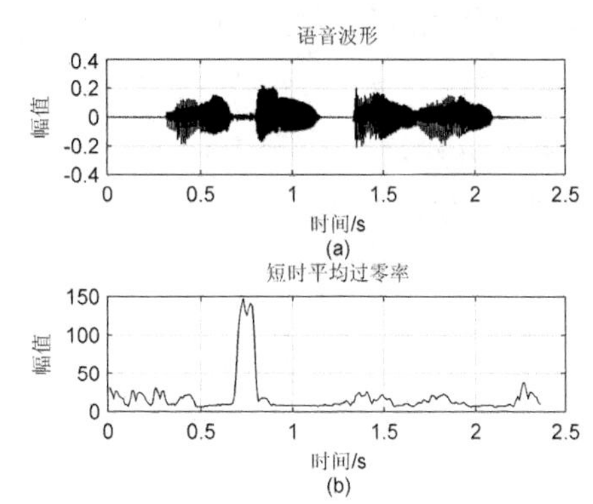

图 2-3-3　bluesky3.wav 文件数据对应的语音信号波形和它的短时平均零交叉率

通过分析语音信号发现,发浊音时,尽管声道有若干共振峰,但由于声门波引起谱的高频跌落,所以其语音能量集中在 3 kHz 以下;而发清音时,多数能量出现在较高频率上。因为高频意味着高的短时平均过零率,低频意味着低的平均过零率,所以可以认为,浊音时具有较低的过零率,而清音时具有较高的过零率。当然,这种高低仅是相对而言的,并没有精确的数值关系。

利用短时平均过零率还可以从背景噪声中找出语音信号,可用于判断寂静无话段与有话段的起点和终点位置。在背景噪声较小时,用平均能量识别较为有效;而在背景噪声较大时,用短时平均过零率识别较为有效。

我们主要应用短时平均过零率来判别清音和浊音、有话段与无话段,这种应用在第 6 章中有进一步的介绍。

2.3.3　短时自相关函数

1. 自相关函数的定义和性质

能量有限信号 $x(n)$ 的自相关函数定义为

$$\Phi(k)=\sum_{m=-\infty}^{\infty}x(m)x(m+k) \tag{2-3-6}$$

如果 $x(n)$ 是随机或周期性的离散信号,不是能量有限的,则其相关函数定义为

$$\Phi(k)=\lim_{N\to\infty}\frac{1}{2N+1}\sum_{m=-N}^{N}x(m)x(m+k) \tag{2-3-7}$$

信号的自相关函数具有下列有用的性质:

① 偶函数特性：$\Phi(k)=\Phi(-k)$。

② $|\Phi(k)|\leqslant|\Phi(0)|$，即零延迟的自相关值最大。

③ 若 $x(n)$ 为能量有限信号，则其能量即为 $\Phi(0)$；若 $x(n)$ 为随机信号或周期性信号，则 $\Phi(0)$ 为其平均功率。

④ 如果 $x(n)$ 是周期性信号，则 $\Phi(k)$ 也是周期性信号，并且其周期与 $x(n)$ 的周期相同。

2. 短时自相关函数

信号 $x(n)$ 按式(2-3-1)分帧后有 $y_i(n)$，每帧数据的短时自相关函数定义为

$$R_i(k)=\sum_{n=0}^{L-k-1} y_i(n)y_i(n+k) \tag{2-3-8}$$

式中，L 为语音分帧的长度；k 为延迟量。

语音信号的自相关函数 $R_i(k)$ 主要可应用于端点检测和基音的提取，在韵母基音频率整数倍处将出现峰值特性，通常根据除 $R_i(0)$ 外的第一峰值点来估计基音，而在声母的短时自相关函数中看不到明显的峰值。在第6章和第8章中将会用到短时自相关函数，在那里会有详细的讲述。

若已知分帧后的数据在X中，则取每一帧的数据都可以来做短时自相关函数的分析：

```
u=X(:,i);                % 取出一帧
R=xcorr(u);              % 利用 xcorr 函数求出自相关函数
R=R(wlen:end);           % 只取 k 值为正值的自相关函数
```

同图2-3-1相类似取一帧数据，该数据取自语音信号的韵母区间内，它的短时自相关函数如图2-3-4(c)所示。

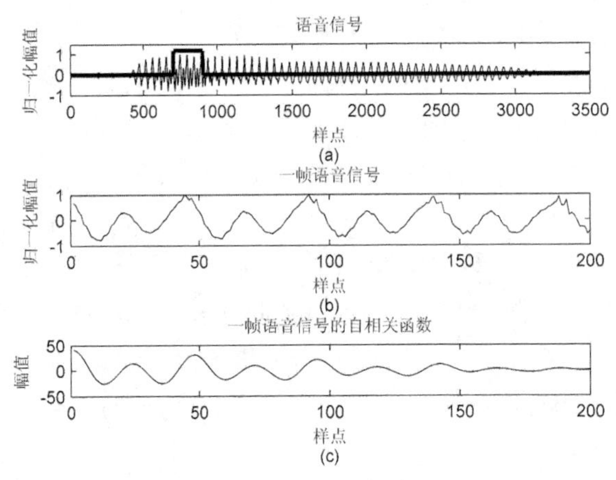

图2-3-4 计算一帧韵母信号的短时自相关函数

在图2-3-5中所取的一帧数据是在语音信号的声母区间内，它的短时自相关函数如图2-3-5(c)所示。从图中可看出，当信号为声母时，短时自相关函数中没有明显的峰值。

2.3.4 短时平均幅度差函数

信号 $x(n)$ 按式(2-3-1)分帧后有 $y_i(n)$，每帧数据的短时平均幅度差函数定义为

$$D_i(k)=\sum_{n=0}^{L-k-1} |y_i(n+k)-y_i(n)| \tag{2-3-9}$$

如果 $x(n)$ 是一个周期为 p 的周期性信号，那么，当 $k=0,\pm p,\pm 2p,\cdots$ 时，$D_i(k)=0$。

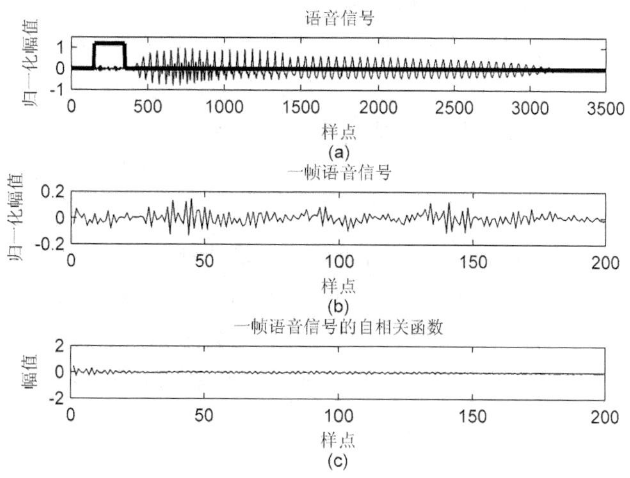

图 2-3-5　计算一帧声母信号的短时自相关函数

由此可见，短时平均幅度差函数也可用于基音周期检测，而且计算上比短时自相关函数法更简单。当然，因为语音信号不是一个纯周期性的信号，所以 $D_i(k)$ 不会完全等于 0，而是在基音周期处出现一个谷值，并随时间的增加，谷值深度也会减退。利用短时平均幅度差函数(Average Magnitude Difference Function，AMDF)提取基音频率，将在第 8 章详细讲述。

若已知分帧后的数据在数组 X 中，取每一帧的数据都可以来做短时平均幅度差函数的分析：

```
u = X(:,i);                    % 取出一帧
for k = 1:wlen
    amdfVec(k) = sum(abs(u(k:end) - u(1:end - k + 1)));    % 求每个样点的幅度差再累加
end
```

同图 2-3-1 相类似取一帧数据，计算短时平均幅度差函数如图 2-3-6(c)所示。

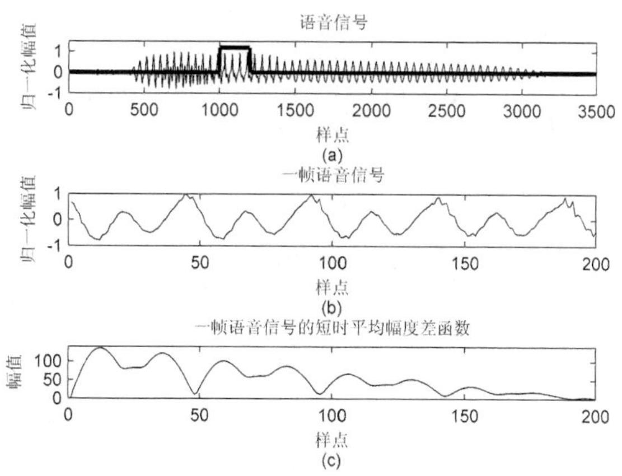

图 2-3-6　计算一帧的短时平均幅度差函数

2.4　语音信号短时频域处理

在语音信号处理中，信号在频域或其他变换域上的分析和处理占有重要的地位。在频域

和其他变换域上研究语音信号,可以使信号在时域上无法表现出来的某些特征变得十分明显。在信号处理发展史上,每一次理论上的突破都带来了信号处理领域的重大变革。传统傅里叶变换(Fourier Transform,FT)是以应用数学为基础建立起来的一门学科,它将信号分解为各个不同频率分量的组合,使信号的时域特征与频域特征联系起来,成为信号处理的有力工具。但是傅里叶变换使用的是一种全局变换,因此它无法表述信号的时频局域性质。为了能够分析处理非平稳信号,人们对傅里叶变换进行了推广,提出了短时傅里叶变换(Short Time Fourier Transform, STFT)和其他变换域上的处理,这些理论都可应用于语音信号分析处理。

短时傅里叶分析(Short Time Fourier Analysis, STFA)适用于分析缓慢时变信号的频谱分析,在语音分析处理中已经得到广泛应用。其方法是先将语音信号分帧,再将各帧进行傅里叶变换。每一帧语音信号可以被认为是从各个不同的平稳信号波形中截取出来的,各帧语音的短时频谱就是各个平稳信号波形频谱的近似。2.4 节主要讨论短时傅里叶变换的定义、性质、实现方法以及在语音处理中的典型应用。

2.4.1 短时傅里叶变换的定义[1,3]

由于语音信号是短时平稳的,因此可以对语音进行分帧处理,计算某一帧的傅里叶变换,这样得到的就是短时傅里叶变换。其定义为

$$X_n(e^{j\omega}) = \sum_{m=-\infty}^{\infty} x(m)w(n-m)e^{-j\omega m} \tag{2-4-1}$$

式中,$x(n)$ 为语音信号序列;$w(n)$ 为实数窗序列,n 取不同值时,窗 $w(n-m)$ 沿时间轴滑动到不同的位置(如图 2-4-1 所示),取出不同的语音帧进行傅里叶变换。

显然,短时傅里叶变换是时间 n 和角频率 ω 的函数,它反映了语音信号的频谱随时间变化的特性。

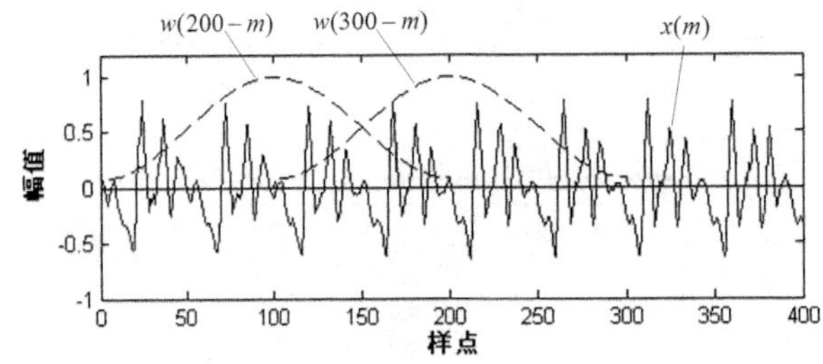

图 2-4-1 用移动窗选取语音信号段

短时傅里叶变换还可以表示为下面的形式:

$$X_n(e^{j\omega}) = \sum_{m=-\infty}^{\infty} w(m)x(n-m)e^{-j\omega(n-m)} = e^{-j\omega n}\sum_{m=-\infty}^{\infty} x(n-m)w(m)e^{j\omega m} \tag{2-4-2}$$

若定义

$$\widetilde{X}_n(e^{j\omega}) = \sum_{m=-\infty}^{\infty} x(n-m)w(m)e^{j\omega m} \tag{2-4-3}$$

则 $X_n(e^{j\omega})$ 可写成

$$X_n(e^{j\omega}) = e^{-j\omega n}\widetilde{X}_n(e^{j\omega}) \tag{2-4-4}$$

从式(2-4-1)和式(2-4-4)可以看出,短时傅里叶变换有两种不同的解释:一种是当 n 固定不变时,$X_n(e^{j\omega})$ 为序列 $w(n-m)x(m)$ $(-\infty<m<\infty)$ 的标准傅里叶变换,此时 $X_n(e^{j\omega})$ 具有与标准傅里叶变换相同的性质;另一种是当 ω 固定不变时,可以将 $X_n(e^{j\omega})$ 视为信号 $x(n)$ 与窗函数指数加权 $w(n)e^{j\omega n}$ 的卷积,此时可以把短时傅里叶变换看做线性滤波,式(2-4-2)可以表示为

$$X_n(e^{j\omega})=\sum_{m=-\infty}^{\infty}w(m)x(n-m)e^{-j\omega(n-m)}=$$
$$e^{-j\omega n}[x(n)*w(n)e^{j\omega n}] \tag{2-4-5}$$

所以两种短时傅里叶变换分别称做为标准傅里叶变换和线性滤波。本书只讨论按标准傅里叶变换的短时傅里叶变换。

当 n 固定不变时,将 $X_n(e^{j\omega})$ 看做 n 确定值时 $w(n-m)x(m)$ $(-\infty<m<\infty)$ 的傅里叶变换,此时 $X_n(e^{j\omega})$ 是时间序号 n 的函数。当 n 变化时,窗 $w(n-m)$ 沿着 $x(m)$ 滑动,如图 2-4-1 所示。

由于 $w(n-m)$ 为有限宽度窗,因此 $w(n-m)x(m)$ 对所有的 n 绝对可和,即短时傅里叶变换必定存在。$w(n-m)$ 除了具有选取语音 $x(n)$ 的分析部分的作用外,其形状对傅里叶变换的特性也有着重要的影响,可以从标准傅里叶变换的角度考虑窗函数对 $X_n(e^{j\omega})$ 的影响来观察。假设 $x(n)$ 的标准傅里叶变换为

$$X(e^{j\omega})=\sum_{m=-\infty}^{\infty}x(m)e^{-j\omega m} \tag{2-4-6}$$

窗函数 $w(n)$ 的标准傅里叶变换为

$$W(e^{j\omega})=\sum_{m=-\infty}^{\infty}w(m)e^{-j\omega m} \tag{2-4-7}$$

由于 $X_n(e^{j\omega})$ 可以被看做 $w(n-m)x(m)$ 的标准傅里叶变换,若 $X(e^{j\omega})$ 和 $W(e^{j\omega})$ 都存在,则由傅里叶变换的性质可得,$X_n(e^{j\omega})$ 等于 $w(n-m)$ 与 $x(m)$ 标准傅里叶变换的卷积。由于 $w(n-m)$ 的标准傅里叶变换等于 $W(e^{-j\omega m})e^{-j\omega n}$,故

$$X_n(e^{j\omega})=\frac{1}{2\pi}\int_{-\pi}^{\pi}W(e^{-j\theta})e^{-j\theta n}X(e^{j(\omega-\theta)})d\theta=$$
$$\frac{1}{2\pi}\int_{-\pi}^{\pi}W(e^{j\theta})e^{j\theta n}X(e^{j(\omega+\theta)})d\theta \tag{2-4-8}$$

由式(2-4-8)可见,$X_n(e^{j\omega})$ 是通过将 $w(n-m)$ 与 $x(m)$ 在 $-\infty<m<\infty$ 区间内的傅里叶变换进行卷积得到的。虽然严格说来语音的傅里叶变换并不存在,但是语音加窗后相当于突出了 n 附近的语音波形而对其他部分加以削弱,当 m 处于窗函数的有限区间以外时,$w(n-m)=0$。这样,可以有理由假定窗内的语音特性能够延伸到窗外。比如语音为浊音时,可以认为 $w(n-m)x(m)$ 序列是从周期性持续的浊音中选出来的;当窗内的语音为清音时,也可以假定窗外也存在同样特性的清音;当语音为爆破音等暂态语音时,还可以直接假定窗外的信号为零。

由于 $X_n(e^{j\omega})$ 相当于信号谱 $X(e^{j\omega})$ 与窗函数谱的卷积,因此应该使窗函数的频谱分辨率高,主瓣尖锐;同时还要使旁瓣衰减大,这样与信号卷积时的频谱泄漏才会少。在 2.2 节中已讨论过窗函数了,可以看到,这两个方面是相互矛盾的,不能同时满足,只能采取某种折中措施才能获得较为满意的效果。对于矩形窗、海宁窗和汉明窗,其主瓣的宽度与窗长成反比,而旁

瓣衰减基本与窗长无关。根据式(2-4-8),为了使 $X_n(e^{j\omega})$ 能够与 $X(e^{j\omega})$ 具有相同的性质,则要求 $W(e^{j\omega})$ 必须是一个冲激函数。窗长越长,$W(e^{j\omega})$ 的主瓣越狭窄尖锐,则 $X_n(e^{j\omega})$ 越逼近于 $X(e^{j\omega})$。但窗长太大时,被窗选信号已经不满足语音的短时平稳特性,此时 $X_n(e^{j\omega})$ 已不能正确反映短时语音的频谱了。为此,必须折中选择窗长。

结合2.2节可以得出以下结论:

① 矩形窗、海宁窗和汉明窗的主瓣狭窄且旁瓣衰减较大,具有低通的性质。主瓣的宽度与 $\Delta\omega$ 成正比,$\Delta\omega$ 与窗长成反比,所以窗越长主瓣越窄,加窗后的频谱能够更好地逼近短时语音的频谱。

② 窗长越长,频谱分辨率越高,但由于长窗的时间平均作用导致时间分辨率相应下降。例如,共振峰在不同的基音周期是要发生变化的,但如果使用较长的窗,则会模糊这种变化。

③ 窗长越短,时间分辨率越高,但频率分辨率相应降低。例如,采用短窗可以清楚地观察到共振峰在不同基音周期的变化情况,但基频以及谐波的精细结构在短时频谱图上消失了。

④ 由于时间分辨率和频率分辨率的相互矛盾关系,在进行短时傅里叶变换时,应根据分析的目的来折中选择窗长。

在MATLAB的信号工具箱中有短时傅里叶变换的函数tfrstft()。由于该函数的使用不灵活,还受到诸多的限制,在语音分析中还是常用自己编写的短时傅里叶变换程序。以下给出一个STFT的函数:

名称:stftsm

功能:短时傅里叶变换

调用格式:d = stftms(x,win,nfft,inc)

说明:输入参数x是要进行短时傅里叶变换的信号;win是窗函数,也可以是分帧的长度,当设置为分帧的长度时在函数中自动设置海宁窗;nfft是做快速傅里叶变换(Fast Fourier Transform,FFT)时的长度,即帧长可以和FFT的长度不同,以获取更高的分辨率,但nfft必须大于或等于win的长度或帧长;inc是帧移。输出参数d是一个数组,其中每一列是一帧STFT的数值(复数),因为语音信号是实数序列,d中只保留有1~nfft/2+1个频率分量。

程序清单如下:

```
function d = stftms(x,win,nfft,inc)
if length(win) = = 1                        % 判断有否设置窗函数
    wlen = win;                             % 否,设帧长
    win = hanning(wlen);                    % 设置窗函数
else
    wlen = length(win);                     % 设帧长
end
x = x(:); win = win(:);                     % 把x和win都变为列数组
s = length(x);                              % 计算x的长度
c = 1;
d = zeros((1 + nfft/2),1 + fix((s - wlen)/inc));    % 初始化输出数组
for b = 0:inc:(s - wlen)                            % 设置循环
  u = win. * x((b + 1):(b + wlen));                 % 取来一帧数据加窗
  t = fft(u,nfft);                                  % 进行傅里叶变换
  d(:,c) = t(1:(1 + nfft/2));                       % 取1到1 + nfft/2之间的谱值
  c = c + 1;                                        % 改变帧数,求取下一帧
end;
```

因为语音信号 $x(n)$ 一般都是实数序列,从离散傅里叶变换(Discrete Fourier Transform,DFT)的性质可知,当 $x(n)$ 是实数序列时,对应的DFT变换 $X(k)$ 具有下列对称性:

$$X^*(k)=X(-k)=X(N-k)$$

$$X_R(k) = X_R(-k) = X_R(N-k)$$
$$X_I(k) = -X_I(-k) = -X_I(N-k)$$
$$|X(k)| = |X(N-k)|$$
$$\arg[X(k)] = -\arg[X(-k)]$$

其中，$X_R(k)$ 表示 $X(k)$ 的实部；$X_I(k)$ 表示 $X(k)$ 的虚部；$X^*(k)$ 是 $X(k)$ 取其复数共轭；N 是序列的长度。

这些性质十分重要，因为平时处理的语音数据都是实数序列。由这些性质可知，实数序列 FFT 后，实部是偶对称，虚部是奇对称，这种对称方式一般被称为共轭对称。实数序列的语音信号在 FFT 变换后有共轭对称的特性，所以在短时傅里叶变换后只取 1～(N/2+1)，共(N/2+1)个长，这就是短时傅里叶变换函数中 d(:,c) = t(1:(1+nfft/2))的取值范围。而在短时傅里叶变换后在频域中处理，也只需处理 0～ $f_s/2$ 的频率范围就可以了。

从语音文件中读入的信号，在 $x(n)$ 中经 enframe 函数(或其他分帧函数)分帧后，很容易就能实现短时傅里叶变换的运算。程序如下：

```
[x,Fs] = wavread(filename);         % 读入数据
wlen = 200; inc = 80;               % 设置帧长和帧移
win = hanning(wlen);                % 设置海宁窗
y = enframe(x,win,inc)';            % 分帧
Y =  fft(y);                        % 做短时傅里叶变换
```

Y 中就是分帧后的短时傅里叶变换，进一步可以求其幅值和相角。短时傅里叶变换的具体例子将在 2.4.2 小节中结合语谱图一起介绍，函数 stftsm 将在以后的第 8～10 章中经常用到。

2.4.2　语谱图[4]

通过语音的短时傅里叶分析可以研究语音的短时频谱随时间的变化关系。在数字信号处理(Digital Signal Processing，DSP)技术发展起来以前，人们就已经利用语谱仪来分析和记录语音信号的短时频谱。语谱仪是把语音的电信号送入一组频率依次相接的窄带滤波器中，各个窄带滤波器的输出经整流均方后按频率由低到高的顺序记录在一卷记录纸上。信号的强弱由记录在纸上的灰度来表示：如果某个滤波器输出的信号强，相应的记录将浓黑；反之，则浅淡一些。记录纸按照一定的速度旋转，相当于按不同的时间记录了相应的滤波器输出。由此得到的图形就是语音信号的语谱图，其水平方向是时间轴，垂直方向是频率轴，图上的灰度条纹代表各个时刻的语音短时谱。语谱图反映了语音信号的动态频谱特性，在语音分析中具有重要的实用价值，被称为可视语音。pr2_4_1 是用 MATLAB 完成语谱图的程序清单如下：

```
% pr2_4_1
clear all; clc; close all;

filedir = [];                                       % 设置路径
filename = 'bluesky3.wav';                          % 设置文件名
fle = [filedir filename];                           % 构成完整的路径和文件名
[x,Fs] = wavread(fle);                              % 读入数据文件
wlen = 200; inc = 80; win = hanning(wlen);          % 设置帧长,帧移和窗函数
N = length(x); time = (0:N-1)/Fs;                   % 计算时间
y = enframe(x,win,inc)';                            % 分帧
fn = size(y,2);                                     % 帧数
frameTime = (((1:fn) - 1) * inc + wlen/2)/Fs;       % 计算每帧对应的时间
W2 = wlen/2 + 1; n2 = 1:W2;
```

```
freq = (n2 - 1) * Fs/wlen;                       % 计算 FFT 后的频率刻度
Y = fft(y);                                      % 短时傅里叶变换
clf                                              % 初始化图形
%=============================================================%
% Plot the STFT result                           % 画出语谱图
%=============================================================%
set(gcf,'Position',[20 100 600 500]);
axes('Position',[0.1 0.1 0.85 0.5]);
imagesc(frameTime,freq,abs(Y(n2,:)));            % 画出 Y 的图像
axis xy; ylabel('频率/Hz');xlabel('时间/s');
title('语谱图');
m = 64;
LightYellow = [0.6 0.6 0.6];
MidRed = [0 0 0];
Black = [0.5 0.7 1];
Colors = [LightYellow; MidRed; Black];
colormap(SpecColorMap(m,Colors));
%=============================================================%
% Plot the Speech Waveform                       % 画出语音信号的波形
%=============================================================%
axes('Position',[0.07 0.72 0.9 0.22]);
plot(time,x,'k');
xlim([0 max(time)]);
xlabel('时间/s'); ylabel('幅值');
title('语音信号波形');
```

说明:

① 语音信号是实数,在 FFT 后的频谱是满足共轭对称的。如上所述,在画频谱时只需取 FFT 时 nfft 长的一半就可以了。在程序 pr2_4_1 中 FFT 的长度就是帧长,所以有

```
W2 = wlen/2 + 1; n2 = 1:W2;
freq = (n2 - 1) * Fs/wlen;                  % 计算 FFT 后的频率刻度
```

以及

```
imagesc(frameTime,freq,abs(Y(n2,:))); % 画出 Y 的图像
```

计算频率刻度和画频谱图都只取帧长的一半。

② 在程序中调用了 SpecColorMap 函数,它是一个设置绘制谱图彩色板的函数。

名称:SpecColorMap

功能:设置绘制谱图彩色板。

调用格式:cm = SpecColorMap (m, Colors)

说明:输入变量 m 是指在着色分配中设置成多少等级;Colors 是定义一个色图表,由 m×3 组成的矩阵,它的每一行是 RGB 三元组。输出变量 cm 是色图,直接放在 colormap 函数中就定义了 MATLAB 中每个图形窗的着色图按 cm 定制。

运行 pr2_4_1 后得到的语谱图如图 2-4-2 所示。

同样,语谱图的时间分辨率和频率分辨率是由窗函数的特性决定的,可以按照短时傅里叶变换的第一种解释来分析频率分辨率。假设时间为固定,短时频谱相当于 $w(n-m)$ 的频率响应与信号频谱的卷积。如果 $W(e^{j\omega})$ 的通带带宽为 B,则它的频域内可分辨的频谱宽度即为 B。这样经过卷积后,相隔频率差小于 B 的谱峰都会合并为一个单峰。如果需要观察语音谐波的细节,则需要提高语谱图的频率分辨率,也就是减小窗函数的带通宽度。由于带通宽度是与窗长成反比的,因此提高频率分辨率必须要增加窗长。这种情况下得到的语谱图称为窄带语谱图。图 2-4-3 画出了一段男声"蓝天,白云"在不同带宽情况下的语谱图(使用海宁窗函数)。图 2-4-3(a)中用的窗函数最短,而图 2-4-3(c)中用的窗函数最长。

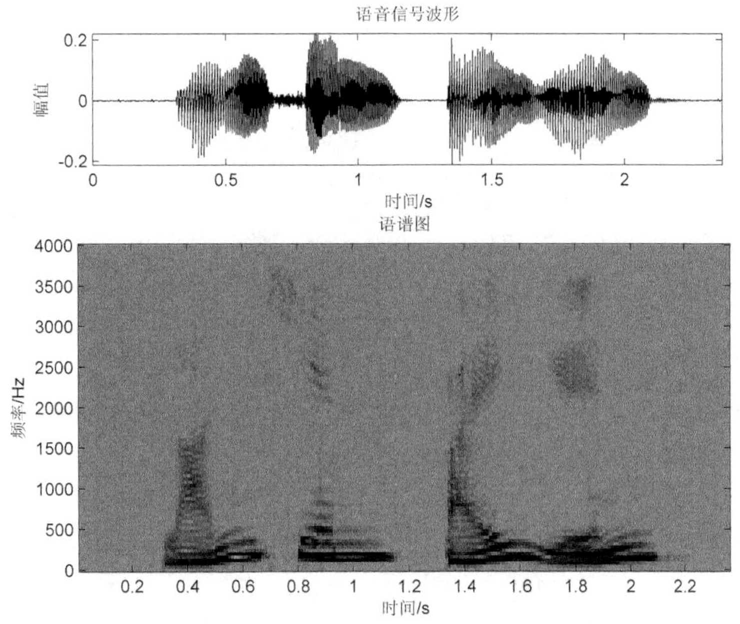

图 2-4-2 男声"蓝天,白云"的语谱图

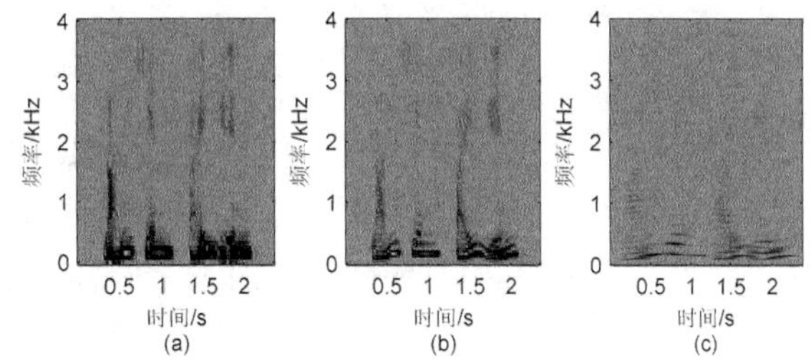

图 2-4-3 男声"蓝天,白云"在不同带宽时的语谱图

从图 2-4-3(a)中可以看出,时间分辨率很好,能分辨出共振峰的大致位置,但是语音中的谐波结构看不清了;而图 2-4-3(c)的频率分辨率很好,能清楚地显示出谐波结构,但时间分辨率就较差,基波几乎连在一起了,分割字的边界不如图 2-4-3(a)清晰。

图 2-4-3(a)中窗函数短、频带宽,把谐波结构平滑了,突出了共振峰的结构,容易看出共振峰随时间的变化。由于宽带语谱图可以获得较高的时间分辨率,反映频谱的快速时变过程;而窄带语谱图可以获得较高的频率分辨率,反映频谱的精细结构。两者相结合,可以提供大量与语音特性有关的信息。语谱图上因其不同的灰度,形成不同的纹路,称之为"声纹"。声纹因人而异,因此可以在司法、安全等场合得到应用。

语谱图是在语音分析中经常用到的,在以后的第 8~10 章中提取语音的基频和共振峰后,常与语谱图叠加在一起,以便观察参数的正确性。

2.4.3 短时功率谱密度

在信号经过 DFT(或 FFT)后得到了信号的频谱,而要反映信号的功率经常是用信号的功率谱密度(Power Spectrum Density,PSD)函数。计算功率谱密度函数有多种方法,简单地分为经典方法和现代谱分析方法。本小节主要介绍经典方法。

1. 功率谱密度函数

(1) 周期图法功率谱密度函数

名称:periodogram

功能:用周期图法计算信号 $x(n)$的功率谱密度。

调用格式:

```
Pxx = periodogram(x)
Pxx = periodogram(x,window)
Pxx = periodogram(x,window,nfft)
[Pxx,F] = periodogram(x,window,nfft,Fs)
[Pxx,…] = periodogram(x,...,'twosided')
```

说明:输入参数 x 是被测离散信号 $x(n)$;window 是窗函数,其长度与 x 等长,缺省时是用矩形窗;nfft 是在做功率谱密度计算时 FFT 的长度,缺省时该长度就是 x 的长度,而当 x 是实数时得到的 Pxx 长度为 nfft/2+1;Fs 是采样频率,当缺省时 Pxx 对应的是归正的频率,设置 Fs 后得到 F,是 Pxx 每条谱线对应的实际频率,最大对应的频率为 Fs/2。输出参数 Pxx 是采用周期图法得到的功率谱密度函数。当 x 是实数时,采用 'twosided' 参数后可求得双边谱。

(2) 平均周期图法功率谱密度函数

名称:pwelch

功能:用平均周期图法计算信号 $x(n)$的功率谱密度。

调用格式:

```
Pxx = pwelch(x)
Pxx = pwelch(x,window)
Pxx = pwelch(x,window,noverlap)
Pxx = pwelch(x,window,noverlap,nfft)
[Pxx,F] = pwelch(x,window,noverlap,nfft,Fs)
[Pxx,…] = pwelch(x,…,'twosided')
```

说明:输入参数 x 是指离散信号 $x(n)$,如果不带其他参数,则缺省时把 x 分成 8 段,相互重叠 50%,同时使用汉明窗;window 是加的窗函数,其长度是分段时每一段的长度,缺省时是用汉明窗;noverlap 是两个相邻段之间重叠的样点数,缺省时取段长的 50%;nfft 是在做功率谱密度计算时 FFT 的长度,缺省时该长度就是窗的长度;当 x 是实数时得到的 Pxx 长度为 nfft/2+1;若用 'twosided' 参数后求出的是双边谱;Fs 是采样频率,缺省时 Pxx 对应的是归正的频率,设置 Fs 后得到 F,是 Pxx 每条谱线对应的实际频率,最大对应的频率为 Fs/2。输出参数 Pxx 是采用平均周期图法得到的功率谱密度函数。

pwelch 方法是把信号分成几段,对每一段求取功率谱密度,最后对多段功率谱密度进行平均。

2. 短时功率谱密度函数

上面提供的计算功率谱密度函数主要是对稳态信号进行计算,但由于语音信号是一个非稳态的时变信号,所以用计算稳态信号的方法计算功率谱密度函数没有太大意义,看不出信号的动态变化。下面给出计算短时功率谱密度函数。

名称:pwelch_2

功能:以 pwelch 方法计算短时功率谱密度函数。

调用格式:[Pxx] = pwelch_2(x, nwind, noverlap, w_nwind, w_noverlap, nfft)

说明:输入参数 x 是被测离散信号 $x(n)$;nwind 是每一帧的长度;noverlap 是每帧重叠的样点数;在对每帧计算短时功率谱密度时,把每帧的数据分成数段,w_nwind 是每段的窗函数或相应的段长;w_noverlap 是每段之间重叠的样点数;nfft 是每段进行 FFT 的长度。输出参数 Pxx 是短时功率谱密度函数。

在计算短时功率谱密度函数中还是对信号进行分帧后再对每帧计算对应的短时功率谱密度。

程序清单如下:

```
function [Pxx] = pwelch_2(x, nwind, noverlap, w_nwind, w_noverlap, nfft)
x = x(:);
inc = nwind - noverlap;            % 计算帧移
X = enframe(x,nwind,inc)';         % 分帧
frameNum = size(X,2);              % 计算帧数
% 用 pwelch 函数对每帧计算功率谱密度函数
for k = 1 : frameNum
    Pxx(:,k) = pwelch(X(:,k),w_nwind,w_noverlap,nfft);
end
```

例 2-4-2(pr2_4_2)　读入 bluesky3.wav(内容是男声“蓝天,白云”),对该数据进行短时功率谱密度函数的分析。

程序清单如下:

```
% pr2_4_2
clear all; clc; close all;

filedir = [];                                              % 设置路径
filename = 'bluesky3.wav';                                 % 设置文件名
fle = [filedir filename];                                  % 构成完整的路径和文件名
[wavin0,fs,nbits] = wavread(fle);                          % 读入数据文件
nwind = 240; noverlap = 160; inc = nwind - noverlap;       % 设置帧长为 240,重叠为 160,帧移为 80
w_nwind = hanning(200); w_noverlap = 195;                  % 设置段长为 200,段重叠为 195
nfft = 200;                                                % FFT 长度为 200
                                                           % 对每帧用 pwelch 计算功率谱密度
[Pxx] = pwelch_2(wavin0, nwind, noverlap, w_nwind, w_noverlap, nfft);
frameNum = size(Pxx,2);                                    % 取来帧数
frameTime = frame2time(frameNum,nfft,inc,fs);              % 计算每帧对应的时间
freq = (0:nfft/2) * fs/nfft;                               % 计算频率刻度
% 作图
imagesc(frameTime,freq,Pxx); axis xy
ylabel('频率/Hz');
xlabel('时间/s');
title('短时功率谱密度函数')
m = 256; LightYellow = [0.6 0.6 0.6];
MidRed = [0 0 0]; Black = [0.5 0.7 1];
Colors = [LightYellow; MidRed; Black];
colormap(SpecColorMap(m,Colors));
```

运行 pr2_4_3 后得到的短时功率谱密度函数谱图如图 2-4-4 所示。

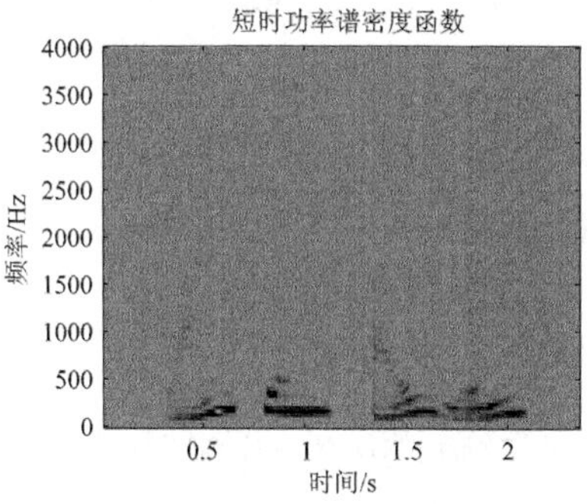

图 2-4-4　男声“蓝天,白云”的短时功率谱密度函数谱图

参考文献

[1] 姚天任. 数字语音处理[M]. 武汉:华中科技大学出版社,1992

[2] Childers D G. MATLAB 之语音处理与合成工具箱[M]. 影印版. 北京:清华大学出版社,2004.

[3] 赵力. 语音信号处理[M]. 北京:机械工业出版社,2003.

[4] RabinerL R,Schafer R W. Digital Processing of Speech Signals. New Jersey: Prentice-Hall, Inc., 1978.

第 3 章

语音信号在其他变换域中的分析技术和特性

在第 2 章中主要讨论了语音信号在时域和频域的一些特性，以及语音处理中的短时处理技术，这是语音处理技术的基础。但除了在时域和频域分析语音外，还有在其他变换域中对语音进行分析和处理的。本章将讨论语音的同态处理、离散余弦变换、MFCC、小波变换、EMD变换域中的分析和处理。

3.1 语音信号的同态处理和倒谱分析

从第 1 章和第 2 章语音产生的机理和短时分析技术中可以了解到，短时处理中语音信号可以被认为是由线性时不变系统（声道）的输出，即由声门的激励信号和声道冲激响应的卷积而形成的。在语音信号数字处理所涉及的各个领域中，往往需要从语音信号求解声门激励和声道响应。例如，为了求得语音信号的共振峰，就要知道声道传递函数（共振峰就是声道传递函数的各对复共轭极点的频率）。又如，为了判断语音信号是清音还是浊音以及求得浊音情况下的基音频率，就应知道声门激励序列的频率。在实现语音信号的各种处理中，常常需要由语音信号求得声门激励序列和声道的冲激响应。

由卷积结果求取参与卷积的各个信号是数字信号处理各个领域中的一项共同任务。这一问题称为“解卷积”，即将参与卷积的各分量分开。解卷积是一项十分重要的研究课题，对其深入研究还引入了许多重要的概念和参数，而且至今还在进一步发展中。在语音信号处理中解卷积有两种：一种是线性预测分析；另一种是同态处理。本节介绍语音的同态处理。信号的同态处理也称为同态滤波，它实现了将卷积关系变换为求和关系的分离处理技术。线性预测分析将在第 4 章中介绍。

3.1.1 同态处理的基本原理[1]

设语音信号 $x(n)$ 有

$$x(n)=x_1(n)*x_2(n) \tag{3-1-1}$$

式中，$x_1(n)$ 和 $x_2(n)$ 分别是声门激励和声道响应序列；符号“$*$”表示两个信号的卷积。

卷积同态处理是把输入卷积信号经过系统变换后输出一个处理过的卷积信号，如图 3-1-1 所示。

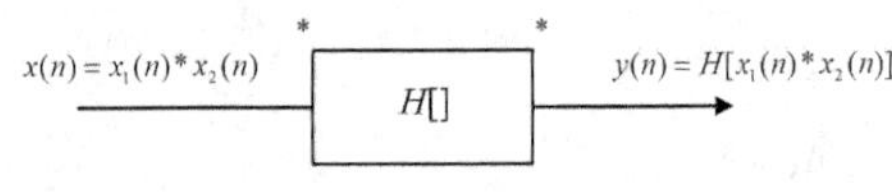

图 3-1-1 卷积同态系统模型

这种同态系统可分解为三个子系统，如图 3-1-2 所示。

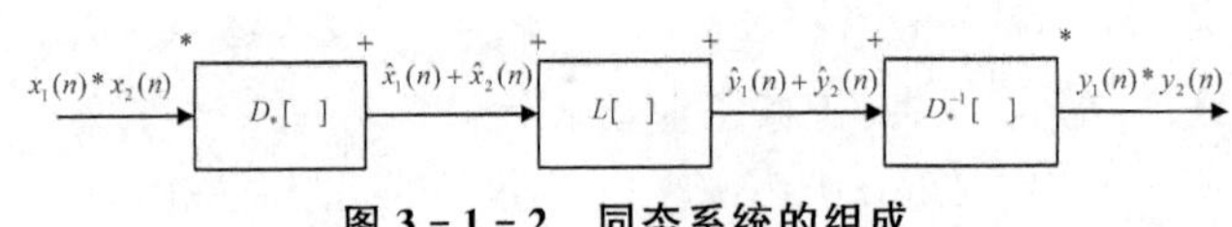

图 3-1-2 同态系统的组成

同态系统由两个特征子系统 $D_*[\ ]$ 和 $D_*^{-1}[\ ]$，以及一个线性子系统 $L[\ ]$ 所组成。第一个子系统 $D_*[\ ]$ 如图 3-1-3 所示，它完成将卷积性信号转换为加性信号的运算；第二个子系统 $L[\ ]$ 是一个普通线性系统，满足线性叠加原理，用于对加性信号进行线性变换和处理；第三个子系统 $D_*^{-1}[\ ]$ 是第一个子系统的逆变换，它将加性信号反变换为卷积性信号，如图 3-1-4 所示。图 3-1-2 至图 3-1-4 中，符号“ * ”“＋”和“ · ”分别表示卷积、加法和乘法运算。

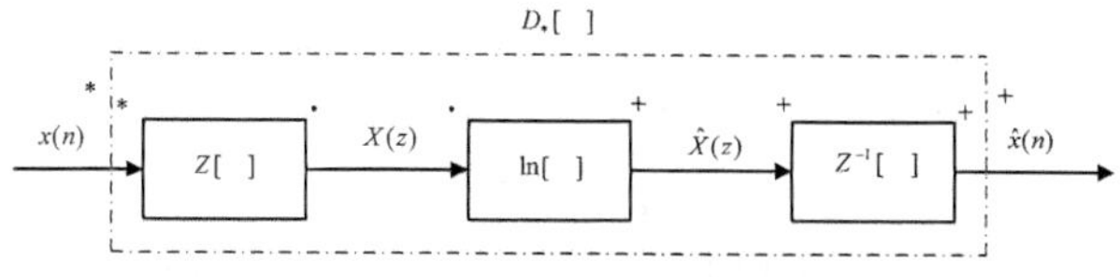

图 3-1-3　特征系统 $D_*[\ ]$ 的组成

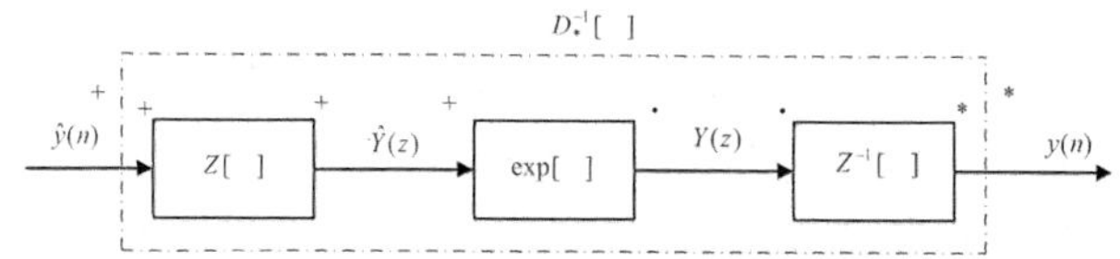

图 3-1-4　特征系统 $D_*^{-1}[\ ]$ 的组成

第一个子系统 $D_*[\ ]$ 是将卷积性信号转换为加性信号的运算，即对信号 $x(n)=x_1(n)*x_2(n)$ 进行如下运算处理：

$$\left.\begin{aligned}&Z[x(n)]=Z[x_1(n)*x_2(n)]=X_1(z)\cdot X_2(z)=X(z)\\&\ln X(z)=\ln X_1(z)+\ln X_2(z)=\hat{X}_1(z)+\hat{X}_2(z)=\hat{X}(z)\\&Z^{-1}[\hat{X}(z)]=Z^{-1}[\hat{X}_1(z)+\hat{X}_2(z)]=\hat{x}_1(n)+\hat{x}_2(n)=\hat{x}(n)\end{aligned}\right\}\qquad(3-1-2)$$

式中，$Z[\ ]$ 表示 Z 变换；$Z^{-1}[\ ]$ 表示 Z 的逆变换。

由于 $\hat{x}(n)$ 为加性信号，所以第二个子系统可对其进行线性处理后得到 $\hat{y}(n)$。第三个子系统是逆特征系统 $D_*^{-1}[\ ]$，它对 $\hat{y}(n)=\hat{y}_1(n)+\hat{y}_2(n)$ 进行逆变换，使其恢复为卷积性信号，即进行如下处理：

$$\left.\begin{aligned}&Z[\hat{y}(n)]=\hat{Y}(z)=\hat{Y}_1(z)+\hat{Y}_2(z)\\&\exp(\hat{Y}(z))=Y(z)=Y_1(z)\cdot Y_2(z)\\&y(n)=Z^{-1}[Y_1(z)\cdot Y_2(z)]=y_1(n)*y_2(n)\end{aligned}\right\}\qquad(3-1-3)$$

我们感兴趣的是子系统 $D_*[\ ]$ 的运算，因为它把语音信号 $x(n)$ 通过 $D_*[\ ]$ 系统后，将 $x(n)=x_1(n)*x_2(n)$ 变换为 $\hat{x}(n)=\hat{x}_1(n)+\hat{x}_2(n)$。设 $\hat{x}_1(n)$ 和 $\hat{x}_2(n)$ 分别为声门激励信号和声道冲激响应序列，如果 $\hat{x}_1(n)$ 和 $\hat{x}_2(n)$ 处于不同的位置并且相互不交叠，那么通过适当的线性系统便可将 $\hat{x}_1(n)$ 和 $\hat{x}_2(n)$ 分离出来，从而可以分别得到声门激励信号和声道冲激响应序列。

3.1.2　复倒谱和倒谱

在 $D_*[\ ]$ 和 $D_*^{-1}[\ ]$ 系统中，$\hat{x}(n)$ 和 $\hat{y}(n)$ 信号也均是时域序列，但它们所处的离散时间域显然不同于 $x(n)$ 和 $y(n)$ 所处的离散时域，所以把它称之为复倒频谱域。$\hat{x}(n)$ 是 $x(n)$ 的复倒频谱域，简称为复倒谱(Complex Cepstrum)，有时也称做对数复倒谱。同样，序列 $\hat{y}(n)$ 也是 $y(n)$ 的复倒谱。

在绝大多数数字信号处理中,$X(z)$,$\hat{X}(z)$,$Y(z)$ 和 $\hat{Y}(z)$ 的收敛域均在单位圆内,因而 $D_*[\ ]$和 $D_*^{-1}[\ ]$系统可表示为

$$D_*[\ ]\begin{cases}FT[x(n)]=X(\omega)\\ \hat{X}(\omega)=\ln[X(\omega)]\\ \hat{x}(n)=FT^{-1}[\hat{X}(\omega)]\end{cases} \tag{3-1-4}$$

$$D_*^{-1}[\ ]\begin{cases}\hat{Y}(\omega)=FT[\hat{y}(n)]\\ Y(\omega)=\exp[\hat{Y}(\omega)]\\ y(n)=FT^{-1}[Y(\omega)]\end{cases} \tag{3-1-5}$$

式中,FT 为傅里叶变换,FT^{-1} 为傅里叶逆变换;$\hat{x}(n)$ 是 $x(n)$ 的复倒谱;$\hat{y}(n)$ 是 $y(n)$ 的复倒谱;$X(\omega)$ 是 $x(n)$ 的傅里叶变换,可表示为

$$X(\omega)=|X(\omega)|e^{j\arg(X(\omega))} \tag{3-1-6}$$

$|X(\omega)|$ 为 $X(\omega)$ 的模值,$\arg(X(\omega))$ 为 $X(\omega)$ 的相角。对式(3-1-6)取对数得

$$\hat{X}(\omega)=\ln|X(\omega)|+j\arg(X(\omega)) \tag{3-1-7}$$

复数对数仍为复数,它包含实部和虚部。要注意的是,在进行对数运算中相角 $\arg(X(\omega))$ 存在多值性。为了确保定义的唯一性,通常需要一个约束条件,即假定相角 $\arg(X(\omega))$ 是角频率 ω 的连续函数。

在式(3-1-4)和式(3-1-7)中,如果只取 $\hat{X}(\omega)$ 的实数部分,即可得

$$c(n)=FT^{-1}[\ln|X(\omega)|] \tag{3-1-8}$$

式中,序列 $c(n)$ 是 $x(n)$ 对数幅值谱的逆傅里叶变换,称做倒频谱,简称倒谱。

$c(n)$ 的量纲是 Quefrency,又被称做倒频,它实际的单位还是时间的单位。因此可以总结如下:

① 复倒谱 $\hat{x}(n)$ 要进行复对数运算,而倒谱 $c(n)$ 只进行实对数运算。

② 在倒谱情况下,一个序列经过正逆两个特征系统变换后,不能还原成自身,因为在计算倒谱的过程中将序列的相位信息丢失了。

③ 与复倒谱类似,如果 $c_1(n)$ 和 $c_2(n)$ 分别是 $x_1(n)$ 和 $x_2(n)$ 的倒谱,并且 $x(n)=x_1(n)*x_2(n)$,则 $x(n)$ 的倒谱 $c(n)=c_1(n)+c_2(n)$。

④ 已知一个实数序列 $x(n)$ 的复倒谱 $\hat{x}(n)$,可以由 $\hat{x}(n)$ 求出它的倒谱 $c(n)$。

利用倒谱来分离语音中的声门激励信号和声道冲激响应序列的信息,从而可得到基频和共振峰;而利用复倒谱来消除语音中的混响和回声,则对语音信号进行了增强。

MATLAB 的信号处理工具箱为同态信号处理提供了三个函数。

(1) cceps 函数

名称:cceps

功能:计算复倒谱。

调用格式:[xhat,nd] = cceps(x)

说明:x 是被测信号序列;xhat 为实信号序列 x 的复倒谱,是实序列;nd 是为了保证频率 π 处具有零相位特性而对信号 x 所做的单位圆延迟。

(2) rceps 函数

名称:rceps

功能:计算实倒谱和最小相位重构。

调用格式:[xh,yh] = rceps(x)

说明:x 是被测信号序列;xh 是 x 的实倒谱;yh 是最小相位重构序列。

(3) icceps 函数

名称:icceps

功能:计算逆复倒谱。

调用格式:xh = icceps(xhat,nd)

说明:xh 是复倒谱 xhat 的逆变换;nd 为所要去除的时间延迟。

例 3-1-1(pr3_1_1)　从 su1.txt 中读入语音数据,信号的采样频率为 16 000 Hz,按式(3-1-8)计算信号的倒谱,并从中把语音的声门激励信号和声道冲激响应分离,分别得到声门激励信号的频谱和声道冲激响应的频谱。

程序清单如下:

```
% pr3_1_1
clear all; clc; close all;
y = load('su1.txt');                                     % 读入数据
fs = 16000; nfft = 1024;                                 % 采样频率和 FFT 的长度
time = (0:nfft-1)/fs;                                    % 时间刻度
figure(1), subplot 211; plot(time,y,'k');                % 画出信号波形
title('信号波形'); axis([0 max(time) -0.7 0.7]);
ylabel('幅值'); xlabel(['时间/s' 10 '(a)']); grid;
figure(2)
nn = 1:nfft/2; ff = (nn-1) * fs/nfft;                    % 计算频率刻度
Y = log(abs(fft(y)));                                    % 按式(3-1-8)取实数部分
subplot 211; plot(ff,Y(nn),'k'); hold on;                % 画出信号的频谱图
z = ifft(Y);                                             % 按式(3-1-8)求取倒谱
figure(1), subplot 212; plot(time,z,'k');                % 画出倒谱图
title('信号倒谱图'); axis([0 time(512) -0.2 0.2]); grid;
ylabel('幅值'); xlabel(['倒频率/s' 10 '(b)']);
mcep = 29;                                               % 分离声门激励脉冲和声道冲激响应
zy = z(1:mcep + 1);
zy = [zy' zeros(1,nfft - 2 * mcep - 1) zy(end:-1:2)'];   % 构建声道冲激响应的倒谱序列
ZY = fft(zy);                                            % 计算声道冲激响应的频谱
figure(2),                                               % 画出声道冲激响应的频谱,用灰线表示
line(ff,real(ZY(nn)),'color',[.6 .6 .6],'linewidth',3);
grid; hold off; ylim([-4 5]);
title('信号频谱(黑线)和声道冲激响频谱(灰线)')
ylabel('幅值'); xlabel(['频率/Hz' 10 '(a)']);

ft = [zeros(1,mcep + 1) z(mcep + 2:end - mcep)' zeros(1,mcep)];  % 构建声门激励脉冲的倒谱序列
FT = fft(ft);                                            % 计算声门激励脉冲的频谱
subplot 212; plot(ff,real(FT(nn)),'k'); grid;            % 画出声门激励脉冲的频谱
title('声门激励脉冲频谱')
ylabel('幅值'); xlabel(['频率/Hz' 10 '(b)']);
```

运行 pr3_1_1 后得到的信号波形和信号倒谱图如图 3-1-5 所示。

在图 3-1-6(a)中画出了信号的频谱图(黑线)和声道冲激响应的频谱图(灰线),在图 3-1-6(b)中画出了声门激励脉冲的频谱图。

一般情况下,信号经傅里叶分析后都能得到信号的频谱图,如图 3-1-6(a)中黑线所示;但是经过倒谱分析后,把声门激励脉冲和声道冲激响应分离。它们在倒谱中处于不同的倒频区间,我们以倒谱中第 29 条谱线为界,0～29 区间构成声道冲激响应的倒谱序列;用该倒谱序列通过傅里叶变换,就可得到图 3-1-6(a)中灰线所示的声道冲激响应的频谱,在灰线的频谱图上可清楚地看出共振峰的信息。而在倒谱图中的 30～512 区间构成声门激励脉冲的倒谱序列,通过傅里叶逆变换,就可得到图 3-1-6(b)中声门激励脉冲的频谱图,从图中可以方便地获取基频的信息。

在第 8 章和第 9 章中将会用倒谱分析来获取基音和共振峰的信息。

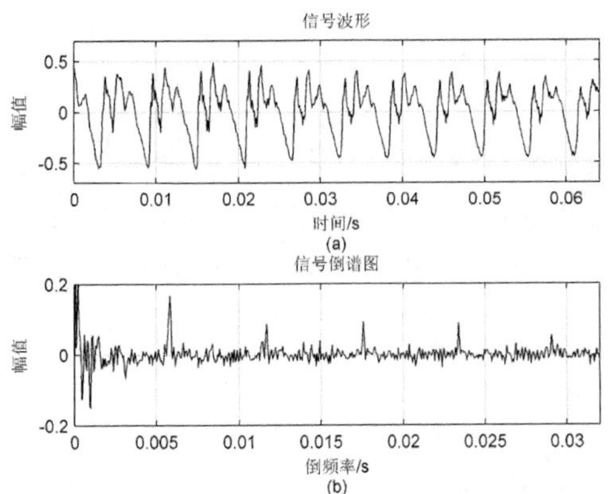

图 3-1-5 信号波形和信号倒谱图

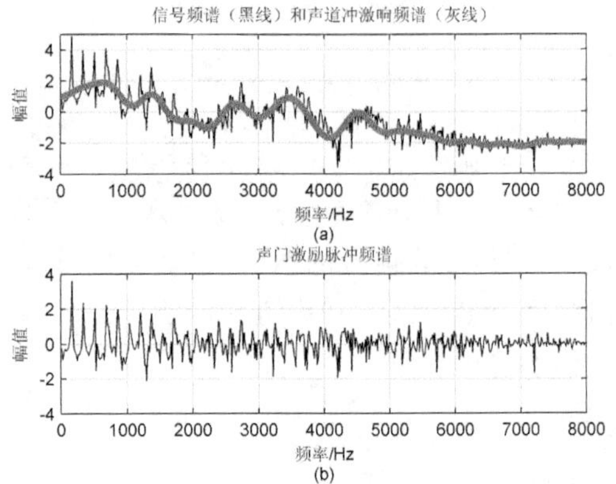

图 3-1-6 信号频谱图、声道冲激响应频谱图和声门激励脉冲频谱图

3.2 离散余弦变换

离散余弦变换(Discrete Cosine Transform,DCT)具有信号谱分量丰富、能量集中,且不需要对语音相位进行估算等优点,能在较低的运算复杂度下取得较好的语音增强效果。在本节中先介绍 DCT 的基本概念,在下一节中将应用 DCT 计算 MFCC 系数。

设 $x(n)$ 是 N 个有限值的一维实数信号序列,$n=0,1,\cdots,N-1$, DCT 的完备正交归一函数是

$$X(k)=\alpha(k)\sum_{n=0}^{N-1}x(n)\cos\left[\frac{\pi(2n+1)k}{2N}\right] \tag{3-2-1}$$

$$x(n)=\sum_{k=0}^{N-1}\alpha(k)X(k)\cos\left[\frac{\pi(2n+1)k}{2N}\right] \tag{3-2-2}$$

式中,$\alpha(k)$ 的定义为

$$\alpha(k)=\begin{cases}\sqrt{1/N} & k=0\\ \sqrt{2/N} & 1\leqslant k\leqslant N-1\end{cases} \tag{3-2-3}$$

式中,$n=0,1,\cdots,N-1$;$k=0,1,\cdots,N-1$。

式(3-2-3)用矩阵可表示为

$$\begin{bmatrix}X(0)\\X(1)\\\vdots\\X(N-1)\end{bmatrix}=\sqrt{\frac{2}{N}}\begin{bmatrix}\frac{1}{\sqrt{2}} & \frac{1}{\sqrt{2}} & \cdots & \frac{1}{\sqrt{2}}\\ \cos\frac{\pi}{2N} & \cos\frac{3\pi}{2N} & \cdots & \cos\frac{(2N-1)\pi}{2N}\\ \vdots & \vdots & & \vdots\\ \cos\frac{(N-1)\pi}{2N} & \cos\frac{3(N-1)\pi}{2N} & \cdots & \cos\frac{(2N-1)(N-1)\pi}{2N}\end{bmatrix}\begin{bmatrix}x(0)\\x(1)\\\vdots\\x(N-1)\end{bmatrix} \tag{3-2-4}$$

由式(3-2-4)很容易得到 DCT 的另一种表示形式:

$$X(k)=\sqrt{\frac{2}{N}}\sum_{n=0}^{N-1}C(k)x(n)\cos\left[\frac{\pi(2n+1)k}{2N}\right]\qquad k=0,1,\cdots,N-1 \tag{3-2-5}$$

式中,$C(k)$ 是正交因子。

为了保证变换基的规范性，引入

$$C(k)=\begin{cases}\sqrt{2}/2 & k=0\\ 1 & k=1,2,\cdots,N-1\end{cases} \tag{3-2-6}$$

DCT 的矩阵形式为

$$\boldsymbol{X}=\boldsymbol{C}_N\boldsymbol{x} \tag{3-2-7}$$

式中，$\boldsymbol{X}$ 和 $\boldsymbol{x}$ 都是 $N\times1$ 的向量，分别表示 DCT 的输出序列和输入序列；$\boldsymbol{C}_N$ 是 $N\times N$ 的变换矩阵，元素可以按式(3-2-5)和式(3-2-6)求出。

例如，当 $N=4$ 时，有

$$\boldsymbol{C}_4=\begin{bmatrix}c_0\\c_1\\c_2\\c_3\end{bmatrix}=\frac{\sqrt{2}}{2}\begin{bmatrix}\frac{1}{\sqrt{2}} & \frac{1}{\sqrt{2}} & \frac{1}{\sqrt{2}} & \frac{1}{\sqrt{2}}\\ \cos\frac{\pi}{8} & \cos\frac{3\pi}{8} & \cos\frac{5\pi}{8} & \cos\frac{7\pi}{8}\\ \cos\frac{2\pi}{8} & \cos\frac{6\pi}{8} & \cos\frac{10\pi}{8} & \cos\frac{14\pi}{8}\\ \cos\frac{3\pi}{8} & \cos\frac{9\pi}{8} & \cos\frac{15\pi}{8} & \cos\frac{21\pi}{8}\end{bmatrix}$$

可以证明，$\boldsymbol{C}_N$ 的行、列向量均有下述关系：

$$\langle c_k, c_n\rangle=\begin{cases}1 & k=n\\ 0 & k\neq n\end{cases} \tag{3-2-8}$$

式中，$\langle *, *\rangle$表示内积，说明变换矩阵是归一化的正交阵；DCT 是正交变换。

DCT 的逆变换(IDCT)的矩阵形式为

$$\begin{bmatrix}x(0)\\x(1)\\\vdots\\x(N-1)\end{bmatrix}=\sqrt{\frac{2}{N}}\begin{bmatrix}\frac{1}{\sqrt{2}} & \cos\frac{\pi}{2N} & \cdots & \cos\frac{(N-1)\pi}{2N}\\ \frac{1}{\sqrt{2}} & \cos\frac{3\pi}{2N} & \cdots & \cos\frac{3(N-1)\pi}{2N}\\ \vdots & \vdots & & \vdots\\ \frac{1}{\sqrt{2}} & \cos\frac{(2N-1)\pi}{2N} & \cdots & \cos\frac{(2N-1)(N-1)\pi}{2N}\end{bmatrix}\begin{bmatrix}X(0)\\X(1)\\\vdots\\X(N-1)\end{bmatrix} \tag{3-2-9}$$

IDCT 的另一种表示形式为

$$x(n)=\sqrt{\frac{2}{N}}\sum_{k=0}^{N-1}C(k)X(k)\cos\left[\frac{\pi(2n+1)k}{2N}\right]\qquad n=0,1,\cdots,N-1 \tag{3-2-10}$$

式中，$C(k)$ 同样为

$$C(k)=\begin{cases}\sqrt{2}/2 & k=0\\ 1 & k=1,2,\cdots,N-1\end{cases} \tag{3-2-11}$$

用矩阵形式可表示为

$$\boldsymbol{x}=\boldsymbol{C}_N^{-1}\boldsymbol{X}=\boldsymbol{C}_N^{T}\boldsymbol{X} \tag{3-2-12}$$

在 MATLAB 工具箱中有 dct 和 idct 函数，它们的使用方法如下。

(1) dct 函数

名称：dct

功能：离散余弦变换。

调用格式:

X = dct(x)

X = dct(x,N)

说明:原始信号为 x;离散余弦变换后的序列在 X 中;在 dct 函数中设置参数 N,是对 x 进行截断后变换(N 小于 x 的长度)或对 x 补零后变换(N 大于 x 的长度)。

(2) idct 函数

名称:idct

功能:离散余弦逆变换。

调用格式:

x = idct(X)

x = dct(X,N)

说明:同 dct。

由于 DCT 具有很好的能量集中性,仅用几个变换系数即可代表序列能量的总体,所以在数字通信中被广泛地应用。下面通过一例子进行说明。

例 3-2-1(pr3_2_1) 已知一余弦序列

$$x(n)=\cos(2\pi fn/f_s),\qquad 0\leqslant n<1\ 000$$

式中,$f=50$ Hz,$f_s=1\ 000$ Hz。计算此序列的 DCT 并仅用幅值大于 5 的部分重建信号。

MATLAB 实现程序如下:

```
% pr3_2_1
f = 50;                         % 信号频率
fs = 1000;                      % 采样频率
N = 1000;                       % 样点总数
n = 0:N-1;
xn = cos(2 * pi * f * n/fs);    % 构成余弦序列
y = dct(xn) ;                   % 离散余弦变换
num = find(abs(y)<5);           % 寻找余弦变换后幅值小于 5 的区间
y(num) = 0;                     % 对幅值小于 5 的区间的幅值都置为 0
zn = idct(y);                   % 离散余弦逆变换
subplot 211; plot(n,xn,'k');    % 绘制 xn 的图
xlabel('n'); title('x(n)');
subplot 212; plot(n,zn,'k');    % 绘制 zn 的图
xlabel('n'); title('z(n)');
rp = 100 - norm(xn - zn)/norm(xn) * 100   % 计算重建率
```

计算出的重建率 rp=84.356 6,说明 DCT 具有很好的能量集中性。原始序列 xn 与重建序列 zn 的波形如图 3-2-1 所示。

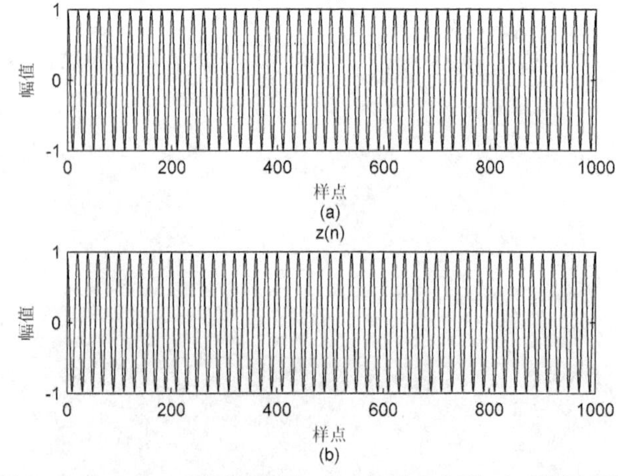

图 3-2-1 DCT 的原始序列 $x(n)$ 与重建序列 $z(n)$ 的波形图

若您对此书内容有任何疑问,可以凭在线交流卡登录MATLAB中文论坛与作者交流。

3.3　Mel 频率倒谱系数的分析

Mel 频率倒谱系数(Mel Frequency Cepstrum Coefficient,MFCC)的分析是基于人的听觉机理,即依据人的听觉实验结果来分析语音的频谱,期望能获得好的语音特性。MFCC 分析依据的听觉机理有两个。

第一,人的主观感知频域的划定并不是线性的,根据 Stevens 和 Volkman (1940)的工作,有下面的公式:

$$F_{\mathrm{mel}} = 1\,125 \log(1 + f/700) \tag{3-3-1}$$

式中,F_{mel} 是以美尔(Mel)为单位的感知频率;f 是以 Hz 为单位的实际频率。

F_{mel} 与 f 的关系曲线如图 3-3-1 所示。若将语音信号的频谱变换到感知频域中,能更好地模拟听觉过程的处理。

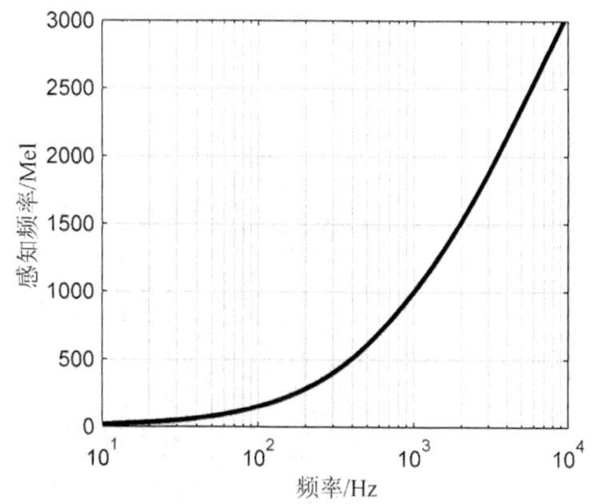

图 3-3-1　感知频率和实际频率的关系曲线

第二,临界带(Critical Band)。由第 1 章可知,频率群相应于人耳基底膜分成许多很小的部分,每一部分对应一个频率群,对应于同一频率群的那些频率的声音,在大脑中是叠加在一起进行评价的。按临界带的划分,将语音在频域上划分成一系列的频率群组成了滤波器组,即 Mel 滤波器组。

3.3.1　Mel 滤波器组

在语音的频谱范围内设置若干带通滤波器 $H_m(k)$,$0 \leqslant m < M$,M 为滤波器的个数。每个滤波器具有三角形滤波特性,其中心频率为 $f(m)$,在 Mel 频率范围内,这些滤波器是等带宽的。每个带通滤波器的传递函数为

$$H_m(k) = \begin{cases} 0 & k < f(m-1) \\ \dfrac{k - f(m-1)}{f(m) - f(m-1)} & f(m-1) \leqslant k \leqslant f(m) \\ \dfrac{f(m+1) - k}{f(m+1) - f(m)} & f(m) < k \leqslant f(m+1) \\ 0 & k > f(m+1) \end{cases} \tag{3-3-2}$$

$$0 \leqslant m \leqslant M$$

$f(m)$ 可以用下面的方法加以定义:

$$f(m) = \left(\frac{N}{f_s}\right) F_{\mathrm{mel}}^{-1}\left(F_{\mathrm{mel}}(f_l) + m\,\frac{F_{\mathrm{mel}}(f_h) - F_{\mathrm{mel}}(f_l)}{M+1}\right) \tag{3-3-3}$$

式中,f_l 为滤波器频率范围的最低频率;f_h 为滤波器频率范围的最高频率;N 为 DFT(或 FFT)时的长度;f_s 为采样频率;F_{mel} 的逆函数 F_{mel}^{-1} 为

$$F_{\mathrm{mel}}^{-1}(b) = 700(\mathrm{e}^{b/1\,125} - 1) \tag{3-3-4}$$

在 MATLAB 的 voicebox 工具箱中有 melbankm 函数可用于计算 Mel 滤波器组。

名称:melbankm

功能:在 Mel 频率上设计平均分布的滤波器。

调用格式:h = melbankm(p,n,fs,fl,fh,w)

说明:输入参数 fs 是采样频率;fl 是设计滤波器的最低频率(用 fs 进行归一,一般取 0);fh 是设计滤波器的最高频率(用 fs 进行归一,一般取 0.5);p 是在 fl 和 fh 之间设计 Mel 滤波器的个数,即在 fl 和 fh 之间设计几个 Mel 滤波器,可以人为设定;n 是一帧 FFT 后数据的长度;w 是窗函数,取三角窗时,w = 't',也可取海宁窗或汉明窗,此时参数分别为 w = 'n' 和 w = 'm'。输出参数 h 是滤波器的频域响应,是一个 p×(n/2+1)的数组,p 个滤波器就有 p 个滤波器的频率响应,每个滤波器的响应曲线长 n/2+1,相当于取正频率的部分。本函数是对 FFT 后的频域信号进行处理,只给出滤波器的频域响应。

在本函数中将调用 erb2frq,bark2frq 和 mel2frq 等函数,它们都是 voicebox 工具箱中的函数。

例如,信号采样频率为 8 000 Hz,每帧长 256,设置为 24 个 Mel 滤波器组,则调用可为

```
X = melbankm(24,256,8000,0,0.5,w);
```

取汉明窗和三角窗得到的滤波器组的响应曲线如图 3-3-2 所示。

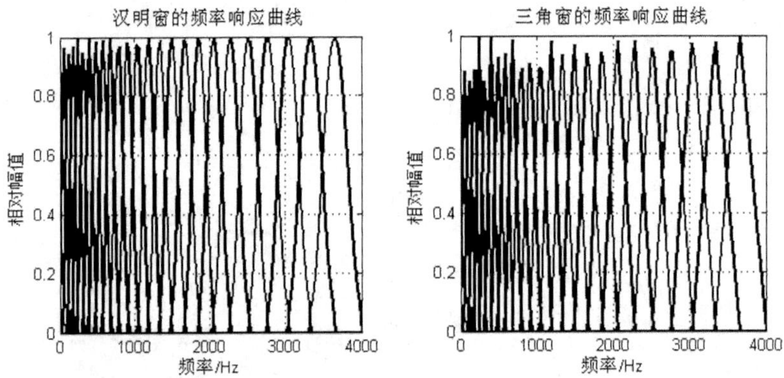

图 3-3-2 Mel 滤波器组的响应曲线

3.3.2 MFCC 特征参数提取

MFCC 特征参数提取原理框图如图 3-3-3 所示。

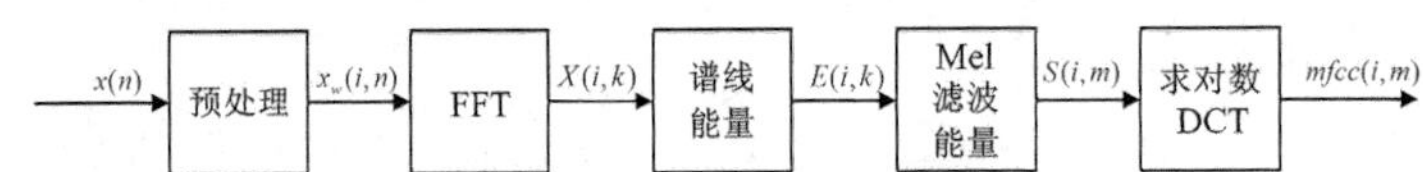

图 3-3-3 MFCC 特征参数提取原理框图

(1) 预处理

预处理包括预加重、分帧、加窗函数。

预加重:在第 1 章中已指出声门脉冲的频率响应曲线接近于一个二阶低通滤波器,而口腔的辐射响应也接近于一个一阶高通滤波器。预加重的目的是为了补偿高频分量的损失,提升高频分量。预加重的滤波器常设为

$$H(z)=1-az^{-1} \tag{3-3-5}$$

式中,a 为一个常数。

分帧处理:在第 2 章中指出,由于语音信号是一个准稳态的信号,把它分成较短的帧,在每帧中可将其看做稳态信号,可用处理稳态信号的方法来处理。同时,为了使一帧与另一帧之间的参数能较平稳地过渡,在相邻两帧之间互相有部分重叠。

加窗函数：加窗函数的目的是减少频域中的泄漏，将对每一帧语音乘以汉明窗或海宁窗。语音信号 $x(n)$ 经预处理后为 $x_i(m)$，其中下标 i 表示分帧后的第 i 帧。

(2) 快速傅里叶变换

对每一帧信号进行 FFT 变换，从时域数据转变为频域数据：

$$X(i,k)=FFT[x_i(m)] \tag{3-3-6}$$

(3) 计算谱线能量

对每一帧 FFT 后的数据计算谱线的能量：

$$E(i,k)=|X(i,k)|^2 \tag{3-3-7}$$

(4) 计算通过 Mel 滤波器的能量

在 3.3.1 小节中已介绍了 Mel 滤波器的设计，把求出的每帧谱线能量谱通过 Mel 滤波器，并计算在该 Mel 滤波器中的能量。在频域中相当于把每帧的能量谱 $E(i,k)$（其中 i 表示第 i 帧，k 表示频域中的第 k 条谱线）与 Mel 滤波器的频域响应 $H_m(k)$ 相乘并相加：

$$S(i,m)=\sum_{k=0}^{N-1}E(i,k)H_m(k) \qquad 0\leqslant m<M \tag{3-3-8}$$

(5) 计算 DCT 倒谱

在 3.1 节中已介绍过序列 $x(n)$ 的 FFT 倒谱 $\hat{x}(n)$ 为

$$\hat{x}(n)=FT^{-1}[\hat{X}(k)] \tag{3-3-9}$$

式中，$\hat{X}(k)=\ln\{FT[x(n)]\}=\ln\{X(k)\}$，$FT$ 和 FT^{-1} 表示傅里叶变换和傅里叶逆变换。又在 3.2 节中已介绍过序列 $x(n)$ 的 DCT 为

$$X(k)=\sqrt{\frac{2}{N}}\sum_{n=0}^{N-1}C(k)x(n)\cos\left[\frac{\pi(2n+1)k}{2N}\right] \qquad k=0,1,\cdots,N-1 \tag{3-3-10}$$

式中，参数 N 是序列 $x(n)$ 的长度；$C(k)$ 是正交因子，可表示为

$$C(k)=\begin{cases}\sqrt{2}/2 & k=0\\ 1 & k=1,2,\cdots,N-1\end{cases} \tag{3-3-11}$$

在式(3-3-9)中求取 FFT 的倒谱是把 $X(k)$ 取对数后计算 FFT 的逆变换。而这里求 DCT 的倒谱和求 FFT 的倒谱相类似，把 Mel 滤波器的能量取对数后计算 DCT：

$$mfcc(i,n)=\sqrt{\frac{2}{M}}\sum_{m=0}^{M-1}\log[S(i,m)]\cos\left[\frac{\pi n(2m-1)}{2M}\right] \tag{3-3-12}$$

式中，$S(i,m)$ 是由式(3-3-8)求出的 Mel 滤波器能量；m 是指第 m 个 Mel 滤波器（共有 M 个）；i 是指第 i 帧；n 是 DCT 后的谱线。

这样就计算出了 MFCC 参数。该参数常用于语音识别中，在本书中将用该参数进行端点的检测。

在何强和何英编著的《MATLAB 扩展编程》[2] 中已提供了 mfcc 的 MATLAB 函数，但该函数对于不同的采样频率限制了 Mel 滤波器的通道数，只能为 24，采样频率限于 8 000 Hz，帧长只能为 256，帧移为 80。因此，没有足够的灵活性。本书在原有 mfcc 的基础上将其修改为 mfcc_m，使得 Mel 滤波器组的通道数、采样频率、帧长和帧移都可以灵活设置。

程序清单如下：

```
function ccc = mfcc_m(x,fs,p,frameSize,inc)
% % % % % % % % % % % % % % % % % % % % % % % % % % % % % % % % % % % % %
%                    function ccc = mfcc_m(x);
%对输入的语音序列 x 进行 MFCC 参数的提取,返回 MFCC 参数和一阶
%差分 MFCC 参数,Mel 滤波器的个数为 p,采样频率为 fs
%对 x 每 frameSize 点分为一帧,相邻两帧之间的帧移为 inc
% FFT 的长度为帧长
% % % % % % % % % % % % % % % % % % % % % % % % % % % % % % % % % % % % %
%按帧长为 frameSize,Mel 滤波器的个数为 p,采样频率为 fs
%提取 Mel 滤波器参数,用汉明窗函数
bank = melbankm(p,frameSize,fs,0,0.5,'m');
%归一化 Mel 滤波器组系数
bank = full(bank);
bank = bank/max(bank(:));
p2 = p/2;
% DCT 系数,p2 * p
for k = 1:p2
  n = 0:p - 1;
  dctcoef(k,:) = cos((2 * n + 1) * k * pi/(2 * p));
end
%归一化倒谱提升窗口
w = 1 + 6 * sin(pi * [1:p2] ./ p2);
w = w/max(w);
%预加重滤波器
xx = double(x);
xx = filter([1 - 0.9375],1,xx);
%语音信号分帧
xx = enframe(xx,frameSize,inc);
n2 = fix(frameSize/2) + 1;
%计算每帧的 MFCC 参数
for i = 1:size(xx,1)
  y = xx(i,:);
  s = y' .* hamming(frameSize);
  t = abs(fft(s));
  t = t.^2;
  c1 = dctcoef * log(bank * t(1:n2));
  c2 = c1. * w';
  m(i,:) = c2';
end
%差分系数
dtm = zeros(size(m));
for i = 3:size(m,1) - 2
  dtm(i,:) = -2 * m(i - 2,:) - m(i - 1,:) + m(i + 1,:) + 2 * m(i + 2,:);
end
dtm = dtm / 3;
%合并 MFCC 参数和一阶差分 MFCC 参数
ccc = [m dtm];
%去除首尾两帧,因为这两帧的一阶差分参数为 0
ccc = ccc(3:size(m,1) - 2,:);
```

mfcc_m 函数的调用格式为:

```
Cn = mfcc_m(x,fs,p,frameSize,inc)
```

说明:其中 x 为语音信号序列;fs 为采样频率;p 为 Mel 滤波器的个数(p 为偶数),一般可设为 16、24、32 等;frameSize 是每帧的长度,也是求 MFCC 参数时 FFT 的长度;inc 是分帧中的帧移。

例 3-3-1(pr3_3_1)　f_s 为 8 000 Hz,利用函数 melbankm 设计 24 个 Mel 滤波器,最低频率 f_l=0 Hz,最高频率 f_h=0.5 Hz,使用三角窗函数。

程序清单如下:

```
% pr3_3_1
clear all; clc; close all;

% 调用 melbankm 函数,在 0 - 0.5 区间设计 24 个 Mel 滤波器,用三角形窗函数
bank = melbankm(24,256,8000,0,0.5,'t');
bank = full(bank);
bank = bank/max(bank(:));                    % 幅值归一化

df = 8000/256;                               % 计算分辨率
ff = (0:128) * df;                           % 频率坐标刻度
for k = 1 : 24                               % 绘制 24 个 Mel 滤波器响应曲线
    plot(ff,bank(k,:),'k','linewidth',2); hold on;
end
hold off; grid;
xlabel('频率/Hz'); ylabel('相对幅值')
title('Mel 滤波器组的频率响应曲线')
```

说明:

① 调用函数 melbankm 时用了参数 't',是指使用三角窗函数。

② 用了函数 full。因为在 Mel 滤波器的 bank 数组中有一些为 0 值,在 MATLAB 中对稀疏矩阵的存储有两种方法:一种是把所有的元素都存储(Full Storage Organization);另一种是只存储非 0 的元素(Sparse Storage Organization)。函数 full 是把矩阵中所有的元素都存储,以便以后的运算。

运行 pr3_3_1 后得到 24 个 Mel 滤波器的频率响应曲线,如图 3-3-4 所示。

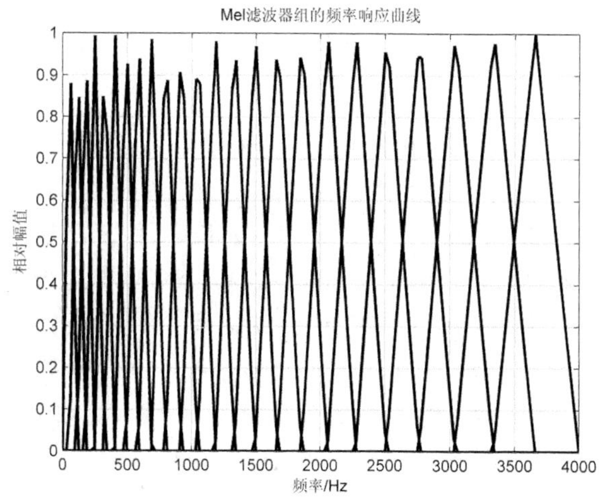

图 3-3-4　在 0～4 000 Hz 之间 24 个 Mel 滤波器的频率响应曲线

例 3-3-2(pr3_3_2)　这里有三个语音信号,两个是元音\i\,一个是元音\a\,分别在 s1. wav,s2. wav 和 a1. wav 语音文件中。要利用 MFCC 参数观察信号 s1 和 s2,以及信号 s1 和 a1 的匹配情况,并计算它们的 MFCC 距离。

程序清单如下:

```
% pr3_3_2
clear all; clc; close all;
[x1,fs] = wavread('s1.wav');          % 读入信号 s1 - \i1\
x2 = wavread('s2.wav');               % 读入信号 s2 - \i2\
x3 = wavread('a1.wav');               % 读入信号 a1 - \a1\
wlen = 200;                           % 帧长
inc = 80;                             % 帧移
x1 = x1/max(abs(x1));                 % 幅值归一化
x2 = x2/max(abs(x2));
x3 = x3/max(abs(x3));
% 计算/i1/与/i2/之间的匹配比较
[Dcep,Ccep1,Ccep2] = mel_dist(x1,x2,fs,16,wlen,inc);
figure(1)
plot(Ccep1(3,:),Ccep2(3,:),'k+'); hold on
plot(Ccep1(7,:),Ccep2(7,:),'kx');
plot(Ccep1(12,:),Ccep2(12,:),'k^');
plot(Ccep1(16,:),Ccep2(16,:),'kh');
legend('第3帧','第7帧','第12帧','第16帧',2)
xlabel('信号x1');ylabel('信号x2')
axis([-12 12 -12 12]);
line([-12 12],[-12 12],'color','k','linestyle','--');
title('/i1/与/i2/之间的MFCC参数匹配比较')
% 计算/i1/与/a1/之间的匹配比较
[Dcep,Ccep1,Ccep2] = mel_dist(x1,x3,fs,16,wlen,inc);
figure(2)
plot(Ccep1(3,:),Ccep2(3,:),'k+'); hold on
plot(Ccep1(7,:),Ccep2(7,:),'kx');
plot(Ccep1(12,:),Ccep2(12,:),'k^');
plot(Ccep1(16,:),Ccep2(16,:),'kh');
legend('第3帧','第7帧','第12帧','第16帧',2)
xlabel('信号x1');ylabel('信号x3')
axis([-12 12 -12 12]);
line([-12 12],[-12 12],'color','k','linestyle','--');
title('/i1/与/a1/之间的MFCC参数匹配比较')
```

说明:

① 程序中调用了mel_dist函数,用于在已知两个信号后,计算该两信号的MFCC参数和距离。

② 对s1.wav,s2.wav和a1.wav都选择有相同的长度,便于比较。

③ 每一个音都有19帧,但为了作图时清楚些,只从19帧中选择了4帧(分别为3、7、12和16帧),把两个音在这些帧中前16个MFCC参数显示出来,以便比较(见图3-3-5所示)。图3-3-5显示了两个音的MFCC参数,横坐标是x_1的MFCC参数,纵坐标是x_2(或x_3)的MFCC参数。如果两个音是较匹配的,则系数分布应在45°线附近(图中用虚线表示)。

④ 计算出两帧信号MFCC的距离数值在Dcep数组中。

运行pr3_3_2后结果如图3-3-5所示。

在程序pr3_3_2中调用了mel_dist函数,对其介绍如下:

名称:mel_dist

功能:在已知两个信号后,计算该两信号的MFCC参数和距离。

调用格式:[Dcep,Ccep1,Ccep2] = mel_dist(s1,s2,fs,num,wlen,inc)

说明:输入参数s1和s2分别为两个信号的数据序列;fs是采样频率;num设置的是Mel滤波器个数;wlen是帧长;inc是帧移。输出参数Dcep是两个信号的Mel距离;Ccep1是第一个信号的MFCC参数;Ccep2是第二个信号的MFCC参数。

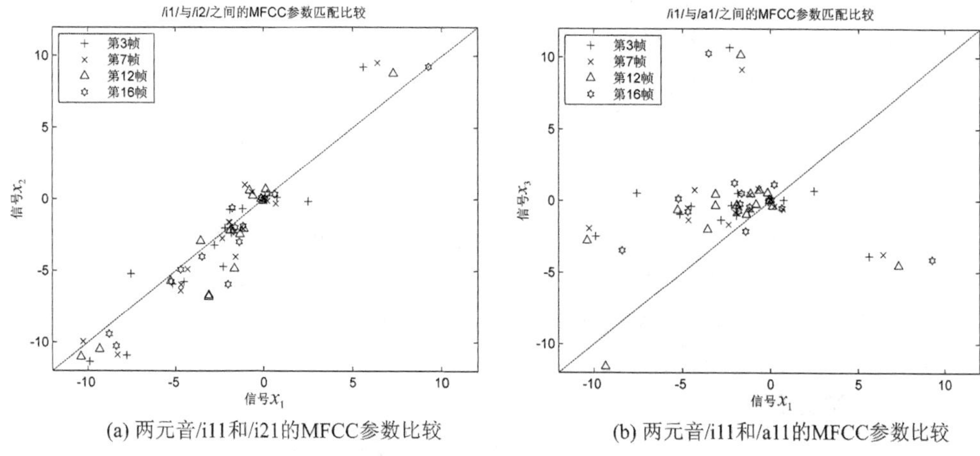

(a) 两元音/i1]和/i2]的MFCC参数比较　　(b) 两元音/i1]和/a1]的MFCC参数比较

图 3-3-5　元音的 MFCC 参数比较

程序清单如下：

```
function [Dcep,Ccep1,Ccep2] = mel_dist(s1,s2,fs,num,wlen,inc)

ccc1 = mfcc_m(s1,fs,num,wlen,inc);   % 求取 Mel 滤波器参数
ccc2 = mfcc_m(s2,fs,num,wlen,inc);
fn1 = size(ccc1,1);                  % 取帧数
Ccep1 = ccc1(:,1:num);               % 只取 MFCC 中前 16 个参数
Ccep2 = ccc2(:,1:num);

for i = 1 : fn1                      % 计算 s1 与 s2 之间每帧的 Mel 距离
    Cn1 = Ccep1(i,:);
    Cn2 = Ccep2(i,:);
    Dstu = 0;
    for k = 1 : num
        Dstu = Dstu + (Cn1(k) - Cn2(k))^2;
    end
    Dcep(i) = sqrt(Dstu);            % 每帧的 Mel 距离
end
```

3.4　小波和小波包变换[3]

3.4.1　小波变换

1. 连续型小波变换

小波变换是一个平方可积函数 $f(t)$ 与一个在时频域上具有良好局部性质的小波函数 $\psi(t)$ 的内积：

$$W_f(a,b) = < f,\psi_{a,b} > = \frac{1}{\sqrt{a}}\int_{-\infty}^{\infty} f(t)\psi^*\left(\frac{t-b}{a}\right)\mathrm{d}t \tag{3-4-1}$$

式中，$< *, * >$ 表示内积；$a > 0$ 为尺度因子；b 为位移因子；$*$ 表示复数共轭；$\psi_{a,b}(t)$ 为

$$\psi_{a,b}(t) = \frac{1}{\sqrt{a}}\psi\left(\frac{t-b}{a}\right) \tag{3-4-2}$$

式中，$\psi_{a,b}(t)$ 是母小波 $\psi(t)$ 经移位和伸缩所产生的一族函数，称为小波基函数或简称小波基。

从式(3-4-2)可看到,改变 a 值,对函数 $\psi_{a,b}(t)$ 具有伸展($a>1$)或收缩($a<1$)的作用;改变 b,则会影响函数 $f(t)$ 围绕 b 点的分析结果。

$\psi(t)$ 必须满足容许性条件:

$$\int_{-\infty}^{\infty}\psi(t)\mathrm{d}t=0 \quad 或 \quad \int_{-\infty}^{\infty}\frac{|\Psi(\omega)|^2}{|\omega|}\mathrm{d}\omega=C_\psi<\infty \tag{3-4-3}$$

式中,$\Psi(\omega)$ 是 $\psi(t)$ 的傅里叶变换。

由式(3-4-3)可以得出,$\psi(t)$ 的时域波形具有"衰减性"和"波动性",即其振幅具有正负相间的振荡;从频谱上看,$\Psi(\omega)$ 集中在一个"小"的频带内,具有"带通性"。

$\psi_{a,b}(t)$ 中参数 a 的伸缩和参数 b 的平移为连续取值的小波变换称为连续小波变换,连续小波变换主要用于理论分析方面。

2. 离散型小波变换

在实际应用中,需要对尺度因子 a 和位移因子 b 进行离散化处理,可以取:

$$a=a_0^m, \quad b=nb_0a_0^m \tag{3-4-4}$$

式中,m,n 为整数;a_0 为大于1的常数;b_0 为大于0的常数;a 和 b 的选取与小波 $\psi(t)$ 的具体形式有关。

离散小波函数表示为

$$\psi_{m,n}(t)=\frac{1}{\sqrt{a_0^m}}\psi\left(\frac{t-nb_0a_0^m}{a_0^m}\right)=\frac{1}{\sqrt{a_0^m}}\psi(a_0^{-m}t-nb_0) \tag{3-4-5}$$

相应的离散小波变换表示为

$$W_f(m,n)=<f,\psi_{m,n}(t)>=\int_{-\infty}^{+\infty}f(t)\psi_{m,n}^*(t)\mathrm{d}t \tag{3-4-6}$$

特别地,当 $a_0=2$,$b_0=1$ 时,离散小波变换称为二进离散小波变换。这种二进离散小波变换简单方便,在实际时间序列处理中被广泛应用。

3.4.2 小波包变换

1. 小波包的定义

小波包是由Coifman、Meyer、Quaker和Wickerhauser(CMQW)提出的,可由两组正交小波基滤波器系数生成。如果 $\{h_k\}_{k\in\mathbf{Z}}$ 和 $\{g_k\}_{k\in\mathbf{Z}}$ 是一组共轭镜像滤波器(QMF),满足

$$\sum_{n\in\mathbf{Z}}h_{n-2k}h_{n-2l}=\delta_{kl}, \quad \sum_{n\in\mathbf{Z}}h_n=\sqrt{2} \tag{3-4-7}$$

$$g_k=(-1)^k h_{1-k}, \quad l,k\in\mathbf{Z} \tag{3-4-8}$$

即可定义一系列函数 $\{u_n(t)\}$($n=0,1,2,\cdots$)满足如下方程

$$\left.\begin{aligned}u_{2n}(t)&=\sqrt{2}\sum_{k\in\mathbf{Z}}h_k u_n(2t-k)\\ u_{2n+1}(t)&=\sqrt{2}\sum_{k\in\mathbf{Z}}g_k u_n(2t-k)\end{aligned}\right\} \tag{3-4-9}$$

把每一个如下形式的函数

$$2^{-j/2}u_n(2^{-j}t-k), \quad j,k\in\mathbf{Z}, \quad n\in\mathbf{Z}_+$$

称为一个小波包函数,其集合

$$\{2^{-j/2}u_n(2^{-j}t-k), \quad j,k\in\mathbf{Z}, \quad n\in\mathbf{Z}_+\}$$

称为一个小波包库。其中,j 是尺度参数;k 是平移参数;n 是频率参数。当 $k=0$ 时,$u_0(t)$ 为尺度函数;$u_1(t)$ 为小波函数 $\psi(t)$。从小波包库中选择能构成 $L^2(R)$ 空间的一个基函数

系称为 $L^2(R)$ 的一个小波包基。

对任意固定的 j 值，有

$$w_n(t)=\{2^{-j/2}u_n(2^{-j}t-k),\quad j,k\in\mathbf{Z},\quad n\in\mathbf{Z}_+\}$$

均可构成 $L^2(R)$ 的一个正交基。这个正交基与短时 Fourier 基类似，称为子带基。

当 n 固定，例如 $n=1$ 时，有

$$u_1(t)=\psi(t),\quad W_1(t)=\{2^{-j/2}u_1(2^{-j}t-k),\quad j,k\in\mathbf{Z}\}$$

即为 $L^2(R)$ 的标准正交小波基；而当 $n=0$ 时，则构成 $L^2(R)$ 的一个框架。

在多分辨分析中，$L^2(R)=\bigoplus_{j\in\mathbf{Z}}W_j$，表明多分辨分析是按照不同的因子 j 把 Hibert 空间 $L^2(R)$ 分解为所有子空间 $W_j(j\in\mathbf{Z})$ 的正交和。其中，W_j 为小波函数 $\psi(t)$ 的闭包(小波子空间)。

2. 小波包对时间序列的分解特性

小波分析是把时间序列 S 分解成低频信息 a_1 和高频信息 d_1 两部分，在分解中，低频 a_1 中失去的信息由高频 d_1 捕获。在下一层的分解中，又将 a_1 分解成低频 a_2 和高频 d_2 两部分，低频 a_2 中失去的信息由高频 d_2 捕获。依次类推，可以进行更深层的分解。小波包分解则不然，它不仅对低频部分进行分解，而且还对高频部分进行分解。因此，小波包分解是一种比小波分解更为精细的分解方法。正因为如此，小波包分解是一种更广泛应用的小波分解方法，应用于信号的分解、编码、消噪、压缩等方面。图 3－4－1 为小波包对一维时间序列的分解特性示意图。在图 3－4－1 中，A 表示低频，D 表示高频，末尾下标的序号表示小波包分解的层数(也即尺度数)。对三层分解的具体关系为

$$S=AAA_3+DAA_3+ADA_3+DDA_3+AAD_3+DAD_3+ADD_3+DDD_3$$

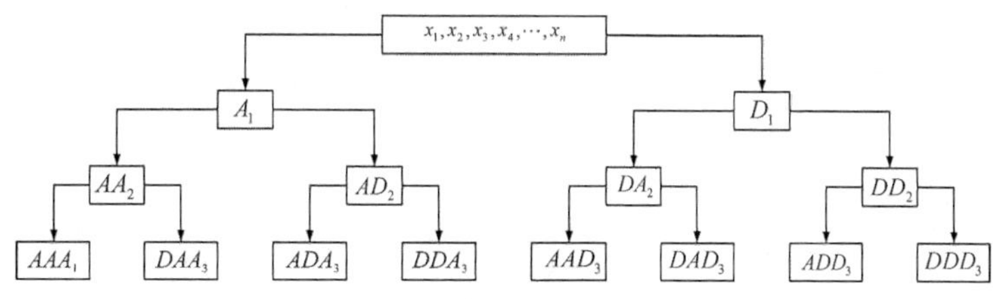

图 3－4－1　小波包对时间序列的分解

3.4.3　小波包算法

下面给出小波包的分解算法和重构算法。

设 $g_j^n(t)\in U_j^n$，则 $g_j^n(t)$ 可表示为

$$g_j^n(t)=\sum_l d_l^{j,n}u(2^jt-l)\tag{3-4-10}$$

(1) 小波包分解算法

由 $\{d_l^{j+1,n}\}$ 求 $\{d_l^{j,2n}\}$ 与 $\{d_l^{j,2n+1}\}$：

$$\left.\begin{aligned}d_l^{j,2n}&=\sum_k a_{k-2l}d_k^{j+1,n}\\d_l^{j,2n+1}&=\sum_k b_{k-2l}d_k^{j+1,n}\end{aligned}\right\}\tag{3-4-11}$$

(2) 小波包重构算法

由 $\{d_l^{j,2n}\}$ 与 $\{d_l^{j,2n+1}\}$ 求 $\{d_l^{j+1,n}\}$：

$$d_l^{j+1,n}=\sum_k[h_{l-2k}d_k^{j,2n}+g_{l-2k}d_k^{j,2n+1}]\tag{3-4-12}$$

3.4.4 MATLAB中一维小波和小波包变换函数

1. 一维小波分解与重构

表3-4-1列出了MATLAB中的主要一维时间序列小波分解与重构函数。

表3-4-1 MATLAB中的一维小波变换分解和重构函数

函数名	函数功能
cwt	一维连续小波变换
dwt	单尺度一维离散小波变换
idwt	单尺度一维离散小波逆变换
wavedec	多尺度一维离散小波变换(一维多分辨分解)
waverec	多尺度一维离散小波重构
appcoef	提取一维离散小波变换近似分量
detcoef	提取一维离散小波变换细节分量

(1) cwt函数

名称:cwt

功能:计算时间序列的一维连续小波变换。

格式:

① coefs = cwt(s,scales, 'wname')

② coefs = cwt(s,scales,'wname', 'plot')

③ coefs = cwt(s,scales,'wname',plotmode)

④ coefs = cwt(s,scales,'wname',plotmode,xlim)

说明:

s:为待分析时间序列。

scales:小波变换尺度。

'wname':选取的小波函数。

'plot':既得到小波变换系数coefs,又画出小波变换系数灰度图,小波变换系数的大小以灰度的深浅来表示,系数越大,图中颜色越深。

plotmode:根据plotmode和xlim,用不同的方式画出小波变换系数灰度图。plotmode有下面四种选择:

plotmode = 'lvl':scale - by - scale着色模式

plotmode = 'glb':考虑所有尺度的着色模式

plotmode = 'abslvl'或'lvlabs':使用系数绝对值的scale - by - scale着色模式

plotmode = 'absglb'或'glbabs':使用系数绝对值的考虑所有尺度的着色模式

xlim = [xl x2],1< = xl<x2< = length(s)。

coefs:一维连续小波变换系数。

格式cwt(…, 'plot')等价于cwt(…,'absglb')。下面给出'wname'可选取的函数:

'haar':Haar wavelet。

'db':Daubeehies wavelets。

'sym':Symlets。

'coif':Coiflets。

'bior':Biorthogonal wavelets。

'rbio':Reverse biorthogonal wavelets。

'meyr':Meyer wavelet。

'dmey':Discrete Meyer wavelet。

'gaus':Gaussian wavelets。

'mexh':Mexican hat wavelet。

'morl':Morlet wavelet。

'cgau':Complex Gaussian wavelets。

'cmor':Complex Morlet wavelets。

'shan':Complex Shannon wavelets。

'fbsp':Complex Frequency B - spline wavelets。

coefs = cwt(s,scales, 'wname'):计算 s 的 scales 尺度的小波变换。

coefs = cwt(s,scales,'wname', 'plot'):计算 s 的 scales 尺度的小波变换并将小波系数以灰度图显示。

coefs = cwt(s,scales,'wname',plotmode):小波系数以 plotmode 方式灰度图显示。

coefs = cwt(s,scales,'wname',plotmode,xlim):区间 xlim 上小波系数以 plotmode 方式灰度图显示。

(2) dwt 函数

名称:dwt

功能:计算时间序列的一维离散小波变换。

格式:

①[cA,cD] = dwt(x,'wname')

②[cA,cD] = dwt(x,'wname','mode',MODE)

③[cA,cD] = dwt(x,Lo_D,Hi_D)

④[cA,cD] = dwt(x,Lo_D,Hi_D,'mode',MODE)

说明:

x:为待分析时间序列。

'wname':选取的小波函数。

Lo_D 和 Hi_D:分别为小波分解滤波器的低频系数和高频系数。

'mode':小波变换的扩展模式,选择方式有 'zpd'、'sym'、'symh'、'asym'、'asymh'、'symw'、'asymw'、'sp0'、'spd'、'spl'、'ppd'、'per'。

MODE:滤波器类型。

cA,cD:分别为一维离散小波变换的低频系数(又称为近似系数)和高频系数(又称为细节系数)。

(3) idwt 函数

名称:idwt

功能:由函数 dwt 得到的低频系数和高频系数 cA 和 cD 重构原时间序列。

格式:

① x = idwt(cA,cD,'wname')

② x = idwt(cA,cD,Lo_R,Hi_R)

③ x = idwt(cA,cD,'wname',L)

④ x = idwt(cA,cD,Lo_R,Hi_R,L)

⑤ x = idwt(…,'mode',MODE)

说明:

cA,cD:分别为一维离散小波变换的低频系数和高频系数。

'wname':重构时选取的小波函数。

Lo_R,Hi_R:分别为小波重构滤波器的低频系数和高频系数。

L:要求重构后得到的时间序列的长度。

'mode':小波变换的扩展模式。

x:重构后得到的时间序列。

(4) wavedec 函数

名称:wavedec

功能:对时间序列进行一维多分辨分解。

格式:

① [c,l] = wavedec(x,N,'wname')

② [c,l] = wavedec(x,N,Lo_D,Hi_D)

说明:

x:待分析时间序列。

N:分解层数。

'wname':选取的小波函数。

Lo_D,Hi_D:分别为小波分解滤波器的低频系数和高频系数。

c:时间序列的一维多分辨分解系数,$c=[cA_j, cD_j, cD_{j-1}, \cdots, cD_1]$。其中,$cA_j$ 为第 j 阶分解的低频系数,$cD_j, cD_{j-1}, \cdots, cD_1$ 分别为第 j, $j-1$, …,1 阶的高频系数。

l:$cA_j, cD_j, cD_{j-1}, \cdots, cD_1$ 对应的序列长度组成的序列。

(5) waverec 函数

名称:waverec

功能:对时间序列进行一维多尺度小波重构。

格式:

① x = waverec(c,l,'wname')

② x = waverec(c,l,Lo_R,Hi_R)

说明:

c,l:由函数 wavedec 得到的时间序列一维小波变换的分解系数及其维数。

'wname':重构时选取的小波函数。

Lo_R 和 Hi_R:分别为小波重构滤波器的低频系数和高频系数。

x:重构得到的时间序列。

格式 x = waverec(c,l,'wname')等价于 x = waverec(c,l,'wname',0)。而函数 waverec 实际上为函数 wavedec 的逆变换,即 x = waverec(wavedec(x,N,'wname'),'wname')。

(6) appcoef 函数

名称:appcoef

功能:对由一维多分辨分解函数 wavedec 得到的 c 和 l,提取一维小波变换的低频系数。

格式:

① A = appcoef(c,l,'wname',N)

② A = appcoef(c,l,'wname')

③ A = appcoef(c,l,Lo_R,Hi_R)

④ A = appcoef(c,l,Lo_R,Hi_R,N)

说明:

c,l:由函数 wavedec 得到的时间序列一维小波变换的分解系数及其维数。

N:重构的层数。

'wname':重构时选取的小波函数。

Lo_R,Hi_R:分别为小波重构滤波器的低频系数和高频系数。

A:提取到的时间序列的低频系数。

A = appcoef(c,l,'wname',N):由 c,l 提取一维小波变换第 N 阶的低频系数。

A = appcoef(c,l,'wname'):由 c,l 提取一维小波变换最后一阶的低频系数。

(7) detcoef 函数

名称:detcoef

功能:对由一维多分辨分解函数 wavedec 得到的 c 和 l 提取一维小波变换的高频系数。

格式:

① D = detcoef(c,l,N)

② D = detcoef(c,l)

说明:

c,l:由函数 wavedec 得到的时间序列一维小波变换的分解系数及其维数。

N:重构的层数。

D = deteoef(c,l,N):由 c,l 提取时间序列一维小波变换的第 N 阶的高频系数。

D = detcoef(c,l):由 c,l 提取一维小波变换最后一阶的高频系数。

2. 一维小波包分解与重构函数

表 3-4-2 所列为 MATLAB 一维小波包分解与重构函数。

表 3-4-2 MATLAB 中一维小波包变换的分解和重构函数

函数名	函数功能
wpdec	一维小波包分解
wprec	一维小波包分解的重构
wpcoef	分解一维小波包系数
wprcoef	分解一维小波包系数的重构

(1) wpdec 函数

名称:wpdec

功能:对时间序列进行一维小波包分解。

格式:

① t = wpdec(x,N,'wname')　　　% 等价于 t = wpdec(x,N,'wname','shannon')

② t = wpdec(x,N,'wname',E,P)

说明:x 为待分解的时间序列;N 为分解层数;'wname' 为选取的小波函数;E 为熵标准(默认值为 'shannon'),E 有 'shannon', 'log energy','threshold','sure', 'norm' 和 'user' 六种类型;P 为可选参数,由 E 的类型来决定;t 为分解后的小波树结构。

(2) wprec 函数

名称:wprec

功能:由 wpdec 得到 t 对时间序列进行一维小波包分解的重构。

格式:x = wprec(t)

说明:t 为分解后的小波树结构;x 为重构后的时间序列。

(3) wpcoef 函数

名称:wpcoef

功能:由 wpdec 得到的 t 对时间序列分解的一维小波包系数。

格式:

① x = wpeoef(t,N)　　　% 表示第 N 结点处一维小波包系数

② x = wpcoef(t)　　　% 等价于 x = wpcoef(t,0)

说明:t 为分解后的小波树结构;N 为小波树的结点;x 为时间序列的一维小波包系数。

(4) wprcoef 函数

名称:wprcoef

功能:由 wpdec 得到的 t 对时间序列分解的一维小波包系数重构。

格式:

① x = wprcoef(t,N)

② x = wprcoef(t)　　　% 等价于 x = wprcoef(t,0)

说明:t 为分解后的小波树结构;N 为小波树的结点;x 为时间序列的一维小波包系数重构。

3.4.5 MATLAB 语音信号小波和小波包变换的例子

在语音信号处理中可用小波变换提取基音的信息[4],这里给出一个简单的例子。

例 3-4-1(pr3_4_1)　读取语音文件 awav.wav 中元音/a/的一帧数据,在小波变换后利用近似系数的峰值获取该帧的基音频率。程序清单如下:

```
% pr3_4_1
clear all; clc; close all;

[x,fs] = wavread('awav.wav');                 % 读入语音数据
N = length(x);                                % 信号长度
x = x - mean(x);                              % 消除直流分量
J = 2;                                        % 设小波变换级数为 J
[C,L]  = wavedec(x,J,'db1');                  % 对时间序列进行一维多分辨分解
CaLen = N/2.^J;                               % 估计近似部分的系数长度
Ca = C(1:CaLen);                              % 取近似部分的系数
Ca = (Ca - min(Ca))./(max(Ca) - min(Ca));     % 对近似部分系数做规正处理
for i = 1:CaLen                               % 对近似部分系数做削波
    if(Ca(i)<0.8), Ca(i) = 0; end
end
[K,V] = findpeaks(Ca,[],6);                   % 寻找峰值位置和数值
lk = length(K);
```

```
    if lk~=0
        for i=2 : lk
            dis(i-1)=K(i)-K(i-1)+1;                    % 寻找峰值之间的间隔
        end
        distance=mean(dis);                            % 取间隔的平均值
        pit=fs/2.^J/distance                           % 计算这一帧的基音频率
    else
        pit=0;
    end
    % 作图
    subplot 211; plot(x,'k');
    title('一帧语音信号')
    subplot 212; plot(Ca,'k');
    title('用小波分解得到的近似系数中心削波后的峰值图')
```

说明:

① 在调用 wavedec 函数以后近似系数和细节系数都在 C 中,要取得近似系数得要知道该系数在 C 中的哪个位置,又有多长。本例中选用的小波变换级数为 J=2,则近似系数是从 1 至(N/2.^J),所以取得近似系数为:

```
CaLen=N/2.^J;            % 估计近似部分的系数长度
Ca=C(1:CaLen);           % 取近似部分的系数
```

② 在取得近似系数后进行削波并寻找峰值,其中调用了 findpeaks 函数来寻找峰值的位置。findpeaks 是 voicebox 中的一个函数,在第 8 章基音检测中将会多次用到。findpeaks 函数介绍如下:

名称:findpeaks

功能:寻找数据中的峰值位置和峰值的幅值。

调用格式:[K,V]=findpeaks(x,m,w)

说明:输入变量 x 是被测序列;m 是方式,当选用 'q' 时是用二次曲线内插后寻找峰值,选用 'v' 时是寻找谷值;w 是在寻找峰值时两个峰值之间至少要间隔的样点数。

③ 在找出峰值位置后按照峰值位置之间的差值就能计算出基音频率:

```
pit=fs/2.^J/distance     % 计算这一帧的基音频率
```

运行程序后得出基音频率为 100,如图 3-4-2 所示为一帧信号的波形和近似系数削波后的峰值。

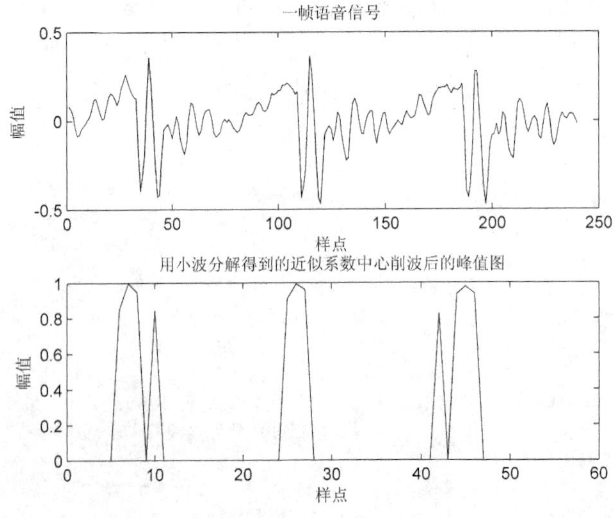

图 3-4-2 一帧语音信号波形图和用小波分解得到的近似系数削波后的峰值图

本书第 1 章曾介绍过人耳基底膜上的频率群被设计成 Bark 滤波器。文献[5,6]报道用小波包分解设计出 Bark 滤波器。在采样频率为 8 000 Hz 时小波包分解对应于 17 个 Bark 尺度滤波器，它的分解示意图如图 3 - 4 - 3 所示。

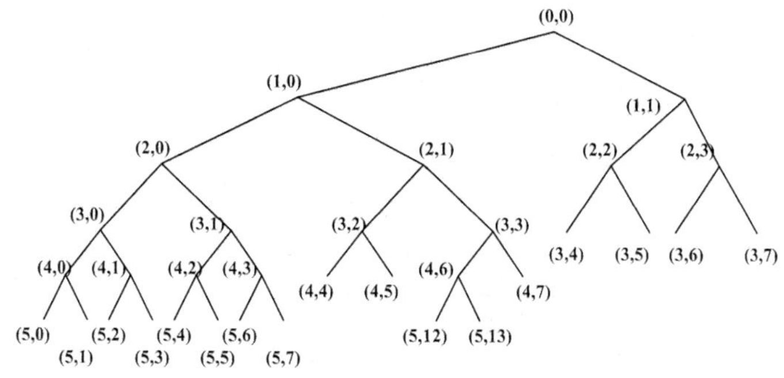

图 3 - 4 - 3　Bark 滤波器由小波包分解的结构如意图

小波包分解在节点(1,0)之下有 13 个，分别为(5,0)，(5,1)，(5,2)，(5,3)，5,4)，(5,5)，(5,6)，(5,7)，(5,12)，(5,13)，(4,4)，(4,5)，(4,7)；在节点(1,1) 之下有 4 个，分别为(3,4)，(3,5)，(3,6)，(3,7)。这 17 个小波包分解的频带能较好地模拟人耳的听觉特性。

例 3 - 4 - 2(pr3_4_2)　用小波包分解构成 Bark 滤波器，对 aa. wav 数据(内容是元音/a/)进行 17 个 Bark 滤波器的滤波。

程序清单如下：

```
% pr3_4_2
clear all; clc; close all;

filedir = [];                              % 设置语音文件路径
filename = 'aa.wav';                       % 设置文件名
fle = [filedir filename]                   % 构成路径和文件名的字符串
[xx, fs, nbits] = wavread(fle);            % 读入语音文件
x = xx - mean(xx);
x = x/max(abs(x));
N = length(x);
T = wpdec(x,5,'db2');                      % 对时间序列进行一维小波包分解
% 按指定的结点，对时间序列分解的一维小波包系数重构
y(1,:) = wprcoef(T,[5 0]);
y(2,:) = wprcoef(T,[5 1]);
y(3,:) = wprcoef(T,[5 2]);
y(4,:) = wprcoef(T,[5 3]);
y(5,:) = wprcoef(T,[5 4]);
y(6,:) = wprcoef(T,[5 5]);
y(7,:) = wprcoef(T,[5 6]);
y(8,:) = wprcoef(T,[5 7]);

y(9,:) = wprcoef(T,[4 4]);
y(10,:) = wprcoef(T,[4 5]);
y(11,:) = wprcoef(T,[5 11]);
y(12,:) = wprcoef(T,[5 12]);
y(13,:) = wprcoef(T,[4 7]);

y(14,:) = wprcoef(T,[3 4]);
y(15,:) = wprcoef(T,[3 5]);
y(16,:) = wprcoef(T,[3 6]);
y(17,:) = wprcoef(T,[3 7]);
% 作图
subplot 511; plot(x,'k');
ylabel('|a|'); axis tight
for k = 1 : 4
```

```
        subplot(5,2,k * 2 + 1); plot(y((k - 1) * 2 + 1,:),'k');
        ylabel(['y' num2str((k - 1) * 2 + 1)]); axis tight;
        subplot(5,2,(k + 1) * 2); plot(y(k * 2,:),'k');
        ylabel(['y' num2str(k * 2)]); axis tight;
    end
    figure
    for k = 1 : 4
        subplot(5,2,(k - 1) * 2 + 1); plot(y((k - 1) * 2 + 9,:),'k');
        ylabel(['y' num2str((k - 1) * 2 + 9)]); axis tight;
        subplot(5,2,k * 2); plot(y(k * 2 + 8,:),'k');
        ylabel(['y' num2str(k * 2 + 8)]); axis tight;
    end
    subplot(5,2,9); plot(y(17,:),'k');
    ylabel('y17'); axis tight
```

说明:用 db2 小波母函数,在小波包分解时按图 3-4-3 进行 5 级分解,又按图上的 17 个节点进行重构,这样就得到了信号在这 17 个 Bark 滤波器的输出,比直接用 Bark 滤波器进行滤波更方便和快捷。元音/a/经小波包分解和重构后在这 17 个 Bark 滤波器的输出波形如图 3-4-4 和图 3-4-5 所示,图 3-4-4 中是元音/a/的波形和前 8 个 Bark 滤波器的输出(y_1～y_8),图 3-4-5 中是后 9 个 Bark 滤波器的输出(y_9～y_{17})。

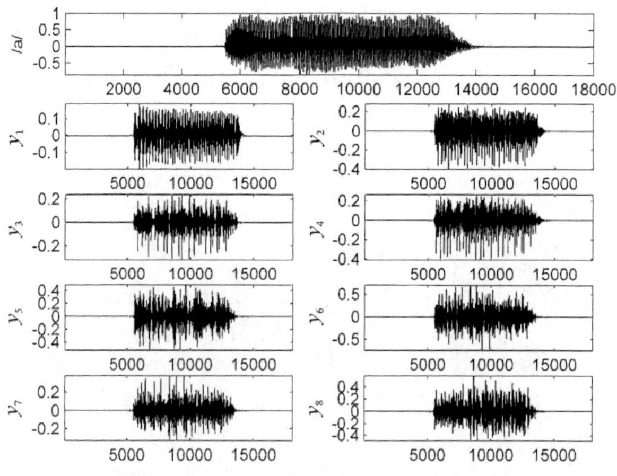

图 3-4-4　元音/a/的波形和前 8 个 Bark 滤波器的输出

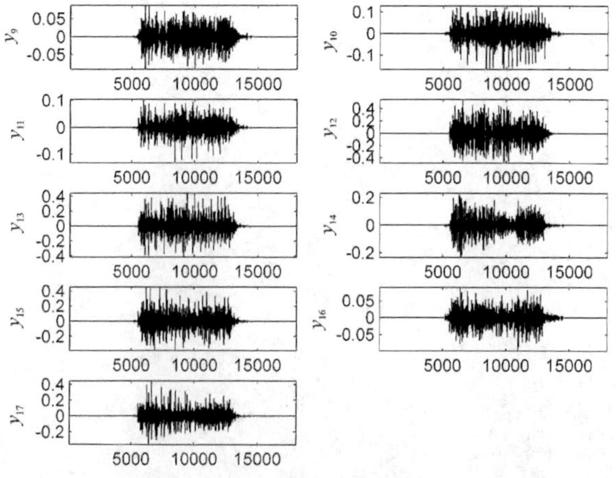

图 3-4-5　后 9 个 Bark 滤波器的输出

3.5 EMD的基本理论和算法[7]

语音信号是非平稳信号。对于非平稳信号比较直观的分析方法是使用具有局域性的基本量和基本函数,如瞬时频率。1998年,美籍华人Norden E. Huang等人在对瞬时频率的概念进行了深入研究后,创造性地提出了本征模式函数(Intrinsic Mode Function, IMF)的概念,以及将任意信号分解为本征模式函数组成的新方法——经验模式分解(Empirical Mode Decomposition, EMD)法,从而赋予了瞬时频率合理的定义和有物理意义的求法,初步建立了以瞬时频率表征信号交变的基本量,以本征模式分量为时域基本信号的新的时频分析方法体系,并迅速地在水声学、地震学、合成孔径雷达、图像处理、机械设备故障诊断和语音信号处理等领域得到广泛的应用。

3.5.1 EMD的基本概念

在讨论基于EMD的时频分析方法之前,必须先建立两个基本概念:一个是瞬时频率的概念;另一个是基本模式分量的概念。

1. 瞬时频率

信号的瞬时能量与瞬时包络的概念已被广泛接受,而瞬时频率的概念在Hilbert变换方法产生之前,却一直具有争议性。在Hilbert变换方法产生之前,有两个主要原因使得接受瞬时频率的概念较为困难:一是受到傅里叶变换分析的影响;二是瞬时频率没有唯一的定义。当可以使离散数据解析化的Hilbert变换方法产生后,瞬时频率的概念得到了统一。

对任意时间序列 $x(t)$,可得到它的Hilbert变换

$$y(t)=\frac{1}{\pi}\int_{-\infty}^{\infty}\frac{x(\tau)}{t-\tau}\mathrm{d}\tau \tag{3-5-1}$$

构造解析函数

$$z(t)=x(t)+\mathrm{i}y(t)=a(t)\mathrm{e}^{\mathrm{i}\Phi(t)} \tag{3-5-2}$$

其中幅值函数

$$a(t)=\sqrt{x^2(t)+y^2(t)} \tag{3-5-3}$$

相位函数

$$\Phi(t)=\arctan\frac{y(t)}{x(t)} \tag{3-5-4}$$

而相位函数对时间的导数即为瞬时频率

$$\omega(t)=\frac{\mathrm{d}\Phi(t)}{\mathrm{d}t} \tag{3-5-5}$$

或

$$f(t)=\frac{1}{2\pi}\frac{\mathrm{d}\Phi(t)}{\mathrm{d}t} \tag{3-5-6}$$

然而,按上述定义求解的瞬时频率在某些情况下是有问题的,可能会出现没有意义的负频率。考虑信号

$$x(t)=x_1(t)+x_2(t)=A_1\mathrm{e}^{\mathrm{j}\omega_1 t}+A_2\mathrm{e}^{\mathrm{j}\omega_2 t}=A(t)\mathrm{e}^{\mathrm{j}\varphi(t)} \tag{3-5-7}$$

为了简单起见,假设信号幅值 A_1 和 A_2 是恒定的,ω_1 和 ω_2 是正的。信号 $x(t)$ 的频谱应由两个在 ω_1 和 ω_2 的 δ 函数组成,即

$$X(\omega)=A_1\delta(\omega-\omega_1)+A_2\delta(\omega-\omega_2) \tag{3-5-8}$$

既然认为 ω_1 和 ω_2 是正的，所以这个信号是解析的，按式(3-5-3)和式(3-5-4)可以求解其相位和幅值，得到

$$\Phi(t)=\arctan\frac{A_1\sin\omega_1 t+A_2\sin\omega_2 t}{A_1\cos\omega_1 t+A_2\cos\omega_2 t} \tag{3-5-9}$$

$$A^2(t)=A_1^2+A_2^2+2A_1A_2\cos(\omega_2-\omega_1)t \tag{3-5-10}$$

取相位的导数，得到其瞬时频率，有

$$\omega(t)=\frac{\mathrm{d}\Phi(t)}{\mathrm{d}t}=\frac{1}{2}(\omega_2-\omega_1)+\frac{1}{2}(\omega_2-\omega_1)\frac{A_2^2-A_1^2}{A^2(t)} \tag{3-5-11}$$

当两个正弦频率取 $\omega_1=10$ Hz，$\omega_2=20$ Hz 时，幅值的取值不同，其瞬时频率也有很大的不同。如图 3-5-1(a)所示，$A_1=0.2$，$A_2=1$ 时，其瞬时频率是连续的。而在图 3-5-1(b)中，$A_1=1.2$，$A_2=1$，虽然信号是解析的，瞬时频率却出现了负值，而已知信号的频率是离散的和正的。可见，对任意信号做简单的 Hilbert 变换可能会出现无法解释的、缺乏实际物理意义的频率成分。

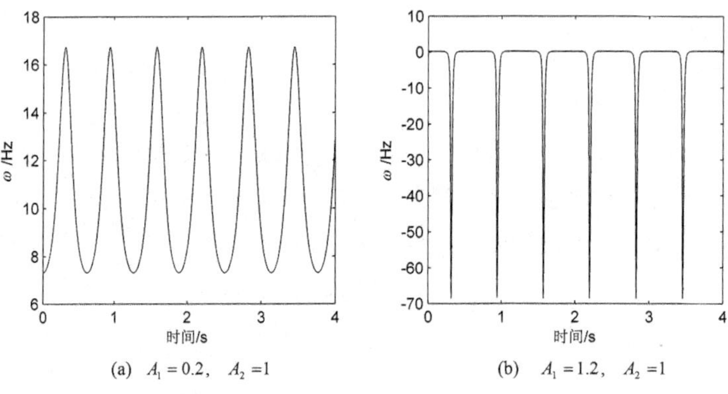

图 3-5-1 两个正弦波叠加的瞬时频率

Norden E. Huang 等人对瞬时频率进行深入研究后发现，只有满足一定条件的信号才能求得具有物理意义的瞬时频率，并将此类信号称为 IMF 或基本模式分量。其具体的推导过程可参见相关文献。

2. 基本模式分量

相对于原信号的 Hilbert 变换的结果，只有对基本模式分量进行 Hilbert 变换出来的时频谱才具有具体的物理意义。基本模式分量的概念是为了得到有意义的瞬时频率而提出的。基本模式分量 $f(t)$ 需要满足的两个条件为：

① 在整个数据序列中，极值点的数量 N_e（包括极大值点和极小值点）与过零点的数量 N_s 必须相等，或最多相差不多于一个，即

$$(N_s-1)\leqslant N_e\leqslant(N_s+1) \tag{3-5-12}$$

② 在任意时间点 t_i 上，信号局部极大值确定的上包络线 $f_{\max}(t)$ 和局部极小值确定的下包络线 $f_{\min}(t)$ 的均值为零，即

$$[f_{\max}(t_i)+f_{\min}(t_i)]/2=0,\quad t_i\in[t_a,t_b] \tag{3-5-13}$$

其中，$[t_a,t_b]$ 为一段时间区间。

第一个限定条件非常明显，类似于传统平稳高斯过程的分布；第二个条件是创新的地方，

它把传统的全局性的限定变为局域性的限定。这种限定是必需的，可以去除由于波形不对称而造成的瞬时频率的波动。第二个限定条件的实质是要求信号的局部均值为零。而对于非平稳信号而言，“局部均值”又涉及用于计算局部均值的“局部时间”，这是很难定义的。因而用局部极大值和极小值的包络作为代替和近似，强迫信号局部对称。

满足以上两个条件的基本模式分量，其连续两个过零点之间只有一个极值点，即只包括一个基本模式的振荡，没有复杂的叠加波存在。需要注意的是，如此定义的基本模式分量并不被限定为窄带信号，可以是具有一定带宽的非平稳信号，如纯粹的频率和幅度调制函数。一个典型的基本模式分量如图 3-5-2 所示。

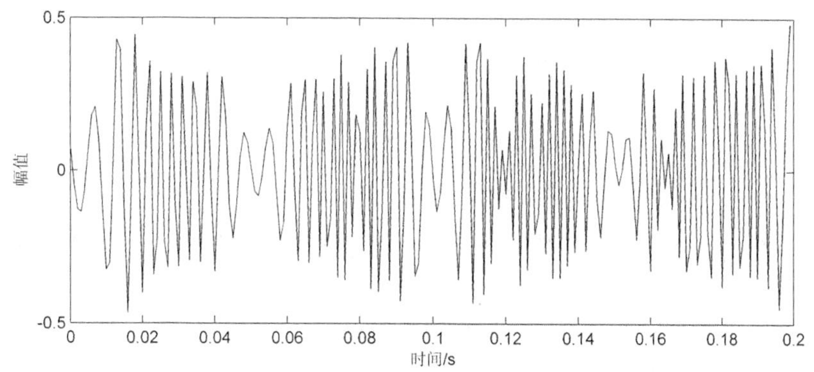

图 3-5-2　一个典型的基本模式分量

3.5.2　EMD 的基本原理

对于满足基本模式分量两个限定条件的信号，可以通过 Hilbert 变换求出其瞬时频率。但不幸的是，大多数信号或数据并不是基本模式分量，任何时刻，信号中可能包括多个振荡模式。这就是为什么简单的 Hilbert 变换不能给出一般信号的完全的频率内容的原因。因此，必须把复杂的非平稳信号按一定的规则提取出所包含的基本模式分量。Norden E. Huang 等人创造性地提出了如下假设：任何信号都是由一些不同的基本模式分量组成的；每个模式可以是线性的，也可以是非线性的，满足 IMF 的两个基本条件；任何时候，一个信号可以包含多个基本模式分量；如果模式之间相互重叠，便形成复合信号。在此基础上，Huang 进一步指出，可以用 EMD 方法将信号的基本模式提取出来，然后再对其进行分析。该分解算法也称为筛选过程。这种方法的本质是通过数据的特征时间尺度来获得基本模式分量，然后分解数据。

基于基本模式分量的定义，可以提出信号的模式分解原理，信号模式分解的目的就是要得到使瞬时频率有意义的时间序列——基本模式分量。而基本模式分量必须满足两个条件，即式(3-5-12)和式(3-5-13)。因而，其分解原理如下：

① 把原始信号 $x(t)$ 作为待处理信号，确定该信号的所有局部极值点(包括极大值和极小值点)，然后将所有极大值点和所有极小值点分别用三次样条曲线连接起来，得到 $x(t)$ 的上、下包络线，使信号的所有数据点都处于这两条包络线之间。取上、下包络线均值组成的序列为 $m(t)$。如图 3-5-3 所示，实线为原始信号 $x(t)$，点画线和虚线分别表示了这些极大值和极小值拟合的上、下包络线，点线表示均值线。

② 从待处理信号 $x(t)$ 中减去其上、下包络线均值 $m(t)$，得到：

$$h_1(t)=x(t)-m(t) \tag{3-5-14}$$

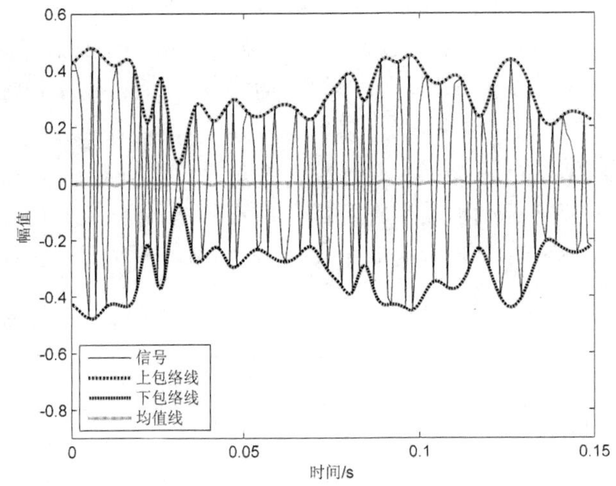

图 3-5-3　信号 $x(t)$的上下包络线及均值线

检测 $h_1(t)$ 是否满足基本模式分量的两个条件。如果不满足，则把 $h_1(t)$ 作为待处理信号，重复上述操作，直至 $h_1(t)$ 是一个基本模式分量，记

$$c_1(t)=h_1(t) \tag{3-5-15}$$

③ 从原始信号 $x(t)$ 中分解出第一个基本模式分量 $c_1(t)$ 之后，从 $x(t)$ 中减去 $c_1(t)$，得到剩余值序列 $r_1(t)$

$$r_1(t)=x(t)-c_1(t) \tag{3-5-16}$$

④ 把 $r_1(t)$ 作为新的"原始"信号重复上述操作，依次可得第1，第2，……，第 n 个基本模式分量，记为 $c_1(t),c_2(t),\cdots,c_n(t)$，这个处理过程在满足预先设定的停止准则后即可停止，最后剩下原始信号的余项 $r_n(t)$。

这样，就将原始信号 $x(t)$ 分解为若干基本模式分量和一个余项的和：

$$x(t)=\sum_{i=1}^{n}c_i(t)+r_n(t) \tag{3-5-17}$$

上述步骤④中的停止条件被称为分解过程的停止准则，它可以是如下两种条件之一：当最后一个基本模式分量 $c_n(t)$ 或剩余分量 $r_n(t)$ 变得比预期值小时便停止；当剩余分量 $r_n(t)$ 变成单调函数，从而从中不能再筛选出基本模式分量为止。

基本模式分量的两个限定条件只是一种理论上的要求，在实际的筛选过程中，很难保证信号的局部均值绝对为零。如果完全按照上述两个限定条件判断分离出的分量是否为基本模式分量，很可能需要过多的重复筛选，从而导致基本模式分量失去了实际的物理意义。为了保证基本模式分量保存足够的反映物理实际的幅度与频率调制，必须确定一个筛选过程的停止准则。

筛选过程的停止准则可以通过限制两个连续的处理结果之间的标准差 S_d 的大小来实现。

$$S_d=\sum_{t=0}^{T}\frac{|h_{k-1}(t)-h_k(t)|^2}{h_k^2(t)} \tag{3-5-18}$$

式中，T 表示信号的时间长度；$h_{k-1}(t)$ 和 $h_k(t)$ 是在筛选基本模式分量过程中两个连续的处理结果的时间序列。S_d 的值通常取 0.2～0.3。

从信号分解基函数理论角度来说，不同的基函数可以对信号实现不同的分解，从而得到性

质完全不同的结果。如果用单位脉冲函数（δ 函数）对信号进行分解，得到的仍然是信号本身，即 δ 函数就是时域的基函数，此时的分解结果只有时域的描述，缺乏频域的任何信息。如果采用在时域中持续等幅振荡的不同频率正余弦函数作为基函数对信号进行分解，就是傅里叶分解，可以得到频域的详细描述而丧失了时域的所有信息。如果信号是非平稳信号，则需要采用相应的信号分析工具，如短时傅里叶变换、Gabor 展开、小波变换以及与其类似的 chirplet 变换等。这些方法的一个共同特点就是采用具有有限支撑的振荡衰减的波形作为基函数，然后截取一小段时间区域内的信号进行相似性的度量，而且这些基函数大多都是预先选定的。匹配追踪算法可以包容各种基函数，组成“原子”集，根据最大匹配投影原理寻找最佳基函数的线性组合实现对信号的分解，虽然具有更广泛的适用性，但仍然要事先给定基函数。而 EMD 方法则得到了一个自适应的广义基，基函数不是通用的，没有统一的表达式，而是依赖于信号本身，是自适应的，不同的信号经分解会得到不同的基函数，与传统的分析工具有着本质的区别。因此，EMD 法是基函数理论上的一种创新。

3.5.3　EMD 法的完备性和正交性

在阐述了 EMD 法的基本原理之后，简单介绍 EMD 法的完备性和正交性。

(1) EMD 法的完备性

信号分解方法的完备性是指把分解后的各个分量相加就能获得原信号的性质。通过 EMD 法的过程，方法的完备性已经给出，见式（3-5-17）。同时，通过把分解后的基本模式分量和残余向量相加后与原信号数据的比较也证明了 EMD 法是完备的。图 3-5-4 所示为模拟信号的 EMD 分解结果和重构波形及其误差曲线，其中 $x(t)=\sin(200\pi t)+\sin(100\pi t)$ 为原始信号（采样频率 2 000 Hz，数据长度为 1 000 点）；$c_1(t)$、$c_2(t)$ 分别为提取出的第一、第二个基本模式分量；$r(t)$ 为余项；$\hat{x}(t)$ 为由 $c_1(t)$、$c_2(t)$ 和 $r_2(t)$ 直接线性叠加得到的重构信号；$c(t)$ 是重构的误差曲线 $c(t)=\hat{x}(t)-x(t)$。

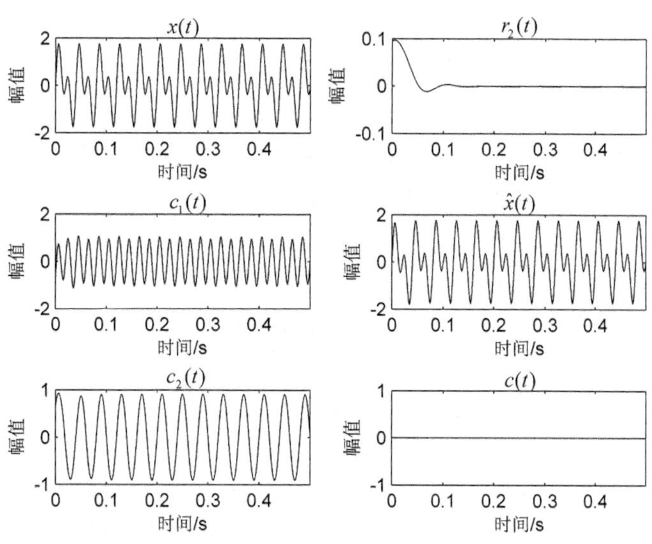

图 3-5-4　信号分解的完备性

观察图 3-5-4 可知，EMD 法比较完整地分解出了信号中内含的两个模式函数 $f_1(t)=$

若您对此书内容有任何疑问，可以凭在线交流卡登录MATLAB中文论坛与作者交流。

$\sin(200\pi t)$ 和 $f_2(t)=\sin(100\pi t)$，余项 $r_2(t)$ 基本反映了信号 $x(t)$ 的理论均值，从而重构原始数据。重构误差很小，一般在 $10^{-15}\sim10^{-16}$ 数量级上，主要是由数字计算机的舍入误差造成的。

(2) EMD法的正交性

信号分解是否具有正交性在数学上的定义是：如果函数 $x_1(t)$ 和 $x_2(t)$ 满足

$$\int_{t_1}^{t_2} x_1(t)x_2(t)\mathrm{d}t=0 \qquad t_1<t<t_2 \tag{3-5-19}$$

则称函数 $x_1(t)$ 和 $x_2(t)$ 相互正交。

到目前为止，EMD法的正交性在理论上还难以严格地证明，只能在分解后在数值上检验。为方便起见，把式(3-5-17)写成

$$x(t)=\sum_{i=1}^{n+1}c_i(t) \tag{3-5-20}$$

其中，把余项 $r_n(t)$ 看做第 $n+1$ 个分量 $c_{n+1}(t)$。然后对信号做二次方运算，得到

$$x^2(t)=\sum_{i=1}^{n+1}c_i^2(t)+2\sum_{i=1}^{n+1}\sum_{k=1}^{n+1}c_i(t)c_k(t) \qquad i\neq k \tag{3-5-21}$$

如果分解是正交的，则式(3-5-21)等号右边第二项(即二次方展开的交叉项)应该是零。由此，可以得到一个表征整体正交性的指标 IO (Index of Orthogonal)，定义为：

$$IO=\sum_{t=0}^{T}\Big(\sum_{i=1}^{n+1}\sum_{k=1}^{n+1}c_i(t)c_k(t)\Big/x^2(t)\Big) \qquad i\neq k \tag{3-5-22}$$

从大量的数值计算检验可知，IO 值大部分都小于0.01。可见，模式分解基本上是正交的或者称是近似正交的。基于此，可以说信号经验模式分解前后的能量基本上是守恒的，相邻模式分量之间能量的泄漏是很微弱的。

正交性也可定义到任何两个基本模式分量 $c_i(t)$ 和 $c_k(t)$ 上，其正交性表示为

$$IO_{i,k}=\sum_{t=0}^{T}\frac{c_i(t)c_k(t)}{c_i^2(t)+c_k^2(t)} \tag{3-5-23}$$

应当注意，这里的正交性都是局部意义上的正交，对于某些数据，相邻的两个分量之间可能在某些不同的时刻出现相近的频率成分。Norden E. Huang经过大量的数字实验指出，一般数据的正交性指标不超过1%，对于很短的数据序列，极限情况可能达到5%。

观察IMF提取过程可以得知，在每次求均值曲线时极大值点(或极小值点或过零点)间的时间间隔是不断增大的，这就意味着每次分解都提取出一个细节信号(基本模式分量)和一个频率低于细节的低频分量。也就是信号振荡周期相对较短的分量(即频率较高分量)先提取出来，剩余信号的频率低于所有已经提取出来的信号频率。最终得到 n 个基本模式分量 $c_i(t)$ 和一个余项 $r_n(t)$，其频率从大到小排列，$c_1(t)$ 所含频率最高，$c_n(t)$ 所含频率最低，$r_n(t)$ 是一个非振荡的单调序列。图3-5-5(a)和(b)分别为小波变换与EMD法对信号频带进行划分的过程，图3-5-5(b)中忽略了余项 $r_4(t)$。

由图可知，常用的二进小波在对信号进行分解时，由于其尺度是按二进制变化的，每次分解得到的低频近似信号和高频细节信号平分被分解信号的频带，二者带宽相等。而EMD法则是根据信号本身具有的特性对其频带进行自适应划分，每个基本模式分量所占据的频带带宽不是人为决定的，而是取决于每个基本模式分量所固有的频率范围。当然，小波变换通过给定分解次数来控制各分解后信号的带宽，EMD法则缺乏这方面的灵活性。

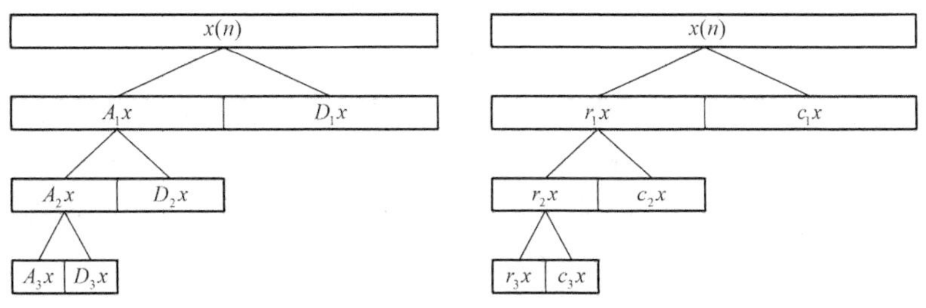

(a) 二进小波变换划分信号频带　　(b) EMD法自适应划分信号频带

图 3-5-5　小波变换与 EMD 法划分信号频带

3.5.4　基于 EMD 的 Hilbert 变换的基本原理和算法

基于 EMD 的 Hilbert 变换，主要是为了取得信号的 Hilbert 谱来进行时频分析。若已经获得一个信号 $x(t)$ 的基本模式分量组，就可以对每个基本模式分量进行 Hilbert 变换，然后根据式(3-5-6)计算瞬时频率。

对式(3-5-17)中的每个 IMF 进行 Hilbert 变换可以得到

$$x(t)=\mathrm{Re}\sum_{i=1}^{n}a_i(t)\mathrm{e}^{\mathrm{j}\Phi(t)}=\mathrm{Re}\sum_{i=1}^{n}a_i(t)\exp\left(\mathrm{j}\int\omega_i(t)\mathrm{d}t\right) \tag{3-5-24}$$

式中，Re 表示取实部，在推导中略去了 $r_n(t)$，因为它是一个单调函数或是一个常量。虽然在进行 Hilbert 时频变换时可把残余分量看做长周期的波动，但有时残余分量的能量较大，会对其他有用分量的分析产生影响，并且感兴趣的信息一般在小能量的高频部分，因此在做变换时一般把不是基本模式分量的成分都略去。

式(3-5-24)表明可以把信号幅度在三维空间中表达成时间与瞬时频率的函数，信号幅度也可以被表示为时间频率平面上的等高线。经过这些处理后的时间频率平面上的幅度分布被称为 Hilbert 时频谱 $H(\omega,t)$，简单地称为 Hilbert 谱。也可以用幅度的二次方代替幅度来得到 Hilbert 能量谱。式(3-5-25)称为信号的 Hilbert 幅值谱，简称 Hilbert 谱，记作

$$H(\omega,t)=\begin{cases}\mathrm{Re}\sum_{i=1}^{n}a_i(t)\exp\left(\mathrm{j}\int\omega_i(t)\mathrm{d}t\right) & \omega_i(t)=\omega\\ 0 & \text{其他}\end{cases} \tag{3-5-25}$$

进而可以定义边界谱

$$h(\omega)=\int_0^T H(\omega,t)\mathrm{d}t \tag{3-5-26}$$

式中，T 是信号的整个采样持续时间；$H(\omega,t)$ 是信号的 Hilbert 时频谱。

由式(3-5-26)可见，边界谱 $h(\omega)$ 是时频谱对时间轴的积分，边界谱表达了每个频率在全局上的幅度(或能量)贡献，它代表了在统计意义上的全部数据的累加幅度，反映了概率意义上幅值在整个时间跨度上的积累幅值。若把 Hilbert 时频谱的幅值二次方对频率进行积分，便得到瞬时能量密度 $IE(t)$：

$$IE(t)=\int_{\omega}H^2(\omega,t)\mathrm{d}\omega \tag{3-5-27}$$

可见，$IE(t)$ 是时间 t 的函数，表示能量随时间波动的情况。

以上的基于 EMD 的 Hilbert 谱信号分析方法通称为 Hilbert-Huang 变换(Hilbert-

Huang Transformation, HHT)。需要说明的是,在傅里叶表达中,在某一频率 ω 处能量的存在,代表一个正弦或余弦波在整个时间长度上都存在。这里,在某一频率 ω 处能量的存在,仅代表在数据的整个时间长度上,很可能有这样一个频率的振动波在局部出现过。事实上,Hilbert 谱是一个加权的联合时间频率幅度分布,在每一个时间频率单元上的权值就是局部幅度值。于是,在边界谱中某一频率仅代表有这样频率存在的可能性。这个频率波发生的精确时间在 Hilbert 谱图中给出。对同样的数据作傅里叶展开,有

$$x(t)=\mathrm{Re}\sum_{i=1}^{\infty}a_i e^{j\omega_i t} \tag{3-5-28}$$

式中,a_i 和 ω_i 都是常量。

对比式(3-5-24)和式(3-5-28)可以清楚地发现,Hilbert-Huang 变换用可变的幅度和瞬时频率对信号进行分解,消除了用不真实的谐波分量来表述非线性、非平稳信号的需要,赋予了基于局部时间特征的振动模式分量的瞬时频率以实际的物理意义。基于 EMD 的时频分析方法能够定量地描述频率和时间的关系,实现了对时变信号完整、准确的分析。

3.5.5 EMD 法的 MATLAB 函数

MATLAB 的 emd 函数大部分都是使用由 G. Rilling 提供的 EMD 工具箱。在源程序中有 emd 的子目录,其中提供的就是 EMD 的工具箱。在 EMD 的工具箱中实现 EMD 变换就是运行 emd.m 函数。为了方便了解函数 emd 的运行流程,在第 3 章的程序中还包含有 emdcomment.m 函数,它对 emd 函数作了中文的注释[8]。

名称:emd

功能:对被测信号进行 EMD 分解。

调用格式:imf = emd(x)

说明:输入参数 x 是被测信号;输出参数 imf 是分解后的各阶基本模式分量。

例 3-5-1(pr3_5_1) 设有一个基波和它的 3 次谐波之和的正弦信号,通过 EMD 变换分解,分离基波和谐波。

程序清单如下:

```
% pr3_5_1
clear all; clc; close all;

fs = 5000;                              %采样频率
N = 500;                                %样点数
n = 1:N;
t1 = (n-1)/fs;                          %设置时间
x1 = sin(2 * pi * 50 * t1);             %产生第 1 个正弦信号
x2 = (1/3) * sin(2 * pi * 150 * t1);    %产生第 2 个正弦信号
z = x1 + x2;                            %把两个信号叠加
imp = emd(z);                           %对叠加信号进行 EMD 分解
[m,n] = size(imp);                      %求取 EMD 分解成几个分量
%作图
subplot(m+1,1,1);                       %画叠加信号
plot(t1,z,'k');title('原始信号'); ylabel('幅值')
subplot 312;                            %画第 1 个正弦信号
line(t1,x2,'color',[.6 .6 .6],'linewidth',5); hold on
subplot 313;                            %画第 2 个正弦信号
line(t1,x1,'color',[.6 .6 .6],'linewidth',5); hold on
for i = 1:m
    subplot(m+1,1,i+1);                 %画 EMD 分解后的信号
```

```
    plot(t1,imp(i,:),'k','linewidth',1.5); ylabel('幅值')
    title(['imf' num2str(i)]);
end
xlabel('时间/s');
```

说明：在程序中设置了采样频率 f_s=5 000 Hz，基波 x_1 的频率为 50 Hz，3 次谐波 x_2 的频率为 150 Hz。叠加信号 $z=x_1+x_2$ 的波形图如图 3-5-6(a)所示，基波 x_1 和 3 次谐波 x_2 的波形为图 3-5-6(c)和(b)中的灰线所示。把信号 z 经 EMD 分解后得到两个基本模式分量 imf1 和 imf2，分别如图 3-5-6(b)和(c)中的黑线所示。可以看出，分解出的 imf2 和 imf1 与原信号中的基波 x_1 和 3 次谐波 x_2 的波形很好地重合（除了曲线两头端点部分有些偏差，这是由于 EMD 分解时会产生端点效应）。

运行程序 pr3_5_1 后得图如图 3-5-6 所示。

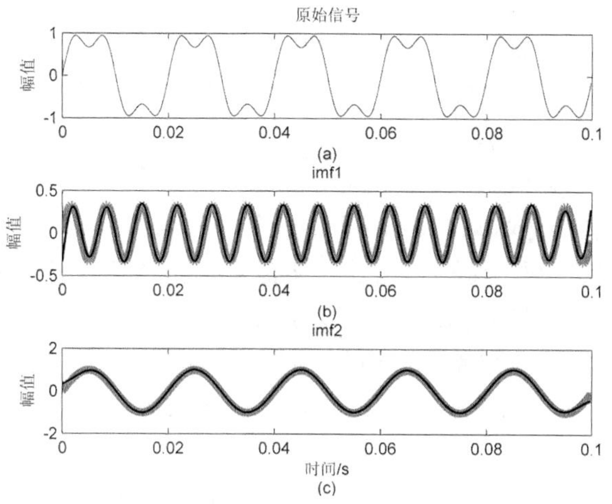

图 3-5-6　基波和谐波的叠加信号经 EMD 变换分离了基波和谐波分量

参考文献

[1] Alan V. Oppenheim, Ronald W. Schafer Digital Signal Processing[M]. Prentice-Hall Inc., 1975.

[2] 何强，何英. MATLAB 扩展编程[M]. 北京：清华大学出版社，2002.

[3] 张善文，雷英杰，冯有前. MATLAB 在时间序列分析中的应用[M]. 西安：西安电子科技大学出版社，2007.

[4] 王长富，林志钢，戴蓓倩，等. 基于小波变换的语音基音周期检测[J]. 中国科学技术大学学报，1995，25(1)：47-52.

[5] 冯流保. 基于听觉掩蔽效应的小波包语音增强[J]. 通信技术，2010，43(3)：139-141.

[6] 王娜，郑德忠. 结点阈值小波包变换语音增强新算法[J]. 仪器仪表学报，2007，28(5)：952-955.

[7] 何正嘉，訾艳阳，张西宁. 现代信号处理及工程应用[M]. 西安：西安交通大学出版社，2007.

[8] http://forum.chinavib.com/thread-55430-1-170.html.

第 4 章

语音信号的线性预测分析

线性预测(Linear Prediction,LP)这一术语是维纳于 1947 年首次提出的。此后,线性预测被应用于多个领域。1967 年,板仓等人最先将线性预测技术直接应用到语音分析和合成中。

线性预测作为一种工具,已被应用于语音信号处理的各个方面,是最有效和最流行的语音分析技术之一。线性预测技术从产生至今,已使语音处理有许多突破和发展,但该技术目前仍然是一个重要的分析技术基础。

在估计基本的语音参数(如基音、共振峰、谱、声道面积函数,以及用低速率传输或储存语音等)方面,线性预测是一种主要的技术。其重要性在于它能够较为精确地估计语音参数,用极少的参数就可有效而又正确地表现语音信号的时域及频域的特性,而且可以通过比较简单的计算就可比较快速地求得参数。

线性预测分析所包含的基本概念是,一个语音的采样值能够用过去若干语音采样值的线性组合来逼近。通过使实际语音采样值和线性预测采样值之间差值的二次方和(在一个有限间隔上)达到最小值,即进行最小均方误差的逼近,能够决定唯一的一组预测系数。

将线性预测应用于语音,不仅希望利用其预测功能,而且希望它能提供一个非常好的声道模型。而这样的声道模型对理论研究和实际应用都是相当有用的。此外,声道模型的优良性能不仅意味着线性预测是语音编码合适的编码方法,而且也意味着预测系数是语音识别的重要的特征参数。因此,线性预测的基本原理与语音信号数字模型密切相关。本书第 1 章已指出,可以用准周期脉冲(在浊音期间)或随机噪声(在清音期间)激励一个线性时不变系统(声道)所产生的输出作为语音的模型,本书第 10 章就是用这样的线性预测模型来合成语音。

4.1 线性预测分析的基本原理

4.1.1 信号模型

线性预测分析的基本原理是把被分析信号用一个模型来表示,即将信号看做某一个模型(即系统)的输出。这样,就可以用模型参数来描述信号。图 4-1-1 是信号 $x(n)$ 的模型化框图。图中 $u(n)$ 表示模型的输入,$x(n)$ 表示模型的输出。当 $x(n)$ 为确定性信号时,模型的输入 $u(n)$ 可采用单位冲激序列;当 $x(n)$ 为随机性信号时,$u(n)$ 可采用白噪声序列。

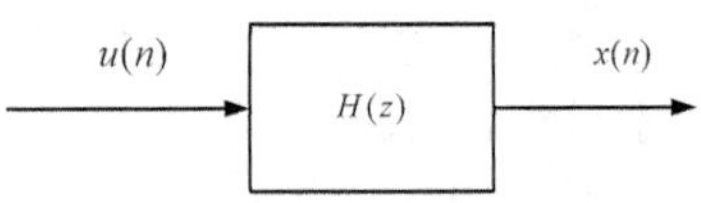

$u(n)$ → $H(z)$ → $x(n)$

图 4-1-1 信号 $x(n)$ 的模型化表示

模型的传递函数 $H(z)$ 可以写成有理分式的形式

$$H(z)=G\frac{1+\sum_{l=1}^{q}b_l z^{-l}}{1-\sum_{i=1}^{p}a_i z^{-i}} \tag{4-1-1}$$

或简化为

$$H(z)=G\frac{B(z)}{A(z)} \tag{4-1-2}$$

式中

$$\left.\begin{aligned}A(z)&=1-\sum_{k=1}^{p}a_k z^{-k}\\B(z)&=1+\sum_{k=1}^{q}b_k z^{-k}\\H(z)&=\sum_{k=1}^{p}h(k)z^{-k}\end{aligned}\right\} \tag{4-1-3}$$

式中,系数 a_k 、b_k 及增益因子 G 就是模型的参数;而 p 和 q 是选定模型的阶数。

因而信号可以以有限数目的参数构成的模型来表示。为了保证 $H(z)$ 是一个稳定的且具有最小相位的系统,$A(z)$,$B(z)$ 的零点都应在单位圆内。

根据式(4-1-1),可得模型输入与输出之间的时域关系为

$$x(n)=\sum_{i=1}^{p}a_i x(n-i)+G\sum_{l=0}^{q}b_l u(n-l)\qquad b_0=1 \tag{4-1-4}$$

式(4-1-4)是一个线性常系数差分方程。此式表明,模型的输出是模型过去的输入、当前的输入和过去输出的线性组合。这表明,当模型的参数设计好以后,就可以用模型的输入及过去的信号值来估计当前的信号值。

在式(4-1-1)中,如果:

① $b_1,b_2,\cdots,b_q$ 全为零,那么式(4-1-1) 及式(4-1-4) 分别变成

$$x(n)=\sum_{k=1}^{p}a_k x(n-k)+Gu(n) \tag{4-1-5}$$

$$H(z)=\frac{G}{A(z)}=\frac{G}{1-\sum\limits_{k=1}^{p}a_k z^{-k}} \tag{4-1-6}$$

式(4-1-6)给出的模型称为自回归(Auto-Regressive)模型,简称 AR 模型,它是一个全极点的模型。“自回归”的含意是:该模型现在的输出是现在的输入和过去 p 个输出的加权之和。

② $a_1,a_2,\cdots,a_p$ 全为零,那么式(4-1-1)及式(4-1-4)分别变成:

$$x(n)=\sum_{k=0}^{q}b_k u(n-k)=u(n)+\sum_{k=1}^{q}b_k u(n-k)\qquad b_0=1 \tag{4-1-7}$$

$$H(z)=B(z)=1+\sum_{k=1}^{q}b_k z^{-k} \tag{4-1-8}$$

式(4-1-8)给出的模型称为移动平均(Moving-Average)模型,简称 MA 模型,它是一个全零点的模型。

③ $a_1,a_2,\cdots,a_p,b_1,b_2,\cdots,b_q$ 不全为零,则式(4-1-1)给出的模型称为自回归-移动平均模型,简称 ARMA 模型。显然,ARMA 模型是一个既有极点又有零点的模型。

实际上,最常用的模型是全极点模型,这是因为:

① 全极点模型最容易计算,对全极点模型作参数估计是对线性方程组的求解过程,相对来说比较容易;而若模型中含有限个零点,则要解非线性方程组,实现起来非常困难。

② 有时无法知道输入序列。

③ 如果不考虑鼻音和摩擦音,那么语音的声道传递函数就是一个全极点模型,如同1.2节所表述的那样。

而对于语音信号中的鼻音和摩擦音,声学理论表明其声道传递函数既有极点又有零点,这时如果模型的阶数 p 足够高,可以用全极点模型来近似表示极零点模型。因为一个零点可以用许多个极点来近似,即

$$1-az^{-1}=\frac{1}{1+az^{-1}+a^2z^{-2}+a^3z^{-3}+\cdots} \tag{4-1-9}$$

如果分母多项式收敛得足够快,只取其少数几项就够了。所以,全极点模型为实际应用提供了合理的近似。

在语音线性预测方面的文献和资料中,绝大多数情况就是采用这种全极点模型,故本章主要讨论全极点模型。

4.1.2 线性预测方程的建立

模型的建立实际上是由信号来估计模型的参数的过程。因为信号是实际客观存在的,用模型表示它不可能是完全精确的,会存在误差。因为极点阶数 p 和零点阶数 q 无法事先确定,可能会选得过大或过小,况且信号是时变的。因此求解模型参数是一个逼近过程。

对于全极点模型

$$H(z)=\frac{G}{1-\sum_{i=1}^{p}a_iz^{-i}} \tag{4-1-10}$$

$x(n)$ 和 $u(n)$ 之间的关系可以用差分方程

$$x(n)=\sum_{i=1}^{p}a_ix(n-i)+Gu(n) \tag{4-1-11}$$

表示,称系统

$$\hat{x}(n)=\sum_{i=1}^{p}a_ix(n-i) \tag{4-1-12}$$

为线性预测器。$\hat{x}(n)$ 是 $x(n)$ 的估算值,它由过去的 p 个值线性组合得到,即由 $x(n)$ 过去的值来预测或估计当前值 $x(n)$。式中 a_i 是线性预测系数(Linear Prediction Coefficient,LPC)。

p 阶线性预测器的传递函数形如

$$P(z)=\sum_{i=1}^{p}a_iz^{-i} \tag{4-1-13}$$

信号值 $x(n)$ 与线性预测值 $\hat{x}(n)$ 之差称为线性预测误差(也称为预测误差或残差),用 $e(n)$ 表示,即

$$e(n)=x(n)-\hat{x}(n)=x(n)-\sum_{i=1}^{p}a_ix(n-i) \tag{4-1-14}$$

由式(4-1-14)可见,预测误差序列的输入是 $x(n)$,它又是传递函数系统

$$A(z)=1-\sum_{i=1}^{p}a_iz^{-i} \tag{4-1-15}$$

的输出。比较式(4-1-11)和式(4-1-14),如果语音信号准确地服从式(4-1-11)的模型,又有 $e(n)=Gu(n)$,因而,可以定义预测误差滤波器 $A(z)$,它就是式(4-1-10)的模型

$H(z)$ 的逆滤波器,因此 $H(z)$ 可表示为

$$H(z)=\frac{G}{A(z)} \tag{4-1-16}$$

线性预测的基本问题是由语音信号直接决定一组预测器系数$\{a_i\}$,使预测误差在某个准则下最小,这个准则通常采用最小均方误差准则,这一过程就称为线性预测分析。

下面推导线性预测方程。

预测二次方误差为

$$E=\sum_n e^2(n)=\sum_n [x(n)-\hat{x}(n)]^2=\sum_n \left[x(n)-\sum_{i=1}^{p}a_i x(n-i)\right]^2 \tag{4-1-17}$$

由于语音信号的时变特性,预测器系数的估值必须在一小短段语音信号中进行,所以取和的间隔是有限时长的。另外,为了取平均,求和式中应该除以语音段的长度。然而这是一个常数,它与将要得到的线性方程组无关,可将其忽略。

为使 E 最小,各系数 a_i 应满足 E 对 a_i 的偏导为 0,即

$$\frac{\partial E}{\partial a_j}=0 \qquad (1\leqslant j\leqslant p) \tag{4-1-18}$$

结合式(4-1-17),有

$$\frac{\partial E}{\partial a_j}=2\sum_n x(n)x(n-j)-2\sum_{i=1}^{p}a_i\sum_n x(n-i)x(n-j)=0 \tag{4-1-19}$$

即得到线性预测的标准方程组——线性的方程组

$$\sum_n x(n)x(n-j)=\sum_{i=1}^{p}a_i\sum_n x(n-i)x(n-j) \qquad 1\leqslant j\leqslant p \tag{4-1-20}$$

如果定义

$$\phi(j,i)=\sum_n x(n-j)x(n-i) \tag{4-1-21}$$

则式(4-1-20)可以更简洁地写成

$$\sum_{i=1}^{p}a_i\phi(j,i)=\phi(j,0) \qquad j=1,2,\cdots,p \tag{4-1-22}$$

式(4-1-22)是一个含有 p 个未知数的方程组,求解方程组可得各个预测器系数 $a_1,a_2,\cdots,a_p$。利用式(4-1-17)和式(4-1-20),可得最小均方误差

$$E=\sum_n x^2(n)-\sum_{i=1}^{p}a_i\sum_n x(n)x(n-i) \tag{4-1-23}$$

或再考虑式(4-1-22),可表示为

$$E=\phi(0,0)-\sum_{i=1}^{p}a_i\phi(0,i) \tag{4-1-24}$$

因此最小误差由一个固定分量 $(\phi(0,0))$ 和一个依赖于预测器系数的分量 $\left(\sum_{i=1}^{p}a_i\phi(0,i)\right)$ 所组成。

为求解最佳预测器系数,必须首先计算出 $\phi(i,j)$ $(1\leqslant i\leqslant p,1\leqslant j\leqslant p)$,一旦求出这些数值,即可按式(4-1-22)求出$\{a_i\}$。因此从原理上看,线性预测分析是非常直截了当的。然而,$\phi(i,j)$ 的计算及方程组的求解都是十分复杂的。

4.1.3 语音信号的线性预测分析

根据以上介绍的模型化思想,可以对语音信号建立模型,如图 4-1-2 所示。

对比语音产生模型图1-2-1,可以看出,图4-1-2的模型是图1-2-1模型的一种特殊形式,它将其中的辐射、声道以及声门激励的全部效应简化为一个时变的数字滤波器来等效,其传递函数为

$$H(z)=\frac{X(z)}{U(z)}=\frac{G}{1-\sum_{i=1}^{p}a_i z^{-i}} \tag{4-1-25}$$

这样,就把 $x(n)$ 模型化为了一个 p 阶的线性预测模型。因为图4-1-2的模型常用来产生合成语音,故滤波器 $H(z)$ 亦称做合成滤波器(第10章将介绍利用合成滤波器合成语音)。这个模型的参数有浊音/清音判决、浊音语音的基音周期、增益常数 G 及数字滤波器参数 a_i。当然,这些参数都是随时间在缓慢变化的。采用这样一种简化的模型,其主要优点在于能够用线性预测分析方法对滤波器系数 a_i 和增益常数 G 进行非常直接和高效的计算。

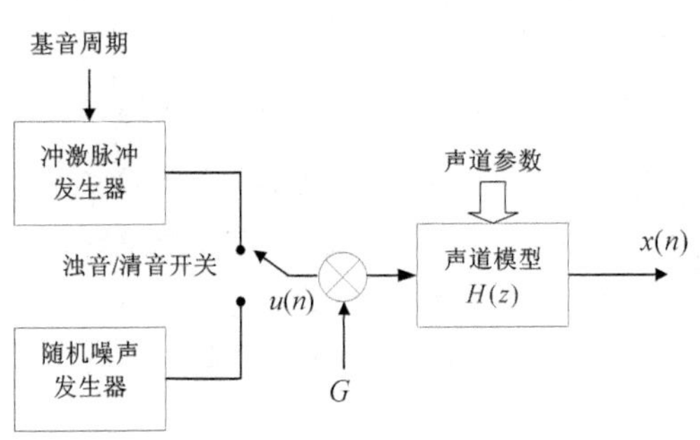

图4-1-2 语音信号产生模型

在图4-1-2的模型中,数字滤波器 $H(z)$ 的参数 a_i 即是前面定义的线性预测系数。因此,求解滤波器参数$\{a_i\}$和 G 的过程称之为语音信号的线性预测分析,因为其基本问题就是从语音信号序列中直接决定一组线性预测系数$\{a_i\}$。鉴于语音信号的时变特性,预测系数的估计值必须在一段语音信号中进行,即按帧进行处理。

这种简化的全极点模型对于非鼻音浊音语音是一种合乎自然的描述,而对于鼻音和摩擦音,理论上应该采用极零点模型,而不是简单的全极点模型。

4.2 线性预测分析自相关和自协方差的解法[1,2]

为了有效地进行线性预测分析,求得线性预测系数有必要用一种高效率的方法来解线性方程组。虽然可以用各种各样的方法来解包含 p 个未知数的 p 个线性方程,但是系数矩阵的特殊性质使得解方程的效率比普通解法的效率要高得多。

在式(4-1-14)线性预测标准方程组中,n 的上下限取决于使误差最小的具体做法。当 n 的求和范围不同时,导致不同的线性预测解法。经典解法有两种:一种是自相关法;另一种是协方差法。

4.2.1 自相关法

自相关法在整个时间范围内使误差最小,并设 $x(n)$ 在 $0\leqslant n\leqslant N-1$ 以外等于0,即假定 $s(n)$ 经过有限长度的窗(如矩形窗、海宁窗或汉明窗)的处理。

通常,$x(n)$ 的自相关函数定义为

$$r(j)=\sum_{n=-\infty}^{\infty}x(n)x(n-j) \quad 1\leqslant j\leqslant p \tag{4-2-1}$$

由于进行了加窗处理,所以自相关表示为

$$r(j)=\sum_{n=0}^{N-1}x(n)x(n-j) \quad 1\leqslant j\leqslant p \tag{4-2-2}$$

比较式(4-1-21)和式(4-2-2)可知,式(4-1-21)中的 $\phi(j,i)$ 即为 $r(j-i)$,即

$$\varphi(j,i)=r(j-i) \tag{4-2-3}$$

式(4-2-2)中,$r(j)$ 仍保留了信号 $x(n)$ 自相关函数的特性。由于 $r(j)$ 为偶函数,即 $r(j)=r(-j)$,又 $r(j-i)$ 只与 j 和 i 的相对大小有关,而与 j 和 i 的取值无关,所以

$$\varphi(j,i)=r(|j-i|) \tag{4-2-4}$$

此时式(4-1-22)可表示为

$$\sum_{i=1}^{p}a_i r(|j-i|)=r(j)\quad 1\leqslant j\leqslant p \tag{4-2-5}$$

类似地,式(4-1-24)中最小均方误差可写为

$$E=r(0)-\sum_{i=1}^{p}a_i r(i) \tag{4-2-6}$$

式(4-2-5)的方程组又可以表示成如下的矩阵形式:

$$\begin{bmatrix} r(0) & r(1) & r(2) & \cdots & r(p-1) \\ r(1) & r(0) & r(1) & \cdots & r(p-2) \\ r(2) & r(1) & r(0) & \cdots & r(p-3) \\ \vdots & \vdots & \vdots & & \vdots \\ r(p-1) & r(p-2) & r(p-3) & \cdots & r(0) \end{bmatrix}\begin{bmatrix} a_1 \\ a_2 \\ a_3 \\ \vdots \\ a_p \end{bmatrix}=\begin{bmatrix} r(1) \\ r(2) \\ r(3) \\ \vdots \\ r(p) \end{bmatrix} \tag{4-2-7}$$

式(4-2-7)左边为相关函数的矩阵(相关矩阵),以对角线为对称,其主对角线以及和主对角线平行的任何一条斜线上所有的元素都相等。这种矩阵称为托普利兹(Toeplitz)矩阵,而这种方程称为 Yule-Walker 方程。对于式(4-2-7)这样的矩阵方程无需像求解一般矩阵方程那样进行大量的计算,利用托普利兹矩阵的性质可以得到求解这种方程的一种高效率方法。

这种矩阵方程组可以采用递归方法求解,递归方法在计算上是很有效的。其基本思想是:递归解法分步进行。在某一步已经有了一个解,这是一个$(i-1)$阶预测器的系数。然后利用$(i-1)$阶预测器的系数计算 i 阶预测器的系数,即 i 阶方程组的解可以用$(i-1)$阶方程组的解来表示,$(i-1)$阶方程组的解又可用$(i-2)$阶方程组的解表示,依次类推。因此,只要解出一阶方程的解,就可通过递推解出任意阶方程组的解。在这种递推算法中,最常用的是莱文逊-杜宾(Levinson-Durbin)算法(如图 4-2-1 所示),这是一种最佳算法。

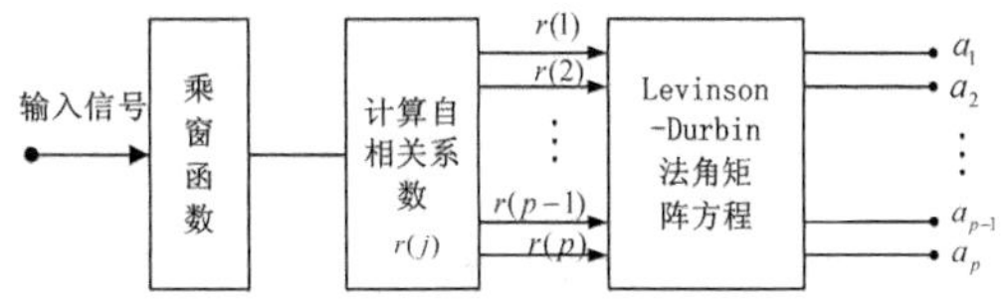

图 4-2-1　自相关法的求解

这个算法的过程和步骤为:

① 当 $i=0$ 时

$$E_0=r(0),\qquad a_0=1 \tag{4-2-8}$$

② 对于第 i 次递归($i=1,2,\cdots,p$):

i
$$k_i=\frac{1}{E_{i-1}}\left[r(i)-\sum_{j=1}^{i-1}a_j^{(i-1)}r(j-i)\right] \tag{4-2-9}$$

ii
$$a_i^{(i)}=k_i \tag{4-2-10}$$

iii 对于 $j=1$ 到 $i-1$

$$a_j^{(i)}=a_j^{(i-1)}-k_i a_{i-j}^{(i-1)} \tag{4-2-11}$$

iv
$$E_i=(1-k_i^2)E_{i-1} \tag{4-2-12}$$

③ 增益 G 为

$$G=\sqrt{E_p} \tag{4-2-13}$$

注意:上面各式中括号内的上标表示预测器的阶数。式(4-2-9)~式(4-2-11)可对 $i=1,2,\cdots,p$ 进行递推解,而最终解为

$$a_i=a_j^{(p)} \quad 1\leqslant j\leqslant p \tag{4-2-14}$$

值得注意的是,对于一个阶数为 p 的预测器,在解预测器系数的过程中,可得到 $i=1,2,\cdots,p$ 各阶预测器的解,即阶数低于 p 的各阶预测器的系数也被求出,其中 $a_j^{(i)}$ 表示 i 阶预测器的第 j 个系数。实际上,只需要 p 阶预测器的系数,但是为此必须先求出 $j<p$ 各阶的系数。

由式(4-2-12)可得

$$E_p=r(0)\prod_{i=1}^{p}(1-k_i^2) \tag{4-2-15}$$

由式(4-2-15)可知,最小均方误差 E_p 一定要大于 0,且随着预测器阶数的增加而减小。因此每一步算出的预测误差总是小于前一步的预测误差。这就表明,虽然预测器的精度会随着阶数的增加而提高,但误差永远不会消除。由式(4-2-15)还可知,参数 k_i 一定满足

$$|k_i|<1 \quad 1\leqslant i\leqslant p \tag{4-2-16}$$

由式(4-2-9)~式(4-2-12)可见,每一步递归计算都与 k_i 有关,说明这个系数具有特殊的意义,通常称之为反射系数或偏相关系数(PARCOR)。式(4-2-16)关于参数 k_i 的条件非常重要,可以证明,它就是多项式 $A(z)$ 的根在单位圆内的充分必要条件,因此它可以保证系统 $H(z)$ 的稳定性。

MATLAB 已有用莱文逊-杜宾的自相关方法计算预测系数的函数[3]。

名称:lpc_coefficientm

功能:用莱文逊-杜宾自相关法计算线性预测的系数。

调用格式:[ar,G] = lpc_coefficientm(s,p)

说明:输入参数 s 是一帧数据;p 是线性预测的阶数。输出参数 ar 是按式(4-2-14)计算得到的预测系数{ a_i }, $i=1,2,\cdots,p$,共得 p 个预测系数;G 是按式(4-2-13)计算得到的增益系数。

程序清单如下:

```
function [ar,G] = lpc_coefficientm(s,p)
% 本函数是用自相关法求信号 s 均方预测误差最小的预测系数
% 本算法为莱文逊-杜宾快速递推算法
% s 是一维信号向量,p 为预测阶数
n = length(s);                              % 获得信号长度
for i = 1:p
    Rp(i) = sum(s(i+1:n).* s(1:n-i));       % 计算自相关函数
end
Rp_0 = s' * s;                              % 即 Rn(0)
Ep = zeros(p,1);                            % Ep 为 p 阶最佳线性预测最小均方误差
k = zeros(p,1);                             % k 为偏相关系数
a = zeros(p,p);                             % 以上为初始化
% i = 1 的情况需要特殊处理,也是对 p = 1 进行处理
Ep_0 = Rp_0;                                % 按式(4-2-8)
k(1) = Rp(1)/Rp_0;                          % 按式(4-2-9)
a(1,1) = k(1);                              % 按式(4-2-10)
Ep(1) = (1 - k(1)^2) * Ep_0;                % 按式(4-2-12)
% i = 2 起使用递归算法
if p>1
    for i = 2:p
        k(i) = (Rp(i) - sum( a(1:i-1,i-1).* Rp(i-1:-1:1)'))/Ep(i-1);  % 按式(4-2-9)
```

若您对此书内容有任何疑问,可以凭在线交流卡登录MATLAB中文论坛与作者交流。

```
        a(i,i) = k(i);                          % 按式(4-2-10)
        Ep(i) = (1 - k(i)^2) * Ep(i-1);
        for j = 1:i-1
            a(j,i) = a(j,i-1) - k(i) * a(i-j,i-1); % 按式(4-2-11)
        end
    end
end
ar = a(:,p);
G = sqrt(Ep(p));
```

用莱文逊-杜宾的自相关方法计算预测系数还有其他的 MATLAB 函数。在 MATLAB 工具箱中有 lpc 函数，是用莱文逊-杜宾的自相关方法计算预测系数的；在 voicebox 中有 lpcauto 函数，也是用莱文逊-杜宾的自相关方法计算预测系数的。

(1) lpc 函数

名称：lpc

功能：是 MATLAB 中自带的用莱文逊-杜宾自相关法计算线性预测的系数。

调用格式：[ar,e] = lpc(x,p)

说明：输入参数 x 是一帧数据；p 是线性预测的阶数。输出参数 ar 是按下式计算得到的预测系数 $\{a_i\}(i=0,1,2,\cdots,p)$：

$$A(z)=1+\sum_{i=1}^{p}a_i z^{-i}=\sum_{i=0}^{p}a_i z^{-i}\qquad a_0=1$$

求得的预测系数 a_i 有 p+1 个，且第 1 个 a_0 永为 1；e 是预测计算中的最小均方差。

(2) lpcauto 函数

名称：lpcauto

功能：是 voicebox 中用莱文逊-杜宾自相关法计算线性预测的系数。

调用格式：[ar,e,k] = lpcauto(s,p,t)

说明：输入参数 s 是一帧数据；p 是线性预测的阶数；t 由三部分组成，即 t = [len anal skip]，其中 len 是一帧的长度，缺省时取 s 的长度；anal 是在线性预测分析时取的长度，缺省时取 s 的长度；skip 是在线性预测分析时跳过开始部分数据的长度，缺省时取 0。输出参数 ar 同 lpc_coefficientm 函数的输出参数 ar，得到 p 个预测系数 a_i，$i=1,2,\cdots,p$；e 是预测中的最小均方误差；k 是反射系数。

在以后各章用到线性预测系数检测时常用 MATLAB 自带的 lpc 函数，在这里介绍 lpc_coefficientm 函数主要是为了说明莱文逊-杜宾自相关法计算线性预测系数的方法。

例 4-2-1(pr4_2_1)　读入 aa.wav 文件(内容为元音\a\的波形)，取一帧数据(从 8 001～8 240)求出线性预测系数，并求出预测系数的频谱和预测误差。

程序清单如下：

```
% pr4_2_1
clear all; clc; close all;

filedir = [];                               % 设置数据文件的路径
filename = 'aa.wav';                        % 设置数据文件的名称
fle = [filedir filename]                    % 构成路径和文件名的字符串
[x,fs] = wavread(fle);                      % 读入语音数据
L = 240;                                    % 帧长
y = x(8001:8000 + L);                       % 取一帧数据
p = 12;                                     % LPC 的阶数
ar = lpc(y,p);                              % 线性预测变换
Y = lpcar2ff(ar,255);                       % 求 LPC 的频谱值
est_x = filter([0 -ar(2:end)],1,y);         % 用 LPC 求预测估算值
err = y - est_x;                            % 求出预测误差
fprintf('LPC:\n');
fprintf('%5.4f   %5.4f   %5.4f   %5.4f   %5.4f   %5.4f   %5.4f\n',ar);
% 作图
pos = get(gcf,'Position');
```

```
set(gcf,'Position',[pos(1), pos(2) - 200,pos(3),pos(4) + 150]);
subplot 311; plot(x,'k'); axis tight;
title('元音/a/波形'); ylabel('幅值')
subplot 323; plot(y,'k'); xlim([0 L]);
title('一帧数据'); ylabel('幅值')
subplot 324; plot(est_x,'k'); xlim([0 L]);
title('预测值'); ylabel('幅值')
subplot 325; plot(abs(Y),'k'); xlim([0 L]);
title('LPC 频谱'); ylabel('幅值'); xlabel('样点')
subplot 326; plot(err,'k'); xlim([0 L]);
title('预测误差'); ylabel('幅值'); xlabel('样点')
```

说明：

① 程序中取帧长为 240，在读入的数据中取 $y=x(8001:8240)$为一帧数据。

② 线性预测计算的阶数 p 为 12，经 lpc 函数得到了预测系数 ar。

③ 用预测系数 ar 经 lpcar2ff 函数求得 ar 系数的频谱，它反映了声道的响应。lpcar2ff 函数是 voicebox 工具箱中的一个函数，直接把 ar 系数经 FFT 求出频谱值，它的介绍如下：

名称：lpcar2ff
功能：已知预测系数 ar 计算它的复频谱。
调用格式：ff = lpcar2ff(ar,np)
函数说明：ar 是预测系数；np 与 FFT 的长度 nfft 有关，一般设置为 np = nfft/2 - 1。

④ 一帧数据通过 filter([0 －ar(2:end)],1,y)求预测的估算值 est_x，与 y 之差值得到预测误差 err。

运行 pr4_2_1 后得到的预测系数 LPC 为

```
1.0000   -0.9924   -0.6898   1.1805   0.7087   -1.3034   -0.2303
0.5580   0.3657   -0.4033   -0.1244   0.0074   0.1376
```

并得信号的预测值图、LPC 的频谱图和预测误差图，如图 4-2-2 所示。

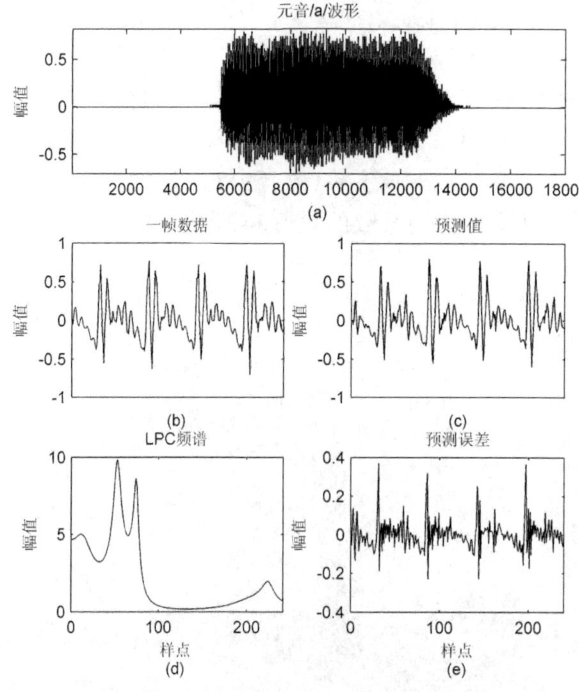

图 4-2-2　语音数据线性预测计算

4.2.2　协方差法

协方差法与自相关法的不同之处在于前者求和范围实际超过语音段范围，因而计算方法和结果也不完全相同。协方差法无须对语音信号加窗，即不规定信号 $x(n)$ 的长度范围。它可使信号的 N 个样点上误差最小，即把计算均方误差的样点数固定下来。假设计算 $r(j)$ 把求和范围固定为值 N，因而有

$$r(j)=\sum_{n=-j}^{N-j-1}x(n)x(n+j)\quad 0\leqslant j\leqslant p \tag{4-2-17}$$

这样，为了对全部需要的 j 值估算 $r(j)$，所需要的 $x(n)$ 长度范围应该为 $-p\leqslant n\leqslant N-1$，即为了计算 $r(j)$，需要有 $N+p$ 个样本。有时为了方便起见，也可定义 $x(n)$ 的长度范围为 $0\leqslant n\leqslant N-1$，但是计算 $r(j)$ 时，n 的范围为 $p\leqslant n\leqslant N-1$，这样误差便在 $[p,N-1]$ 范围内为最小。

由式(4-2-17)知，$r(j)$ 已不是真正的自相关序列，确切地说，是两个相似却并不完全相同的有限长度语音序列段之间的互相关序列。虽然式(4-2-17)和式(4-2-2)只有微小差别，却导致了线性预测方程组性质的很大不同，这将强烈地影响求解的方法以及所得到的最佳预测器的性质。

重写式(4-2-5)的线性预测方程组如下：

$$r(j)=\sum_{i=1}^{p}a_i r(j-i)\quad 1\leqslant j\leqslant p \tag{4-2-18}$$

可定义

$$r(j)=\sum_{n=0}^{N-1}x(n)x(n-j) \tag{4-2-19}$$

而

$$r(j-i)=\sum_{n=0}^{N-1}x(n-j)x(n-i)$$

不难看出，此时和自相关法中情况不同，式中的 $r(j)$ 虽仍满足偶对称特性 $r(j)=r(-j)$，但是 $r(j-i)$ 值不仅与 j 、i 的相对值有关，而且也取决于 j 、i 的绝对值大小。可以用 $c(j,i)$ 来表示 $r(j-i)$，即

$$c(j,i)=r(j-i)=\sum_{n=0}^{N-1}x(n-j)x(n-i) \tag{4-2-20}$$

习惯上，把 $c(j,i)$ 称为 $x(n)$ 的协方差。这个名称虽被广泛采用，但实际上不太严密。因为从通常的意义上讲，$c(j,i)$ 并不是协方差。协方差是指信号去掉了均值以后的自相关。

引入 $c(j,i)$ 之后，预测方程组变为如下形式：

$$c(j,0)-\sum_{i=1}^{p}a_i c(j,i)=0\quad 1\leqslant j\leqslant p \tag{4-2-21}$$

写成矩阵形式为

$$\begin{bmatrix} c(1,1) & c(1,2) & c(1,3) & \cdots & c(1,p)\\ c(2,1) & c(2,2) & c(2,3) & \cdots & c(2,p)\\ c(3,1) & c(3,2) & c(3,3) & \cdots & c(3,p)\\ \vdots & \vdots & \vdots & & \vdots\\ c(p,1) & c(p,2) & c(p,3) & \cdots & c(p,p) \end{bmatrix}\begin{bmatrix} a_1\\ a_2\\ a_3\\ \vdots\\ a_p \end{bmatrix}=\begin{bmatrix} c(1,0)\\ c(2,0)\\ c(3,0)\\ \vdots\\ c(p,0) \end{bmatrix} \tag{4-2-22}$$

上面的矩阵有很多性质与协方差矩阵相似。显然，$c(j,i)=c(i,j)$，因此式(4-2-22)由$c(j,i)$组成的$p\times p$阶矩阵是对称的，但它并不是托普利兹矩阵(因为$c(j+k,i+k)\neq c(j,i)$)。此时，求解矩阵方程(4-2-21)不能采用自相关法中的简便算法，而可以用矩阵分解的乔里斯基(Cholesky)法进行。这种方法是将协方差矩阵 **C** 进行 **LU** 分解，即 **C**=**LU**，其中 **L** 为下三角矩阵，**U** 为上三角矩阵。由此可得到一个有效的求解算法。

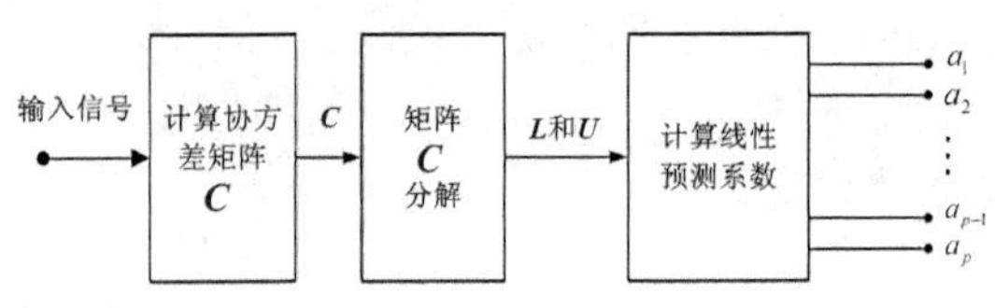

图 4-2-3 协方差算法的图解表示

图 4-2-3 给出了协方差算法的图解表示。

在 MATLAB 工具箱中，有 arcov 函数是用协方差方法计算预测系数的。

名称：arcov

功能：是 MATLAB 工具箱中自带的协方差法计算线性预测的系数。

调用格式：[ar,e] = arcov(x,p)

说明：输入参数 x 是一帧数据；p 是线性预测的阶数。输出参数 ar 是按下式计算得到的预测系数$\{a_i\}(i=0,1,2,\cdots,p)$：

$$A(z)=1+\sum_{i=1}^{p}a_i z^{-i}=\sum_{i=0}^{p}a_i z^{-i}\quad a_0=1$$

求得的预测系数$\{a_i\}$有 p+1 个，且第 1 个a_0永为 1；e 是预测中的最小均方误差。

4.3 线性预测分析格型法的解法[2]

4.3.1 格型法的基本原理

首先引入前向预测和后向预测的概念。在基于自相关的莱文逊-杜宾递推算法中，当递推进行到第i阶时，可得到该阶预测系数$a_j^{(i)}, j=1,2,\cdots,i$，因而可以定义一个$i$阶的线性预测误差滤波器，它的传递函数$A^{(i)}(z)$定义为

$$A^{(i)}(z)=1-\sum_{j=1}^{i}a_j^{(i)}z^{-j} \tag{4-3-1}$$

这个滤波器的输入信号是$x(n)$，输出信号为预测误差$e^{(i)}(n)$，它们之间的关系为

$$e^{(i)}(n)=x(n)-\sum_{j=1}^{i}a_j^{(i)}x(n-j) \tag{4-3-2}$$

写成 Z 变换形式为

$$E^{(i)}(z)=X(z)A^{(i)}(z) \tag{4-3-3}$$

利用递推式(4-2-10)和式(4-2-11)，将$a_j^{(i)}$代入式(4-3-1)，有

$$A^{(i)}(z)=A^{(i-1)}(z)-k_i z^{-i}A^{(i-1)}(z^{-1}) \tag{4-3-4}$$

将式(4-3-4)代入式(4-3-3)，即可得到

$$\begin{aligned}E^{(i)}(z)&=A^{(i-1)}(z)X(z)-k_i z^{-i}A^{(i-1)}(z^{-1})X(z)\\&=E^{(i-1)}(z)-k_i z^{-1}B^{(i-1)}(z)\end{aligned} \tag{4-3-5}$$

式中

$$B^{(i-1)}(z)=z^{-(i-1)}A^{(i-1)}(z^{-1})X(z) \tag{4-3-6}$$

式(4-3-5)表明，第i阶线性预测误差滤波器的输出$e^{(i)}(n)$可被分解成两部分：第一部分是第$i-1$阶滤波器的输出$e^{(i-1)}(n)$；第二部分是与第$i-1$阶有关的输出信号$b^{(i-1)}(n)$经

过单位时延和 k_i 加权后的信号。将这两部分信号分别定义为前向预测误差信号 $e^{(i)}(n)$ 和后向预测误差信号 $b^{(i)}(n)$。其中，$e^{(i)}(n)$ 的计算公式如式(4-3-2)；而 $b^{(i)}(n)$ 可以写成如下形式：

$$b^{(i)}(n)=x(n-i)-\sum_{j=1}^{i}a_j^{(i)}x(n-i+j) \tag{4-3-7}$$

前向预测误差信号 $e^{(i)}(n)$ 就是通常意义上的线性预测误差，它是用 i 个过去的样本值 $x(n-1)$，$x(n-2)$，…，$x(n-i)$ 来预测 $x(n)$ 时的误差；而后向预测误差 $b^{(i)}(n)$ 可以被看做用时间上延迟时刻的样本值 $x(n-i+1)$，$x(n-i+2)$，…，$x(n)$ 来预测 $x(n-i)$ 时的误差。这两种预测情况如图 4-3-1 所示。

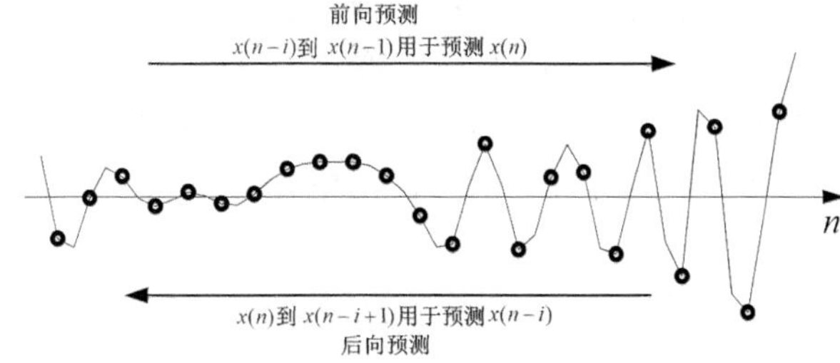

图 4-3-1　前向预测和后向预测示意图

在建立了前向预测和后向预测的概念后，就可以推出线性预测分析采用的格型滤波器结构。对于前向预测，将式(4-3-5)进行反变换，可得到如下的递推公式：

$$e^{(i)}(n)=e^{(i-1)}(n)-k_ib^{(i-1)}(n-1) \tag{4-3-8}$$

同理，将式(4-3-4)代入式(4-3-6)中，得

$$\begin{aligned}B^{(i)}(z)&=z^{-i}X(z)\left[A^{(i-1)}(z^{-1})-k_iz^iA^{(i-1)}(z)\right]\\&=z^{-1}B^{(i-1)}(z)-k_iE^{(i-1)}(z)\end{aligned}$$

并对其作反变换，可以得到如下求后向预测误差 $b^{(i)}(n)$ 的递推公式：

$$b^{(i)}(n)=b^{(i-1)}(n-1)-k_ie^{(i-1)}(n) \tag{4-3-9}$$

根据式(4-3-2)和式(4-3-7)，当 $i=0$ 时有

$$e^{(0)}(n)=b^{(0)}(n)=x(n) \tag{4-3-10}$$

而当 $i=p$ 时，有

$$e^{(p)}(n)=e(n) \tag{4-3-11}$$

式中，$e(n)$ 为 p 阶线性预测误差滤波器所输出的预测误差信号。

根据递推式(4-3-8)和式(4-3-9)及式(4-3-10)(初值条件)，可以导出适合于线性预测分析的格型滤波器的结构形式，如图 4-3-2 所示。

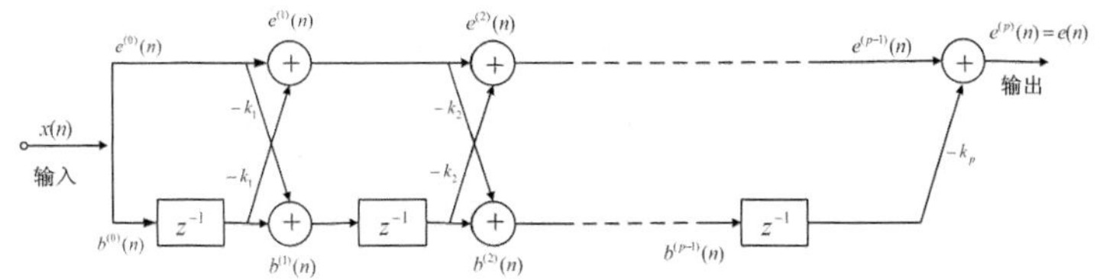

图 4-3-2　格型滤波器结构

这个滤波器输入为 $x(n)$，输出为预测误差 $e(n)$，它对应式(4-3-1)的预测误差滤波器 $A(z)$。图 4-1-2 语音信号模型化框图中的合成滤波器 $H(z)$ 也可以用格型结构来实现。

如果将模型中的增益因子 G 考虑到输入信号中,则该滤波器的输入是 $Gu(n)$, $H(z)$ 就应该是预测误差滤波器 $A(z)$ 的逆滤波器,输入信号 $Gu(n)$ 也可以由 $e(n)$ 来逼近。因此,当合成滤波器 $H(z)$ 的输入为 $e(n)$ 时,输出应为 $x(n)$。整理递推式(4-3-8)和式(4-3-9),可以得到如下递推关系式:

$$\left.\begin{aligned} e^{(i-1)}(n) &= e^{(i)}(n) + k_i b^{(i-1)}(n-1) \\ b^{(i)}(n) &= b^{(i-1)}(n-1) - k_i e^{(i-1)}(n) \end{aligned}\right\} \tag{4-3-12}$$

这样,可根据此递推关系式画出图4-3-3所示的格型合成滤波器的结构。

由图4-3-2和图4-3-3可见,p 阶滤波器可以表示成由 p 节斜格构成,尤其是合成滤波器的结构直接与4.4.2节讨论的声道的级联声管模型相对应。在声管模型中,声道被模拟成一系列长度和截面积不等的无损声管的级联,而在这里,可以认为每一个格型网络就相当于一小段声管段。滤波器结构中关键的参数是反射系数 $k_i(i=1,2,\cdots,p)$,它反映了第 i 节格型网络处的反射,与声波在各声管段边界处的反射量相对应。

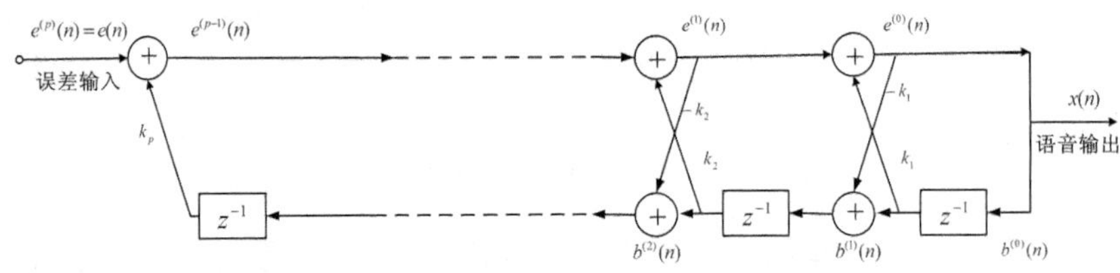

图4-3-3 格型合成滤波器结构

4.3.2 格型法的求解

根据图4-3-2所示的格型滤波器的结构形式,可以依据最小误差准则,求出各反射系数 k_i。如果需要,还可以进一步由式(4-2-10)和式(4-2-11)计算出预测 a_i。由于在格型滤波器中有前向预测误差和后向预测误差两种误差数据,因而在求解反射系数时可以依照几种不同的最佳准则来进行,由此出现了多种格型法的求解算法。下面将介绍几种常用的算法。首先定义三种均方误差。

前向均方误差:

$$E^{(i)}(n)=E[(e^{(i)}(n))^2] \tag{4-3-13}$$

后向均方误差:

$$B^{(i)}(n)=E[(b^{(i)}(n))^2] \tag{4-3-14}$$

交叉均方误差:

$$C^{(i)}(n)=E[e^{(i)}(n)b^{(i)}(n-1)] \tag{4-3-15}$$

1. 前向格型法

前向格型法的逼近准则是使格型滤波器的第 i 节前向均方误差最小,即令

$$\frac{\partial E^{(i)}(n)}{\partial k_i}=0$$

经过推导可得

$$k_i^f=\frac{C^{(i-1)}(n)}{B^{(i-1)}(n-1)}=\frac{E\left[e^{(i-1)}(n)b^{(i-1)}(n-1)\right]}{E\left[(b^{(i-1)}(n-1))^2\right]} \tag{4-3-16}$$

式中,k_i^f 的上标 f 表示此反射系数是用前向误差最小准则求得的,它等于前后向预测误差的

互相关和后向预测误差能量之比。在实际运算时总是用时间平均代替集平均，为了提高精度，可以像协方差法那样不用加窗的方法来限制信号 $x(n)$ 的长度范围，则式(4-3-16)变为

$$k_i^f=\frac{\sum_{n=0}^{N-1}e^{(i-1)}(n)b^{(i-1)}(n-1)}{\sum_{n=0}^{N-1}[b^{(i-1)}(n-1)]^2} \tag{4-3-17}$$

式中，假定 $e^{(i-1)}(n)$ 和 $b^{(i-1)}(n)$ 的长度范围为 $0\leqslant n\leqslant N-1$。

2. 后向格型法

后向格型法的逼近准则是使格型滤波器的第 i 节后向均方误差最小，即令

$$\frac{\partial B^{(i)}(n)}{\partial k_i}=0$$

经推导可得

$$k_i^b=\frac{C^{(i-1)}(n)}{E^{(i-1)}(n)}=\frac{E\left[e^{(i-1)}(n)b^{(i-1)}(n-1)\right]}{E\{[e^{(i-1)}(n)]^2\}} \tag{4-3-18}$$

式中，k_i^b 的上标 b 表示此反射系数是由后向误差最小准则求得的，它等于前后向预测误差的互相关和前向预测误差能量之比。注意到 $E^{(i)}(n)$ 和 $B^{(i)}(n)$ 的值都是非负数，所以 k_i^f 和 k_i^b 符号总是相同的。在前向格型法和后向格型法中，由于不能保证 $|C^{(i-1)}(n)|<|B^{(i-1)}(n)|$ 和 $|C^{(i-1)}(n)|<|E^{(i-1)}(n)|$，所以它们都不能保证 $|k_i|\leqslant 1$。也就是说，以上两种方法解的稳定性得不到保证。

3. 几何平均格型法

定义前向格型法和后向格型法中 k_i^f 和 k_i^b 的几何平均值为

$$k_i^I=S\sqrt{k_i^fk_i^b} \tag{4-3-19}$$

这是由 Itakura 导出的反射系数计算公式，k_i^f 和 k_i^b 分别为用前向格型法和后向格型法计算得到的反射系数，S 为 k_i^f 的符号。将式(4-3-16)和式(4-3-18)代入式(4-3-19)，可得

$$k_i^I=\frac{E\left[e^{(i-1)}(n)b^{(i-1)}(n-1)\right]}{\sqrt{E\left[(e^{(i-1)}(n-1))^2\right]E\left[(b^{(i-1)}(n-1))^2\right]}} \tag{4-3-20}$$

或者以时间平均的形式表示

$$k_i^I=\frac{\sum_{n=0}^{N-1}e^{(i-1)}(n)b^{(i-1)}(n-1)}{\sqrt{\sum_{n=0}^{N-1}[e^{(i-1)}(n)]^2\sum_{n=0}^{N-1}[b^{(i-1)}(n-1)]^2}} \tag{4-3-21}$$

这个表达式具有归一化互相关函数的形式。由于它表示了前向预测误差和后向预测误差之间的相关程度，因此反射系数也被称为部分相关系数，简写为 PARCOR。运用柯西-许瓦兹不等式容易证明 $|k_i^I|\leqslant 1$，所以用这种方法求解的反射系数将能保证系统的稳定。

几何平均格型法递推算法实现过程如下：

① 设定初值

$$e^{(0)}(n)=b^{(0)}(n)=x(n)\quad n=0,1,2,\cdots,N-1 \tag{4-3-22}$$

② $i=1$。

③ 用式(4-3-21)计算反射系数 k_i、预测系数 $a_j^{(i)}$ 和 $a_i^{(i)}$，得

若您对此书内容有任何疑问，可以凭在线交流卡登录MATLAB中文论坛与作者交流。

$$k_i = \frac{\sum_{n=0}^{N-1}[e^{(i-1)}(n)b^{(i-1)}(n-1)]}{\sqrt{\sum_{n=0}^{N-1}[e^{(i-1)}(n)]^2 \sum_{n=0}^{N-1}[b^{(i-1)}(n-1)]^2}} \tag{4-3-23}$$

$$a_j^{(i)} = a_j^{(i-1)} - k_i a_{i-j}^{(i-1)} \quad j=1,2,\cdots,i-1 \tag{4-3-24}$$

$$a_i^{(i)} = k_i \tag{4-3-25}$$

④ 计算 $e^{(i)}(n)$ 和 $b^{(i)}(n)$,得

$$\left.\begin{aligned} e^{(i)}(n) &= e^{(i-1)}(n) - k_i b^{(i-1)}(n-1) \\ b^{(i)}(n) &= b^{(i-1)}(n-1) - k_i e^{(i-1)}(n) \end{aligned}\right\} \tag{4-3-26}$$

⑤ 使 $i=i+1$,若 $i>p$;则结束;否则,返回步骤③。

4. 伯格(Burg)法

伯格法的逼近准则是使格型滤波器第 i 节前向和后向均方误差之和最小,即令

$$\frac{\partial[E^{(i)}(n)+B^{(i)}(n)]}{\partial k_i}=0$$

经推导可得

$$k_i^B = \frac{2C^{(i-1)}(n)}{E^{(i-1)}(n)+B^{(i-1)}(n-1)} \tag{4-3-27}$$

或者

$$k_i^B = \frac{2\sum_{n=0}^{N-1}[e^{(i-1)}(n)b^{(i-1)}(n-1)]}{\sum_{n=0}^{N-1}[e^{(i-1)}(n)]^2 + \sum_{n=0}^{N-1}[b^{(i-1)}(n-1)]^2} \tag{4-3-28}$$

式中,k_i^B 的上标 B 表示此结果是按伯格法求出的。

同样根据柯西-许瓦兹不等式可以证明 $|k_i^B| \leqslant 1$,所以这种方法也能保证系统稳定。

下面给出用几何平均格型法线性预测的 MATLAB 函数。

名称:latticem

功能:用几何平均格型法求出线性预测的系数。

调用格式:[E,alphal,G,k] = latticem(x,L,p)

说明:输入参数 x 是一帧语音数据;L 是在该帧数据中做格型法处理的长度;p 是线性预测的阶数。x 的长度要大于或等于 L+p。输出参数 E 是最小均方误差;G 是增益系数;k 是反射系数;alphal 是预测系数。但 alphal 是一个 $p\times p$ 的矩阵,要得到第 p 次的预测系数,可用 ar = alphal(:,p)来获得。

程序清单如下:

```
function [E,alphal,G,k] = latticem(x,L,p)
% 按式(4-3-22)初始化
    e(:,1) = x;
    b(:,1) = x;
% i=1 时按式(4-3-22)和式(4-3-25)计算
    k(1) = sum(e(p+1:p+L,1).*b(p:p+L-1,1))/sqrt((sum(e(p+1:p+L,1).^2)...
        *sum(b(p:p+L-1,1).^2)));
    alphal(1,1) = k(1);
    btemp = [0 b(:,1)']';
% i-1=1 时按式(4-3-26)计算
    e(1:L+p,2) = e(1:L+p,1) - k(1)*btemp(1:L+p);
    b(1:L+p,2) = btemp(1:L+p) - k(1)*e(1:L+p,1);
% i=2~p 按式(4-3-22)~式(4-3-26)计算
```

```
    for i = 2:p
        k(i) = sum(e(p+1:p+L,i).*b(p:p+L-1,i))/sqrt((sum(e(p+1:p+L,i).^2)...
            * sum(b(p:p+L-1,i).^2)));
        alphal(i,i) = k(i);
        for j = 1:i-1
            alphal(j,i) = alphal(j,i-1) - k(i) * alphal(i-j,i-1);
        end
        btemp = [0 b(:,i)']';
        e(1:L+p,i+1) = e(1:L+p,i) - k(i) * btemp(1:L+p);
        b(1:L+p,i+1) = btemp(1:L+p) - k(i) * e(1:L+p,i);
    end
%按式(4-2-8)和式(4-2-12)计算最小均方误差
    E = sum(x(p+1:p+L).^2);
    for i = 1:p
        E = E * (1-k(i).^2);
    end
%按式(4-2-13)计算增益系数
    G = sqrt(E);
```

例 4-3-1(pr4_3_1)　读入 aa.wav 文件(内容为元音\a\的波形),取一帧数据(从 8 001～8 240)进行普通线性预测分析(用 lpc 函数)以及用格型法预测分析(用 latticem 函数)比较它们的预测系数和功率谱。

程序清单如下:

```
%pr4_3_1
clear all; clc; close all;
filedir = [];                                   %设置数据文件的路径
filename = 'aa.wav';                            %设置数据文件的名称
fle = [filedir filename];                       %构成路径和文件名的字符串
[x,fs] = wavread(fle);                          %读入语音数据
L = 240;                                        %帧长
p = 12;                                         % LPC 的阶数
y = x(8001:8240 + p);                           %取一帧数据
[EL,alphal,GL,k] = latticem(y,L,p);             %格型预测法
ar = alphal(:,p);
a1 = lpc(y,p);                                  %普通预测法
Y = lpcar2pf(a1,255);                           %将 a1 转换成功率谱
Y1 = lpcar2pf([1; -ar],255);                    %将 ar 转换成功率谱
fprintf('AR1 系数(格型预测法):\n');
fprintf('%5.4f    %5.4f    %5.4f    %5.4f    %5.4f    %5.4f\n', -ar);
fprintf('AR2 系数(普通预测法):\n');
fprintf('%5.4f    %5.4f    %5.4f    %5.4f    %5.4f    %5.4f\n',a1(2:p+1));
%作图
m = 1:257;
freq = (m-1) * fs/512;
plot(freq,10 * log10(Y),'k'); grid;
line(freq,10 * log10(Y1),'color',[.6 .6 .6],'linewidth',2);
legend('普通预测法','格型预测法'); ylabel('幅值/dB');
title('普通预测法和格型预测法功率谱响应的比较'); xlabel('频率/Hz');
```

说明:

① 程序中取帧长为 240,在读入的数据中取 $y=x(8001:8240)$为一帧数据。

② LPC 计算的阶数 p 为 12,经 lpc 函数得到了普通预测系数 a_1,用 latticem 函数得到了格型预测系数 ar。

③ 用预测系数 a1 和 ar 经 lpcar2pf 函数求得 a1 和 ar 系数的功率谱值 Y 和 Y_1。lpcar2pf 函数是 voicebox 工具箱中的一个函数,直接把 ar 系数经 FFT 求出功率谱值。lpcar2pf 函数介绍如下:

名称:lpcar2pf
功能:已知预测系数 ar 计算它的功率谱值。
调用格式:ff = lpcar2pf(ar,np)
说明:ar 是预测系数;np 与 FFT 的长度 nfft 有关,一般设置为 np = nfft/2 - 1。

④ 求出功率谱值后取对数,转为分贝值(dB),再画在图中。

运行 pr4_3_1 后求出的 ar 系数和 a1 系数为:

```
AR1 系数(格型预测法):
-1.0017   -0.7454   1.2245   0.7761   -1.3801   -0.3159
0.6597   0.4127   -0.4792   -0.1459   0.0540   0.1303
AR2 系数(普通预测法):
-1.0284   -0.6204   1.1818   0.5881   -1.2736   -0.0930
0.4840   0.2729   -0.3449   -0.0752   -0.0308   0.1319
```

程序运行后又给出了两种预测法得到功率谱的比较,如图 4-3-4 所示。

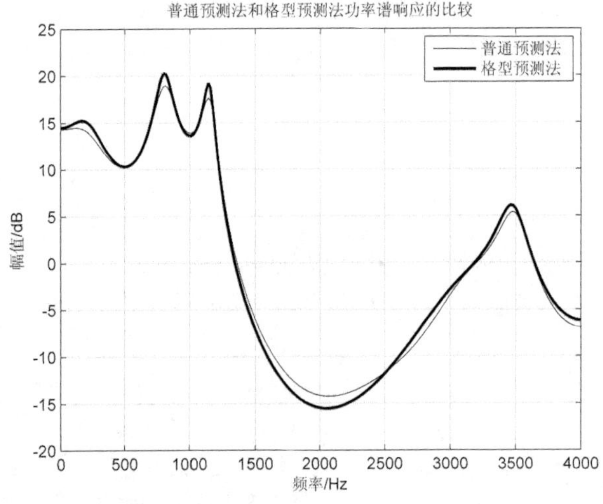

图 4-3-4　普通预测法和格型预测法处理一帧数据得到的功率谱比较

两种预测方法虽然在预测系数上有所差别,但从功率谱比较图上可看出还是十分接近的。

4.4　线性预测导出的其他参数[2]

用线性预测分析法求得的是一个全极点模型的传递函数。在语音产生模型中,这一全极点模型与声道滤波器的假设相符合,而形式上是一自回归滤波器。用相关法、协方差法和格型法求解方程组,相应地就有多种不同的滤波器参数,而它们所实现的滤波器都是等价的。用全极点模型所表征的声道滤波器,除预测系数$\{a_i\}$外,还有其他不同形式的滤波器参数。这些参数一般可由线性预测系数推导得到,但各有不同的物理意义和特性。在对语音信号做进一步处理时,为了达到不同的应用目的时,往往按照这些特性来选择某种合适的参数来描述语音信号。本节将介绍几种导出的参数,另有一种称为线谱对的参数,因涉及的问题较多放在 4.5 节介绍。

4.4.1　预测误差及其自相关函数

在式(4-1-14)中信号值 $x(n)$ 与线性预测值 $\hat{x}(n)$ 之间的预测误差(有时也称为残差) $e(n)$ 表示为

$$e(n)=x(n)-\hat{x}(n) \tag{4-4-1}$$

在已知信号 $x(n)$ 的预测系数$\{a_i\}$后，$x(n)$ 的线性预测值 $\hat{x}(n)$ 为

$$\hat{x}(n)=\sum_{i=1}^{p}a_i x(n-i) \tag{4-4-2}$$

可以导出预测误差为

$$e(n)=x(n)-\sum_{i=1}^{p}a_i x(n-i) \tag{4-4-3}$$

而预测误差的自相关函数 $R_e(m)$ 为

$$R_e(m)=\sum_{n=0}^{N-1-m}e(n)e(n+m) \tag{4-4-4}$$

式中，N 表示每帧的长度。

在图 4-4-1 中给出了一帧数据，以及求出的预测值、预测误差和预测误差的相关函数。

从图上可以看出，原始信号数据中由声门脉冲处产生的预测误差就比较大，在图 4-4-1(a)中有三个声门脉冲，在图 4-4-1(c)中对应的位置上三个预测误差较大。利用这一特性，在预测误差相关函数中就能得到声门脉冲之间的间隔，也就是基音的周期，所以用预测误差的自相关函数能求出基音参数。这部分将在第 8 章基音检测中介绍。

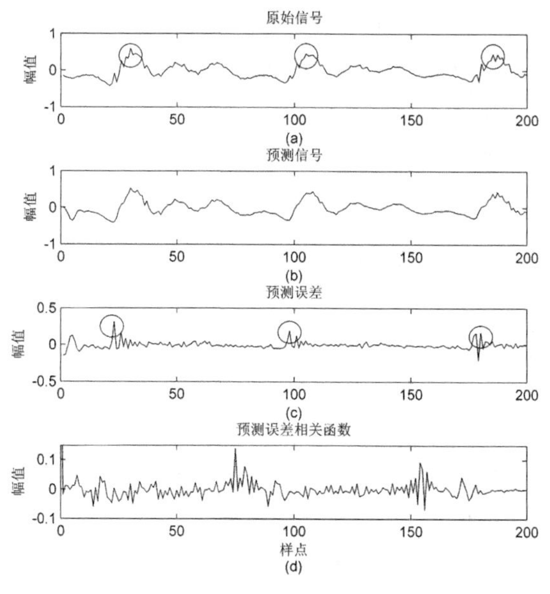

图 4-4-1　一帧有话段语音信号和预测信号、预测误差的波形及预测误差相关函数图

4.4.2　反射系数和声道面积

反射系数 $\{k_i\}$ 在低速率语音编码、语音合成、语音识别和说话人识别等许多领域都是非

常重要的特征参数。若已知线性预测系数$\{a_i\}$,则也可以求取反射系数$\{k_i\}$。

由式(4-2-11)可以推导出下列各式:

$$a_j^{(i)}=a_j^{(i-1)}-k_i a_{i-j}^{(i-1)} \quad j=1,\cdots,i-1$$
$$a_{i-j}^{(i)}=a_{i-j}^{(i-1)}-k_i a_j^{(i-1)} \quad j=1,\cdots,i-1$$
$$k_i=a_i^{(i)}$$

因而可以进一步推导出

$$a_j^{(i-1)}=(a_j^{(i)}+a_j^{(i)}a_{i-j}^{(i)})\Big/(1-k_i^2) \quad j=1,\cdots,i-1$$

即若已知线性预测系数$\{a_i\}$,就可以用如下递推关系求反射系数$\{k_i\}$,即

$$\left.\begin{aligned}&a_j^{(p)}=a_j && j=1,2,\cdots,p\\&k_i=a_i^{(i)} &&\\&a_j^{(i-1)}=(a_j^{(i)}+a_j^{(i)}a_{i-j}^{(i)})\Big/(1-k_i^2) && j=1,\cdots,i-1\end{aligned}\right\} \tag{4-4-5}$$

它是从$i=p$开始,向递减的方向逐级递推;反过来,若已知反射系数$\{k_i\}$,则用以下递推关系可以求出如下相应的线性预测系数$\{a_i\}$:

$$\left.\begin{aligned}&a_i^{(i)}=k_i &&\\&a_j^{(i)}=a_j^{(i-1)}-k_i a_{i-j}^{(i-1)} && j=1,\cdots,i-1\end{aligned}\right\} \tag{4-4-6}$$

它从$i=1$开始,向递增的方向逐级递推,而最终有$a_j=a_j^{(p)}, j=1,2,\cdots,p$。

反射系数的取值范围为$[-1,1]$,这也是保证相应的系统函数稳定的充分必要条件。

在1.2.2小节中给出了声道的声管模型,即声道可以被模拟成一系列截面积不等的无损声管的级联,如图4-4-2所示。

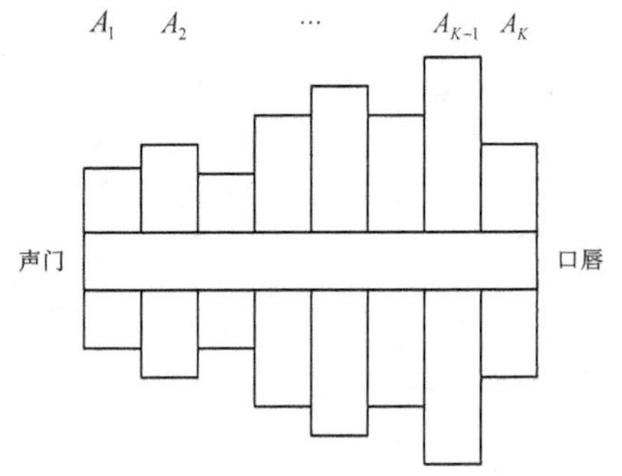

图4-4-2　声道的声管模型

从声学理论知道,反射系数$\{k_i\}$反映了声波在各声管段边界处的反射量,有

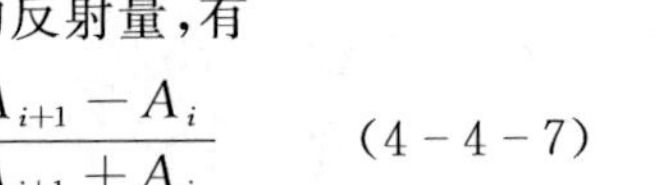

$$k_i=\frac{A_{i+1}-A_i}{A_{i+1}+A_i} \tag{4-4-7}$$

式中,A_i是第i节声管的面积函数。

做进一步的推导,可以给出

$$\frac{A_i}{A_{i+1}}=\frac{(1-k_i)}{(1+k_i)} \tag{4-4-8}$$

说明已知反射系数可以求出声管模型中的各节面积比,若已知边界A_1或A_K的面积(设为共有K节),就能推算出各节的面积。

在voicebox中有相应的MATLAB函数用来计算线性预测系数和反射系数的转换,以及反射系数和声管面积的转换。

(1) 由预测系数求出反射系数

名称:lpcar2rf
功能:已知预测系数计算出反射系数。
调用格式:rf = lpcar2rf(ar)
说明:ar是预测系数;rf是反射系数。

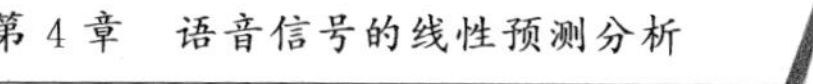

(2) 由反射系数求出预测系数

名称:lpcrf2ar
功能:已知反射系数计算出预测系数。
调用格式:[ar,arp,aru,g] = lpcrf2ar(rf)
说明:rf 是反射系数;ar 是预测系数;arp 是压力传递函数;aru 是体积速度的传递函数;g 是增益。

(3) 由反射系数求声管面积比

名称:lpcrf2ao
功能:已知反射系数计算出规正化的声管面积。
调用格式:ao = lpcrf2ao(rf)
说明:rf 是反射系数;ao 是声管面积比。

(4) 由声管面积求反射系数

名称:lpcao2rf
功能:已知规正化的声管面积比计算出反射系数。
调用格式:rf = lpcao2rf(ao)
说明:ao 是声管面积比;rf 是反射系数。

4.4.3 线性预测的频谱和预测误差滤波器 $A(z)$ 多项式的根

从式(4-1-25)可得到一帧语音信号 $x(n)$ 模型化为一个 p 阶的线性预测模型时,它的全极点模型为

$$H(z)=\frac{1}{1-\sum_{n=1}^{p}a_n z^{-n}}=\frac{1}{A(z)} \tag{4-4-9}$$

当 $z=e^{j\omega}$ 时,就能得到线性预测系数的频谱:

$$H(e^{j\omega})=\frac{1}{1-\sum_{n=1}^{p}a_n e^{-jn\omega}} \tag{4-4-10}$$

由于式(4-1-25)有 $H(z)=X(z)/U(z)$ 或 $X(z)=H(z)U(z)$,以及由式(1-2-12)给出的语音信号的数字模型,在不考虑激励和辐射时,式(4-4-9)给出语音信号中的声道模型,所以实际上 $H(e^{j\omega})$ 是给出了 $X(e^{j\omega})$ 的频谱的包络谱。图 4-4-3 给出了一帧语音信号的波形及其 FFT 频谱和线性预测系数的频谱。从图中可以看到,线性预测系数的频谱勾画出了 FFT 频谱的包络,反映了声道的共振峰的结构。

由式(4-1-14)的预测误差滤波器 $A(z)$ 可以利用它的一组根 $z_i(1\leqslant i\leqslant p)$ 等效地表示为

$$A(z)=1-\sum_{i=1}^{p}a_i z^{-i}=\prod_{i=1}^{p}(1-z_i z^{-1}) \tag{4-4-11}$$

若使 $A(z)=0$,则可以解出 p 个根 $z_1,z_2,\cdots,z_p$;若 p 为偶数,则一般情况下可得到 $p/2$ 对复根,它们可以表示为

$$z_k=z_{kr}\pm jz_{ki} \quad k=1,2,\cdots,p/2 \tag{4-4-12}$$

式中,z_{kr} 是 z_k 的实部;z_{ki} 是 z_k 的虚部。

每一对根与信号谱中的一个共振峰相对应。如果把 Z 平面的根转换到 S 平面,令 $z_k=e^{s_kT}$,其中 T 为采样的时间间隔,设 $s_k=\sigma_k+j\Omega_k$,则有

$$\Omega_k=\frac{1}{T}\arctan\left(\frac{z_{ki}}{z_{kr}}\right) \tag{4-4-13}$$

$$\sigma_k=\frac{1}{2T}\ln(z_{kr}^2+z_{ki}^2) \tag{4-4-14}$$

通过求取预测误差滤波器多项式的根,可以实现对共振峰的估计;Ω_k 决定了共振峰的频率;σ_k 决定了共振峰的带宽。线性预测系数的频谱和预测误差滤波器多项式的根都反映共振峰的特性,这将在第 9 章介绍。

在 voicebox 中有相应的 MATLAB 函数用于已知预测系数计算线性预测系数的频谱和预测误差滤波器多项式的根。计算线性预测系数的频谱的函数是 lpcar2ff,已在 4.2.1 节中做了介绍,计算预测误差滤波器多项式根的函数是 lpcar2zz,介绍如下:

名称:lpcar2zz

功能:已知预测系数 ar 计算它的预测误差滤波器多项式的根。

调用格式:zz = lpcar2zz(ar)

说明:ar 是预测系数;zz 是预测误差滤波器多项式的根,其中有实数根和复数根。

例 4-4-1(pr4_4_1) 读入语音 aa.wav 数据(内容为元音\a\),取一帧数据计算线性预测系数,求取它的频谱与 FFT 比较,并计算 LPC 系数的根值。

程序清单如下:

```
% pr4_4_1
clear all; clc; close all;
filedir = [];                                     % 设置数据文件的路径
filename = 'aa.wav';                              % 设置数据文件的名称
fle = [filedir filename]                          % 构成路径和文件名的字符串
[x,fs] = wavread(fle);                            % 读入语音数据
L = 240;                                          % 帧长
p = 12;                                           % LPC 的阶数
y = x(8001:8000 + L);                             % 取一帧数据
ar = lpc(y,p);                                    % 线性预测变换
nfft = 512;
W2 = nfft/2;
m = 1:W2 + 1;
Y = fft(y,nfft);                                  % 计算信号 y 的 FFT 频谱
Y1 = lpcar2ff(ar,W2 - 1);                         % 计算预测系数的频谱
zz = lpcar2zz(ar);                                % 计算预测系数的根值
for k = 1 : 12
    fprintf('%4d    %5.6f    %5.6f\n',k,real(zz(k)),imag(zz(k)));
end
% 作图
subplot 211; plot(y,'k');
title('一帧语音信号的波形'); ylabel('幅值'); xlabel('(a)')
subplot 212;
plot(m,20 * log10(abs(Y(m))),'k','linewidth',1.5);
line(m,20 * log10(abs(Y1)),'color',[.6 .6 .6],'linewidth',2)
axis([0 W2 + 1 - 30 25]); ylabel('幅值/db');
legend('FFT 频谱','LPC 谱',3); xlabel(['样点' 10 '(b)'])
title('FFT 频谱和 LPC 谱的比较');
```

说明:

① 只取 aa.wav 数据的一帧(8 001~8 240),然后计算出预测系数。

② 程序中是调用函数 lpcar2ff 计算了预测系数 ar 的频谱,又调用了函数 lpcar2zz 计算了预测系数 ar 的根值。

运行程序 pr4_4_1 后得到该帧数据预测系数的根值如下,它们为 6 对复数根。

```
    序号   根实部      根虚部
 1   0.859081   0.140565
 2   0.859081   -0.140565
 3   0.597665   0.759588
```

```
4    0.597665    -0.759588
5    0.763608    0.561950
6    0.763608    -0.561950
7    -0.843682    0.363962
8    -0.843682    -0.363962
9    -0.594580    0.516397
10    -0.594580    -0.516397
11    -0.285869    0.575662
12    -0.285869    -0.575662
```

运行程序 pr4_4_1 后还得到图 4-4-3。其中,预测系数的谱图用灰线表示,FFT 的谱图用黑线表示。可看出,预测系数的谱图是 FFT 谱图的包络线,反映了声道的共振峰结构。

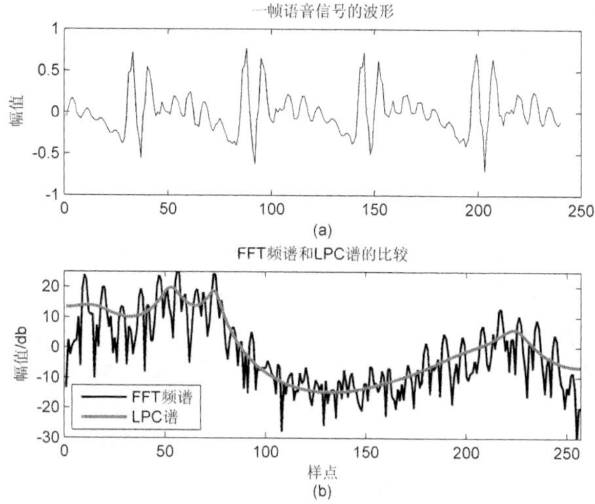

图 4-4-3　一帧语音信号的波形图及 FFT 频谱与 AR 系数谱的比较图

4.4.4　线性预测倒谱

根据第 3 章的内容,语音信号的倒谱可以通过对信号做傅里叶变换,取模的对数,再求傅里叶逆变换得到。由于频率响应 $H(e^{j\omega})$ 反映声道的频率响应和被分析信号的谱包络,因此用 $\log|H(e^{j\omega})|$ 做傅里叶逆变换求出的线性预测倒谱系数(Linear Prediction Cepstrum Coefficient, LPCC),也被认为是包含了信号谱的包络信息,因此可以将其看做对原始信号短时倒谱的一种近似。

通过线性预测分析得到的合成滤波器的系统函数为 $H(z)=1\Big/\left(1-\sum_{i=1}^{p}a_i z^{-i}\right)$,其冲激响应为 $h(n)$。下面求 $h(n)$ 的倒谱 $\hat{h}(n)$,首先根据同态处理法,有

$$\hat{H}(z)=\log H(z) \tag{4-4-15}$$

因为 $H(z)$ 是最小相位的,即在单位圆内是解析的,所以 $\hat{H}(z)$ 可以展开成级数形式,即

$$\hat{H}(z)=\sum_{n=1}^{+\infty}\hat{h}(n)z^{-n} \tag{4-4-16}$$

也就是说,$\hat{H}(z)$ 的逆变换 $\hat{h}(n)$ 是存在的。设 $\hat{h}(0)=0$,将式(4-4-16)两边同时对 z^{-1} 求导,得

$$\frac{\partial}{\partial z^{-1}}\log\frac{1}{1-\sum_{i=1}^{p}a_i z^{-i}}=\frac{\partial}{\partial z^{-1}}\sum_{n=1}^{+\infty}\hat{h}(n)z^{-n} \tag{4-4-17}$$

得到

$$\sum_{n=1}^{+\infty} n\hat{h}(n)z^{-n+1} = \frac{\sum_{i=1}^{p} ia_i z^{-i+1}}{1-\sum_{i=1}^{p} a_i z^{-i}} \tag{4-4-18}$$

有

$$\left(1-\sum_{i=1}^{p} a_i z^{-i}\right)\sum_{n=1}^{+\infty} n\hat{h}(n)z^{-n+1} = \sum_{i=1}^{+\infty} ia_i z^{-i+1} \tag{4-4-19}$$

令式(4-4-19)等号两边 z 的各次幂前系数分别相等,得到 $\hat{h}(n)$ 和 a_i 间的递推关系:

$$\hat{h}(1) = a_1 \tag{4-4-20}$$

$$\hat{h}(n) = a_n + \sum_{i=1}^{n-1}\left(1-\frac{i}{n}\right)a_i\hat{h}(n-i) \quad 1 < n \leqslant p \tag{4-4-21}$$

$$\hat{h}(n) = \sum_{i=1}^{p}\left(1-\frac{i}{n}\right)a_i\hat{h}(n-i) \quad n > p \tag{4-4-22}$$

按式(4-4-20)~式(4-4-22)可直接从预测系数$\{a_i\}$求得倒谱 $\hat{h}(n)$。这个倒谱系数是根据线性预测模型得到的,又利用线性预测中声道系统函数 $H(z)$ 的最小相位特性,因此避免了一般同态处理中求复对数的麻烦。

这里给出由预测系数$\{a_i\}$求得倒谱 $\hat{h}(n)$ 的 MATLAB 函数 lpc2lpccm.m。

名称:lpc2lpccm

功能:已知预测系数 ai 求得 LPCC。

调用格式:lpcc = lpc2lpccm(ar,n_lpc,n_lpcc)

说明:输入参数 ar 是预测系数;n_lpc 是预测系数的长度;n_lpcc 是 LPC 倒谱的长度,它可以等于预测系数的长度,也可以大于预测系数的长度。输出参数 lpcc 是 LPCC。

lpc2lpccm.m 的程序清单如下:

```
function lpcc = lpc2lpccm(ar,n_lpc,n_lpcc)          % 从 LPC 计算线性预测倒谱系数
lpcc = zeros(n_lpcc,1);
lpcc(1) = ar(1);                                     % 按式(4-4-20)
for n = 2:n_lpc                                      % 按式(4-4-21),n = 2,...,p
    lpcc(n) = ar(n);
    for l = 1:n-1
        lpcc(n) = lpcc(n) + ar(l) * lpcc(n-l) * (n-l)/n;
    end
end
for n = n_lpc + 1:n_lpcc                             % 按式(4-4-22),n>p
    lpcc(n) = 0;
    for l = 1:n_lpc
        lpcc(n) = lpcc(n) + ar(l) * lpcc(n-l) * (n-l)/n;
    end
end
lpcc = - lpcc;
```

本小节中介绍了利用线性预测系数来获得 LPCC,其优点是计算量小,易于实现。LPCC 对元音有较好的描述能力,但其缺点在于对辅音的描述能力和抗噪声能力较差。LPCC 主要用于语音识别中,能区分出不同的元音;而用在端点检测中,由于抗噪能力差,很难从带噪语音中稳定地提取出正确的端点。

例 4-4-2(pr4_4_2) 类同于 pr3_3_2,有三个语音信号,其中两个是元音\i\,一个是元音\a\,分别在 s1.wav,s2.wav 和 a1.wav 中。要利用 LPCC 观察 s1 和 s2,以及 s1 和 a1 的匹

配情况，并计算它们的 LPCC 距离。

程序清单如下：

```
% pr4_4_2
clear all; clc; close all;
[x1,fs] = wavread('s1.wav');                % 读入信号 s1
x2 = wavread('s2.wav');                     % 读入信号 s2
x3 = wavread('a1.wav');                     % 读入信号 a1
wlen = 200;                                 % 帧长
inc = 80;                                   % 帧移
x1 = x1/max(abs(x1));                       % 幅值归一化
x2 = x2/max(abs(x2));
x3 = x3/max(abs(x3));
p = 12;                                     % LPC 阶数
[DIST12,y1lpcc,y2lpcc] = lpcc_dist(x1,x2,wlen,inc,p); % 计算 x1 与 x2 的 LPCC 距离
[DIST13,y1lpcc,y3lpcc] = lpcc_dist(x1,x3,wlen,inc,p); % 计算 x1 与 x3 的 LPCC 距离
% 作图
figure(1)
plot(y1lpcc(3,:),y2lpcc(3,:),'k+'); hold on
plot(y1lpcc(7,:),y2lpcc(7,:),'kx');
plot(y1lpcc(12,:),y2lpcc(12,:),'k^');
plot(y1lpcc(16,:),y2lpcc(16,:),'kh');
legend('第 3 帧','第 7 帧','第 12 帧','第 16 帧',2)
title('/i1/与/i2/之间的 LPCC 参数匹配比较')
xlabel('信号 x1');ylabel('信号 x2')
axis([-6 6 -6 6]);
line([-6 6],[-6 6],'color','k','linestyle','--');
figure(2)
plot(y1lpcc(3,:),y3lpcc(3,:),'k+'); hold on
plot(y1lpcc(7,:),y3lpcc(7,:),'kx');
plot(y1lpcc(12,:),y3lpcc(12,:),'k^');
plot(y1lpcc(16,:),y3lpcc(16,:),'kh');
legend('第 3 帧','第 7 帧','第 12 帧','第 16 帧',2)
title('/i1/与/a1/之间的 LPCC 参数匹配比较')
xlabel('信号 x1');ylabel('信号 x3')
axis([-6 6 -6 6]);
line([-6 6],[-6 6],'color','k','linestyle','--');
```

说明：

① 程序中调用了 lpcc_dist 函数，是在已知两个信号后，计算该两信号的 LPCC 和距离。

② 对 s1.wav，s2.wav 和 a1.wav 都选择有相同的长度，便于比较。

③ 每一个音都有 23 帧，但为了作图时清楚一点，只从 23 帧中选择了 4 帧(分别为第 3、7、12 和 16 帧)，把两个音在这些帧中 12 个 LPCC 显示出来，以便比较(见图 4-4-4)。图 4-4-4 显示了两个音的 LPCC，横坐标是 x_1 的 LPCC 系数，纵坐标是 $x_2(x_3)$的 LPCC。如果两个音是较匹配的，则系数分布应在 45°线附近(图中用虚线表示)。

④ 计算出两帧信号 LPCC 的距离数值在 DIST 数组中。

运行 pr4_4_2 后得图 4-4-4。

在程序 pr4_4_2 中调用了 lpcc_dist 函数，对它介绍如下：

名称：lpcc_dist

功能：在已知两个信号后，计算该两信号的 LPCC 系数和距离。

调用格式：[DIST,s1lpcc,s2lpcc] = lpcc_dist(s1,s2,wlen,inc,p)

说明：输入参数 s1 和 s2 分别为两个信号的数据序列；wlen 是帧长；inc 是帧移；p 是线性预测分析的阶数。输出参数 DIST 是两个信号的 LPCC 距离；s1lpcc 是第一个信号的 LPCC 系数；s2lpcc 是第二个信号的 LPCC

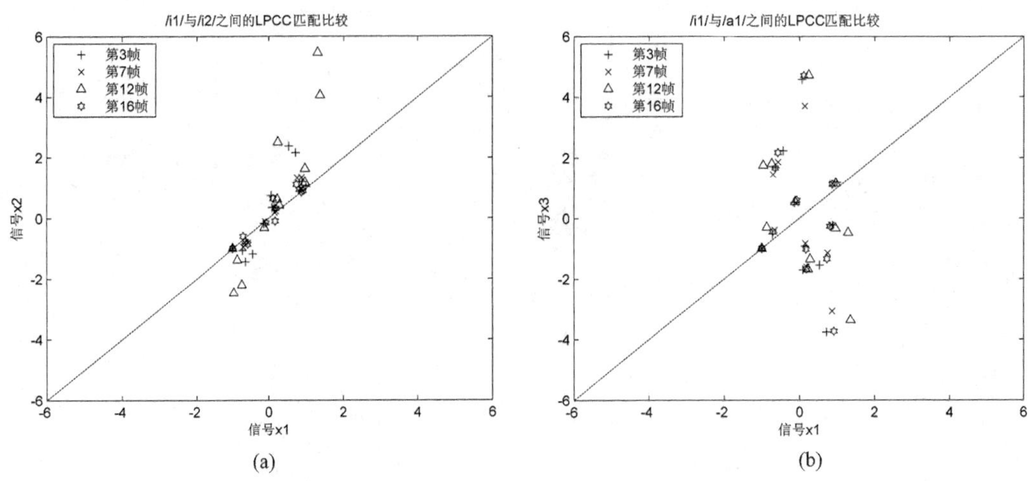

图4-4-4　元音/i1/和/i2/以及元音/i1/和/a1/的LPCC比较

系数。在函数中对LPCC系数也只计算p个,同线性预测分析阶数相同。

程序清单如下:

```
function [DIST,s1lpcc,s2lpcc] = lpcc_dist(s1,s2,wlen,inc,p)
y1 = enframe(s1,wlen,inc)';          % 对 s1 和 s2 进行分帧
y2 = enframe(s2,wlen,inc)';
fn = size(y1,2);
for i = 1 : fn                        % 计算 s1 和 s2 每帧的 lpcc 系数
    u1 = y1(:,i);
    ar1 = lpc(u1,p);
    lpcc1 = lpc2lpccm(ar1,p,p);
    s1lpcc(i,:) = lpcc1;
    u2 = y2(:,i);
    ar2 = lpc(u2,p);
    lpcc2 = lpc2lpccm(ar2,p,p);
    s2lpcc(i,:) = lpcc2;
end
for i = 1 : fn                        % 计算 s1lpcc 与 s2lpcc 之间每帧的 lpcc 距离
    Cn1 = s1lpcc(i,:);
    Cn2 = s2lpcc(i,:);
    Dstu = 0;
    for k = 1 : p
        Dstu = Dstu + (Cn1(k) - Cn2(k))^2;
    end
    DIST(i) = Dstu;                   % 每帧的 lpcc 距离
end
```

说明:在函数中主要分帧后用lpc函数计算出预测系数ar,再调用lpc2lpccm函数计算出LPCC系数,用多维空间距离的方法求出两信号的LPCC距离。

4.5　线谱对的分析法[2,3]

由式(4-1-6)线性预测合成滤波器 $H(z)=1/A(z)$,其中 $A(z)=1-\sum_{i=1}^{p}a_i z^{-i}$ 为线性预测误差滤波器,又被称为线性预测逆滤波器。$H(z)$ 常被用于重建语音,但当直接对线性预测系数 a_i 进行编码时,$H(z)$ 的稳定性就不能得到保证。由此引出了许多与线性预测等价的

表示方法，以提高线性预测的鲁棒性，如线谱对(Line Spectrum Pair，LSP)就是线性预测的一种等价表示形式。LSP 的概念是由 Itakura 引入的，但是它一直没有被利用，直到后来人们发现利用 LSP 在频域对语音进行编码，比其他的变换技术更能改善编码效率，特别是和预测量化方案结合使用的时候。由于 LSP 能够保证线性预测滤波器的稳定性，其小的系数偏差带来的谱误差也只是局部的，且 LSP 具有良好的量化特性和内插特性，因而已经在许多编码系统中得到成功的应用。LSP 分析的主要缺点是运算量较大。

4.5.1 LSP 的定义和特点

设线性预测逆滤波器 $A(z)=1-\sum_{i=1}^{p}a_iz^{-i}$。LSP 作为线性预测参数的一种表示形式，可通过求解 $p+1$ 阶对称和反对称多项式的共轭复根得到。其中 $p+1$ 阶对称和反对称多项式表示如下：

$$P(z)=A(z)+z^{-(p+1)}A(z^{-1}) \tag{4-5-1}$$

$$Q(z)=A(z)-z^{-(p+1)}A(z^{-1}) \tag{4-5-2}$$

将式(4-5-1)和式(4-5-2)中的 $z^{-(p+1)}A(z^{-1})$ 写为

$$z^{-(p+1)}A(z^{-1})=z^{-(p+1)}-a_1z^{-p}-a_2z^{-p+1}-\cdots-a_pz^{-1} \tag{4-5-3}$$

可以推出

$$P(z)=1-(a_1+a_p)z^{-1}-(a_2+a_{p-1})z^{-2}-\cdots-(a_p+a_1)z^{-p}+z^{-(p+1)} \tag{4-5-4}$$

$$Q(z)=1-(a_1-a_p)z^{-1}-(a_2-a_{p-1})z^{-2}-\cdots-(a_p-a_1)z^{-p}-z^{-(p+1)} \tag{4-5-5}$$

可见，$P(z)$ 和 $Q(z)$ 分别为对称和反对称的实系数多项式，它们都有共轭复根。可以证明，当 $A(z)$ 的根位于单位圆内时，$P(z)$ 和 $Q(z)$ 的根都位于单位圆上，而且相互交替出现。如果阶数 p 是偶数，则 $P(z)$ 和 $Q(z)$ 各有一个实根，其中 $P(z)$ 有一个实根 $z=-1$，$Q(z)$ 有一个实根 $z=1$。如果阶数 p 是奇数，则 $Q(z)$ 有 ±1 两个实根，$P(z)$ 没有实根。此处假定 p 是偶数，这样 $P(z)$ 和 $Q(z)$ 各有 $p/2$ 个共轭复根位于单位圆上，共轭复根的形式为 $z_i=\mathrm{e}^{\pm\mathrm{j}\omega_i}$。设 $P(z)$ 的零点为 $\mathrm{e}^{\pm\mathrm{j}\omega_i}$，$Q(z)$ 的零点为 $\mathrm{e}^{\pm\mathrm{j}\theta_i}$，则满足

$$0<\omega_1<\theta_1<\cdots<\omega_{p/2}<\theta_{p/2}<\pi$$

其中，ω_i 和 θ_i 分别为 $P(z)$ 和 $Q(z)$ 的第 i 个根。

$$P(z)=(1+z^{-1})\prod_{i=1}^{p/2}(1-z^{-1}\mathrm{e}^{\mathrm{j}\omega_i})(1-z^{-1}\mathrm{e}^{-\mathrm{j}\omega_i})=(1+z^{-1})\prod_{i=1}^{P/2}(1-2\cos\omega_iz^{-1}+z^{-2}) \tag{4-5-6}$$

$$Q(z)=(1-z^{-1})\prod_{i=1}^{p/2}(1-z^{-1}\mathrm{e}^{\mathrm{j}\theta_i})(1-z^{-1}\mathrm{e}^{-\mathrm{j}\theta_i})=(1-z^{-1})\prod_{i=1}^{P/2}(1-2\cos\theta_iz^{-1}+z^{-2}) \tag{4-5-7}$$

式中，$\cos\omega_i$ 和 $\cos\theta_i(i=1,2,\cdots,p/2)$ 是 LSP 系数在余弦域的表示；ω_i 和 θ_i 则是与 LSP 系数对应的线谱频率(Linear Sepctrum Frequency，LSF)。

由于 LSP 参数 ω_i 和 θ_i 成对出现，且反映信号的频谱特性，因此称为线谱对。LSF 就是线谱对分析所要求解的参数。

下面对 LSP 参数的特性进行归纳：

① LSP 参数都在单位圆上且满足降序排列的特性。

② 与 LSP 参数对应的 LSF 都满足升序排列的顺序特性，且 $P(z)$ 和 $Q(z)$ 的根相互交替

出现，这可使与 LSP 参数对应的预测滤波器的稳定性得到保证。因为 LSF 对应的 LSP 参数保证在单位圆上，任何时候 $P(z)$ 和 $Q(z)$ 都不可能同时为零。

③ LSP 参数都具有相对独立的性质，如果某个特定的 LSF 参数 ω_i 移动任意一个线谱频率 $\Delta\omega_i$ 的位置，那么它所对应的频谱只在 ω_i 附近与原始语音频谱有差异，而在其他 LSP 频率上则变化很小。这一特性有利于 LSP 参数的量化和内插。

④ LSP 参数能够反映声道幅度谱的特点，在幅度大的地方分布较密，反之较疏。这样就相当于反映出了幅度谱中的共振峰特性。

将式(4-5-1)与式(4-5-2)相加可得

$$A(z)=\frac{1}{2}[P(z)+Q(z)] \tag{4-5-8}$$

这样，线性预测频谱幅值可以表示为

$$|H(e^{j\omega})|=\frac{1}{|A(e^{j\omega})|}=\frac{2}{|P(e^{j\omega})+Q(e^{j\omega})|}$$

$$=2^{(1-p)/2}\left[\sin^2(\omega/2)\prod_{i=1}^{p/2}(\cos\omega-\cos\theta_i)^2+\cos^2(\omega/2)\prod_{i=1}^{p/2}(\cos\omega-\cos\omega_i)^2\right]^{-1} \tag{4-5-9}$$

在式(4-5-9)中，当 ω 接近于零或者接近于 $\theta_i(i=1,2,\cdots,p/2)$ 时，括号中的第一项接近于零；当 ω 接近于 π 或者接近于 $\omega_i(i=1,2,\cdots,p/2)$ 时，括号中的第二项接近于零，如果 $\omega_i(i=1,2,\cdots,p/2)$ 与 $\theta_i(i=1,2,\cdots,p/2)$ 之间很靠近，则当 ω 接近这些频率时，$|A(j\omega)|^2$ 变小，$|H(j\omega)|^2$ 显示出强谐振特性，相应地，语音信号谱包络在这些频率处出现峰值。因此可以说，LSP 分析是用 p 个离散频率 ω_i、$\theta_i(i=1,2,\cdots,p/2)$ 的分布密度来表示语音信号谱特性的一种方法，即在语音信号幅度谱较大的地方 LSP 的分布较密，反之较疏。

⑤ 相邻帧 LSP 参数之间都具有较强的相关性，便于语音编码时帧间参数的内插。

图 4-5-1 为 $p=16$ 时，16 阶线性预测构成的 17 阶对称和反对称多项式 $P(z)$ 和 $Q(z)$ 的根在单位圆上的分布图。其中“×”为 $Q(z)$ 的根在单位圆上的位置，“○”为 $P(z)$ 的根在单位圆上的位置。可见，$P(z)$ 和 $Q(z)$ 的根在单位圆上是交替出现的。

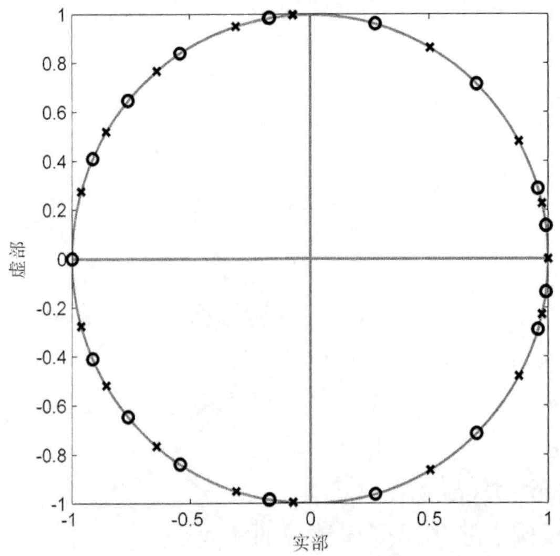

图 4-5-1 $P(z)$和 $Q(z)$的根在单位圆上交替出现

图 4-5-2 给出了一帧语音信号的 16 阶 LPC 谱包络和相应的 LSF(归一化频率 0～π，其中垂直实线所确定的频率 $f_1, f_3, \cdots, f_{15}$ 与 $P(z)$ 的根的频率对应，垂直虚线所确定的频率 $f_2, f_4, \cdots, f_{16}$ 与 $Q(z)$ 的根的频率对应，二者相互交错出现)。可以看出，在 LPC 谱包络共振峰区域，LSF 的分布较密，谱谷区域则分布较疏。

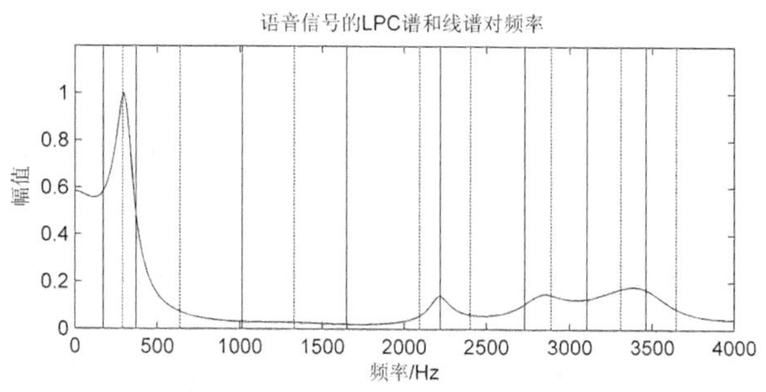

——$R(z)$的 LSF　- - -$Q(z)$的 LSF

图 4-5-2　语音信号的 LPC 谱和它的线谱对频率

4.5.2　LPC 到 LSP 参数的转换

在进行语音编码时，要对 LPC 进行量化和内插，就需要将 LPC 转换为 LSP 参数。为计算方便，将式(4-5-6)和(4-5-7)中与 LSP 参数无关的两个实根去掉，得到如下两个新的多项式 $P'(z)$ 和 $Q'(z)$。

$$P'(z)=\frac{P(z)}{(1+z^{-1})}=\prod_{i=1}^{p/2}(1-z^{-1}\mathrm{e}^{\mathrm{j}\omega_i})(1-z^{-1}\mathrm{e}^{-\mathrm{j}\omega_i})=\prod_{i=1}^{P/2}(1-2\cos\omega_i z^{-1}+z^{-2}) \tag{4-5-10}$$

$$Q'(z)=\frac{Q(z)}{(1-z^{-1})}=\prod_{i=1}^{p/2}(1-z^{-1}\mathrm{e}^{\mathrm{j}\theta_i})(1-z^{-1}\mathrm{e}^{-\mathrm{j}\theta_i})=\prod_{i=1}^{P/2}(1-2\cos\theta_i z^{-1}+z^{-2}) \tag{4-5-11}$$

从 LPC 到 LSP 参数的转换过程，其实就是求解使式(4-5-10)、式(4-5-11)等于零时的 $\cos\omega_i$、$\cos\theta_i$ 的值，可采用以下几种方法求解。

第一种方法是利用代数方程式求解。

在式(4-5-10)中，等式的右端可进一步表示为

$$\begin{aligned}1-2\cos\omega_i z^{-1}+z^{-2}&=2z^{-1}(0.5z-\cos\omega_i+0.5z^{-1})\\&=2z^{-1}[0.5(z+z^{-1})-\cos\omega_i]\end{aligned}$$

令 $z=\mathrm{e}^{\mathrm{j}\omega}$，则由欧拉公式 $\mathrm{e}^{\mathrm{j}\omega}=\cos\omega+\mathrm{j}\sin\omega$，可得 $z+z^{-1}=2\cos\omega=2x$。因此式(4-5-10)、式(4-5-11)就是关于 x 的一对 $p/2$ 次代数方程式，其系数决定于 $a_i(i=1,2,\cdots,p)$，且 a_i 是已知的，可以用牛顿迭代法来求解。

第二种方法是 DFT 方法。

对 $P'(z)$ 和 $Q'(z)$ 的系数求 DFT，得到 $z_k=\exp\left(-\frac{\mathrm{j}k\pi}{N}\right)$，$k=0,1,\cdots,N-1$ 各点的值，搜索最小值的位置，即是零点所在。由于除了 0 和 π 之外，总共有 p 个零点，而且 $P'(z)$ 和 $Q'(z)$ 的根是相互交替出现的，因此只要很少的计算量即可解得，其中 N 的取值取 64～128 就可以。

第三种方法是利用切比雪夫(Chebyshev)多项式求解。

用切比雪夫多项式估计LSP系数，可直接在余弦域得到。$z=e^{j\omega}$时，$P'(z)$和$Q'(z)$可以写为

$$P'(z)=2e^{-jp\omega/2}C(x) \tag{4-5-12}$$

$$Q'(z)=2e^{-jp\theta/2}C(x) \tag{4-5-13}$$

其中

$$C(x)=T_{\frac{p}{2}}(x)+f(1)T_{\frac{p}{2}-1}(x)+f(2)T_{\frac{p}{2}-2}(x)+\cdots+f\left(\frac{p}{2}-1\right)T_1(x)+f\left(\frac{p}{2}\right)\Big/2 \tag{4-5-14}$$

式中，$T_m(x)=\cos mx$是m阶的Chebyshev多项式；$f(i)$是由递推关系计算得到的$P'(z)$和$Q'(z)$的每个系数。

由于$P'(z)$和$Q'(z)$是对称和反对称的，所以每个多项式只计算前5个系数即可。用下面的递推关系可得

$$\begin{cases}f_1(i+1)=a_{i+1}+a_{p-i}-f_1(i)\\ f_2(i+1)=a_{i+1}-a_{p-i}+f_2(i)\end{cases}\quad i=0,1,\cdots,p/2 \tag{4-5-15}$$

其中，$f_1(0)=f_2(0)=1.0$。

多项式$C(x)$在$x=\cos\omega$时的递推关系是：

$$\begin{aligned}&\text{for}\quad k=p/2-1\quad \text{to}\quad 1\\ &\qquad \lambda_k=2x\lambda_{k+1}-\lambda_{k+2}+f(p/2-k)\\ &\text{end}\\ &C(x)=x\lambda_1-\lambda_2+f(p/2)/2\end{aligned}$$

其中，初始值$\lambda_{\frac{p}{2}}=1$，$\lambda_{\frac{p}{2}+1}=0$。

第四种方法是将0～π之间均分为60个点，将这60个点的频率值代入式(4-5-10)、式(4-5-11)，检查它们的符号变化，在符号变化的两点之间均分为4份，再将这三个点的频率值代入方程式(4-5-10)、式(4-5-11)，符号变化的点即为所求的解。这种方法误差略大，计算量也较大，但程序实现容易。

下面给出从LPC ai到LSP参数lsf转换的MATLAB函数。

(1) ar2lsf

名称：ar2lsf

功能：把LPC ai转换成LSP的参数lsf。

调用格式：lsf = ar2lsf(a)

说明：a是预测系数，当预测为p阶时，要输入p+1个a值；lsf是LSP的参数，将得到p个数值，第1,3,…奇数项是$P(z)$的根，第2,4,…偶数项是$Q(z)$的根，得到的lsf是角频率。

(2) lpcar2ls

名称：lpcar2ls

功能：是voicebox工具箱中的函数，把LPC ai转换成LSP的参数lsf。

调用格式：ls = lpcar2ls(a)

说明：a是LPC中的预测系数，当预测为p阶时，要输入p+1个a值；ls是LSP的参数，将得到p个数值，第1,3,…奇数项是$P(z)$的根，第2,4,…偶数项是$Q(z)$的根，得到的ls单位是归一化频率，在0～0.5之间，把ls乘fs将得到实际频率、乘2π将得到角频率。

下面列出ar2lsf函数的程序清单，它是参照文献[3]按第一种方法代数方程求根而得到的。

```
function lsf = ar2lsf(a)
a = a(:);                              % 将 a 转换为列向量
% 如果 a 不是实数,输出错误信息:LSF 不适用于复多项式的求解
if ~isreal(a) ,
      error('Line spectral frequencies are not defined for complex polynomials.');
end
% 如果 a(1)不为 1,将矩阵 a 的每个元素除以 a(1)再赋给矩阵
if a(1) ~= 1.0,
    a = a./a(1);
end
% 如果 a 的根不在单位圆内,显示错误信息并返回
if (max(abs(roots(a))) >= 1.0),
    error ('The polynomial must have all roots inside of the unit circle. ');
    return;
end
% 求对称和反对称多项式的系数
p = length(a) - 1;                     % 求对称和反对称多项式的阶次
a1 = [a;0];                            % 给行矩阵 a 再增加一个元素 0 的行
a2 = a1(end: - 1:1);                   % a2 的第一行为 a1 的最后一行,最后一行为 a1 的第一行
P1 = a1 + a2;                          % 按式(4-5-4)求对称多项式的系数
Q1 = a1 - a2;                          % 按式(4-5-5)求反对称多项式的系数
% 如果阶次 p 为偶数次,按式(4-5-10)和式(4-5-11)从 P1 去掉实数根 z = -1,从 Q1 去掉实数根 z = 1
% 如果阶次为奇数次,从 Q1 去掉实数根 z = 1 及 z = -1
if rem(p,2),                           % 求解 P 除以 2 的余数,如果 P 为奇数次。余数为 1,否则为 0
   Q = deconv(Q1,[1 0 -1]);            % 奇数阶次,从 Q1 去掉实数根 z = 1 及 z = -1
   P = P1;
else                                   % P 为偶数阶次执行下面的操作
   Q = deconv(Q1,[1 -1]);              % 从 Q1 去掉实数根 z = 1
   P = deconv(P1, [1 1] );             % 从 P1 去掉实数根 z = -1
end
rP = roots(P);                         % 求去掉实根后的多项式 P 的根
rQ = roots(Q) ;                        % 求去掉实根后的多项式 Q 的根
aP = angle(rP(1: 2:end) ) ;            % 将多项式 P 的根转换为角度(为归一化角频率)赋给 ap
aQ = angle(rQ(1: 2:end));              % 将多项式 Q 的根转换为角度(为归一化角频率)赋给 aQ
lsf = sort([aP; aQ]);                  % 将 P、Q 的根(归一化角频率)按从小到大的顺序排序后即为 lsf
```

4.5.3 LSP 参数到 LPC 的转换

LSP 系数被量化和内插后,应再转换回预测系数 $a_i, i=1,2,\cdots,p$。已知量化和内插的 LSP 参数 $q_i, i=0,1,\cdots,p-1$,可用式(4-5-10)、式(4-5-11)计算 $P'(z)$ 和 $Q'(z)$ 的系数 $p'(i)$ 和 $q'(i)$,以下的递推关系可利用 $q_i(i=0,1,\cdots,p-1)$ 来计算 $p'(i)$:

for　$i=1$　to　$p/2$

　　$p'(i)=-2q_{2i-1}p'(i-1)+2p'(i-2)$

　　for　$j=i-1$　to　1

　　　　$p'(j)=p'(j)-2q_{2i-1}p'(j-1)+2p'(j-2)$

　　end

end

其中的 $q_{2i-1}=\cos\omega_{2i-1}$,初始值 $p'(0)=1, p'(-1)=0$。把上面递推关系中的 q_{2i-1} 替换为 q_{2i},就可以得到 $q'(i)$。

一旦得出系数 $p'(i)$ 和 $q'(i)$,就可以得到 $P'(z)$ 和 $Q'(z)$,$P'(z)$ 乘以 $(1+z^{-1})$ 得到 $P(z)$,$Q'(z)$ 乘以 $(1-z^{-1})$ 得到 $Q(z)$,即

$$\left.\begin{aligned}p_1(i)&=p'(i)+p'(i-1) \qquad i=1,2,\cdots,p/2\\ q_1(i)&=q'(i)+q'(i-1) \qquad i=1,2,\cdots,p/2\end{aligned}\right\} \tag{4-5-16}$$

最后得到预测系数为

$$a_i=\begin{cases}0.5p_1(i)+0.5q_1(i) & i=1,2,\cdots,p/2\\ 0.5p_1(p+1-i)-0.5q_1(p+1-i) & i=p/2+1,\cdots,p\end{cases} \tag{4-5-17}$$

这是直接从关系式 $A(z)=[P(z)+Q(z)]/2$ 得到的,并且考虑了 $P(z)$ 和 $Q(z)$ 分别是对称和反对称多项式。

下面给出从 LSP 参数 lsf 转换到 LPC ai 的 MATLAB 函数。

(1) lsf2ar

名称:lsf2ar

功能:把 LSP 的参数 lsf 转换成 LPC ai。

调用格式:a= lsf2ar(lsf)

说明:lsf 是 LSP 的参数,预测是 p 阶时要输入 p 个数值,第 1,3,… 奇数项是 P(z)的根,第 2,4,… 偶数项是 Q(z)的根,lsf 单位是角频率;a 是预测系数,将输出 p+1 个 a 值。

(2) lpcls2ar

名称:lpcls2ar

功能:是 voicebox 工具箱中的函数,把 LSP 的参数 lsf 转换成 LPC ai。

调用格式:a=lpcls2ar(ls)

说明:ls 是 LSP 的参数,当预测为 p 阶时要输入 p 个数值,第 1,3,… 奇数项是 P(z)的根,第 2,4,… 偶数项是 Q(z)的根,ls 单位是归一化频率,在 0~0.5 之间;a 是预测系数,将得到 p+1 个 a 值。

以下给出 lsf2ar 函数的 MATLAB 清单[3]:

```
function a = lsf2ar(lsf)
% 如果线谱频率 lsf 是复数,则返回错误信息
if (~isreal(lsf)),
        error ('Line spectral frequencies must be real.') ;
end
% 如果线谱频率 lsf 不在 0~pi 范围,则返回错误信息
if (max(lsf) > pi || min(lsf)< 0),
        error ('Line spectral frequencies must be between 0 and pi.') ;
end
lsf = lsf(:);                    % 将 lsf 转换为列向量
p = length(lsf);                 % lsf 阶次为 p
% 用 lsf 形成零点
z = exp(j * lsf);
rP = z(1:2:end);                 % 把奇次 z(1)、z(3)到 z(p-1)赋给 rP
rQ = z(2:2:end);                 % 把偶次 z(2)、z(4)到 z(p)赋给 rQ
% 考虑共轭复根
rQ = [rQ;conj(rQ)];              % 把 rQ 的共轭复根赋上
rP = [rP;conj(rP)];              % 把 rP 的共轭复根赋上
% 构成多项式 P 和 Q,注意必须是实系数
Q = poly(rQ);
P = poly(rP);
% 考虑 z = 1 和 z = -1 以形成对称和反对称多项式
if rem(p,2),
% 如果是奇数阶次,则 z = +1 和 z = -1 都是 Q1(z)的根
    Q1 = conv(Q,[1 0 -1]);
    P1 = P;
else
% 如果是偶数阶次,z = -1 是对称多项式 P1(z)的根,z = 1 是反对称多项式 Q1(z)的根
    Q1 = conv(Q,[1 -1]);
    P1 = conv(P,[1 1]);
end
```

```
%按式(4-5-8)由 P1 和 Q1 求解 LPC 系数
a=.5 * (P1+Q1);
a(end)=[];                      %最后一个系数是 0,不返回
```

例 4-5-1(pr4_5_1)　读入 aa.wav 数据(内容为单元音\a\)。取一帧,通过调用 lpc 函数得到了预测系数 a;又调用 ar2lsf 函数,求出 LSP 参数 lsf;再调用 lsf2ar 函数把 lsf 参数转换成预测系数 ar;把 a 和 ar 进行比较,又把由 a 得到的 LPC 谱图和由 ar 得到的谱图进行比较。

程序清单如下:

```
% pr4_5_1
clear all; clc; close all;

filedir=[];                     %设置数据文件的路径
filename='aa.wav';              %设置数据文件的名称
fle=[filedir filename]          %构成路径和文件名的字符串
[x,fs]=wavread(fle);            %读取语音文件 aa.wav
x=x/max(abs(x));                %幅值归一化
time=(0:length(x)-1)/fs;        %求出对应的时间序列
N=200;                          %设定帧长
M=80;                           %设定帧移的长度
xn=enframe(x,N,M)';             %按照参数进行分帧
s=xn(:,100);                    %取分帧后的第 100 帧进行分析

p=12;                           %设预测阶次
num=257;                        %设定频谱的点数
a2 =lpc(s,p);                   %利用信号处理工具箱中的函数 lpc 求预测系数 a2
Hw=lpcar2ff(a2,num-2);          %调用 lpcar2ff 函数从预测系数 a 求出 LP 谱 Hw
Hw_abs=abs(Hw);
lsf=ar2lsf(a2);                 %调用 ar2lsf 函数求出 lsf
P_w=lsf(1:2:end);               %用 lsf 求出 P 和 Q 对应的频率,单位为弧度
Q_w=lsf(2:2:end);
P_f=P_w*fs/2/pi;                %转换成单位为 Hz
Q_f=Q_w*fs/2/pi;
figure(1)
pos = get(gcf,'Position');      %设置绘图框
set(gcf,'Position',[pos(1), pos(2)-100,pos(3),(pos(4)-180)]);
plot(time,x,'k');               %画出信号的波形
title('语音信号 aa.wav 的波形图');
xlabel('时间/s'); ylabel('幅值')
xlim([0 max(time)]);
figure(2)
subplot 211; plot(s,'k');       %画出一帧信号的波形
title('语音信号 aa.wav 的一帧波形图');
xlabel(['样点值' 10 '(a)']); ylabel('幅值')
freq=(0:num-1)*fs/512;          %计算频域的频率序列
m=1:num;
K=length(Q_w);

ar=lsf2ar(lsf);                 %调用 lsf2ar 函数把 lsf 转换成预测系数 ar
Hw1=lpcar2ff(ar,num-2);         %调用 lpcar2ff 函数,从预测系数 ar 求出 LP 谱 Hw1
Hw1_abs=abs(Hw1);
subplot 212;                    %把 Hw 和 Hw1 画在一个图中
hline1 = plot(freq,20*log10(Hw_abs(m)/max(Hw_abs)),'k','LineWidth',2);
hline2 = line(freq+1,20*log10(Hw1_abs(m)/max(Hw1_abs)),...
    'LineWidth',5,'Color',[.6 .6 .6]);
set(gca,'Children',[hline1 hline2]);
axis([0 fs/2 -35 5]);
title('语音信号的 LPC 谱和线谱对还原 LPC 的频谱');
xlabel(['频率/Hz' 10 '(b)']); ylabel('幅值')
for k=1 : K                     %把 P_f 和 Q_f 也在图中用垂直线标出
```

```
    line([Q_f(k) Q_f(k)],[-35 5],'color','k','Linestyle','--');
    line([P_f(k) P_f(k)],[-35 5],'color','k','Linestyle','-');
end
for k = 1 : p+1                          % 显示预测系数 a2 和 ar,对两者进行比较
    fprintf('%4d    %5.6f    %5.6f\n',k,a2(k),ar(k));
end
```

语音信号 aa 的波形如图 4-5-3 所示。

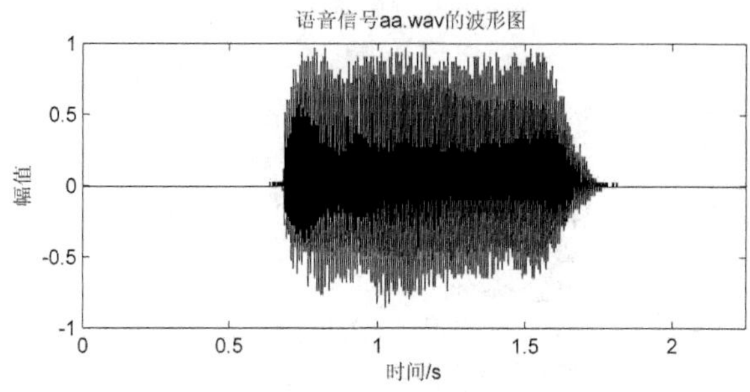

图 4-5-3　语音信号元音/a/的波形图

第 100 帧的波形图在图 4-5-4(a)中,由预测系数 a 得到的 LPC 谱在图 4-5-4(b)中用黑线表示,而由 a→lsf→ar 转换后得到的预测系数 ar 的 LPC 谱线在图 4-5-4(b)中用灰线表示,可以看出黑线和灰线重合得相当好。在图 4-5-4(b)中垂直实线的频率 $f_1, f_3, \cdots, f_{11}$ 是 $P(z)$ 根的频率,垂直虚线的频率 $f_2, f_4, \cdots, f_{12}$ 是 $Q(z)$ 根的频率,二者相互交错出现。

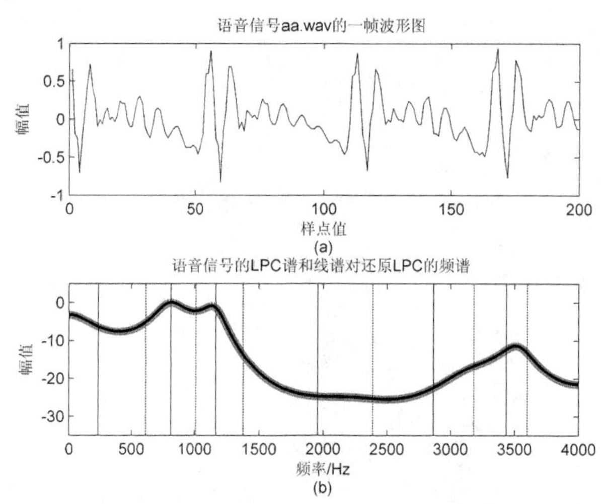

图 4-5-4　信号波形图和两种预测系数频谱的比较

而预测系数 a 和 a→lsf→ar 转换后得到的预测系数 ar 在数值上为

序号	预测系数 a	预测系数 ar
1	1.000000	1.000000
2	-0.904775	-0.904775
3	-0.412674	-0.412674
4	0.909116	0.909116
5	0.261812	0.261812
6	-0.740536	-0.740536
7	0.131235	0.131235
8	0.007822	0.007822

```
  9   0.128686      0.128686
 10   -0.027247     -0.027247
 11   -0.049160     -0.049160
 12   -0.160520     -0.160520
 13   0.109142      0.109142
```

不论从 a 和 ar 的比较，还是 a 的 LPC 谱和 ar 的 LPC 谱比较，都可以看出两者完全重合，说明用 LSF 进行编解码能保证系统原有的性能。第 10 章将利用这种特性对语音信号进行时间上的拉长和压缩，也就是对语音进行变速，而在相同采样频率下保持语音的基频和共振峰频率不变。

参考文献

[1] 赵力. 语音信号处理[M]. 北京：机械工业出版社，2007.
[2] 韩纪庆，张磊，郑铁然. 语音信号处理[M]. 北京：清华大学出版社，2004.
[3] 张雪英. 数字语音处理及 MATLAB 仿真[M]. 北京：电子工业出版社，2010.

第 5 章

带噪语音和预处理

5.1 纯语音和带噪语音

语音信号处理中有一个重要的分支是要从带噪的语音中尽可能地降低噪声，恢复出原始的纯语音信号。那么，什么是带噪语音，什么是纯语音信号呢？

语音从人的口腔中发声出来的瞬间，如果周围的环境是很安静的，则发声的语音将没有被周围的噪声所污染，我们把它称做纯净语音信号。但在现实生活中发声的周围往往有各种各样的噪声，例如在马路上有各种汽车的噪声，在家中有空调声、风扇声、小孩的哭闹声，在办公室有日光灯的蜂鸣声、打字声、谈话声，在工厂和工地有各种机械的轰鸣声，等等，可以说人们所处的环境实际上是被噪声包围着的。严格地说，要得到纯净的语音，只能在录音室(棚)中才能获得，所以从播音(收音机和电视机)中录下的语音都是纯净语音(但有时还会受到收音机或电视机本身的电噪声干扰)。当然，大多数我们自己制造的语音(在实验室中录制的语音)往往带有一些噪声，如果噪声不是很大也可当做纯净语音。

带噪语音是由纯净语音和混叠的噪声一起形成的，而噪声可以是加性的，也可以是非加性的。对于非加性噪声，可以通过变换转变为加性噪声。例如，乘积性噪声或卷积性噪声可以通过同态变换而转换成为加性噪声。所以我们接下来主要是讨论加性噪声，也就是由两个独立的纯净语音和噪声相叠加而成的。设纯净语音为 $s(n)$，噪声为 $d(n)$，则带噪语音为 $x(n)$。

$$x(n)=s(n)+d(n) \tag{5-1-1}$$

一般认为语音 $s(n)$ 和噪声 $d(n)$ 是互不相关的，即 $E[s(n)d(n)]=0$，它们的傅里叶变换可写为

$$X(\omega)=S(\omega)+D(\omega) \tag{5-1-2}$$

说明带噪语音的频谱等于语音频谱和噪音频谱的叠加。

5.2 信噪比

对于带噪信号来说，其所带的噪声“量”如何衡量？可用一个物理量信噪比(Signal to Noise Ratio，SNR)表示，它被定义为

$$\mathrm{SNR}=10\log_{10}\frac{\sum_{n=0}^{N-1}s^2(n)}{\sum_{n=0}^{N-1}d^2(n)} \tag{5-2-1}$$

或表示为

$$\mathrm{SNR}=10\log_{10}\frac{\sum_{n=0}^{N-1}s^2(n)}{\sum_{n=0}^{N-1}[x(n)-s(n)]^2} \tag{5-2-2}$$

式中，$\sum_{n=0}^{N-1} s^2(n)$ 表示信号的能量；$\sum_{n=0}^{N-1} d^2(n)$ 表示噪声的能量。

所以信噪比是信号和噪声能量比值的对数值。但在有些情形中并不知道噪声的能量，只知道纯净语音信号 $s(n)$ 和带噪语音 $x(n)$，这样就可从式(5-1-1)和(5-2-1)导出式(5-2-2)。式(5-2-1)或式(5-2-2)都说明了：要计算信噪比，必须要知道纯净语音信号 $s(n)$ 和噪声 $d(n)$，或知道纯净语音信号 $s(n)$ 和带噪语音 $x(n)$ 方可计算，否则无法计算。有时有人会问：已知带噪语音 $x(n)$ 是否可求出信噪比？按以上所述，可看出是没法计算的。

5.3 带噪语音的产生

带噪信号普遍存在于现实世界之中，但它们并不适用于作为研究对象，这就如同 5.2 节所述，单有带噪语音并不能知道它的信噪比，所以没有办法知道初始的信噪比，处理以后也无法知道信噪比改善了多少。为了研究工作不得不产生一定信噪比的带噪语音，这样在处理以后就能进行对比，判断信噪比是否提高了。本节将介绍产生不同信噪比的带噪语音，以及测量信噪比的 MATLAB 函数。

(1) 生成叠加高斯白噪声的带噪语音

函数：Gnoisegen

功能：按设定的信噪比产生高斯白噪声叠加到纯语音信号 x 上，形成带噪语音。

调用格式：[y,noise] = Gnoisegen(x,snr)

说明：输入参数 x 是纯净语音信号；snr 是设定的信噪比，单位为 dB。输出参数 y 是带噪语音；noise 是叠加在纯语音上的高斯白噪声。

程序清单如下：

```
function [y,noise] = Gnoisegen(x,snr)
noise = randn(size(x));                          % 用 randn 函数产生高斯白噪声
Nx = length(x);                                  % 求出信号 x 长
signal_power = 1/Nx * sum(x. * x);               % 求出信号的平均能量
noise_power = 1/Nx * sum(noise. * noise);        % 求出噪声的能量
noise_variance = signal_power / ( 10^(snr/10) );              % 计算出噪声设定的方差值
noise = sqrt(noise_variance/noise_power) * noise;             % 按噪声的平均能量构成相应的白噪声
y = x + noise;                                   % 构成带噪语音
```

(2) 测量信噪比

函数：SNR_singlech

功能：计算带噪语音信号的信噪比。

调用格式：snr = SNR_singlech(I,In)

说明：输入参数 I 是纯净语音信号；In 是带噪语音信号。输出参数 snr 是计算出的信噪比，计算方法完全是按式(5-2-2)来计算的。

程序清单如下：

```
function snr = SNR_singlech(I,In)
% 信噪比计算公式是
% snr = 10 * log10(Esignal/Enoise)

Ps = sum((I - mean(I)).^2);                     % 信号的能量
Pn = sum((I - In).^2);                          % 噪声的能量
snr = 10 * log10(Ps/Pn);                        % 信号的能量与噪声的能量之比，再求分贝值
```

例 5-3-1(pr5_3_1)　读入数据文件 bluesky3. wav(内容为男声“蓝天，白云”)，调用 Gnoisegen 函数分别对语音信号加 15、5、0dB 的高斯白噪声，并用 SNR_singlech 函数计算出信噪比。

程序清单如下：

```
% pr5_3_1
clear all; clc; close all;

filedir = [];                          % 指定文件路径
filename = 'bluesky3.wav';             % 指定文件名
fle = [filedir filename];
[s,fs] = wavread(fle);                 % 读入数据文件
s = s - mean(s);                       % 消除直流分量
s = s/max(abs(s));                     % 幅值归一化
N = length(s);                         % 求出数据长度
time = (0:N - 1)/fs;                   % 求出时间刻度
subplot 411; plot(time,s,'k');         % 画出纯语音信号的波形图
title(' 纯语音信号 '); ylabel(' 幅值 ')

SNR = [15 5 0];                        % 信噪比的取值区间
for k = 1 : 3
    snr = SNR(k);                      % 设定信噪比
    [x,noise] = Gnoisegen(s,snr);      % 求出相应信噪比的高斯白噪声,构成带噪语音
    subplot(4,1,k + 1); plot(time,x,'k'); ylabel(' 幅值 ');   % 作图
    snr1 = SNR_singlech(s,x);          % 计算出带噪语音中的信噪比
    fprintf('k = %4d   snr = %5.1f   snr1 = %5.4f\n',k,snr,snr1);
    title([' 带噪语音信号 设定信噪比 = ' num2str(snr) 'dB   计算出信噪比 = ' ...
        num2str(round(snr1 * 1e4)/1e4) 'dB']);
end
xlabel(' 时间/s')
```

计算后给出了设定的信噪比 snr 和按式(5-2-2)计算出的信噪比 snr1 为：

```
k =    1   snr =  15.0   snr1 = 15.0000
k =    2   snr =   5.0   snr1 = 5.0000
k =    3   snr =   0.0   snr1 = 0.0000
```

并得到如图 5-3-1 所示的波形图。

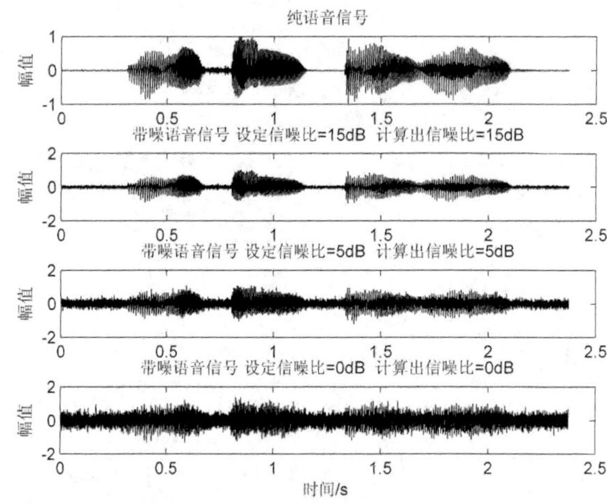

图 5-3-1　纯语音叠加了不同信噪比的高斯白噪声后带噪语音波形图

从图 5-3-1 中可以明显地看到，当信噪比减小后语音信号差不多被噪声掩没了。

(3) 生成叠加任意噪声数据的带噪语音

函数：add_noisedata

功能：把任意的噪声数据按设定的信噪比叠加在纯净语音信号上，构成带噪语音。

调用格式：[signal,noise] = add_noisedata(s,data,fs,fs1,snr)

说明：输入参数 s 是纯语音信号；data 是任意噪声信号的数据；fs 是纯净语音信号的采样频率；fs1 是 data 的采样频率；snr 是设定的信噪比，单位为 dB。输出参数 noise 是按设定信噪比放大(或缩小)叠加在纯

语音上的任意噪声;signal 是带噪语音,它是一个列数据。

程序清单如下:

```
function [signal,noise] = add_noisedata(s,data,fs,fs1,snr)
s = s(:);                                  % 把信号转换成列数据
sL = length(s);                            % 求出的长度

if fs~= fs1                                % 若纯语音信号的采样频率与噪声的采样频率不相等
    x = resample(data,fs,fs1);             % 对噪声重采样,使噪声采样频率与纯语音信号的采样频率相同
else
    x = data;
end

x = x(:);                                  % 把噪声数据转换成列数据
xL = length(x);                            % 求噪声数据长度
if xL> = sL                                % 如果噪声数据长度与信号数据长度不等,把噪声数据截断或补足
    x = x(1:sL);
else
    disp('Warning: 噪声数据短于信号数据,以补 0 来补足! ')
    x = [x; zeros(sL - xL,1)];
end

Sr = snr;
Es = sum(s. * s);                          % 求出信号的能量
Ev = sum(x. * x);                          % 求出噪声的能量
a = sqrt(Es/Ev/(10^(Sr/10)));              % 计算出噪声的比例因子
noise = a * x;                             % 调整噪声的幅值
signal = s + noise;                        % 构成带噪语音
```

例 5-3-2(p5_3_2)　读入数据文件 bluesky3. wav(内容为男声"蓝天,白云"),叠加上一个以不同信噪比为 5、0、-5 dB 的正弦信号,正弦信号的频率为 100 Hz,采样频率为 8 000 Hz。

程序清单如下:

```
% pr5_3_2
clear all; clc; close all;

filedir = [];                                % 指定文件路径
filename = 'bluesky3.wav';                   % 指定文件名
fle = [filedir filename];
[s,fs] = wavread(fle);                       % 读入数据文件
s = s - mean(s);                             % 消除直流分量
s = s/max(abs(s));                           % 幅值归一化
N = length(s);                               % 求出数据长度
time = (0:N - 1)/fs;                         % 求出时间刻度
subplot 411; plot(time,s,'k');               % 画出纯语音信号的波形图
title(' 纯语音信号 '); ylabel(' 幅值 ')

SNR = [5 0 -5];                              % 信噪比的取值区间
for k = 1 : 3
    snr = SNR(k);                            % 设定信噪比
    data = sin(2 * pi * 100 * time);         % 产生一个正弦信号
    [x,noise] = add_noisedata(s,data,fs,fs,snr);   % 按信噪比构成正弦信号叠加到语音上
    subplot(4,1,k + 1); plot(time,x,'k'); ylabel(' 幅值 ');   % 作图
    ylim([-2 2]);
    snr1 = SNR_singlech(s,x);                % 计算出带噪语音中的信噪比
    fprintf('k = %4d  snr = %5.1f  snr1 = %5.4f\n',k,snr,snr1);
    title([' 带噪语音信号  设定信噪比 = ' num2str(snr) 'dB   计算出信噪比 = ' ...
        num2str(round(snr1 * 1e4)/1e4) 'dB']);
end
xlabel(' 时间/s')
```

计算后给出了设定的信噪比 snr 和按式(5-2-2)计算出的信噪比 snr1 为:

```
k =    1  snr =    5.0  snr1 = 5.0000
```

```
k =    2  snr =    0.0  snr1 = 0.0000
k =    3  snr =  - 5.0  snr1 = - 5.0000
```

得到的波形图如图 5-3-2 所示。

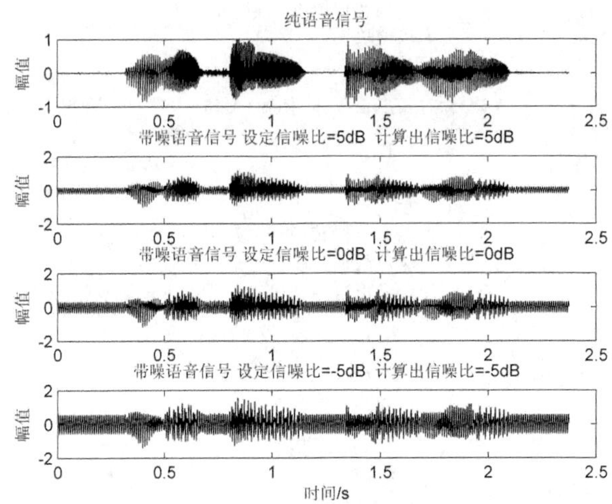

图 5-3-2 纯信号叠加了不同信噪比的正弦噪声后带噪语音波形图

(4) 把噪声数据文件的数据叠加生成任意信噪比的带噪语音

函数:add_noisefile

功能:把任意噪声数据文件的数据按设定的信噪比叠加在纯净语音信号上,构成带噪语音。

调用格式:[signal,noise] = add_noisefile(s, filepath_name,SNR,fs)

说明:输入参数 s 是纯净语音信号;filepath_name 是任意噪声信号文件的路径和文件名(文件的扩展名需为.wav),是一个字符串;SNR 是设定的信噪比,单位为 dB;fs 是纯语音信号的采样频率。输出参数 signal 是带噪语音;noise 是按设定信噪比放大(或缩小)叠加在纯语音上的任意噪声。

程序清单如下:

```
function [y,noise] = add_noisefile(s,filepath_name,SNR,fs)
s = s(:);                                    % 把信号转换成列数据
[wavin,fs1,nbits] = wavread(filepath_name);    % 读入噪声文件的数据
wavin = wavin(:);                            % 把噪声数据转换成列数据
if fs1~ = fs                                 % 纯语音信号的采样频率与噪声的采样频率不相等
    wavin1 = resample(wavin,fs,fs1);         % 对噪声重采样,使噪声采样频率与纯语音信号的采样频率相同
else
    wavin1 = wavin;
end

ns = length(s);                              % 求出 s 的长度
noise = wavin1(1:ns);                        % 把噪声长度截断为与 s 等长
noise = noise - mean(noise);                 % 噪声去除直流分量
signal_power  = 1/ns * sum(s. * s);          % 求出信号的能量
noise_power = 1/ns * sum(noise. * noise);    % 求出噪声的能量
noise_variance  = signal_power / ( 10^(SNR/10) );   % 求出噪声设定的方差值
noise = sqrt(noise_variance/noise_power) * noise;   % 调整噪声幅值
y = s + noise;                               % 构成带噪语音
```

例 5-3-3(pr5_3_3) 读入数据文件 bluesky3.wav(内容为男声“蓝天,白云”),叠加上 NOISEX-92 中非稳态的噪声文件名为 factory1.wav 的噪声(取其中一部分),设不同信噪比为 5、0、-5 dB。

程序清单如下:

```
% pr5_3_3
clear all; clc; close all;

filedir = [];                                   % 指定文件路径
filename = 'bluesky3.wav';                      % 指定文件名
fle = [filedir filename];
[s,fs] = wavread(fle);                          % 读入数据文件
s = s - mean(s);                                % 消除直流分量
s = s/max(abs(s));                              % 幅值归一化
N = length(s);                                  % 求出数据长度
time = (0:N-1)/fs;                              % 求出时间刻度
subplot 411; plot(time,s,'k');                  % 画出纯语音信号的波形图
title('纯语音信号'); ylabel('幅值')
filepath_name = 'factory1.wav';

SNR = [5 0 -5];                                 % 信噪比的取值区间
for k = 1 : 3
    snr = SNR(k);                               % 设定信噪比
    [x,noise] = add_noisefile(s,filepath_name,snr,fs);      % 按信噪比构成噪声叠加到语音上
    subplot(4,1,k+1); plot(time,x,'k'); ylabel('幅值');     % 作图
    ylim([-2 2]);
    snr1 = SNR_singlech(s,x);                   % 计算出带噪语音中的信噪比
    fprintf('k = %4d   snr = %5.1f   snr1 = %5.4f\n',k,snr,snr1);
    title(['带噪语音信号 设定信噪比 = ' num2str(snr) 'dB   计算出信噪比 = ' ...
        num2str(round(snr1 * 1e4)/1e4) 'dB']);
end
xlabel('时间/s')
```

运行 pr5_3_3 程序后得到的计算结果为：

```
k =    1   snr =    5.0   snr1 = 5.0000
k =    2   snr =    0.0   snr1 = 0.0000
k =    3   snr =   -5.0   snr1 = -5.0000
```

并得到如图 5-3-3 所示的波形图。

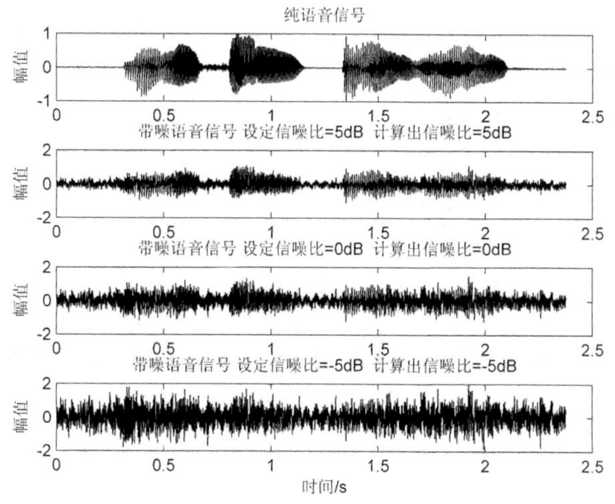

图 5-3-3 纯信号叠加了给定文件不同信噪比的噪声后带噪语音波形图

5.4 语音信号的预处理一——消除趋势项和直流分量[1]

在采集语音信号数据的过程中，由于测试系统的某些原因在时间序列中会产生一个线性的或者慢变的趋势误差，例如放大器随温度变化产生的零漂移，传声器低频性能的不稳

定或传声器周围的环境干扰,总之使语音信号的零线偏离基线,甚至偏离基线的大小还会随时间变化。零线随时间偏离基线被称为信号的趋势项。趋势项误差的存在,会使相关函数、功率谱函数在处理计算中出现变形,甚至可能使低频段的谱估计完全失去真实性和正确性(将在附录A中看到),所以应该将其去除。常用的消除趋势项的方法是用多项式最小二乘法。本节介绍该方法的原理。

5.4.1 最小二乘法拟合趋势项的原理

设实测语音信号的采样数据为$\{x_k\}(k=1,2,3,\cdots,n)$,$n$为样点总数,由于采样数据是等时间间隔的,为简化起见,令采样时间间隔$\Delta t=1$。用一个多项式函数$\hat{x}_k$表示语音信号中的趋势项:

$$\hat{x}_k=a_0+a_1k+a_2k^2+\cdots+a_mk^m=\sum_{j=0}^{m}a_jk^j \qquad k=1,2,\cdots,n \tag{5-4-1}$$

为了确定函数$\hat{x}_k$的各待定系数a_j($j=0,1,\cdots,m$),令函数$\hat{x}_k$与离散数据x_k的误差二次方之和E为最小,即

$$E=\sum_{k=1}^{n}(\hat{x}_k-x_k)^2=\sum_{k=1}^{n}\left(\sum_{j=0}^{m}a_jk^j-x_k\right)^2 \tag{5-4-2}$$

满足E有极值的条件为

$$\frac{\partial E}{\partial a_i}=2\sum_{k=1}^{n}k^i\left(\sum_{j=0}^{m}a_jk^j-x_k\right)=0 \quad i=0,1,2,\cdots,m \tag{5-4-3}$$

依次取E对a_i求偏导,可以产生$m+1$元线性方程组

$$\sum_{k=1}^{n}\sum_{j=0}^{m}a_jk^{j+i}-\sum_{k=1}^{n}x_kk^i=0 \quad i=0,1,2,\cdots,m \tag{5-4-4}$$

通过解方程组求出$m+1$个待定系数a_j($j=0,1,\cdots,m$)。上面各式中,m为设定的多项式阶次,i和j值的范围为$0\leqslant i,j\leqslant m$。

当$m=0$时求得的趋势项为常数,有

$$\sum_{k=1}^{n}a_0k^0-\sum_{k=1}^{n}x_kk^0=0 \tag{5-4-5}$$

解方程得

$$a_0=\frac{1}{n}\sum_{k=1}^{n}x_k \tag{5-4-6}$$

可以看出,当$m=0$时的趋势项为信号采样数据的算术平均值,即是直流分量。消除常数趋势项的计算公式为

$$y_k=x_k-\hat{x}_k=x_k-a_0 \quad k=1,2,\cdots,n \tag{5-4-7}$$

当$m=1$时为线性趋势项,有

$$\left.\begin{aligned}&\sum_{k=1}^{n}a_0k^0+\sum_{k=1}^{n}a_1k-\sum_{k=1}^{n}x_kk^0=0\\&\sum_{k=1}^{n}a_0k+\sum_{k=1}^{n}a_1k^2-\sum_{k=1}^{n}x_kk=0\end{aligned}\right\} \tag{5-4-8}$$

解方程组得

$$\left.\begin{aligned} a_0 &= \frac{2(2n+1)\sum_{k=1}^{n} x_k - 6\sum_{k=1}^{n} x_k k}{n(n-1)} \\ a_1 &= \frac{12\sum_{k=1}^{n} x_k k - 6(n-1)\sum_{k=1}^{n} x_k}{n(n-1)(n+1)} \end{aligned}\right\} \tag{5-4-9}$$

消除线性趋势项的计算公式为

$$y_k = x_k - \hat{x}_k = x_k - (a_0 + a_1 k) \quad k = 1,2,\cdots,n \tag{5-4-10}$$

当 $m \geqslant 2$ 时为曲线趋势项。在实际语音信号数据处理中，通常取 $m = 1 \sim 3$ 来对采样数据进行多项式趋势项消除的处理。

5.4.2 最小二乘法拟合消除趋势项的函数

在 MATLAB 的工具箱中已有消除趋势项的函数 detrend，主要用于消除线性趋势项。本小节主要介绍以最小二乘法拟合消除趋势项的 MATLAB 函数 polydetrend，也介绍 detrend 函数。

(1) detrend 函数

功能：消除线性趋势项。

调用格式：y = detrend(x)

说明：输入参数 x 是带有线性趋势项的信号序列；输出参数 y 是消除趋势项的序列。

(2) polydetrend 函数

功能：消除语音信号中的多项式趋势项。

调用格式：[y,xtrend] = polydetrend(x, fs, m)

说明：输入参数 x 是带有趋势项的语音信号；fs 是采样频率；m 是调用本函数时所设置的多项式阶次。输出参数 y 是消除趋势项后的信号序列；xtrend 是叠加在信号上的趋势项序列。

在该函数的程序清单中按设置的阶次 m 以最小二乘法求出趋势项多项式的系数 a_j（$j = 0,1,\cdots,m$），用系数 a_j 构成多项式趋势项：

$$\hat{x}_k = a_0 + a_1 k + a_2 k^2 + \cdots + a_m k^m = \sum_{j=0}^{m} a_j k^j \quad k = 1,2,\cdots,n \tag{5-4-11}$$

再从语音信号中清除趋势项：

$$y_k = x_k - \hat{x}_k \tag{5-4-12}$$

y_k 就是清除趋势项后的语音信号。

程序清单如下：

```
function [y,xtrend] = polydetrend(x, fs, m)
x = x(:);                    % 把语音信号 x 转换为列数据
N = length(x);               % 求出 x 的长度
t = (0: N-1)'/fs;            % 按 x 的长度和采样频率设置时间序列
a = polyfit(t, x, m);        % 用最小二乘法拟合语音信号 x 的多项式系数 a
xtrend = polyval(a, t);      % 用系数 a 和时间序列 t 构成趋势项
y = x - xtrend;              % 从语音信号 x 中清除趋势项
```

例 5-4-1(pr5_4_1)　读入带有线性趋势项的语音信号文件 bluesky31.wav(男声"蓝天，白云")，调用 detrend 函数清除线性趋势项。

程序清单如下：

```
% pr5_4_1
clear all; clc; close all;
[x,fs,nbit] = wavread('bluesky31.wav');         % 读入 bluesky31.wav 文件
t = (0:length(x) - 1)/fs;                       % 设置时间
y = detrend(x);                                 % 消除线性趋势项
y = y/max(abs(y));                              % 幅值归一化
subplot 211; plot(t,x,'k');                     % 画出带有趋势项的语音信号 x
title('带趋势项的语音信号');
xlabel('时间/s'); ylabel('幅值');
subplot 212; plot(t,y,'k');                     % 画出消除趋势项的语音信号 y
xlabel('时间/s'); ylabel('幅值');
title('消除趋势项的语音信号');
```

运行 pr5_4_1 后得到如图 5-4-1 所示的波形图。

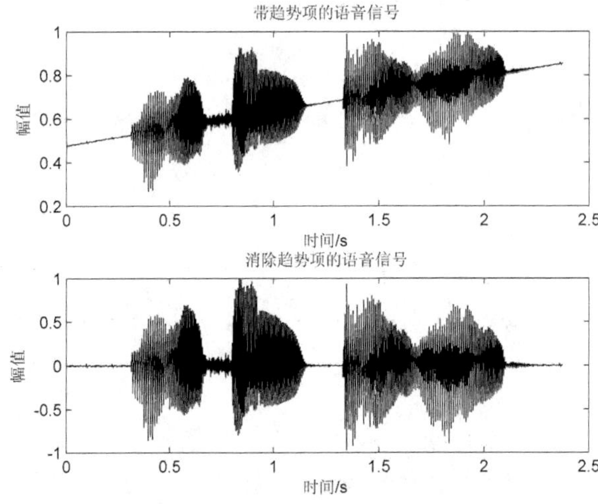

图 5-4-1　带线性趋势项的语音信号波形和消除趋势项后的语音信号波形

例 5-4-2(pr5_4_2)　读入带有趋势项的语音信号文件 bluesky32. wav(男声"蓝天,白云"),调用 polydetrend 函数清除多项式趋势项。

程序清单如下:

```
% pr5_4_2
clear all; clc; close all;
[x,fs,nbit] = wavread('bluesky32.wav');                  % 读入 bluesky32.wav 文件
[y,xtrend] = polydetrend(x, fs, 3);                      % 调用 polydetrend 消除趋势项
t = (0:length(x) - 1)/fs;                                % 设置时间
subplot 211; plot(t,x,'k');                              % 画出带有趋势项的语音信号 x
line(t,xtrend,'color',[.6 .6 .6],'linewidth',3);         % 画出趋势项曲线
ylim([-1.5 1]);
title('带趋势项的语音信号');
legend('带趋势项的语音信号','趋势项信号',4)
xlabel('时间/s'); ylabel('幅值');
subplot 212; plot(t,y,'k');                              % 画出消除趋势项语音信号 y
xlabel('时间/s'); ylabel('幅值');
title('消除趋势项的语音信号');
```

运行 pr5_4_2 后得到如图 5-4-2 所示波形图。

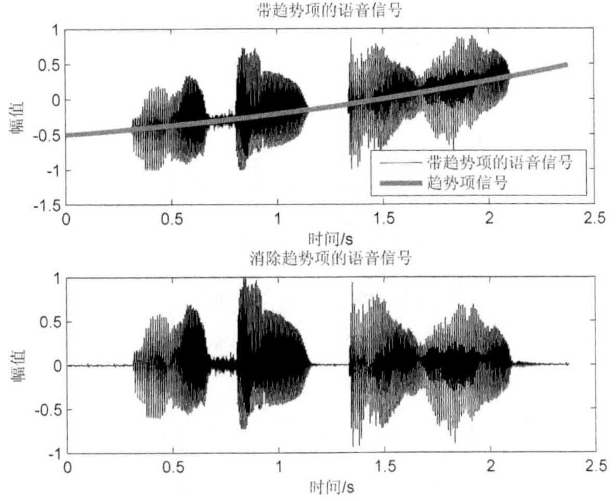

图 5－4－2　带多项式趋势项的语音信号波形和消除趋势项后的语音信号波形

5.5　语音信号的预处理二——数字滤波器

由第 1 章已知，基音的频率范围大部分在 60～450 Hz 之间，在采集到语音信号后为了提取基音只需要语音的低频成分，这样就要用低通滤波器来获取这个区间中的信号。或者，常通过计算机的声卡来采集语音信号，而计算机的交流隔离并不十分理想，常会把工频 50 Hz 的交流声混入语音信号中去，同样希望用高通滤波器滤除 50 Hz 的干扰。本节简单介绍 IIR 和 FIR 滤波器，以及它们在语音信号预处理中的应用。

5.5.1　IIR 低通、高通、带通和带阻滤波器的设计[2]

IIR 数字滤波器都是由模拟滤波器的原型变换过来的。模拟滤波器的原型有巴特沃斯滤波器、契比雪夫Ⅰ型滤波器和契比雪夫Ⅱ型滤波器以及椭圆型滤波器。在转换成数字滤波器后，滤波器传递函数为

$$H(z)=\frac{B(z)}{A(z)}=\frac{b(1)+b(2)z^{-1}+\cdots+b(n+1)z^{-n}}{1+a(2)z^{-1}+\cdots+a(n+1)z^{-n}} \tag{5-5-1}$$

1. 设计 IIR 数字滤波器的函数

在 MATLAB 中有以下几个用于设计这类数字滤波器的函数。

(1) 巴特沃斯数字滤波器的设计

函数：butter

功能：Butterworth(巴特沃斯)数字滤波器设计。

调用格式：

```
[b,a] = butter(n,Wn)
[b,a] = butter(n,Wn,'ftype')
```

(2) 契比雪夫Ⅰ型数字滤波器的设计

函数：cheby1

功能：Chebyshev(契比雪夫)Ⅰ型滤波器设计(通带等波纹)。

调用格式：

```
[b,a] = cheby1(n,Rp,Wn)
```

[b,a] = cheby1(n,Rp,Wn,'ftype')

(3) 契比雪夫Ⅱ型数字滤波器的设计

函数:cheby2

功能:Chebyshev(契比雪夫)Ⅱ型滤波器设计(阻带等波纹)。

调用格式:

[b,a] = cheby2(n,Rs,Wn)

[b,a] = cheby2(n,Rs,Wn, 'ftype')

(4) 椭圆型数字滤波器的设计

函数:ellip

功能:椭圆滤波器设计。

调用格式:

[b,a] = ellip(n,Rp,Rs,Wn)

[b,a] = ellip(n,Rp,Rs,Wn,'ftype')

说明:

① 在以上的函数表示中,n表示低通数字滤波器的阶次;Wn表示截止频率,无论高通、带通和带阻滤波器,在设计中最终都等效于一个低通滤波器,而等效低通滤波器的n和Wn可由以下的求阶次的函数计算得到;Rp表示通带内的波纹(单位为分贝);Rs表示阻带的衰减(单位为分贝)。并不是以上的所有函数都用到这四个参数,有的用两个参数,有的用三个参数或四个参数。

② Wn是归一化的频率,在0~1之间,其中1相对应于$0.5f_s$,即为采样频率的一半。当Wn=[W1 W2](W1<W2)时,表示设计一个带通滤波器,函数将产生一个$2n$阶的数字带通滤波器,其通带频率为W1<ω<W2。在数字滤波器的设计中,有关频率的参数都是归一化的,用采样频率的一半($0.5f_s$)进行归一。无论Wn,还是W1或W2都在0~1之间。

③ 带有参数'ftype'时表示可设计出高通或带阻滤波器:

当ftype=high时,设计出截止频率为Wn的高通滤波器;

当ftype=stop时,设计出带阻滤波器,这时Wn=[W1 W2],且阻带频率为W1<ω<W2。

2. IIR数字滤波器的阶次选择函数

在MATLAB中有以下几个用于IIR数字滤波器阶次选择的函数。

(1) 巴特沃斯数字滤波器阶的选择

函数:buttord

功能:计算巴特沃斯数字滤波器的阶数。

调用格式:[n,Wn] = buttord(Wp,Ws,Rp,Rs)

(2) 契比雪夫Ⅰ型数字滤波器阶的选择

函数:cheb1ord

功能:计算Chebyshev Ⅰ型数字滤波器的阶数。

调用格式:[n,Wn] = cheb1ord(Wp,Ws,Rp,Rs)

(3) 契比雪夫Ⅱ型数字滤波器阶的选择

函数:cheb2ord

功能:计算Chebyshev Ⅱ型数字滤波器的阶数。

调用格式:[n,Wn] = cheb2ord(Wp,Ws,Rp,Rs)

(4) 椭圆数字滤波器阶的选择

函数:ellipord

功能:计算椭圆数字滤波器的阶数。

调用格式:[n,Wn] = ellipord(Wp,Ws,Rp,Rs)

说明:

① 以上函数中的n是求出滤波器最小的阶次;Wn是等效低通滤波器的截止频率;Wp和Ws分别是通带和阻带的频率(截止频率),其值应满足0≤Wp(或Ws)≤1,当其值为1时表示$0.5f_s$,即为采样频率的一半;Rp和Rs分别是通带区的波纹和阻带区的衰减。

② 求出n和Wn后在通带(0,Wp)内波纹系数小于Rp,在阻带(Ws,1)内衰减系数等于或大于Rs。以上的函数一样可以得到高通、带通和带阻滤波器的阶次。当Wp>Ws时,为高通滤波器;当Wp,Ws为二元矢量时,为带

通或带阻滤波器，这时求出的 Wn 也为二元矢量。

例 5-5-1(pr5_5_1)　设计一个契比雪夫Ⅱ型低通滤波器，它的 Wp 为 500 Hz，Ws 为 750 Hz，采样频率 f_s 为 8 000 Hz，Rp 和 Rs 分别为 3 dB 和 50 dB，并对 bluesky3.wav 数据进行滤波。

程序清单如下：

```
% pr5_5_1
clear all; clc; close all;

fp = 500; fs = 750;                          % 设置滤波器的通带和阻带频率
Fs = 8000; Fs2 = Fs/2;                       % 采样频率
Wp = fp/Fs2; Ws = fs/Fs2;                    % 把通带和阻带频率归一化
Rp = 3; Rs = 50;                             % 通带波纹和阻带衰减
[n,Wn] = cheb2ord(Wp,Ws,Rp,Rs);              % 求取滤波器阶数
[b,a] = cheby2(n,Rs,Wn);                     % 设计契比雪夫Ⅱ型低通滤波器系数
[db,mag,pha,grd,w] = freqz_m(b,a);           % 求滤波器的频率响应曲线

filedir = [];                                % 指定文件路径
filename = 'bluesky3.wav';                   % 指定文件名
fle = [filedir filename]                     % 构成路径和文件名的字符串
[s,fs] = wavread(fle);                       % 读入数据文件
s = s/max(abs(s));                           % 幅值归一化
N = length(s);                               % 求出信号长度
t = (0:N-1)/fs;                              % 设置时间

y = filter(b,a,s);                           % 把语音信号通过滤波器
wlen = 200; inc = 80; nfft = 512;            % 设置帧长，帧移和 nfft 长
win = hann(wlen);                            % 设置窗函数
d = stftms(s,win,nfft,inc);                  % 原始信号的 STFT 变换
fn = size(d,2);                              % 获取帧数
frameTime = (((1:fn) - 1) * inc + nfft/2)/Fs;  % 计算每帧对应的时间"(时间轴刻度)"
W2 = 1 + nfft/2;                             % 计算频率轴刻度
n2 = 1:W2;
freq = (n2 - 1) * Fs/nfft;
d1 = stftms(y,win,nfft,inc);                 % 滤波后信号的 STFT 变换
% 作图
figure(1)
plot(w/pi * Fs2,db,'k','linewidth',2)
grid; axis([0 4000 -100 5]);
title('低通滤波器的幅值响应曲线')
xlabel('频率/Hz'); ylabel('幅值/dB');
figure(2)
subplot 211; plot(t,s,'k');
title('纯语音信号:男声"蓝天,白云"')
xlabel(['时间/s' 10 '(a)']); ylabel('幅值')
subplot 212; imagesc(frameTime,freq,abs(d(n2,:))); axis xy
title('纯语音信号的语谱图')
xlabel(['时间/s' 10 '(b)']); ylabel('频率/Hz')
m = 256;
LightYellow = [0.6 0.6 0.6];
MidRed = [0 0 0];
Black = [0.5 0.7 1];
Colors = [LightYellow; MidRed; Black];
colormap(SpecColorMap(m,Colors));
figure(3)
subplot 211; plot(t,y,'k');
title('滤波后的语音信号')
xlabel(['时间/s' 10 '(a)']); ylabel('幅值')
subplot 212; imagesc(frameTime,freq,abs(d1(n2,:))); axis xy
```

```
title('滤波后语音信号的语谱图')
xlabel(['时间/s' 10 '(b)']); ylabel('频率/Hz')
m = 256;
LightYellow = [0.6 0.6 0.6];
MidRed = [0 0 0];
Black = [0.5 0.7 1];
Colors = [LightYellow; MidRed; Black];
colormap(SpecColorMap(m,Colors)); ylim([0 1000]);
```

说明:

① 利用已知参数 Wp、Ws、Rp 和 Rs,通过 cheb2ord 函数求出 n,Wn;再由 cheby2 函数求出滤波器的系数 a 和 b。

② 调用 freqz_m 函数(在 basic_tbox 工具箱中)求出滤波器的响应曲线,如图 5-5-1 所示。

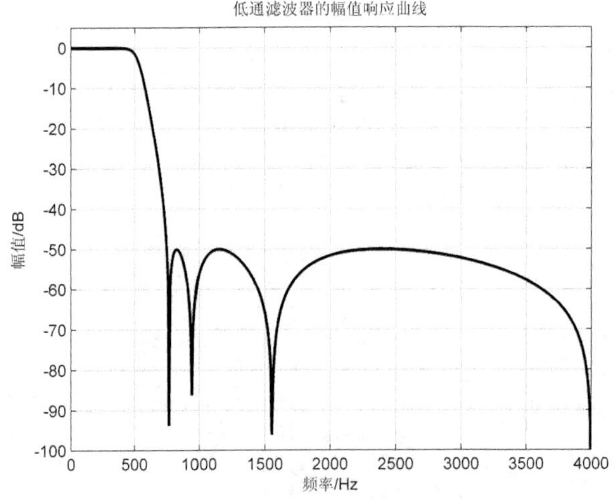

图 5-5-1 契比雪夫Ⅱ型低通滤波器的幅值响应曲线

③ 从 bluesky3.wav 文件中读入语音信号(男声"蓝天,白云")赋于 s,波形图如图 5-5-2(a)所示。信号 s 通过该低通滤波器,得到输出 y,波形图如图 5-5-3(a)所示。

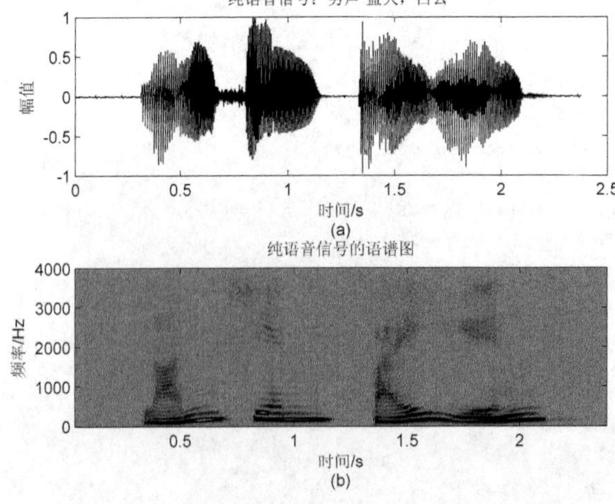

图 5-5-2 纯语音信号的波形图和 STFT 谱图

④ 对 s 和 y 分别做语谱图分析(见 2.4.2 小节),s 的语谱图如图 5-5-2(b)所示,y 的语谱图如图 5-5-3(b)所示。

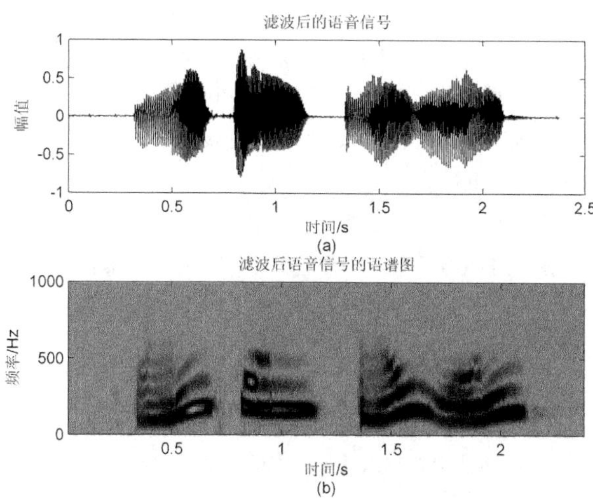

图 5-5-3　低通滤波后的语音信号波形图和 STFT 谱图

比较图 5-5-2 和图 5-5-3 可以看出,滤波后在 500 Hz 以上的分量都被滤除了,只留下了基频部分。

5.5.2　FIR 低通、高通、带通和带阻滤波器的设计[3]

1. MATLAB 提供的窗函数

MATLAB 提供了十多种窗函数,这里只列出常用的六种:

```
Wd = boxcar(N)          % 数组 Wd 中返回 N 点矩形窗函数
Wd = triang(N)          % 数组 Wd 中返回 N 点三角窗函数
Wd = hanning(N)         % 数组 Wd 中返回 N 点海宁窗函数
Wd = hamming(N)         % 数组 Wd 中返回 N 点汉明窗函数
Wd = blackman(N)        % 数组 Wd 中返回 N 点布莱克曼窗函数
Wd = kaiser(N,beta)     % 数组 Wd 中返回给定 beta 值时 N 点凯泽窗函数
```

这些函数的输入变量一般只要窗函数的长度 N 就够了,只有凯泽窗函数还需要规定另一参数 β。输出数值是中心值归一化的窗函数序列 Wd,它是列向量。

前人已对窗函数的特性做了详细计算,列于表 5.5.1 中。从表中可以快速找到需要的参数。

表 5.5.1　六种窗函数的特性表

窗函数	旁瓣/dB	近似过渡带宽	精确过渡带宽	阻带最小衰减/dB
矩形窗	−13	$4\pi/N$	$1.8\pi/N$	21
三角形窗	−25	$8\pi/N$	$6.1\pi/N$	25
海宁窗	−31	$8\pi/N$	$6.2\pi/N$	44
汉明窗	−41	$8\pi/N$	$6.6\pi/N$	53
布莱克曼窗	−57	$12\pi/N$	$11\pi/N$	74
凯泽窗(β=7.865)	−57		$10\pi/N$	80

2. 用窗函数设计 FIR 滤波器的步骤

用窗函数设计 FIR 滤波器的步骤如下：

① 根据对过渡带宽及阻带衰减要求，选择窗函数的类型并估计窗长度 N(或阶数 $M=N-1$)。窗函数类型可根据其阻带最小衰减(见表 5.5.1) As 的条件独立选择，因为其长度 N 对阻带最小衰减没有影响。在确定窗函数类型后，就可根据过渡带宽小于给定指标，确定所采用的窗函数长度 N。设待求滤波器的过渡带为 $\Delta\omega$，它近似与窗长度 N 成反比(见表 5.5.1)。窗函数类型确定后，其计算公式也确定了。不过，这些公式是近似的，得出的长度还要在计算中逐步修正。原则是在保证阻带衰减满足要求的情况下，尽量选择较小的 N。在 N 和窗函数类型确定后，即可调用 MATLAB 中的窗函数求出 Wd。同时窗函数 Wd 对$(N-1)/2$ 点是偶对称的，因此窗函数的长度 N 必须是奇数，若求出的 N 为偶数，则 $N=N+1$，使 N 为奇数。

② 根据待求滤波器的理想频率响应求出单位脉冲响应 $h_d(n)$，如果给出待求滤波器的频率响应为 $H_d(e^{j\omega})$，那么单位脉冲响应用下面的傅里叶反变换式求出：

$$h_d(n)=\frac{1}{2\pi}\int_{-\pi}^{\pi}H_d(e^{j\omega})e^{j\omega n}d\omega \tag{5-5-2}$$

一般情况下，对 $h_d(n)$ 采用数值方法来计算，从 $\omega=0$ 到 $\omega=2\pi$ 采样 N 点。在 basic_tbox 工具箱中有一个计算理想低通滤波器的函数 ideal_lp，可以调用这个函数得到其理想滤波器的特性。而高通、带通和带阻滤波器，也可以用该函数的组合构成。

③ 计算滤波器的单位脉冲响应 $h(n)$。它是理想脉冲响应和窗函数的乘积

$$h(n)=h_d(n)\mathrm{Wd}(n) \tag{5-5-3}$$

在 MATLAB 中用点乘命令表示，即 h=hd. * Wd。

函数 ideal_lp 求得的 $h(n)$是一个行向量。而从步骤①中求得 Wd 也必须是一个相同长度的行向量。但 MATLAB 中调用的窗函数产生的 Wd 常常是列向量，这时就需要把它转置。

④ 验算待设计的技术指标是否满足要求。用 freqz 或 freqz_m 函数计算 $h(n)$的幅值响应，检查响应是否满足设计要求。

⑤ 如果不满足要求，可根据具体情况，调整窗函数类型或长度，重复步骤①～④，直到满足要求为止。

3. 用窗函数设计 FIR 滤波器的方法

这里只介绍用窗函数设计 FIR 滤波器的两种方法。

(1) 用 ideal_lp 函数设计

对 ideal_lp 函数介绍如下：

名称：ideal_lp

功能：设计理想低通 FIR 数字滤波器。

调用格式：hd = ideal_lp(wc,M)

说明：输入参数 wc 是低通滤波器的归一化截止角频率($wc=f_c\pi/(0.5f_s)$)，其中 f_c 是截止频率(单位为 Hz)，f_s 是采样频率(单位为 Hz)，所以 wc 数值在 0～π 之间)；M 是滤波器系数，为奇数。输出参数 hd 是 FIR 滤波器的冲激响应序列 $h_d(n)$。

利用函数 ideal_lp 的组合可以设置高通、带通和带阻滤波器，设它的组合方法为：

```
hd = ideal_lp(wc2, M) - ideal_lp(wc1, M)            %带通,其中 wc2>wc1
hd = ideal_lp(pi, M) - ideal_lp(wc, M)              %高通
hd = ideal_lp(wc1, M) + ideal_lp(pi, M) - ideal_lp(wc2, M)  %带阻,其中 wc2>wc1
```

在表 5.5.1 中对凯泽窗函数用了 $\beta=7.863$，实际上在用凯泽窗函数时需要计算 N 和 β 两个参数。

N 的计算公式为

$$N \approx \left[\frac{AS-7.95}{14.36\times\Delta f}\right]+2 \tag{5-5-4}$$

式中，Δf 是归一化的过渡带宽，$\Delta f=(f_s-f_p)/F_s$，F_s 是采样频率。

β 的计算公式为

$$\beta=\begin{cases}0.1102(AS-8.7) & AS>50\\ 0.5842(AS-21)^{0.4}+0.07886(AS-21) & 21\leqslant AS\leqslant 50\\ 0 & AS<21\end{cases} \tag{5-5-5}$$

在使用凯泽窗函数时，利用过渡带宽 Δf 和阻带衰减 AS 按式(5-5-4)和式(5-5-5)可计算出阶数 N 和参数 β。

例 5-5-2(pr5_5_2)　读入 bluesky3.wav 文件(内容为男声“蓝天，白云”)，在语音数据中混入 50 Hz 的交流声，设计一个用凯泽窗函数的高通数字滤波器，通带截止频率 $f_p=75$ Hz，阻带截止频率 $f_s=60$ Hz，阻带最小衰减 $A_s=50$ dB，采样频率 $F_s=8\ 000$ Hz，滤除语音中的 50 Hz 交流干扰。

程序清单如下：

```
% pr5_5_2
clear all; clc; close all;

As = 50;Fs = 8000; Fs2 = Fs/2;                          % 阻带最小衰减和采样频率
fp = 75; fs = 60;                                       % 通带阻带频率
df = fp - fs;                                           % 求取过渡带
M = round((As - 7.95)/(14.36 * df/Fs)) + 2;             % 按式(5-5-4)求凯泽窗长
M = M + mod(M + 1,2);                                   % 使窗长度 M 为奇数
wp = fp/Fs2 * pi; ws = fs/Fs2 * pi;                     % 转为圆频率
wc = (wp + ws)/2;                                       % 求取截止频率
beta = 0.5842 * (As - 21)^0.4 + 0.07886 * (As - 21);    % 按式(5-5-5)求出 beta 值
fprintf('beta = %5.6f\n',beta);                         % 显示 beta 的数值
w_kai = (kaiser(M,beta))';                              % 求凯泽窗
hd = ideal_lp(pi,M) - ideal_lp(wc,M);                   % 求理想滤波器的脉冲响应(高通滤波器的组合)
b = hd. * w_kai;                                        % 理想脉冲响应与窗函数相乘
[h,w] = freqz(b,1,4000);                                % 求频率响应
db = 20 * log10(abs(h));

filedir = [];                                           % 指定文件路径
filename = 'bluesky3.wav';                              % 指定文件名
fle = [filedir filename]                                % 构成路径和文件名的字符串
[s,fs] = wavread(fle);                                  % 读入数据文件
s = s/max(abs(s));                                      % 幅值归一化
N = length(s);                                          % 求出信号长度
t = (0:N - 1)/fs;                                       % 设置时间
ns = 0.5 * cos(2 * pi * 50 * t);                        % 计算出 50 Hz 工频信号
x = s + ns';                                            % 语音信号和 50 Hz 工频信号叠加
snr1 = SNR_singlech(s,x)                                % 计算叠加 50 Hz 工频信号后的信噪比
y = conv(b,x);                                          % FIR 滤波器输出为 y
% 作图
figure(1)
plot(w/pi * Fs2,db,'k','linewidth',2); grid;
axis([0 150 -100 10]);
title('幅频响应曲线');
xlabel('频率/Hz');ylabel('幅值/dB');
figure(2)
subplot 311; plot(t,s,'k');
title('纯语音信号:男声“蓝天,白云”')
```

```
xlabel('时间/s'); ylabel('幅值')
axis([0 max(t) -1.2 1.2]);
subplot 312; plot(t,x,'k');
title('带50Hz工频信号的语音信号')
xlabel('时间/s'); ylabel('幅值')
axis([0 max(t) -1.2 1.2]);
z = y(M/2:end - M/2);                          % 消除conv带来的滤波器输出延迟的影响
snr2 = SNR_singlech(s,z)                       % 计算滤波后语音信号的信噪比
subplot 313; plot(t,z,'k');
title('消除50Hz工频信号后的语音信号')
xlabel('时间/s'); ylabel('幅值')
axis([0 max(t) -1.2 1.2]);
```

说明:

① df=fp−fs是求取过渡带,有了过渡带就能按式(5-5-4)求出凯泽窗的窗长M。

② 用[h,w]=freqz(b,1,4000)求出滤波器的幅值响应,其中用了参数4 000,为了使得到的幅值频响曲线更光滑。

③ 从bluesky3.wav文件中读入语音信号(男声"蓝天,白云")赋于s,人为地产生50 Hz干扰信号ns=0.5 * cos(2 * pi * 50 * t)叠加在语音信号上x=s+ns,构成了带有50Hz干扰信号的带噪语音。

④ 通过了以上用凯泽窗函数法设计的高通滤波器。因为本程序设计的窗函数阶次较大,用filter滤波时会丢失一些数据,故用conv函数进行滤波。但用FIR滤波器滤波后将有M/2个样点的延迟,所以用z=y(M/2:end−M/2)以消除延迟的影响。10.1.1小节将说明filter和conv两函数的差别。

⑤ 用5.3节中介绍过的SNR_singlech函数来计算信噪比。

运行pr5_5_2后得到的滤波器幅值响应图如图5-5-4所示。

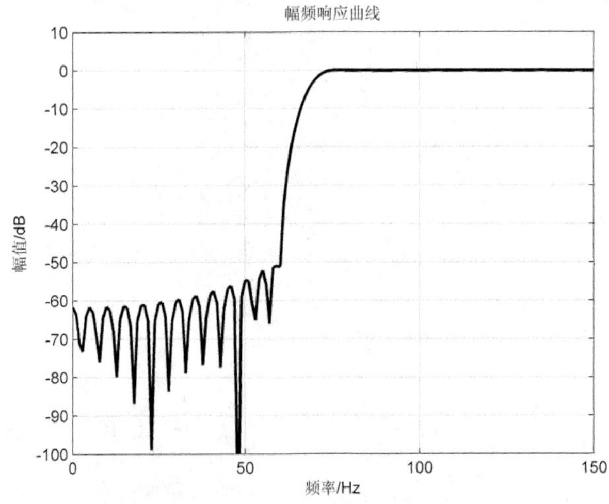

图5-5-4 用凯泽窗函数设计高通数字滤波器的幅值响应曲线

从bluesky3.wav文件中读入语音信号(内容为男声"蓝天白云")通过了滤波器。原始信号、带噪语音和滤波后的语音信号波形图如图5-5-5所示。

"蓝天,白云"的原始信号加了50 Hz干扰信号后信噪比为−3.981 9 dB,通过滤波器后信噪比为27.120 8 dB,信噪比提高了近30 dB。

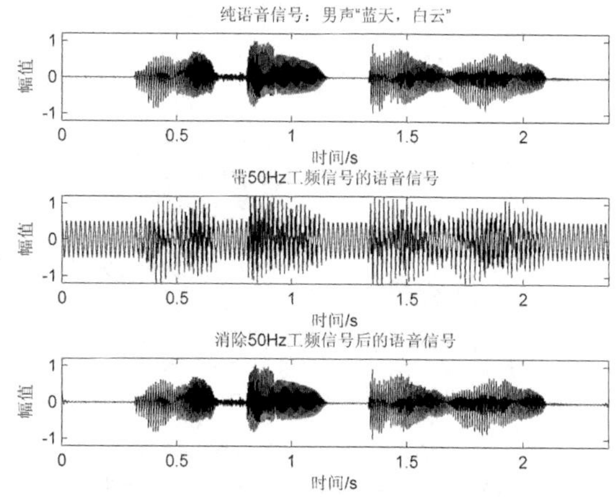

图 5-5-5　男声"蓝天，白云"的原始信号、带噪语音和滤波后的语音信号波形图

(2) 用 fir1 函数设计[2]

本方法中用的是 MATLAB 自带的 fir1 函数。

① 按表 5.5.1，根据阻带衰减要求选择窗函数类型，根据过渡带宽估计窗长度 N(或阶次 $M=N-1$)。

② 调用 fir1 函数。fir1 函数的调用格式有：

```
H = fir1(n,Wn)
H = fir1(n,Wn,'ftype' )
H = fir1(n,Wn,Window)
H = fir1(n,Wn,'ftype',Window)
```

调用说明：firl 函数是以经典方法实现加窗线性相位 FIR 数字滤波器设计，它可设计出标准的低通、带通、高通和带阻滤波器。

由 H=fir1(n,Wn)可得到 n 阶 FIR 低通滤波器，滤波器系数包含在 H 中，可表示为

$$H(z)=h(1)+h(2)z^{-1}+\cdots+h(n+1)z^{-n} \tag{5-5-6}$$

这构成一个用汉明窗函数截止频率为 Wn 的线性相位滤波器，$0\leqslant \mathrm{Wn}\leqslant 1$，Wn=1 时对应于 $0.5f_s$。

当 Wn=[Wl W2]时，firl 函数可得到带通滤波器，其通带为 W1< ω <W2。

H=fir1(n,Wn,'ftype')可设计高通和带阻滤波器，由 ftype 决定：

当 ftype=high 时，设计 FIR 高通滤波器；

当 fiype=stop 时，设计 FIR 带阻滤波器。

H=fir1(n,Wn,Window)则利用列矢量 Window 中指定的窗函数进行滤波器设计，Window 长度为 n+1，如果不指定 Window 参数，则 firl 函数在缺省时采用汉明窗。

H=fir1(n,Wn,'ftype',Window)可利用 ftype 和 Window 参数设计各种加窗的滤波器。

③ 在获得滤波器参数 H 后，利用 freqz 或 freqz_m 函数检验是否满足滤波器的设计要求，如果不满足，改变窗函数类型或长度，重复步骤①和②。

例 5-5-3(pr5_5_3)　同例 5-5-2，读入 bluesky3. wav 文件(内容为男声"蓝天，白云")，在语音数据中混入 50Hz 的交流声，设计一个用凯泽窗函数的带阻数字滤波器，通带截止频率 $f_{p1}=45$ Hz 和 $f_{p2}=55$ Hz，阻带截止频率 $f_{s1}=49$ 和 $f_{s2}=51$ Hz，阻带最小衰减 A2=50 dB，采样频率 $F_s=8\,000$ Hz。

程序清单如下：

```
% pr5_5_3
clear all; clc; close all;

As = 50;Fs = 8000; Fs2 = Fs/2;                          %最小衰减和采样频率
fs1 = 49; fs2 = 51;                                     %阻带频率
fp1 = 45; fp2 = 55;                                     %通带频率
df = min(fs1 - fp1,fp2 - fs2);                          %求过渡带宽
M = round((As - 7.95)/(14.36 * df/Fs)) + 2;             %按式(5-5-4)求凯泽窗长
M = M + mod(M + 1,2);                                   %保证窗长为奇数
wp1 = fp1/Fs2 * pi; wp2 = fp2/Fs2 * pi;                 %转换成归一化圆频率
ws1 = fs1/Fs2 * pi; ws2 = fs2/Fs2 * pi;
wc1 = (wp1 + ws1)/2; wc2 = (wp2 + ws2)/2;               %求截止频率
beta = 0.5842 * (As - 21)^0.4 + 0.07886 * (As - 21);    %按式(5-5-5)求出 beta 值
fprintf('beta = %5.6f\n',beta);
M = M - 1;                                              %阶次和窗长差1
b = fir1(M,[wc1 wc2]/pi,'stop',kaiser(M + 1,beta));     %计算 FIR 滤波器系数
[h,w] = freqz(b,1,4000);                                %求幅值的频率响应
db = 20 * log10(abs(h));

filedir = [];                                           %指定文件路径
filename = 'bluesky3.wav';                              %指定文件名
fle = [filedir filename]                                %构成路径和文件名的字符串
[s,fs] = wavread(fle);                                  %读入数据文件
%[s,fs] = wavread('j:\signal\sig1\bluesky3.wav');       %读入语音信号
s = s/max(abs(s));                                      %幅值归一化
N = length(s);                                          %求出信号长度
t = (0:N - 1)/fs;                                       %设置时间
ns = 0.5 * cos(2 * pi * 50 * t);                        %计算出 50 Hz 工频信号
x = s + ns';                                            %语音信号和 50 Hz 工频信号叠加
snr1 = SNR_singlech(s,x)                                %计算叠加 50 Hz 工频信号后的信噪比
y = conv(b,x);                                          %FIR 带陷滤波,输出为 y
z = y(M/2 + 1:end - M/2);                               %消除 conv 带来的滤波器输出延迟的影响
snr2 = SNR_singlech(s,z)                                %计算滤波后语音信号的信噪比
%作图
figure(1)
plot(w/pi * Fs2,db,'k','linewidth',2);
title('幅频响应曲线');
xlabel('频率/Hz');ylabel('幅值/dB');grid on;   axis([0 100  -60 5])
figure(2)
subplot 311; plot(t,s,'k');
title('纯语音信号:男声"蓝天,白云"')
xlabel('时间/s'); ylabel('幅值')
axis([0 max(t) -1.2 1.2]);
subplot 312; plot(t,x,'k');
title('带 50Hz 工频信号的语音信号')
xlabel('时间/s'); ylabel('幅值')
axis([0 max(t) -1.2 1.2]);
subplot 313; plot(t,z,'k');
title('消除 50Hz 工频信号后的语音信号')
xlabel('时间/s'); ylabel('幅值')
axis([0 max(t) -1.2 1.2]);
```


说明：

① 在本例中因是带阻滤波器，有两个 fp(fp1 和 fp2)和两个 fs(fs1 和 fs2)，这时可以求出两个 df 值：df1＝fs1－fp1，df2＝fp2－ fs2，取 df1 和 df2 中小的一个作为 df，以这个 df 值进一步求取滤波器的阶次：

```
df = min(fs1 - fp1,fp2 - fs2);                   % 求过渡带宽
```

② 用 fir1 函数，除用 M 和[wc1 wc2]外，还用 'stop'(带阻滤波器)和 kaiser(M＋1，beta)来设计 FIR 滤波器系数：

```
b = fir1(M,[wc1 wc2]/pi,'stop',kaiser(M + 1,beta));   % 计算 FIR 滤波器系数
```

③ 用[h,w]=freqz(b,1,4000)求出滤波器的幅值响应，其中用了参数 4000，是为了使得到的幅值频响曲线更光滑。

④ 从 bluesky3.wav 文件中读入语音信号(男声“蓝天，白云”)赋于 s，人为地产生 50 Hz 干扰信号 ns=0.5 * cos(2 * pi * 50 * t)叠加在语音信号上，x=s+ns，构成了带有 50 Hz 干扰信号的带噪语音。

⑤ 因为本程序设计中过渡带很窄，使窗函数阶次很大，用 filter 函数滤波时会丢失很多数据，因此仍用 conv 函数进行滤波。但用 conv 函数滤波后将有 M/2 个样点的延迟，所以用 z=y(M/2+1:end−M/2)以消除延迟的影响。10.1.1 小节将说明 filter 和 conv 两函数的差别。

⑥ 用 5.3 节中介绍过的 SNR_singlech 函数来计算信噪比。

运行 pr5_5_3 后得到的滤波器幅值响应图如图 5-5-6 所示。

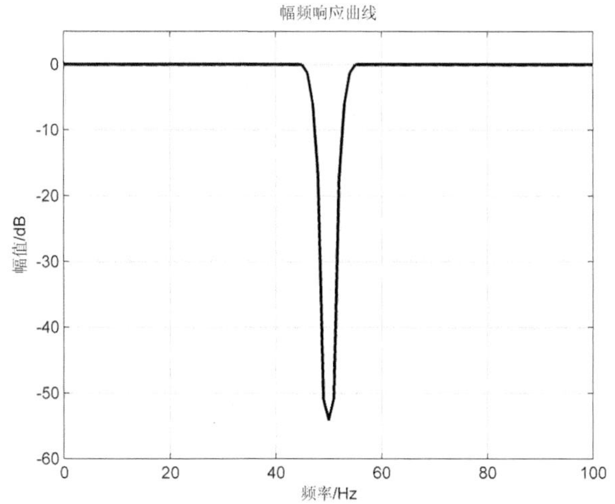

图 5-5-6　用凯泽窗函数设计带阻数字滤波器的幅值响应曲线

从 bluesky3.wav 文件中读入语音信号(男声“蓝天，白云”)，加噪后通过了这个带阻滤波器。原始信号、带噪语音和滤波后的语音信号波形图如图 5-5-7 所示。

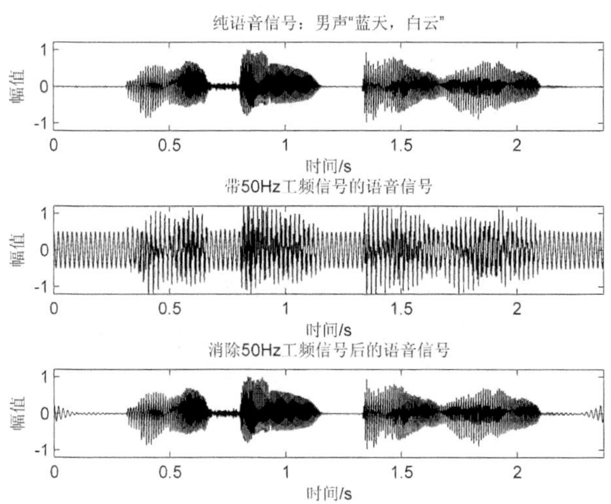

图 5-5-7　男声“蓝天，白云”的原始信号、带噪语音和滤波后的语音信号波形图

"蓝天,白云"的原始信号加了 50 Hz 干扰信号后信噪比为−3.981 9 dB,通过滤波器后信噪比为 17.891 5 dB,信噪比提高了近 22 dB。

参考文献

[1] 王济,胡晓. MATLAB在振动信号处理中的应用[M]. 北京:中国水利水电出版社,2006.

[2] 楼顺天,李博菡. 基于 MATLAB 的系统分析与设计——信号处理[M]. 西安:西安电子科技大学出版社,2000.

[3] 陈怀琛. 数字信号处理教程——MATLAB 释义与实现[M]. 北京:电子工业出版社,2004.

第 6 章

语音端点的检测

在语音信号处理中检测出语音的端点是相当重要的。语音端点的检测是指从包含语音的一段信号中确定出语音的起始点和结束点位置。因为在某些语音特性检测和处理中，只对有话段检测或处理。例如，在语音减噪和增强中，对有话段和无话段可能采取不同的处理方法；在语音识别和语音编码中同样有类似的处理。

处理没有噪声情况下的语音端点的检测，用短时平均能量就可以检测出语音的端点。但实际处理中语音往往处于复杂的噪声环境中，这时，判别语音段的起始点和终止点的问题主要归结为区别语音和噪声的问题。本章除了介绍经典的短时平均能量和短时平均过零率的方法外，还介绍一些常用的方法，最后还介绍了在低信噪比条件下端点的检测。

6.1 双门限法

双门限法最初是基于短时平均能量和短时平均过零率而提出的，其原理是汉语的韵母中有元音，能量较大，所以可以从短时平均能量中找到韵母，而声母是辅音，它们的频率较高，相应的短时平均过零率较大，所以用这两个特点找出声母和韵母，等于找出完整的汉语音节。双门限法是使用二级判决来实现的，参见图 6-1-1。

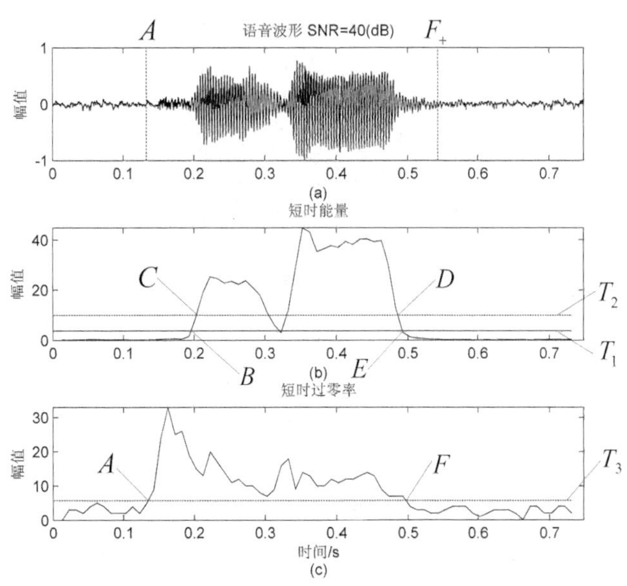

图 6-1-1 利用能量和过零率进行端点检测两级判决法示意图

图 6-1-1(a)所示是语音的波形，图 6-1-1(b)所示是该语音的短时平均能量，图 6-1-1(c)所示是该语音的短时平均过零率。进行判决的具体步骤如下。

1. 第一级判决

① 根据在语音短时能量包络线上选取的一个较高阈值(门限)T_2(图中以虚水平线表示)进行一次粗判,就是高于该 T_2 阈值的肯定是语音(在 CD 段之间的肯定是语音),而语音起止点应位于该阈值与短时能量包络交点所对应的时间点之外(在 CD 段之外)。

② 在平均能量上确定一个较低的阈值(门限)T_1(图中以实水平线表示),并从 C 点往左、从 D 点往右搜索,分别找到短时能量包络与阈值 T_1 相交的两个点 B 和 E,于是 BE 段就是用双门限法根据短时能量所判定的语音段的起止点位置。

2. 第二级判决

以短时平均过零率为准,从 B 点往左和从 E 点往右搜索,找到短时平均过零率低于某个阈值(门限)T_3 的两点 A 和 F(图中 T_3 以水平虚线表示),这便是语音段的起止点。

根据这两级判决,求出了语音的起始点位置 A 和结束点位置 F。但考虑到语音发音时单词之间的静音区会有一个最小长度表示发音间的停顿,就是在小于阈值 T_3 满足这样一个最小长度后才判断为该语音段结束,实际上相当于延长了语音尾音的长度,如图 6-1-1 中在语音波形图上标出语音的起止点分别为 A 和 F_+(从图中看出终止点位置为 F,而实际处理中延长到 F_+)。

在端点检测的具体运行中,首先是对语音分帧(第 2 章已做过介绍),在分帧基础上方能求出短时平均能量和短时平均过零率,然后逐帧地依阈值进行比较和判断。

文献[1]的第 12 章已给出了端点检出的 vad 函数,但该程序中 T_1,T_2,T_3 三个阈值都是固定值,不能随信号的不同而变化,而且该函数不适用检出中间有停顿的多个词的语音。本节对 vad 函数进行了修改,并在此基础上提供了 vad_ezm1 函数,流程图如图 6-1-2 所示。

名称:vad_ezm1

功能:用短时平均能量和短时过零率提取语音端点位置。

调用格式:[voiceseg,vsl,SF,NF] = vad_ezm1(x,wlen,inc,NIS)

程序清单如下:

```
function [voiceseg,vsl,SF,NF] = vad_ezm1(x,wlen,inc,NIS)
x = x(:);                                   % 把 x 转换成列数组
maxsilence = 8;                             % 初始化
minlen   = 5;
status   = 0;
count    = 0;
silence = 0;

y = enframe(x,wlen,inc)';                   % 分帧
fn = size(y,2);                             % 帧数
amp = sum(y.^2);                            % 求取短时平均能量
zcr = zc2(y,fn);                            % 计算短时平均过零率
ampth = mean(amp(1:NIS));                   % 设置能量和过零率的阈值
zcrth = mean(zcr(1:NIS));
amp2 = 2 * ampth; amp1 = 4 * ampth;
zcr2 = 2 * zcrth;

% 开始端点检测
xn = 1;
for n = 1:fn
   switch status
   case {0,1}                               % 0 = 静音, 1 = 可能开始
      if amp(n) > amp1                      % 确信进入语音段
         x1(xn) = max(n - count(xn) - 1,1);
         status = 2;
```

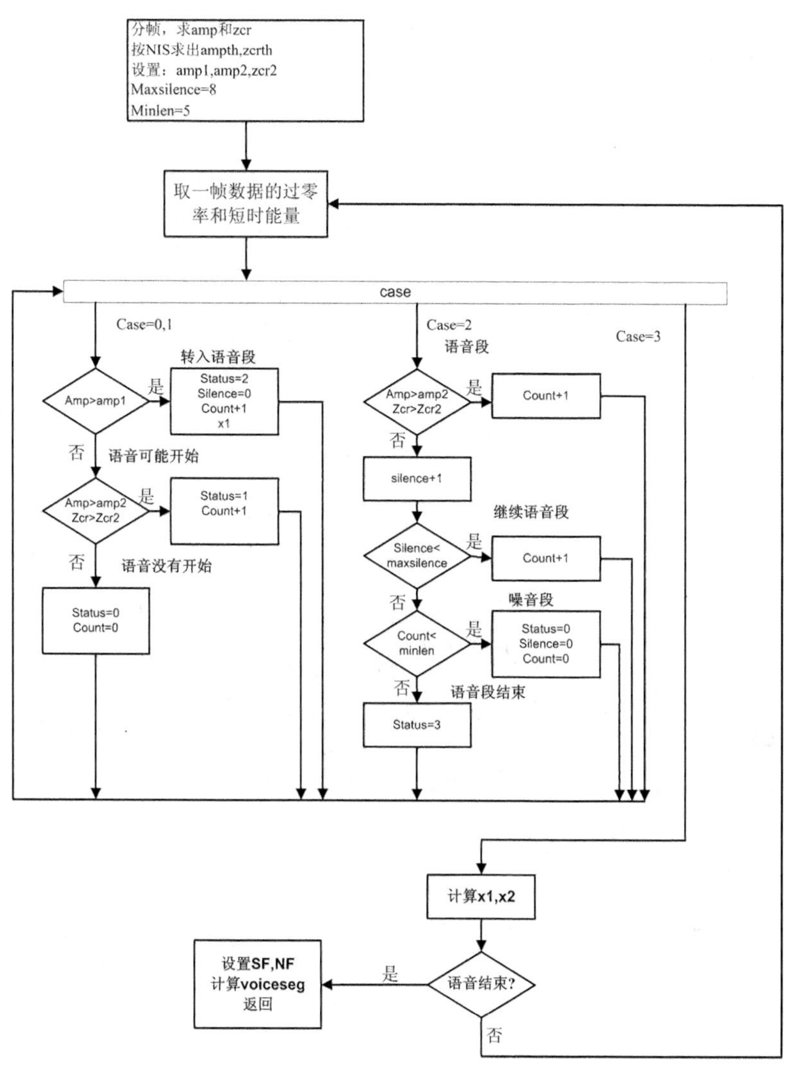

图 6-1-2　vad_ezm1 函数的流程图

```
            silence(xn) = 0;
            count(xn) = count(xn) + 1;
         elseif amp(n) > amp2 | ...                % 可能处于语音段
                 zcr(n) > zcr2
            status = 1;
            count(xn) = count(xn) + 1;
         else                                      % 静音状态
            status = 0;
            count(xn) = 0;
            x1(xn) = 0;
            x2(xn) = 0;
         end
      case 2,                                      % 2 = 语音段
         if amp(n) > amp2 & ...                    % 保持在语音段
            zcr(n) > zcr2
            count(xn) = count(xn) + 1;
            silence(xn) = 0;
         else                                      % 语音将结束
            silence(xn) = silence(xn) + 1;
```

```
            if silence(xn) < maxsilence          % 静音还不够长,语音尚未结束
                count(xn) = count(xn) + 1;
            elseif count(xn) < minlen            % 语音长度太短,认为是静音或噪声
                status = 0;
                silence(xn) = 0;
                count(xn)   = 0;
            else                                 % 语音结束
                status = 3;
                x2(xn) = x1(xn) + count(xn);
            end
        end
    case 3,                                      % 语音结束,为下一个语音准备
        status = 0;
        xn = xn + 1;
        count(xn) = 0;
        silence(xn) = 0;
        x1(xn) = 0;
        x2(xn) = 0;
    end
end
el = length(x1);
if x1(el) = = 0, el = el - 1; end                % 获得 x1 的实际长度
if x2(el) = = 0                                  % 如果 x2 最后一个值为 0,对它设置为 fn
    fprintf('Error: Not find endding point! \n');
    x2(el) = fn;
end
SF = zeros(1,fn);                                % 按 x1 和 x2,对 SF 和 NF 赋值
NF = ones(1,fn);
for i = 1 : el
    SF(x1(i):x2(i)) = 1;
    NF(x1(i):x2(i)) = 0;
end
speechIndex = find(SF = = 1);                    % 计算 voiceseg
voiceseg = findSegment(speechIndex);
vsl = length(voiceseg);
```

说明:

① 在输入参数中,x 是语音信号序列,为了要分帧,设置帧长为 wlen 和帧移为 inc;NIS 是前导无话段的帧数。

在语音处理中为了能估算噪声的情况,往往在一段语音的前部有一段前导无话段,在以后看到有不少程序都是利用该段前导无话段来估算噪声的特性。在实际中,有时可能不知道前导无语段的帧数,但从语音信号的波形图中可以估算出前导无话段的时长 IS(单位为 s).有了 IS 就能计算出前导无语段的帧数 NIS:

```
NIS = fix((IS * fs - wlen)/inc  + 1)
```

② 在这里的讨论中都认为噪声是平稳的,所以估算出的噪声短时平均能量和平均过零率适用于整段语音。

③ 语音信号为 $x(n)$,加窗分帧后为 $x_i(m)$,其中下标 i 表示第 i 帧,帧长为 N,总帧数为 fn,而每帧的能量计算为(第 2 章已做过介绍):

$$AMP_i = \sum_{m=1}^{N} x_i^2(m) \qquad (6-1-1)$$

为了保证过零率计算的稳定,排除信号可能会有一些微小的零漂移,所以当输入加窗分帧后的语音信号 $x_i(m)$ 时,做中心截幅处理(有人把这种方法称为过门限率),得

$$\tilde{x}_i(m)=\begin{cases}x_i(m) & |x_i(m)|\geqslant\delta\\ 0 & |x_i(m)|<\delta\end{cases} \tag{6-1-2}$$

式中，δ 是一个很小的值。

中心截幅处理后再计算每一帧的过零率：

$$ZCR_i=\frac{1}{2}\sum_{m=1}^{N}|\operatorname{sign}[\tilde{x}_i(m)]-\operatorname{sign}[\tilde{x}_i(m-1)]| \tag{6-1-3}$$

式中

$$\operatorname{sign}[\tilde{x}_i(m)]=\begin{cases}1 & |\tilde{x}_i(m)|\geqslant 0\\ -1 & |\tilde{x}_i(m)|<0\end{cases} \tag{6-1-4}$$

计算过零率的函数是 zc2。函数的程序清单如下：

```
function zcr = zc2(y,fn)
if size(y,2)~ = fn, y = y'; end
wlen = size(y,1);
zcr = zeros(1,fn);                                    %初始化
delta = 0.01;
for i = 1:fn
    yn = y(:,i);
    for k = 1 : wlen                                  %中心截幅处理
        if yn(k)> = delta
            ym(k) = yn(k) - delta;
        elseif yn(k)< - delta
            ym(k) = yn(k) + delta;
        else
            ym(k) = 0;
        end
    end
    zcr(i) = sum(ym(1:end - 1). * ym(2:end)<0);      %取得处理后的一帧数据寻找过零率
end
```

④ 先对前导无话段计算噪声短时平均能量和短时平均过零率：

```
ampth = mean(amp(1:NIS)); zcrth = mean(zcr(1:NIS));
```

再在这两值的基础上设置能量的两个阈值 amp2(T1)和 amp1(T2)，以及过零点的阈值 zcr2(T3)：

```
amp2 = 2 * ampth; amp1 = 4 * ampth;  zcr2 = 2 * zcrth;
```

在这里阈值不设为一个固定的值，将会随前导无话段计算噪声的情况动态地变动。有了阈值以后就能按双门限法进行检测了。

⑤ 在检测完成后得端点为 x_1 和 x_2，还进一步设置了 SF 和 NF 这两个序列，它们都是 $1\times fn$ 的数组，SF=1 表示该帧为有话帧，SF=0 表示该帧为无话帧(噪声帧)；NF 与 SF 相反，NF=1 表示该帧为无话帧，NF=0 表示该帧为有话帧。

⑥ 同时又设置了一个 voiceseg 结构数据，它也给出了语音端点的信息。因为在分析的一组语音中可能中间有几次停顿，例如语音“蓝天，白云”，在“蓝天”和“白云”间就有可能停顿一小段时间，在端点检测中把“蓝天”作为一组，“白云”作为另一组，每一组有一个开始时间和结束时间，在 voiceseg 结构数据中就包含了每一组有话音段的开始时间、结束时间和这组有话段语音的长度，它们都是以帧为单位。SF、NF 以及 voiceseg 在检测语音其他特征参数处理中常会用到。

voiceseg 的计算是通过以下两个语句完成的：

```
speechIndex = find(SF = = 1);                      % 寻找出 SF 中数值是 1 的地址
voiceseg = findSegment(speechIndex);
```

findSegment 函数是根据 SF 中数值为 1 的地址组合出每一组有话音段的开始时间、结束时间和这组有话段语音的长度。

程序清单如下：

```
function soundSegment = findSegment(express)
if express(1) = = 0
    voicedIndex = find(express);                              % 寻找 express 中为 1 的位置
else
    voicedIndex = express;
end

soundSegment = [];
k = 1;
soundSegment(k).begin = voicedIndex(1);                       % 设置第一组有话段的起始位置
for i = 1:length(voicedIndex) - 1,
    if voicedIndex(i + 1) - voicedIndex(i)>1,                 % 本组有话段结束
        soundSegment(k).end = voicedIndex(i);                 % 设置本组有话段的结束位置
        soundSegment(k + 1).begin = voicedIndex(i + 1);       % 设置下一组有话段的起始位置
        k = k + 1;
    end
end
soundSegment(k).end = voicedIndex(end);                       % 最后一组有话段的结束位置
% 计算每组有话段的长度
for i = 1 :k
    soundSegment(i).duration = soundSegment(i).end - soundSegment(i).begin + 1;
end
```

⑦ 在 vad_ezm1 函数中设置了一些参数：maxsilence 表示一段语音结束时静音区的最小长度，minlen 表示有话段的最小长度，它们都是固定的，而对 amp1，amp2，zcr2 等参数虽是动态变化的，但它们的比例系数也是固定的。实际上，在端点检测中要想正确地检测会受到很多因素的影响：噪声环境是一个主要因素，不同的噪声，不同的信噪比都会影响到检测的正确性；同时和说话人的语速也有一定的关系，maxsilence，minlen 参数就和语速有关。所以这些参数可以改变，可以按实际情况进行调整。

例 6-1-1(pr6_1_1.m) 用 vad_ezm1 函数对 bluesky1.wav(男声："蓝天，白云，碧绿的大海")数据进行端点检测。

程序清单如下：

```
% pr6_1_1
clear all; clc; close all;

filedir = [];                                   % 指定文件路径
filename = 'bluesky1.wav';                      % 指定文件名
fle = [filedir filename]                        % 构成路径和文件名的字符串
[x,fs] = wavread(fle);                          % 读入数据文件
x = x/max(abs(x));                              % 幅度归一化
N = length(x);
time = (0:N - 1)/fs;                            % 计算时间
pos = get(gcf,'Position');                      % 作图
set(gcf,'Position',[pos(1), pos(2) - 100,pos(3),(pos(4) - 200)]);
plot(time,x,'k');
title('男声"蓝天,白云,碧绿的大海"的端点检测');
ylabel('幅值'); axis([0 max(time) - 1 1]); grid;
xlabel('时间/s');
wlen = 200; inc = 80;                           % 分帧参数
IS = 0.1; overlap = wlen - inc;                 % 设置 IS
```

```
NIS = fix((IS * fs - wlen)/inc + 1);            % 计算 NIS
fn = fix((N - wlen)/inc) + 1;                   % 求帧数
frameTime = frame2time(fn, wlen, inc, fs);      % 计算每帧对应的时间
[voiceseg,vsl,SF,NF] = vad_ezm1(x,wlen,inc,NIS);     % 端点检测
for k = 1 : vsl                                 % 画出起止点位置
    nx1 = voiceseg(k).begin; nx2 = voiceseg(k).end;
    nxl = voiceseg(k).duration;
    fprintf('%4d    %4d    %4d    %4d\n',k,nx1,nx2,nxl);
    line([frameTime(nx1) frameTime(nx1)],[-1.5 1.5],'color','k','LineStyle','-');
    line([frameTime(nx2) frameTime(nx2)],[-1.5 1.5],'color','k','LineStyle','--');
end
```

运行 pr6_1_1 后给出检测到的三个话音段，它们的参数分别表示有话段的开始位置、结束位置和有话段长度(单位为帧)。参数如下：

```
1     29    123    95
2    131    222    92
3    245    377   133
```

计算后同时得到如图 6-1-3 所示的结果图，图中的实线表示有话段的开始，虚线表示有话段的结束。

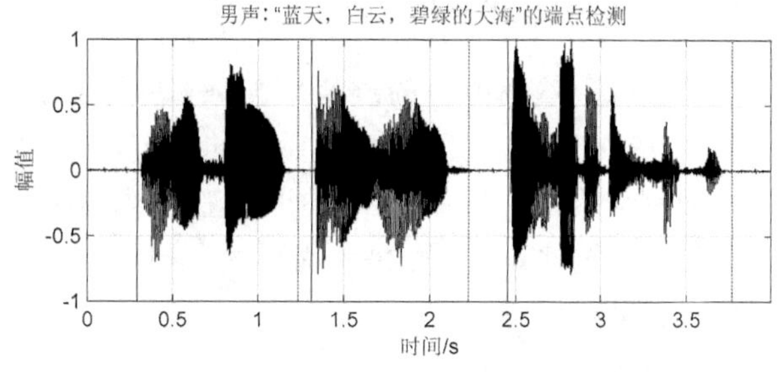

图 6-1-3　男声:"蓝天,白云,碧绿的大海"端点检测的结果

6.2　双门限法的改进和推广

6.2.1　噪声的影响

通过例 6-1-1 可看到，使用函数 vad_ezm1 会得到不错的结果。但是，在例 6-1-1 中读入的 bluesky1.wav 数据是纯语音，如果适当叠加噪声后，情况就不一样了。

以图 6-1-1 的语音波形为例，叠加上 40 dB 的高斯随机噪声：

```
x = Gnoisegen(x,40);
```

得到的结果还是类同于图 6-1-1 所示。而如果减小信噪比，叠加 20dB 的高斯随机噪声：

```
x = Gnoisegen(x,20);
```

得到的结果就完全不同了，仔细分析能量、过零率所得的结果如图 6-2-1 所示。

从图 6-2-1 中可看出，短时平均过零率再也不是图 6-1-1 所示的那样：在语音的声母和韵母处都有较大的过零率，在静音区有较小的过零率。现在情况相反，在无话段的噪声处有较大的过零率，比声母、韵母段都要大。这实际上是很容易理解的，在高斯随机噪声中同样包含有丰富的高频成分，它的过零率显然是高的，要比韵母段高很多，所以如图 6-2-1 所示，在

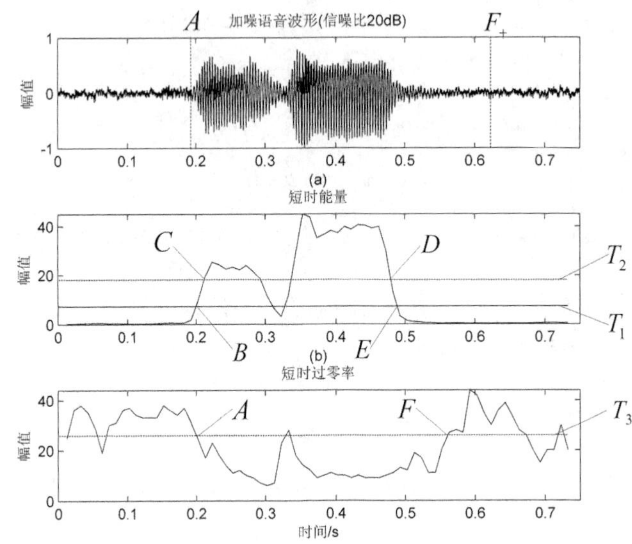

图 6-2-1　带噪语音利用能量和过零率进行双门限端点的检测

韵母的部分过零率成一个凹形的区域;而噪声的过零率与声母比,有时会大于声母的过零率,有时会小于,这和噪声的短时特性有关。所以,如果还按 6.1 节所述的方法来检测语音的端点,就有可能把整个噪音区域都作为语音的声母被选中,而韵母部分有可能反被选为无话段,造成错误判断。因此,当有中等和较小的信噪比时,就不适合调用 vad_ezm1 函数来进行语音的端点检测。本节介绍修改后的 vad_ezr 函数。

vad_ezr 函数实际上总的流程非常类似于 vad_ezm1 函数,只是做了几点修改,所以在这里不列出它的程序清单和流程图。该函数能在源程序中找到,这里只说明它的修改之处:

① 在图 6-1-1 中有话段是在 A 与 F 之间,这区间的过零率大于 T_3;但从图 6-2-1 中的过零点图中可看到噪声区的过零率都比较大,所以对有话段不是寻找过零率大于 T_3 的区间,而是要寻找过零率小于 T_3 的区间,所以在函数中把原 zcr>zcr2 改为 zcr<zcr2。

② 在 vad_ezm1 函数中对 zcr2(T3)的设定也作了修改,vad_ezm1 函数中为:

```
zcrth = mean(zcr(1:NIS));   zcr2 = 2 * zcrth;
```

而在 vad_ezr 函数中就得改为:

```
zcrth = mean(zcr(1:NIS));   zcr2 = 0.8 * zcrth;
```

例 6-2-1(pr6_2_1.m)　同例 6-1-1,把 bluesky1.wav(男声:"蓝天,白云,碧绿的大海")数据叠加信噪比为 20dB 的高斯随机噪声,调用 vad_ezr 函数进行端点检测。

程序清单也不在这里列出了,在源程序中能找到,它类同于例 6-1-1,只是增加了

```
x = Gnoisegen(x,20);
```

并在调用 vad_ezm1 函数处改为

```
[voiceseg,vsl,SF,NF] = vad_ezr(x,wlen,inc,NIS);                % 端点检测
```

运行 pr6_2_1,对 bluesky1.wav 数据端点检测的结果如图 6-2-2 所示。其中,图 6-2-2(a)是纯语音;图 6-2-2(b)是带噪语音(信噪比为 20dB)。检测出端点后标记在图 6-2-2(a)中,图中的实线表示有话段的开始,虚线表示有话段的结束。

从图 6-2-2 看到,检测到的端点与图 6-1-3 检测的结果是一致的。

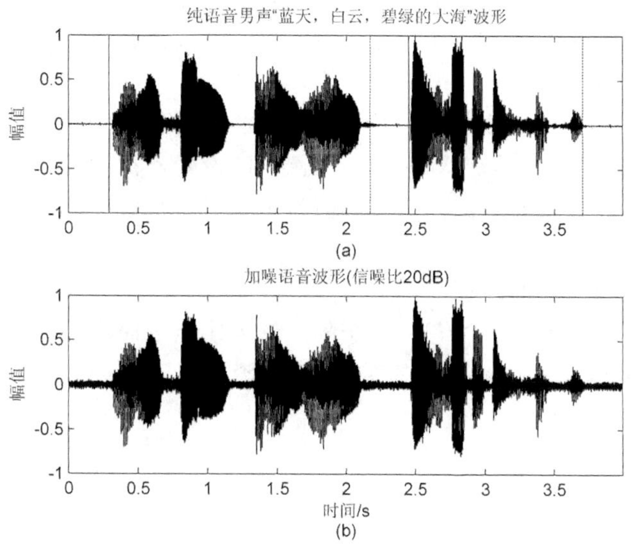

图 6-2-2 信噪比为 20dB 时调用 vad_ezm1 函数端点检测的结果

6.2.2 平滑处理

1. 低信噪比时出现的问题

从图 6-2-2 来看，似乎用了 vad_ezr 函数就能对带噪语音进行正确的端点检测，实际上并不如此简单。由于信噪比的情况不一样，噪声的种类又不相同，所以在现实情形中端点检测是一个十分复杂的问题，这里主要讨论高斯白噪声。先看一个例子：还是用男声"蓝天，白云，碧绿的大海"的数据，把信噪比降低到 5dB，调用 vad_ezr 函数所得的结果如图 6-2-3 所示。

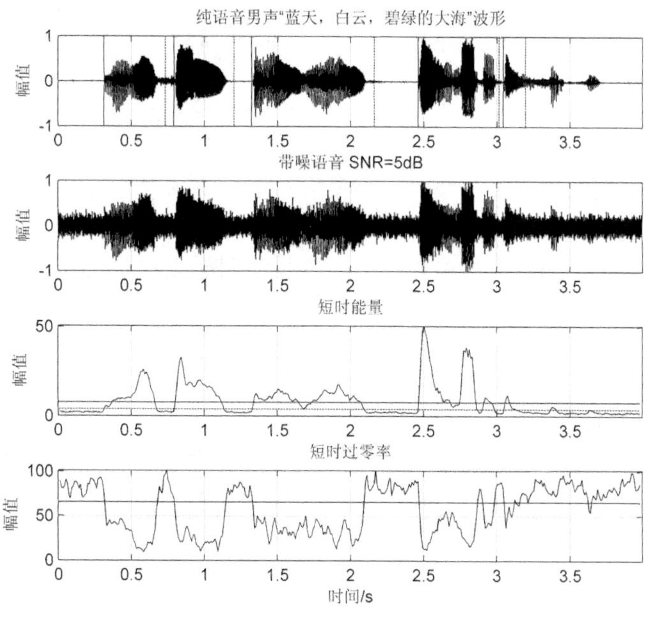

图 6-2-3 信噪比为 5dB 时端点检测的结果

从图6-2-3可看到,同样调用了vad_ezr函数,在信噪比为5dB时端点检测的结果中把“海”这个字没有检测出来,如果用这个结果去进行进一步的语音处理,将会缺少“海”字,使语音不完整。

没有把“海”字检测出来,其中的原因是“海”字的能量比较小,又由于信噪比较小时,能量曲线和过零率曲线在无话区内的起伏都较大,故阈值的设置不能太低(否则会引起误判)。为了减少能量曲线和过零率曲线在无话区内的起伏,可以通过平滑曲线来完成。下面介绍中值滤波的平滑法。

2. 平滑处理对端点检测的改善

在上面已看到在低信噪比的情形下,由于噪声较大使能量曲线和过零率曲线在无话区内的起伏较大,所以要对能量曲线和过零率曲线进行平滑处理。在vad_ezr函数中用amp和zcr分别表示能量曲线和过零率曲线,则

```
zcrm = multimidfilter(zcr,m);
ampm = multimidfilter(amp,m);
```

而阈值的设置是:

```
ampth = mean(ampm(1:NIS));
zcrth = mean(zcrm(1:NIS));
amp2 = 1.2 * ampth; amp1 = 1.5 * ampth;
zcr2 = 0.8 * zcrth;
```

调用的multimidfilter函数是一个多次中值滤波的函数。

中值平滑处理的基本原理如下:

设$x(n)$为输入信号,$y(n)$为中值滤波器的输出。采用一滑动窗,$x(n)$在n_0处的输出值为$y(n_0)$,就是把滑动窗的中心移到n_0处,$y(n_0)$是取窗内输入样点的中值。详细说,在n_0点的左右各取L个样点连同在n_0处的样点,共有$(2L+1)$个样值,把这$(2L+1)$个样值按大小次序排列,取此列序中的中间值作为平滑器的输出。L值一般取为1或2,即中值平滑的“窗口”一般套住3或5个样值,称为3点或5点中值平滑。中值平滑的优点是既可以有效地去除少量的野点,又不会破坏数据在两个平滑段之间的阶跃性变化。MATLAB的中值滤波函数:

(1) medfilt1函数

功能:对输入序列进行中值滤波。

调用格式:y = medfilt1(x,k)

说明:x为输入序列;k是窗长,即套住的样点数,一般取3或5。y是中值滤波后的输出序列。

但有时一次中值滤波后的数据还不够平滑,往往要做多次,而multimidfilter函数就可完成这样的功能。

(2) multimidfilter函数

功能:多次调用medfilt1函数。

调用格式:y = multimidfilter(x,m)

说明:x是输入序列;m是多次调用medfilt1函数的次数,在调用medfilt1函数时都是用5阶。

程序清单如下:

```
function y = multimidfilter(x,m)
a = x;
for k = 1 : m
    b = medfilt1(a, 5);
    a = b;
end
y = b;
```

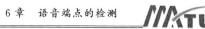

这样平滑处理以后再用信噪比为 5 dB 的“蓝天，白云，碧绿的大海”数据进行端点检测，得到的结果如图 6-2-4 所示。

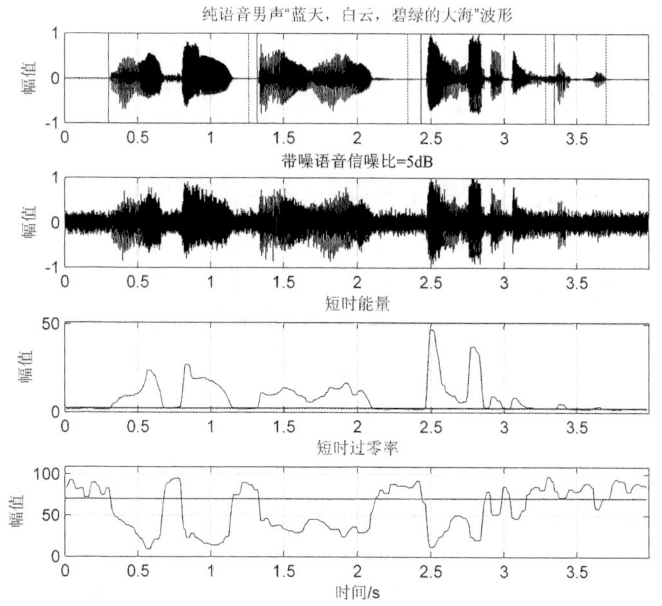

图 6-2-4　信噪比为 5 dB 时平滑处理后端点检测的结果

从图中可以明显看到能把“海”字检测出来了。同时在 vad_ezr 基础上构成带有平滑处理的函数 vad_ezrm，在源程序中能找到该文件，这里不列出清单。

6.2.3　双参数的双门限检测法

以上介绍的双门限法是应用能量和过零率检测端点，而实际上双门限法不限于使用能量和过零率，还可以用于许多其他参数的端点检测。该方法是一个很通用的方法，所以本小节和 6.2.4 小节设法把双门限法推广成一种通用的方法，以适用于其他参数的使用。本小节介绍双参数的问题，而 6.2.4 小节介绍单参数的问题。

在 6.1 节介绍的用能量和过零率检测端点的双门限法，实际上就是一个双参数的双门限检测法，它涉及能量和过零率两个参数，同时给出三个（或四个）门限值 T_1，T_2，T_3（T_4）。其中，有一个参数是 dst1；另一个参数是 dst2。下面用 6.1 节介绍的二级判决法进一步说明。

1. 第一级判决

① 根据在第一个参数 dst1 上选取的一个较高阈值（门限）T_2（或在第二个参数 dst2 上选取的一个较高阈值（门限）T_4），进行一次粗判，就是高于该 T_2（或 T_4）阈值的肯定是语音。

② 在第一个参数 dst1 上确定一个较低的阈值（门限）T_1，从①中的交汇点向两旁扩展搜索，分别找到 dst1 与阈值 T_1 相交的两个点，粗判定为语音段的起止点位置。

2. 第二级判决

以 dst2 为准，从第一级判断得到的起止点位置向两端扩展搜索，找到 dst2 与某个阈值（门限）T_3 相交的两点，这便是语音段的起止点。

按照这样的思路编制出相应的函数：

(1) vad_param2D

功能：按照 dst1 和 dst2 两个参数提取语音端点的位置。

调用格式:[voiceseg,vsl,SF,NF] = vad_param2D(dst1,dst2,T1,T2,T3,T4)

说明:

① dst1 和 dst2 可以是上述的能量和过零率,也可以是其他参数,如谱熵、自相关函数等,在以后的讨论中将给出本函数的用途。

② dst1 的两个阈值 T1 和 T2,dst2 的一个或两个阈值 T3(和 T4)都是在调用该函数之前先计算出来,不同于 vad_ezm1 和 vad_ezr,这些阈值可取于 dst1 和 dst2 原始数据上的数值,也可以取经过平滑处理的数值。

③ 对 dst2 可只带一个阈值(在函数调用时只写 T3,不写 T4),也可带两个阈值,在函数中会自动地判断是否带有 T4,只有带了 T4 以后才会用 T4 进行判断。

该函数的主要部分和 vad_ezm1 差不多,所以不在这里列出清单,在源程序中能找 vad_param2D。

在 vad_param2D 函数中判断是否为端点,主要是搜索 dst1 是否大于 T_1(或 T_2),以及 dst2 是否大于 T_3(或 T_4),这和 vad_ezm1 相类似。但有些时候对 dst2 的判断是要它小于 T_3(或 T_4),就类同于 vad_ezr 中的情形,即以 dst2 小于 T_4 便认为肯定是语音,而又用 dst2 小于 T_3 来搜索语音的端点。因为比较是进行小于运算,而不是进行大于运算,所以称为反向比较。相应的函数为 vad_param2D_revr。

(2) vad_param2D_revr

功能:用两个参数 dst1 和 dst2 提取语音端点的位置,dst2 是反向比较。

调用格式:[voiceseg,vsl,SF,NF] = vad_param2D_revr (dst1,dst2,T1,T2,T3,T4)

说明:

① 函数中按 dst2 小于 T_4 便认为肯定是语音,又用 dst2 小于 T_3 来搜索语音的端点。

② dst2 可带一个阈值,也可带两个阈值,函数只有观察到设置了 T4 后才会用 T4 进行判断。

函数 vad_param2D_revr 清单不在这里列出,同样可在源程序中找到。

例 6-2-2(pr6_2_2) 同 6.2.2 小节中描述的那样,用 bluesky1.wav 数据,叠加噪声使信噪比为 10dB,用能量和过零率这两个参数,调用 vad_param2D_revr 函数检测端点。

程序清单如下:

```
% pr6_2_2
clear all; clc; close all;

filedir = [];                                   % 指定文件路径
filename = 'bluesky1.wav';                      % 指定文件名
fle = [filedir filename]                        % 构成路径和文件名的字符串
[xx,fs] = wavread(fle);                         % 读入数据文件
xx = xx/max(abs(xx));                           % 幅度归一化
N = length(xx);
time = (0:N-1)/fs;                              % 计算时间刻度
SNR = 10;                                       % 信噪比
x = Gnoisegen(xx,SNR);                          % 把白噪声叠加到信号上

wlen = 200; inc = 80;                           % 设置帧长和帧移
IS = 0.25; overlap = wlen - inc;                % 设置前导无话段长度
NIS = fix((IS * fs - wlen)/inc + 1);            % 计算前导无话段帧数
y = enframe(x,wlen,inc)';                       % 分帧
fn = size(y,2);                                 % 帧数
amp = sum(y.^2);                                % 求取短时平均能量
zcr = zc2(y,fn);                                % 计算短时平均过零率
ampm  = multimidfilter(amp,5);                  % 中值滤波平滑处理
zcrm  = multimidfilter(zcr,5);
ampth = mean(ampm(1:NIS));                      % 设置能量和过零率的阈值
zcrth = mean(zcrm(1:NIS));
amp2 = 1.1 * ampth; amp1 = 1.3 * ampth;
```

```
zcr2 = 0.9 * zcrth;

frameTime = frame2time(fn, wlen, inc, fs);   % 计算各帧对应的时间
[voiceseg,vsl,SF,NF] = vad_param2D_revr(ampm,zcrm,amp2,amp1,zcr2);   % 端点检测
% 作图
subplot 211; plot(time,xx,'k');
title('纯语音男声"蓝天,白云,碧绿的大海"波形');
ylabel('幅值'); axis([0 max(time) -1 1]);
for k = 1 : vsl
    nx1 = voiceseg(k).begin; nx2 = voiceseg(k).end;
    fprintf('%4d    %4d    %4d\n',k,nx1,nx2);
    line([frameTime(nx1) frameTime(nx1)],[-1.5 1.5],'color','k','LineStyle','-');
    line([frameTime(nx2) frameTime(nx2)],[-1.5 1.5],'color','k','LineStyle','--');
end
subplot 212; plot(time,x,'k');
title(['加噪语音波形(信噪比' num2str(SNR) 'dB)']);
ylabel('幅值'); axis([0 max(time) -1 1]);
xlabel('时间/s');
```

运行程序后的结果如图 6-2-5 所示。

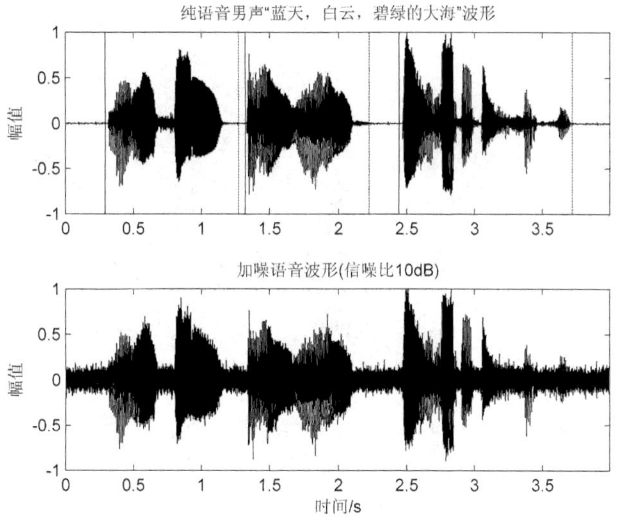

图 6-2-5　调用 vad_param2D_revr 函数检测端点的结果

6.2.4　单参数的双门限检测法

在端点检测中常常只有一个参数，例如单独使用能量，然后用双门限判决来提取端点。单参数双门限检测同双参数双门限检测的 vad_param2D 函数和 vad_param2D_revr 函数一样，有 vad_param1D 函数和 vad_param1D_revr 函数，所不同的就是只用一个 dst1 参数。

(1) vad_param1D

功能：按一个参数 dst1 提取语音端点的位置。

调用格式：[voiceseg,vsl,SF,NF] = vad_param1D(dst1, T1,T2)

说明：

① 对 dst1 设有两个阈值 T1 和 T2，当 dst1 高于该 T2 阈值时便肯定是语音，再从 dst1 在什么时候起高于或低于 T1 来判决语音信号的端点。

② T1 和 T2 可以取于 dst1 原始数据上的数值，也可以取经过平滑处理后的数值。

(2) vad_param1D_revr

功能:按一个参数 dst1 提取语音端点的位置,但是参数是反向比较。

调用格式:[voiceseg,vsl,SF,NF] = vad_param1D_revr(dst1,,T1,T2)

说明:同 vad_param1D 函数有所差别,在 vad_param1D 中是寻找 dst1 高于 T1 和 T2 的位置,然后判决为端点;而在本函数中是寻找 dst1 低于 T1 和 T2 的位置,进一步判决为端点。所以称它为单参数双门限反向检测。

这两个函数的程序清单不在这里列出,它们都能在源程序中找到。

例 6-2-3(pr6_2_3) 用 bluesky1.wav 数据,不叠加噪声,用能量一个参数,调用 vad_param1D 函数检测端点。

程序清单如下:

```
% pr6_2_3
clear all; clc; close all;
filedir = [];                                  % 指定文件路径
filename = 'bluesky1.wav';                     % 指定文件名
fle = [filedir filename]                       % 构成路径和文件名的字符串
[xx,fs] = wavread(fle);                        % 读入数据文件
x = xx/max(abs(xx));                           % 幅度归一化
N = length(xx);
time = (0:N-1)/fs;                             % 计算时间刻度
wlen = 200; inc = 80;                          % 设置帧长和帧移
IS = 0.25; overlap = wlen - inc;               % 设置前导无话段长度
NIS = fix((IS * fs - wlen)/inc + 1);           % 计算前导无话段帧数
y = enframe(x,wlen,inc)';                      % 分帧
etemp = sum(y.^2);                             % 求取短时平均能量
etemp = etemp/max(etemp);                      % 能量幅值归一化
fn = size(y,2);                                % 帧数
T1 = 0.002;                                    % 设置阈值
T2 = 0.01;
frameTime = frame2time(fn, wlen, inc, fs);     % 计算各帧对应的时间
[voiceseg,vsl,SF,NF] = vad_param1D(etemp,T1,T2);   % 用一个参数端点检测
% 作图
subplot 211; plot(time,x,'k'); hold on
title('纯语音男声“蓝天,白云,碧绿的大海”波形');
ylabel('幅值'); axis([0 max(time) -1 1]);
for k = 1 : vsl
    nx1 = voiceseg(k).begin; nx2 = voiceseg(k).end;
    fprintf('%4d    %4d    %4d\n',k,nx1,nx2);
    line([frameTime(nx1) frameTime(nx1)],[-1 1],'color','k','LineStyle','-');
    line([frameTime(nx2) frameTime(nx2)],[-1 1],'color','k','LineStyle','--');
end
subplot 212; plot(frameTime,etemp,'k');
title('语音短时能量图');
ylabel('幅值'); axis([0 max(time) 0 1]);
xlabel('时间/s');
line([0 max(time)],[T1 T1],'color','k','LineStyle','-');
line([0 max(time)],[T2 T2],'color','k','LineStyle','--');
```

运行程序 pr6_2_3 后得到如图 6-2-6 所示的图形,其结果与 pr6_2_2 的结果相同。

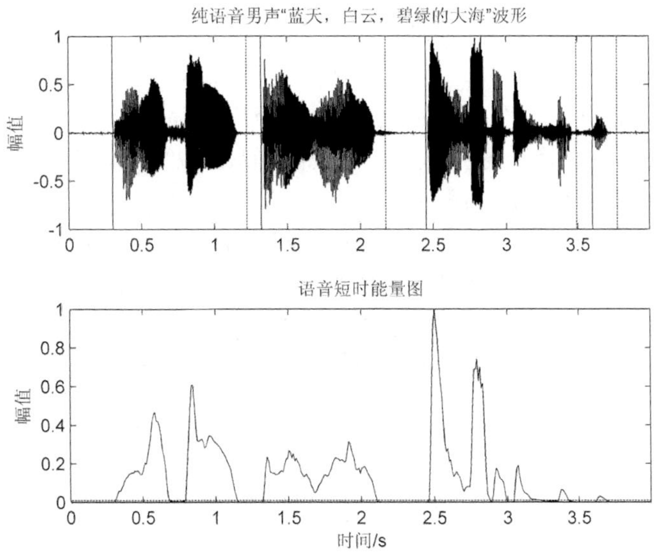

图 6-2-6　调用 vad_param1D 函数用能量检测端点的结果

6.3 相关法的端点检测

在第 2 章的短时特性中已介绍过短时自相关函数：语音信号 $x(n)$ 分帧后有 $x_i(m)$，下标 i 表示为第 i 帧（$i=1,2,\cdots,M$），M 为总帧数。每帧数据的短时自相关函数定义为

$$R_i(k)=\sum_{m=1}^{L-k} x_i(m)x_i(m+k) \tag{6-3-1}$$

式中，L 为语音分帧后每帧的长度；k 为延迟量。

可看一下语音的自相关函数和噪声的自相关函数：图 6-3-1 给出了一帧噪声的波形和相对应的自相关函数；图 6-3-2 给出了一帧带噪语音信号的波形和相对应的自相关函数。从图中可以看出，它们的相关函数中存在极大的差别，可利用这种差别来提取语音的端点。

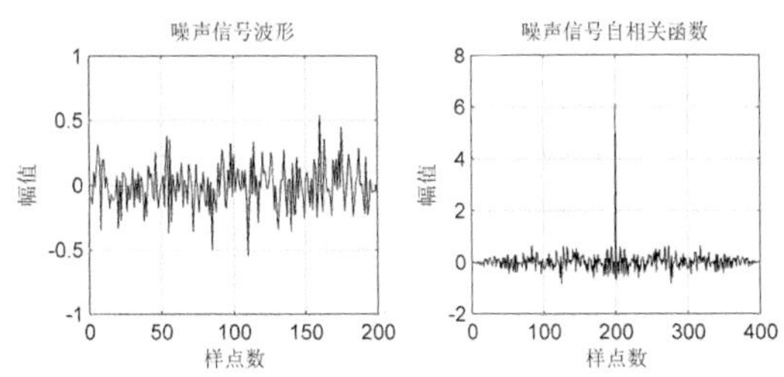

图 6-3-1　噪声的波形和相对应的自相关函数

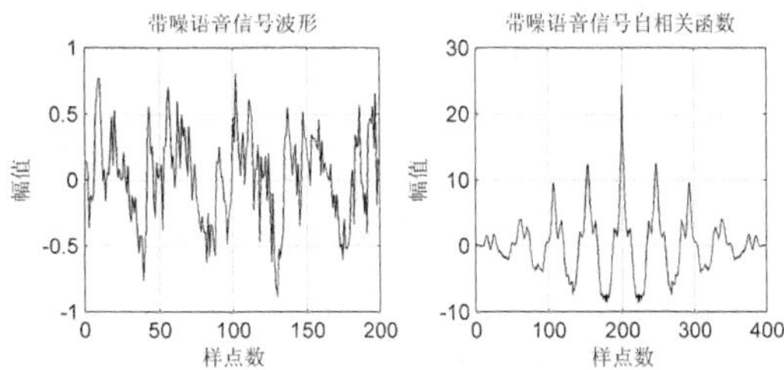

图 6-3-2　带噪语音信号的波形和相对应的自相关函数

6.3.1 自/互相关函数最大值的端点检测

式(6-3-1)给出了分帧语音信号的自相关函数，如果在相邻两帧之间计算相关函数，便是互相关函数，其表达式为

$$R_i(k)=\sum_{m=1}^{L-k}x_{i-1}(m)x_i(m+k) \tag{6-3-2}$$

式中，$i=2,3,\cdots,M$，M 为总帧数。

因为语音信号是准稳态信号，它的变化较缓慢，所以相邻两帧之间的互相关函数的结果，与图 6-3-1 和图 6-3-2 所示的自相关结果十分相似，所以也可以把图 6-3-1 和图 6-3-2 看做噪声帧和有话帧互相关函数的结果。

从图 6-3-1 和图 6-3-2 中看到，它们的波形大小是差不多的，而自(互)相关函数最大值的大小相差比较多，所以就可利用这一特点来判断是有话帧还是噪声帧。根据噪声的情况，设置两个阈值 T_1 和 T_2，当相关函数最大值大于 T_2 时，便判定为是语音；当相关函数最大值大于或小于 T_1 时，则判定为语音信号的端点。这样就能在设置阈值以后用双门限方法来进行判决。

例 6-3-1(pr6_3_1) 读入 bluesky1.wav 数据(内容为“蓝天，白云，碧绿的大海”)，用自相关函数最大值的方法进行端点检测。

程序清单如下：

```
% pr6_3_1
clear all; clc; close all;

run Set_I                                          %基本设置
run PART_I                                         %读入数据,分帧等准备

for k = 2 : fn                                     %计算自相关函数
    u = y(:,k);
    ru = xcorr(u);
    Ru(k) = max(ru);
end
Rum = multimidfilter(Ru,10);                       %平滑处理
Rum = Rum/max(Rum);                                %归一化
thredth = max(Rum(1:NIS));                         %计算阈值
T1 = 1.1 * thredth;
T2 = 1.3 * thredth;
[voiceseg,vsl,SF,NF] = vad_param1D(Rum,T1,T2);   %自相关函数的端点检测
%作图
subplot 311; plot(time,x,'k');
title('纯语音波形');
ylabel('幅值'); axis([0 max(time) -1 1]);
subplot 312; plot(time,signal,'k');
title(['加噪语音波形(信噪比' num2str(SNR) 'dB)']);
ylabel('幅值'); axis([0 max(time) -1 1]);
subplot 313; plot(frameTime,Rum,'k');
title('短时自相关函数'); axis([0 max(time) 0 1.2]);
xlabel('时间/s'); ylabel('幅值');
line([0,frameTime(fn)], [T1 T1], 'color','k','LineStyle','--');
line([0,frameTime(fn)], [T2 T2], 'color','k','LineStyle','-');
for k = 1 : vsl                                    %标出语音端点
    nx1 = voiceseg(k).begin; nx2 = voiceseg(k).end;
    fprintf('%4d    %4d    %4d\n',k,nx1,nx2);
    subplot 311;
    line([frameTime(nx1) frameTime(nx1)],[-1 1],'color','k','LineStyle','-');
    line([frameTime(nx2) frameTime(nx2)],[-1 1],'color','k','LineStyle','--');
end
```

说明：

① 其中有 Set_I 和 PART_I 两段程序块用命令 run 运行。因为有一些语句在以后许多程

序中都会用到,所以写成程序块。

PART_I 的清单为:

```
% PART_I
[xx,fs] = wavread(fle);                          % 读入数据
xx = xx - mean(xx);                              % 消除直流分量
x = xx/max(abs(xx));                             % 幅值归一化
N = length(x);
time = (0:N-1)/fs;                               % 设置时间
signal = Gnoisegen(x,SNR);                       % 叠加噪声
wnd = hamming(wlen);                             % 设置窗函数
overlap = wlen - inc;                            % 求重叠区长度
NIS = fix((IS * fs - wlen)/inc +1);              % 求前导无话段帧数
y = enframe(signal,wnd,inc)';                    % 分帧
fn = size(y,2);                                  % 求帧数
frameTime = frame2time(fn, wlen, inc, fs);       % 计算各帧对应的时间
```

它包括读入数据文件、叠加噪声、分帧和求出 NIS 等。

Set_I 的清单为:

```
% Set_I
IS = 0.25;                                       % 设置前导无话段长度
wlen = 200                                       % 设置帧长为 25 ms
inc = 80;                                        % 求帧移
filedir = [];                                    % 设置文件路径
filename = 'bluesky1.wav';                       % 设置文件名称
fle = [filedir filename]                         % 设置文件路径和名称
SNR = 10;                                        % 设置信噪比
```

它主要是设置帧长、帧移、前导无话段长度、数据文件的路径和信噪比。

Set_I 中的参数在不同的情况下可能会有所改变。本书中大部分的数据文件都是采用 8 kHz 采样率,所以帧长为 25 ms,即为 200 个样点,帧移为 10 ms,80 个样点。但当选用不同的数据文件时,采样率不一样,就可能使帧长和帧移选用不同的数值,此时只要改变 Set_I 文件就可以了。如果个别参数要改变,在执行 run Set_I 后用语句还可以改变,例如信噪比要改变,可再写一个 SNR=xx,然后再执行 run Part_I。

② 参数应包括数据文件的路径和文件名。在语音信号处理中往往数据文件和程序不在同一个子目录中,甚至不在同一个盘区内,这时就要设置文件的路径。例如:

```
filedir = 'D:\DATA\ ';                           % 设置文件的路径
filename = 'file1.wav';                          % 设置文件的名称
fle = [filedir filename];                        % 构成完整的读取数据文件的链接
```

当然,如果数据文件就在本子目录之下,或已在 MATLAB 中为数据文件设置了路径(path),则只要按 Set_I 进行设置就可以了:

```
fle = 'bluesky1.wav';                            % 设置文件路径和名称
```

③ 在本程序中求出自相关函数 Ru 后,进行了平滑处理,在此基础上设置了阈值 T1 和 T2(T1=1.1 * thredth,T2=1.3 * thredth),再调用单参数双门限判决的 vad_param1D 函数进行端点检测。

本例中设置的信噪比为 10 dB,运行后将得到如图 6-3-3 所示的结果。其中垂直实线表示一个语段的起始端,垂直虚线表示结束端。

例 6-3-2(pr6_3_2) 读入 bluesky1.wav 数据(内容为"蓝天,白云,碧绿的大海"),用互相关函数最大值方法进行端点检测。

程序清单如下:

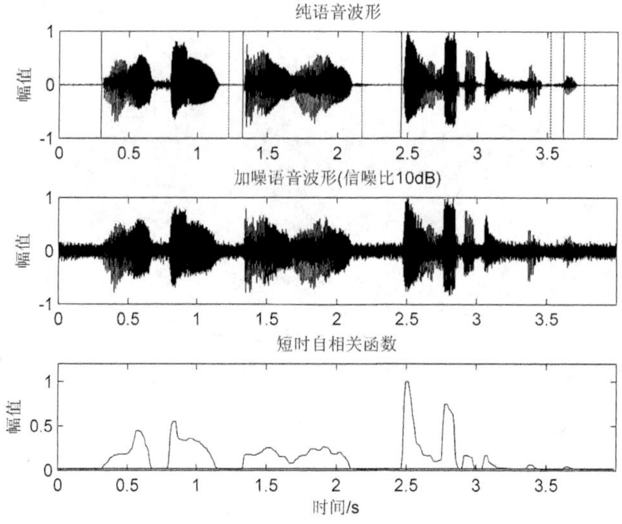

图 6-3-3 bluesky1 数据信噪比为 10 dB 时用自相关法端点检测的结果

```
% pr6_3_2
clear all; clc; close all;
run Set_I
run PART_I
for k = 2 : fn                                    % 计算互相关函数
    u1 = y(:,k-1);
    u2 = y(:,k);
    ru = xcorr(u1,u2);
    Ru(k) = max(ru);
end
Rum = multimidfilter(Ru,10);                      % 平滑处理
Rum = Rum/max(Rum);                               % 归一化
thredth = max(Rum(2:NIS));                        % 计算阈值
T1 = 1.1 * thredth;
T2 = 1.3 * thredth;
[voiceseg,vsl,SF,NF] = vad_param1D(Rum,T1,T2);   % 互相关函数的端点检测
```

说明:

① 作图部分的程序同例 6-3-1,这里省略。

② PART_I 和 Set_I 参看例 6-3-1 的说明和清单。

运行 pr6_3_2 后得到如图 6-3-4 所示的结果。在纯语音波形图中,垂直实线表示一个有话段的起始位置;垂直虚线表示有话段的结束位置。

6.3.2 归一化自相关函数的端点检测

在 6.3.1 小节中用自(互)相关函数的最大值检测端点,而实际上每帧数据相关函数最大值的大小是受该帧信号能量影响的。为了避免语音端点检测过程中绝对能量带来的影响,把自相关函数进行归一化处理[2]。一帧信号的自相关函数为

$$R_i(k)=\sum_{m=1}^{L-k}x_i(m)x_i(m+k)$$

用 $R_i(0)$ 进行归一化(在一帧的自相关函数中总是 $R_i(0)$ 为最大),得

$$R_i^n(k)=R_i(k)/R_i(0) \qquad (6-3-3)$$

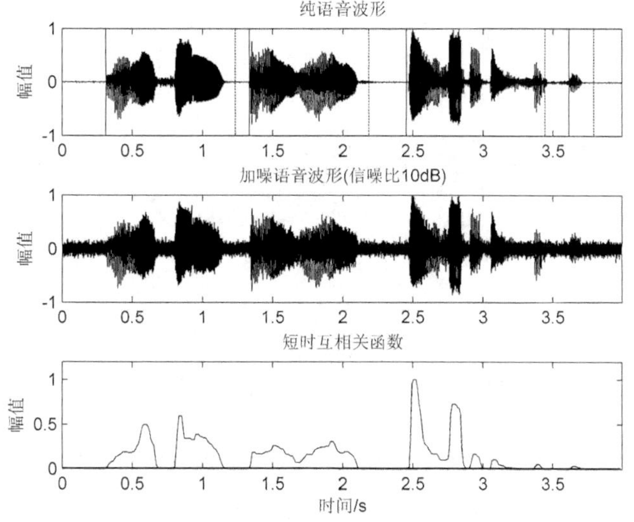

图 6-3-4　bluesky1 数据信噪比为 10 dB 时用互相关法端点检测的结果

归一化以后，无论是噪声帧，还是有话帧，自相关函数的最大幅值都为 1，如图 6-3-5 和图 6-3-6 所示。把自相关函数通过一个低通滤波器来提取语音端点的信息。低通滤波器的要求是[2]：截止频率为 300 Hz，在 600 Hz 处衰减 20 dB。按第 5 章的介绍，能很容易地设计出相应的数字滤波器：

```
[n,Wn] = buttord(300/(fs/2),600/(fs/2),3,20)
[bs,as] = butter(n,Wn);
```

它的频率响应曲线如图 6-3-7 所示。

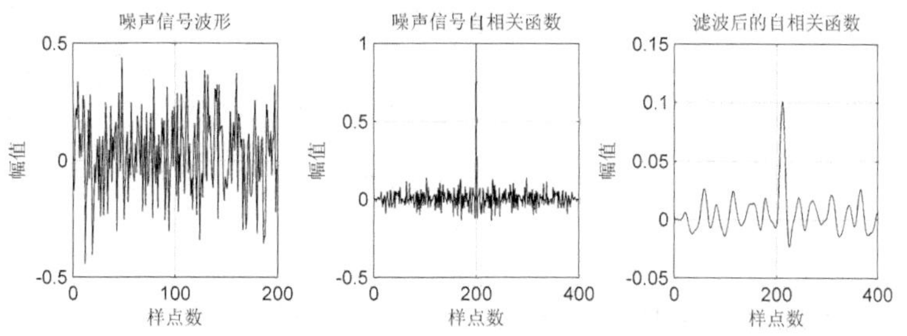

图 6-3-5　噪声帧的归一化自相关函数和滤波后的波形图

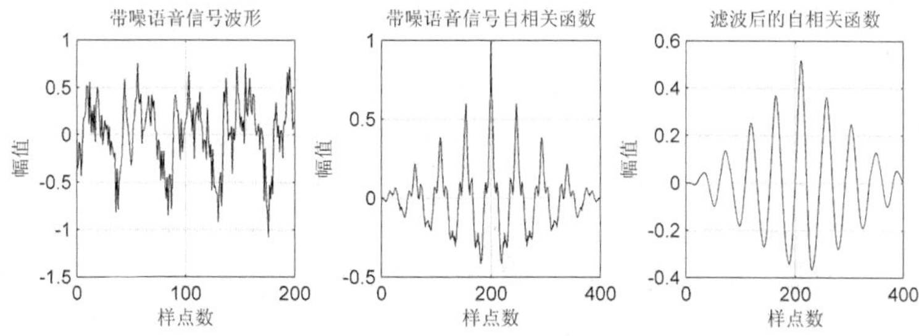

图 6-3-6　有话帧的归一化自相关函数和滤波后的波形图

噪声帧和有话帧自相关函数通过低通滤波器后的波形也显示在图 6-3-5 和图 6-3-6 上，从图中可以看出滤波后波形最大值在噪声帧和有话帧之间依然有很大的差别，利用该特点可以进行端点检测。

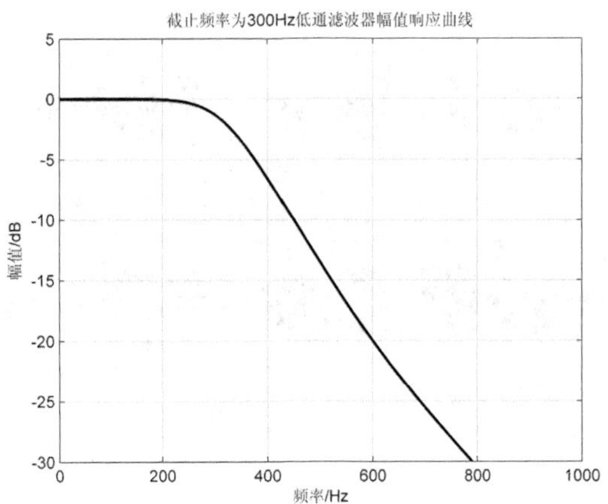

图 6-3-7 截止频率为 300 Hz 低通滤波器的幅值响应曲线图

例 6-3-3(pr6_3_3) 读入 bluesky1.wav 数据(内容为"蓝天,白云,碧绿的大海"),用归一化自相关函数检测端点。

程序清单如下:

```
% pr6_3_3
clear all; clc; close all;

run Set_I                                            % 基本设置
run PART_I                                           % 读入数据,分帧等准备
[n,Wn] = buttord(300/(fs/2),600/(fs/2),3,20);        % 计算滤波器阶数和带宽
[bs,as] = butter(n,Wn);                              % 求取数字滤波器系数
for k = 1 : fn
    u = y(:,k);                                      % 取一帧数据
    ru = xcorr(u);                                   % 计算自相关函数
    rnu = ru/max(ru);                                % 归一化
    rpu = filter(bs,as,rnu);                         % 数字滤波
    Ru(k) = max(rpu);                                % 寻找最大值
end
Rum = multimidfilter(Ru,10);                         % 平滑处理
thredth = max(Rum(1:NIS));                           % 设置阈值
T1 = 1.2 * thredth;
T2 = 1.5 * thredth;
[voiceseg,vsl,SF,NF] = vad_param1D(Rum,T1,T2);      % 单参数双门限端点检测
```

说明:

① 作图部分的程序同例 6-3-1,这里省略。

② PART_I 和 Set_I 参看例 6-3-1 的说明和清单。

运行 pr6_3_3 程序得到的结果如图 6-3-8 所示。从图中可以看到,端点检测在语音"蓝天,白云,碧绿的大海"中,把"海"(hai)这一字的 ha 部分没有完全检出,但根据笔者的经验,有时会被检出。

6.3.3 自相关函数主副峰比值的端点检测[3]

噪声帧和有话帧的自相关函数是不同的,图 6-3-9 给出了噪声帧和有话帧短时自相关函数的曲线图,其中最大峰值都作了归一化处理。

定义主峰和第一个副峰(或最大副峰)的比值:

$$C_a = \frac{R(0)}{R_m} \tag{6-3-4}$$

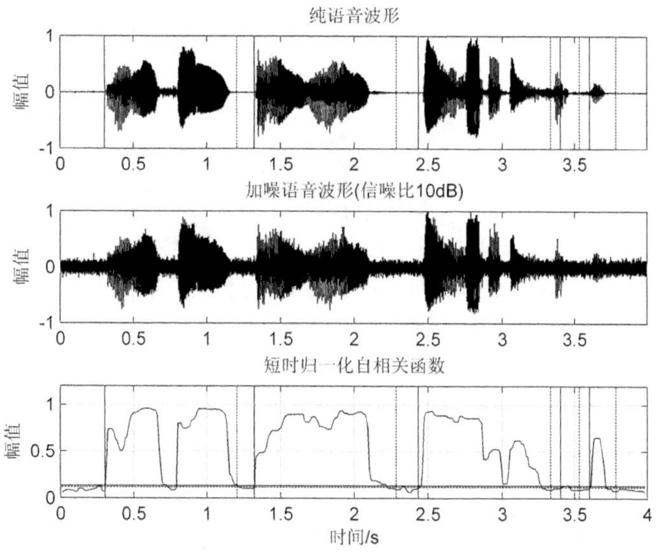

图 6-3-8　带噪语音按归一化自相关函数端点检测的结果

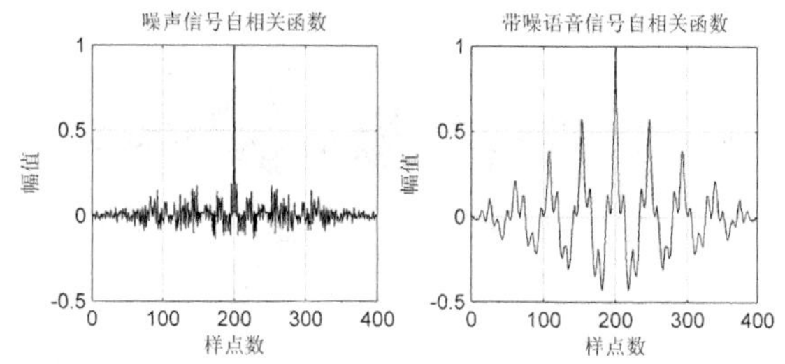

图 6-3-9　噪声帧和有话帧短时自相关函数的曲线图

式中，$R(0)$为主峰值；R_m 为第一个（或最大）副峰值。

从图 6-3-9 中可以看到在噪声帧中最大的副峰值在 0.1 左右，主峰归 1，所以噪声帧的 C_a 值为 10 左右；而在有话帧中第一个副峰值在 0.5 左右，主峰归 1，所以它的 C_a 值为 2 左右。从中可以看到，噪声帧和有话帧之间主副峰的比值有很大的差距，可利用这个特性来提取端点。

由于基音频率在 60～450 Hz 之间，当采样频率为 8 kHz 时，在相关函数中第一副峰的位置在 17～133 个样点之间，所以应在这个区间中寻找最大的副峰值 R_m。在计算中自相关函数的幅值不一定要归一化。图 6-3-9 为了说明方便，故用了归一化的数值，实际比值是一样的。

例 6-3-4(pr6_3_4)　读入 bluesky1.wav 数据（内容为"蓝天，白云，碧绿的大海"），用自相关函数主副峰比值法进行端点检测。

程序清单如下：

```
% pr6_3_4
clear all; clc; close all;

run Set_I                                  % 基本设置
run PART_I                                 % 读入数据，分帧等准备

for k = 1 : fn
    u = y(:,k);                            % 取一帧数据
```

```
    ru = xcorr(u);                                    % 计算自相关函数
    ru0 = ru(wlen);                                   % 取主峰值
    ru1 = max(ru(wlen + 17:wlen + 133));              % 取第一个副峰值
    R1(k) = ru0/ru1;                                  % 计算主副峰比值
end
Rum = multimidfilter(R1,20);                          % 平滑处理
Rum = Rum/max(Rum);                                   % 数值归一化
alphath = mean(Rum(1:NIS));                           % 设置阈值
T1 = 0.95 * alphath;
T2 = 0.75 * alphath;
[voiceseg,vsl,SF,NF] = vad_param1D_revr(Rum,T1,T2);   % 单参数双门限反向端点检测
```

说明：

① 作图部分的程序同例 6-3-1，这里省略。

② PART_I 和 Set_I 参看例 6-3-1 的说明和清单。

用自相关函数主副峰比值法端点检测的结果如图 6-3-10 所示。

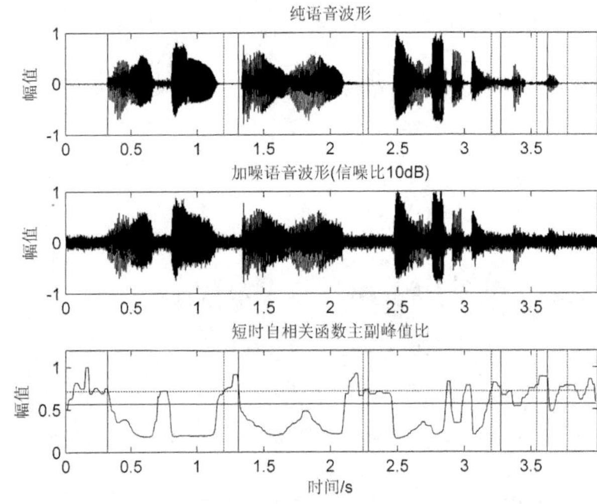

图 6-3-10 自相关函数主副峰比值法的端点检测结果

6.3.4 自相关函数余弦角值的端点检测[4]

用自相关夹角余弦值作为端点检测参数的原理如下。

设有两个语音信号，若它们具有相同的自相关函数(或具有一定比值)，则这两个语音信号的功率谱结构是相同(或相似)的，即这两个语音信号有很强的相似性。把一帧自相关函数序列看做高维空间中的一个矢量，则自相关夹角就是两个语音信号的自相关序列矢量的夹角，取其余弦值作为检测的特征参数。对于相似信号和不相似信号，余弦值将趋于不同的值。

把每帧语音信号看做高维空间中的一个矢量，每帧帧号的自相关函数值表示这个矢量的系数。这两个矢量的自相关夹角余弦定义为

$$\cos\alpha(i)=\frac{\sum_k R_w(k)R_y(i,k)}{\|R_w(k)\|\|R_y(i,k)\|} \tag{6-3-5}$$

取一段纯噪声作为参考信号 $x_1(n)=w(n)$。分帧后对每帧建立其自相关序列 $R_w(i,k)$。其中，w 表示噪声；i 表示帧的序列号(总共有 M 帧)；k 表示自相关函数中的延迟量。求

出所有的自相关函数序后，对其求平均

$$R_w(k)=\left(\sum_{i=1}^{M}R_w(i,k)\right)\Big/M \tag{6-3-6}$$

得到噪声模型的自相关函数值序列。

对于任意一帧语音信号来说(以下讨论中把帧号 i 省略了)，可看成两种状态：状态 1 和状态 2。状态 1 只有噪声 $y_1(n)=v(n)$，状态 2 为语音，$y_2(n)=s(n)+v(n)$。其中，$v(n)$ 为一帧噪声；$s(n)$ 为一帧语音信号。

当被测语音为状态 1 的语音信号时，$R_y(k)=R_v(k)$($R_y(k)$ 和 $R_v(k)$ 分别是 $y(n)$ 和 $v(n)$ 的短时自相关函数)，此时 $y_1(n)$ 和 $w(n)$ 这两个信号有很强的相似性，它们的功率谱相同或相似，所以有 $R_y(k)=pR_w(k)$，$\cos\alpha$ 趋于 1。当被测语音为状态 2 的语音信号时，有

$$R_y(k)=R_s(k)+R_v(k) \tag{6-3-7}$$

式中，$R_s(k)$ 是 $s(n)$ 的短时自相关函数

$$R_s(k)=R_{s0}(k)+hR_w(k) \tag{6-3-8}$$

$hR_w(k)$ 是语音中自带的噪声，$R_{s0}(k)$ 和 $R_w(k)$ 正交，$R_v(k)=pR_w(k)$

$$\sum_k R_{s0}^2(k)=\sum_k R_s^2(k)-h^2\sum_k R_w^2(k) \tag{6-3-9}$$

所以式(6-3-7)可表示为

$$R_y(k)=R_{s0}(k)+hR_w(k)+pR_w(k)$$

$$\cos\alpha=\frac{\sum_k R_w(k)R_y(k)}{\|R_w(k)\|\,\|R_y(k)\|}=\frac{1}{\sqrt{\dfrac{\sum_k R_s^2(k)}{p^2\sum_k R_v^2(k)}\cdot\dfrac{\left[1-h^2\sum_k R_w^2(k)\Big/\sum_k R_s^2(k)\right]}{(1+h/p)^2}+1}} \tag{6-3-10}$$

记作

$$\cos\alpha=\frac{1}{\sqrt{\mu\dfrac{(1-\beta)}{(1+h/p)^2}+1}} \tag{6-3-11}$$

其中

$$\mu=\frac{\sum_k R_s^2(k)}{p^2\sum_k R_v^2(k)},\quad \beta=\frac{h^2\sum_k R_w^2(k)}{\sum_k R_s^2(k)} \tag{6-3-12}$$

从式(6-3-11)可见，$\cos\alpha$ 取决于 μ、β 和 h/p 的值，其中第一个元素 μ 近似于信噪比的二次方，见式(6-3-12)中的第一式；第二个元素 β 取决于 $R_s(k)$ 和 $R_w(k)$ 的相似程度，见式(6-3-12)中的第二式；第三个元素取决于信号自身的噪声与噪声模型的近似程度，一段语音信号的 h/p 值基本趋于一个常数。所以，在信噪比一定的情况下，$\cos\alpha$ 取决于信号与噪声相似的程度 β。

对 β 来说，若被测信号是噪声，则相似度趋于 1，$\cos\alpha$ 向 1 趋近，被测语音与噪声模型相一致；若是语音信号，$\beta\ll 1$，$\cos\alpha$ 向 0 趋近。所以，可使用 $\cos\alpha$ 的值作为端点检测的参数。

例 6-3-5(pr6_3_5)　读入 blueskyl.wav 数据(内容为“蓝天，白云，碧绿的大海”)，用自相关函数余弦角值法进行端点检测。

程序清单如下：

```
% pr6_3_5
clear all; clc; close all;

run Set_I                                    % 基本设置
run PART_I                                   % 读入数据,分帧等准备

Rw = zeros(2 * wlen - 1,1);                  % Rw 初始化
for k = 1 : NIS                              % 按式(6-3-6)计算 Rw
    u = y(:,k);                              % 取一帧数据
    ru = xcorr(u);                           % 计算自相关函数
    Rw = Rw + ru;
end
Rw = Rw/NIS;
Rw2 = sum(Rw. * Rw);                         % 计算式(6-3-5)中分母内 Rw 的部分

for k = 1 : fn
    u = y(:,k);                              % 取一帧数据
    ru = xcorr(u);                           % 计算自相关函数
    Cm = sum(ru. * Rw);                      % 计算式(6-3-5)中分子部分
    Cru = sum(ru. * ru);                     % 计算式(6-3-5)中分母内 Ry 的部分
    Ru(k) = Cm/sqrt(Rw2 * Cru);              % 计算式(6-3-5)每帧的自相关函数余弦夹角
end

Rum = multimidfilter(Ru,10);                 % 平滑处理
alphath = mean(Rum(1:NIS));                  % 设置阈值
T2 = 0.8 * alphath; T1 = 0.9 * alphath;
[voiceseg,vsl,SF,NF] = vad_param1D_revr(Rum,T1,T2);   % 单参数双门限反向端点检测
```

说明：

① 作图部分的程序同例 6-3-1,这里省略。

② PART_I 和 Set_I 参看例 6-3-1 的说明和清单。

③ 在用自相关函数余弦夹角法时,有话段的 cos α 小于噪声段的 cos α，所以在进行端点检测时要用单参数双门限反向端点检测的函数,在程序中调用了 vad_param1D_revr 函数。

用自相关函数余弦夹角值法进行端点检测的结果如图 6-3-11 所示。

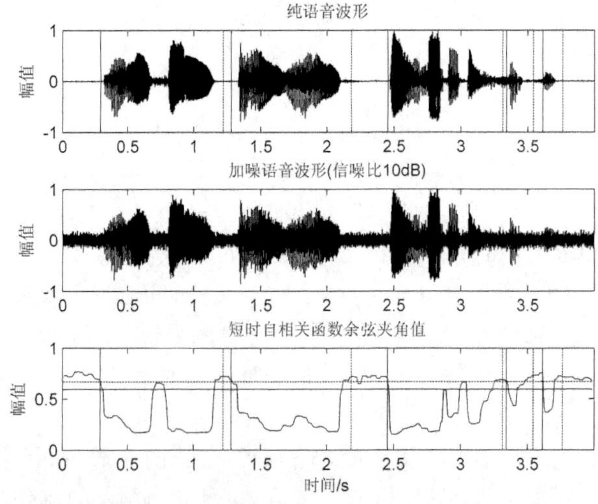

图 6-3-11　自相关函数余弦夹角值法的端点检测结果

6.4　方差法的语音端点检测

语音和噪声在频谱域中的特性差异较大。一般有话段的能量随频带有较大的变化，在共振峰处有较大的峰值，而在其他频段能量就很小；而噪声段能量数值相对较小，且在频带内分布较为均匀，也就是变化较为平缓。根据这一特征可将其用来区分有话段和噪声段，提出了基于“频带方差”进行端点检测的方法。本节将介绍频带方差的端点检测、子带频带方差的端点检测、频域 BARK 子带方差的端点检测和小波包 BARK 子带方差的端点检测等方法。

6.4.1　频带方差的端点检测

设含噪语音信号时域波形为 $x(n)$，加窗分帧处理后得到的第 i 帧语音信号为 $x_i(m)$，则 $x_i(m)$ 满足

$$x_i(m) = w(m) * x(iT + m) \qquad 1 \leqslant m \leqslant N$$

式中，$w(m)$ 为窗函数；$i = 0,1,2,\cdots$；N 为帧长；T 为帧移长度。

对 $x_i(m)$ 进行离散傅里叶变换(DFT)可得频谱

$$X_i(k) = \sum_{m=0}^{N-1} x_i(m)\exp\left(-\mathrm{j}\,\frac{2\pi km}{N}\right) \qquad 0 \leqslant k \leqslant N-1$$

令 $X_i = \{X_i(1), X_i(2), \cdots, X_i(N)\}$，则幅值的均值为

$$E_i = \frac{1}{N}\sum_{k=0}^{N-1} |X_i(k)| \tag{6-4-1}$$

方差为

$$D_i = \frac{1}{N-1}\sum_{k=0}^{N-1}[|X_i(k)| - E_i]^2 \tag{6-4-2}$$

式中，E_i 和 D_i 中的下标 i 表示了第 i 帧语音信号的均值和频带方差值。

从以上公式可以看到，频带方差包含了两个信息：其一反映了这一帧各频带间的起伏程度；其二说明这一帧信号的短时能量。当能量越大时，起伏越激烈，D_i 值越大，这正是语音的特点；反之，对于噪声，能量越小，起伏越平缓，D_i 值越小[5]。

按式(6-4-2)可以求出每帧的频带方差值，依照前几章的方法在已知前导无话段的帧数后，求出相应的阈值，进一步利用双门限判决的方法来确定语音端点的位置。

例 6-4-1(pr6_4_1)　读入 bluesky1.wav 数据(内容为“蓝天，白云，碧绿的大海”)，用频带方差法进行端点检测。

程序清单如下：

```
% pr6_4_1
clear all; clc; close all;

run Set_I                                  % 基本设置
run PART_I                                 % 读入数据,分帧等准备

Y = fft(y);                                % FFT 变换
N2 = wlen/2 + 1;                           % 取正频率部分
n2 = 1:N2;
Y_abs = abs(Y(n2,:));                      % 取幅值

for k = 1:fn                               % 计算每帧的频带方差
    Dvar(k) = var(Y_abs(:,k)) + eps;
```

```
end
dth = mean(Dvar(1:NIS));                        % 求取阈值
T1 = 1.5 * dth;
T2 = 3 * dth;
[voiceseg,vsl,SF,NF] = vad_param1D(Dvar,T1,T2);    % 频域方差双门限的端点检测
```

说明：

① 作图部分的程序同例 6-3-1，这里省略。

② PART_I 和 Set_I 参看例 6-3-1 的说明和清单。

用频带方差法进行端点检测的结果如图 6-4-1 所示。

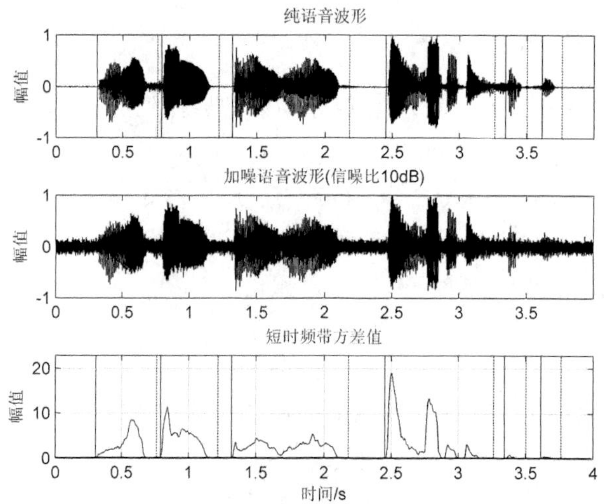

图 6-4-1　对 bluesky1 数据用频带方差法进行端点检测的结果

6.4.2　均匀子带分离频带方差的端点检测[6]

在频带方差的计算中，每帧数据长 N，FFT 以后在正频率域内有 $(N/2+1)$ 条谱线。基于均匀子带分离的频带方差算法将 $(N/2+1)$ 条 DFT 后幅值谱线 $X_i=\{X_i(1),X_i(2),\cdots,X_i(N/2+1)\}$ 分割成 q 个子带(下标 i 表示第 i 帧)，即每个子带含有 $p=\mathrm{fix}[(N/2+1)/q]$ 条谱线(其中 fix[·]表示取其整数部分)，则构成的子带有

$$XX_i(m)=\sum_{k=1+(m-1)p}^{1+(m-1)p+(p-1)}|X_i(k)| \tag{6-4-3}$$

令 $XX_i=\{XX_i(1),XX_i(2),\cdots,XX_i(q)\}$，则均值

$$E_{i,1}=\frac{1}{q}\sum_{k=1}^{q}XX_i(k) \tag{6-4-4}$$

方差

$$D_{i,1}=\frac{1}{q-1}\sum_{k=1}^{q}[XX_i(k)-E_{i,1}]^2 \tag{6-4-5}$$

因为每个子带内都含有原 FFT 后的 p 条谱线，所以称为均匀子带，即每个子带是等带宽的。在均匀子带分离频带中每帧的子带均值为 $E_{i,1}$，子带方差为 $D_{i,1}$。

同 6.3 节一样，按式(6-4-5)可以求出每帧均匀子带分离的频带方差值，依照前几章的方法在已知前导无话段的帧数后，求出相应的阈值，进一步利用双门限判决的方法来确定语音端点的位置。

例 6-4-2(pr6_4_2)　读入 bluesky1.wav 数据(内容为“蓝天，白云，碧绿的大海”)，用均匀子带分离频带方差法进行端点检测。

程序清单如下：

```
% pr6_4_2
clear all; clc; close all;

run Set_I                                     %基本设置
run PART_I                                    %读入数据,分帧等准备
Y = fft(y);                                   % FFT 变换
N2 = wlen/2 + 1;                              %取正频率部分
n2 = 1:N2;
Y_abs = abs(Y(n2,:));                         %取幅值
M = fix(N2/4);                                %计算子带数
for k = 1 : fn
    for i = 1 : M                             %每个子带中有 4 条谱线
        j = (i - 1) * 4 + 1;
        SY(i,k) = Y_abs(j,k) + Y_abs(j + 1,k) + Y_abs(j + 2,k) + Y_abs(j + 3,k);
    end
    Dvar(k) = var(SY(:,k));                   %计算每帧子带分离的频带方差
end
Dvarm = multimidfilter(Dvar,10);              %平滑处理
dth = mean(Dvarm(1:(NIS)));                   %阈值计算
T1 = 1.5 * dth;
T2 = 3 * dth;
[voiceseg,vsl,SF,NF] = vad_param1D(Dvarm,T1,T2);   %频域方差双门限的端点检测
```

说明：

① 作图部分的程序同例 6-3-1，这里省略。

② PART_I 和 Set_I 参看例 6-3-1 的说明和清单。

③ 每个子带中有 4 条谱线，共分为 25 个子带。按式(6-4-5)计算子带方差。

用均匀子带分离的频带方差法进行端点检测的结果如图 6-4-2 所示。

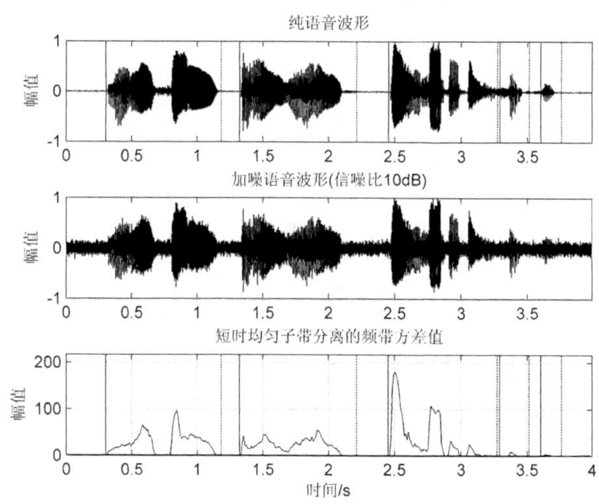

图 6-4-2　对 bluesky1 数据用均匀子带分离的频带方差法进行端点检测的结果

6.4.3　频域 BARK 子带方差的端点检测[7]

由第 1 章知道，人耳的基底膜具有与频谱分析器相似的作用。在 20～22 050 Hz 范围内

的频率可分成25个频率群,表1-3-1给出了这样的频率群表。频率群的划分相应于将基底膜分成许多很小的部分,每一部分对应一个频率群,这个频率群的频率范围也被称为不等带宽(BARK)子带。人耳所听到的声音在同一个频率群中,其能量互相叠加,构成了人耳听觉特性的临界带频率分布。所以在6.4.2节计算均匀子带的基础上修改为BARK子带中用频带方差进行端点检测,其运算步骤如下:

① BARK子带的分割已列于表1-3-1,在程序中将会把该表构成一个数组。

② 已知语音信号的采样频率 f_s,可以求出在区间内 $f=0\sim f_s/2$ 有 q 个子带(因为在0～22 050 Hz的范围内有25个BARK子带,但一般采样频率可能较低,它只能含有少于25个BARK子带)。

③ 语音信号 $x(n)$ 加窗分帧处理后得到的第 i 帧语音信号为 $x_i(m)$,经FFT后得到 $(N/2+1)$ 条正频率幅值谱线 $X_i=\{X_i(1),X_i(2),\cdots,X_i(N/2+1)\}$,其中 N 为帧长。

④ 通过内插的方法把谱线扩展,扩展谱线的目的是为了能更精确地计算BARK中的方差值。以采样率8 000 Hz为例,在0～4 000 Hz范围内将包含有17个BARK子带。当取帧长为200时,正频率幅值谱线有101条,频率分辨率为40 Hz。第1个BARK子带是20～100 Hz,而101条幅值谱线中第1～4条对应的频率分别为0 Hz,40 Hz,80 Hz,120 Hz,而第1个BARK子带只能取2～3条谱线,用2条谱线计算方差肯定会带来较大的误差。谱线扩展是把频率分辨率减小到1Hz,这样对第1个BARK子带就很容易包含有20～100 Hz的分量,有81条谱线,用这81条谱线来计算方差显然要比只用2条谱线计算方差有更高的精度。

⑤ 计算每个BARK子带内频谱的平均幅值

$$E_i(j)=\frac{1}{f_{j,h}-f_{j,l}+1}\sum_{f_{j,l}\leqslant f_k\leqslant f_{j,h}}|X_i(k)| \quad j=1,2,\cdots,q \tag{6-4-6}$$

式中,$f_{j,l}$ 和 $f_{j,h}$ 是分别代表第 j 个BARK子带的低频和高频临界频率。

⑥ 求BARK子带的均值

$$\bar{E}_i=\frac{1}{q}\sum_{j=1}^{q}E_i(j) \tag{6-4-7}$$

BARK子带的方差 D_i 的定义为

$$D_i=\frac{1}{q-1}\sum_{j=1}^{q}(E_i(j)-\bar{E}_i)^2 \tag{6-4-8}$$

⑦ 利用前导无话段可计算出噪声段的平均方差值,进一步可设置阈值,用单参数的双门限法判决端点。

例6-4-3(pr6_4_3) 读入bluesky1.wav数据(内容为"蓝天,白云,碧绿的大海"),用BARK子带分离频带方差法进行端点检测。

程序清单如下:

```
% pr6_4_3
clear all; clc; close all;

run Set_I                                   %基本设置
run PART_I                                  %读入数据,分帧等准备

% BARK子带参数表
Fk = [50 20 100; 150 100 200; 250 200 300; 350 300 400; 450 400 510; 570 510 630; 700 630 770;...
    840 770 920; 1000 920 1080; 1170 1080 1270; 1370 1270 1480; 1600 1480 1720; 1850 1720 2000;...
```

```
    2150 2000 2320; 2500 2320 2700; 2900 2700 3150; 3400 3150 3700; 4000 3700 4400;...
    4800 4400 5300; 5800 5300 6400; 7000 6400 7700; 8500 7700 9500; 10500 9500 12000;...
    13500 12000 15500; 18775 15500 22050];
% 插值
fs2 = fix(fs/2);
y = y';
for i = 1:fn
    sourfft(i,:) = fft(y(i,:),wlen);                          % FFT 变换
    sourfft1(i,:) = abs(sourfft(i,1:wlen/2));                 % 取正频率幅值
    sourre(i,:) = resample(sourfft1(i,:),fs2,wlen/2);         % 谱线内插
end
% 计算 BARK 滤波器个数
for k = 1 : 25
    if Fk(k,3)>fs2
        break
    end
end
num = k - 1;

for i = 1 : fn
    Sr = sourre(i,:);                                         % 取一帧谱值
    for k = 1 : num
        m1 = Fk(k,2); m2 = Fk(k,3);                           % 求出 BARK 滤波器的上下截止频率
        Srt = Sr(m1:m2);                                      % 取来相应的谱线
        Dst(k) = var(Srt);                                    % 求第 k 个 BARK 滤波器中的方差值
    end
    Dvar(i) = mean(Dst);                                      % 求各个 BARK 滤波器中方差值的平均值
end
Dvarm = multimidfilter(Dvar,10);                              % 平滑处理
dth = mean(Dvarm(1:(NIS)));                                   % 阈值计算
T1 = 1.5 * dth;
T2 = 3 * dth;
[voiceseg,vsl,SF,NF] = vad_param1D(Dvarm,T1,T2);              % BARK 子带的频带方差双门限的端点检测
```

说明：

① 作图部分的程序同例 6-3-1，这里省略。

② PART_I 和 Set_I 参看例 6-3-1 的说明和清单。

③ BARK 子带参数表在 Fk 数组中，它是一个 3×25 的数组，但由于采样频率只有 8 000 Hz，所以通过比较得到在 4 000 Hz 内只有 17 个 BARK 子带。在程序的其他部分对 BARK 子带求频谱方差时只计算这 17 个子带。

④ 在求出频谱幅值 sourfft1 后用 resample 函数对每帧数据进行内插，也就是把频谱扩展了。原每帧语音域信号频谱 sourfft(i,:)的频率分辨率为 4000/(wlen/2)=40Hz，而用 resample(sourfft1(i,:),fs2, wlen/2)内插后 sourre 的频率分辨率为 4000/(8000/2)=1 Hz。如上所述，就可方便 BARK 子带求频谱方差值了。

运行 pr6_4_3 后用 BARK 子带分离的频带方差法端点检测的结果如图 6-4-3 所示。

6.4.4　小波包 BARK 子带方差的端点检测

6.4.3 小节讨论了通过 FFT 后在频域划分出 BARK 子带，本书第 3 章介绍过小波包变换，提出用小波包分解构成 BARK 子带(见例 3-4-2)。本节将讨论在小波包分解的 BARK 子带中进行方差计算，从而进行端点检测。

例 3-4-2 已给出了小波包分解构成 BARK 子带的方法，现把它编写成一个函数。

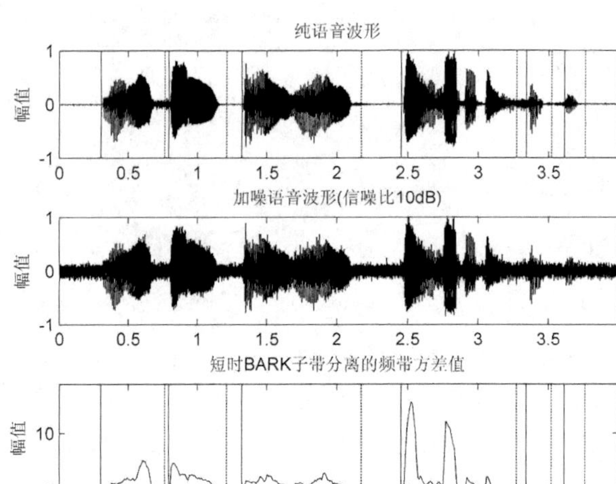

图 6-4-3　用 BARK 子带分离频带方差法进行端点检测的结果

名称:wavlet_barkms

功能:把语音信号按 wname 母小波分解成 5 层小波包,构成 17 个 BARK 子带滤波输出(适用采样频率 8 000 Hz)。

调用格式:y = wavlet_barkms(x,wname,fs)

说明:

① 本函数只适用于采样频率为 8 000 Hz 的,当采样频率不为 8 000 Hz 时将出现错误信息。

② 输入参数 x 是被测语音信号;wname 是设定小波母函数,常用 db2;fs 是采样频率,应为 8000。输出参数 y 是语音信号在 17 个 BARK 子带中的数据。

③ 具体的小波包分解方法可参看例 3-4-2。本函数是由该例程序 pr3_4_2 修改而来的。

程序清单如下:

```
function y = wavlet_barkms(x,wname,fs)
if fs~ = 8000
    error('本函数只适用于采样频率为 8 000 Hz,请调整采样频率! ')
    return
end
T = wpdec(x,5,wname);               % 按 wname 小波母函数进行 5 层小波包分解
% 把 5 层小波包分解重构成 17 个 BARK 子带
y(1,:) = wprcoef(T,[5 0]);
y(2,:) = wprcoef(T,[5 1]);
y(3,:) = wprcoef(T,[5 2]);
y(4,:) = wprcoef(T,[5 3]);
y(5,:) = wprcoef(T,[5 4]);
y(6,:) = wprcoef(T,[5 5]);
y(7,:) = wprcoef(T,[5 6]);
y(8,:) = wprcoef(T,[5 7]);
y(9,:) = wprcoef(T,[4 4]);
y(10,:) = wprcoef(T,[4 5]);
y(11,:) = wprcoef(T,[5 11]);
y(12,:) = wprcoef(T,[5 12]);
y(13,:) = wprcoef(T,[4 7]);
y(14,:) = wprcoef(T,[3 4]);
y(15,:) = wprcoef(T,[3 5]);
y(16,:) = wprcoef(T,[3 6]);
y(17,:) = wprcoef(T,[3 7]);
```

6.4.1～6.4.3 小节所讨论的方差都是在频域中计算的,而本小节讨论的方差是在时域中

计算的。设含噪语音信号的时域波形为 $x(n)$，加窗分帧处理后得到的第 i 帧语音信号为 $x_i(m)$，则 $x_i(m)$ 满足

$$x_i(m)=w(m)*x(iT+m) \quad 1\leqslant m\leqslant N \tag{6-4-9}$$

式中，$w(m)$ 为窗函数；$i=0,1,2,\cdots$；N 为帧长；T 为帧移长度。

把 $x_i(m)$ 分解在 J 个 BARK 子带中，每个子带中的信号 $x_i^j(m)$ 为

$$x_i^j(m)=h^j * x_i(m) \quad j=1,2,\cdots,J \tag{6-4-10}$$

式中，$x_i^j(m)$ 和 h^j 中的上标 j 是指第 j 个 BARK 子带；h^j 是第 j 个 BARK 子带滤波器的冲激响应；$*$ 表示卷积。在本小节中 $x_i^j(m)$ 通过小波包变换而获得。

对第 i 帧第 j 个 BARK 子带中信号 $x_i^j(m)$ 的方差为

$$D_i^j=E[\{x_i^j(m)-E[x_i^j(m)]\}^2] \tag{6-4-11}$$

所以第 i 帧各 BARK 子带的平均方差值为

$$\overline{D}_i=E[D_i^j] \tag{6-4-12}$$

利用 $\overline{D}_i$ 值进行端点检测。

例 6-4-4(pr6_4_4) 利用小波包 BARK 子带方差法对 bluesky1.wav 数据(内容为“蓝天，白云，碧绿的大海”)进行端点检测。

程序清单如下：

```
% pr6_4_4
clear all; clc; close all;

run Set_I                                    % 基本设置
run PART_I                                   % 读入数据,分帧等准备
h = waitbar(0,'Running...');                 % 设置运行程序进度条图,初始化
set(h,'name','端点检测 - 0%');                % 设置本图的名称"端点检测"
for i = 1 : fn
    u = y(:,i);                              % 取第 i 帧数据
    v = wavlet_barkms(u,'db2',fs);           % 利用小波包分解获取 17 个 BARK 子带数据
    num = size(v,1);
    for k = 1 : num
        Srt = v(k,:);                        % 取得第 k 个 BARK 子带中的数据
        Dst(k) = var(Srt);                   % 按式(6-4-11)求第 k 个 BARK 子带中的方差值
    end
    Dvar(i) = mean(Dst);                     % 按式(6-4-12)对 17 个 BARK 子带计算方差平均
    waitbar(i/fn,h)                          % 显示运行的百分比,用红条表示
                                             % 显示本图的名称“端点检测”,并显示运行的百分比数,用数字表示
    set(h,'name',['端点检测 - ' sprintf('%2.1f',i/fn*100) '%'])
end
close(h)                                     % 关闭程序进度条图
Dvarm = multimidfilter(Dvar,10);             % 平滑处理
Dvarm = Dvarm/max(Dvarm);                    % 幅值归一化

dth = mean(Dvarm(1:(NIS)));                  % 阈值计算
T1 = 1.5 * dth;
T2 = 2.5 * dth;
[voiceseg,vsl,SF,NF] = vad_param1D(Dvarm,T1,T2);   % 小波包 BARK 子带时域方差双门限的端点检测
```

说明：

① 作图部分的程序同例 6-3-1，这里不再列出。

② PART_I 和 Set_I 参看例 6-3-1 的说明和清单。

③ 在数据分帧后每一帧数据都调用 wavlet_barkms 函数获取 17 个 BARK 子带中的数据，以便计算方差值。

④ 在程序中用“程序运行进度条”来显示程序运行的进度,进度条图如图 6-4-4 所示。

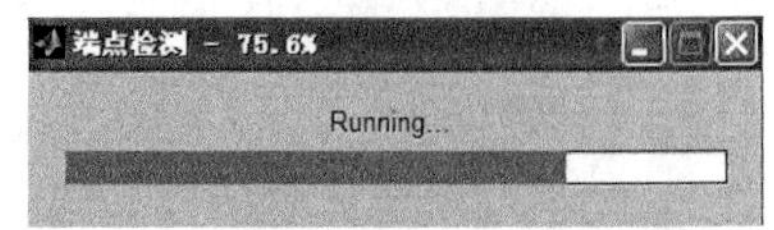

图 6-4-4　反映程序运行进度的进度条图

当程序运行花费的时间较长时,经常用进度条图显示出程序运行的进度,它说明程序正在正常地运行,并没有死机,并显示了在循环中运行了多少(图中的数字给出占整个循环的百分比)。画进度条图由以下步骤完成:

a) 在循环外先初始化和设置 h:

```
h = waitbar(0,'Running...');                 % 设置程序运行进度条图,初始化
set(h,'name','端点检测 - 0%');                % 设置本图的名称“端点检测”
```

b) 在循环运行中计算运行进度(百分比)并显示:

```
waitbar(i/fn,h)                              % 显示运行的百分比,用红条表示
% 显示本图的名称“端点检测”,并显示运行的百分比数,用数字表示
set(h,'name',['端点检测 - ' sprintf('%2.1f',i/fn*100) '%'])
```

在 pr6_4_4 程序中循环要做 fn 次,在第 i 次时所占的百分比为 100 * i/fn,计算后显示该数值,小数点取一位,显示在图框的上边框中。

c) 在循环后关闭本图:

```
close(h)                                     % 关闭程序进度条图
```

在程序中循环结束后就关闭该进度条图。

在本程序中因为运行时间稍长一些,所以用程序运行进度条图显示出程序运行的进展情况。在以后各章中也会有一些程序会用到程序运行进度条图。

运行 pr6_4_4 程序后用 BARK 子带方差法进行端点检测的结果如图 6-4-5 所示。

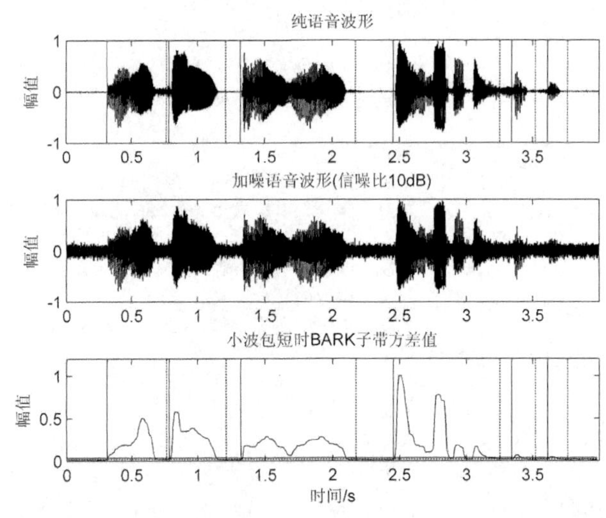

图 6-4-5　用小波包 BARK 子带方差法进行端点检测的结果

6.5　谱距离法的端点检测

前几章已介绍过频谱和倒谱的概念,本章将介绍用谱的距离进行端点检测,包括用对数频谱距离进行端点检测,用倒谱距离进行端点检测,用 MFCC 倒谱距离进行端点检测。

6.5.1　对数频谱距离的端点检测

在许多语音增强(减噪)的程序中(在第 7 章将会看到)自带了一个用对数频谱距离的端点检测函数 vad,它是在语音增强之前先进行端点检测,以便对有话帧和噪声帧做不同的处理。

1. 对数频谱距离的基本原理

设含噪语音信号为 $x(n)$,分帧处理后得到的第 i 帧语音信号为 $x_i(m)$,每帧长为 N。对 $x_i(m)$ 进行 DFT 可得离散频谱为

$$X_i(k)=\sum_{m=0}^{N-1}x_i(m)\exp\left(-\mathrm{j}\frac{2\pi km}{N}\right)\quad 0\leqslant k\leqslant N-1 \tag{6-5-1}$$

DFT 后的频谱 $X_i(k)$ 取模值再取对数有

$$\hat{X}_i(k)=\log|X_i(k)| \tag{6-5-2}$$

设有两个不同信号 $x_0(n)$ 和 $x_1(n)$,其第 i 帧的对数频谱分别为 $\hat{X}_i^0(k)$ 和 $\hat{X}_i^1(k)$(下标 i 表示第 i 帧,上标 0 和 1 表示不同的信号 $x_0(n)$ 和 $x_1(n)$),这两个信号的对数频谱距离表示为

$$d_{\mathrm{spec}}(i)=\frac{1}{N2}\sum_{k=0}^{N2-1}(\hat{X}_i^0(k)-\hat{X}_i^1(k))^2 \tag{6-5-3}$$

式中,$N2$ 是只取正频率部分,当帧长为 N 时,$N2=N/2+1$。

2. 对数频谱距离的计算和检测

设语音信号的采样频率为 8 000 Hz,分帧以后每帧长为 200,前导无语帧有 NIS 个。

① 用 NIS 个前导无语帧计算噪声平均频谱:

$$X_{\mathrm{noise}}(k)=\frac{1}{\mathrm{NIS}}\sum_{i=1}^{\mathrm{NIS}}X_i(k) \tag{6-5-4}$$

进一步计算噪声帧的对数频谱,有

$$\hat{X}_{\mathrm{noise}}(k)=20\log_{10}|X_{\mathrm{noise}}(k)| \tag{6-5-5}$$

② 计算每帧信号的对数频谱:

$$\hat{X}_i(k)=20\log_{10}|X_i(k)| \tag{6-5-6}$$

③ 计算每帧信号与噪声信号的对数频谱距离,类同式(6-5-3)有

$$d_{\mathrm{spec}}(i)=\frac{1}{N2}\sum_{k=0}^{N2}[\hat{X}_i(k)-\hat{X}_{\mathrm{noise}}(k)] \tag{6-5-7}$$

式中,$N2$ 是只取正频率部分,当帧长为 N 时,$N2=N/2+1$。(在 vad 函数中是按式(6-5-7)进行计算的,不按式(6-5-3)计算,同时累加中当 $[\hat{X}_i(k)-\hat{X}_{\mathrm{noise}}(k)]$ 小于 0 时设为 0。)

④ 设置了一个无声段计数器 counter,初始设置 counter=100,又设置距离的阈值 TH_d 为 3。每当输入一帧后,按式(6-5-7)计算出该帧对数频谱距离,判断 d_{spec} 是否小于 TH_d:如果小于 TH_d,认为该帧是噪声帧,counter=counter+1,噪声标记 NoiseFlag=1;如果 d_{spec} 大于 TH_d,counter=0,NoiseFlag=0。

⑤ 判断 counter 是否还小于最小噪声段长度,如果是,则还是有话帧,标记 SpeechFlag=1;否则,为无话帧,SpeechFlag=0。对整个语音检测每帧是否为有话帧后,可利用 SpeechFlag 检测端点。

3. VAD 函数

名称:vad

功能:用对数频谱距离判断一帧数据是有话帧还是无话帧。

调用格式:[NOISEFLAG, SPEECHFLAG, NOISECOUNTER, DIST]
= vad(SIGNAL,NOISE,NOISECOUNTER,NOISEMARGIN,HANGOVER)

说明:本函数是在对信号已经分帧,和 FFT 取幅值以后再调用的。输入参数 SIGNAL 是一帧信号的幅值谱;NOISE 是按式(6-5-4)计算的 NIS 帧平均噪声谱,只取正频率部分。NOISECOUNTER 是累计的无话段长度;NOISEMARGIN 是有话段和噪声段之间的最小距离,即为阈值 TH_d,HANGOVER 是最小的无话段长度。输出参数 NOISECOUNTER 也是累计的无话段长,如果本帧是无话帧,则输出的 NOISECOUNTE 是输入的 NOISECOUNTE 加 1;DIST 是求出本帧的对数频谱距离;NOISEFLAG 和 SPEECHFLAG 表示是无话帧还是有话帧,意义如下:

NOISEFLAG = 1:本帧是无话帧,否则为 0。

SPEECHFLAG = 1:本帧是有话帧,否则为 0。

把做了中文注释的函数称为 vadc,以下是 vadc 的程序清单:

```
function [NoiseFlag, SpeechFlag, NoiseCounter, Dist] = ...
    vadc(signal,noise,NoiseCounter,NoiseMargin,Hangover)
%设置缺省值
if nargin<4
    NoiseMargin = 3;
end
if nargin<5
    Hangover = 8;
end
if nargin<3
    NoiseCounter = 0;
end
FreqResol = length(signal);                    %信号长度
%本帧语音幅值对数频谱和噪声对数频谱之差值
SpectralDist = 20 * (log10(signal) - log10(noise));
SpectralDist(find(SpectralDist<0)) = 0;        %寻找差值小于0值置为0
Dist = mean(SpectralDist);                     %用平均求出Dist
if (Dist < NoiseMargin)                        %Dist是否小于NoiseMargin
    NoiseFlag = 1;                             %是,NoiseFlag设为1
    NoiseCounter = NoiseCounter + 1;           %NoiseCounter加1
else
    NoiseFlag = 0;                             %否,NoiseFlag设为0
    NoiseCounter = 0;                          %NoiseCounter清零
end
%是否NoiseCounter已超出无话段最小长度Hangover
if (NoiseCounter > Hangover)                   %NoiseCounter大于Hangover
    SpeechFlag = 0;                            %是,SpeechFlag为0
else
    SpeechFlag = 1;                            %否,SpeechFlag为1
end
```

函数 vad 并不是直接用来进行端点检测的,它仅判断一帧语音信号数据是有话帧还是无话帧,有话帧和无话帧的信息在 NoiseFlag 和 SpeechFlag 中,但等把整句话音信号所有的帧都进行判断完成后,就能依照 SpeechFlag 中的信息给出该语音端点检测的结果。

例 6-5-1(pr6_5_1) 读入 bluesky1.wav 数据(内容为"蓝天,白云,碧绿的大海"),用 vad 函数进行有话帧和无话帧检测,最后进行端点检测。

程序清单如下:

```
% pr6_5_1
clear all; clc; close all;

run Set_I                                      %基本设置
run PART_I                                     %读入数据,分帧等准备
Y = fft(y);                                    %FFT变换
Y = abs(Y(1:fix(wlen/2) + 1,:));               %计算正频率幅值
N = mean(Y(:,1:NIS),2);                        %计算前导无话段噪声区平均频谱
```

```
NoiseCounter = 0;

for i = 1:fn,
    if i<= NIS                          % 在前导无话段中设置为 NF = 1,SF = 0
        SpeechFlag = 0;
        NoiseCounter = 100;
        SF(i) = 0;
        NF(i) = 1;
    else                                % 检测每帧计算对数频谱距离
        [NoiseFlag, SpeechFlag, NoiseCounter, Dist] = vad(Y(:,i),N,NoiseCounter,2.5,8);
        SF(i) = SpeechFlag;
        NF(i) = NoiseFlag;
        D(i) = Dist;
    end
end
sindex = find(SF == 1);                 % 从 SF 中寻找出端点的参数完成端点检测
voiceseg = findSegment(sindex);
vosl = length(voiceseg);
```

说明：

① 作图部分的程序类同例 6-3-1,这里省略,详细可参考源程序中的 pr6_5_1 程序。

② PART_I 和 Set_I 参看例 6-3-1 的说明和清单。

③ 从 SF 中得到每帧是否为有话音的信息后,就能利用 findSegment 函数寻找出语音端点的信息。

④ 在本程序调用函数 vad 中的参数 NoiseMargin＝2.5,Hangover＝8。

用对数频谱距离法进行端点检测的结果如图 6-5-1 所示。

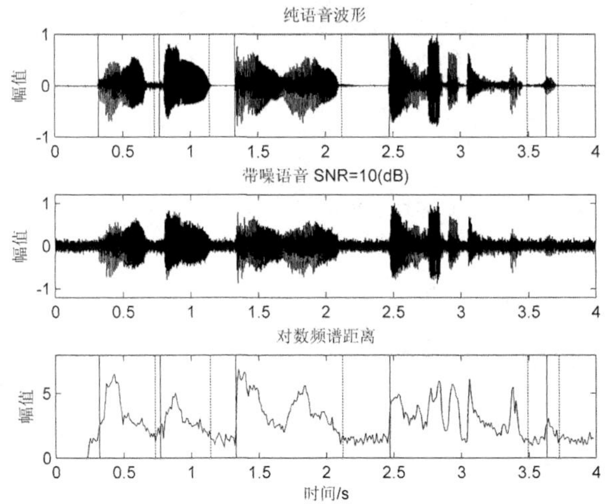

图 6-5-1 对 bluesky1 数据用对数频谱距离法进行端点检测的结果

6.5.2 倒谱距离的端点检测[8,9]

设语音信号为 $x(n)$,分帧处理后得到的第 i 帧语音信号为 $x_i(m)$,每帧长为 N。$x_i(m)$ 的频谱为 $X_i(\omega)$,它的倒谱为 $c^i(n)$,上标 i 表示第 i 帧。信号倒谱的另一种定义是信号 $x_i(m)$ 的倒谱 $c^i(n)$ 看成是 $X_i(\omega)$ 的傅里叶级数展开,即有

$$\log X_i(\omega) = \sum_{n=-\infty}^{\infty} c^i(n) \mathrm{e}^{-\mathrm{j}n\omega} \tag{6-5-8}$$

式中,$c^i(n)$ 为倒谱系数,有 $c^i(n) = c^i(-n)$ 是实数、对称,且

若您对此书内容有任何疑问,可以凭在线交流卡登录MATLAB中文论坛与作者交流。

$$c^i(0)=\int_{-\pi}^{\pi}\log X_i(\omega)\frac{d\omega}{2\pi} \tag{6-5-9}$$

设有两组信号 $x_1(n)$ 和 $x_2(n)$，它们的谱函数为 $X_{1,i}(\omega)$ 和 $X_{2,i}(\omega)$，应用 Parsavel 定理可用倒谱距离来表示它们对数谱的均方距离：

$$d_{\text{cep}}^2(i)=\frac{1}{2\pi}\int_{-\pi}^{\pi}|\log X_{1,i}(\omega)-\log X_{2,i}(\omega)|^2 d\omega=\sum_{n=-\infty}^{\infty}(c_1^i(n)-c_2^i(n))^2 \tag{6-5-10}$$

式中，$c_1^i(n)$ 和 $c_2^i(n)$ 为对应于谱密度函数 $X_{1,i}(\omega)$ 和 $X_{2,i}(\omega)$ 的倒谱系数。

倒谱距离测量法根据每个信号帧与噪声帧的倒谱距离的轨迹进行检测和判断，采用了双门限判决的方法，具体步骤如下：

① 前导无话帧实际上是背景噪声帧(共有 NIS 帧)，取前 5 帧倒谱系数的平均值作为背景噪声倒谱系数的估计值，记作为 $c_2(n)$（因平均以后已与 i 无关）。

② 计算每帧信号的倒谱系数，然后计算每帧信号的倒谱系数与噪声倒谱系数估计值的倒谱距离。式(6-5-10)可近似为[9]

$$d_{\text{cep}}=4.3429\sqrt{(c_1^i(0)-c_2(0))^2+2\sum_{n=1}^{p}(c_1^i(n)-c_2(n))^2} \tag{6-5-11}$$

式中，p 为所取倒谱系数的阶数。

③ 由步骤②计算的各帧倒谱距离得到倒谱距离轨迹，用 NIS 帧的倒谱距离求出阈值，再利用双门限判决的方法检测有话段和噪声段。

例 6-5-2(pr6_5_2) 读入 blueskyl.wav 数据(内容为“蓝天，白云，碧绿的大海”)，用倒谱距离法进行端点检测。

程序清单如下：

```
% pr6_5_2
clear all; clc; close all;

run Set_I                               % 基本设置
run PART_I                              % 读入数据,分帧等准备
for i = 1 : fn
    u = y(:,i);                         % 取来一帧数据
    U(:,i) = rceps(u);                  % 求取倒谱
end
C0 = mean(U(:,1:5),2);                  % 计算出前 5 帧倒谱系数的平均值作为背景噪声倒谱系数的估算值

for i = 6 : fn                          % 从第 6 帧开始计算每帧倒谱系数与背景噪声倒谱系数的距离
    Cn = U(:,i);
    Dst0 = (Cn(1) - C0(1)).^2;
    Dstm = 0;
    for k = 2 :12
        Dstm = Dstm + (Cn(k) - C0(k)).^2;
    end
    Dcep(i) = 4.3429 * sqrt(Dst0 + 2 * Dstm);      % 倒谱距离
end
Dcep(1:5) = Dcep(6);
Dstm = multimidfilter(Dcep,10);         % 平滑处理
dth = max(Dstm(1:NIS));                 % 阈值计算
T1 = 1 * dth;
T2 = 1.5 * dth;
[voiceseg,vsl,SF,NF] = vad_param1D(Dstm,T1,T2);   % 倒谱距离双门限的端点检测
```

说明：

① 作图部分的程序类同例 6-3-1，这里省略，详细可参考源程序中的 pr6_5_2 程序。

② PART_I 和 Set_I 参看例 6－3－1 的说明和清单。

③ 倒谱的计算用 MATLAB 工具箱中的 rceps 函数,该函数在第 3 章已做过说明。

④ 倒谱系数的阶数取 12。

用倒谱距离法进行端点检测的结果如图 6－5－2 所示。

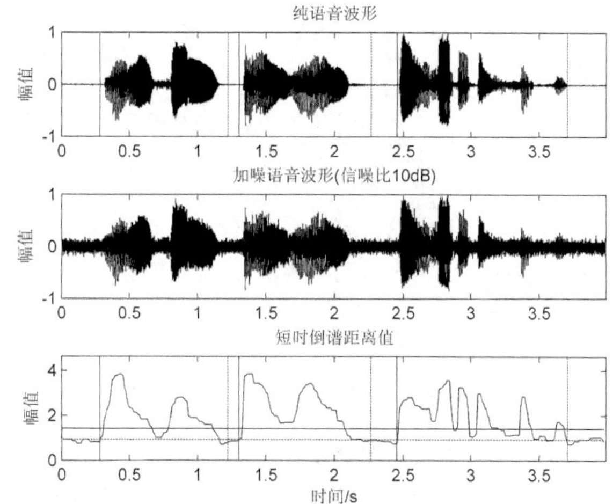

图 6－5－2　对 bluesky1 数据用倒谱距离法进行端点检测的结果

6.5.3　MFCC 倒谱距离的端点检测[10]

第 3 章已介绍了 MFCC,它是 Mel 滤波后 DCT 的倒谱。可利用 MFCC 系数进行端点检测,它的方法类同于 6.5.2 小节的倒谱距离的检测方法。

语音信号 $x(n)$ 经分帧处理后得到的第 i 帧语音信号为 $x_i(m)$,每帧长为 N。$x_i(m)$ 的 MFCC 倒谱系数为 $mc^i(n)$,上标 i 表示第 i 帧。

设有两组信号 $x_1(n)$ 和 $x_2(n)$,它们的 MFCC 倒谱系数分别为 $mc_1^i(n)$ 和 $mc_2^i(n)$,则 MFCC 倒谱距离 d_{mfcc} 为

$$d_{\text{mfcc}}(i)=\sqrt{\sum_{n=1}^{p}(mc_1^i(n)-mc_2^i(n))^2} \tag{6-5-12}$$

MFCC 倒谱距离测量法也是根据每个信号帧与噪声帧的 MFCC 倒谱距离的轨迹进行检测和判断的,采用了双门限判决的方法,具体步骤如下:

① 前导无话帧是背景噪声帧(共有 NIS 帧),取前 5 帧的 MFCC 倒谱系数的平均值作为背景噪声 MFCC 倒谱系数的估计值,记作为 $mc_2(n)$(因平均以后已与 i 无关)。

② 计算每帧信号的 MFCC 倒谱系数,然后计算每帧信号的倒谱系数与噪声倒谱系数估计值的倒谱距离。式(6－5－12)可近似为

$$d_{\text{mfcc}}(i)=\sqrt{\sum_{n=1}^{p}(mc_1^i(n)-mc_2(n))^2} \tag{6-5-13}$$

式中,p 为取的 MFCC 倒谱分析中使用的阶数(在例 6－5－3 中用了 16 阶)。

③ 由步骤②计算的各帧 MFCC 倒谱距离得到 MFCC 倒谱距离轨迹,用 NIS 帧的 MFCC 倒谱距离求出阈值,再利用双门限判决的方法检测有话段和噪声段。

例 6－5－3(pr6_5_3)　读入 bluesky1.wav 数据(内容为“蓝天,白云,碧绿的大海”),用 MFCC 倒谱距离进行端点检测。

程序清单如下：

```
% pr6_5_3
clear all; clc; close all;

run Set_I                                    % 基本设置
run PART_I                                   % 读入数据,分帧等准备
ccc = mfcc_m(signal,fs,16,wlen,inc);         % 计算 MFCC
fn1 = size(ccc,1);                           % 取帧数 1
frameTime1 = frameTime(3:fn - 2);
Ccep = ccc(:,1:16);                          % 取得 MFCC 系数
C0 = mean(Ccep(1:5,:),1);                    % 计算噪声平均 MFCC 倒谱系数的估计值
for i = 6 : fn1
    Cn = Ccep(i,:);                          % 取一帧 MFCC 倒谱系数
    Dstu = 0;
    for k = 1 : 16                           % 从第 6 帧开始计算每帧 MFCC 倒谱系数与
        Dstu = Dstu + (Cn(k) - C0(k))^2;     % 噪声 MFCC 倒谱系数的距离
    end
    Dcep(i) = sqrt(Dstu);
end
Dcep(1:5) = Dcep(6);

Dstm = multimidfilter(Dcep,2);               % 平滑处理
dth = max(Dstm(1:NIS - 2));                  % 阈值计算
T1 = 1.2 * dth;
T2 = 1.5 * dth;
[voiceseg,vsl,SF,NF] = vad_param1D(Dstm,T1,T2); % MFCC 倒谱距离双门限的端点检测
```

说明：

① 作图部分的程序类同例 6-3-1,这里省略,详细可参考源程序包中的 pr6_5_3 程序。

② Set_I 和 PART_I 可参看例 6-3-1 的说明和清单。

③ MFCC 倒谱的计算用 mfcc_m 函数,该函数在第 3.3 节已做过介绍和说明。

④ 在 mfcc_m 函数计算中,因为也计算了 MFCC 系数的差分值,所以在返回的系数中把帧数在两端各减少了 2 帧,就是从 MFCC 系数 ccc 中得到的帧数是把语音数据实际分帧的帧数减少了 4 帧。在程序中设置了 2 个帧数值,一个是从 MFCC 系数 ccc 中得到的帧数 fn1;另一个是语音数据实际分帧的帧数 fn,fn=fn1+4。用 fn 来计算各帧的时间 frameTime 可以与原始语音数据的时间对得上;又同时要在 MFCC 倒谱距离显示时有正确的时间坐标,从 frameTime 中得到减少 4 帧帧数的时间标度 frameTime1,frameTime1=frameTime(3:fn-2)。

用 MFCC 倒谱距离法进行端点检测的结果如图 6-5-3 所示。

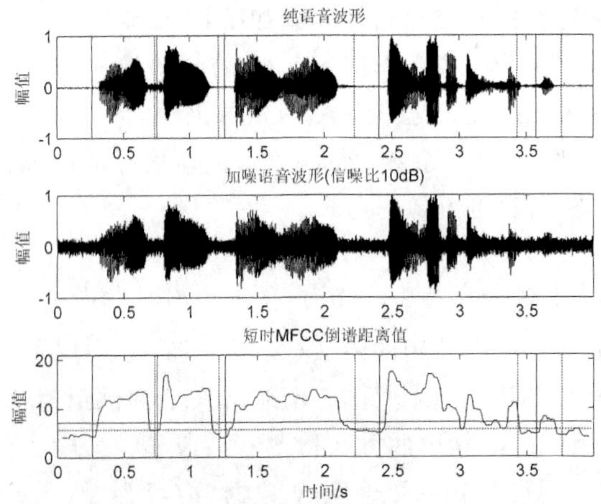

图 6-5-3　对 bluesky1 数据用 MFCC 倒谱距离法进行端点检测的结果

6.6　谱熵在端点检测中的应用

熵这个字来源于统计热力学,是紊乱程度的度量,是一个重要的物理概念。随着科学技术的交叉与综合化发展,熵的概念已远远超出了物理学的范围,在自然科学和社会科学的众多领域得到了广泛应用,并成为一些新学科的理论基础。熵在控制论、概率论、数论、天体物理、生命科学等领域都有重要应用,是一个十分重要的参量。1948 年香农(C. E. Shannon)把关于熵的概念引入信息论中,把熵作为一个随机事件的不确定性的度量。当一个系统越有序,其熵就越低;反之,一个系统越混乱,其熵就越高。

在语音信号处理中广泛地用熵的概念进行端点检测,有谱熵、能量谱熵、倒谱距离熵等端点检测的方法。本节主要介绍以能量为基础的谱熵端点检测技术及其改进方法。

6.6.1　谱熵法的端点检测

1. 谱熵(Spectral Entropy)的定义

设含噪语音信号时域波形为 $x(n)$,加窗分帧处理后得到的第 i 帧语音信号为 $x_i(m)$,则 FFT 变换后,其中第 k 条谱线频率分量 f_k 的能量谱为 $Y_i(k)$,则每个频率分量的归一化谱概率密度函数定义为

$$p_i(k)=\frac{Y_i(k)}{\sum_{l=0}^{N/2}Y_i(l)} \tag{6-6-1}$$

式中,$p_i(k)$ 为第 i 帧第 k 个频率分量 f_k 对应的概率密度;N 为 FFT 长度。

每个分析语音帧的短时谱熵定义为

$$H_i=-\sum_{k=0}^{N/2}p_i(k)\log p_i(k) \tag{6-6-2}$$

2. 谱熵的特征

设 X 为离散信源,其概率空间为

$$\begin{bmatrix}X\\P(x)\end{bmatrix}=\begin{bmatrix}x_1,x_2,\cdots,x_q\\p_1,p_2,\cdots,p_q\end{bmatrix} \tag{6-6-3}$$

则信源 X 的熵函数为

$$H(\boldsymbol{P})=H(p_1,p_2,\cdots,p_q)=-\sum_{i=1}^{q}p_i\log p_i \tag{6-6-4}$$

式中,$\boldsymbol{P}=(p_1,p_2,\cdots,p_q)$是 q 维矢量,并且满足 $\sum_{i=1}^{q}p_i=1$ 和 $p_i\geqslant 0$,故常称 $\boldsymbol{P}$ 为概率矢量。

从谱熵的定义可以很明显看出,谱熵反映了信源在频域幅值分布的“无序性”。

若熵函数有

$$H(p_1,p_2,\cdots,p_q)=H(1/q,1/q,\cdots,1/q)=\log q \tag{6-6-5}$$

也就是等概分布时,熵达到极大值,表明等概分布时信源的平均不确定性为最大。这一特征称为最大离散熵定理。

我们知道,对于噪声来说,它的归一化谱概率密度函数分布比较均匀,所以它的谱熵值就大;而对于语音信号,由于频谱具有共振峰频谱特性,它的归一化谱概率密度函数分布不均匀,使语音的谱熵一般来说都低于噪声的谱熵。因此,人们就是利用这个特性从带噪语音中提取

语音的端点。

例 6-6-1(pr6_6_1) 读入 blueskyl.wav 数据(内容为“蓝天,白云,碧绿的大海”),用谱熵法进行端点检测。

程序清单如下:

```
% pr6_6_1
clear all; clc; close all

run Set_I                                    % 基本设置
run PART_I                                   % 读入数据,分帧等准备

for i = 1:fn
    Sp = abs(fft(y(:,i)));                   % FFT 变换取幅值
    Sp = Sp(1:wlen/2 + 1);                   % 只取正频率部分
    Ep = Sp. * Sp;                           % 求出能量
    prob = Ep/(sum(Ep));                     % 计算每条谱线的概率密度
    H(i) = - sum(prob. * log(prob + eps));   % 计算谱熵
end

Enm = multimidfilter(H,10);                  % 平滑处理
Me = min(Enm);                               % 计算阈值
eth = mean(Enm(1:NIS));
Det = eth - Me;
T1 = 0.98 * Det + Me;
T2 = 0.93 * Det + Me;
[voiceseg,vsl,SF,NF] = vad_param1D_revr(Enm,T1,T2);     % 用双门限法反向检测端点
```

说明:

① 作图部分的程序类同例 6-3-1,这里省略,详细可参考源程序中的 pr6_6_1 程序。

② Set_I 和 PART_I 可参看例 6-3-1 的说明和清单。

③ 因为语音的谱熵都小于噪音的谱熵,在设置阈值后是寻找小于阈值区间,所以调用 vad_param1D_revr 函数来完成。

运行 pr6_6_1,用谱熵法进行端点检测的结果如图 6-6-1 所示。

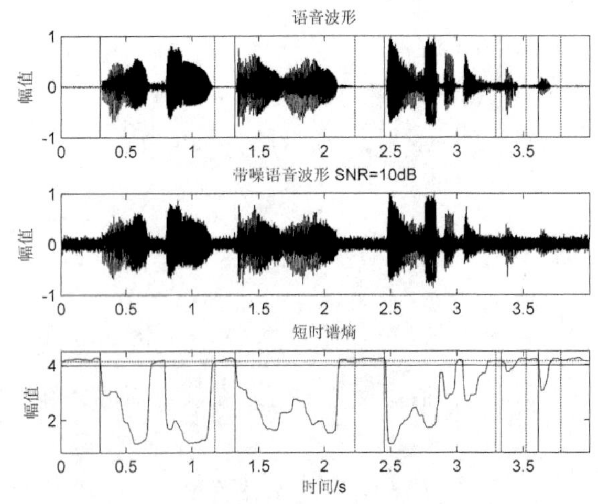

图 6-6-1 用谱熵法进行端点检测的结果

6.6.2 谱熵法端点检测的改进[11]

对谱熵法端点检测提出了以下四方面的改进。

若您对此书内容有任何疑问,可以凭在线交流卡登录MATLAB中文论坛与作者交流。

① 为了提高分辨语音信号和非语音信号的能力，提出了一些经验性的约束。由于大部分语音信号都在 250～3 500 Hz 频带内，设第 k 条谱线频率为 f_k，有

$$Y_i(k)=0 \quad f_k<250\ \text{Hz} \quad 或 \quad f_k>3\,500\ \text{Hz} \tag{6-6-6}$$

② 为了消除某些能量集中噪声某个特定频率对谱熵方法的影响，需设定归一化谱概率密度的上限：

$$p_i(k)=0 \quad 若\ p_i(k)>0.9 \tag{6-6-7}$$

③ 为了消除每帧信号 FFT 后的谱线幅值受噪声影响，把每条谱线的谱熵改为子带的谱熵。设含噪语音信号时域波形为 $x(n)$，加窗分帧处理后得到的第 i 帧语音信号为 $x_i(m)$，它的 DFT 为

$$X_i(k)=\sum_{m=0}^{N-1}x_i(m)\exp(-\mathrm{j}2\pi km/N) \tag{6-6-8}$$

式中，$X_i(k)$ 是语音帧 $x_i(m)$ 的短时傅里叶变换，每个分量的能量 $Y_i(k)=|X_i(k)|^2$。

这样归一化谱概率密度函数定义为

$$p(k,i)=\frac{Y_i(k)}{\sum_{l=0}^{N/2}Y_i(l)} \quad k=0,1,\cdots,\frac{N}{2} \tag{6-6-9}$$

对每帧的正频率部分计算出信息熵

$$H(i)=-\sum_{k=0}^{N/2}p(k,i)\log p(k,i) \tag{6-6-10}$$

$H(i)$ 是第 i 帧的谱熵（式(6-6-9)、式(6-6-10)与式(6-6-1)、式(6-6-2)相同）。

子带谱熵的思想是将一帧分成若干子带，再求每一个子带谱熵，这样就消除了每一条谱线幅值受噪声影响的问题。设每个子带由 4 条谱线组成，共有 N_b 个子带，这样第 i 帧中的第 m 子带的子带能量为

$$E_\mathrm{b}(m,i)=\sum_{k=(m-1)*4}^{(m-1)*4+3}Y_i(k) \quad 1\leqslant m\leqslant N_\mathrm{b} \tag{6-6-11}$$

相应地，子带能量的概率 $p_\mathrm{b}(m,i)$ 和子带谱熵 $H_\mathrm{b}(i)$ 分别为

$$p_\mathrm{b}(m,i)=\frac{E_\mathrm{b}(m,i)}{\sum_{k=1}^{N_\mathrm{b}}E_\mathrm{b}(m,i)} \quad 1\leqslant m\leqslant N_\mathrm{b} \tag{6-6-12}$$

$$H_\mathrm{b}(i)=-\sum_{m=1}^{N_\mathrm{b}}p_\mathrm{b}(m,i)\log p_\mathrm{b}(m,i) \tag{6-6-13}$$

④ 在谱熵的计算中引入一个正常量 K 到概率分布式(6-6-12)中，得到新的子带能量的概率分布密度公式

$$p'_\mathrm{b}(m,i)=\frac{E_\mathrm{b}(m,i)+K}{\sum_{k=1}^{N_\mathrm{b}}(E_\mathrm{b}(k,i)+K)} \quad K>0 \tag{6-6-14}$$

比较式(6-6-12)可得出新的子带谱熵

$$H'_\mathrm{b}(i)=-\sum_{m=1}^{N_\mathrm{b}}p'_\mathrm{b}(m,i)\log p'_\mathrm{b}(m,i) \tag{6-6-15}$$

在文献[11]中推导证明：在噪声环境下，引入正常量 K 后语音信号和噪声信号的区分度能得以提高。

例 6-6-2(pr6_6_2) 读入 bluesky1.wav 数据(内容为"蓝天,白云,碧绿的大海"),用改进谱熵法进行端点检测,每 4 条谱线构成一个子带。

程序清单如下:

```
% pr6_6_2
clear all; clc; close all
run Set_I                                        % 基本设置
run PART_I                                       % 读入数据,分帧等准备
df = fs/wlen;                                    % 求出 FFT 后频率分辨率
fx1 = fix(250/df) + 1; fx2 = fix(3500/df) + 1;   % 找出 250 Hz 和 3 500 Hz 的位置
km = floor(wlen/8);                              % 计算出子带个数
K = 0.5;                                         % 常数 K
for i = 1:fn
    A = abs(fft(y(:,i)));                        % 取来一帧数据 FFT 后取幅值
    E = zeros(wlen/2 + 1,1);
    E(fx1 + 1:fx2 - 1) = A(fx1 + 1:fx2 - 1);     % 只取 250~3 500 Hz 之间的分量
    E = E.* E;                                   % 计算能量
    P1 = E/sum(E);                               % 寻找是否有分量的概率大于 0.9
    index = find(P1>= 0.9);
    if ~isempty(index), E(index) = 0; end        % 若有,该分量置 0
    for m = 1:km                                 % 计算子带能量
        Eb(m) = sum(E(4 * m - 3:4 * m));
    end
    prob = (Eb + K)/sum(Eb + K);                 % 按式(5-6-14)计算子带概率
    Hb(i) = - sum(prob.* log(prob + eps));       % 按式(5-6-15)计算子带谱熵
end
Enm = multimidfilter(Hb,10);                     % 平滑处理
Me = min(Enm);                                   % 设置阈值
eth = mean(Enm(1:NIS));
Det = eth - Me;
T1 = 0.99 * Det + Me;
T2 = 0.96 * Det + Me;
[voiceseg,vsl,SF,NF] = vad_param1D_revr(Enm,T1,T2);    % 用双门限法反向端点检测
```

说明:

① 作图部分的程序类同例 6-3-1,这里省略,详细可参考源程序中的 pr6_6_2 程序。

② Set_I 和 PART_I 可参看例 6-3-1 的说明和清单。

③ 本例中选用 K=0.5。

运行 pr6_6_2,用改进谱熵法进行端点检测的结果如图 6-6-2 所示。

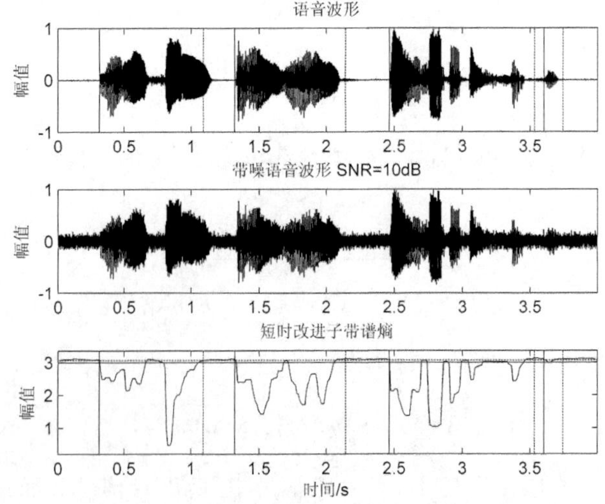

图 6-6-2 改进谱熵法进行端点检测的结果

6.7　能零比和能熵比的端点检测

6.7.1　能零比的端点检测[12]

6.2 节已介绍用能量和过零率的端点检测，但其中是把能量和过零点作为两个参数分别进行判断来检测的。对于低信噪比的带噪语音来说，它的能量和过零率的图如图 6-7-1 所示。

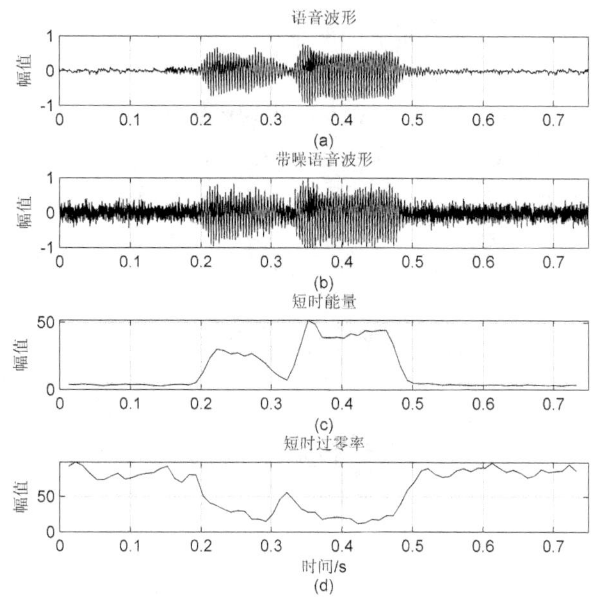

图 6-7-1　语音信号能量和过零率图形

从图中可以看出，在语音的有话区间能量是向上凸起的，而过零率正相反，在有话区间向下凹陷。这表明，有话区间能量的数值大，而过零率数值小；在噪声区间能量的数值小，而过零率数值大，所以把能量值除以过零率的值，则可以更突出有话区间的数值，噪声区间的数值变得更小，拉开了有话区间和噪声区间的数值差距，更容易检测出语音的端点。所以，基于这种思想提出了能零比端点检测方法。

设语音信号的时间序列为 $x(n)$，加窗分帧处理后得到的第 i 帧语音信号为 $x_i(m)$，帧长为 N。按式(6-1-1)知每一帧的能量为

$$\text{AMP}_i = \sum_{m=1}^{N} x_i^2(m)$$

在这里引入改进的能量计算关系

$$\text{LE}_i = \log_{10}(1 + \text{AMP}_i / a) \tag{6-7-1}$$

式中，AMP_i 是按式(6-6-1)计算出的每帧的能量；a 是一个常数。

由于有 a 的存在，当 a 取较大的数值时，AMP_i 幅值若有剧烈变化将在 LE_i 中得到缓和，所以适当选择 a，可有助于区分噪音和清音。

过零率计算还是同 6.1 节，在计算过零率之前先做中心截幅，见式(6-1-2)。中心截幅的 $\tilde{x}_i(m)$ 为

$$\tilde{x}_i(m)=\begin{cases}x_i(m) & |x_i(m)|\geqslant\delta\\ 0 & |x_i(m)|<\delta\end{cases}$$

式中,δ 是一个很小的值。中心截幅后再计算每一帧的过零率 ZCR_i,按式(6-1-3)为

$$ZCR_i=\sum_{m=1}^{N}|\operatorname{sign}[\tilde{x}_i(m)]-\operatorname{sign}[\tilde{x}_i(m-1)]|$$

式中,sign[·]按式(6-1-4)为

$$\operatorname{sign}[\tilde{x}_i(m)]=\begin{cases}1 & |\tilde{x}_i(m)|\geqslant 0\\ -1 & |\tilde{x}_i(m)|<0\end{cases}$$

按改进的能量计算值和过零率就能给出能零比

$$EZR_i=LE_i/(ZCR_i+b) \tag{6-7-2}$$

式中,b 也是一个较小的常数,防止 ZCR_i 为0时出现溢出的情况。

用图6-7-1中的能量和过零率计算能零比,得图6-7-2。从图6-7-2可看出,在短时能零比的图中噪声区间起伏更小,所以能更容易地区分出噪声区间和有话区间,即有益于端点检测。

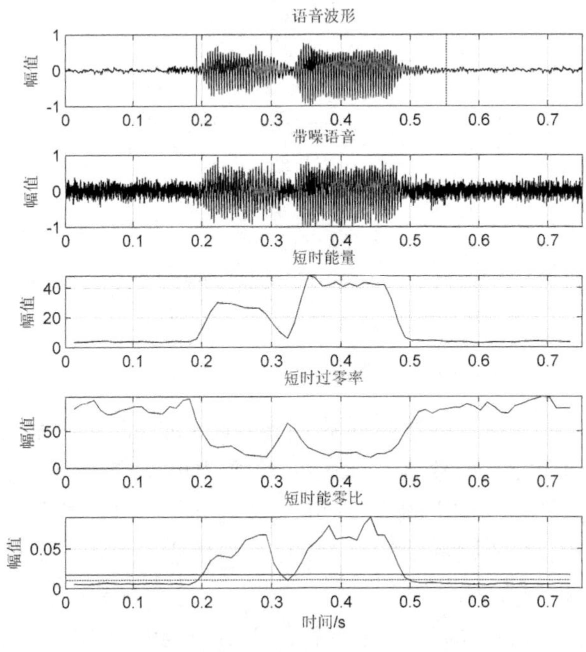

图6-7-2 语音信号能量、过零率和能零比图

例6-7-1(pr6_7_1) 读入blueskyl.wav数据(内容为"蓝天,白云,碧绿的大海"),用能零比法进行端点检测。

程序清单如下:

```
% pr6_7_1
clear all; clc; close all;

run Set_I                                   % 基本设置
run PART_I                                  % 读入数据,分帧等准备

aparam = 2; bparam = 1;                     % 设置参数
etemp = sum(y.^2);                          % 计算能量
etemp1 = log10(1 + etemp/aparam);           % 按式(6-7-1)计算能量的对数值
```

```
zcr = zc2(y,fn);                                  % 求过零点值
Ecr = etemp1./(zcr + bparam);                     % 按式(6-7-2)计算能零比

Ecrm = multimidfilter(Ecr,2);                     % 平滑处理
dth = mean(Ecrm(1:(NIS)));                        % 阈值计算
T1 = 1.2 * dth;
T2 = 2 * dth;
[voiceseg,vsl,SF,NF] = vad_param1D(Ecrm,T1,T2);   % 能零比法的双门限端点检测
```

说明:

① 作图部分的程序类同例 6-3-1,这里省略,详细可参考源程序中的 pr6_7_1 程序。

② Set_I 和 PART_I 可参看例 6-3-1 的说明和清单。

③ 程序中式(6-7-1)和式(6-7-2)中的参数 a 和 b 分别取为:aparam=2,bparam=1。

运行 pr6_7_1,用能零比法进行端点检测的结果如图 6-7-3 所示。

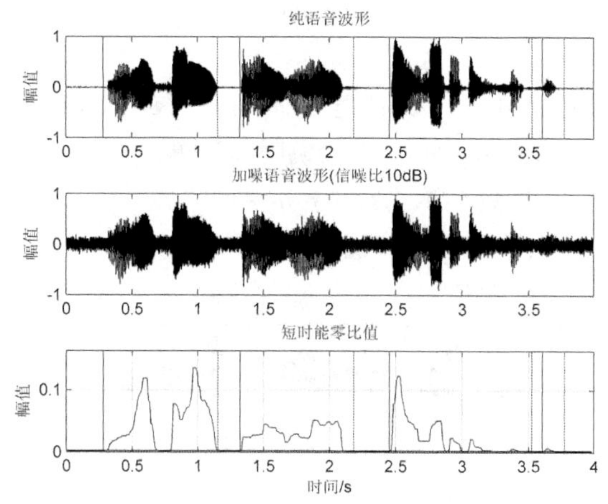

图 6-7-3　用能零比法进行端点检测的结果

6.7.2　能熵比法的端点检测

在 6.7.1 节中表示出了每帧语音信号的改进能量 EL_i,见式(6-7-1),而在 6.6.1 节中表示出了每帧语音信号的谱熵 H_i,见式(6-6-2),其中下标 i 表示第 i 帧,帧长为 N。在文献[13,14]中用能量和谱熵构成了能熵积

$$EEF_i = \sqrt{1 + |AMP_i \times H_i|} \tag{6-7-3}$$

从 6.6.1 节看到,谱熵值类似于过零率值,在有话段内的谱熵值小于噪声段的谱熵值,所以如同能零比一样,用能熵比更能突出有话段和噪声段的差别。能熵比表示为

$$EEF_i = \sqrt{1 + |EL_i / H_i|} \tag{6-7-4}$$

式中,能量取由式(6-7-1)表示的 EL_i;谱熵 H_i 由式(6-6-2)表示。

例 6-7-2(pr6_7_2)　读入 bluesky1.wav 数据(内容为"蓝天,白云,碧绿的大海"),用能熵比法进行端点检测。

程序清单如下:

```
% pr6_7_2
clear all; clc; close all

run Set_I                                % 基本设置
run PART_I                               % 读入数据,分帧等准备
```

```
aparam = 2;                                              % 设置参数
for i = 1:fn
    Sp = abs(fft(y(:,i)));                               % FFT 变换取幅值
    Sp = Sp(1:wlen/2 + 1);                               % 只取正频率部分
    Esum(i) = log10(1 + sum(Sp. * Sp)/aparam);           % 计算对数能量值
    prob = Sp/(sum(Sp));                                 % 计算概率
    H(i) = - sum(prob. * log(prob + eps));               % 求谱熵值
    Ef(i) = sqrt(1 + abs(Esum(i)/H(i)));                 % 计算能熵比
end
Enm = multimidfilter(Ef,10);                             % 平滑滤波
Me = max(Enm);                                           % Enm 最大值
eth = mean(Enm(1:NIS));                                  % 初始均值 eth
Det = Me - eth;                                          % 求出值后设置阈值
T1 = 0.05 * Det + eth;
T2 = 0.1 * Det + eth;
[voiceseg,vsl,SF,NF] = vad_param1D(Enm,T1,T2);           % 用能熵比法的双门限端点检测
```

说明:

① 作图部分的程序类同例 6-3-1,这里省略,详细可参考源程序中的 pr6_7_2 程序。

② Set_I 和 PART_I 可参看例 6-3-1 的说明和清单。

③ 与程序 pr6_7_1 一样,参数 a 取为:aparam=2。

运行 pr6_7_2,用能熵比法进行端点检测的结果如图 6-7-4 所示。

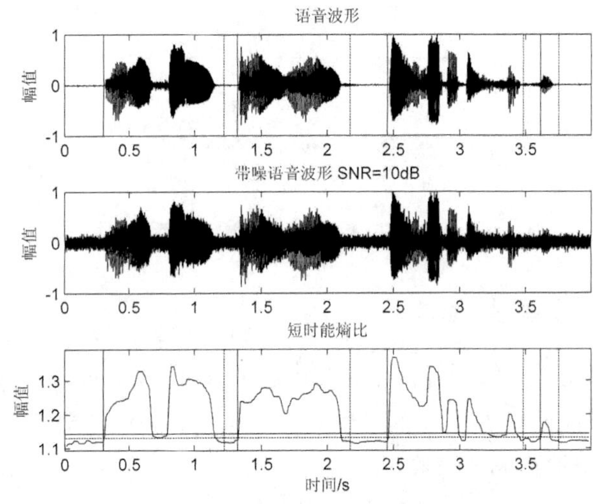

图 6-7-4 用能熵比法进行端点检测的结果

6.8 小波变换和 EMD 分解在端点检测中的应用

6.8.1 小波变换在端点检测中的应用[15]

小波变换的基本原理已在第 3 章中做过介绍,而本小节介绍小波变换在端点检测中的应用。

小波变换分解后可以被看做由低通滤波器和带通滤波器组成的滤波器组,低通滤波器的输出是近似系数,带通滤波器的输出是细节系数。小波系数较大者携带信号能量较多,系数较小者则携带信号能量较少。对不同子带内的小波系数进行统计分析,可获取语音和噪声的分布特征。

在小波变换中，因为 Daubechies 小波具有很好的正交性，可提供更有效的分解和重构，所以选择 Daubechies 小波中的 db4 小波作为母函数。

设语音信号的时间序列为 $x(n)$，加窗分帧处理后得到的第 i 帧语音信号为 $x_i(m)$，帧长为 N。对每帧用 db4 小波母函数做 10 层分解，细节系数为 S_j^k（$k=1,2,\cdots,10$）共有 10 层，S_j^k 表示第 k 层第 j 个小波系数（每一层中小波系数的个数是不相等的）。对每帧分解的 10 层，把它的细节系数分为两部分，1～5 层为第一部分，6～10 层为第二部分。分别求出每层的平均幅值，第 k 层小波系数的平均幅值为

$$E_i^k = \frac{1}{L(k)} \sum_{j \in L(k)} |S_j^k| \tag{6-8-1}$$

式中，下标 i 表示第 i 帧；$L(k)$ 表示第 k 层小波细节系数的长度。

令

$$\left.\begin{aligned} M_1(i) &= \max\{E_i^1, E_i^2, E_i^3, E_i^4, E_i^5\} \\ M_2(i) &= \max\{E_i^6, E_i^7, E_i^8, E_i^9, E_i^{10}\} \end{aligned}\right\} \tag{6-8-2}$$

在 1～5 和 6～10 两部分中找出各自平均幅值的最大值，再进一步计算 $M_1(i)$ 和 $M_2(i)$ 的乘积：

$$\mathrm{MD}_i = M_1(i) \times M_2(i) \tag{6-8-3}$$

这是利用噪声和语音在小波分解的各子带中有不同的特性来区分它们。

例 6-8-1(pr6_8_1)　读入 bluesky1. wav 数据（内容为"蓝天，白云，碧绿的大海"），用小波分解系数的平均幅值积法进行端点检测。

程序清单如下：

```
% pr6_8_1
clear all; clc; close all;

run Set_I                                    % 基本设置
run PART_I                                   % 读入数据,分帧等准备
% 小波分解后参数
start = [ 1   8   15   22   29   37   47   60   79   110   165];
send = [ 7   14   21   28   36   46   59   78   109   164   267];
duration = [ 7   7   7   7   8   10   13   19   31   55   103];

for i = 1 : fn
    u = y(:,i);                              % 取一帧
    [c,l] = wavedec(u,10,'db4');             % 用母小波 db4 进行 10 层分解
    for k = 1 : 10
        E(11 - k) = mean(abs(c(start(k + 1):send(k + 1))));    % 计算每层的平均幅值
    end
    M1 = max(E(1:5)); M2 = max(E(6:10));     % 按式(6-8-2)求 M1 和 M2
    MD(i) = M1 * M2;                         % 按式(6-8-3)计算 MD
end
MDm = multimidfilter(MD,10);                 % 平滑处理
MDmth = mean(MDm(1:NIS));                    % 计算阈值
T1 = 2 * MDmth;
T2 = 3 * MDmth;
[voiceseg,vsl,SF,NF] = vad_param1D(MDm,T1,T2);     % 用小波分解系数平均幅值积法的双门限端点检测
```

说明：

① 作图部分的程序类同例 6-3-1，这里省略，详细可参考源程序中的 pr6_8_1 程序。

② Set_I 和 PART_I 可参看例 6-3-1 的说明和清单。

③ 信号 x 小波经 wavedec 函数进行 10 层分解后得到系数为 C 和 L：

```
[C,L] = wavedec(x,10,'db4');
```

其中,C 是小波的系数;L 是长度矢量。10 层小波分解 L 将得到 12 组系数的长度,第 1 组是近似系数 CA 的长度,后 10 组是 10 层(子带)细节系数 CD 的长度,第 12 组是前 11 组数的总长。CA 系数和每层 CD 系数的长度在 L 中都是不相同的;而系数在 C 中(在第 3 章介绍 wavedec 函数时曾做过简单说明)。所以要取某层系数,只能对照 L 中的数值再从 C 中取得系数,这实际上是很麻烦的。由于一般取帧长为 200,所以先从 L 中得到各层系数的位置。CD 系数在 C 中的排列是递减排列的:CD10,CD9,…,CD1。下面列出 CA 和每层 CD 在 C 中的开始位置和结束位置,以及它的长度:

	CA	CD10	CD9	CD8	CD7	CD6	CD5	CD4	CD3	CD2	CD1
开始位置	1	8	15	22	29	37	47	60	79	110	165
结束位置	7	14	21	28	36	46	59	78	109	164	267
长度	7	7	7	7	8	10	13	19	31	55	103

这就是在程序中设置了 start,send 和 duration 三个数组的内容。有了这几个数组,要取某一层的系数可直接用开始位置,结束位置从 C 中取得。

这些参数仅适用于帧长为 200 且 10 层分解的情况。设置这些参数是为了提高计算效率,避免在程序中重复从 L 中求取某层系数的长度,再找起始和结束位置。当帧长不是 200 时,可以从 L 中取得参数重新设置。

运行 pr6_8_1,用小波分解系数的平均幅值法进行端点检测的结果如图 6-8-1 所示。

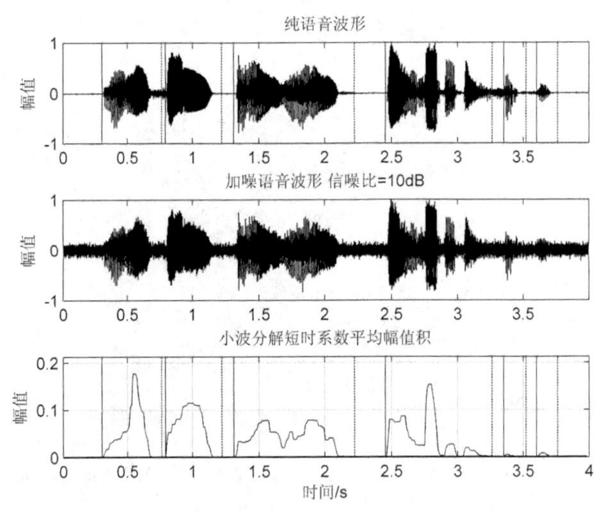

图 6-8-1 用小波分解系数的平均幅值法进行端点检测的结果

6.8.2 EMD 分解在端点检测中的应用[17]

在 EMD 分解后进行端点检测的方法也很多,本小节主要介绍在 EMD 分解后利用 Teager 能量算子计算能量,结合过零率进行端点检测。

Teager 能量算子(Teager Energy Operator,TEO)是由 Kaiser 提出的一种非线性算子,它能有效地提取信号的"能量",并且已经被成功地应用于语音信号处理。

语音信号中的有话部分属于稳定或半稳定的信号,而无话部分属于不稳定信号。TEO 能量算子能强化稳定或半稳定信号,衰减不稳定信号,并有非线性能量跟踪信号特性,能得到一个合理的信号能量的变化，对调幅信号的幅包络和调频信号的瞬时频率的变化非常敏感，因此对于语音信号来说具有很好的适用性。

将离散时间系统的 TEO 定义为

$$T[x_i(m)]=[x_i(m)]^2-x_i(m+1)x_i(m-1)\quad m=1,2,\cdots,N \tag{6-8-4}$$

式中，假设了语音信号的时间序列为 $x(n)$，加窗分帧处理后得到的第 i 帧语音信号为 $x_i(m)$，帧长为 N。

这里给出 Teager 能量计算的函数。

函数：steager
功能：计算一维信号的 Teager 能量。
调用格式：tz = steager(x)
说明：输入参数 x 是要计算 Teager 能量的数据序列；输出参数 tz 是 x 序列的 Teager 能量。

steager 函数的程序清单如下：

```
function tz = steager(z)
N = length(z);                          % 取得数据长度

for k = 2 : N - 1                       % 计算 Teager 能量
    tz(k) = z(k)^2 - z(k - 1) * z(k + 1);
end
tz(1) = 2 * tz(2) - tz(3);              % 数据外延求出两个端点的值
tz(N) = 2 * tz(N - 1) - tz(N - 2);
```

第 3 章已介绍过 EMD 变换，本小节主要利用 EMD 分解、重构等进行语音的端点检测。具体步骤如下：

① 对带噪语音信号 $x(n)$ 进行 EMD 分解，得到一系列的 imf，丢弃前两阶模态的 imf，再重构成信号 $\tilde{x}(n)$。因为有文献[17]报导在 EMD 分解后前两阶 imf 将含有白噪声的 75%分量，丢弃前两阶 imf 相当于对带噪语音进行减噪，当然也减弱了语音中的高频分量，但这不会影响端点检测。

② 对重构信号 $\tilde{x}(n)$ 进行分帧 $\tilde{x}_i(m)$，对每帧再进行 EMD 分解，得到一组新的 $\text{imf}_j^i(m)$。其中，上标 i 表示第 i 帧，下标 j 表示在 EMD 分解后第 j 阶模态；m 是时间序号。

③ 对各阶 $\text{imf}_j^i(m)$ 分量计算 Teager 能量，并计算平均值：

$$E_j^i=\frac{1}{N}\sum_{m=1}^{N}T[\text{imf}_j^i(m)] \tag{6-8-5}$$

④ 将各阶 imf 分量的 E_j^i 相加：

$$\text{TE}^i=\sum_{j=1}^{L}E_j^i \tag{6-8-6}$$

得到每帧信号的 TE^i，上标 i 表示第 i 帧。

⑤ 有关过零率已在 6.1 节做过介绍，采用中心截幅的过零率 ZCR，但计算过零率的信号不是重构后的语音信号 $\tilde{x}(n)$，而是原带噪信号 $x(n)$。在求出 ZCR 后结合了每帧信号的 TE^i，可用双参数双门限的方法进行端点检测。

例 6-8-2(pr6_8_2)　读入 bluesky1. wav 数据（内容为"蓝天，白云，碧绿的大海"），用 EMD 分解和过零率相结合进行端点检测。

程序清单如下：

```
% pr6_8_2
clear all; clc; close all;

run Set_I                               % 基本设置
run PART_I                              % 读入数据，分帧等准备

imf = emd(signal);                      % EMD 分解
```

```
M = size(imf,1);                              % 取得分解后 IMF 的阶数
u = zeros(1,N);
h = waitbar(0,'Running...');                  % 设置运行程序进度条图,初始化
set(h,'name','端点检测 - 0%');                % 设置本图的名称"端点检测"
for k = 3 : M                                 % 丢弃前 2 阶 IMF 重构语音信号
    u = u + imf(k,:);
end
z = enframe(u,wnd,inc)';                      % 重构语音信号的分帧

for k = 1 : fn
    v = z(:,k);                               % 取来一帧
    imf = emd(v);                             % EMD 分解
    L = size(imf,1);                          % 取得分解后 IMF 的阶数 L
    Etg = zeros(1,wlen);
    for i = 1 : L                             % 计算每阶 IMF 的平均 Teager 能量
        Etg = Etg + steager(imf(i,:));
    end
    Tg(k,:) = Etg;
    Tgf(k) = mean(Etg);                       % 计算本帧的平均 Teager 能量
    waitbar(k/fn,h)                           % 显示运行的百分比,用红条表示
% 显示本图的名称"端点检测",并显示运行的百分比数,用数字表示
    set(h,'name',['端点检测 - ' sprintf('%2.1f',k/fn*100) '%'])
end
close(h)                                      % 关闭程序进度条
Zcr = zc2(y,fn);                              % 计算过零率
Tgfm = multimidfilter(Tgf,10);                % 平滑处理
Zcrm = multimidfilter(Zcr,10);                % 平滑处理
Mtg = max(Tgfm);                              % 计算阈值
Tmth = mean(Tgfm(1:NIS));
Zcrth = mean(Zcrm(1:NIS));
T1 = 1.5 * Tmth;
T2 = 3 * Tmth;
T3 = 0.9 * Zcrth;
T4 = 0.8 * Zcrth;
% 双参数双门限的端点检测
[voiceseg,vsl,SF,NF] = vad_param2D_revr(Tgfm,Zcrm,T1,T2,T3,T4);
```

说明:

① 作图部分的程序类同例 6-3-1,这里省略,详细可参考源程序中的 pr6_8_2 程序。

② Set_I 和 PART_I 可参看例 6-3-1 的说明和清单。

③ 第一次 EMD 时是对带噪语音进行处理,以带噪语音 signal 作为 EMD 的输入,丢弃两阶 imf 分量,重构语音信号为变量 u,分帧后为变量 z,对每帧的数据进行 Teager 能量计算。

④ 前面已指出过,对过零率的计算用原始的带噪语音,所以用带噪语音的分帧数组 y 来进行计算。

⑤ 本程序中是用了 Teager 能量和过零率两个参数来共同判断的,故用了双参数双门限的函数,又因为用过零率判决时是以小于阈值为准,所以用了反向判断的函数 vad_param2D_revr。

运行 pr6_8_2,用 EMD 分解短时 Teager 能量平均值和短时过零率法进行端点检测的结果如图 6-8-2 所示。

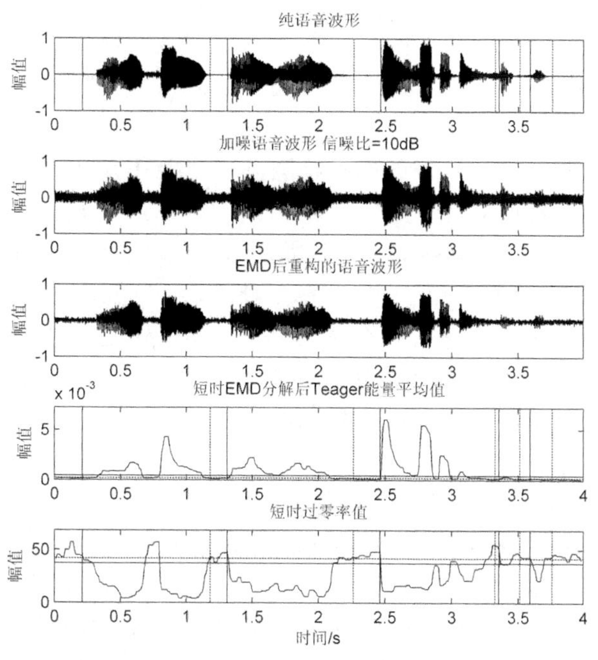

图 6-8-2　用 EMD 分解短时 Teager 能量平均值和短时过零率法进行端点检测的结果

6.9　低信噪比时的端点检测

前几节已介绍了十多种端点检测的方法，但信噪比大部分都是在 10dB。当降低信噪比后会发现端点检测的质量明显降低，有些音不能被检测出来。从以上介绍过的方法来看，即使在信噪比为 10 dB 时端点检测的结果也还是不尽如人意。例如，所用男声“蓝天，白云，碧绿的大海”的句子中，常会把“海”(Hai)字检测为两个音，如图 6-9-1 所示。

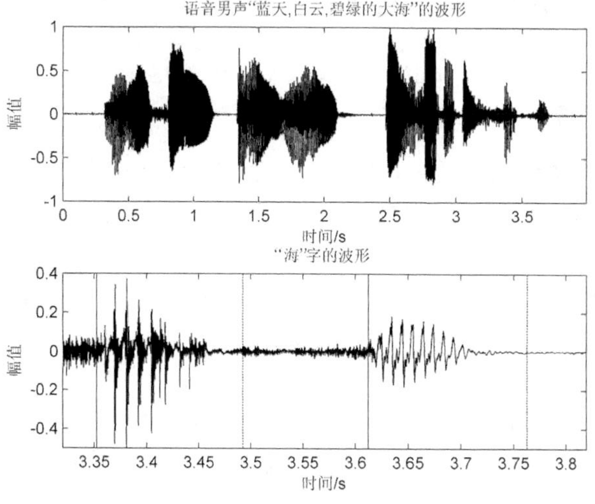

图 6-9-1　句子的完整波形和“海”字放大的波形

图 6-9-1 上图所示是男声“蓝天，白云，碧绿的大海”的完整波形，图 6-9-1 下图给出

了“海”字的放大波形。从图中可看出“海”字被分成了两部分,中间有一个过渡,两端的能量较大,而中间部分能量很小。所以,在有噪声的情况下,许多方法都无法把这两部分确认为一个字,这就是实际检测出的结果。这样的结果对语音增强来说不会受什么影响,但对语音识别来说,就会带来一定的困难。

对于低信噪比,尚在寻找新的、好的端点检测方法。本章给出的只是有限个端点检测方法,查一下文献可以发现,端点检测的方法相当多。例如,以熵这方法来讲就有多种:谱熵、能量谱熵、倒谱距离熵、近似熵和样本熵等。又例如,方差法,除了在时间序域和频域进行方差计算外,还可在小波变换、DCT变换和EMD分解后计算,一样可用于端点检测。此外,还可在其他的变换域中计算。当然,除了本章介绍的一些方法类以外,还有分形法、语音存在概率法、高阶谱法和高阶累积量法,等等。所以方法有许多种,而且目前人们仍在探索新的更有效的方法。这里给出几种在低信噪比环境下的解决方法。

(1) 把几种方法结合在一起

在6.8节,把EMD的Teager能量和过零率结合在一起就是一个例子。各种方法各有特点,可把两种或三种方法结合在一起,以提高在低信噪比条件下检测的正确性。

(2) 检测本底噪声并调整阈值

在本章的介绍中使用平稳的随机白噪声,而实际处理中情况往往没有这样理想,即使是平稳的随机白噪声,它也是有所起伏变化的。而阈值往往是根据本底噪声来设置的。例如在本章的程序中,用前导无话段IS(时间长度)或NIS(帧数)求出参数在前导无声段的平均值$\overline{A}$,按值$\overline{A}$设置阈值T_1为$a\times\overline{A}$,T_2为$b\times\overline{A}$,其中a和b是比例常数。所以T_1和T_2的数值与均值$\overline{A}$有很大关系。而判断有话段和噪声段又完全根据参数是否超越T_1和T_2进行,所以本底噪声的正确估算和合适的阈值设置能改善端点的检测。

(3) 采用其他方法降低噪声

在6.8节的EMD方法中通过丢弃前2层imf以降低噪声就是其中的一种方法。语音减噪(增强)后再做端点检测确能提高其正确率,但语音减噪和端点检测往往是互相依赖的,有时要提高语音减噪的效果需要正确的端点检测。

本章主要介绍了在对数谱距离端点检测中噪声的估算,以及使用谱减和方差法、谱减和能熵比法的端点检测。

6.9.1 噪声的估算

6.5节介绍了利用对数谱距离的端点检测方法,其中有函数VAD,有多个语音增强方法中用到该函数(在第7章中有相应的例子),它在检测语音的过程中对噪声进行不断地更新,本节以它为例说明怎样对噪声进行估算和更新。

每一帧数据都调用一次VAD函数,每次调用VAD函数携带入本帧带噪语音的幅值谱SIGNAL和最近的噪声平均幅值谱NOISE等参数:

```
[SF,…] = vad(SIGNAL,NOISE,…)
```

而输出参数中的SF表示本帧是否为有话帧。当判断为有话帧时,SF=1;判断为无话帧时,SF=0。如果本帧SF=0,即是噪音帧,此时就对噪音的平均谱值进行更新:

$$\text{NOISE\_new} = (\text{NOISE}\times \text{L} + \text{SIGNAL})/(\text{L}+1) \qquad (6-9-1)$$

其中,NOISE是本帧以前的噪声平均幅值;SIGNAL是本帧的幅值谱;L是一个设置的常数。式(6-9-1)就是通过在带噪语音的噪声段计算出新的噪声平均幅值,在程序中把L取为9。

例 6-9-1 (pr6_9_1)　读入 bluesky1.wav 数据(内容为"蓝天,白云,碧绿的大海"),叠加上 NOISEX-92 中非稳态的 destroyerope.wav 的噪声(取其中一部分),信噪比为 20 dB,通过调用 VAD 函数并估算噪声,观察噪声的变化。

程序清单如下:

```
% pr6_9_1
clear all; clc; close all;

filedir = [];                                    % 设置文件路径
filename = 'bluesky1.wav';                       % 设置文件名称
fle = [filedir filename]                         % 构成文件路径和名称
[xx,fs] = wavread(fle);                          % 读入数据
x = xx/max(abs(xx));                             % 幅值归一化
N = length(x);
time = (0:N-1)/fs;                               % 设置时间
IS = 0.3;                                        % 设置前导无话段长度
wlen = 200;                                      % 设置帧长为 25ms
inc = 80;                                        % 求帧移
SNR = 20;                                        % 设置信噪比
wnd = hamming(wlen);                             % 设置窗函数
overlap = wlen - inc;                            % 求重叠区长度
NIS = fix((IS * fs - wlen)/inc + 1);             % 求前导无话段帧数

noisefile = 'destroyerops.wav';                  % 指定噪声的文件名
[signal,noise] = add_noisefile(x,noisefile,SNR,fs);    % 叠加噪声
y = enframe(signal,wnd,inc)';                    % 分帧
fn = size(y,2);                                  % 求帧数
frameTime = frame2time(fn, wlen, inc, fs);

Y = fft(y);                                      % FFT
Y = abs(Y(1:fix(wlen/2) + 1,:));                 % 计算正频率幅值
N = mean(Y(:,1:NIS),2);                          % 计算前导无话段噪声区平均频谱
NoiseCounter = 0;
NoiseLength = 9;

for i = 1:fn,
    if i <= NIS                                  % 在前导无话段中设置为 NF = 1,SF = 0
        SpeechFlag = 0;
        NoiseCounter = 100;
        SF(i) = 0;
        NF(i) = 1;
        TNoise(:,i) = N;
    else                                         % 检测每帧计算对数频谱距离
        [NoiseFlag, SpeechFlag, NoiseCounter, Dist] = ...
            vad(Y(:,i),N,NoiseCounter,2.5,8);
        SF(i) = SpeechFlag;
        NF(i) = NoiseFlag;
        D(i) = Dist;
        if SpeechFlag == 0                       % 如果是噪声段对噪声谱进行更新
            N = (NoiseLength * N + Y(:,i))/(NoiseLength + 1); %
        end
        TNoise(:,i) = N;
    end
    SN(i) = sum(TNoise(:,i));                    % 计算噪声谱幅值之和
end
```

说明:

① 作图部分的程序类同例 6-3-1,这里省略,详细可参考源程序中的 pr6_9_1 程序。

② 调用了 add_noisefile 函数读入 destroyerops.wav 数据,并把采样频率调整到与语音信号一致。add_noisefile 函数已在第5章中做过介绍。

本程序中直接使用了 vad 函数中的部分语句,当一帧数据处理后,如果检测出 SF=0,便按式(6-9-1)调整噪声谱值。

③ 本方法得到的结果不太理想,这是由于用了对数谱距离的端点检测方法的缘故(在第7章中也会再一次提到),但本例主要说明可在检测端点的中间调整噪声的谱值。

运行 pr6_9_1,用噪声估算对数谱距离法进行端点检测的结果如图6-9-2所示。

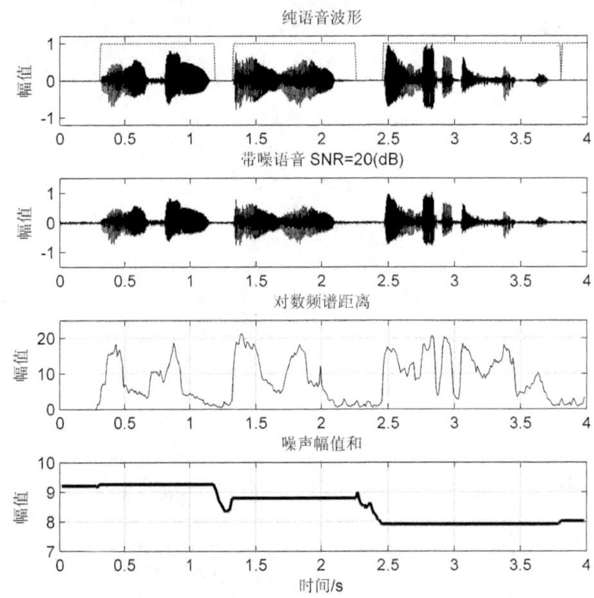

图6-9-2　用噪声估算对数谱距离法进行端点检测的结果

在图6-9-2中把不同时间的噪声谱幅值和显示出来,可看出不同时间的数值会有所变化。

6.9.2　基本谱减法和方差法的端点检测

方差法的端点检测已在6.4节中做过介绍,在本小节中把它和谱减法结合在一起。

谱减法是语音减噪(增强)中的一种方法,将在第7章中详细介绍。

设语音信号的时间序列为 $x(n)$,加窗分帧处理后得到的第 i 帧语音信号为 $x_i(m)$,帧长为 N。经 FFT 转换到频率域,求出前导噪声段的平均谱值以及每帧信号的谱值,用每帧的谱值减噪声的平均谱值,从而导出减噪后的谱值。

本书第7章提供了基本谱减法的函数 simplesubspec,有关该方法的详细讨论可参看7.2.1小节,本节主要讲解调用该函数实现谱减的功能。

在6.4节中已介绍过方差法的端点检测,设谱减后的分帧信号为 $\hat{x}_i(m)$,它的 DFT 幅值为 $|\hat{X}_i(k)|$,令 $\hat{X}_i=\{|\hat{X}_i(1)|,|\hat{X}_i(2)|,\cdots,|\hat{X}_i(N)|\}$,表示各谱线的幅值,则均值 E_i 和方差 D_i 由式(6-4-1)和式(6-4-2)表示,E_i 和 D_i 中的下标 i 表示谱减后第 i 帧语音信号频谱均值和频谱方差值。

在求出方差值后就可以用6.4节中的方差法进一步做端点的检测。

例 6-9-2(pr6_9_2)　读入 bluesky1.wav 数据(内容为“蓝天,白云,碧绿的大海”),叠加上 0 dB 的白噪声,通过谱减和方差法进行端点检测。

程序清单如下:

```
% pr6_9_2
clear all; clc; close all;

run Set_I                                      %基本设置
SNR = 0;                                       %重新设置信噪比 SNR
run PART_I                                     %读入数据,分帧等准备
snr1 = SNR_singlech(x,signal)                  %计算初始信噪比值
a = 3; b = 0.01;
output = simplesubspec(signal,wlen,inc,NIS,a,b);
snr2 = SNR_singlech(x,output)                  %计算谱减后信噪比值
y = enframe(output,wlen,inc)';                 %谱减后输出序列分帧
nl2 = wlen/2 + 1;
Y = fft(y);                                    %FFT 转成频域
Y_abs = abs(Y(1:nl2,:));                       %取正频率域幅值
M = floor(nl2/4);                              %计算子带数
for k = 1 : fn
    for i = 1 : M                              %每个子带由 4 条谱线相加
        j = (i-1) * 4 + 1;
        SY(i,k) = Y_abs(j,k) + Y_abs(j+1,k) + Y_abs(j+2,k) + Y_abs(j+3,k);
    end
    Dvar(k) = var(SY(:,k));                    %计算每帧子带分离的频带方差
end
Dvarm = multimidfilter(Dvar,10);               %平滑处理
dth = max(Dvarm(1:(NIS)));                     %阈值计算
T1 = 1.5 * dth;
T2 = 3 * dth;
[voiceseg,vsl,SF,NF] = vad_param1D(Dvarm,T1,T2);      %频域方差双门限的端点检测
```

说明:

① 作图部分的程序类同例 6-3-1,这里省略,详细可参考源程序中的 pr6_9_2 程序。

② Set_I 和 PART_I 程序的清单已在 6.3.1 节中列出,参看 6.3.1 节。但在 Set_I 中已设置了信噪比为 10 dB,为了能显示谱减法所带来的益处,选用了信噪比为 0 dB,所以在执行 Set_I 后重新设置 SNR=0。

③ 程序中调用了 simplesubspec 函数,调用格式为:

```
output = simplesubspec(signal,wlen,inc,NIS,a,b);
```

第 7 章会对该函数做详细说明。输入参数 signal 是带噪语音;wlen 是帧长;inc 是帧移;NIS 是前导无话段的长度(单位为帧数);a 是谱减中的过减因子;b 是增益补偿因子。输出参数 output 是谱减后的语音信号。程序中设置了参量 a=3 和 b=0.01。

④ 本程序中的方差法端点检测是用频域子带方差法,与 pr6_4_2 相同。

运行 pr6_9_2,用谱减频域子带方差法进行端点检测的结果如图 6-9-3 所示,同时这里还给出运行 pr6_4_2,即信噪比为 0dB 时,没有谱减运行的结果,如图 6-9-4 所示,以便进行比较。

从图 6-9-4 中可以看出,当信噪比为 0 dB 时,运行 pr6_4_2 的结果在图 6-9-4 中,很明显“海”字没有被检出;而用了谱减法,再用方差法检测(结果在图 6-9-3 中),能正确地检测出有话段,说明增加谱减法后提高了检测的正确率。在图 6-9-3 中显示出经谱减后信噪比提高到 8.4 dB,改善了端点检测的结果。

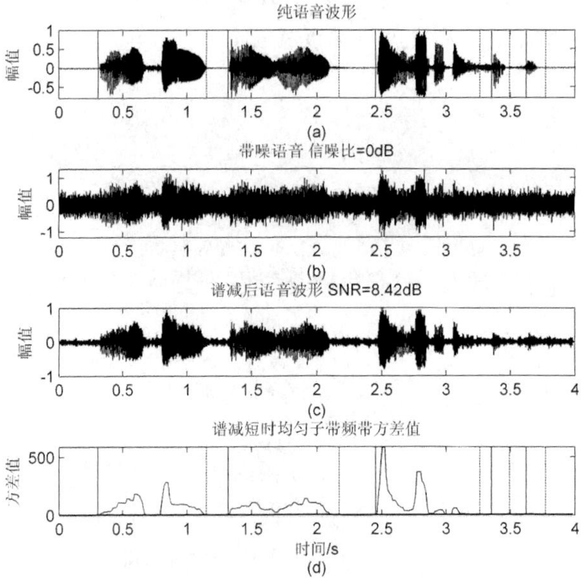

图 6-9-3 Pr6_9_2 的运行结果

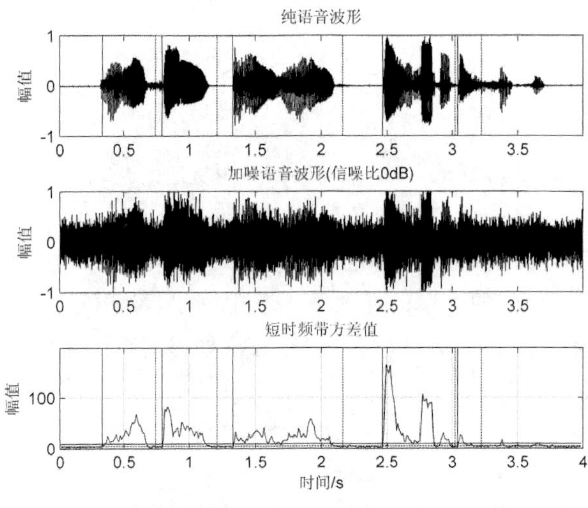

图 6-9-4 Pr6_4_2 的运行结果

6.9.3 多窗谱估计谱减法和能熵比法的端点检测

本书第 7 章还介绍了多窗谱估计的改进谱减法。它是在多窗谱功率谱估算的基础上，分别计算了平滑功率谱和噪声平均功率谱，从而导出谱减增益因子，改善了谱减功能。有关多窗谱估计谱减法的详细讨论可参看第 7.2.3 小节。在本小节中只调用多窗谱估计谱减法的函数 Mtmpsd_ssb，在低信噪比的条件下经过减噪达到正确端点检测的目标。

前面的 6.7.2 小节已介绍过能熵比法。能熵比如式(6-7-4)定义为

$$\mathrm{EEF}_i = \sqrt{1 + |\mathrm{EL}_i / H_i|}$$

其中能量 EL_i 由式(6-7-1)表示，谱熵 H_i 由式(6-6-2)表示。

例 6-9-3(pr6_9_3)　读入 bluesky1.wav 数据(内容为“蓝天，白云，碧绿的大海”)，叠加上 0dB 的白噪声，通过多窗谱估计的谱减和能熵比法进行端点检测。

程序清单如下：

```
% pr6_9_3
clear all; clc; close all

run Set_I
SNR = 0;
run PART_I
snr1 = SNR_singlech(x,signal)                    % 计算加噪后的信噪比
alpha = 2.8; beta = 0.001; c = 1;                 % 设置参数 alpha,beta 和 c
% 调用多窗谱减函数 Mtmpsd_ss,实现减噪处理
output = Mtmpsd_ssb(signal,wlen,inc,NIS,alpha,beta,c);
snr2 = SNR_singlech(x,output)                    % 计算减噪后的信噪比

y = enframe(output,wlen,inc)';                   % 对减噪后的信号分帧
aparam = 2;                                      % 设置参数
for i = 1:fn                                     % 计算各帧能熵比
    Sp = abs(fft(y(:,i)));                       % FFT 变换取幅值
    Sp = Sp(1:wlen/2 + 1);                       % 只取正频率部分
    Esum(i) = log10(1 + sum(Sp. * Sp)/aparam);   % 计算对数能量值
    prob = Sp/(sum(Sp));                         % 计算概率
    H(i) = - sum(prob. * log(prob + eps));       % 求谱熵值
    Ef(i) = sqrt(1 + abs(Esum(i)/H(i)));         % 计算能熵比
end

Enm = multimidfilter(Ef,10);                     % 平滑滤波
Me = max(Enm);                                   % 取 Enm 的最大值
eth = mean(Enm(1:NIS));                          % 求均值 eth
Det = Me - eth;                                  % 设置阈值
T1 = 0.05 * Det + eth;
T2 = 0.1 * Det + eth;
[voiceseg,vsl,SF,NF] = vad_param1D(Enm,T1,T2);  % 用双门限法端点检测
```

说明：

① 作图部分的程序类同例 6-3-1，这里省略，详细可参考源程序中的 pr6_9_3 程序。

② Set_I 和 PART_I 程序的清单已在 6.3.1 小节例 6-3-1 中列出，参看 6.3.1 小节。但例 6-3-1 的 Set_I 中已设置了信噪比为 10dB，为了能显示谱减法带来的益处，本例中选用了信噪比为 0 dB，所以在执行 Set_I 后重新设置 SNR＝0。

③ 在程序中调用 Mtmpsd_ssb 函数，调用格式为：

```
output = Mtmpsd_ssb(signal,wlen,inc,NIS,alpha,beta,c);
```

其中，输入参数 signal 是带噪语音，wlen 是帧长，inc 是帧移，NIS 是前导无话帧的长度(单位为帧数)，alpha 是谱减中的过减因子，beta 是增益补偿因子，c 用于判断在谱减中增益因子是否需要求根(c＝0 以功率谱做谱减，c＝1 以幅值谱做谱减)；输出参数 output 是谱减后的语音信号。在程序中设置了参量 alpha＝2.8，beta＝0.001 和 c＝1。

本书第 7 章会对该函数做详细说明。

④ 本程序中的能熵比法端点检测与 pr6_7_2 相同。

运行 pr6_9_3，用多窗谱估计谱减和能熵比法进行端点检测结果如图 6-9-5 所示，同时这里为进行比较还给出运行 pr6_7_2，即信噪比为 0 dB 时没有谱减的运行结果，如图 6-9-6 所示。

当信噪比为 0 dB 时，如果运行 pr6_7_2(结果在图 6-9-6 中)，很明显“海”字只被检出一半；而用了多窗谱估计谱减法后，再用能熵比法检测，结果在图 6-9-5 中，能正确地检测出有

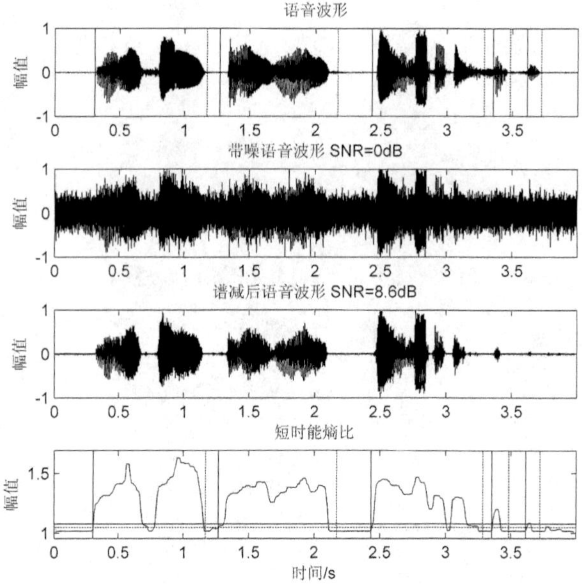

图6-9-5　pr6_9_3的运行结果

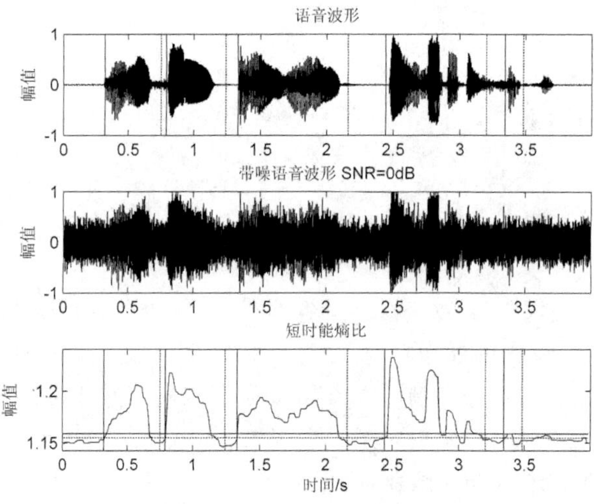

图6-9-6　pr6_7_2的运行结果

话段,说明增加谱减法后提高了检测的正确率。在图6-9-5中显示出在谱减后信噪比提高到8.6 dB,说明使端点检测得以改善。

参考文献

[1] 何强,何英. MATLAB扩展编程[M]. 北京:清华大学出版社,2002.

[2] 杨行峻,迟惠生. 语音信号数字处理[M]. 北京:电子工业出版社,1995.

[3] 卢艳玲. 一种基于多特征的带噪语音信号端点检测与音节分割算法[J]. 电声技术,2005,(7):60-62.

[4] 黄仁,黄苏园,柳刚. 基于自相关夹角余弦值的语音端点检测[J]. 重庆工业学院学报,

2006,(2):78-81.

[5] 李祖鹏,姚佩阳.一种语音段起止端点检测新方法[J].电讯技术,2000,3(1):68-71.

[6] 王月,屈百达,李金宝,等. 一种改进的基于频带方差的端点检测算法[C],2007 中国控制与决策学术年会论文集:301-303.

[7] 张春雷,曾向阳,王曙光. 基于临界带功率谱方差的端点检测[J]. 声学技术,2012,31(2):204-208.

[8] Haigh J A,Mason J S. Robust Voice Activity Detection Using Cepstral Features [J]. Proceedings of the IEEE Region 10 Conference TENCON,1993,3(3):321-324.

[9] 尹巧萍,吴海宁,赵力. 含噪语音信号端点检测方法的研究[J]. 声学技术,2008,27(4):195-198.

[10] 李晋,王玲. 一种改进的孤立词端点检测方法[J]. 计算机工程和应用,2006(30):69-71.

[11] 王琳,李成荣. 一种基于自适应谱熵的端点检测改进方法[J]. 计算机仿真,2010,27(12):373-375.

[12] 张徽强. 带噪语音信号的端点检测和声韵分离[D]. 国防科学技术大学,2005.

[13] 孙炯宁,傅德胜,徐永华. 基于熵和能量的语音端点检测算法[J]. 计算机工程与设计,2005,26(12):3429-3431.

[14] 李灵光. 一种时频结合的抗噪性端点检测算法[J]. 计算机与现代化,2011(8):29-31.

[15] 郭永亮,施玉霞. 基于小波系数能量及其方差的语音端点检测[J]. 微型电脑应用,2009,25(11):36-37.

[16] 宋倩倩,于凤芹. 基于 EMD 和改进双门限法的语音端点检测[J]. 电声技术,2009,33(8):60-63.

[17] 李曼曼,杨洪武,洪宁,等.基于 EMD 的带噪语音端点检测. 第 12 届全国人机语音通讯学术会议[C]. 2011.西安.

第 7 章

语音信号的减噪

第 5 章曾指出,接收到的语音信号大多含有噪声,只是有大有小。在进一步处理语音信号(例如语音识别、语音编码)之前往往要对带噪的语音信号进行减噪。这实质上是语音信号处理中的另一个分支——语音增强,文献[1]等一些专门书籍描述过这方面的内容。本章只介绍几种简单易行的处理方法,如自适应滤波器、谱减法和维纳滤波法等。

一般来说,随着信噪比的减小,减噪方法处理的效果也随之变差,而且往往会使语音信号丢字,或波形失真。本章介绍的几种减噪方法简单易行,有一定的效果,但若要在信噪比很低的情况下减噪,还需要寻找更有效的语音增强方法。

7.1 自适应滤波器减噪

在信号处理中,对一个受到加性噪声污染的信号通常采用的做法是让该信号通过一个滤波器,要求该滤波器能抑制噪声而又使信号保持相对不变。设计目标滤波器,既可以是固定的,也可以是自适应的。固定滤波器的设计已在第 5 章中做过介绍,但必须利用信号和噪声的先验知识(例如它们分别占有不同的频率区间),而自适应滤波器具有自动调节自身参数的能力,故它的设计要求,或对信号和噪声在频域中的先验知识需求较少。

所谓自适应滤波,就是利用前一时刻已获得的滤波器参数等结果,自动地调节现时刻的滤波器参数,以适应信号和噪声未知的或随机变化的统计特性,从而实现最优滤波。

自适应滤波实际上也是一个很大的领域,有文献[2～4]等专门的书籍论述,本节只介绍两种较常用的自适应滤波器——LMS 自适应滤波器和自适应带陷滤波器。

7.1.1 LMS 算法基本原理[5]

如图 7-1-1 所示,设 $x_1(n),x_2(n),\cdots,x_M(n)$ 为输入信号序列,$d(n)$ 为“期望输出信号”,定义误差信号为

$$e(n)=d(n)-\sum_{i=1}^{M}w_i x_i(n) \quad (7-1-1)$$

式中,w_i 为滤波器的权系数。

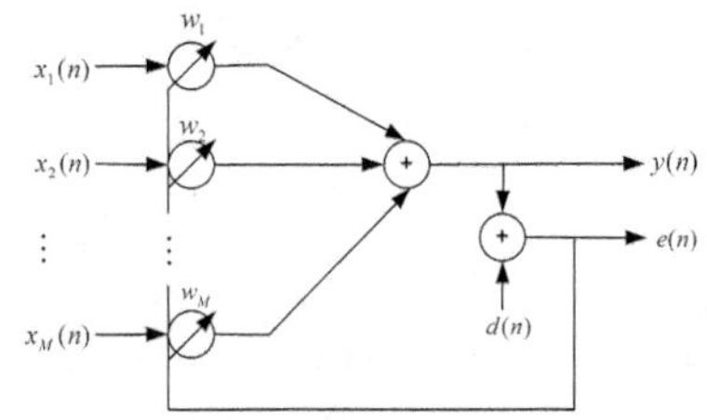

图 7-1-1 自适应线性组合器

为了方便起见,将式(7-1-1)表示为向量形式,输入信号矢量为 $\boldsymbol{X}(n)=[x_1(n),x_2(n),\cdots,x_M(n)]^{\mathrm{T}}$,权矢量为 $\boldsymbol{W}(n)=[w_1(n),w_2(n),\cdots,w_M(n)]^{\mathrm{T}}$。则式(7-1-1)可表示为

$$y(n)=\boldsymbol{W}^{\mathrm{T}}\boldsymbol{X}(n) \quad (7-1-2)$$

$$e(n)=d(n)-y(n)=d(n)-\boldsymbol{W}^{\mathrm{T}}\boldsymbol{X}(n) \quad (7-1-3)$$

滤波器输出 $y(n)$ 与期望输出信号 $d(n)$ 间的误差二次方为

$$e^2(n)=d^2(n)-2d(n)\boldsymbol{X}^{\mathrm{T}}(n)\boldsymbol{W}+\boldsymbol{W}^{\mathrm{T}}\boldsymbol{X}(n)\boldsymbol{X}^{\mathrm{T}}(n)\boldsymbol{W} \quad (7-1-4)$$

式(7-1-4)两边取数学期望后得均方误差为

$$\boldsymbol{E}[e^2(n)]=\boldsymbol{E}[d^2(n)]-2\boldsymbol{E}[d(n)\boldsymbol{X}^{\mathrm{T}}(n)]\boldsymbol{W}+\boldsymbol{W}^{\mathrm{T}}\boldsymbol{E}[\boldsymbol{X}(n)\boldsymbol{X}^{\mathrm{T}}(n)]\boldsymbol{W} \tag{7-1-5}$$

定义自相关矩阵为

$$\boldsymbol{R}_{xx}=\boldsymbol{E}[\boldsymbol{X}(n)\boldsymbol{X}^{\mathrm{T}}(n)] \tag{7-1-6}$$

定义互相关矩阵为

$$\boldsymbol{R}_{xd}=\boldsymbol{E}[d(n)\boldsymbol{X}^{\mathrm{T}}(n)] \tag{7-1-7}$$

则式(7-1-5)可写为

$$\boldsymbol{E}[e^2(n)]=\boldsymbol{E}[d^2(n)]-2\boldsymbol{R}_{xd}\boldsymbol{W}+\boldsymbol{W}^{\mathrm{T}}\boldsymbol{R}_{xx}\boldsymbol{W} \tag{7-1-8}$$

式(7-1-8)表明,均方误差是权向量的二次函数,它是一个上凹的抛物面,具有唯一的最小值,调节权向量使得均方误差最小,相当于沿抛物面向下(负梯度)寻找最小值。可以用梯度法来求最小值。

将式(7-1-8)对权向量 $\boldsymbol{W}$ 求导得到均方误差的梯度

$$\begin{aligned}\nabla(n)=\nabla\boldsymbol{E}[e^2(n)]&=\left[\frac{\partial\boldsymbol{E}[e^2(n)]}{\partial w_1},\frac{\partial\boldsymbol{E}[e^2(n)]}{\partial w_2},\cdots,\frac{\partial\boldsymbol{E}[e^2(n)]}{\partial w_M}\right]^{\mathrm{T}}\\&=-2\boldsymbol{R}_{xd}+2\boldsymbol{R}_{xx}\boldsymbol{W}\end{aligned} \tag{7-1-9}$$

令梯度为 0,即

$$\boldsymbol{R}_{xx}\boldsymbol{W}-\boldsymbol{R}_{xd}=0$$

该方程称为正则方程,解得最佳权向量为

$$\boldsymbol{W}_{\mathrm{opt}}=\boldsymbol{R}_{xx}^{-1}\boldsymbol{R}_{xd} \tag{7-1-10}$$

此时的最小均方误差为

$$\boldsymbol{E}[e^2(n)]_{\min}=\boldsymbol{E}[d^2(n)]-\boldsymbol{R}_{xd}^{\mathrm{T}}\boldsymbol{W}_{\mathrm{opt}} \tag{7-1-11}$$

利用式(7-1-10)求解,需要精确地知道输入信号和期望信号的先验统计知识 $\boldsymbol{R}_{xx}$ 和 $\boldsymbol{R}_{xd}$,而且还要对矩阵做求逆运算。最陡下降法可以避免求逆运算,它通过递推的方式寻求加权矢量的最优值。虽然在自适应算法中很少直接采用最陡下降法,但它是构成其他算法,特别是 LMS 算法的理论基础。

为了不直接对 $\boldsymbol{R}_{xx}$ 求逆以寻求 $\boldsymbol{W}_{\mathrm{opt}}$,先设置一个 $\boldsymbol{W}$ 的初值 $\boldsymbol{W}(0)$,可以设想沿 $\boldsymbol{W}$ 负梯度方向调整 $\boldsymbol{W}$,以找到 $\boldsymbol{W}_{\mathrm{opt}}$。最陡下降法在每个迭代周期让权矢量的所有分量发生改变,权矢量在抛物面表面的负梯度方向上变化,其迭代公式为

$$\boldsymbol{W}(k+1)=\boldsymbol{W}(k)-\mu\nabla(k) \tag{7-1-12}$$

式中,μ 是一个控制算法收敛速度与稳定性的常数,称为收敛因子。

不难看出,LMS 算法有两个关键:梯度 $\nabla(k)$ 的计算以及收敛因子 μ 的选择。下面讨论这两个参数。

1. ∇(k)的近似计算

精确计算梯度 $\nabla(k)$ 是十分困难的,一种粗略的但十分有效的计算 $\nabla(k)$ 方法是直接取误差二次方 $e^2(k)$ 作为均方误差 $\boldsymbol{E}[e^2(k)]$ 的估计值,即

$$\hat{\nabla}(k)=\nabla[e^2(k)]=2e(k)\nabla[e(k)] \tag{7-1-13}$$

式中,$\nabla[e(k)]$ 为

$$\nabla[e(k)]=\nabla[d(k)-\boldsymbol{W}^{\mathrm{T}}(k)\boldsymbol{X}(k)]=-\boldsymbol{X}(k) \tag{7-1-14}$$

则上式可写为

$$\hat{\nabla}(k)=-2e(k)\boldsymbol{X}(k) \tag{7-1-15}$$

于是,式(7-1-12)可写为

$$\boldsymbol{W}(k+1)=\boldsymbol{W}(k)+2\mu e(k)\boldsymbol{X}(k) \tag{7-1-16}$$

2. μ 的选择

对权系数矢量更新公式两边取数学期望得

$$\begin{aligned}\boldsymbol{E}[\boldsymbol{W}(k+1)]&=\boldsymbol{E}[\boldsymbol{W}(k)]+2\mu\boldsymbol{E}[e(k)\boldsymbol{X}(k)]\\&=\boldsymbol{E}[\boldsymbol{W}(k)]+2\mu\boldsymbol{E}[\boldsymbol{X}(k)\{d(k)-\boldsymbol{X}^{\mathrm{T}}(k)\boldsymbol{W}(k)\}]\\&=(\boldsymbol{I}-2\mu\boldsymbol{R}_{xx})\boldsymbol{E}[\boldsymbol{W}(k)]+2\mu\boldsymbol{R}_{xd}\end{aligned} \tag{7-1-17}$$

式中,$\boldsymbol{I}$ 表示单位矩阵。

式(7-1-17)可进一步写为

$$\boldsymbol{E}[\boldsymbol{W}(k+1)]-\boldsymbol{R}_{xx}^{-1}\boldsymbol{R}_{xd}=(\boldsymbol{I}-2\mu\boldsymbol{R}_{xx})\{\boldsymbol{E}[\boldsymbol{W}(k)]-\boldsymbol{R}_{xx}^{-1}\boldsymbol{R}_{xd}\} \tag{7-1-18}$$

可以看出,矢量列 $\{\boldsymbol{E}[\boldsymbol{W}(k)]-\boldsymbol{R}_{XX}^{-1}\boldsymbol{R}_{Xd}\}_{k=0}^{+\infty}$ 为等比序列,其首项为

$$\boldsymbol{E}[\boldsymbol{W}(0)]-\boldsymbol{R}_{xx}^{-1}\boldsymbol{R}_{xd}=\boldsymbol{W}(0)-\boldsymbol{R}_{xx}^{-1}\boldsymbol{R}_{xd} \tag{7-1-19}$$

所以其通项表达式可写为

$$\boldsymbol{E}[\boldsymbol{W}(k)]-\boldsymbol{R}_{xx}^{-1}\boldsymbol{R}_{xd}=(\boldsymbol{I}-2\mu\boldsymbol{R}_{xx})^{k}[\boldsymbol{W}(0)-\boldsymbol{R}_{xx}^{-1}\boldsymbol{R}_{xd}]$$

即

$$\boldsymbol{E}[\boldsymbol{W}(k)]=(\boldsymbol{I}-2\mu\boldsymbol{R}_{xx})^{k}[\boldsymbol{W}(0)-\boldsymbol{R}_{xx}^{-1}\boldsymbol{R}_{xd}]+\boldsymbol{R}_{xx}^{-1}\boldsymbol{R}_{xd} \tag{7-1-20}$$

因此,由矩阵论可知:要使向量序列 $\boldsymbol{E}[\boldsymbol{W}(k)]$ 收敛,必须使矩阵 $\boldsymbol{I}-2\mu\boldsymbol{R}_{xx}$ 的谱半径小于 1,即

$$\rho(\boldsymbol{I}-2\mu\boldsymbol{R}_{xx})<1 \tag{7-1-21}$$

由于 $\boldsymbol{R}_{xx}$ 为正定矩阵,所以存在正交矩阵 $\boldsymbol{Q}$,使得

$$\boldsymbol{R}_{xx}=\boldsymbol{Q}\boldsymbol{\Lambda}\boldsymbol{Q}^{-1} \tag{7-1-22}$$

式中,$\boldsymbol{Q}^{\mathrm{T}}=\boldsymbol{Q}^{-1}$,$\boldsymbol{\Lambda}=\mathrm{diag}\{\lambda_1,\lambda_2,\cdots,\lambda_M\}$ 为对角矩阵。所以

$$\boldsymbol{I}-2\mu\boldsymbol{R}_{xx}=\boldsymbol{I}-2\mu\boldsymbol{Q}\boldsymbol{\Lambda}\boldsymbol{Q}^{-1}=\boldsymbol{Q}(\boldsymbol{I}-2\mu\boldsymbol{\Lambda})\boldsymbol{Q}^{-1} \tag{7-1-23}$$

以及

$$\rho(\boldsymbol{I}-2\mu\boldsymbol{R}_{xx})=\max|1-2\mu\lambda_i| \tag{7-1-24}$$

由不等式可知

$$|1-2\mu\lambda_{\max}|<1 \tag{7-1-25}$$

所以

$$0<\mu<\frac{1}{\lambda_{\max}} \tag{7-1-26}$$

其中,$\lambda_{\max}$ 是相关矩阵 $\boldsymbol{R}_{xx}$ 的最大特征值;μ 为收敛因子,控制收敛的速率。当 μ 满足上式,并且当其趋向无穷大时,加权矢量收敛于最优维纳解,即

$$\lim_{k\to+\infty}\boldsymbol{E}\{\boldsymbol{W}(k)\}=\boldsymbol{R}_{xx}^{-1}\boldsymbol{R}_{xd} \tag{7-1-27}$$

7.1.2 基本 LMS 自适应算法

根据 7.1.1 小节的分析,可总结 LMS 算法的实施步骤为

① 设定滤波器 $\boldsymbol{W}(k)$ 的初始值

$$\boldsymbol{W}(0)=0,\quad 0<\mu<\frac{1}{\lambda_{\max}} \tag{7-1-28}$$

② 计算滤波器实际输出的估计值

$$y(k)=\boldsymbol{W}^{\mathrm{T}}(k)\boldsymbol{X}(k) \tag{7-1-29}$$

③ 计算估计误差

$$e(k) = d(k) - y(k) \tag{7-1-30}$$

④ 计算 $k+1$ 时刻的滤波器系数

$$\boldsymbol{W}(k+1) = \boldsymbol{W}(k) + \mu e(k)\boldsymbol{X}(k) \tag{7-1-31}$$

⑤ 把 k 增至 $k+1$，重复步骤②～④。

LMS 算法示意图如图 7-1-2 所示。

LMS 自适应的 MATLAB 程序如下：

```
for   i = k:N                              % LMS 滤波,k 是自适应滤波器的阶数
    input1 = d(i);                         % 取 d(i)
    input2 = x(i: - 1:i - k + 1);          % 取 x 值
    y(i) = input2 * win                    % 按式(7-1-29)计算 y
    e(i) = input1 - y(i);                  % 按式(7-1-30)计算 e
    win = win + 2 * mu * e(i) * input2';   % 按式(7-1-31)调整权系数 w
end;
```

在 MATLAB 7 中已有 LMS 运算的函数 adaptfilt. lms，它和函数 filter 一起构成 LMS 滤波：

```
h = adaptfilt.lms(M,mu);
[y,e] = filter(h,x,d);
```

函数 adaptfilt. lms 中输入滤波器阶数 M 和收敛因子 mu 值，产生 LMS 的滤波器参数 h，然后与 x，d 一起在函数 filter 中完成滤波。

例 7-1-1(pr7_1_1)　有语音信号 $s(n)$，噪声信号源 $v_0(n)$，噪声信号通过系统 H 输出 $v_1(n)$ 叠加在语音信号上：$d(n)=s(n)+v_1(n)$。设计 LMS 滤波器从带噪语音 $d(n)$ 中滤除噪声 $v_1(n)$ 恢复语音信号。这比较接近人类实际说话中的环境，噪声源离人有一段距离，通过传播到人的语音接收传声器 Mic1，同时有另一个接收传声器 Mic2 接近噪声源处，用一个 FIR 滤波器来替代传递函数 H。Mic1 和 Mic2 的接收以及 LMS 滤波的示意图如图 7-1-3 所示。

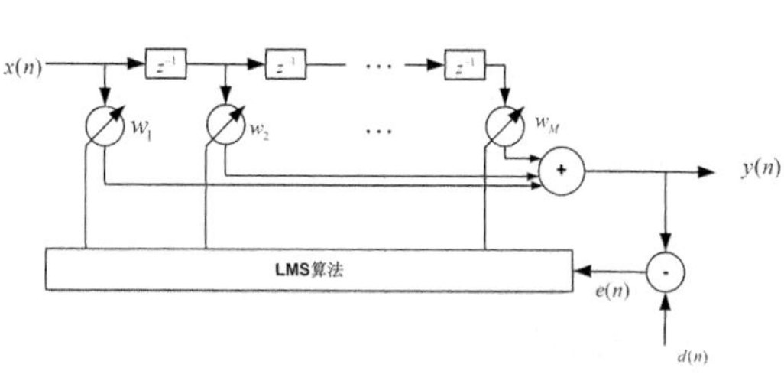

图 7-1-2　LMS 算法示意图

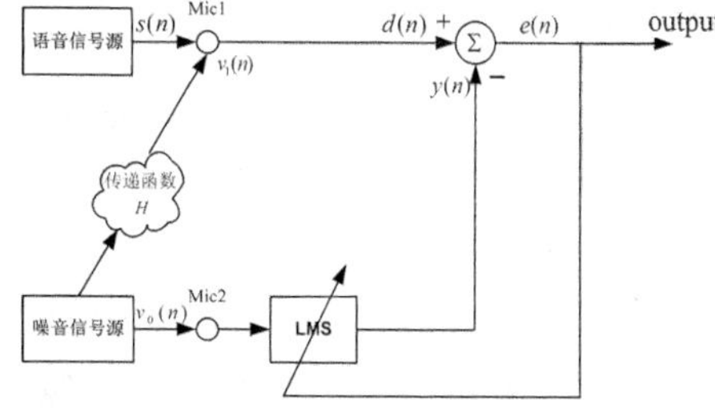

图 7-1-3　Mic1 和 Mic2 的接收以及 LMS 滤波的示意图

读入 bluesky1. wav 数据(内容为“蓝天，白云，碧绿的大海”)，初始叠加噪声后信噪比为 5dB，通过自适应滤波对带噪信号消噪。

程序清单如下：

```
% pr7_1_1
close all;clear all; clc;

filedir = [];                          % 设置路径
filename = 'bluesky1.wav';             % 设置文件名
fle = [filedir filename];              % 构成完整的路径和文件名
[s, fs, bits] = wavread(fle);          % 读入数据文件
s = s - mean(s);                       % 消除直流分量
s = s/max(abs(s));                     % 幅值归一
```

```
N = length(s);                                    %语音长度
time = (0:N-1)/fs;                                %设置时间刻度
SNR = 5;                                          %设置信噪比
r2 = randn(size(s));                              %产生随机噪声
b = fir1(31,0.5);                                 %设计 FIR 滤波器,代替 H
r21 = filter(b,1,r2);                             %FIR 滤波
[r1,r22] = add_noisedata(s,r21,fs,fs,SNR);        %产生带噪语音,信噪比为 SNR

M = 32;                                           %设置 M 和 mu
mu = 0.001;
snr1 = SNR_singlech(s,r1);                        %计算初始信噪比
h = adaptfilt.lms(M,mu);                          %LMS 滤波
[y,e] = filter(h,r2,r1);
output = e;                                       %LMS 滤波输出
snr2 = SNR_singlech(s,output);                    %计算滤波后的信噪比
snr = snr2 - snr1;
SN1 = snr1; SN2 = snr2; SN3 = snr;
fprintf('snr1 = %5.4f    snr2 = %5.4f     snr = %5.4f\n',snr1,snr2,snr);
wavplay(r1,fs);                                   %从声卡发声比较
pause(1)
wavplay(output,fs);
%作图
subplot 311; plot(time,s,'k'); ylabel('幅值')
ylim([-1 1]); title('原始语音信号');
subplot 312; plot(time,r1,'k'); ylabel('幅值')
ylim([-1 1]); title('带噪语音信号');
subplot 313; plot(time,output,'k');
ylim([-1 1]); title('LMS 滤波输出语音信号');
xlabel('时间/s'); ylabel('幅值')
```

说明:

① FIR 滤波器由 fir1 函数产生,其中 N=32,Wn=0.5,而窗函数用默认的汉明窗。

② 先用 r2=randn 函数产生随机信号,而不是用 Gnoisegen 函数直接产生信噪比为 SNR 的带噪语音。因为由 r2 通过 FIR 滤波后的随机噪声叠加在语音信号上,不是随机噪声 r2 直接叠加在语音信号上,所以不能用 Gnoisegen 函数产生带噪语音。同时 r2 相当于图 7-1-3 中的 $v_0(n)$,在 LMS 滤波时还要用上。

③ 由 r2 通过 FIR 滤波后得噪声为 r21,通过函数 add_noisedata 把 r21 叠加在语音信号 s 上,使信噪比为 5dB。函数 add_noisedata 已在第 5 章介绍过。

④ 利用函数 adaptfilt.lms 实现 LMS 滤波,其中设置了 M=32,mu=0.001。经 filter 函数滤波后输出为 output,即是消噪后的语音信号。

运行程序 pr7_1_1 得到初始信噪比为 5dB,消噪后信噪比为 17.5dB,信噪比提高了 12.5dB:

```
snr1 = 5.0000    snr2 = 17.5013    snr = 12.5013
```

所以明显地降低了噪声。

运行程序 pr7_1_1 后得图 7-1-4。

从图 7-1-4 中可看出,消噪以后 LMS 滤波输出的语音波形中前端还有较大的噪声,这是由于滤波器的延迟所造成的,要减少自适应滤波器初始端的延迟量可以增加函数 adaptfilt.lms 中的参数 mu 值,但 mu 值增加会使滤波后的信噪比减小,所以一般要选取一个折中的 mu 值。

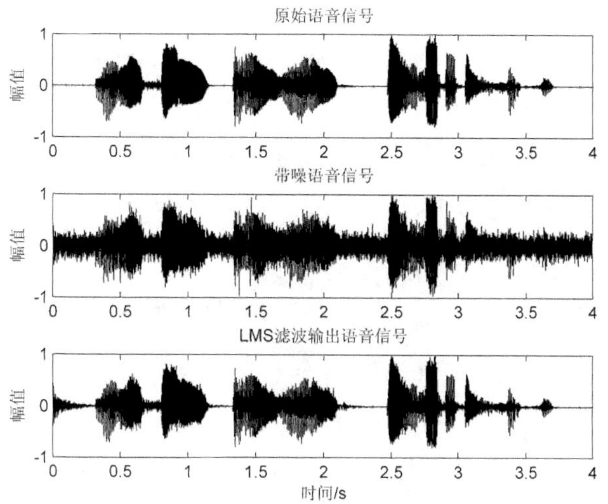

图 7-1-4　LMS 滤波消噪的结果

7.1.3　LMS 的自适应带陷滤波器[5]

如果信号中的噪声是单色的干扰(频率为 ω_0 的正弦波干扰),则消除这种干扰的方法是用带陷滤波器(简称陷波器)。希望陷波器的特性理想,即其缺口的肩部任意窄,可马上进入平坦的区域。

图 7-1-5 给出了一个由具有两个权系数的自适应陷波器。其原始输入为任意信号 $s(t)$ 与单频干扰 $A\cos(\omega_0 t+\varphi)$ 的叠加,经采样后作为 $d(n)$,故有 $d(n)=s(n)+A\cos(\hat{\omega}_0 n+\varphi)$,其中 $\hat{\omega}_0=2\pi f_0/f_s$。参考输入为一标准正弦波 $\cos(\hat{\omega}_0 k)$,作为输入 x_1,又经过 90°相移后作为输入 x_2,即有 $x_1=\cos(\hat{\omega}_0 k)$,$x_2=\sin(\hat{\omega}_0 k)$。两个权系数分别为 w_1 及 w_2,经与 x_1 和 x_2 组合后可构成任意幅度和相位的正弦波 $y(n)$。通过 LMS 自适应调整,使 $y(n)$ 在幅度和相位与原始输入的单频干扰相同,从而清除该单频干扰达到陷波的目的,$e(n)$ 为输出 output。

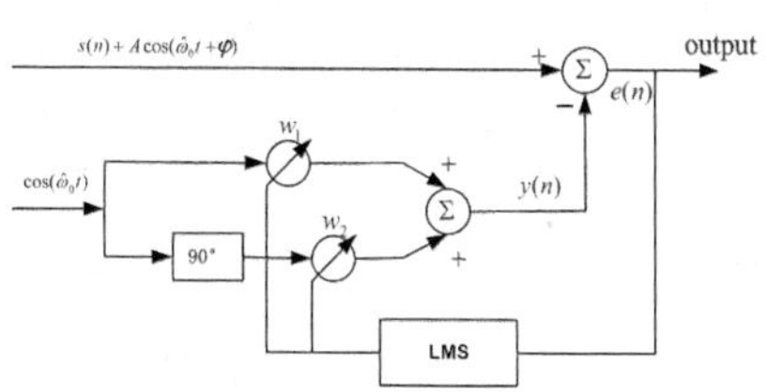

图 7-1-5　自适应陷波器流程示意图

例 7-1-2(pr7_1_2)　在例 5-5-2 中给出了语音通过声卡采集时带入了 50 Hz 的工频干扰信号,则可以用自适应带陷滤波器把它清除。类同例 5-5-2,读入 bluesky1.wav 文件(内容为男声"蓝天,白云,碧绿的大海"),在语音数据中混入 50 Hz 的交流声,设计一个自适应带陷滤波器,清除 50 Hz 的交流声。

程序清单如下:

```
% pr7_1_2
clear all; clc; close all;

filedir = [];                              % 指定文件路径
filename = 'bluesky1.wav';                 % 指定文件名
fle = [filedir filename]                   % 构成路径和文件名的字符串
[s,fs] = wavread(fle);                     % 读入数据文件
s = s/max(abs(s));                         % 幅值归一化
N = length(s);                             % 求出信号长度
time = (0:N-1)/fs;                         % 设置时间
```

```
ns = 0.5 * cos(2 * pi * 50 * time);                %计算出50 Hz工频信号
x = s + ns';                                       %语音信号和50 Hz工频信号叠加
snr1 = SNR_singlech(s,x);                          %计算叠加50 Hz工频信号后的信噪比
x1 = cos(2 * pi * 50 * time);                      %设置x1和x2
x2 = sin(2 * pi * 50 * time);
w1 = 0.1;                                          %初始化w1和w2
w2 = 0.1;
e = zeros(1, N);                                   %初始化e和y
y = zeros(1, N);
mu = 0.05;                                         %设置mu
for i = 1: N                                       %LMS自适应陷波器滤波
  y(i) = w1 * x1(i) + w2 * x2(i);                  %按式(7-1-29)计算y
  e(i) = x(i) - y(i);                              %按式(7-1-30)计算e
  w1 = w1 + mu * e(i) * x1(i);                     %按式(7-1-31)调整w
  w2 = w2 + mu * e(i) * x2(i);
end
output = e';                                       %陷波器输出
snr2 = SNR_singlech(s,output);                     %计算滤波后的信噪比
snr = snr2 - snr1;
fprintf('snr1 = %5.4f    snr2 = %5.4f     snr = %5.4f\n',snr1,snr2,snr);
wavplay(x,fs);                                     %从声卡发声比较
pause(1)
wavplay(output,fs);
%作图
subplot 311; plot(time,s,'k');
ylim([-1 1 ]); title('原始语音信号');
subplot 312; plot(time,x,'k');
ylim([-1 1 ]); title('带噪语音信号');
subplot 313; plot(time,output,'k');
ylim([-1 1 ]); title('LMS滤波输出语音信号');
xlabel('时间/s')
```

运行pr7_1_2后得图7-1-6,通过带陷滤波信噪比的变化是:语音信号叠加噪声后初始信噪比为-6 dB,自适应带陷滤波后信噪比为8.4 dB,所以通过滤波信噪比增加了14.5 dB。

```
snr1 = -6.0232    snr2 = 8.4854    snr = 14.5086
```

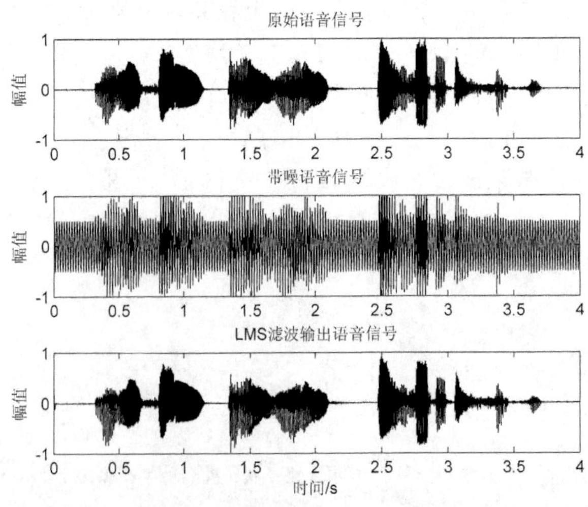

图7-1-6　自适应陷波器滤波消噪的结果

例 7-1-3(pr7_1_3)　读入 ecg_m.mat 数据，这是一个心电的数据，在测量心电图时混入了 50 Hz 工频信号及其谐波，通过带陷滤波器滤除干扰信号。

程序清单如下：

```
% pr7_1_3
clear all; clc; close all;

load ecg_m.mat                                   % 读入数据
s = x;
N = length(x);                                   % 信号长度
fs = 1000;                                       % 采样频率
n = 1:N;
n2 = 1:N/2;
tt = (n-1)/fs;                                   % 时间刻度
ff = (n2-1) * fs/N;                              % 频率刻度
X = fft(x);                                      % 谱分析

for k = 1 : 5                                    % 自适应陷波器
    j = (k-1) * 2 + 1;                           % 设置 50 Hz 和它的奇次谐波频率
    f0 = 50 * j;
    x1 = cos(2 * pi * tt * f0);                  % 设置 x1 和 x2
    x2 = sin(2 * pi * tt * f0);
    w1 = 0;                                      % 初始化 w1 和 w2
    w2 = 1;
    e = zeros(1,N);                              % 初始化 e 和 y
    y = zeros(1,N);
    mu = 0.1;                                    % 设置迭代步长
    for i = 1:N                                  % 自适应陷波器
        y(i) = w1 * x1(i) + w2 * x2(i);          % 计算 y
        e(i) = x(i) - y(i);                      % 计算 e
        w1 = w1 + mu * e(i) * x1(i);             % 调整 w
        w2 = w2 + mu * e(i) * x2(i);
    end
    x = e;
end
output = e;                                      % 陷波器输出
% 作图
figure(1)
subplot 211; plot(tt,s,'k');
title('心电图原始数据'); xlabel('时间/s'); ylabel('幅值');
axis([0 10 -3000 6500]);
X = X/max(abs(X));
subplot 212; plot(ff,abs(X(n2)),'k');
axis tight; title('心电图数据的谱分析');
xlabel('频率/Hz'); ylabel('幅值');
figure(2)
pos = get(gcf,'Position');
set(gcf,'Position',[pos(1), pos(2)-100,pos(3),(pos(4)-200)])
plot(tt,output,'k')
axis([0 10 -2000 6500]);
title('自适应陷波器滤波后的心电图数据');
xlabel('时间/s'); ylabel('幅值');
```

说明：

① 在读入心电数据 ecg_m.mat 后应先做一个谱分析，如图 7-1-7 所示。在心电图的谱图上可以明显地看出有 50 Hz、150 Hz、250 Hz、350 Hz 和 450 Hz 等频率的干扰，不同于例 7-1-2 只有单纯的 50 Hz 干扰。本例中用自适应陷波器的串接来滤除 50 Hz 和它的谐波的干扰。

② 本程序中心电数据 ecg_m.mat 中的工频干扰正好在 50 Hz、150 Hz、250 Hz、350 Hz 和 450 Hz 等频率,而实际中由于发电机和供电网络中受多种因素的影响,工频频率不会正好为 50 Hz,它的谐波也不会是 50 Hz 的整数倍,都会有一些偏差(这是允许的)。这时用 50 Hz 和它整数倍频率的陷波器去滤波时,效果会减弱。为了达到更好的滤波效果,应该在谱分析的基础上先用校正法[6]求出工频信号及其谐波的频率,再设置陷波器参数进行滤波。

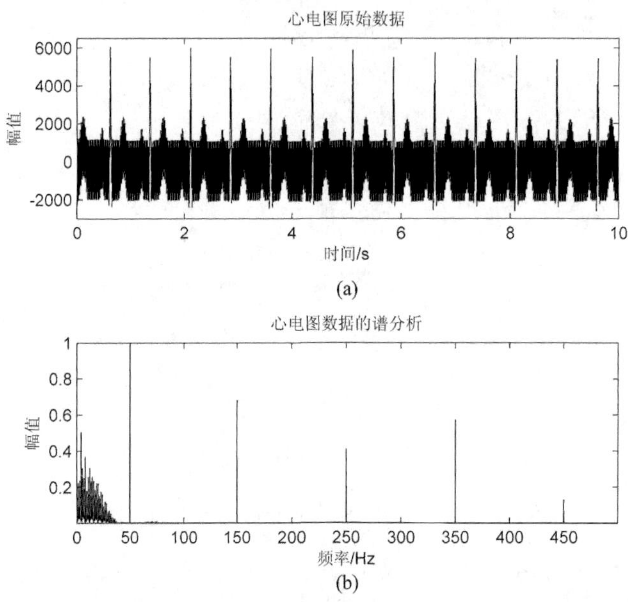

图 7-1-7 心电图数据波形及其谱分析图

运行程序 pr7_1_3 后,陷波器的串接把 50 Hz 及其谐波的干扰都消除了,得图 7-1-8。

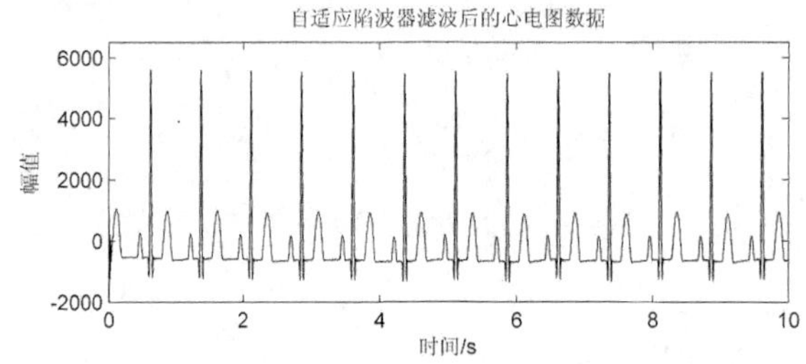

图 7-1-8 通过陷波器的串接消除 50 Hz 和它的谐波干扰

7.2 谱减法减噪

在语音减噪中最常用的方法是谱减法。本节先介绍基本谱减法,再介绍两种改进的谱减法。

7.2.1 基本谱减法[7]

设语音信号的时间序列为 $x(n)$,加窗分帧处理后得到第 i 帧语音信号为 $x_i(m)$,帧长为 N。任何一帧语音信号 $x_i(m)$ 做 DFT 后为

$$X_i(k)=\sum_{m=0}^{N-1}x_i(m)\exp\left(-\mathrm{j}\frac{2\pi mk}{N}\right)\quad k=0,1,\cdots,N-1 \tag{7-2-1}$$

要对 $X_i(k)$ 求出每个分量的幅值和相角，幅值是 $|X_i(k)|$，它的相角是

$$X_{\text{angle}}^i(k)=\arctan\left[\frac{\mathrm{Im}(X_i(k))}{\mathrm{Re}(X_i(k))}\right] \tag{7-2-2}$$

在谱减中要把这两组数都给予保存。

已知前导无话段(噪声段)时长为 IS，对应的帧数为 NIS，可以求出该噪声段的平均能量值为

$$D(k)=\frac{1}{\mathrm{NIS}}\sum_{i=1}^{\mathrm{NIS}}|X_i(k)|^2 \tag{7-2-3}$$

谱减算法为

$$|\hat{X}_i(k)|^2=\begin{cases}|X_i(k)|^2-a\times D(k) & |X_i(k)|^2\geqslant a\times D(k)\\ b\times|X_i(k)|^2 & |X_i(k)|^2<a\times D(k)\end{cases} \tag{7-2-4}$$

式中，a 和 b 是两个常数，a 称为过减因子，b 称为增益补偿因子。

求出了谱减后幅值为 $|\hat{X}_i(k)|$，结合了保存的 $X_{\text{angle}}^i(k)$，就能经快速傅里叶逆变换(Inverse Fast Fourier Tramsform，IFFT)求出谱减后的语音序列 $\hat{x}_i(m)$。其中利用了语音信号对相位不灵敏的特性，把谱减前的相位角信息直接用到谱减后的信号中。

基本谱减法的原理如图 7-2-1 所示。

按图 7-2-1 可把谱减法的计算编写成一个函数，方便调用。在第 6 章和第 8 章中都用本函数进行减噪处理。

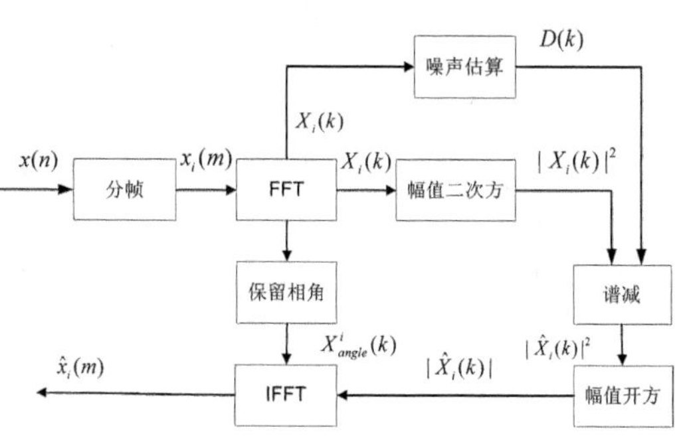

图 7-2-1　基本谱减法原理图

名称：simplesubspec

功能：用基本谱减法对带噪语音进行减噪。

调用格式：output = simplesubspec(signal, wlen, inc, NIS, a, b)

说明：输入参数 signal 是带噪语音序列；wlen 是帧长；inc 是帧移；NIS 是前导无话段的帧数；a 为过减因子；b 为增益补偿因子。输出参数 output 是谱减法减噪后的语音序列。

程序清单如下：

```
function output = simplesubspec(signal,wlen,inc,NIS,a,b)
wnd = hamming(wlen);                          % 设置窗函数
N = length(signal);

y = enframe(signal,wnd,inc)';                 % 分帧
fn = size(y,2);                               % 求帧数

y_fft = fft(y);                               % FFT
y_a = abs(y_fft);                             % 求取幅值
y_phase = angle(y_fft);                       % 求取相位角
y_a2 = y_a.^2;                                % 求能量
Nt = mean(y_a2(:,1:NIS),2);                   % 计算噪声段平均能量
nl2 = wlen/2 + 1;
for i = 1:fn;                                 % 按式(7-2-4)进行谱减
    for k = 1:nl2
        if y_a2(k,i)>a * Nt(k)
            temp(k) = y_a2(k,i) - a * Nt(k);
        else
```

```
                temp(k) = b * y_a2(k,i);
            end
            U(k) = sqrt(temp(k));                   % 把能量开方得幅值
        end
        X(:,i) = U;
    end;
    output = OverlapAdd2(X,y_phase(1:nl2,:),wlen,inc);   % 合成谱减后的语音
    Nout = length(output);                          % 把谱减后的数据长度补足与输入等长
    if Nout>N
        output = output(1:N);
    elseif Nout<N
        output = [output; zeros(N - Nout,1)];
    end
    output = output/max(abs(output));               % 幅值归一
```

说明:函数中参数 a 和 b 按输入参数带入,可根据语音的具体情况进行改变。程序中调用到的函数 OverlapAdd2 是重叠相加法,将在第 10 章详细说明。

例 7-2-1(pr7_2_1) 读入 bluesky1.wav 数据(内容为"蓝天,白云,碧绿的大海"),叠加上 5dB 的白噪声,通过调用谱减法函数 simplesubspec 对带噪语音信号减噪。

程序清单如下:

```
% pr7_2_1
clear all; clc; close all;

filedir = [];                               % 指定文件路径
filename = 'bluesky1.wav';                  % 指定文件名
fle = [filedir filename]                    % 构成路径和文件名的字符串
[xx,fs] = wavread(fle);                     % 读入数据文件
xx = xx - mean(xx);                         % 消除直流分量
x = xx/max(abs(xx));                        % 幅值归一化

IS = 0.25;                                  % 设置前导无话段长度
wlen = 200;                                 % 设置帧长为 25 ms
inc = 80;                                   % 设置帧移为 10 ms
SNR = 5;                                    % 设置信噪比 SNR
N = length(x);
time = (0:N-1)/fs;                          % 设置时间
signal = Gnoisegen(x,SNR);                  % 叠加噪声
snr1 = SNR_singlech(x,signal);              % 计算初始信噪比
overlap = wlen - inc;                       % 求重叠区长度
NIS = fix((IS * fs - wlen)/inc + 1);        % 求前导无话段帧数

a = 4; b = 0.001;                           % 设置参数 a 和 b
output = simplesubspec(signal,wlen,inc,NIS,a,b);   % 谱减
snr2 = SNR_singlech(x,output);              % 计算谱减后的信噪比
snr = snr2 - snr1;
fprintf('snr1 = %5.4f   snr2 = %5.4f    snr = %5.4f\n',snr1,snr2,snr);
wavplay(signal,fs);
pause(1)
wavplay(output,fs);
% 作图
subplot 311; plot(time,x,'k'); grid; axis tight;
title('纯语音波形'); ylabel('幅值')
subplot 312; plot(time,signal,'k'); grid; axis tight;
title(['带噪语音 信噪比 = ' num2str(SNR) 'dB']); ylabel('幅值')
subplot 313; plot(time,output,'k');grid;
title('谱减后波形'); ylabel('幅值'); xlabel('时间/s');
```

说明:调用 Gnoisegen 函数产生带噪语音,调用 SNR_singlech 函数计算信噪比,这两函数在第 5 章介绍过。程序中调用了函数 simplesubspec,其中 a 和 b 参数分别为 a=4,b=0.001。

运行 pr7_2_1 后得到消噪后的波形如图 7-2-2 所示。

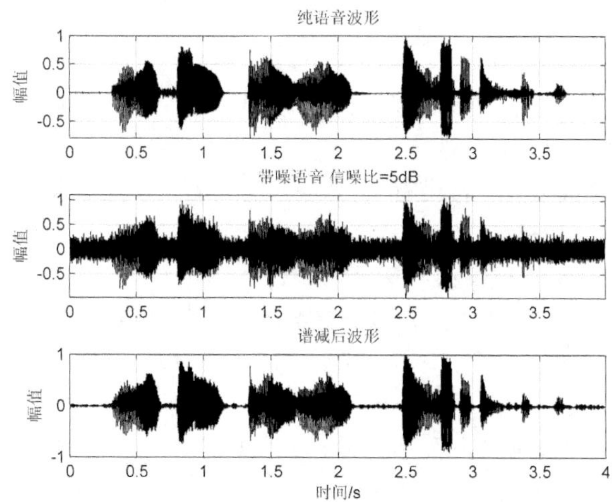

图 7-2-2 经基本谱减运算后的波形图

计算出信噪比的变化:初始信噪比为 5 dB,谱减后的信噪比为 11.3 dB,信噪比增加了 6.3 dB:

```
snr1 = 5.0000    snr2 = 11.3051    snr = 6.3051
```

消噪后的语音有明显的"音乐噪声",增加过减因子 a 的数值,有时能减少"音乐噪声",但过大时也会使波形失真,因此同样要选用一个折中的值。又由于在语音信号上叠加随机噪声,每一次叠加上的随机噪声都是不相同的,所以计算减噪后信噪比的结果 snr2 都不完全一样,会有一些偏差。

7.2.2 改进的谱减法

1. Boll 的改进谱减法

S. F. Boll 在 1979 年给出了一种改进的谱减法[8],而 E. Zavarehei 按 Boll 的理论编制出 MATLAB 的函数 SSBoll79.m[9]。Boll 主要在以下几方面对基本谱减法做了改进。

(1) 在谱减中使用信号的频谱幅值或功率谱

7.2.1 小节给出的基本谱减是按功率谱计算的,见式(7-2-4)。其中使用了噪声段的平均功率谱,见式(7-2-3)。而函数 SSBoll79 中给出

$$|\hat{X}_i(k)|^\gamma=\begin{cases}|X_i(k)|^\gamma-\alpha\times D(k) & |X_i(k)|^\gamma\geqslant\alpha\times D(k)\\ \beta\times D(k) & |X_i(k)|^\gamma<\alpha\times D(k)\end{cases}\tag{7-2-5}$$

噪声段的平均谱值为

$$D(k)=\frac{1}{\mathrm{NIS}}\sum_{i=1}^{\mathrm{NIS}}|X_i(k)|^\gamma\tag{7-2-6}$$

式中,γ 可以为 1($\gamma=1$ 时相当于用谱幅值做谱减法),γ 也可以为 2($\gamma=2$ 时相当于用功率谱做谱减法)。式(7-2-5)中 α 为过减因子,β 为增益补偿因子。

(2) 计算平均谱值

每帧信号 $x_i(m)$ 做 DFT 后得

$$X_i(k)=\sum_{m=0}^{N-1}x_i(m)\exp\left(-\mathrm{j}\frac{2\pi mk}{N}\right)\quad k=0,1,\cdots,N-1 \tag{7-2-7}$$

式中，$X_i(k)$ 中的下标 i 表示第 i 帧，然后在相邻帧之间计算平均值：

$$Y_i(k)=\frac{1}{2M+1}\sum_{j=-M}^{M}X_{i+j}(k) \tag{7-2-8}$$

对于第 i 帧将在 $X_{i-M}(k)$，$X_{i-M+1}(k)$，…，$X_i(k)$，…，$X_{i+M}(k)$ 这 $2M+1$ 帧之间计算平均值，这主要是为了得到较小的谱估算方差。在程序中取 $M=1$，即在 3 帧之间计算平均值。

(3) 减小噪声残留

在谱减法减噪后的合成语音中常带有“音乐噪声”，这是由噪声残留造成的。从式(7-2-5)中看到谱减法的核心是

$$C(k)=|X_i(k)|^\gamma-\alpha\times D(k) \tag{7-2-9}$$

式中，$|X_i(k)|^\gamma$ 是某条谱线的幅值；$D(k)$ 是噪声谱某条谱线的平均值。

噪声是完全随机的，有可能在某个时段某条谱线的谱值会大于 $\alpha\times D(k)$，这样按式(7-2-9)相减后并没有把噪声完全消除，而是把它的峰值保留下来了，这种情况称为噪声残留，在谱减后的合成语音中就造成了“音乐噪声”。而 Boll 提出了在减噪过程中保留噪声的最大值，从而在谱减中尽可能地减少噪声残留。

由 E. Zavarehei 按 Boll 理论编制出的 MATLAB 函数 SSBoll79 的清单如下：

```
function output = SSBoll79m(signal,fs,IS)
if (nargin<3 | isstruct(IS))                    % 如果输入参数小于 3 个或 IS 是结构数据
    IS = .25; % seconds
end
W = fix(.025 * fs);                             % 帧长为 25 ms
nfft = W;                                       % 设置 FFT 长度
SP = .4;                                        % 帧移比例取 40 % (10 ms)
wnd = hamming(W);                               % 设置窗函数
% 如果输入参数大于或等于 3 个并 IS 是结构数据(为了兼容其他程序)
if (nargin>= 3 & isstruct(IS))
    W = IS.windowsize
    SP = IS.shiftsize/W;
    nfft = IS.nfft;
    wnd = IS.window;
    if isfield(IS,'IS')
        IS = IS.IS;
    else
        IS = .25;
    end
end
% .......IGNORE THIS SECTION FOR CAMPATIBALITY WITH ANOTHER PROGRAM TO HERE
NIS = fix((IS * fs - W)/(SP * W) + 1);          % 计算无话段帧数
% Gamma = 1 时为幅值谱减法,Gamma = 2 为功率谱减法
Gamma = 1;                                      % 设置 Gamma
y = segment(signal,W,SP,wnd);
Y = fft(y,nfft);
YPhase = angle(Y(1:fix(end/2) + 1,:));          % 带噪语音的相位角
Y = abs(Y(1:fix(end/2) + 1,:)).^Gamma;          % 取正频率谱值
numberOfFrames = size(Y,2);                     % 计算总帧数
FreqResol = size(Y,1);                          % 计算频谱中的频率分辨率
N = mean(Y(:,1:NIS)')';                         % 计算无话段噪声平均谱值
NRM = zeros(size(N));                           % 初始化
NoiseCounter = 0;
```

```
NoiseLength = 9;                                          % 设置噪声平滑区间长度
Beta = .03;                                               % 设置谱平滑因子
YS = Y;                                                   % 谱在相邻帧之间平均
for i = 2:(numberOfFrames - 1)
    YS(:,i) = (Y(:,i-1) + Y(:,i) + Y(:,i+1))/3;
end
for i = 1:numberOfFrames
% 取来一帧数据判断是否为有话帧
    [NoiseFlag, SpeechFlag, NoiseCounter, Dist] = vad(Y(:,i).^(1/Gamma),...
    N.^(1/Gamma),NoiseCounter);
    if SpeechFlag == 0                                    % 在无话帧中平滑更新噪声谱值
        N = (NoiseLength * N + Y(:,i))/(NoiseLength + 1);
        NRM = max(NRM,YS(:,i) - N);                       % 求取噪声最大残留值
        X(:,i) = Beta * Y(:,i);
    else
        D = YS(:,i) - N;                                  % 谱减法消噪
        if i>1 && i<numberOfFrames                        % 减少噪声的残留值
            for j = 1:length(D)
                if D(j)<NRM(j)
                    D(j) = min([D(j) YS(j,i-1) - N(j) YS(j,i+1) - N(j)]);
                end
            end
        end
        X(:,i) = max(D,0);                                % 每条谱线幅值都大于0
    end
end
output = OverlapAdd2(X.^(1/Gamma),YPhase,W,SP * W);   % 滑噪后的频谱幅值和相位角合成语音
```

说明：

① SSBoll79函数比较长，其中还包含有segment，vad，OverlapAdd2等函数。其中，segment函数已在第2章的分帧部分介绍过；vad函数也已在6.5.1小节介绍过，主要用于判断一帧语音信号是否为有话帧或无话帧；OverlapAdd2函数用于有关语音的合成，将在第10章介绍。

② 为了区分Zavarehei提供的SSBoll79，把带有中文注释的函数称为SSBoll79m。函数SSBoll79可以在源程序中找到。

③ 输入参数signal是带噪语音信号；fs是采样频率；IS是无话段的时长(单位为秒)。输出参数output是消噪后的合成语音。

④ 在函数中设置了gamma＝1($\gamma=1$)，是做频谱幅值谱的谱减法，如果要做功率谱的谱减法，可以设置gamma＝2。输入参数中无话段的长度为IS，在函数中计算出无话段的长度对应的帧数NIS，这样就能按式(7-2-6)计算噪声平均谱值：

```
N = mean(Y(:,1:NIS)')';                       % 计算无话段噪声平均谱值
```

通过vad函数可检测本帧信号是有话帧还是无话帧。若为无话帧，则对平均噪声谱进行更新：

```
N = (NoiseLength * N + Y(:,i))/(NoiseLength + 1);     % 在无话帧中平滑更新噪声谱值
NRM = max(NRM,YS(:,i) - N);                           % 求取噪声最大残留值
```

其中设置了NoiseLength为9，把9倍N值加上无话段的谱值Y(:,i)，再除10得到新的N值(在6.9.1小节中已介绍过噪声谱的更新)。同时，还把噪声段中最大噪声残留保存在NRM数组中。

⑤ 若通过vad函数检测本帧信号是否为有话帧，函数中把本帧按式(7-2-9)谱减后为D，再对每一条谱线作进一步判断，D是否小于最大噪声残留NRM。如果小于，对第i帧第j

条谱线将在 D(j),YS(j,i−1)−N(j)和 YS(j,i+1)−N(j)相邻 3 帧之间找最小值的一条谱线。这是为了减少噪声残留的影响。

```
D = YS(:,i) - N;                                  % 谱减法消噪
if i>1 && i<numberOfFrames                        % 减少噪声的残留值
    for j = 1:length(D)
      if D(j)<NRM(j)
          D(j) = min([D(j) YS(j,i - 1) - N(j) YS(j,i + 1) - N(j)]);
      end
    end
end
```

⑥ 在函数中是按式(7-2-5)进行谱减的,其中设 $\alpha=1,\beta=0.03$。

例 7-2-2(pr7_2_2) 读入 blueskyl.wav 数据(内容为"蓝天,白云,碧绿的大海"),叠加上 10 dB 的白噪声,通过调用 SSBoll79 函数对带噪语音信号经谱减法减噪。

程序清单如下:

```
% pr7_2_2
clear all; clc; close all;

filedir = [];                                   % 指定文件路径
filename = 'bluesky1.wav';                      % 指定文件名
fle = [filedir filename]                        % 构成路径和文件名的字符串
[xx,fs] = wavread(fle);                         % 读入数据文件
xx = xx - mean(xx);                             % 消除直流分量
x = xx/max(abs(xx));                            % 幅值归一化
SNR = 10;
signal = Gnoisegen(x,SNR);                      % 叠加噪声
snr1 = SNR_singlech(x,signal);                  % 计算叠加噪声后的信噪比
N = length(x);
time = (0:N - 1)/fs;                            % 设置时间刻度
IS = .15;                                       % 设置 IS
output = SSBoll79(signal,fs,IS);                % 调用 SSBoll79 函数做谱减
ol = length(output);                            % 把 output 补到与 x 等长
if ol<N
    output = [output; zeros(N - ol,1)];
end
snr2 = SNR_singlech(x,output);                  % 计算谱减后的信噪比
snr = snr2 - snr1;
fprintf('snr1 = %5.4f   snr2 = %5.4f   snr = %5.4f\n',snr1,snr2,snr);
wavplay(signal,fs);
pause(1)
wavplay(output,fs);
% 作图
subplot 311; plot(time,x,'k'); grid; axis tight;
title('纯语音波形'); ylabel('幅值')
subplot 312; plot(time,signal,'k'); grid; axis tight;
title(['带噪语音 信噪比 = ' num2str(SNR) 'dB']); ylabel('幅值')
subplot 313; plot(time,output,'k');grid; ylim([-1 1]);
title('谱减后波形'); ylabel('幅值'); xlabel('时间/s');
```

运行 pr7_2_2 后得到谱减后输出的波形如图 7-2-3 所示。输出信噪比变化为:初始信噪比为 10 db,谱减后的合成语音信噪比为 3.8 dB,消噪后信噪比提高−6.1 dB:

```
snr1 = 10.0000    snr2 = 3.8599    snr = -6.1401
```

信噪比怎么反而降低了?同时从谱减后输出的波形图上看到,在"蓝"、"天"和"海"这三个音中只有原始字节的一半,而"云"这个音完全没有检测出来。这实际上是和 SSBoll79 函数中有话段检测(端点检测)有关,使有些音被误判了,即把有话音段当做噪声来处理了。

把 SSBoll79 函数中端点检测部分改为调用 pitch_vad1 函数(将在第 8 章中做介绍)，并把输出幅值归一化，把 SSBoll79 函数改名为 SSBoll79m_2 函数。程序 pr7_2_3 和 pr7_2_2 的差别只是改为调用 SSBoll79m_2 函数。函数 SSBoll79m_2 和程序 pr7_2_3 的清单可在源程序包中找到，这里不再列出。

运行 pr7_2_3 后得到谱减后输出的波形如图 7-2-4 所示。输出信噪比变化为：初始信噪比为 10 db，谱减后的合成语音信噪比为 14.1 dB，消噪后信噪比提高了 4.1 dB：

```
snr1 = 10.0000    snr2 = 14.1399    snr = 4.1399
```

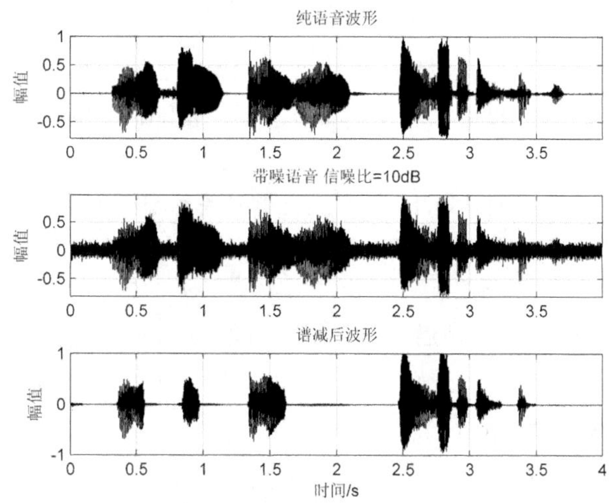

图 7-2-3　调用 SSBoll79 函数完成谱减降噪后输出的波形图

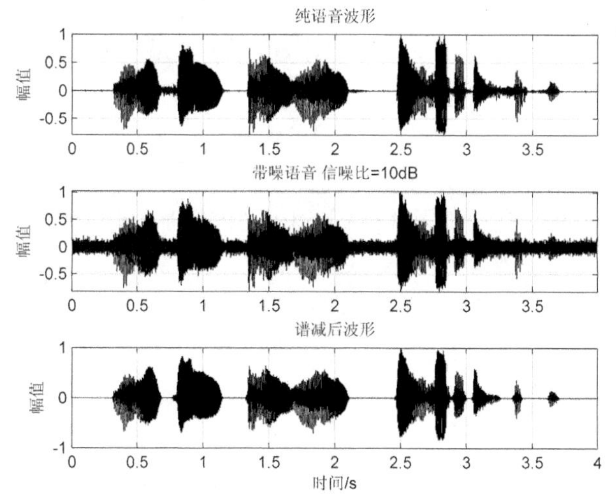

图 7-2-4　调用 SSBoll79m_2 函数完成谱减降噪后输出的波形图

2. 多窗谱估计的改进谱减法[10,11]

多窗谱(Multitaper Spectrum)估计是由 Thomson 于 1982 年提出的。传统的周期图法只用一个数据窗，而 Thomson 对同一数据序列用多个正交的数据窗分别求直接谱，然后求平均得到谱估计，因此可以得到较小的估计方差。多窗谱是一种比周期图法更准确的谱估计方法。

多窗谱定义如下：

$$S^{\mathrm{mt}}(\omega)=\frac{1}{L}\sum_{k=0}^{L-1}S_k^{\mathrm{mt}}(\omega) \tag{7-2-10}$$

式中,L 为数据窗个数;S^{mt} 为第 k 个数据窗的谱:

$$S_k^{\mathrm{mt}}(\omega)=\left|\sum_{n=0}^{N-1}a_k(n)x(n)\mathrm{e}^{-\mathrm{j}n\omega}\right|^2 \tag{7-2-11}$$

式中,$x(n)$ 为数据序列;N 为序列长度;$a_k(n)$ 为第 k 个数据窗函数,它满足多个数据窗之间相互正交:

$$\left.\begin{aligned}&\sum a_k(n)a_j(n)=0 \quad && k\neq j\\ &\sum a_k(n)a_j(n)=1 \quad && k=j\end{aligned}\right\} \tag{7-2-12}$$

数据窗是一组相互正交的离散椭球序列(Discrete Prolate Spheroidal Sequences,DPSS),也叫 Slepian 窗。

在 MATLAB 的信号处理工具箱中,带有多窗谱功率谱估算函数 pmtm,可利用该函数计算多窗谱的功率谱密度估算,从而得到谱减法中的增益因子,实现谱减语音增强的运算。具体步骤如下:

① 带噪语音为 $x(n)$,加窗分帧后为 $x_i(m)$,相邻帧之间有重叠。

② 对分帧后的信号进行 FFT,分别求其幅度谱 $|X_i(k)|$ 和相位谱 $\theta_i(k)$,在相邻帧之间做平滑处理,计算平均幅度谱 $|\overline{X}_i(k)|$:

$$|\overline{X}_i(k)|=\frac{1}{2M+1}\sum_{j=-M}^{M}|X_{i+j}(k)| \tag{7-2-13}$$

以 i 帧为中心前后各取 M 帧,共有 $2M+1$ 帧进行平均。实际中常取 M 为 1,即在 3 帧中进行平均。

③ 把分帧后的信号 $x_i(m)$ 进行多窗谱估计,得到多窗谱功率谱密度 $P(k,i)$(i 表示第 i 帧,k 表示第 k 条谱线):

$$P(k,i)=\mathrm{PMTM}[x_i(m)] \tag{7-2-14}$$

式中,PMTM 表示进行多窗谱功率谱密度估计。

④ 对多窗谱功率谱密度估计值也进行相邻帧之间的平滑处理,计算平滑功率谱密度 $P_y(k,i)$:

$$P_y(k,i)=\frac{1}{2M+1}\sum_{j=-M}^{M}P(k,i+j) \tag{7-2-15}$$

以 i 帧为中心前后各取 M 帧,共有 $2M+1$ 帧进行平均。实际中常取 M 为 1,即在 3 帧中进行平均。

⑤ 已知前导无话段(噪声)占有 NIS 帧,可以计算出噪声的平均功率谱密度值 $P_n(k)$:

$$P_n(k)=\frac{1}{\mathrm{NIS}}\sum_{i=1}^{\mathrm{NIS}}P_y(k,i) \tag{7-2-16}$$

⑥ 利用谱减关系计算增益因子

$$g(k,i)=\begin{cases}(P_y(k,i)-\alpha P_n(k))/P_y(k,i) & P_y(k,i)-\alpha P_n(k)\geqslant 0\\ \beta P_n(k)/P_y(k,i) & P_y(k,i)-\alpha P_n(k)<0\end{cases} \tag{7-2-17}$$

式中,α 为过减因子;β 为增益补偿因子。

适当地选择 α 值可以有效去除掉音乐噪声,但过大的 α 值会引起语音失真。

⑦ 通过增益因子 $g(k,i)$ 和平均幅度谱 $|\overline{X}_i(k)|$ 可求得谱减后的幅度谱：

$$|\hat{X}_i(k)| = g(k,i) \times |\overline{X}_i(k)| \tag{7-2-18}$$

用谱减后的幅度谱 $|\hat{X}_i(k)|$ 结合步骤②中的相位谱 $\theta_i(k)$ 进行 IFFT，将频域 $|\hat{X}_i(k)|$ 还原到时域，就得到减噪后的语音信号 $\hat{x}_i(m)$：

$$\hat{x}_i(m) = \mathrm{IDFT}\left[\,|\hat{X}_i(k)|\exp[\mathrm{j}\theta_i(k)]\right] \tag{7-2-19}$$

多窗谱估计的改进谱减法如图 7-2-5 所示。

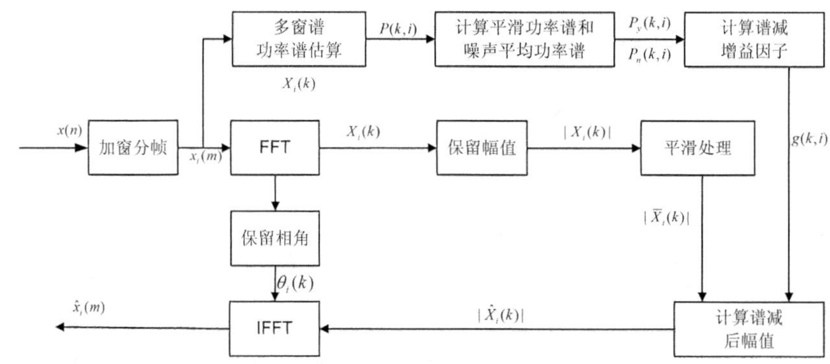

图 7-2-5　多窗谱估计的改进谱减法运算示意图

按多窗谱的谱减法编写成 MATLAB 的函数 Mtmpsd_ssb，介绍如下：

名称：Mtmpsd_ssb

功能：用多窗谱功率谱估算进行改进谱减运算。

调用格式：output = Mtmpsd_ssb(signal,wlen,inc,NIS,alpha,beta,c)

说明：输入参数 signal 是带噪语音；wlen 是帧长；inc 是帧移；NIS 是前导无话段长度（以帧为单位）；alpha 是过减因子；beta 是增益补偿因子；c 是 0 或 1，当 c = 0 时，$g(k,i)$ 按式(7-2-17)计算，当 c = 1 时，$g(k,i) = \sqrt{g(k,i)}$。输出参数 output 是谱减后的合成语音。

函数 Mtmpsd_ss 的程序清单如下：

```
function output = Mtmpsd_ssb(signal,wlen,inc,NIS,alpha,beta,c)
w2 = wlen/2 + 1;
wind = hamming(wlen);                          % 定义汉明窗
y = enframe(signal,wind,inc)';                 % 分帧
fn = size(y,2);                                % 求帧数
N = length(signal);
fft_frame = fft(y);                            % 对每帧信号计算 FFT
abs_frame = abs(fft_frame(1:w2,:));            % 取正频率部分的幅值
ang_frame = angle(fft_frame(1:w2,:));          % 取正频率部分的相位角
% 按式(7-2-13)相邻 3 帧平滑
abs_frame_f = abs_frame;
for i = 2:fn - 1;
    abs_frame_f(:,i) = .25 * abs_frame(:,i - 1) + .5 * abs_frame(:,i) + .25 * abs_frame(:,i + 1);
end;
abs_frame = abs_frame_f;
% 按式(7-2-14)用多窗谱法对每一帧数据进行功率谱估计
for i = 1:fn;
    per_PSD(:,i) = pmtm(y(:,i),3,wlen);
end;
% 按式(7-2-15)对功率谱的相邻 3 帧进行平滑
per_PSD_f = per_PSD;
for i = 2:fn - 1;
    per_PSD_f(:,i) = .25 * per_PSD(:,i - 1) + .5 * per_PSD(:,i) + .25 * per_PSD(:,i + 1);
end;
```

```
per_PSD = per_PSD_f;
% 按式(7-2-16)在前导无话段中求取噪声平均功率谱
noise_PSD = mean(per_PSD(:,1:NIS),2);
% 按式(7-2-17)谱减求取增益因子
for k = 1:fn;
    g(:,k) = (per_PSD(:,k) - alpha * noise_PSD)./per_PSD(:,k);
    g_n(:,k) = beta * noise_PSD./per_PSD(:,k);
    gix = find(g(:,k)<0);
    g(gix,k) = g_n(gix,k);
end;
gf = g;
if c = = 0, g = gf; else g = gf.^0.5; end;          % 按参数 c 开方与否
sub_frame = g. * abs_frame;                          % 用增益因子计算谱减后的幅值
output = OverlapAdd2(sub_frame,ang_frame,wlen,inc);  % 语音合成
output = output/max(abs(output));                    % 幅值归一化
ol = length(output);                                 % 把 output 补到与 x 等长
if ol<N
    output = [output; zeros(N-ol,1)];
end
```

例 7-2-4(pr7_2_4) 读入 bluesky1.wav 数据(内容为"蓝天,白云,碧绿的大海"),叠加上 0 dB 的白噪声,通过调用 Mtmpsd_ss 函数对带噪语音信号经多窗谱的改进谱减法减噪。

程序清单如下:

```
% pr7_2_4
clear all; clc; close all;
filedir = [];                               % 指定文件路径
filename = 'bluesky1.wav';                  % 指定文件名
fle = [filedir filename]                    % 构成路径和文件名的字符串
[xx,fs] = wavread(fle);                     % 读入数据文件
xx = xx - mean(xx);                         % 消除直流分量
x = xx/max(abs(xx));                        % 幅值归一化
SNR = 0;                                    % 设置初始信噪比
[signal,n0] = Gnoisegen(x,SNR);             % 叠加噪声
snr1 = SNR_singlech(x,signal);              % 计算叠加噪后的信噪比
IS = 0.15;                                  % 前导无话段长度(s)
alpha = 2.8;                                % 过减因子
beta = 0.001;                               % 增益补偿因子
% c = 0 时,用功率谱计算增益矩阵不进行开方运算,c = 1 时,进行开方运算
c = 1;
N = length(signal);
time = (0:N-1)/fs;                          % 设置时间
wlen = 200;                                 % 设置帧长
inc = 80;                                   % 设置帧移
NIS = fix((IS * fs - wlen)/inc + 1);        % 前导无话段帧数
output = Mtmpsd_ssb(signal,wlen,inc,NIS,alpha,beta,c);  % 多窗谱改进谱减法减噪处理
snr2 = SNR_singlech(x,output);              % 计算谱减后的信噪比
snr = snr2 - snr1;
fprintf('snr1 = %5.4f   snr2 = %5.4f   snr = %5.4f\n',snr1,snr2,snr);
wavplay(signal,fs);                         % 从声卡发声比较
pause(1)
wavplay(output,fs);
% 作图
subplot 311; plot(time,x,'k'); grid; axis tight;
title(' 纯语音波形 '); ylabel(' 幅值 ')
```

```
subplot 312; plot(time,signal,'k'); grid; axis tight;
title(['带噪语音 信噪比 = ' num2str(SNR) 'dB']); ylabel(' 幅值 ')
subplot 313; plot(time,output,'k');grid;
title(' 谱减后波形 '); ylabel(' 幅值 '); xlabel(' 时间/s');
```

说明:在程序中设置了 alpha=2.8,beta=0.001,c=1(相应于在计算 $g(k,i)$ 时按式(7-2-17)计算的结果再开方,即 $g(k,i)=\sqrt{g(k,i)}$)。

运行 Pr7_2_4 后信噪比的变化为:初始信噪比为 0 dB,减噪后信噪比为 8.8 dB,信噪比提高了 8.8 dB:

```
snr1 = 0.0000    snr2 = 8.8669    snr = 8.86695
```

运行 Pr7_2_4 后给出谱减后的输出语音信号的波形,如图 7-2-6 所示。

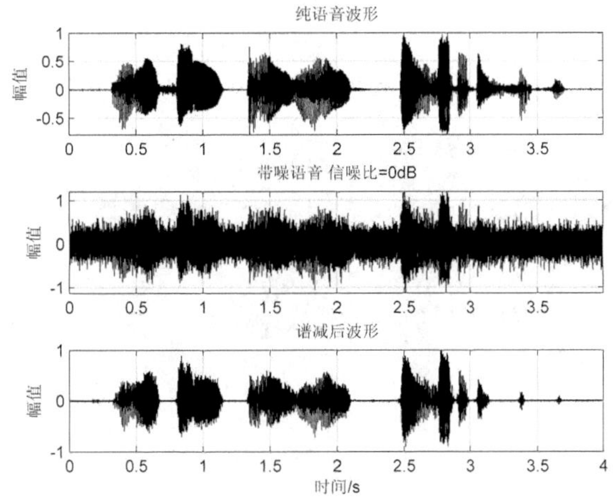

图 7-2-6　调用多窗谱的改进谱减法减噪后输出的波形图

7.3　维纳滤波法减噪

7.3.1　维纳滤波的基本原理[7,12]

设带噪语音为

$$y(n)=s(n)+d(n) \tag{7-3-1}$$

式中,$s(n)$ 为语音信号;$d(n)$ 为噪声。

人们能测量到的只是带噪语音信号 $y(n)$。维纳滤波方法就设计一个数字滤波器 $h(n)$,当输入为 $y(n)$ 时,滤波器的输出为

$$\hat{s}(n)=y(n)*h(n)=\sum_{m=-\infty}^{+\infty} y(n-m)h(m) \tag{7-3-2}$$

$\hat{s}(n)$ 按最小均方误差准则使 $s(n)$ 和 $\hat{s}(n)$ 的均方误差 $\varepsilon=E[\{s(n)-\hat{s}(n)\}^2]$ 达到最小。

根据正交性原理,最佳 $h(n)$ 必须满足对所有 m 式(7-3-3)都成立:

$$E[\{s(n)-\hat{s}(n)\}\cdot y(n-m)]=0 \tag{7-3-3}$$

将式(7-3-2)代入(7-3-3),并取傅里叶变换,可以导出

$$H(k)=\frac{P_{sy}(k)}{P_y(k)} \tag{7-3-4}$$

式中，$P_y(k)$ 为 $y(n)$ 的功率谱密度；$P_{sy}(k)$ 为 $s(n)$ 与 $y(n)$ 的互功率谱密度。

由于 $s(n)$ 与 $d(n)$ 互不相关，即 $R_{sd}(m)=0$，则可得

$$P_{sy}(k)=P_s(k) \tag{7-3-5}$$

$$P_y(k)=P_s(k)+P_d(k) \tag{7-3-6}$$

这时式(7-3-4)变为

$$H(k)=\frac{P_s(k)}{P_s(k)+P_d(k)} \tag{7-3-7}$$

式(7-3-7)即为维纳滤波器的谱估计器。

有了 $H(k)$，则可以按式(7-3-2)计算 $\hat{s}(n)$ 在频域第 k 个频点上语音频谱的估算值 $\hat{S}(k)$：

$$\hat{S}(k)=H(k)\cdot Y(k) \tag{7-3-8}$$

式中，$Y(k)$ 为带噪语音在相应频点上的频谱值；$H(k)$ 又可以写为

$$H(k)=\frac{\lambda_s(k)}{\lambda_s(k)+\lambda_d(k)} \tag{7-3-9}$$

式中，$\lambda_s(k)$ 和 $\lambda_d(k)$ 分别为第 k 个频点上信号和噪声的功率谱。

实际上，语音只是短时平稳的，而且语音功率谱也无法得到，因此式(7-3-9)可改写为

$$H(k)=\frac{E[|S(k)|^2]}{E[|S(k)|^2]+\lambda_d(k)} \tag{7-3-10}$$

式(7-3-10)还可进一步写为：

$$H(k)=\frac{\xi(k)}{1+\xi(k)} \tag{7-3-11}$$

$$H(k)=1-\frac{1}{\gamma(k)} \tag{7-3-12}$$

其中，$\xi(k)$ 是先验信噪比；$\gamma(k)$ 是后验信噪比。

定义：

$$\xi(k)=\frac{E[|S(k)|^2]}{\lambda_d(k)} \tag{7-3-13}$$

$$\gamma(k)=\frac{|Y(k)|^2}{\lambda_d(k)} \tag{7-3-14}$$

式(7-3-11)和式(7-3-12)分别为基于先验信噪比和后验信噪比的维纳滤波器谱估计器。

引入平滑参数 α，导出

$$\begin{aligned}\xi_i(k)&=\alpha\xi_i(k)+(1-\alpha)\xi_i(k)\\&=\alpha\xi_i(k)+(1-\alpha)(\gamma_i(k)-1)\\&\approx\alpha\xi_{i-1}(k)+(1-\alpha)(\gamma_i(k)-1)\end{aligned} \tag{7-3-15}$$

或者

$$\hat{\xi}_i(k)=\alpha\xi_{i-1}(k)+(1-\alpha)(\gamma_i(k)-1) \tag{7-3-16}$$

式中，下标 i 是指第 i 帧，式(7-3-16)表明由第 $i-1$ 帧的先验信噪比及第 i 帧的后验信噪比，就可求出第 i 帧的先验信噪比。一旦已知了本帧的先验信噪比 $\hat{\xi}_i(k)$，就能导出本帧的维纳滤波器传递函数 $H_i(k)$：

$$H_i(k)=\frac{\hat{\xi}_i(k)}{\hat{\xi}_i(k)+1} \tag{7-3-17}$$

进一步可以导出维纳滤波器的输出 $\hat{S}_i(k)$ 为

$$\hat{S}_i(k)=H_i(k)Y_i(k) \tag{7-3-18}$$

这便是第 i 帧语音信号频谱的估算值。

7.3.2 维纳滤波减噪的具体步骤和函数 WienerScalart96

对语音信号进行维纳滤波的具体步骤如下：

① 带噪语音为 $x(n)$，加窗分帧后为 $x_i(m)$，相邻帧之间有重叠。

② 对加窗分帧后的信号进行 FFT，分别求其幅度谱 $|X_i(k)|$ 和相位谱 $\theta_i(k)$，把它们保存，并进一步计算功率谱：

$$P_y(k,i)=|X_i(k)|^2 \tag{7-3-19}$$

③ 已知前导无话段（噪声）占有 NIS 帧，可以计算出噪声平均功率谱值 $P_n(k)$ 和噪声平均幅值谱 $\overline{X}_n(k,i)$：

$$P_n(k)=\frac{1}{\mathrm{NIS}}\sum_{i=1}^{\mathrm{NIS}}P_y(k,i)=\lambda_d(k) \tag{7-3-20}$$

$$\overline{X}_n(k,i)=\frac{1}{\mathrm{NIS}}\sum_{i=1}^{\mathrm{NIS}}|X_i(k)| \tag{7-3-21}$$

④ 调用 VAD 函数求出有话帧及无话帧。

⑤ 对于无话帧，修正噪声平均功率谱（方差）和噪声平均幅值谱。噪声平均功率谱即是 $\lambda_d(k)$。

⑥ 对于有话帧先按式（7-3-14）计算出后验信噪比 $\gamma_i(k)$，再按式（7-3-16）计算本帧的先验信噪比 $\hat{\xi}_i(k)$，在这基础上可以按式（7-3-17）求出维纳滤波器的传递函数 $H_i(k)$。

⑦ 按式（7-3-18）计算出该帧维纳滤波器的输出 $\hat{S}_i(k)$。

⑧ 用幅度谱 $\hat{S}_i(k)$ 结合步骤②中的相位谱 $\theta_i(k)$ 进行傅里叶逆变换，将语音信号还原到时域，就得到减噪后的语音信号 $\hat{x}_i(m)$：

$$\hat{x}_i(m)=\mathrm{IDFT}\{\hat{S}_i(k)\exp[\mathrm{j}\theta_i(k)]\} \tag{7-3-22}$$

E. Zavarehei 在 mathworks 上提供了一个 MATLAB 的维纳滤波减噪函数[13]：WienerScalart96.m。它和函数 SSBoll79 相类似，函数 WienerScalart96 中还包含有它调用的函数：segment，vad，OverlapAdd2 等，在以下列出的 WienerScalart96 函数程序清单中没有包含这几个函数。正如在说明 SSBoll79 函数时指出的那样：segment 函数已在第 2 章的分帧部分介绍过，vad 函数在 6.5.1 小节介绍过，用于判断一帧语音信号是否为有话帧或无话帧；OverlapAdd2 函数是有关语音的合成，将在第 10 章介绍。因为在函数 WienerScalart96 中做了中文注释，为了避免与原始的 WienerScalart96 相混，取名为 WienerScalart96m，程序清单如下：

```
function output = WienerScalart96m(signal,fs,IS)
if (nargin<3 | isstruct(IS))                    % 如果输入参数小于 3 个或 IS 是结构数据
   IS = .25;
end
W = fix(.025 * fs);                             % 帧长为 25 ms
SP = .4;                                        % 帧移比例取 40 % (10 ms)
wnd = hamming(W);                               % 设置窗函数
% 如果输入参数大于或等于 3 个并 IS 是结构数据(为了兼容其他程序)
if (nargin>= 3 & isstruct(IS))
SP = IS.shiftsize/W;
% nfft = IS.nfft;
```

若您对此书内容有任何疑问，可以凭在线交流卡登录MATLAB中文论坛与作者交流。

```
wnd = IS.window;
if isfield(IS,'IS')
IS = IS.IS;
else
IS = .25;
end
end
pre_emph = 0;
signal = filter([1 - pre_emph],1,signal);          % 预加重
NIS = fix((IS * fs - W)/(SP * W) + 1);              % 计算无话段帧数
y = segment(signal,W,SP,wnd);                       % 分帧
Y = fft(y);                                         % FFT
YPhase = angle(Y(1:fix(end/2) + 1,:));              % 带噪语音的相位角
Y = abs(Y(1:fix(end/2) + 1,:));                     % 取正频率谱值
numberOfFrames = size(Y,2);                         % 计算总帧数
FreqResol = size(Y,1);                              % 计算频谱中的频率分辨率
N = mean(Y(:,1:NIS)')';                             % 计算无话段噪声平均谱值
LambdaD = mean((Y(:,1:NIS)').^2)';                  % 计算噪声平均功率谱(方差)
alpha = .99;                                        % 设置平滑系数
NoiseCounter = 0;
NoiseLength = 9;                                    % 设置噪声平滑区间长度
G = ones(size(N));                                  % 初始化谱估计器
Gamma = G;
X = zeros(size(Y));                                 % 初始化 X
h = waitbar(0,'Wait...');                           % 设置运行进度条图
for i = 1:numberOfFrames
if i< = NIS                                         % 若 i< = NIS 在前导无声(噪声)段
SpeechFlag = 0;
NoiseCounter = 100;
else                                                % i>NIS 判断是否为有话帧
[NoiseFlag, SpeechFlag, NoiseCounter, Dist] = vad(Y(:,i),N,NoiseCounter);
end
if SpeechFlag = = 0                                 % 在无话段中平滑更新噪声谱值
N = (NoiseLength * N + Y(:,i))/(NoiseLength + 1);
LambdaD = (NoiseLength * LambdaD + (Y(:,i).^2))./(1 + NoiseLength);  % 更新和平滑噪声方差
end
gammaNew = (Y(:,i).^2)./LambdaD;                    % 计算后验信噪比
xi = alpha * (G.^2).* Gamma + (1 - alpha).* max(gammaNew - 1,0);  % 计算先验信噪比
Gamma = gammaNew;
G = (xi./(xi + 1));                                 % 计算维纳滤波器的谱估计器
X(:,i) = G.* Y(:,i);                                % 维纳滤波后的幅值
waitbar(i/numberOfFrames,h,num2str(fix(100 * i/numberOfFrames)));  % 显示运行进度条图
end
close(h);                                           % 关闭运行进度条图
output = OverlapAdd2(X,YPhase,W,SP * W);            % 语音合成
output = filter(1,[1 - pre_emph],output);           % 消除预加重影响
```

说明:

① 编程中按上面所讲述的维纳滤波计算步骤逐行进行,只是先验信噪比不完全按式(7-3-16)计算,而是表示为

```
xi = alpha * (G.^2).* Gamma + (1 - alpha).* max(gammaNew - 1,0);  % 计算先验信噪比
```

② 输入参数 signal 是带噪信号;fs 是采样频率;IS 是前导无话段长度(单位为秒)。输出参数 output 是经维纳滤波减噪后的输出。

③ 在函数中使用了程序运行进度条,已在 6.4.4 小节介绍过程序运行进度条。

7.3.3 维纳滤波的MATLAB例子

同SSBoll79一样，由于是函数WienerScalart96中用vad进行有话帧的检测，其效果不太理想。现把端点检测改为调用pitch_vad1函数（该函数将在第8章介绍），把函数WienerScalart96改名为WienerScalart96m_2，其清单如下：

```
function output = WienerScalart96m_2(signal,fs,IS,T1)
if (nargin<3 | isstruct(IS))                  % 如果输入参数小于3个或IS是结构数据
   IS = .25;
end
W = fix(.025 * fs);                           % 帧长为25 ms
SP = .4;                                      % 帧移比例取40%(10 ms)
wnd = hamming(W);                             % 设置窗函数
% 如果输入参数大于或等于3个并IS是结构数据(为了兼容其他程序)
if (nargin> = 3 & isstruct(IS))
    SP = IS.shiftsize/W;
    nfft = IS.nfft;
    wnd = IS.window;
    if isfield(IS,'IS')
        IS = IS.IS;
    else
        IS = .25;
    end
end
pre_emph = 0;
signal = filter([1 - pre_emph],1,signal);     % 预加重
NIS = fix((IS * fs - W)/(SP * W) + 1);        % 计算无话段帧数
y = segment(signal,W,SP,wnd);                 % 分帧
Y = fft(y);                                   % FFT
YPhase = angle(Y(1:fix(end/2) + 1,:));        % 带噪语音的相位角
Y = abs(Y(1:fix(end/2) + 1,:));               % 取正频率谱值
numberOfFrames = size(Y,2);                   % 计算总帧数
FreqResol = size(Y,1);                        % 计算频谱中的频率分辨率
N = mean(Y(:,1:NIS)')';                       % 计算无话段噪声平均谱值
LambdaD = mean((Y(:,1:NIS)').^2)';            % 初始噪声功率谱方差
alpha = .99;                                  % 设置平滑系数
fn = numberOfFrames;
miniL = 5;
[voiceseg,vosl,SF,Ef] = pitch_vad1(y,fn,T1,miniL);   % 端点检测

NoiseCounter = 0;
NoiseLength = 9;                              % 设置噪声平滑区间长度
G = ones(size(N));                            % 初始化谱估计器
Gamma = G;
X = zeros(size(Y));                           % 初始化X
h = waitbar(0,'Wait...');                     % 设置运行进度条图
for i = 1:numberOfFrames
    SpeechFlag = SF(i);
    if i< = NIS                               % 若i< = NIS在前导无声(噪声)段
        SpeechFlag = 0;
        NoiseCounter = 100;
    % else                                    % i>NIS判断是否为有话帧
        % [NoiseFlag, SpeechFlag, NoiseCounter, Dist] = vad(Y(:,i),N,NoiseCounter);
    end
    if SpeechFlag = = 0                       % 在无话段中平滑更新噪声谱值
        N = (NoiseLength * N + Y(:,i))/(NoiseLength + 1);
        LambdaD = (NoiseLength * LambdaD + (Y(:,i).^2))./(1 + NoiseLength); % 更新和平滑噪声方差
```

若您对此书内容有任何疑问，可以凭在线交流卡登录MATLAB中文论坛与作者交流。

```
        end
        gammaNew = (Y(:,i).^2)./LambdaD;              % 计算后验信噪比
        xi = alpha * (G.^2). * Gamma + (1 - alpha). * max(gammaNew - 1,0);   % 计算先验信噪比
        Gamma = gammaNew;
        G = (xi./(xi + 1));                           % 计算维纳滤波器的谱估计器
        X(:,i) = G. * Y(:,i);                         % 维纳滤波后的幅值
    % 显示运行进度条图
        waitbar(i/numberOfFrames,h,num2str(fix(100 * i/numberOfFrames)));
    end
    close(h);                                         % 关闭运行进度条图
    output = OverlapAdd2(X,YPhase,W,SP * W);          % 语音合成
    output = filter(1,[1 - pre_emph],output);         % 消除预加重影响
    output = output/max(abs(output));
```

说明:

① 函数 WienerScalart96m_2 除端点检测和最后幅值归一外,其他部分和函数 WienerScalart96 一样。同时,在列出函数 WienerScalart96m_2 清单时,没有把 segment 和 OverlapAdd2 函数列出。

② 输入参数 signal 是带噪信号;fs 是采样频率;IS 是前导无话段长度(单位为 s);T1 是在调用函数 pitch_vad1 时需要用到的参数,是一个阈值,以判断是否为有话段。输出参数 output 是经维纳滤波减噪后的输出。

③ 在函数中使用了程序运行进度条图,已在第 6 章介绍过。

例 7-3-1(pr7_3_1) 读入 bluesky1.wav 数据(内容为"蓝天,白云,碧绿的大海"),叠加上 5dB 的白噪声,通过调用 WienerScalart96m_2 函数对带噪语音信号经维纳滤波法减噪。

程序清单如下。

```
% pr7_3_1
clear all; clc; close all;

filedir = [];                                 % 指定文件路径
filename = 'bluesky1.wav';                    % 指定文件名
fle = [filedir filename]                      % 构成路径和文件名的字符串
[xx,fs] = wavread(fle);                       % 读入数据文件
xx = xx - mean(xx);                           % 消除直流分量
x = xx/max(abs(xx));                          % 幅值归一化
SNR = 5;
signal = Gnoisegen(x,SNR);                    % 叠加噪声
snr1 = SNR_singlech(x,signal);                % 计算叠加噪声后的信噪比
N = length(x);
time = (0:N - 1)/fs;                          % 设置时间
IS = .15;                                     % 设置 IS
% 调用 WienerScalart96m_2 函数做维纳滤波
output = WienerScalart96m_2(signal,fs,IS,0.12);
ol = length(output);                          % 把 output 补到与 x 等长
if ol<N
    output = [output; zeros(N - ol,1)];
end
snr2 = SNR_singlech(x,output);                % 计算维纳滤波后的信噪比
snr = snr2 - snr1;
fprintf('snr1 = %5.4f   snr2 = %5.4f   snr = %5.4f\n',snr1,snr2,snr);
wavplay(signal,fs);                           % 从声卡发声比较
pause(1)
wavplay(output,fs);
% 作图
subplot 311; plot(time,x,'k'); grid; axis tight;
```

```
title('纯语音波形'); ylabel('幅值')
subplot 312; plot(time,signal,'k'); grid; axis tight;
title(['带噪语音 信噪比 = ' num2str(SNR) 'dB']); ylabel('幅值')
subplot 313; plot(time,output,'k');grid; ylim([-1 1]);
title('维纳滤波后波形'); ylabel('幅值'); xlabel('时间/s');
```

运行程序 pr7_3_1 后信噪比的变化为：初始信噪比为 5 dB，维纳滤波减噪后信噪比为 9.3 dB，信噪比增加 4.3 dB：

```
snr1 = 5.0000    snr2 = 9.3107    snr = 4.3107
```

程序运行后还给出维纳滤波后输出的减噪语音波形图，如图 7-3-1 所示。

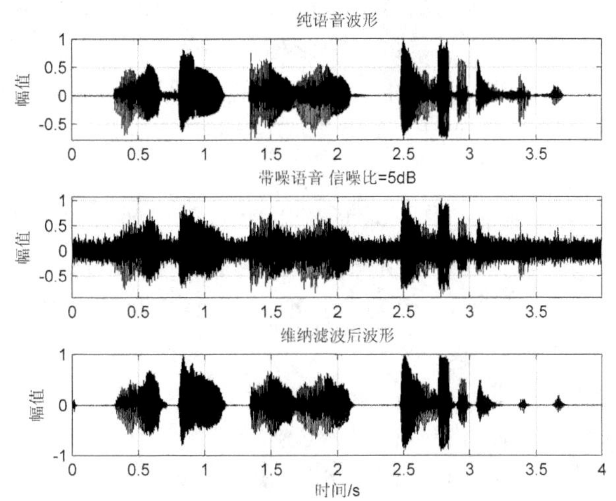

图 7-3-1 调用维纳滤波法减噪后输出的波形图

参考文献

[1] Benesty J, Makino S, Chen J. Speech Enhancement[M]. New York: Springer, 2005.

[2] Poularikas A D, Ramadan Z M. Adaptive Filtering Primer with MATLAB[M]. Boca Raton: Taylor & Francis, 2006.

[3] 迪尼. 自适应滤波算法与实现[M]. 刘郁林，译. 北京：电子工业出版社，2002.

[4] 沈福民. 自适应信号处理[M]. 西安：西安电子科技大学出版社，2001.

[5] 李勇，徐震. MATLAB 辅助现代工程数字信号处理[M]. 西安：西安电子科技大学出版社，2002.

[6] http://www.ilovematlab.cn/thread-50688-1-1.html.

[7] 杨行峻，迟惠生. 语音信号数字处理[M]. 电子工业出版社，1995.

[8] Boll F S. Suppression of Acoustic Noise in Speech Using Spectral Substration[J]. IEEE Trans. on Acoustics, Speech, and Signal Processing, 1979, 27(2): 113-120.

[9] http://www.mathworks.cn/matlabcentral/fileexchange/7675-boll-spectral-subtraction.

[10] 武鹏鹏，赵刚，邹明. 基于多窗谱估计的改进谱减法[J]. 现代电子技术，2008(12): 150-152.

[11] Yi H, Loizou C L. Speech Enhancement Based on Wavelet Thresholding the Multitaper Spectrum[J]. IEEE Trans. on Speech, Audio Processing, 2004, 12(1): 59-67.

[12] 陆光华，彭学愚，张林让，等. 随机信号处理[M]，西安：西安电子科技大学出版社，2002.

[13] http://www.mathworks.cn/matlabcentral/fileexchange/7673-wiener-filter.

第 8 章

基音周期的估算方法

人在发音时，声带振动产生浊音(有话)，没有声带振动产生清音(无话)。

汉语是音节-声调的语言。声母、韵母和声调是汉语音节的三个要素。声调在汉语中有重要的辨义作用。汉语语音具有前声后韵的音节结构，其中声母大都为清音(m,n,l 除外)，韵母为浊音。汉语声调信息载于其基音周期上，并主要在韵母段上。基音周期是指发韵母(含浊辅音)时，声带每开启和闭合一次的时间。声带的振动周期就是基音周期，它的倒数称为基音频率。

浊音的发音过程是：来自肺部的气流冲击声门，造成声门的一张一合，形成一系列准周期的气流脉冲，经过声道(含口腔、鼻腔)的谐振及唇齿的辐射最终形成语音信号。故浊音波形呈现一定的准周期性。所谓基音周期，就是对这种准周期而言的，它反映了声门相邻两次开闭之间的时间间隔或开闭的频率。

基音周期是语音信号最重要的参数之一，它描述了语音激励源的一个重要特征。基音周期信息在语音识别、说话人识别、语音分析与语音合成，以及低码率语音编码、发音系统疾病诊断、听觉残障者的语言指导等多个领域有着广泛的应用。因为汉语是一种有调语言，基音的变化模式称为声调，它携带着非常重要的具有辨义作用的信息，有区别意义的功能。所以，基音的提取和估算对汉语分析更是一个十分重要的课题。

但由于人的声道的易变性以及声道特征是因人而异的，而基音周期的范围又很宽，且同一个人在不同情感条件下发音的基音周期也不同，加之基音周期还受到单词发音音调的影响，因而基音周期的精确检测实际上是一件比较困难的事情。基音提取的主要困难反映在以下几个方面：

① 声门激励信号并不是一个完全周期的序列，在某个音的头、尾部并不具有声带振动那样的周期性，有些清音和浊音的过渡帧是很难被确切地判断为是周期性还是非周期性的。

② 基音频率处在 100～200 Hz 的情况占多数，浊音信号往往可能包含有三四十次谐波分量，而其基波分量往往不是最强的分量，这造成了检测基音时会把谐波当做基波。

③ 语音的第一共振峰通常在 300～1 000 Hz 范围内，形成 2～8 次谐波分量常常比基波分量还强，这也是造成误判的因素。

④ 基音周期变化范围大，从老年男性的 50 Hz 到儿童和女性的 500 Hz，接近三个多倍频程，给基音检测带来了一定的困难。由于这些困难，所以迄今为止尚未找到一个完善的方法可以对于各类人群(包括男、女、老、幼及不同语种)、各类应用领域和各种环境条件都能获得满意的检测方法。

尽管基音检测有许多困难，但因为它的重要性，基音的检测提取一直是一个重要的研究课题，为此人们提出了各种各样的基音检测算法。本章先介绍纯语音信号的基音检测方法：自相关函数(ACF)法、平均幅度差函数(AMDF)法、倒谱法、线性预测法、小波法等，然后给出了本书作者提出的主体-延伸法的基音检测模式，最后介绍了带噪语音的基音检测。

8.1　基音周期提取的预处理

为了提高基音检测的可靠性，有人提出了端点检测和带通数字滤波器两种预处理方法对原始信号进行预处理。

8.1.1　基音检测中的端点检测

在基音检测中进行端点检测，和第 6 章介绍的一般端点检测并不完全相同。在一般的端点检测中，为了能检测到汉语一些语音的头部和尾部，往往把检测的条件设置得稍宽一些。而语音的头、尾部并不具有声带振动那样的周期性，也就是检测不到相应基音，为避免给基音检测带来不必要的困难，在基音检测的端点检测中，设置的条件会更严一些。

在 6.7 节已介绍了用能熵比的方法进行端点检测的方法，在本节介绍的基音的端点检测中，也是使用能熵比法。

设语音信号时域波形为 $x(n)$，加窗分帧处理后得到的第 i 帧语音信号为 $x_i(m)$，FFT 后表示为 $X_i(k)$，其中下标 i 表示第 i 帧，而 k 表示第 k 条谱线。该语音帧在频域中的短时能量为

$$E_i = \sum_{k=0}^{N/2} X_i(k) * X_i^*(k) \tag{8-1-1}$$

式中，N 为 FFT 的长度，只取正频率部分。

而对于某一谱线 k 的能量谱为 $Y_i(k) = X_i(k) \cdot X_i^*(k)$，则每个频率分量的归一化谱概率密度函数定义为

$$p_i(k) = \frac{Y_i(k)}{\sum_{l=0}^{N/2} Y_i(l)} = \frac{Y_i(k)}{E_i} \quad k = 0,1,\cdots,N-1 \tag{8-1-2}$$

该语音帧的短时谱熵定义为

$$H_i = -\sum_{k=0}^{N/2} p_i(k) \log p_i(k) \tag{8-1-3}$$

其中，只取正频率部分的谱熵，对应的能熵比表示为

$$\mathrm{EEF}_i = \sqrt{1 + |E_i / H_i|} \tag{8-1-4}$$

以下给出了以能熵比法进行基音检测的端点检测函数。

名称：pitch_vad1

功能：用能熵比法进行端点检测。

调用格式：[voiceseg,vosl,SF,Ef] = pitch_vad1(y,fn,T1,miniL)

说明：输入参数 y 是分帧后的数组，一般是一列表示一帧数据；fn 是信号的总帧数；T1 是一个阈值；miniL 是有话段的最小帧数。输出参数 voiceseg 是检测到语音端点的信息(和第 6 章中对语音端点输出信息的说明一样)；vosl 表示有几个有话段；SF 表示是否为有话帧，当该帧为有话段时 SF = 1；否则为 0，Ef 是能熵比值。

pitch_vad1 的程序清单如下：

```
function [voiceseg,vosl,SF,Ef] = pitch_vad1(y,fn,T1,miniL)
if nargin<4, miniL = 10; end
if size(y,2)~ = fn, y = y'; end
wlen = size(y,1);
for i = 1:fn
```

若您对此书内容有任何疑问，可以凭在线交流卡登录MATLAB中文论坛与作者交流。

```
    Sp = abs(fft(y(:,i)));                        %FFT取幅值
    Sp = Sp(1:wlen/2+1);                          %只取正频率部分
    Esum(i) = sum(Sp.*Sp);                        %计算能量值
    prob = Sp/(sum(Sp));                          %计算概率
    H(i) = -sum(prob.*log(prob+eps));             %求谱熵值
end
hindex=find(H<0.1);
H(hindex)=max(H);
Ef=sqrt(1 + abs(Esum./H));                        %计算能熵比
Ef=Ef/max(Ef);                                    %归一化

zindex=find(Ef>=T1);                              %寻找Ef中大于T1的部分
zseg=findSegment(zindex);                         %给出端点检测各段的信息
zsl=length(zseg);                                 %给出段数
j=0;
SF=zeros(1,fn);
for k=1 : zsl                                     %在大于T1中剔除小于miniL的部分
    if zseg(k).duration>=miniL
        j=j+1;
        in1=zseg(k).begin;
        in2=zseg(k).end;
        voiceseg(j).begin=in1;
        voiceseg(j).end=in2;
        voiceseg(j).duration=zseg(k).duration;
        SF(in1:in2)=1;                            %设置SF
    end
end
vosl=length(voiceseg);                            %有话段的段数
```

说明:这里的端点检测不同于第6章介绍的双门限的方法,只用一个门限T1来作判断,判断能熵比值是否大于T1,把大于T1的部分都作为有话段的候选值,再进一步判断该段的长度是否大于最小值miniL,只有大于最小值的才能作为有话段。有话段的最小值长度miniL在函数调用时可以按参数带入,默认值为10(为10帧)。函数中调用了findSegment函数,该函数在第6章已做过说明。本函数除了在以下基音检测中被调用外,在第7章减噪运算中已被使用了,在第9章中也将被调用。

8.1.2 基音检测中的带通滤波器

在用相关法和AMDF法的基音检测之前常用到低通滤波器和带通滤波器,其主要目的是减少共振峰的干扰。在文献[1]中作者选用了500 Hz作为滤波器的上限频率,并指出选择截止频率高不利于减少噪声和共振峰的影响。所以在本书基音检测中的预滤波器选择带宽为60~500 Hz,高频截止频率选取500 Hz,是因为基频区间的高端就在这个区域中,低频截止频率选用60 Hz是为了减少工频和低频噪声的干扰。

我们选用IIR滤波器中的椭圆滤波器,因为IIR滤波器的运算量比FIR滤波器少,当然IIR滤波器会带来延迟,也就是相位的变化,但语音信号是对相位不敏感的信号;又选用椭圆滤波器,因为它在经典滤波器设计中相同过渡带和带宽条件下,需要的阶数较小。

滤波器的要求为采样频率8 000 Hz(本书中的语音信号大部分都为采样频率8 000 Hz,对于其他的采样频率可按本方法重新设计获得参数),通带是60~500 Hz,通带波纹为1 dB,阻带分别为30 Hz和2 000 Hz,阻带衰减为40 dB。

例8-1-1(pr8_1_1) 按上述要求设计椭圆带滤波器。

程序清单如下:

```
% pr8_1_1
clear all; clc; close all;

fs = 8000; fs2 = fs/2;                              % 采样频率
Wp = [60 500]/fs2;                                  % 滤波器通带
Ws = [20 2000]/fs2;                                 % 滤波器阻带
Rp = 1; Rs = 40;                                    % 通带的波纹和阻带的衰减
[n,Wn] = ellipord(Wp,Ws,Rp,Rs);                     % 计算滤波器的阶数
[b,a] = ellip(n,Rp,Rs,Wn);                          % 计算滤波器的系数
fprintf('b = %5.6f    %5.6f    %5.6f    %5.6f    %5.6f    %5.6f    %5.6f\n',b)
fprintf('a = %5.6f    %5.6f    %5.6f    %5.6f    %5.6f    %5.6f    %5.6f\n',a)

[db, mag, pha, grd,w] = freqz_m(b,a);               % 求取频率响应曲线
plot(w/pi * fs/2,db,'k');                           % 作图
grid; ylim([-90 10]);
xlabel('频率/Hz'); ylabel('幅值/dB');
title('椭圆 6 阶带通滤波器频率响应曲线');
```

说明:程序中还是调用了 freqz_m 计算数字滤波器的频率响应,该函数能在源程序的\basic_tbx\子目录内找到。

计算出的滤波器系数为:

```
b = 0.012280    -0.039508    0.042177    0.000000    -0.042177    0.039508    -0.012280
a = 1.000000    -5.527146    12.854342    -16.110307    11.479789    -4.410179    0.713507
```

该椭圆带通滤波器系数在以后的基音检测中将会用到,滤波器对应的幅值响应曲线如图 8-1-1 所示。

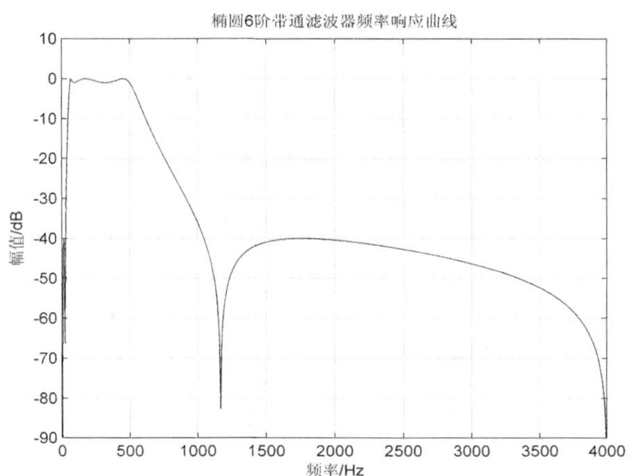

图 8-1-1　用于基音检测的带通滤波器幅值频率响应曲线图

8.2　倒谱法的基音检测

8.2.1　倒谱法基音检测原理

在 3.1 小节已介绍过倒谱的概念和计算方法。当信号序列为 $x(n)$,它的傅里叶变换为

$$X(\omega)=\mathrm{FT}[x(n)] \tag{8-2-1}$$

则序列为

$$\hat{x}(n)=\mathrm{FT}^{-1}[\ln|X(\omega)|] \tag{8-2-2}$$

称 $\hat{x}(n)$ 为倒频谱,简称为倒谱,即 $x(n)$ 的倒谱序列 $\hat{x}(n)$ 是 $x(n)$ 幅值谱对数的傅里叶逆变

换。其中 FT 和 FT^{-1} 分别表示傅里叶变换和傅里叶逆变换。$\hat{x}(n)$ 的量纲是 Quefrency，又被称做倒频，它实际的单位还是时间单位。

在 1.2 节曾介绍过语音 $x(n)$ 是由声门脉冲激励 $u(n)$ 经声道响应 $v(n)$ 滤波而得(在不考虑口唇辐射的条件下)，即

$$x(n)=u(n)*v(n) \tag{8-2-3}$$

设这三个量的倒谱分别为 $\hat{x}(n)$、$\hat{u}(n)$ 及 $\hat{v}(n)$，则有

$$\hat{x}(n)=\hat{u}(n)+\hat{v}(n) \tag{8-2-4}$$

可见，在倒频谱域中 $\hat{u}(n)$ 和 $\hat{v}(n)$ 是相对分离的，说明包含有基音信息的声脉冲倒谱可与声道响应倒谱分离，因此从倒频谱域分离 $\hat{u}(n)$ 后恢复出 $u(n)$，从中求出基音周期。

8.2.2 倒谱法基音检测的 MATLAB 程序

这里用 tone4.wav 数据，它的内容是“妈妈，好吗，上马，骂人”，包含有汉语的四声。

和第 6 章相类似，把本章中一些类同的程序写在一个程序块中，用 run 来运行。程序块有 Set_II 和 Part_II，它们的程序清单为：

```
% Set_II
filedir=[];                              %设置数据文件的路径
filename='tone4.wav';                    %设置数据文件的名称
fle=[filedir filename]                   %构成路径和文件名的字符串
wlen=320; inc=80;                        %分帧的帧长和帧移
overlap=wlen-inc;                        %帧之间的重叠部分
T1=0.05;                                 %设置基音端点检测的参数
```

以及

```
% Part_II
[x,fs]=wavread(fle);                                  %读入 wav 文件
x=x-mean(x);                                          %消去直流分量
x=x/max(abs(x));                                      %幅值归一化
y   = enframe(x,wlen,inc)';                           %分帧
fn  = size(y,2);                                      %取得总帧数
time = (0 : length(x)-1)/fs;                          %计算时间坐标
frameTime = frame2time(fn, wlen, inc, fs);            %计算各帧对应的时间坐标
[voiceseg,vosl,SF,Ef]=pitch_vad1(y,fn,T1);            %基音的端点检测
```

例 8-2-1(pr8_2_1) 用倒谱法对 tone4.wav 数据进行基音检测。

程序清单如下：

```
% pr8_2_1
clc; close all; clear all;
run Set_II;                                         %参数设置
run Part_II;                                        %读入文件,分帧和端点检测
lmin=fix(fs/500);                                   %基音周期的最小值
lmax=fix(fs/60);                                    %基音周期的最大值
period=zeros(1,fn);                                 %基音周期初始化
for k=1:fn
    if SF(k)==1                                     %是否在有话帧中
        y1=y(:,k).*hamming(wlen);                   %取来一帧数据加窗函数
        xx=fft(y1);                                 %FFT
        a=2*log(abs(xx)+eps);                       %取模值和对数
        b=ifft(a);                                  %求取倒谱
        [R(k),Lc(k)]=max(b(lmin:lmax));             %在 lmin 和 lmax 区间中寻找最大值
        period(k)=Lc(k)+lmin-1;                     %给出基音周期
    end
```

```
end
%作图
subplot 211, plot(time,x,'k');  title('语音信号')
axis([0 max(time) - 1 1]); ylabel('幅值');
subplot 212; plot(frameTime,period,'k');
xlim([0 max(time)]); title('基音周期');
grid; xlabel('时间/s'); ylabel('样点数');
for k = 1 : vosl                                    %标出有话段
    nx1 = voiceseg(k).begin;
    nx2 = voiceseg(k).end;
    nxl = voiceseg(k).duration;
    fprintf('%4d    %4d    %4d    %4d\n',k,nx1,nx2,nxl);
    subplot 211
    line([frameTime(nx1) frameTime(nx1)],[-1 1],'color','k','linestyle','-');
    line([frameTime(nx2) frameTime(nx2)],[-1 1],'color','k','linestyle','--');
end
```

说明:已知基音频率范围为 60～500 Hz,当采样频率为 f_s 时,在倒频率域上 60 Hz 对应的基音周期(样点值)为 $P_{max}=f_s/60$,而 500 Hz 对应的基音周期(样点值)为 $P_{min}=f_s/500$。所以在计算出倒谱后,就在倒频率 $P_{min}\sim P_{max}$ 之间寻找倒谱函数的最大值,倒谱函数最大值对应的样点数就是该 i 帧语音信号的基音周期 $T_0(i)$(以样点为单位,如果要转成秒,则要乘 $\Delta t=1/f_s$),基音频率为 $F_0(i)=f_s/T_0(i)$。

运行程序 pr8_2_1 的结果如图 8-2-1 所示。图中垂直实线是有话段的开始;虚线是有话段的结束。

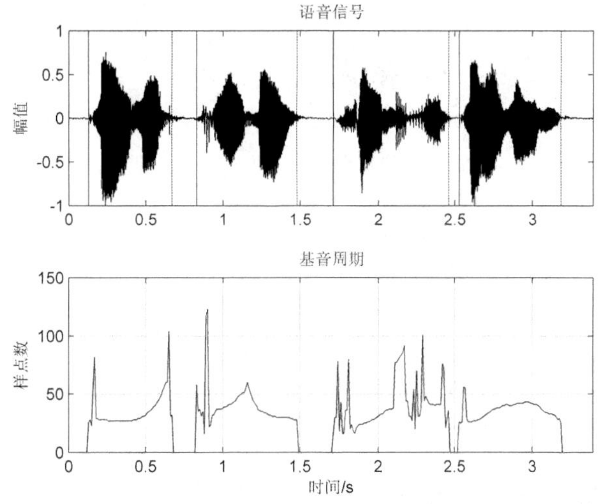

图 8-2-1　语音 tone4.wav 用倒谱法提取得到的基音周期图

从图 8-2-1 可以看出,在基音周期轨迹中出现了偏离实际轨迹的数值,图中出现了突然跳变的偏离值,一般是实际值的 2 倍、3 倍或 1/2。这说明,在基音周期检测之后还需要进行后处理,以消除这些偏离值点。

8.2.3　简单的后处理方法

在基音周期的检测中,常会产生基音检测错误,使求得的基音周期轨迹中有一个或几个基音周期的估算值偏离了正常轨迹(通常是偏离到实际值的 2 倍、3 倍或 1/2),如同图 8-2-1 所示的那样,这种偏离点被称为基音轨迹的"野点"。

为了去除这些野点,可以采用各种平滑算法,其中最常用的是中值滤波算法和线性平滑算法。中值滤波主要调用 MATLAB 工具箱中的 medfilt1 函数。该函数已在第 6 章介绍过。线性平滑是用滑动窗进行线性滤波处理[2],即

$$y(n)=\sum_{m=-L}^{L}x(n-m)w(m) \tag{8-2-5}$$

式中,$\{w(m)\}$, $m=-L,-L+1,\cdots,0,1,2,\cdots,L$,为 $2L+1$ 点平滑窗,满足

$$\sum_{m=-L}^{L}w(m)=1 \tag{8-2-6}$$

例如三点窗的权值可取值为{0.25,0.5,0.25}。线性平滑在纠正输入信号中不平滑处样点值的同时,也使附近各样点的值得到了修改。这里给出线性平滑处理的函数,它的程序清单如下:

```
function [y] = linsmoothm(x,n)
if nargin< 2
    n = 3;
end
win = hanning(n);                        % 用 hanning 窗
win = win/sum(win);                      % 归一化
x = x(:)';                               % 把 x 转换为行序列
len = length(x);
y = zeros(len,1);                        % 初始化 y
                                         % 对 x 序列前后补 n 个数,以保证输出序列与 x 相同长
if mod(n, 2) = = 0
    l = n/2;
    x = [ones(1,1) * x(1) x ones(1,l) * x(len)]';
else
    l = (n - 1)/2;
    x = [ones(1,1) * x(1) x ones(1,l + 1) * x(len)]';
end
% 按式(8 - 2 - 5)平滑处理
for k = 1:len
    y(k) = win' * x(k:k + n - 1);
end
```

把以上两种方法结合在一起,构成 pitfilterm1 函数,它的程序清单如下:

```
function y = pitfilterm1(x,vseg,vsl)
y = zeros(size(x));                % 初始化
for i = 1 : vsl                    % 有段数据
    ixb = vseg(i).begin;           % 该段的开始位置
    ixe = vseg(i).end;             % 该段的结束位置
    u0 = x(ixb:ixe);               % 取来一段数据
    y0 = medfilt1(u0,5);           % 5 点的中值滤波
    v0 = linsmoothm(y0,5);         % 线性平滑
    y(ixb:ixe) = v0;               % 赋值给 y
end
```

例 8-2-2(pr8_2_2) 同例 8-2-1,但把平滑处理增加到程序中去。

只需把例 8-2-1 计算出的基音周期通过 pitfilterm1 函数平滑处理,pr8_2_2 程序清单可在源程序中找到,这里不列出。计算结果如图 8-2-2 所示。

可以看出,在平滑处理后,把原基音周期中的部分野点消除了,但在基音周期中还有一些不太合理之处,还需要进一步完善。

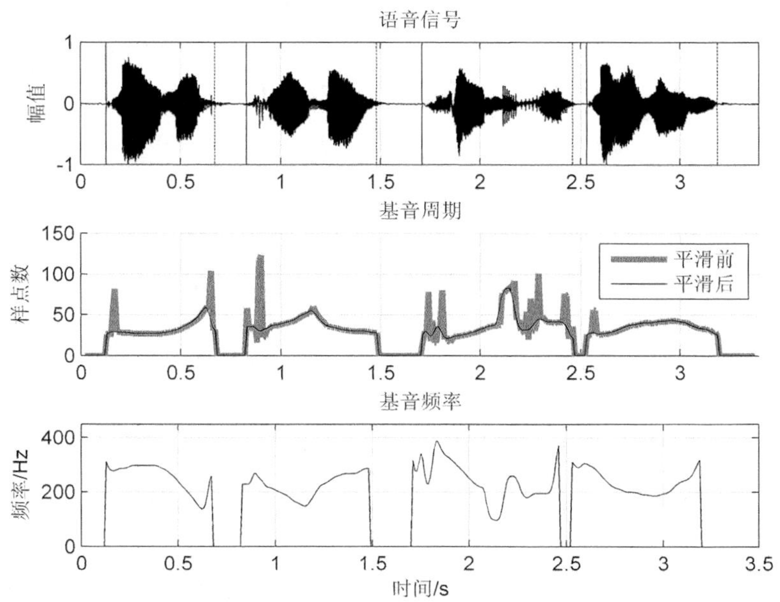

图 8-2-2　在提取基音周期后再做平滑处理

8.3　短时自相关法的基音检测

8.3.1　短时自相关函数法

设语音信号的时间序列为 $x(n)$，加窗分帧处理后得到的第 i 帧语音信号为 $x_i(m)$，其中下标 i 表示第 i 帧，设每帧帧长为 N。$x_i(m)$ 的短时自相关函数定义为

$$R_i(k)=\sum_{m=1}^{N-k}x_i(m)x_i(m+k) \tag{8-3-1}$$

式中，k 是时间的延迟量。

短时自相关函数有以下重要性质：

① 如果 $x_i(m)$ 是周期信号，周期是 P，则 $R_i(k)$ 也是周期信号，且周期相同，即有

$$R_i(R)=R_i(R+P) \tag{8-3-2}$$

② 当 $k=0$ 时，短时自相关函数具有最大值，即在延迟量为 $0,\pm P,\pm 2P,\cdots$时，周期信号的自相关函数也达到最大值。

③ 短时自相关函数是偶函数，即 $R_i(k)=R_i(-k)$。

短时自相关函数法基音检测的主要原理大都是利用短时自相关函数的这些性质，通过比较原始信号和它的延迟后的信号之间的类似性来确定基音周期的。如果延迟量等于基音周期，那么，两个信号具有最大类似性；或是直接找出短时自相关函数的两个最大值间的距离，即作为基音周期的初估值。

在用自相关函数检测基音时，常用归一化的自相关函数（自相关系数），表达式为

$$r_i(k)=R_i(k)/R_i(0) \tag{8-3-3}$$

以上性质②中已指出，$k=0$ 时，$R_i(0)$ 为最大值。所以 $r_i(k)$ 的模值永远小于或等于 1。

图8-3-1给出了一帧语音信号和相应的归一化自相关函数。从图中可看出，$k=0$时，归一化自相关函数的最大幅值是1,其他延迟量时，幅值都小于1。又归一化自相关函数延迟量的单位是样点数，当采样频率为f_s时，每个样点的延迟量为$1/f_s$。

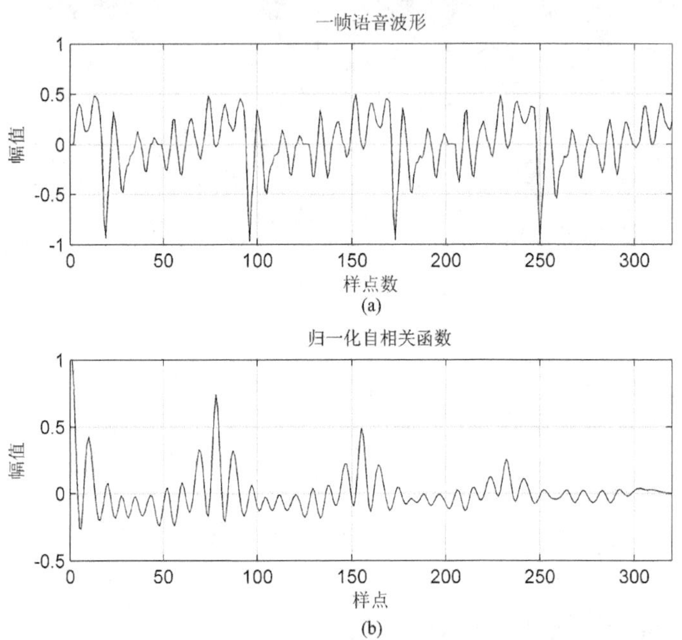

图8-3-1 一帧语音信号和相应的归一化自相关函数

和倒谱中寻找最大值一样，用相关函数法时也在$P_{min} \sim P_{max}$之间寻找归一化相关函数的最大值，最大值对应的延迟量就是基音周期。

用自相关函数检测基音周期的MATLAB函数ACF_corr的程序清单如下：

```
function period = ACF_corr(y,fn,vseg,vsl,lmax,lmin)
pn = size(y,2);
if pn~ = fn, y = y'; end                     % 把 y 转换为每列数据表示一帧语音信号
wlen = size(y,1);                            % 帧长
period = zeros(1,fn);                        % 初始化
for i = 1 : vsl                              % 只对有话段数据处理
    ixb = vseg(i).begin;
    ixe = vseg(i).end;
    ixd = ixe - ixb + 1;                     % 求取一段有话段的帧数
    for k = 1 : ixd                          % 对该段有话段数据处理
        u = y(:,k + ixb - 1);                % 取来一帧数据
        ru = xcorr(u, 'coeff');              % 计算归一化自相关函数
        ru = ru(wlen:end);                   % 取延迟量为正值的部分
        [tmax,tloc] = max(ru(lmin:lmax));    % 在 Pmin~Pmax 范围内寻找最大值
        period(k + ixb - 1) = lmin + tloc - 1;  % 给出对应最大值的延迟量
    end
end
```

说明:

① 输入参数y是分帧后的语音数组，一般是一列表示一帧数据，但在该函数中会检查是否一帧数据为一列，如果不为一列时会转置；fn是分帧后的总帧数；vseg和vsl是端点检测后的有话段信息；lmax和lmin分别代表P_{max}和P_{min}。输出序列period是基音周期。

② 在8.1节中说明了在基音检测前已做了端点检测，所以基音的提取只对有话段的语音进行。在端点检测后给出了有话段的信息voiceseg和vosl,把这些信息按输入参数带入(分别

代表 vseg 和 vsl)。在函数中取来第 i 个有话段的开始帧 vseg(i).begin 和结束帧 vseg(i).end 的位置,求出该有话段的帧数 ixd,然后对其中每一帧求取基音周期。

③ 利用 xcorr 函数求取自相关函数,并用参数 'coeff' 计算归一化的自相关函数。

④ 用 xcorr 函数求取自相关函数对应的正负延迟量,但自相关函数是一个偶函数,这里只取正延迟量的部分。

8.3.2　中心削波的自相关法

中心削波是使用如图 8-3-2 所示的中心削波函数进行处理的。

中心削波函数 $C[x_i(n)]$ 的数学关系式为

$$y_i(n)=C[x_i(n)]=\begin{cases}x_i(n)-C_L & x_i(n)>C_L\\0 & |x_i(n)|\leqslant C_L\\x_i(n)+C_L & x_i(n)<-C_L\end{cases}\tag{8-3-4}$$

式中,$x_i(n)$ 是语音信号分帧后的第 i 帧信号;C_L 是削波电平,一般取一帧信号最大幅度的 60%～70%。

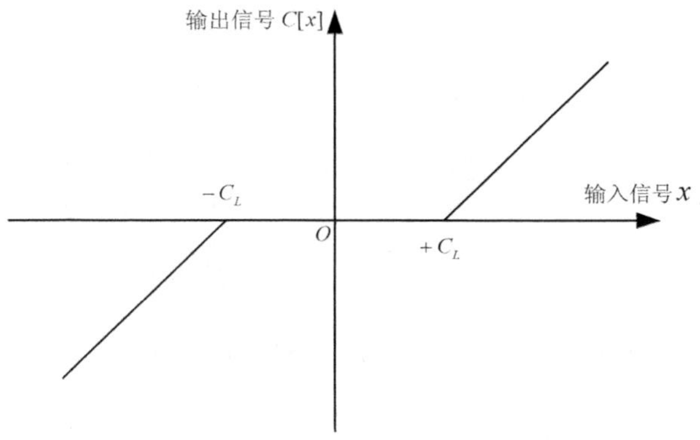

图 8-3-2　中心削波函数

图 8-3-3 给出了中心削波处理后的结果。中心削波后,再用自相关法检出基音频率,错判为倍频或分频的情况会有所减少。

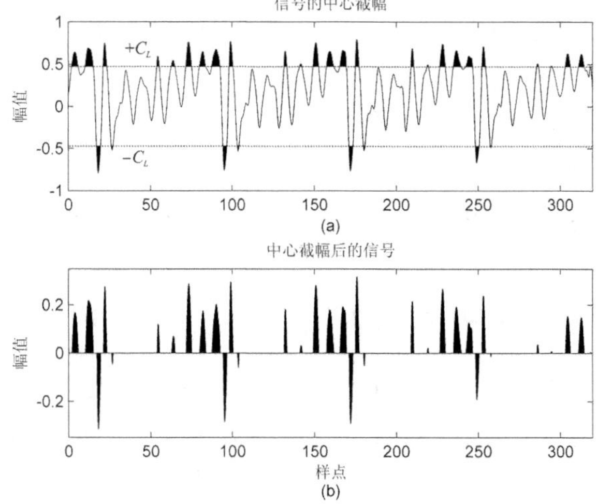

图 8-3-3　中心削波的输入语音和削波后的输出语音波形

用中心削波自相关函数检测基音周期的 MATLAB 函数 ACF_clip 的程序清单如下：

```
function period = ACF_clip(y,fn,vseg,vsl,lmax,lmin)
pn = size(y,2);
if pn~ = fn, y = y'; end                    % 把 y 转换为每列数据表示一帧语音信号
wlen = size(y,1);                           % 帧长
period = zeros(1,fn);                       % 初始化

for i = 1 : vsl                             % 只对有话段数据处理
    ixb = vseg(i).begin;
    ixe = vseg(i).end;
    ixd = ixe - ixb + 1;                    % 求取一段有话段的帧数
    for k = 1 : ixd                         % 对该段有话段数据处理
        u = y(:,k + ixb - 1);               % 取来一帧数据
        rate = 0.7;                         % 中心削波函数系数取 0.7
        cl = max(u) * rate;                 % 求中心削波函数门限
        for j = 1:wlen                      % 按式(8-3-4)进行中心削波处理
            if u(j)>cl
                u(j) = u(j) - cl;
            elseif u(j)< = ( - cl);
                u(j) = u(j) + cl;
            else
                u(j) = 0;
            end
        end
        mx = max(u);                        % 归一化
        u = u/mx;
        ru = xcorr(u, 'coeff');             % 计算归一化自相关函数
        ru  = ru(wlen:end);                 % 取延迟量为正值的部分
        [tmax,tloc] = max(ru(lmin:lmax));   % 在 Pmin~Pmax 范围内寻找最大值
        period(k + ixb - 1) = lmin + tloc - 1;   % 给出对应最大值的延迟量
    end
end
```

说明：

① ACF_clip 函数同 ACF_corr 一样，输入参数 y 是分帧后的语音数组，一般是一列表示一帧数据；fn 是分帧后的总帧数；vseg 和 vsl 是端点检测后有话段信息；lmax 和 lmin 分别代表 $P_{\max}$ 和 $P_{\min}$。输出序列 period 是基音周期。

② 在取得每一帧数据后将按式(8-3-4)进行中心削波，再利用 xcorr 函数求取自相关函数，并用参数 'coeff' 计算归一化的自相关函数。

③ 在自相关函数中只取正延迟量的部分，在 lmin 和 lmax 之间寻找自相关函数的最大值。

④ 在 ACF_clip 函数中削波电平 C_L 取最大幅值的 70%，而在实际应用中可对该阈值进行调整。

8.3.3 三电平削波的互相关函数法[3]

在 8.3.1 和 8.3.2 两小节中介绍的自相关函数法和中心削波自相关函数法，在计算自相关函数时其运算量都是非常大的，其原因是计算机进行乘法运算非常耗时。为此，可对中心削波函数进行修正，采用三电平中心削波的方法。假设 $x_i(n)$ 是语音信号分帧后的第 i 帧信号，C_L 是削波电平，三电平中心削波法如图 8-3-4 所示，其输入输出函数为

$$y'_i(n)=C'[x_i(n)]=\begin{cases}1 & x_i(n)>C_L\\0 & |x_i(n)|\leqslant C_L\\-1 & x_i(n)<-C_L\end{cases}\tag{8-3-5}$$

即削波器的输出 $y'_i(n)$ 在 $x(n)>C_L$ 时为 1，$x(n)<-C_L$ 时为−1，其余均为零。

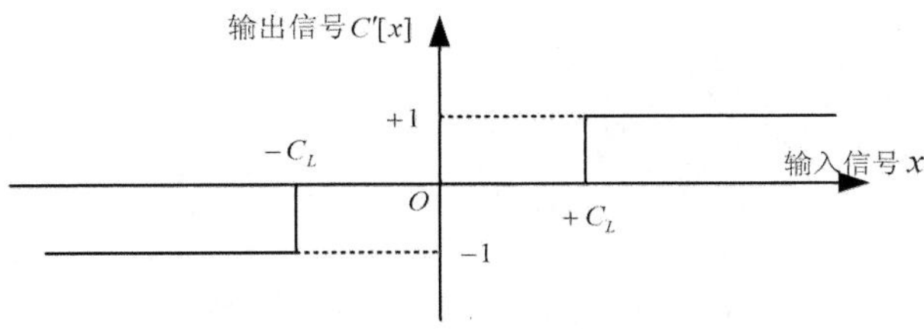

图 8-3-4　三电平中心削波函数

按文献[3]的介绍，C_L 的取法是，取 $x_i(n)$ 前部 100 个样点和后部 100 个样点的最大幅度，并取其中较小的一个，乘以因子 0.68 作为门限电平 C_L。求按式(8-3-4)得到的中心削波输出

$$y_i(n)=C[x_i(n)]=\begin{cases}x_i(n)-C_L & x_i(n)>C_L\\0 & |x_i(n)|\leqslant C_L\\x_i(n)+C_L & x_i(n)<-C_L\end{cases}$$

与按式(8-3-5)得到的三电平削波输出 $y'_i(n)$ 的互相关函数：

$$R_i(k)=\sum_{m=1}^{N-m}y_i(m)y'_i(m+k)\tag{8-3-6}$$

在式(8-3-6)中，$y'_i(n)$ 的取值只有 1、0 和−1 三种状态，所以在式(8-3-6)中的乘法实际是不存在的，只留下了加(减)法。这样，在实际运算中大大节省了运算的时间，为实时运算创造了条件。

求出相关函数 $R_i(k)$ 后，同 8.3.1 节的自相关函数法一样，提取基音周期。

用三电平削波互相关函数检测基音周期的 MATLAB 函数 ACF_threelevel 的程序清单如下：

```
function period = ACF_threelevel(y,fn,vseg,vsl,lmax,lmin)
pn = size(y,2);
if pn~ = fn, y = y'; end                       % 把 y 转换为每列数据表示一帧语音信号
wlen = size(y,1);                              % 测定一帧数据的长度
period = zeros(1,fn);                          % 初始化
for i = 1:vsl                                  % 只对有话段数据处理
    ixb = vseg(i).begin;
    ixe = vseg(i).end;
    ixd = ixe - ixb + 1;                       % 求取一段有话段的帧数
    for k = 1 : ixd                            % 对该段有话段数据处理
        u = y(:,k + ixb - 1);                  % 取来一帧数据
        px1 = u(1:100);                        % 取前部 100 个样点
        px2 = u(wlen - 99:wlen);               % 取后部 100 个样点
        clm = min(max(px1),max(px2));          % 找两者最大值中较小一个
        cl = clm * 0.68;                       % 乘 0.68 得三电平中心削波系数
        three = zeros(1,wlen);                 % 初始化
        for j = 1:wlen;                        % 按式(8-3-4)和式(8-3-5)进行中心削波处理
            if u(j)>cl;
                u(j) = u(j) - cl;
```

```
                three(j) = 1;
            elseif   u(j)<-cl;
                u(j) = u(j) + cl;
                three(j) = -1;
            else
                u(j) = 0;
                three(j) = 0;
            end
        end
    % 计算互相关函数法求基音周期
        r = xcorr(three,u,'coeff');                     % 计算归一化自相关函数
        r = r(wlen:end);                                % 取延迟量为正值的部分
        [v,b] = max(r(lmin:lmax));                      % 在 Pmin~Pmax 范围内寻找最大值
        period(k + ixb - 1) = b + lmin - 1;             % 给出对应最大值的延迟量
    end
end
```

说明:ACF_threelevel 函数同 ACF_corr 一样,输入参数 y 是分帧后的语音数组,一般是一列表示一帧数据;fn 是分帧后的总帧数;vseg 和 vsl 是端点检测后有话段信息;lmax 和 lmin 分别代表 P_{max} 和 P_{min}。输出序列 period 是基音周期。

8.3.4 基于自相关函数法提取基音的 MATLAB 程序

下面以自相关函数法为例进行介绍。

例 8-3-1(pr8_3_1) 读入 tone4.wav 数据(内容是"妈妈,好吗,上马,骂人"),用自相关函数法提取基音周期。

程序的清单如下:

```
% pr8_3_1
clc; close all; clear all;
run Set_II                                              % 参数设置
run Part_II                                             % 读入文件,分帧和端点检测
% 滤波器系数
b = [0.012280  -0.039508  0.042177  0.000000  -0.042177  0.039508  -0.012280];
a = [1.000000 -5.527146  12.854342  -16.110307  11.479789  -4.410179  0.713507];
xx = filter(b,a,x);                                     % 带通数字滤波
yy  = enframe(xx,wlen,inc)';                            % 滤波后信号分帧

lmin = fix(fs/500);                                     % 基音周期的最小值
lmax = fix(fs/60);                                      % 基音周期的最大值
period = zeros(1,fn);                                   % 基音周期初始化
period = ACF_corr(yy,fn,voiceseg,vosl,lmax,lmin);       % 用自相关函数提取基音周期
T0 = pitfilterm1(period,voiceseg,vosl);
% 作图
subplot 211, plot(time,x,'k');  title('语音信号')
axis([0 max(time) -1 1]); grid;  ylabel('幅值');
subplot 212; plot(frameTime,T0,'k'); hold on;
xlim([0 max(time)]); title('平滑后的基音周期');
grid; xlabel('时间/s'); ylabel('样点数');
for k = 1 : vosl
    nx1 = voiceseg(k).begin;
    nx2 = voiceseg(k).end;
    nxl = voiceseg(k).duration;
    fprintf('%4d   %4d   %4d   %4d\n',k,nx1,nx2,nxl);
    subplot 211
    line([frameTime(nx1) frameTime(nx1)],[-1 1],'color','k','linestyle','-');
    line([frameTime(nx2) frameTime(nx2)],[-1 1],'color','k','linestyle','--');
end
```

说明：

① 在程序中运行了程序块 run Set_II 和 run Part_II。Set_II 和 Part_II 已在 8.2.2 小节中介绍过。运行 Set_II 和 Part_II 后已把语音信号读入，并分帧，进行了端点检测，端点检测后的信息在 voiceseg 中，它是一个结构型数组。

② 在带通滤波器输出后还需再一次分帧。对语音信号序列 $x(n)$ 进行带通滤波(在 8.1.2 小节中已介绍过)，滤波后的序列为 $\tilde{x}(n)$。对 $\tilde{x}(n)$ 同样要做加窗分帧处理，得到的第 i 帧语音信号为 $\tilde{x}_i(n)$。第一次分帧的目的是进行端点检测，而这里的第二次分帧是为了进行基音检测，通过滤波，减少共振峰对基音检测的影响。

③ 用自相关计算基音周期直接调用了 8.3.1 小节介绍的 ACF_corr 函数。

④ 在调用 ACF_corr 函数后得到了基音周期，又通过平滑处理，得到平滑后的基音周期 T_0。

⑤ 同样可以改为调用 ACF_clip 和 ACF_threelevel 函数进行基音检测。

运行 pr8_3_1 后得到的结果如图 8-3-5 所示。

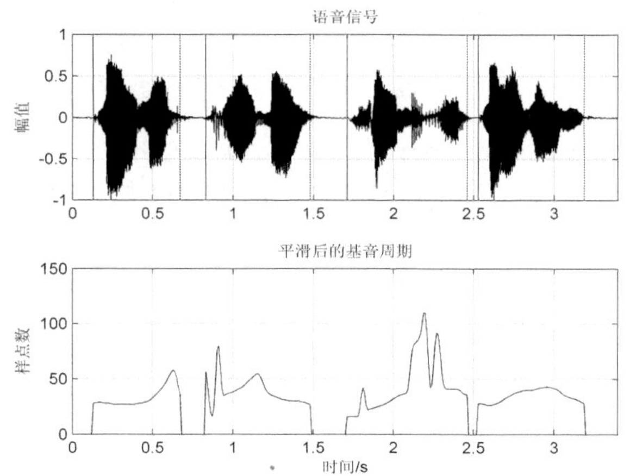

图 8-3-5　用自相关法对 tone4.wav 数据提取基音周期初估算值图

8.4　短时平均幅度差函数的基音检测

8.4.1　短时平均幅度差函数法

语音信号的短时 AMDF 已在 2.3.4 小节介绍过。设语音信号的时间序列为 $x(n)$，加窗分帧处理后得到的第 i 帧语音信号为 $x_i(m)$，其中下标 i 表示第 i 帧，设每帧帧长为 N。$x_i(m)$ 的短时平均幅度差函数 $D_i(k)$ 定义为

$$D_i(k)=\frac{1}{N}\sum_{m=0}^{N-k-1}|x_i(m+k)-x_i(m)| \tag{8-4-1}$$

但式(8-4-1)中的均值系数 $1/N$ 不影响函数的特性，一般都把它省略了，简写为

$$D_i(k)=\sum_{m=0}^{N-k-1}|x_i(m+k)-x_i(m)| \tag{8-4-2}$$

与短时自相关函数一样，对周期性的浊音语音，$D_i(k)$ 也呈现与浊音语音周期相一致的周期

特性。不过，所不同的是 $D_i(k)$ 在基音周期的各个整数倍点上具有谷值特性而不是峰值特性，如图 8-4-1 所示。在短时平均幅值差的图中，可看到差不多在 6,12,18,…毫秒附近有明显的谷值，而对于清音语音信号，$D_i(k)$ 却没有这种周期特性。利用 $D_i(k)$ 的这种特性，可以估计出浊音语音的基音周期。

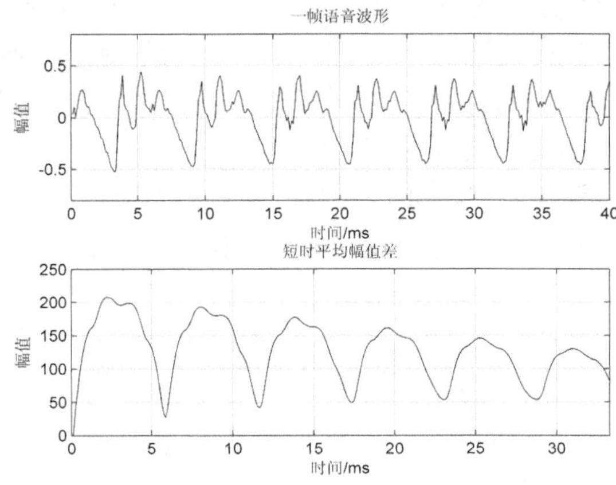

图 8-4-1　一帧语音信号短时平均幅值差值图

利用短时平均幅度差函数来估计基音周期，与计算相关函数检测基音周期一样，窗长需取得较长。利用短时平均幅度差函数估计基音周期的 MATLAB 函数 AMDF_1 的程序清单如下：

```
function period = AMDF_1(y,fn,vseg,vsl,lmax,lmin)
pn = size(y,2);
if pn~ = fn, y = y'; end                        % 把 y 转换为每列数据表示一帧语音信号
period = zeros(1,fn);                           % 初始化
wlen = size(y,1);
for i = 1 : vsl                                 % 只对有话段数据处理
    ixb = vseg(i).begin;
    ixe = vseg(i).end;
    ixd = ixe - ixb + 1;                        % 求取一段有话段的帧数
    for k = 1 : ixd                             % 对该段有话段数据处理
        u = y(:,k + ixb - 1);                   % 取来一帧数据
        for m = 1:wlen
            R(m) = sum(abs(u(m:wlen) - u(1:wlen - m + 1)));   % 计算平均幅度差函数(AMDF)
        end
        [Rmax,Rloc] = max(R(1:lmin));           % 求出最大值
        Rth = 0.6 * Rmax;                       % 设置一个阈值
        Rm = find(R(lmin:lmax)< = Rth);         % 在 Pmin～Pmax 区间寻找出小于该阈值的区间
        if isempty(Rm)                          % 如果找不到,T0 置为 0
            T0 = 0;
        else
            m11 = Rm(1);                        % 如果有小于阈值的区间
            m22 = lmax;
            [Amin,T] = min(R(m11:m22));         % 寻找最小值的谷值点
            if isempty(T)
                T0 = 0;
            else
                T0 = T + m11 - 1;               % 把最小谷值点的位置赋于 T0
            end
            period(k + ixb - 1) = T0;           % 给出了该帧的基音周期
        end
    end
end
```

说明：

① 输入参数 y 是分帧后的语音数组，一般是一列表示一帧数据；fn 是分帧后的总帧数；vseg 和 vsl 是端点检测后有话段信息；lmax 和 lmin 分别代表 P_{max} 和 P_{min}。输出序列 period 是基音周期。

② 在函数中取来第 i 个有话段的开始帧 vseg(i).begin 和结束帧 vseg(i).end 位置，求出该有话段的帧数 ixd，然后对其中每一帧求取基音周期。

③ 为了寻找谷值，先设置一个阈值，取最大值的 0.6 倍(Rth=0.6 * Rmax)。然后在小于 Rth 的区间内搜索最小值。找到了谷值点，把谷值点的位置设为基音周期 period。

8.4.2　改进的短时平均幅度差函数法

在平均幅度差函数检测基音周期时，靠的是搜寻谷点值，不如寻求峰值方便。在文献[4]中介绍了通过线性变换把寻找谷值改为寻找峰值。从图 8-4-2(a)可看到，该函数的极大值可以连接出一条直线 AB，该直线是一条负斜率的直线。把直线 AB 与短时 AMDF 之间的差值做一个线性变换

$$R_i^M(k)=R_{i,\max}\cdot\frac{N-k}{N-n_{i,\max}}-R_i(k) \tag{8-4-3}$$

式中，$R_i(k)$ 是第 i 帧的 AMDF，在该函数中最大值是 $R_{i,\max}$，$R_{i,\max}$ 对应的位置是 $n_{i,\max}$（如图 8-4-2(a)所示）。

$R_i^M(k)$ 是线性变换后的 AMDF，称为改进的 AMDF(MAMDF)。AMDF 经过线性变换后的 MAMDF 也显示在图 8-4-2(b)中，可以看出，原 AMDF 基音的周期性都发生在谷点的位置，而且前两个谷点数值相接近，很容易在基音周期计算中误判为基音周期的倍频。而在 MAMDF 图中，把斜线 AB 拉成一条水平线，又把谷值变成峰值，这样前两个峰值的大小明显分离出来了，减少了误判；同时由寻求谷值转为寻求峰值，就可以把计算相关函数检测峰值中的一些计算方法应用过来。

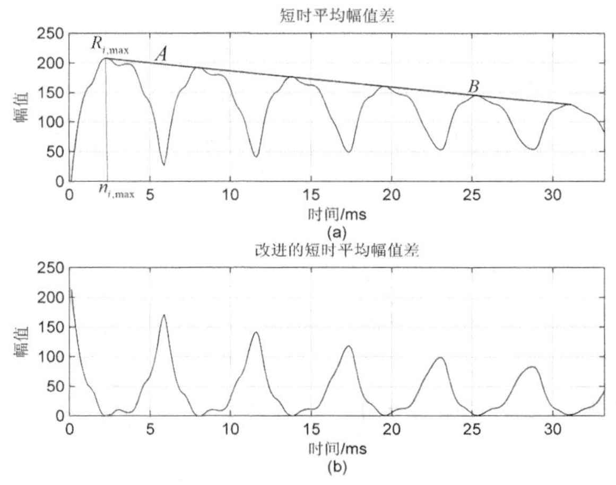

图 8-4-2　把 AMDF 经线性变换后构成 MAMDF，谷值变为峰值

改进短时平均幅度差函数估计基音周期的 MATLAB 函数 AMDF_mod 的程序清单如下：

```
function period = AMDF_mod(y,fn,vseg,vsl,lmax,lmin)
pn = size(y,2);
if pn~ = fn, y = y'; end                          % 把 y 转换为每列数据表示一帧语音信号
period = zeros(1,fn);                             % 初始化
wlen = size(y,1);
for i = 1 : vsl                                   % 只对有话段数据处理
    ixb = vseg(i).begin;
    ixe = vseg(i).end;
    ixd = ixe - ixb + 1;                          % 求取一段有话段的帧数
    for k = 1 : ixd                               % 对该段有话段数据处理
        u = y(:,k + ixb - 1);                     % 取来一帧数据
        for m = 1:wlen
            R0(m) = sum(abs(u(m:wlen) - u(1:wlen - m + 1)));   % 计算平均幅度差函数(AMDF)
        end
        [Rmax,Nmax] = max(R0);                    % 求取 AMDF 中最大值和对应位置
        for i = 1 : wlen                          % 按式(8-4-3)进行线性变换
            R(i) = Rmax * (wlen - i)/(wlen - Nmax) - R0(i);
        end
        [Rmax,T] = max(R(lmin:lmax));             % 求出最大值
        T0 = T + lmin - 1;
        period(k + ixb - 1) = T0;                 % 给出了该帧的基音周期
    end
end
```

说明:输入参数 y 是分帧后的语音数组,一般是一列表示一帧数据;fn 是分帧后的总帧数;vseg 和 vsl 是端点检测后有话段信息;lmax 和 lmin 分别代表 $P_{\max}$ 和 $P_{\min}$。输出序列 period 是基音周期。

8.4.3 循环平均幅度差函数法

设语音信号的时间序列为 $x(n)$,加窗分帧处理后得到的第 i 帧语音信号为 $x_i(m)$,其中下标 i 表示第 i 帧,设每帧帧长为 N。8.4.1 小节已介绍了平均幅度差函数。从式(8-4-2)中可以看到,对于任何一个延迟量 k,累加计算项是 $m=0$ 到 $m=N-k-1$,即随着 k 的增加,计算中的累加项会越来越少,这使 $D_i(k)$ 极大值的幅值随着延迟时间 k 的增加而逐渐下降,相应极小值深度变浅,如图 8-4-3(a)所示。为了克服 $D_i(k)$ 极大值的幅值随着延迟时间 k 的增加逐渐下降,有人提出了循环平均幅度差函数(Circular Average Magnitude Difference Function,CAMDF),采取类似于循环卷积的方式将式(8-4-2)重新定义为

$$D_i(k)=\sum_{m=0}^{N-1}|x_i(\mathrm{mod}(m+k,N))-x_i(m)| \quad k=0,1,\cdots,N-1 \quad (8-4-4)$$

式中,$\mathrm{mod}(m+k,N)$ 表示 $m+k$ 对 N 求模取余的操作。

从式(8-4-4)可看出,对于任何一个延迟量 k,累加计算项是 $m=0$ 到 $m=N-1$,克服了 $D_i(k)$ 极大值幅值随延迟时间 k 的增加而下降,如图 8-4-3(b)所示。

利用循环平均幅度差函数估计基音周期的 MATLAB 函数 CAMDF_1 的程序清单如下:

```
function period = CAMDF_1(y,fn,vseg,vsl,lmax,lmin)
pn = size(y,2);
if pn~ = fn, y = y'; end                          % 把 y 转换为每列数据表示一帧语音信号
period = zeros(1,fn);                             % 初始化
wlen = size(y,1);
for i = 1 : vsl                                   % 只对有话段数据处理
    ixb = vseg(i).begin;
    ixe = vseg(i).end;
```

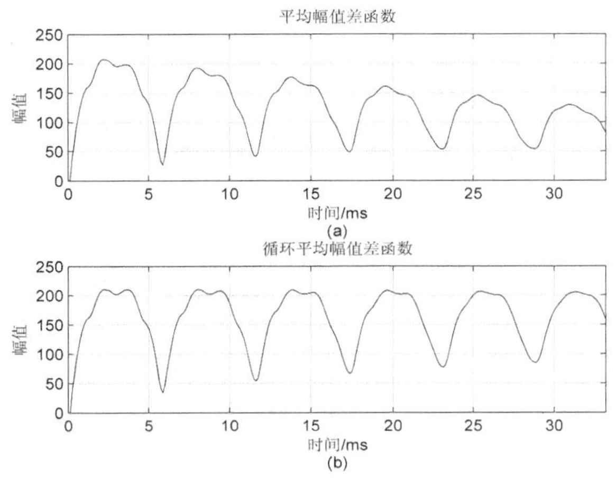

图 8-4-3　平均幅值差函数和循环平均幅值差函数的比较

```
    ixd = ixe - ixb + 1;                        % 求取一段有话段的帧数
    for k = 1 : ixd                             % 对该段有话段数据处理
        u = y(:,k + ixb - 1);                   % 取来一帧数据
        for m = 0:wlen - 1
            R(m + 1) = 0;
            for n = 0:wlen - 1
                R(m + 1) = R(m + 1) + abs(u(mod(m + n,wlen) + 1) - u(n + 1));   % 计算平均幅度差函数
            end
        end
        [Rmax,Rloc] = max(R(1:lmin));           % 求出最大值
        Rth = 0.6 * Rmax;                       % 设置一个阈值
        Rm = find(R(lmin:lmax)< = Rth);         % 在 Pmin～Pmax 区间寻找出小于该阈值的区间
        if isempty(Rm)                          % 如果找不到,T0 置为 0
            T0 = 0;
        else
            m11 = Rm(1);                        % 如果有小于阈值的区间
            m22 = lmax;
            [Amin,T] = min(R(m11:m22));         % 寻找最小值的谷值点
            if isempty(T)
                T0 = 0;
            else
                T0 = T + m11 - 1;               % 把最小谷值点的位置赋于 T0
            end
            period(k + ixb - 1) = T0;           % 给出了该帧的基音周期
        end
    end
end
```

说明：

① 输入参数 y 是分帧后的语音数组，一般一列表示一帧数据；fn 是分帧后的总帧数；vseg 和 vsl 是端点检测后有话段信息；lmax 和 lmin 分别代表 P_{max} 和 P_{min}。输出序列 period 是基音周期。

② 在本函数中是做循环的 AMDF 计算。对于基音周期的检测方法，完全与 AMDF_1 函数相同。

同样按照 8.4.2 小节的方法，对 CAMDF 做了线性变换（MCAMDF），使在基音提取中把寻找谷值转变为寻找峰值。改进的 CAMDF_mod 程序清单如下：

```
function period = CAMDF_mod(y,fn,vseg,vsl,lmax,lmin)
pn = size(y,2);
if pn~ = fn, y = y'; end                          % 把 y 转换为每列数据表示一帧语音信号
period = zeros(1,fn);                             % 初始化
wlen = size(y,1);
for i = 1 : vsl                                   % 只对有话段数据处理
    ixb = vseg(i).begin;
    ixe = vseg(i).end;
    ixd = ixe - ixb + 1;                          % 求取一段有话段的帧数
    for k = 1 : ixd                               % 对该段有话段数据处理
        u = y(:,k + ixb - 1);                     % 取来一帧数据
        for m  =  0:wlen - 1
            R0(m + 1) = 0;
            for n = 0:wlen - 1
                R0(m + 1)  =  R0(m + 1) + abs(u(mod(m + n,wlen) + 1) - u(n + 1)); % 计算平均幅度差函数
            end
        end
        [Rmax,Nmax] = max(R0);                    % 求取 AMDF 中最大值和对应位置
        for i  =  1 : wlen                        % 按式(8 - 4 - 3)进行线性变换
            R(i) = Rmax * (wlen - i)/(wlen - Nmax) - R0(i);
        end
        [Rmax,T] = max(R(lmin:lmax));             % 求出最大值
        T0 = T + lmin - 1;
        period(k + ixb - 1) = T0;                 % 给出了该帧的基音周期
    end
end
```

说明： 输入参数 y 是分帧后的语音数组，一般一列表示一帧数据；fn 是分帧后的总帧数；vseg 和 vsl 是端点检测后的有话段信息；lmax 和 lmin 分别代表 P_{max} 和 P_{min}。输出序列 period 是基音周期。

8.4.4 基于平均幅度差函数法提取基音的 MATLAB 程序

例 8-4-1(pr8_4_1) 读入 tone4. wav 数据(内容是“妈妈，好吗，上马，骂人”)，用改进的平均幅度差函数法提取基音周期，并进行平滑滤波处理。

程序清单如下：

```
% pr8_4_1
clc; close all; clear all;

run Set_II;                                             % 参数设置
run Part_II;                                            % 读入文件,分帧和端点检测
% 滤波器系数
b = [0.012280   - 0.039508    0.042177     0.000000     - 0.042177    0.039508     - 0.012280];
a = [1.000000  - 5.527146   12.854342   - 16.110307    11.479789    - 4.410179     0.713507];
xx = filter(b,a,x);                                     % 带通数字滤波
yy  =  enframe(xx,wlen,inc)';                           % 滤波后信号分帧

lmin = floor(fs/500);                                   % 基音周期的最小值
lmax = floor(fs/60);                                    % 基音周期的最大值
period = zeros(1,fn);                                   % 基音周期初始化
period = AMDF_mod(yy,fn,voiceseg,vosl,lmax,lmin);      % 用 AMDF_mod 函数提取基音周期
T0 = pitfilterm1(period,voiceseg,vosl);                 % 基音周期平滑处理
% 作图
subplot 211, plot(time,x,'k');   title('语音信号')
axis([0 max(time)  - 1 1]); grid;   ylabel('幅值'); xlabel('时间/s');
subplot 212; hold on
line(frameTime,period,'color',[.6 .6 .6],'linewidth',2);
```

```
axis([0 max(time) 0 120]); title('基音周期');
grid; xlabel('时间/s'); ylabel('样点数');
subplot 212; plot(frameTime,T0,'k'); hold off
legend('初估算值','平滑后值'); box on;
```

说明：

① 在程序中运行了程序块 run Set_II 和 run Part_II。Set_II 和 Part_II 已在 8.2.2 小节介绍过。运行 Set_II 和 Part_II 后已把语音信号读入，并加窗分帧，进行了端点检测。

② 用 MAMDF 计算基音周期，只对有话段的帧进行处理，直接调用了 8.4.2 小节中介绍的 AMDF_mod 函数。平滑滤波前输出的基音周期为初估算值，用灰线表示，平滑滤波后输出的基音周期用黑线表示。

③ 本程序调用了函数 AMDF_mod，同样可以改为调用 AMDF_1、CAMDF_1 和 CAMDF_mod 函数进行基音检测。

运行 pr8_4_1 后得到的结果如图 8-4-4 所示。

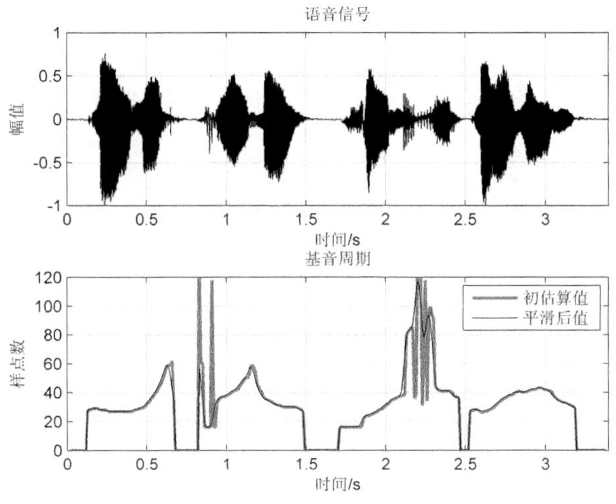

图 8-4-4　用 MAMDF 计算基音周期

8.4.5　自相关函数法和平均幅度差函数法的结合

图 8-4-5 中(a)给出了一帧语音信号的波形，图 8-4-5(b)给出了短时自相关函数。在 8.3 节已说明了可以通过寻找自相关函数 $R_i(k)$ 的峰值位置来获取基音的周期。

式(8-4-2)已给出了语音信号的短时平均幅度差函数波形，如图 8-4-5(c)所示，可以通过寻找平均幅度差函数 $D_i(k)$ 的谷值位置来获取基音的周期。利用这两个函数的特性，引入了 $Q_i(k)$，定义为

$$Q_i(k)=\frac{R_i(k)}{D_i(k)} \tag{8-4-5}$$

即把自相关函数除平均幅度差函数，在基音周期的位置处突出峰值，波形如图 8-4-5(d) 所示。

用自相关函数和平均幅度差函数相结合的方法检测基音周期的 MATLAB 函数为 ACFAMDF_corr，程序清单如下：

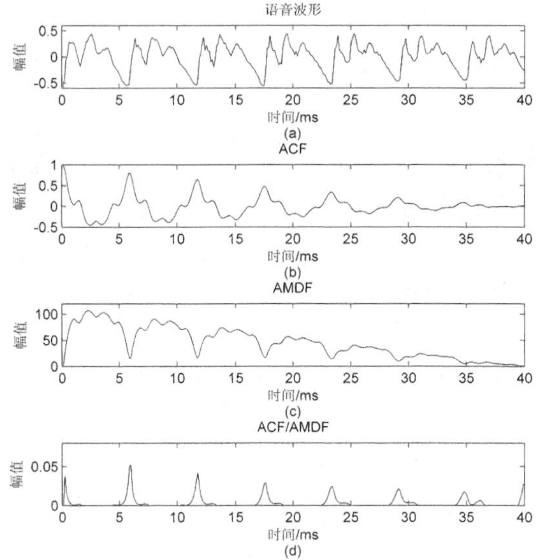

图 8-4-5 基于自相关函数与平均幅度差函数商来提取基音周期

```
function period = ACFAMDF_corr(y,fn,vseg,vsl,lmax,lmin)
pn = size(y,2);
if pn~ = fn, y = y'; end                          % 把 y 转换为每列数据表示一帧语音信号
period = zeros(1,fn);                             % 初始化
wlen = size(y,1);
Acm = zeros(1,lmax);
for i = 1 : vsl                                   % 只对有话段数据处理
    ixb = vseg(i).begin;
    ixe = vseg(i).end;
    ixd = ixe - ixb + 1;                          % 求取一段有话段的帧数
    for k = 1 : ixd                               % 对该段有话段数据处理
        u = y(:,k + ixb - 1);                     % 取来一帧数据
        ru = xcorr(u, 'coeff');                   % 计算归一化自相关函数
        ru = ru(wlen:end);                        % 取延迟量为正值的部分
        for m = 1:wlen
            R(m) = sum(abs(u(m:wlen) - u(1:wlen - m + 1)));   % 计算平均幅度差函数(AMDF)
        end
        R = R(1:length(ru));                      % 取与 ru 等长
        Rindex = find(R~ = 0);
        Acm(Rindex) = ru(Rindex)'./R(Rindex);     % 计算 ACF/AMDF
        [tmax,tloc] = max(Acm(lmin:lmax));        % 在 Pmin~Pmax 范围内寻找最大值
        period(k + ixb - 1) = lmin + tloc - 1;    % 给出对应最大值的延迟量

    end
end
```


说明:程序的参数与 ACF_corr 或 AMDF_1 中的完全一样。在函数中计算自相关函数部分与函数 ACF_corr 相同,计算 AMDF 部分与函数 AMDF_1 相同,只是增加了 ru 与 R 的相除。

例 8-4-2(pr8_4_2) 同例 8-4-1 一样,但要用自相关函数和平均幅度差函数相结合的方法检测基音周期。

pr8_4_2 程序只是在 pr8_4_1 程序中,把调用 AMDF_1 函数改为调用 ACFAMDF_corr 函数,程序清单可在源程序中找到,这里不列出。运行 pr8_4_2 的结果如图 8-4-6 所示。

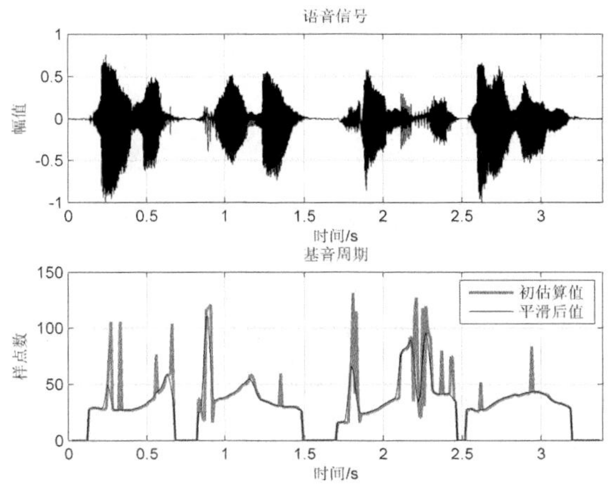

图 8-4-6　用自相关函数和平均幅度差函数相结合检测基音周期的结果

8.5　线性预测的基音检测

第 4 章已介绍过语音信号的线性预测。当语音信号的时间序列为 $x(n)$，加窗分帧处理后得到的第 i 帧语音信号为 $x_i(m)$，其中下标 i 表示第 i 帧，设每帧帧长为 N。$x_i(m)$ 的线性预测器模型为

$$\hat{x}_i(m)=\sum_{l=1}^{p}a_l^i x_i(m-l) \tag{8-5-1}$$

即 $\hat{x}_i(m)$ 是 $x_i(m)$ 的估算值，式中 a_l^i 是线性预测系数，上标 i 表示第 i 帧，如果省略指定第 i 帧，就简化为式(4-1-12)。

信号值 $x_i(m)$ 与线性预测值 $\hat{x}_i(m)$ 之差称为线性预测误差（或称为残差），用 $e_i(m)$ 表示，即

$$e_i(m)=x_i(m)-\hat{x}_i(m)=x_i(m)-\sum_{l=1}^{p}a_l^i x_i(m-i) \tag{8-5-2}$$

而预测误差的传递函数可写为

$$A_i(z)=1-\sum_{l=1}^{p}a_l^i z^{-l} \tag{8-5-3}$$

8.5.1　线性预测倒谱法[5]

8.2 节已介绍过用倒谱法的基音检测，按式(8-2-4)的方法利用倒谱的特性对声门激励响应 $u(n)$ 和声道响应 $v(n)$ 进行分离。

由于线性预测误差已去除了共振峰的响应，它的倒谱能把声道响应的影响减到最小。图 8-5-1 给出了一帧语音信号和它的倒谱及 LPC 预测误差的倒谱。

线性预测误差 $e_i(m)$ 和语音信号序列 $x(n)$ 一样，可以通过倒谱运算提取基音周期。

例 8-5-1(pr8_5_1)　读入 tone4.wav 数据（内容是“妈妈，好吗，上马，骂人”），用线性预测误差的倒谱提取基音周期。

程序清单如下：

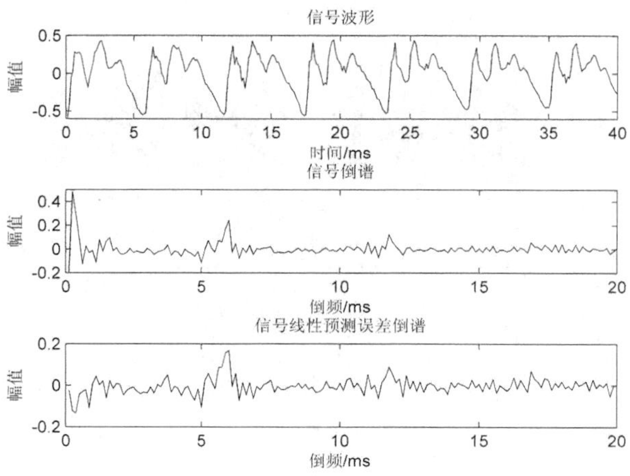

图 8-5-1　一帧语音信号的倒谱和 LPC 预测误差的倒谱

```
% pr8_5_1
clc; close all; clear all;
run Set_II;                                   %参数设置
run Part_II;                                  %读入文件,分帧和端点检测
lmin = fix(fs/500);                           %基音周期的最小值
lmax = fix(fs/60);                            %基音周期的最大值
period = zeros(1,fn);                         %基音周期初始化
p = 12;
for k = 1:fn
    if SF(k) == 1                             %是否在有话帧中
        u = y(:,k).* hamming(wlen);           %取来一帧数据加窗函数
        ar = lpc(u,p);                        %计算 lpc 系数
        z = filter([0 -ar(2:end)],1,u);       %一帧数据 LPC 逆滤波输出
        E = u - z;                            %预测误差
        xx = fft(E);                          %FFT
        a = 2 * log(abs(xx) + eps);           %取模值和对数
        b = ifft(a);                          %求取倒谱
        [R(k),Lc(k)] = max(b(lmin:lmax));     %在 Pmin～Pmax 区间寻找最大值
        period(k) = Lc(k) + lmin - 1;         %给出基音周期
    end
end
T1 = pitfilterm1(period,voiceseg,vosl);       %基音周期平滑处理
%作图
subplot 211, plot(time,x,'k');  title('语音信号')
axis([0 max(time) -1 1]); grid;  ylabel('幅值'); xlabel('时间/s');
subplot 212; hold on
line(frameTime,period,'color',[.6 .6 .6],'linewidth',2);
axis([0 max(time) 0 150]); title('基音周期');
ylabel('样点数'); xlabel('时间/s'); grid;
plot(frameTime,T1,'k'); hold off
legend('初估算值','平滑后值'); box on;
```

说明:

① 在程序中运行了程序块 run Set_II 和 run Part_II,Set_II 和 Part_II 已在 8.2.2 小节介绍过。运行 Set_II 和 Part_II 后已把语音信号读入并分帧,进行了端点检测。端点检测后的信息在 voiceseg 中,它是一个结构型数组。

② 对于有话段内读取每一帧数据,加汉明窗,用 lpc 函数求出预测系数,按式(8-5-2)通

过逆滤波计算出预测误差。

③ 用 8.2.1 小节中求倒谱的方法对预测误差计算倒谱，在倒频率的 $P_{min} \sim P_{max}$ 范围内提取基音周期。

运行 pr8_5_1 后得到的结果如图 8-5-2 所示。

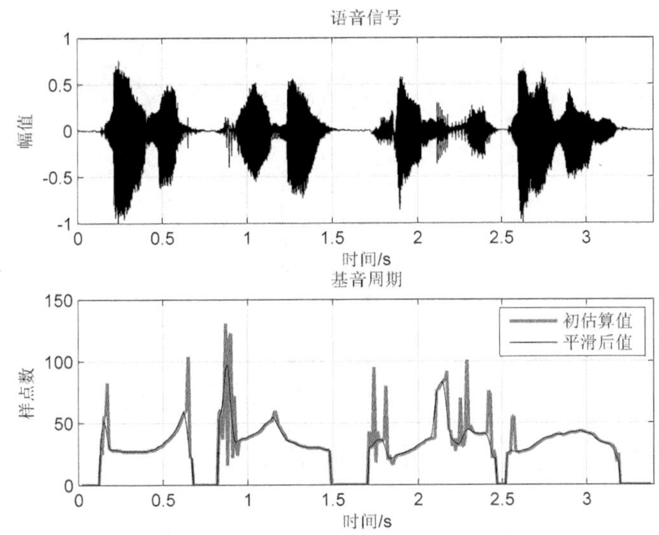

图 8-5-2 基于预测误差倒谱法提取基音周期

8.5.2 简化逆滤波法[6]

简化的逆滤波法(SIFT)是相关处理法进行基音提取的一种现代化的版本。该方法的基本思想是：先对话音信号进行 LPC 分析和逆滤波，获得语音信号的预测误差，然后将预测误差信号通过自相关器和峰值检测，以获得基音周期。语音信号通过线性预测逆滤波器后达到频谱的平坦化，因为逆滤波器是一个使频谱平坦化的滤波器，所以它提供了一个简化的(亦即廉价的)频谱平滑器。预测误差是自相关器的输入，通过在自相关函数中寻找最大值，可以求出基音的周期。

简化逆滤波法检测基音的流程图图如图 8-5-3 所示。其工作过程为：

① 语音信号经过 8 kHz 采样后，通过 60～500 Hz 的数字带通滤波器，其目的是消除语音中声道响应的影响，使峰值检测更加容易。然后降低到原采样率的 1/4。

② 对降低采样率后的信号提取 LPC 参数，通过逆滤波求出预测误差序列。

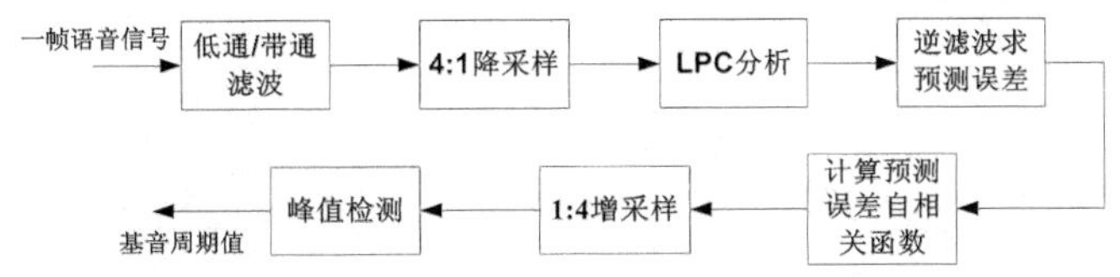

图 8-5-3 简化逆滤波法检测基音的流程图

③ 对预测误差序列计算自相关函数。

④ 对自相关函数增加采样率 4 倍，恢复到初始的采样率 8 kHz。

⑤ 在恢复采样率后的自相关函数中在基音允许范围 $P_{min} \sim P_{max}$ 内寻找出峰值及其位

置,该峰值的位置对应于基音周期值。

例 8-5-2(pr8_5_2) 读入 tone4.wav 数据(内容是“妈妈,好吗,上马,骂人”),用简化的逆滤波法检测基音。

程序清单如下:

```
% pr8_5_2
clc; close all; clear all;
run Set_II;                                  % 参数设置
run Part_II;                                 % 读入文件,分帧和端点检测
% 数字带通滤波器的设计
Rp = 1; Rs = 50; fs2 = fs/2;                 % 通带波纹 1 dB,阻带衰减 50 dB
Wp = [60 500]/fs2;                           % 通带为 60~500 Hz
Ws = [20 1000]/fs2;                          % 阻带为 20 和 1 000 Hz
[n,Wn] = ellipord(Wp,Ws,Rp,Rs);              % 选用椭圆滤波器
[b,a] = ellip(n,Rp,Rs,Wn);                   % 求出滤波器系数
x1 = filter(b,a,x);                          % 带通滤波
x1 = x1/max(abs(x1));                        % 幅值归一化
x2 = resample(x1,1,4);                       % 按 4:1降采样率
lmin = fix(fs/500);                          % 基音周期的最小值
lmax = fix(fs/60);                           % 基音周期的最大值
period = zeros(1,fn);                        % 基音周期初始化
wind = hanning(wlen/4);                      % 窗函数
y2 = enframe(x2,wind,inc/4)';                % 再一次分帧
p = 4;                                       % LPC 阶数为 4
for i = 1 : vosl                             % 只对有话段数据处理
    ixb = voiceseg(i).begin;
    ixe = voiceseg(i).end;
    ixd = ixe - ixb + 1;                     % 取一段有话段的帧数
    for k = 1 : ixd                          % 对该段有话段数据处理
        u = y2(:,k + ixb - 1);               % 取来一帧数据
        ar  =  lpc(u,p);                     % 计算 lpc 系数
        z  =  filter([0  -ar(2:end)],1,u);   % 一帧数据 LPC 逆滤波输出
        E  =  u  -  z;                       % 预测误差
        ru1 =  xcorr(E, 'coeff');            % 计算归一化自相关函数
        ru1  =  ru1(wlen/4:end);             % 取延迟量为正值的部分
        ru = resample(ru1,4,1);              % 按 1:4升采样率
        [tmax,tloc] = max(ru(lmin:lmax));    % 在 Pmin~Pmax 范围内寻找最大值
        period(k + ixb - 1) = lmin + tloc - 1; % 给出对应最大值的延迟量
    end
end
T1 = pitfilterm1(period,voiceseg,vosl);      % 基音周期平滑处理
% 作图
subplot 211, plot(time,x,'k');  title('语音信号')
axis([0 max(time)  -1 1]); grid;  ylabel('幅值'); xlabel('时间/s');
subplot 212; hold on
line(frameTime,period,'color',[.6 .6 .6],'linewidth',2);
xlim([0 max(time)]); title('基音周期'); grid;
ylim([0 150]);  ylabel('样点数'); xlabel('时间/s');
plot(frameTime,T1,'k'); hold off
legend('初估算值','平滑后值'); box on
```

说明:

① 同 8.1 节,选择椭圆滤波器,通带频率为 60~500 Hz,通带的波纹为 1 dB,阻带选在 20 和 1 000 Hz,衰减为 50 dB。在 1 000 Hz 有 50 dB 的衰减,保证在 2 000 Hz 采样时不会产生混迭现象。

② 同 pr8_5_1,在程序中运行了程序块 run Set_II 和 run Part_II(已在 8.2.2 小节介绍过),把语音信号读入,并分帧,进行了端点检测,端点检测后的信息在 voiceseg 中,它是一个结构型数组。

③ 通过带通滤波的语音信号,用 resample 函数对数据进行 4:1的下采样,使采样频率下降为 2 000 Hz。

④ 下采样后的数据还要做一次分帧。在运行 Part_II 模块时已做过一次分帧,那次分帧主要是为了进行端点检测,求出了端点信息 voiceseg,vosl 和 SF 等。但每帧的数据都没有经过带通滤波,所以这一次是对带通滤波和下采样后的数据进行分帧。因为下采样为 4:1,在分帧中帧长和帧移都减为原先帧长和帧移的 1/4,使帧长对应于 25 ms,帧移对应于 10 ms,分帧后总帧数没有变,端点检测的 voiceseg,vosl 和 SF 等信息能继续被使用。

⑤ 加汉宁窗,用 lpc 函数求出预测系数。因为频带只有 1 000 Hz,最多只能有两个共振峰值,所以 LPC 的阶数用 4。

⑥ 按式(8-5-2)通过逆滤波求出预测误差序列,再用 xcorr 函数计算自相关函数。这时的自相关函数的延迟量是按下采样后 2 000 Hz 来计算的。为了能更精确地计算出基音周期,把自相关函数按 1:4增采样,使采样频率恢复到 8 000 Hz。

⑦ 同 ACF_corr 函数中寻找自相关函数的极大值一样,在 $P_{\min} \sim P_{2\max}$ 区间内提取基音周期。

运行 pr8_5_2 后得到的运算结果如图 8-5-4 所示。

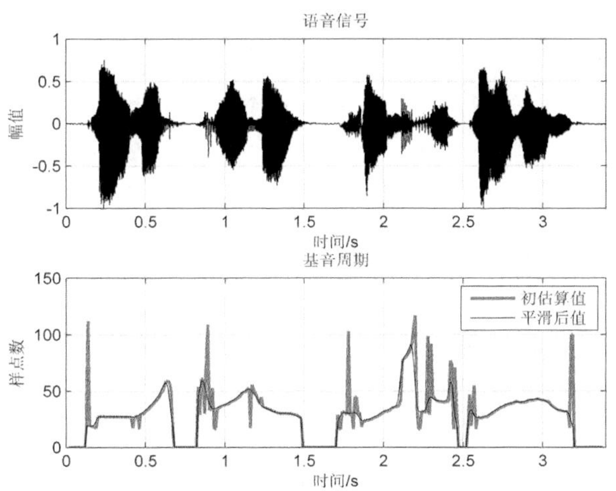

图 8-5-4　基于简化逆滤波法提取基音周期的运行结果

8.6　基音检测的进一步完善

在以上几节中介绍了多种提取基音的方法,大部分的文献中都建议在基音提取以后,要进行平滑处理,包括中值滤波和线性平滑处理,这已在 8.2 节中介绍过。但在前几节的处理中可以看到,加了平滑处理后是能减少野点,但是得到的基音周期还是不太令人满意。

在本章一开始就曾指出,目前还没有相当成熟的提取基音的方法,人们仍在设法寻找一些较满意的方法,不断推进基音检测,而且这条道路还相当漫长。作者在本节也是按这样的宗旨提出了主体-延伸的基音检测法,它仅是众多基音检测方法中的一种,能稍改善基音检测中的部分问题。

8.6.1 主体-延伸法的原理和方法

汉语是带声调(基音)的信号,声母、韵母和声调是汉语音节的三个要素,声调在汉语的辨义中又起着相当重要的作用。任何一个音节是由声母和韵母结合在一起构成的,但声母和韵母每一部分又可以分成许多细节部分。图 8-6-1 给出了汉语音节中各细节的构成,详细介绍可参看文献[6]。如果把图 8-6-1 简化一下,如图 8-6-2 所示,即一个音节由部分声母(部分声母是指声母中除过渡以外的部分)、前过渡、元音主体和后过渡(尾音)所组成,而有音调的区域是在前过渡、元音主体和后过渡中间。

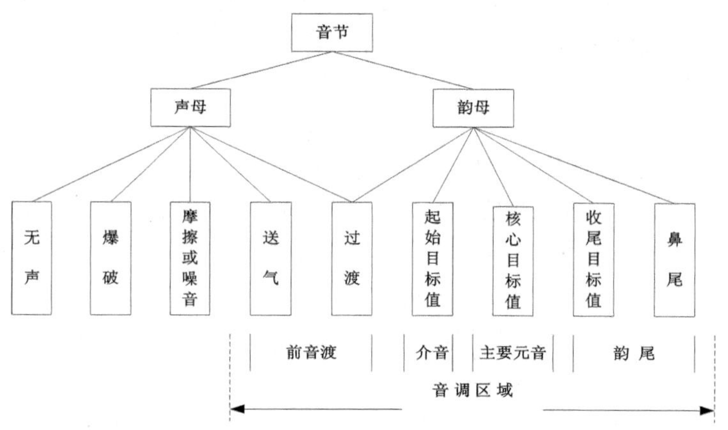

图 8-6-1　汉语一个音节的组成

在过渡区间获得的基音周期估算值往往是实际基音周期值的整数倍或是它的半值。这主要因为在前过渡区域内,由辅音向元音的过渡,此时波形往往呈现出不完全的周期性;而在后过渡区域内,它是被弱化了的元音,也呈现了不规则的特性。所以在过渡区内提取基音参数时,常会出现野点,当野点个数较多或幅值较大时就很难用中值滤波和线性平滑处理来解决,这就是此类处理方法的局限性。

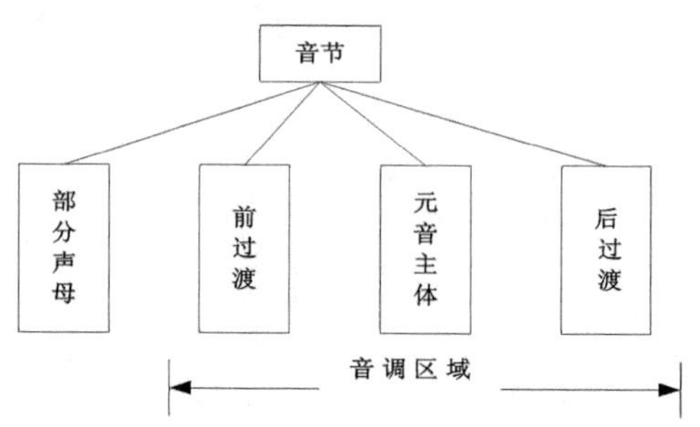

图 8-6-2　汉语一个音节组成的简化

基于音节的组成原理,提出了先检测元音主体的基音,再向前后过渡区间延伸检测基音(简称为主体-延伸基音检测法),即首先提取元音主体的基音周期,然后在元音主体基音周期的基础上向前部和后部过渡区间延伸基音的提取。一般说元音的主体能量都比较强,周期性也较强,所以较容易提取出与实际相符的基音周期值。把元音主体的基音周期值作为基准,向两端过渡区间扩展搜索和寻找最接近于元音主体基音的基音周期值,这样就可减少发生基音周期估算值是实际基音周期值整数倍或半值的现象。当然,在元音主体中有时也会出现个别的基音周期估算值是实际基音周期值的整数倍或半值(野点),这时在主体中处理的方法将不同于在过渡区间中的处理方法,这些将在以后几小节中介绍。

8.6.2 主体-延伸基音检测法的步骤

主体-延伸基音检测法的具体步骤如下：

(1) 加窗分帧处理

对语音信号序列 $x(n)$，首先要进行加窗分帧处理，得到的第 i 帧语音信号为 $x_i(n)$。

(2) 端点检测和元音主体的检测

对加窗分帧后的序列 $x_i(n)$ 进行端点检测，并进行元音主体的检测。

在本节中是利用能量和谱熵的比值(能熵比法)进行端点检测。该方法已在 8.1.1 小节介绍过，而我们还是利用能量和谱熵的比值提取元音的主体，这将在 8.6.3 节介绍。

(3) 滤波和再一次分帧

对语音信号序列 $x(n)$ 进行带通滤波(在 8.1.2 小节已介绍过)，滤波后的序列为 $\tilde{x}(n)$。对它同样要进行加窗分帧处理，得到的第 i 帧语音信号为 $\tilde{x}_i(n)$。第一次分帧的目的是进行端点检测和元音主体的检测，而这里的第二次分帧，主要是为了进行基音检测，通过滤波，减少共振峰对基音检测的影响。

(4) 求出每个元音主体延伸区间和长度

在端点检测和元音主体的检测中将会求出每个元音主体属于哪一个有话段。在一个有话段中可能包含有不止一个元音主体，所以要划出每个元音主体需要延伸进行基音检测的区间，以及它向前和向后需要检测的帧数。

(5) 元音主体的基音检测

利用自相关函数的方法提取元音主体的基音周期。我们将能熵比值较大的那部分定义为元音主体。但阈值应取多大？发声时各个音的能熵比值都不一样，有起有落，很难设定一个固定的值，即使已能自适应地调整阈值，但仍难免可能会把不是元音主体的成分也包含进去；另一方面，即使在元音主体中还有时会发生不稳定。所以在自相关函数的基础上还要做一些优化处理。

(6) 往前后延伸对过渡区间进行基音检测

在提取元音主体的基音周期，又解决了每个元音主体在有话段内前向后向进行检测基音的长度，则就可以元音主体基音周期为基准，延伸向前向后区域进行基音检测。

主体-延伸基音检测法流程图如图 8-6-3 所示。

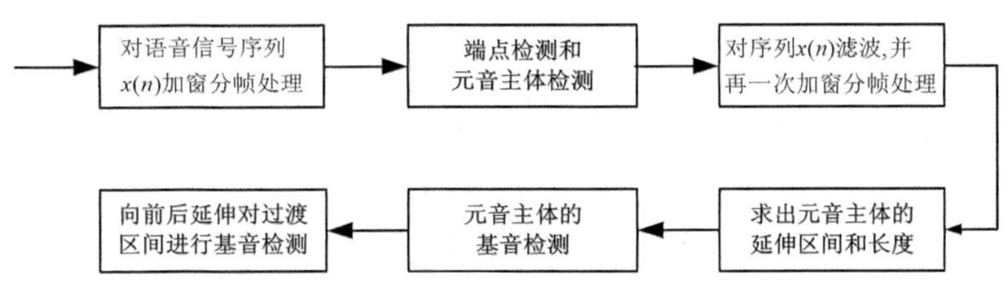

图 8-6-3 主体-延伸基音检测法流程图

这里元音-延伸法基音检测中使用自相关函数，实际上提取基音周期不限于自相关函数法，可以使用上述已介绍过的其他方法。本节只以自相关函数法为例，说明主体-延伸基音检测法的整个过程。用其他基音检测方法，同样能在主体-延伸基音检测法的框架下完成主体-延伸的基音检测。

8.6.3 端点检测和元音主体的检测

8.1.1 小节已介绍了基音检测中的端点检测。在这里并不是采用对各音素进行分割的方法得到元音的主体,而是在 8.1.1 小节所介绍内容的基础上做进一步的拓展,但仍使用能熵比这个参数作为检测元音主体的依据。

在 8.1.1 小节提供的 pitch_vad1 函数中带有一个阈值参数 T1,用以判断语音的端点。我们又在每个有话段中寻找出能熵比的最大值 Emax,设置一个比例系数 r2,令阈值 T2 为

T2=Emax * r2

这样对于不同的有话段有不同的 T2 值,如图 8-6-4(b)所示,可看到不同的有话段给出了不同的 T2 值,我们把能熵比大于 T2 的部分作为元音主体。

进行端点检测和元音主体检测的 MATLAB 函数 pitch_vads 的程序清单如下:

```
function [voiceseg,vosl,vseg,vsl,T2,Bth,SF,Ef] = pitch_vads(y,fn,T1,r2,miniL,mnlong)
if nargin<6, mnlong = 10; end
if nargin<5, miniL = 10; end
if size(y,2)~ = fn, y = y'; end
wlen = size(y,1);
for i = 1:fn
    Sp = abs(fft(y(:,i)));                          % FFT 取幅值
    Sp = Sp(1:wlen/2+1);                            % 只取正频率部分
    Esum(i) = sum(Sp. * Sp);                        % 计算能量值
    prob = Sp/(sum(Sp));                            % 计算概率
    H(i) = - sum(prob. * log(prob + eps));          % 求谱熵值
end
hindex = find(H<0.1);
H(hindex) = max(H);
Ef = sqrt(1 + abs(Esum./H));                        % 计算能熵比
Ef = Ef/max(Ef);                                    % 归一化

zindex = find(Ef> = T1);                            % 寻找 Ef 中大于 T1 的部分
zseg = findSegment(zindex);                         % 给出端点检测各段的信息
zsl = length(zseg);                                 % 给出段数
j = 0;
SF = zeros(1,fn);
for k = 1 : zsl                                     % 在大于 T1 中剔除小于 miniL 的部分
    if zseg(k).duration> = miniL
        j = j + 1;
        in1 = zseg(k).begin;
        in2 = zseg(k).end;
        voiceseg(j).begin = in1;
        voiceseg(j).end = in2;
        voiceseg(j).duration = zseg(k).duration;
        SF(in1:in2) = 1;                            % 设置 SF
    end
end
vosl = length(voiceseg);

T2 = zeros(1,fn);
j = 0;
for k = 1 : vosl                                    % 在每一个有话段内寻找元音主体
    inx1 = voiceseg(k).begin;
    inx2 = voiceseg(k).end;
    Eff = Ef(inx1:inx2);                            % 取一个有话段的能熵比
```

```
    Emax = max(Eff);                                % 求出该有话段内能熵比的最大值
    Et = Emax * r2;                                 % 计算第二个阈值 T2
    if Et<T1, Et = T1; end
    T2(inx1:inx2) = Et;
    zindex = find(Eff> = Et);                       % 寻找其中大于 T2 的部分
    if ~isempty(zindex)
        zseg = findSegment(zindex);
        zsl = length(zseg);

        for m = 1 : zsl
            if zseg(m).duration> = mnlong           % 只保留长度大于 mnlong 的元音主体
                j = j + 1;
                vseg(j).begin = zseg(m).begin + inx1 - 1;
                vseg(j).end = zseg(m).end + inx1 - 1;
                vseg(j).duration = zseg(m).duration;
                Bth(j) = k;                         % 设置该元音主体属于哪一个有话段


            end
        end
    end
end
vsl = length(vseg);                                 % 求出元音主体个数
```

说明：

① 输入参数 y 是分帧以后的数组(一般一列数据表示一帧)；fn 是总帧数；T1 是作为检测端点的阈值；r2 是为元音主体检测所设置的一个比例常数；miniL 是和 pitch_vad 函数一样，作为有声段的最小长度；mnlong 是用在元音主体检测中，作为元音主体的最小长度。当检测出元音主体长度小于 mnlong 时该元音主体将被剔除，只有长度大于或等于 mnlong 长时才作为元音主体来处理。

② 和 pitch_vad1 函数中输出参数一样，Ef 是能熵比值；voiceseg 是有话段的信息；vosl 是有话段的段数；SF 表示某一帧是否为有话帧。比 pitch_vad1 函数增加的输出参数有：T2 是按 r2 计算出的判断是否为元音主体的阈值；vseg 是元音主体的信息；vsl 表示在该语音信号中共有多少个元音主体；Bth 说明某一个元音主体归属于哪一个有话段。

③ 在本函数中给出了两组信息，一组是端点的信息，端点的各段参数在 voiceseg 中，共有 vosl 段；而另一组是元音主体的信息，元音主体的各段参数在 vseg 中，共有 vsl 段。

在图 8-6-4 中显示了一张处理后的图，其中，图 8-6-4(a)显示了语音的波形，通过端点检测。图中垂直实线表示一段有话段的开始，垂直虚线表示一段有话段的结束。图 8-6-4(b)显示了能熵比，横坐标是帧数的编号，两条横线分别表示阈值 T1 和 T2。超出 T1 的表示为有话段，图中已用垂直实线与垂直虚线包括出来了，而对于能熵比值超过 T2 的部分(用黑色实体表示)是元音的主体。

④ Bth 参数的说明：该参数表示某一个元音主体归属于哪一个有话段，在进一步计算延伸的区间时该参数十分重要。图 8-6-4(b)标出了共有 5 个有话段，分别为 1,2,…,5，而共有 8 个元音主体，分别标为 $A,\cdots,H$，调用 pitch_vads 函数后 Bth 给的值为

1　1　2　2　3　4　4　5

说明元音主体 A 和 B 属于第一个有话段，元音主体 C 和 D 属于第二个有话段，元音主体 E 属于第三个有话段，元音主体 F 和 G 属于第四个有话段，元音主体 H 属于第五个有话段。

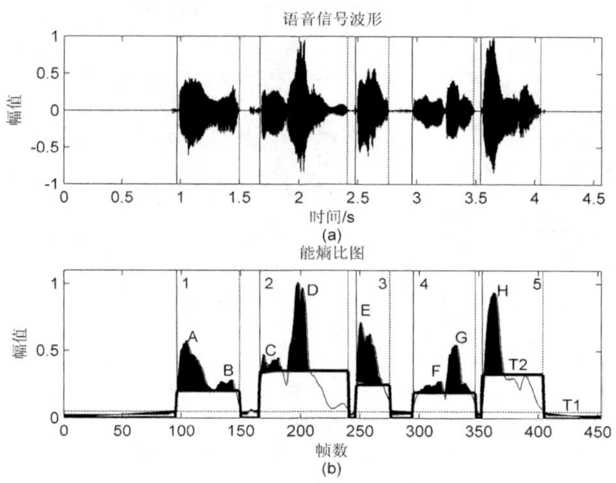

图 8-6-4　获取元音主体的示意图

8.6.4　元音主体的基音检测

设语音信号为 $x(n)$，通过滤波以后的输出为 $\tilde{x}(n)$，加窗分帧后为 $\tilde{x}_i(n)$，其中下标 i 表示第 i 帧。

在元音主体的基音检测中是用滤波后的分帧数据 $\tilde{x}_i(n)$ 做的，而不是用滤波前的分帧数据 $x_i(n)$ 做，其原因是 $x_i(n)$ 中尚没有消除共振峰的干扰，所以一定要用 $\tilde{x}_i(n)$ 来做基音检测。

在检测基音时，我们并没有直接用 8.3.1 小节中介绍的自相关方法提取元音主体的基音周期，因为在元音主体的基音检测中有时还会发生野点，如图 8-6-5 所示。

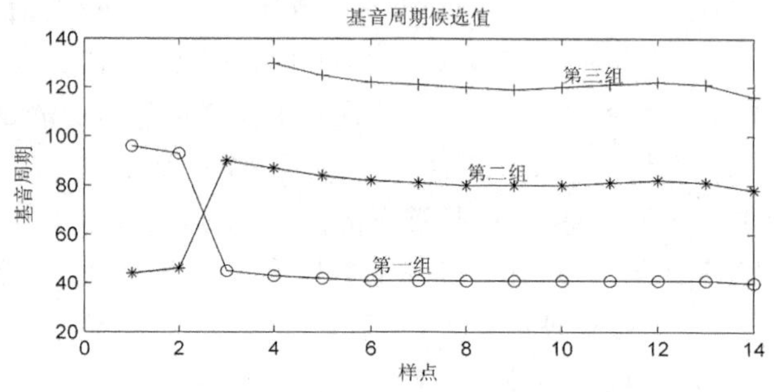

图 8-6-5　基音周期候选值图

在 8.3.1 小节中介绍的自相关方法是从每一帧的自相关函数中 $P_{\min} \sim P_{\max}$ 范围内寻找最大值对应的基音周期，图 8-6-5 中第一组曲线给出的就是最大值对应的基音周期，在它的开始部分可以看到基音周期从 90 多跌落到 40 左右。这种起伏的状态有时发生在头部，有时发生在中间或尾部。在这种情况下，应取怎样的基音周期值呢？

1. 基音周期的候选数值

图 8-6-5 给出的现象说明，如果简单地直接用自相关法进行基音检测，即使在元音主体内一样会有野点发生(对于前几节任何一种方法简单地直接使用时都会发生这种现象)。这可能是由于对元音主体的划分并不严格，即只是选用了能熵比相对大的部分；另一方面也可能是由于语音的复杂性，元音主体中本身也不完全是稳态信号。当然，像图 8-6-5 那样的情况并

不是每一个元音主体中都会发生，但有时还会发生。

在元音主体中对每一帧数据计算自相关函数时，在 $P_{min} \sim P_{max}$ 范围内取三个峰值作为基音的候选数组，如图 8-6-6 所示。在 $P_{min} \sim P_{max}$ 区间内找到三个峰值和它们所对应的三个位置(延迟量)，这三个位置将作为基音周期的候选数值存放在数组 Ptk 中，且只保存峰值的位置。但 Ptk 是按峰值幅值大小排序的，即 Ptk(1,i)对应于最大峰值的位置，Ptk(3,i)对应于最小峰值的位置，其中 i 表示第 i 帧。当对某一个元音主体各帧都计算完成后，就能得到如图 8-6-5 所示那样的基音周期候选值图。其中第一组便是 Ptk(1,i)，对应于每帧自相关函数中峰值幅值最大的一组，第二组 Ptk(2,i) 便对应于峰值幅值次之的一组，第三组 Ptk(3,i) 便对应于峰值幅值最小的一组。

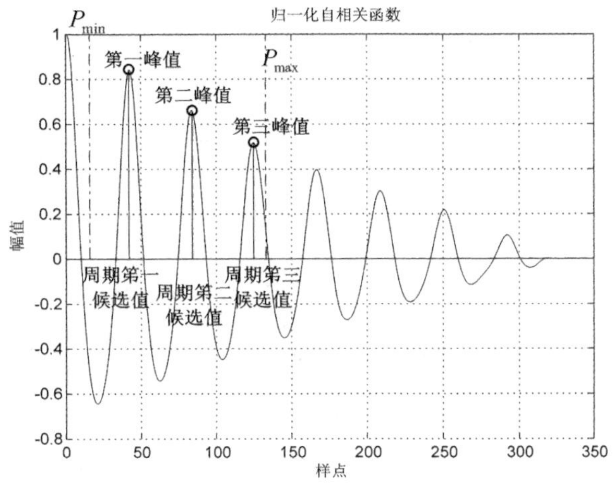

图 8-6-6 自相关函数中峰值和周期候选值的选取

如果简单地直接用自相关法进行基音检测，就是只取了 Ptk(1,i)，如同图 8-6-5 所示会有野点发生。我们认为，在元音主体中虽可能发生野点，但在 Ptk(1,i)中大部分数值还是反映了实际基音周期值。

把每帧自相关函数中峰值幅值最大的一组 Ptk(1,i)值赋于 Kal：Kal(i)＝Ptk(1,i)。先计算 Kal 的均值 meanx 和标准偏差 thegma：

$$\text{meanx} = \text{mean(Kal)} \tag{8-6-1}$$

$$\text{thegma} = \text{std(Kal)} \tag{8-6-2}$$

置信区间在(meanx－thegma　meanx＋thegma)内。大部分音节的元音主体按式(8-6-2)计算出的标准差很小，不需要做进一步的处理；但也有的标准差很大，说明 Kal 值来回振荡，如图 8-6-7(a)中给出了一个典型的基音周期的候选值示意图，Kal 值是第一组的值，用圆点表示，计算出的均值线用黑色虚线表示，而置信区间用黑色点画线表示。

从图中可以看出，第一组(Kal 值)大部分值在置信区间内，而第二组也有一部分值在置信区间内(或许有时第三组也会有部分值在置信区间内)，先用 Pam 复制 Kal 在置信区内的值，而 Kal 在置信区外的值在 Pam 中都置为 0；同时又规定当某个帧号第一组值在置信区内，该帧号第二或第三组也有值在置信区内时，则取这些值中大的一个赋值于 Pam 数组。这样可以避免一部分把谐波周期作为基波周期的误判。图 8-6-7(a)中计算出的 Pam 值用灰线表示。

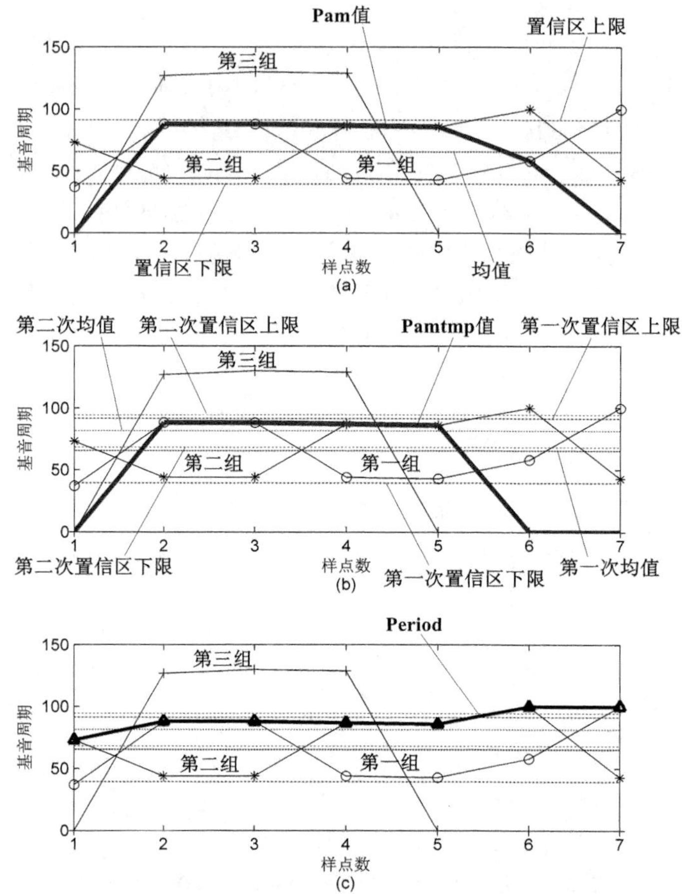

图 8-6-7　二次置信区的设置,求出 Pam 和 Pamtmp,最短距离和进行后处理后得到基音周期

2. 基音周期的最短距离准则

如同图 8-6-7(a)中计算出的 Pam 值用灰线,在 Pam 中非零的标号为 pam_non,对 Pam 中非零值进行第二次划分置信区,计算 Pam(pam_non)的均值 meanx 和标准偏差 thegma:

$$\text{meanx}=\text{mean}[\text{Pam}(\text{pam\_non})] \tag{8-6-3}$$

$$\text{thegma}=\text{std}[\text{Pam}(\text{pam\_non})] \tag{8-6-4}$$

第二次置信区间在(meanx－thegma　meanx＋thegma)内。用 Pamtmp 复制了 Pam,但 Pam 中在第二次置信区外的点在 Pamtmp 中都设为 0,这样把偏差比较大的点都排除在外,以便能按最短距离准则进一步求取基音。图 8-6-7(b)中给出了 Pamtmp 曲线示意图。

在图 8-6-7(b)中标出了第一次置信区设置中的均值和置信区间,也标出了第二次置信区设置中的均值和置信区间,以及最后求出的 Pamtmp 用灰线表示。

对于 Pamtmp 中零值的点,将按最短距离准则向前向后搜索寻找最佳值。设 Pamtmp 第 i 帧是非零值,而第 i＋1(或 i－1)帧是零值,则计算

$$[\text{mv},\text{ml}]=\min(|\,\text{Pamtmp}(i)-\text{Ptk}(:,i+1)\,|) \tag{8-6-5}$$

在基音候选数组 i＋1 列 Ptk(:,i＋1) 中寻找与 Pamtmp(i)差值最小(距离最短)的一个元素。设找到位置为 ml,并对 Ptk(ml,i＋1)做进一步判断:要求在两帧之间(相差 10 ms)的基音周期差值不大于 c1(c1 是一个被设置的阈值,取值范围为 10～15)个采样周期,以这个约束作为

判断的条件：

$$|\,Ptk(ml,i+1)-Pamtmp(i)\,|<=c1 \qquad (8-6-6)$$

上面已指出对元音主体的划分是不严格的，有可能会带入语音的过渡区间，也有可能元音本身不稳定，如果 Ptk(ml,i+1)与 Pamtmp(i)之间不能满足式(8-6-6)的要求，只能用其他外推的方法或内插法来求出 Pamtmp(i+1)值。这样处理后把原数据中的野点剔除了，把合理的数据点都保存下来了，最后得到元音主体的基音周期 period，如图 8-6-7(c)所示，其中基音周期 period 用三角和黑线表示。

对元音主体进行基音周期检测需要用到以下几个函数：

(1) findmaxesm3 函数

名称：findmaxesm3

功能：从自相关函数中提取三个峰值的幅值和位置。

调用格式：[Sv,Kv] = findmaxesm3(ru,lmax,lmin)

说明：

① 输入参数 ru 是一帧语音信号正延迟量的自相关函数；lmax 和 lmin 分别代表 P_{max} 和 P_{min}，给出检测延迟量的范围。输出参数 Sv 是三个峰值的幅值；Kv 是三个峰值的延迟量；Sv 和 Kv 都按峰值幅值大小次序排列。

② 函数中用 findpeaks 函数来寻找峰值和峰值的位置。当不存在三个峰值时，以 0 替代；而当自相关函数中多于三个峰值时只取幅值最大的三个。函数 findpeaks 已在第 3 章介绍过。

函数 findmaxesm3 的程序清单可从源程序中找到，这里不列出。

(2) ACF_corrbpa 函数

名称：ACF_corrbpa

功能：对元音主体内的各帧数据用自相关函数法进行基音检测。

调用格式：period = ACF_corrbpa(y,fn,vseg,vsl,lmax,lmin,ThrC)

程序流程图：如图 8-6-8 所示。

程序清单如下：

```
function period = ACF_corrbpa(y,fn,vseg,vsl,lmax,lmin,ThrC)
pn = size(y,2);
if pn~ = fn, y = y'; end                        % 把 y 转换为每列数据表示一帧语音信号
wlen = size(y,1);                               % 帧长
period = zeros(1,fn);                           % 初始化
c1 = ThrC(1);
for i = 1 : vsl                                 % 只对有话段数据处理
    ixb = vseg(i).begin;
    ixe = vseg(i).end;
    ixd = ixe - ixb + 1;                        % 求取一段有话段帧的帧数
    Ptk = zeros(3,ixd);
    Vtk = zeros(3,ixd);
    Ksl = zeros(1,3);
    for k = 1 : ixd
        u = y(:,k + ixb - 1);                   % 取来一帧信号
        ru = xcorr(u,'coeff');                  % 计算自相关函数
        ru = ru(wlen:end);                      % 取正延迟量部分
        [Sv,Kv] = findmaxesm3(ru,lmax,lmin);    % 获取三个极大值的数值和位置
        lkv = length(Kv);
        Ptk(1:lkv,k) = Kv';                     % 把每帧三个极大值位置存放在 Ptk 数组中
    end
    Kal = Ptk(1,:);
    meanx = mean(Kal);                          % 计算 Kal 均值
    thegma = std(Kal);                          % 计算 Kal 标准差
    mt1 = meanx + thegma;
    mt2 = meanx - thegma;
    if thegma>5,
```

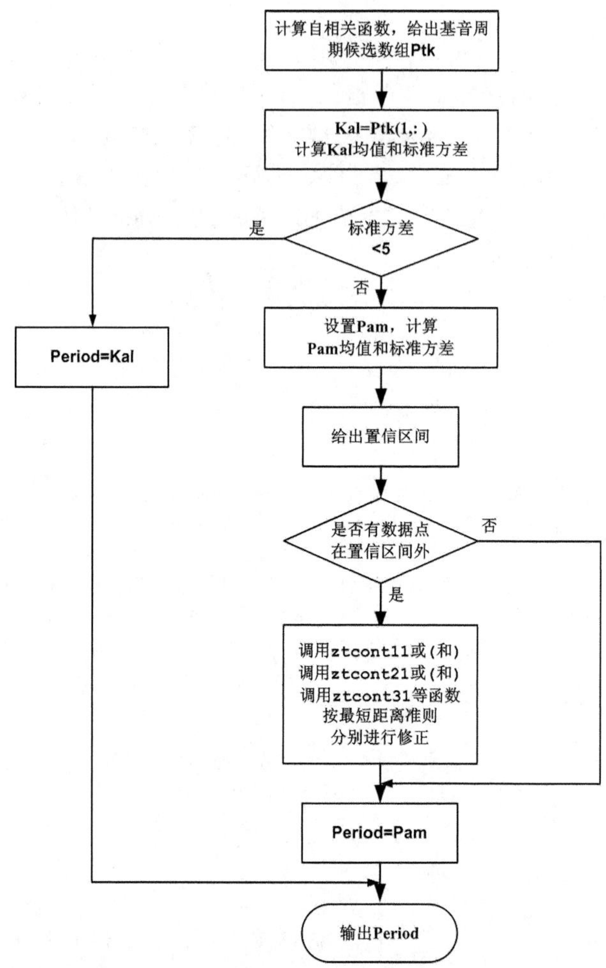

图 8-6-8 函数 ACF_corrbpa 程序流程图

```
%判断基音候选组中有哪几个在第一次置信区域内
Ptemp = zeros(size(Ptk));
Ptemp(1,(Ptk(1,:)<mt1 & Ptk(1,:)>mt2)) = 1;
Ptemp(2,(Ptk(2,:)<mt1 & Ptk(2,:)>mt2)) = 1;
Ptemp(3,(Ptk(3,:)<mt1 & Ptk(3,:)>mt2)) = 1;
%如果第一组或(和)其他组都有值在第一次置信区内,取数值大的一个值赋于 Pam
Pam = zeros(1,ixd);
for k = 1 : ixd
    if Ptemp(1,k) = = 1
        Pam(k) = max(Ptk(:,k). * Ptemp(:,k));
    end
end
mdex = find(Pam~ = 0);                        %在 Pam 非零的数值中
meanx = mean(Pam(mdex));                      %计算 Pam 均值
thegma = std(Pam(mdex));                      %计算 Pam 标准差
if thegma<0.5, thegma = 0.5; end
mt1 = meanx + thegma;
mt2 = meanx - thegma;                         %计算了第二次置信区
pindex = find(Pam<mt1 & Pam>mt2);             %寻找在置信区间的数据点
Pamtmp = zeros(1,ixd);
Pamtmp(pindex) = Pam(pindex);                 %设置 Pamtmp
```

```
        if length(pindex)~= ixd
            bpseg = findSegment(pindex);                 % 计算置信区间内的数据分段信息
            bpl = length(bpseg);                         % 置信区间内的数据分成几段
            bdb = bpseg(1).begin;                        % 置信区间内第一段的开始位置
            if bdb~= 1                                   % 如果置信区间内第一段开始位置不为 1
                Ptb = Pamtmp(bdb);                       % 置信区间内第一段开始位置的基音周期
                Ptbp = Pamtmp(bdb + 1);
                pdb = ztcont11(Ptk,bdb,Ptb,Ptbp,c1);     % 将调用 ztcont11 函数处理
                Pam(1:bdb - 1) = pdb;                    % 把处理后的数据放入 Pam 中
            end
            if bpl>= 2
                for k = 1 : bpl - 1                      % 如果有中间数据在置信区间外
                    pdb = bpseg(k).end;
                    pde = bpseg(k + 1).begin;
                    Ptb = Pamtmp(pdb);
                    Pte = Pamtmp(pde);
                    pdm = ztcont21(Ptk,pdb,pde,Ptb,Pte,c1);  % 将调用 ztcont21 函数处理
                    Pam(pdb + 1:pde - 1) = pdm;          % 把处理后的数据放入 Pam 中
                end
            end
            bde = bpseg(bpl).end;
            Pte = Pamtmp(bde);
            Pten = Pamtmp(bde - 1);
            if bde~= ixd                                 % 如果置信区间内最后一段开始位置不为 kl
                pde = ztcont31(Ptk,bde,Pte,Pten,c1);     % 将调用 ztcont31 函数处理
                Pam(bde + 1:ixd) = pde;                  % 把处理后的数据放入 Pam 中
            end
        end
        period(ixb:ixe) = Pam;
    else
        period(ixb:ixe) = Kal;
    end
end
```

说明：

① 输入参数 y 是语音信号分帧后的数组；fn 是总帧数；vseg 是元音主体的信息，是结构型数组；vsl 是元音主体的个数；lmax 和 lmin 分别代表 P_{max} 和 P_{min}，给出延迟量的范围，在这个区间寻找峰值；c1 是式(8-6-6)中的阈值。输出参数 period 是语音信号各元音主体的基音周期值。

② 在本函数中按图 8-6-8 所示的流程进行修正。函数中二次计算了均值和标准差，给出置信区间，对第二次置信区间外的各数据点按最短距离准则分别进行修正，其中调用了 ztcont11 函数、ztcont21 函数和 ztcont31 函数，这些函数将在下面说明。

(3) ztcont11 函数

名称：ztcont11

功能：在 ACF_corrbpa 函数中对元音主体基音周期的前部进行修正，按最短距离准则处理。

调用格式：pdb = ztcont11(Ptk,bdb,Ptb,Ptbp,c1)

说明：

① 输入参数 Ptk 是自相关函数法计算出的元音主体基音周期的候选数组，见图 8-6-9(a)，图中数据分为两部分，最前部在置信区间外；bdb 是指第一段在置信区间内(有可能在置信区间中分成几段)第一个数据点的位置；Ptb 是 bdb 对应的基音周期；Ptbp 是 bdb+1 对应的基音周期；c1 是式(8-6-6)中的常数值，是前后两帧之间的基音周期允许的最大差值。输出参数 pdb 是对元音主体基音周期初估值前部修正后的基音周期。

② 当按式(8-6-5)以最短距离准则进行搜查寻找时，若从 Ptk 中找不到满足式(8-6-6)要求的基音周期点的，则用外推的方法去设置元音主体前部的基音周期。如图 8-6-9(a)所示，设在从 Ptb-1 到第一点递推的过程中，中间某个点 n0 处按式(8-6-5)找到的最短距离的基音周期不满足式(8-6-6)，而 n0 点之后的

n0 + 1 和 n0 + 2 都已得到基音周期,设为 Tn1 和 Tn2,则定义 n0 点处的基音周期 Tn0 为

$$Tn0 = 2 \times Tn1 - Tn2 \tag{8-6-7}$$

这一关系式实际上是内插的逆运算。

函数 ztcont11 的程序清单可以从源程序中找到,这里不列出了。

(4) ztcont21 函数

名称:ztcont21

功能:在 ACF_corrbpa 函数中对元音主体基音周期的中部进行修正,按最短距离准则处理。

调用格式:pdm = ztcont21(Ptk,bdb,bde,Ptb,Pte,c1)

说明:输入参数 Ptk 是用自相关函数法计算出元音主体基音周期的候选数组,见图 8-6-9(c),图中数据分为三部分,两端两部分在置信区间内,中间部分在置信区间外;bdb 是指前端置信区间内数据段最后一个数据点的位置;bde 是指后端置信区间内数据段第一个数据点的位置;Ptb 是 bdb 对应的基音周期;Pte 是 bde 对应的基音周期;c1 是式(8-6-6)中的常数值。输出参数 pdm 是对元音主体基音周期初估值中部修正后的基音周期。

函数中先按式(8-6-5)在置信区间外的区间中以最短距离准则进行搜查寻找,若发现在相邻两帧之间不满足式(8-6-6),将用内插处理。

函数 ztcont21 的程序清单可以从源程序中找到,这里不列出了。

(5) ztcont31 函数

名称:ztcont31

功能:在 ACF_corrbpa 函数中对元音主体基音周期的尾部进行修正,按最短距离准则处理。

调用格式:pde = ztcont31(Ptk,bde,Pte,Pten,c1)

说明:

① 输入参数 Ptk 是用自相关函数法计算出的元音主体基音周期的候选数组,见图 8-6-9(b),图中数据分为两部分,一部分在置信区间内,一部分在置信区间外,置信区间外的处于元音主体基音周期初估值的尾部;bde 是指最后一段置信区间内的最后一个数据点位置;Pte 是 bde 对应的基音周期;Ptbn 是 bde - 1 对应的基音周期;c1 是式(8-6-6)中的常数值。输出参数 peb 是对元音主体基音周期初估值尾部修正后的基音周期。

② 当按式(8-6-5)以最短距离准则进行搜查时,若从 Ptk 中找不到满足式(8-6-6)要求的基音周期点,则用外推的方法去设置元音主体尾部的基音周期。如图 8-6-10(b)所示,设在从 Pte + 1 到最后一个点的递进的过程中,在中间某个点 n0 处按式(8-6-5)找到的最短距离基音周期不满足式(8-6-6),而 n0 点之前的 n0 - 1 和 n0 - 2 都已得到它们的基音周期,设为 Tn1 和 Tn2,则 n0 点处的基音周期 Tn0 也按式(8-6-7)计算。

函数 ztcont31 的程序清单可以从源程序中找到,这里不列出。

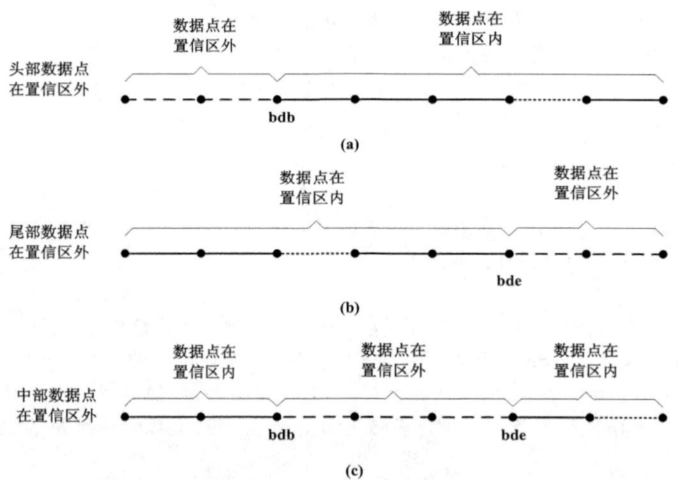

图 8-6-9 ztcont11 函数、ztcont21 函数和 ztcont31 函数中参数的说明

8.6.5 计算延伸区间和长度

在 8.6.3 小节介绍的端点检测和元音主体的检测，是通过 pitch_vads 函数求出二组信息，语音端点的信息在 voiceseg 中，元音主体的信息在 vseg 中，并且 Bth 数组告知某一个元音主体在哪一个有话段中。当在元音主体的基音周期已经求得，接下来是向语音的过渡区间延伸。但延伸在哪个区域内，又要延伸多少帧呢？

图 8－6－10 给出了元音主体向过渡区间的延伸示意图。

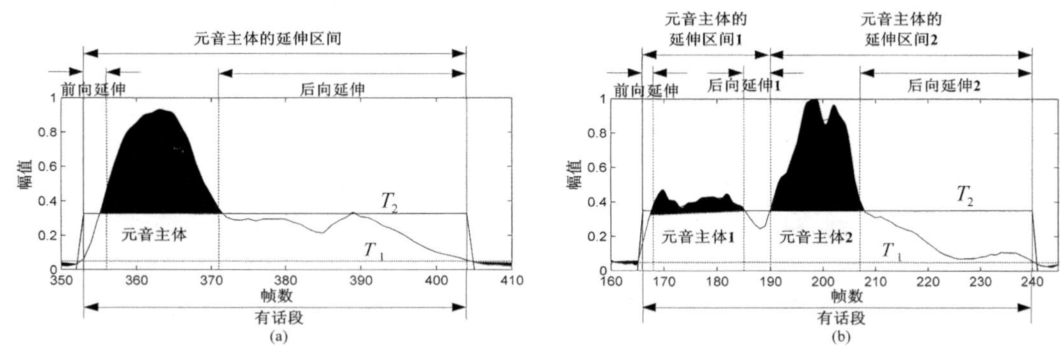

图 8－6－10　元音主体和前后向延伸的关系图

图 8－6－10(a)给出的一个有话段(有话段开始处用实线标出，结束处用虚线标出)中只有一个元音主体(元音主体含在两条点画线之间，用黑实体表示)，该主体在基音检测中要向前和向后过渡区延伸；图 8－6－10 (b)给出的一个有话段中有两个元音主体，那么这两个元音主体中间的过渡区是由第一个主体向后延伸，还是由第二个主体向前延伸？原则上由前一个或后一个元音主体来延伸都是可以的，但我们规定：由于对元音主体将是按次序一个个地处理，前一个元音主体先处理，所以在一个有话段中有两个或多个元音主体时，规定在两个元音主体中间的过渡区由前一个元音主体来处理。

在一个有话段中元音主体有如图 8－6－11 所示的四种状态。一个有话段首先有两种可能性：一种是只有一个元音主体；另一种是有多个元音主体。按以上对于元音主体谁向前向后延伸的规定，在一个有话段中只有一个元音主体，它将需要向前向后延伸；在一个有话段中有多个元音主体时，第一个元音主体将向前后延伸(如图 8－6－10(b)所示)，中间的元音主体只

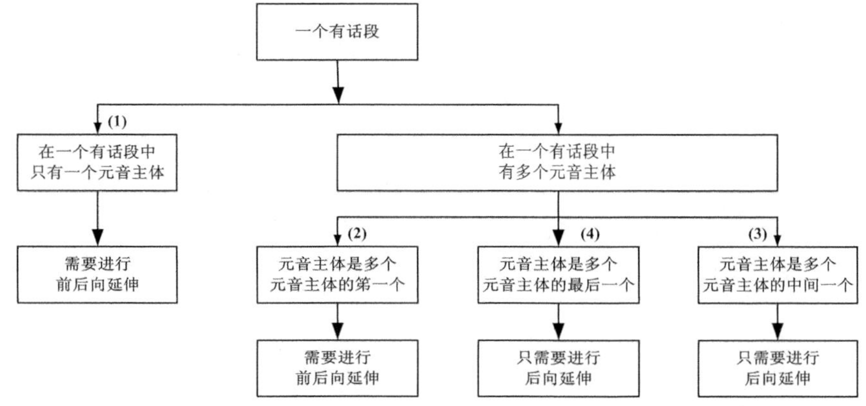

图 8－6－11　一个元音主体在有话段中可能出现的四种不同的位置及延伸

需要向后部延伸,最后一个元音主体也只需要向后部延伸(中间的元音主体和最后一个元音主体都只需要向后部延伸,但它们的开始和结束位置的计算略有不同,所以分为两类)。

设置数组 Extseg,表示每个元音主体的延伸区间,它也是一个结构性数组,数组的长度(个数)和元音主体的个数一样,即为 vsl;再设置数组 Dlong,用来存放每个元音主体前向和后向延伸的长度。Dlong(1,k)是第 k 个元音主体前向延伸的长度,Dlong(2,k)是第 k 个元音主体后向延伸的长度。如果已有了有话段信息 voiceseg 和 vosl,以及元音主体信息 vseg 和 vsl,就能计算出每个元音主体的延伸区间和前向与后向延伸的长度。假设是对第 m 个有话段中第 k 个元音主体进行处理:

第一种情形:在一个有话段中只有一个元音主体。

$$\left.\begin{array}{l}\text{Extseg(k). begin}=\text{voiceseg(m). begin}\\\text{Extseg(k). end}=\text{voiceseg(m). end}\\\text{Extseg(k). duration}=\text{Extseg(k). end}-\text{Extseg(k). begin}+1\\\text{Dlong(1,k)}=\text{vseg(k). begin}-\text{voiceseg(m). begin}\\\text{Dlong(2,k)}=\text{voiceseg(m). end}-\text{vseg(k). end}\end{array}\right\}$$

第二种情形:在一个话音段中有多个元音主体,本元音主体是第一个元音主体。

$$\left.\begin{array}{l}\text{Extseg(k). begin}=\text{voiceseg(m). begin}\\\text{Extseg(k). end}=\text{vseg(k+1). begin}\\\text{Extseg(k). duration}=\text{Extseg(k). end}-\text{Extseg(k). begin}+1\\\text{Dlong(1,k)}=\text{vseg(k). begin}-\text{Extseg(k). begin}\\\text{Dlong(2,k)}=\text{Extseg(k). end}-\text{vseg(k). end}\end{array}\right\}$$

第三种情形:在一个话音段中有多个元音主体,本元音主体是中间的元音主体。

$$\left.\begin{array}{l}\text{Extseg(k). begin}=\text{vseg(k). begin}\\\text{Extseg(k). end}=\text{vseg(k+1). begin}\\\text{Extseg(k). duration}=\text{Extseg(k). end}-\text{Extseg(k). begin}+1\\\text{Dlong(1,k)}=0\\\text{Dlong(2,k)}=\text{Extseg(k). end}-\text{vseg(k). end}\end{array}\right\}$$

第四种情形:在一个话音段中有多个元音主体,本元音主体是最后一个元音主体。

$$\left.\begin{array}{l}\text{Extseg(k). begin}=\text{vseg(k). begin}\\\text{Extseg(k). end}=\text{voiceseg(m). end}\\\text{Extseg(k). duration}=\text{Extseg(k). end}-\text{Extseg(k). begin}+1\\\text{Dlong(1,k)}=0\\\text{Dlong(2,k)}=\text{Extseg(k). end}-\text{vseg(k). end}\end{array}\right\}$$

根据以上四种情况,已知端点和元音主体信息,能编制计算出每个元音主体向过渡区间延伸求取基音的区间范围和延伸的长度。相应的 MATLAB 函数为 Extoam.m,程序清单如下:

```
function [Extseg,Dlong] = Extoam(voiceseg,vseg,vosl,vsl,Bth)
% 根据以上四种情况编制而成
for j = 1 : vsl
    if j~ = 1 & j~ = vsl & Bth(j) = = Bth(j - 1) & Bth(j) = = Bth(j + 1)
        Extseg(j).begin = vseg(j).begin;
        Extseg(j).end = vseg(j + 1).begin;
        Dlong(j,1) = 0;
        Dlong(j,2) = Extseg(j).end - vseg(j).end;
```

```
        Extseg(j).duration = Extseg(j).end - Extseg(j).begin + 1;
    elseif j~ = 1 & Bth(j) = = Bth(j - 1)
        Extseg(j).begin = vseg(j).begin;
        Extseg(j).end = voiceseg(Bth(j)).end;
        Dlong(j,1) = 0;
        Dlong(j,2) = Extseg(j).end - vseg(j).end;
        Extseg(j).duration = Extseg(j).end - Extseg(j).begin + 1;
    elseif j~ = vsl & Bth(j) = = Bth(j + 1)
        Extseg(j).begin = voiceseg(Bth(j)).begin;
        Extseg(j).end = vseg(j + 1).begin;
        Dlong(j,1) = vseg(j).begin - Extseg(j).begin;
        Dlong(j,2) = Extseg(j).end - vseg(j).end;
        Extseg(j).duration = Extseg(j).end - Extseg(j).begin + 1;

    else
        Extseg(j).begin = voiceseg(Bth(j)).begin;
        Extseg(j).end = voiceseg(Bth(j)).end;
        Dlong(j,1) = vseg(j).begin - Extseg(j).begin;
        Dlong(j,2) = Extseg(j).end - vseg(j).end;
        Extseg(j).duration = Extseg(j).end - Extseg(j).begin + 1;
    end
end
```

说明:输入参数 voiceseg 和 vosl 是有话段信息;vseg 和 vsl 是元音主体信息;Bth 表示某一个元音主体归属于哪一个有话段。这些信息在调用 pitch_vads 函数时都已得到。输出参数 Extseg 是一个结构性数组,表示每个元音主体的延伸区间,它共有 vsl 个;Dlong 表示元音主体前向和后向过渡区间延伸的长度。

8.6.6　在延伸区间进行基音检测

在延伸区间的基音检测主要由自相关函数的计算、最短距离准则的搜查寻找和后处理三部分组成。

1. 延伸区间的自相关函数计算

在延伸区间还是用元音主体检测的方法:对延伸区间的每一帧数据通过计算自相关函数,求出三个峰值所对应的位置,存放在 Ptk 数组中,作为基音的候选值。

8.6.1 小节曾指出,前后延伸区间一般包含有语音的过渡区,在这些区间语音信号的周期性有时不是很强,使得按自相关函数提取基音周期的数值时好时坏,即有时从一帧中获得的最大自相关函数峰值的位置与上一帧的值比较接近,能满足式(8 - 6 - 6),而有时这一帧峰值的位置与上一帧的值相差甚远。在一个延伸区间往往是断断续续地满足式(8 - 6 - 6),如图 8 - 6 - 12(a)所示,而且时常会出现较凌乱的数据,如同图 8 - 6 - 12(b)所示。

图 8 - 6 - 12 给出了基音周期的候选值,每幅图中都有三组曲线,第一组对应的是自相关函数中峰值幅值最大的一组,第二组峰值幅值次之,第三组峰值幅值最小。而在纵坐标上的黑圆点,是元音主体基音周期最后一个的数值。

2. 延伸区间基音检测的最短距离准则

延伸区间往往包含语音的过渡区,因此基音检测不能再使用与元音主体一样的基本思想。在元音主体的基音检测中,Ptk(1,i)中的大部分数值还是反映了实际的基音周期值,而对延伸区间的 Ptk(1,i),就不能保证它的大部分数值能反映实际的基音周期值。因为一方面在过渡区间周期性能变差和变得复杂;另一方面有可能由于端点检测并不是很准确,容易把一些辅音和尾音也划到有话段内,而这部分并没有声带振动,也不存在基音。

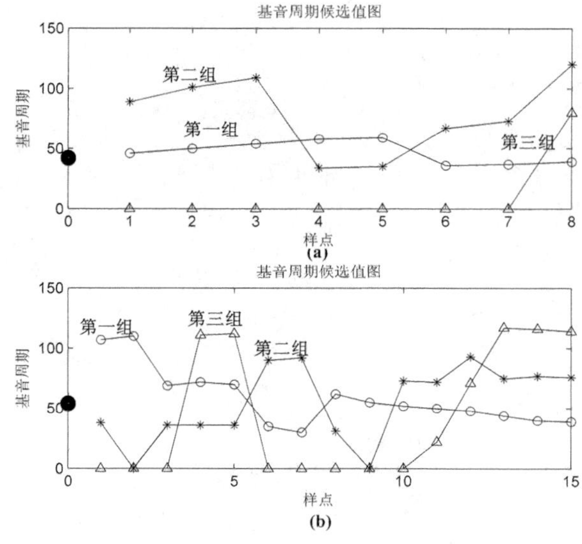

图 8-6-12 延伸区间中典型的基音周期候选图

在对语音过渡区间进行基音检测时，首先是按最短距离准则进行寻找，但如果按最短距离准则找不到时将进行后处理。设置 c_1 和 c_2 两个阈值，要求在相邻两帧之间的基音周期差值不大于 c_1，类同于式(8-6-6)，或在相隔一帧（或多帧）之间的基音周期差值不大于 c_2，即基音周期 P 在 i 与 $i+1$(或 $i-1$)两帧之间要满足：

$$|P(i)-P(i+1)| \leqslant c_1 \tag{8-6-8}$$

或者 i 与 $i+2, i+3, \cdots$(或 $i-2, i-3, \cdots$) 两帧之间要满足

$$|P(i)-P(i+j)| \leqslant c_2,\ j=2, 或\ j=3, \cdots \tag{8-6-9}$$

因为在过渡区间进行基音检测时，在 $i+1$ 点时有可能寻找不到满足式(8-6-8)的数值，此时只能相隔一帧（甚至相隔多帧）去寻找，所以就有了式(8-6-9)的条件。

过渡区间基音检测寻找最短距离的流程图如图 8-6-13 所示。其中设 *Ptk*(:,i)是基音周期的候选数值，*Pk*int 是基音周期的初估值，元音主体最后一个的基音周期设为 TT1（图 8-6-12 左边纵轴上的黑圆点的数值），过渡区间的长度为 *XL*。当在第 i 帧上找不到满足式(8-6-8)或式(8-6-9)时，就把该帧基音周期的初估值 *Pk*int(i)设为 0，同时设置开关量 $Emp=1$。当循环结束后发现 $Emp=1$，说明在 *Pk*int 中有些帧的基音周期初估值为 0，即使用基音最短距离没能完全解决，得用后处理来弥补。

3. 延伸区间基音检测的后处理

在延伸区间基音检测的最短距离寻找中，在三个共振峰值的位置中找不到满足式(8-6-8)和式(8-6-9)的数值，此时只能置该帧基音的初估值 *Pk*int(i)为零，等到整个延伸区间的基音初估值计算结束后再做进一步处理。

*Pk*int 是存放了延伸区间基音检测的初估值，当初估值结束时发现 *Emp* 为 1，说明了在 *Pk*int 中至少有一段数据为零值（有可能不止一段）。而零值的位置有三种可能性：在延伸区间的头部、中部和尾部。对处于延伸区间的头部和中部都用内插的方法把中间的零值给予填补，而对于尾部的零值，则认为是由于端点检测不准确而造成的，把语音中没有基音的部分也划分到有话段中来，所以对有话段的划分进行修正，修改有话段的信息 voiceseg 参数。

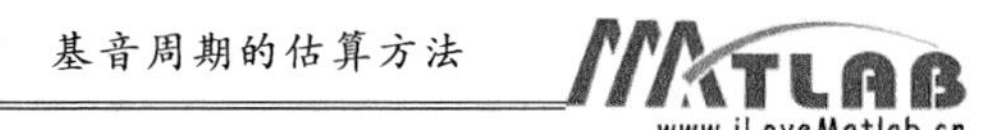

输入Kal, Kal长为XL
$Ts = TT1, Emp = 0$
$Pk\text{int} = \text{zeros}(1, XL)$
$for \quad i=1 \ : \ XL$
$i=1?$　是：$Tp = Ptk(:,1)$，$Tv = \arg\min(|Ts - Tp|)$
$Tv < c1?$　否：$Pk\text{int}(i) = 0$，$Emp = 1$；是：$Pk\text{int}(i) = Tv$，$Ts = Tv$
否：$Tp = Ptk(:,i)$，$Tv = \arg\min(|Ts - Tp|)$
$Pk\text{int}(i-1) = 0?$
是：$Tv < c2?$　是：$Pk\text{int}(i) = Tv$，$Ts = Tv$；否：$Pk\text{int}(i) = 0$，$Emp = 1$
否：$Tv < c1?$　是：$Pk\text{int}(i) = Tv$，$Ts = Tv$；否：$Pk\text{int}(i) = 0$，$Emp = 1$
$i = XL?$　否：$i = i+1$；是：END

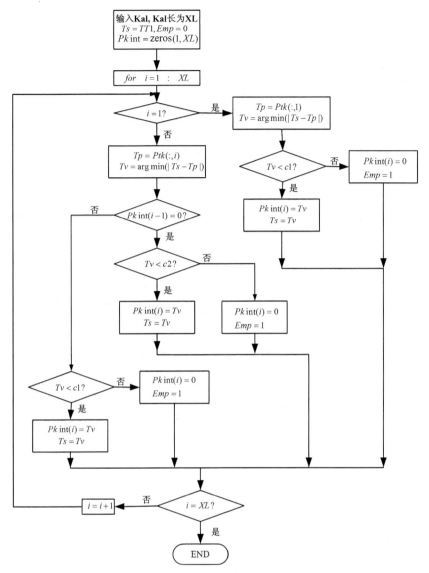

图 8-6-13　过渡区间基音检测寻找最短距离的流程图

延伸区间后处理的示意图如图 8-6-14 所示。其中，设延伸区间的起点在 ixb+1，延伸区间的终结点在 ixe，延伸点的个数为 XL，一段零值点的起点为 zx1，终点为 zx2，零值点的长度为 zxl。

综合以上所述延伸区间基音周期检测，编制了相应的 MATLAB 函数 Ext_corrshtpm.m，清单如下：

```
function [Pm,vsegch,vsegchlong] = Ext_corrshtpm(y,sign,TT1,XL,ixb,lmax,lmin,ThrC)
wlen = size(y,1);
Emp = 0;                                % 初始设置 Emp
c1 = ThrC(1); c2 = ThrC(2);

for k = 1 : XL                          % 循环 XL 次往后部延伸区间提取基音周期初估值
    j = ixb + sign * k;                 % 修正帧的编号
    u = y(:,j);                         % 取来一帧信号
    ru = xcorr(u,'coeff');              % 计算自相关函数
```

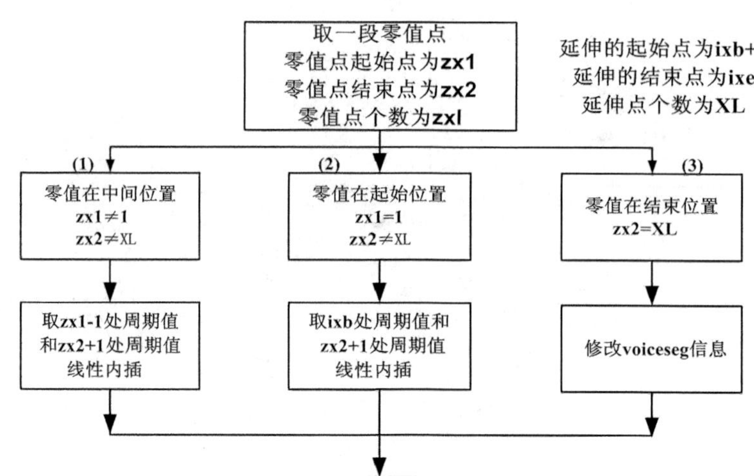

图 8-6-14　延伸区间后处理示意图

```
    ru = ru(wlen:end);                              % 取正延迟量部分
    [Sv,Kv] = findmaxesm3(ru,lmax,lmin);            % 获取三个极大值的数值和位置
    Ptk(:,k) = Kv';
end
% 按最短距离寻找基音周期
Pkint = zeros(1,XL);
Ts = TT1;                                           % 初始设置 Ts
Emp = 0;                                            % 初始设置 Emp
for k = 1 : XL                                      % 循环
    Tp = Ptk(:,k);                                  % Ts 与本帧的三个峰值中寻找差值最小
    Tz = abs(Ts - Tp);
    [tv,tl] = min(Tz);                              % 最小的位置在 tl,数值为 tv
    if k = = 1                                      % 是否第 1 帧
        if tv< = c1, Pkint(k) = Tp(tl); Ts = Tp(tl); % 是,tv 小于 c1,设置 Pkint 和 Ts
        else Pkint(k) = 0; Emp = 1; end             % tv 大于 c1,Pkint 为 0,Emp = 1,Ts 不变
    else                                            % 不是第 1 帧
        if Pkint(k - 1) = = 0                       % 上一帧 Pkint 是否为 0
            if tv<c2, Pkint(k) = Tp(tl); Ts = Tp(tl); % 是,tv 小于 c2,设置 Pkint 和 Ts
            else Pkint(k) = 0; Emp = 1; end         % tv 大于 c2,Pkint 为 0,Emp = 1,Ts 不变
        else                                        % 上一帧 Pkint 不为 0
            if tv< = c1, Pkint(k) = Tp(tl); Ts = Tp(tl); % tv 小于 c1,设置 Pkint 和 Ts
            else Pkint(k) = 0; Emp = 1; end         % tv 大于 c1,Pkint 为 0,Emp = 1,Ts 不变
        end
    end
end
% 内插处理
Pm = Pkint;
vsegch = 0;
vsegchlong = 0;
if Emp = = 1
    pindexz = find(Pkint = = 0);                    % 寻找零值区间的信息
    pzseg = findSegment(pindexz);
    pzl = length(pzseg);                            % 零值区间有几处
    for k1 = 1 : pzl                                % 取一段零值区间
        zx1 = pzseg(k1).begin;                      % 零值区间开始位置
        zx2 = pzseg(k1).end;                        % 零值区间结束位置
        zxl = pzseg(k1).duration;                   % 零值区间长度
```

```
            if zx1~ = 1 & zx2~ = XL                      % 零值点处于延伸区的中部
                deltazx = (Pm(zx2 + 1) - Pm(zx1 - 1))/(zxl + 1);
                for k2 = 1 : zxl                         % 线性内插
                    Pm(zx1 + k2 - 1) = Pm(zx1 - 1) + k2 * deltazx;
                end
            elseif zx1 = = 1 & zx2~ = XL                 % 零值点发生在延伸区头部
                deltazx = (Pm(zx2 + 1) - TT1)/(zxl + 1);
                for k2 = 1:zxl                           % 利用 TT1 线性内插
                    Pm(zx1 + k2 - 1) = TT1 + k2 * deltazx;
                end
            else
                vsegch = 1;
                vsegchlong = zxl;
            end
        end
    end
```

说明：

① 输入参数 y 是语音信号分帧后的数组；sign 是一个符号量，或为 1(后向延伸)，或为 -1(前向延伸)，将在 8.6.7 小节中做进一步的说明；TT1 是后向延伸时元音主体最后一个数据点的基音周期值(该数据点的帧号设为 ixb)，或在前向延伸时元音主体第一个数据点的基音周期值(该数据点的帧号设为 ixb)；XL 是延伸区间的长度；ixb 是元音主体的端点帧号；lmax 和 lmin 分别代表 P_{max} 和 P_{min}，给出延迟量的范围，在这个区间寻找自相关函数的峰值；ThrC 含有 c1 和 c2 两个阈值。输出参数 Pm 是延伸区间的基音周期；vsegch 是 1 或 0，1 表示需要对 voiceseg 进行修正，0 表示不需要。当需要对 voiceseg 进行修正时，vsegchlong 给出修正的长度。

② 在 Ext_corrshtpm 函数中调用了 findSegment 函数(在第 3 章已介绍过)得到延伸区间基音周期中设为零值的信息。

对图 8-6-12 中的数据经过上述对延伸区间的处理将得到如图 8-6-15 的曲线。

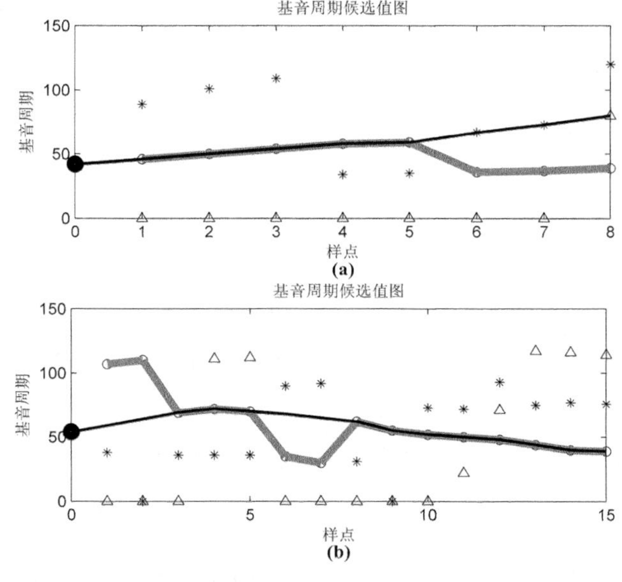

图 8-6-15　延伸区间的数据处理后得到的基音周期轨迹

图 8-6-15 中灰线是按 Ptk(1,:)画出的曲线，图 8-6-15(a)中的黑线是经过寻找最短

距离得到的基音轨周期轨迹,图 8-6-15(b)中的黑线是经过内插得到的基音轨周期轨迹。

4. 前向和后向延伸区间基音检测的 MATLAB 程序

为了方便编写程序,设置了一些参数。假设处理第 *k* 个元音主体的延伸,ix1 表示元音主体开始位置;ix2 表示元音主体结束位置;in1 表示前向延伸区间开始位置;in2 表示后向延伸区间结束位置;ixl1 表示前向延伸区间的长度;ixl2 表示后向延伸区间的长度。这些参数的单位都是帧,ix1,ix2,in1,in2 表示为第几帧,ixl1 和 ixl2 表示帧数。经端点检测、元音主体检测和 Extoam 函数,可以知道这些参数的数值分别为:

```
ix1 = vseg(k).begin;                    % 元音主体开始位置
ix2 = vseg(k).end;                      % 元音主体结束位置
in1 = Extseg(k).begin;                  % 前向延伸区间开始位置
in2 = Extseg(k).end;                    % 后向延伸区间结束位置
ixl1 = Dlong(k,1);                      % 前向延伸长度
ixl2 = Dlong(k,2);                      % 后向延伸长度
```

在做延伸之前,元音主体的基音周期初估值都已取得,存放在数组 T1 中,第 k 个元音主体的基音周期在 T1(ix1: ix2)中。而在延伸区间内,按延伸区间基音检测处理方法求出的基音周期初估值存放在 Pm 数组中,XL 就是延伸区间的长度。

图 8-6-16 为后向延伸示意图。在该图上标出了两个坐标系,一个是实际的帧号,见图 8-6-16(a),其中,ix2 是该有话段元音主体的结束帧号;ix2+1 就是要进行后向延伸的第 1 点的帧号,而延伸最后一个点的帧号是 in2,帧号在这区间内是逐步增加的。另一个是延伸区间中有自己的编号,见图 8-6-16(b),从 Dlong(2,k)中知道共要延伸 ixl2 点数,编号为 1,2,…, ixl2。

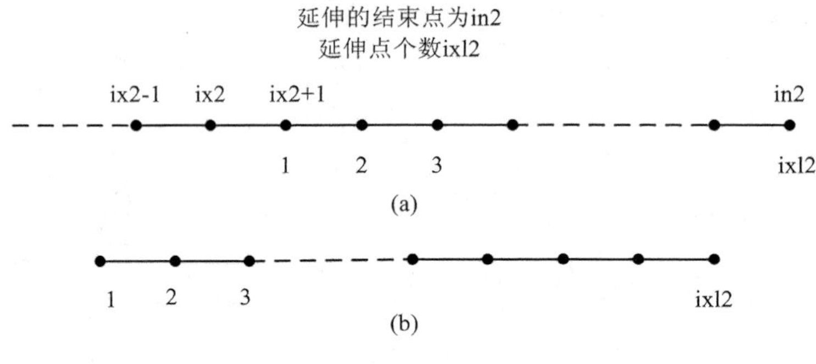

图 8-6-16　后向延伸示意图

图 8-6-17 为前向延伸示意图,和图 8-6-16 一样,图中标出了两个坐标系,一个是实际的帧号,见图 8-6-17(a),它是按倒序排列,ix1 是该有话段元音主体开始的帧号;ix1－1 就是要进行前向延伸的第 1 点的帧号;而延伸最后一个点的帧号是 in1。另一个是延伸区间中自己的编号,见图 8-6-17(b),从 Dlog(1,k)中知道共要延伸 ixl1 点数,编号按 1,2,…, ixl1 排列,是升序排列的。

但可以注意到图 8-6-17(a),实际帧号 ix1～in1 是降序的,延伸中自己的编号(见图 8-6-17(b))是 1～ixl1,是升序的,在 Ext_corrshtpm 函数中参数 sign 就使得在前向延伸时把语音信号输入 y 按倒序排列取得数据,而中间运算过程的 Ptk、Pkint 和函数输出 Pm 都按升序排列,这样方便用同一个函数处理前向和后向延伸区间的基音检测。待处理结束后要

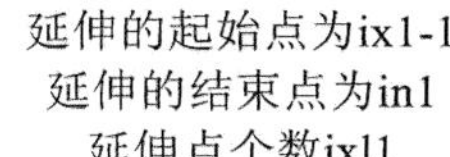

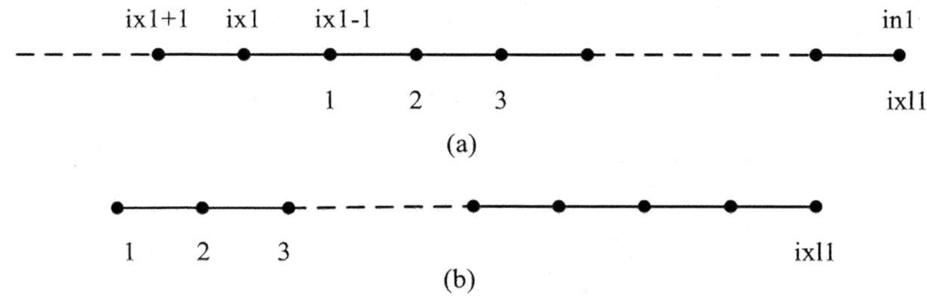

图 8-6-17　前向延伸示意图

与元音主体的基音相连接时，只需把前向延伸时得到的函数输出 Pm 再倒序排列就可以了。

后向延伸区间基音检测函数 fore_Ext_shtpm1 的程序清单如下：

```
function [Ext_T,voiceseg] = fore_Ext_shtpm1(y,fn,voiceseg,Bth,ix2,...
        ixl2,vsl,T1,m,lmax,lmin,ThrC)
if nargin<12, ThrC(1) = 10; ThrC(2) = 15; end
if size(y,2)~ = fn, y = y'; end
wlen = size(y,1);                                % 取得帧长
XL = ixl2;
sign = 1;                                        % 后向延伸区间检测
TT1 = round(T1(ix2));                            % 元音主体最后一个点的基音周期
ixb = ix2;
[Ext_T,vsegch,vsegchlong] = Ext_corrshtpm(y,sign,TT1,XL,ixb,lmax,lmin,ThrC);
if vsegch = = 1                                  % 如果 vsegch 为 1,要对 voiceseg 进行修正
    j = Bth(m);
% 判断本元音主体和下一个元音主体是否在同一个有话段内
    if m~ = vsl
        j1 = Bth(m + 1);
        if j~ = j1                               % 不在同一个有话段内,对 voiceseg 进行修正
            voiceseg(j).end = voiceseg(j).end - vsegchlong;
            voiceseg(j).duration = voiceseg(j).duration - vsegchlong;
        end
    else                                         % 是最后一个元音主体,对 voiceseg 进行修正
        voiceseg(j).end = voiceseg(j).end - vsegchlong;
        voiceseg(j).duration = voiceseg(j).duration - vsegchlong;
    end
end
```

说明：输入变量 y 是分帧后的数组，一列表示一帧数据；fn 是帧数；voiceseg 是有话段信息；Bth 表示某一个元音主体归属于哪一个有话段；ix2 是本元音主体结束位置；ixl2 是后向延伸的长度；vsl 表示共有多少个元音主体；T1 是元音主体基音估算值；m 是元音主体的编号；lmax 和 lmin 分别代表 P_{max} 和 P_{min}，给出延迟量的范围，在这个区间寻找自相关函数的峰值；ThrC 含有 c1 和 c2 两个阈值。输出变量 Ext_T 是检测到的后向过渡区间的基音估算值；voiceseg 是修改后的端点信息(也可能没有修改，还是原来的信息)。

前向延伸区间基音检测函数 back_Ext_shtpm1 的程序清单如下：

```
function [Ext_T,voiceseg] = back_Ext_shtpm1(y,fn,voiceseg,Bth,ix1,...
        ixl1,T1,m,lmax,lmin,ThrC)
if nargin<11, ThrC(1) = 10; ThrC(2) = 15; end
if size(y,2)~ = fn, y = y'; end
wlen = size(y,1);                                    % 取得帧长
TT1 = round(T1(ix1));                                % 元音主体第一个点的基音周期
XL = ixl1;
sign = -1;                                           % 前向延伸区间检测
ixb = ix1;
[Pm,vsegch,vsegchlong] = Ext_corrshtpm(y,sign,TT1,XL,ixb,lmax,lmin,ThrC);
if vsegch = = 1                                      % 如果 vsegch 为 1,要对 voiceseg 进行修正
    j = Bth(m);
    if m~ = 1
        j1 = Bth(m-1);
% 判断本元音主体和上一个元音主体是否在同一个有话段内
        if j~ = j1                                   % 不在同一个有话段内,对 voiceseg 进行修正
            voiceseg(j).begin = voiceseg(j).begin + vsegchlong;
            voiceseg(j).duration = voiceseg(j).duration - vsegchlong;
        end
    else                                             % 是第一个元音主体,对 voiceseg 进行修正
        voiceseg(j).begin = voiceseg(j).begin + vsegchlong;
        voiceseg(j).duration = voiceseg(j).duration - vsegchlong;
    end
end
Pm = Pm(:)';                                         % Pm 成行数组
Pmup = fliplr(Pm);                                   % 把 Pm 倒序
Ext_T = Pmup;                                        % 赋值输出
```

说明:

① 输入变量 y 是分帧后的数组,一列表示一帧数据;fn 是帧数;voiceseg 是有话段信息;Bth 表示某一个元音主体归属于哪一个有话段;ix1 是本元音主体开始位置;ixl1 是前向延伸的长度;T1 是元音主体基音估算值;m 是元音主体的编号。lmax 和 lmin 分别代表 P_{max} 和 P_{min},给出延迟量的范围,在这个区间寻找自相关函数的峰值;ThrC 含有 c1 和 c2 两个阈值。

② 上述已指出,在前向延伸检测时,语音信号是倒序排列计算的(在调用函数 Ext_corrshtpm 之前,设置了 sign=-1),待内插和外延计算完成后再做一次倒序,恢复到升序排列。

8.6.7 主体-延伸基音检测法的 MATLAB 程序

图 8-6-3 给出了主体-延伸基音检测法的流程图,在以上各节中对于流程中的每一项都做了介绍,所以在此基础上可以完成主体-延伸法的基音检测。

例 8-6-1(pr8_6_1) 读入 tone4.wav 数据(内容是"妈妈,好吗,上马,骂人"),用主体-延伸法提取基音周期。

MATLAB 程序清单如下:

```
% pr8_6_1
clear all; clc; close all
filedir = [];                                        % 设置数据文件的路径
filename = 'tone4.wav';                              % 设置数据文件的名称
fle = [filedir filename]                             % 构成路径和文件名的字符串
[xx,fs] = wavread(fle);                              % 读取文件
xx = xx - mean(xx);                                  % 消除直流分量
```

```
xx = xx/max(abs(xx));                               % 幅值归一化
N = length(xx);                                     % 信号长度
time = (0 : N-1)/fs;                                % 设置时间刻度
wlen = 320;                                         % 帧长
inc = 80;                                           % 帧移
overlap = wlen - inc;                               % 两帧重叠长度
lmin = floor(fs/500);                               % 最高基音频率 500 Hz 对应的基音周期
lmax = floor(fs/60);                                % 最高基音频率 60 Hz 对应的基音周期
yy = enframe(xx,wlen,inc)';                         % 第一次分帧
fn = size(yy,2);                                    % 取来总帧数
frameTime = frame2time(fn, wlen, inc, fs);          % 计算每一帧对应的时间
Thr1 = 0.1;                                         % 设置端点检测阈值
r2 = 0.5;                                           % 设置元音主体检测的比例常数
ThrC = [10 15];                                     % 设置相邻基音周期间的阈值
%用于基音检测的端点检测和元音主体检测
[voiceseg,vosl,vseg,vsl,Thr2,Bth,SF,Ef] = pitch_vads(yy,fn,Thr1,r2,10,8);
% 60～500Hz 的带通滤波器系数
b = [0.012280   -0.039508   0.042177   0.000000   -0.042177   0.039508   -0.012280];
a = [1.000000 -5.527146   12.854342   -16.110307   11.479789   -4.410179   0.713507];
x = filter(b,a,xx);                                 % 数字滤波
x = x/max(abs(x));                                  % 幅值归一化
y = enframe(x,wlen,inc)';                           % 第二次分帧
[Extseg,Dlong] = Extoam(voiceseg,vseg,vosl,vsl,Bth);    % 计算延伸区间和延伸长度
T1 = ACF_corrbpa(y,fn,vseg,vsl,lmax,lmin,ThrC(1));      % 对元音主体进行基音检测
%对语音主体的前后向过渡区延伸基音检测
T0 = zeros(1,fn);                                   % 初始化
F0 = zeros(1,fn);
for k = 1 : vsl                                     % 共有 vsl 个元音主体
    ix1 = vseg(k).begin;                            % 第 k 个元音主体开始位置
    ix2 = vseg(k).end;                              % 第 k 个元音主体结束位置
    in1 = Extseg(k).begin;                          % 第 k 个元音主体前向延伸开始位置
    in2 = Extseg(k).end;                            % 第 k 个元音主体后向延伸结束位置
    ixl1 = Dlong(k,1);                              % 前向延伸长度
    ixl2 = Dlong(k,2);                              % 后向延伸长度
    if ixl1>0                                       % 需要前向延伸基音检测
        [Bt,voiceseg] = back_Ext_shtpm1(y,fn,voiceseg,Bth,ix1,...
        ixl1,T1,k,lmax,lmin,ThrC);
    else                                            % 不需要前向延伸基音检测
        Bt = [];
    end
    if ixl2>0                                       % 需要后向延伸基音检测
        [Ft,voiceseg] = fore_Ext_shtpm1(y,fn,voiceseg,Bth,ix2,...
        ixl2,vsl,T1,k,lmax,lmin,ThrC);
    else                                            % 不需要后向延伸基音检测
        Ft = [];
    end
    T0(in1:in2) = [Bt T1(ix1:ix2) Ft];              % 第 k 个元音主体完成了前后向延伸检测
end
tindex = find(T0>lmax);                             % 限制延伸后最大基音周期值不超越 lmax
T0(tindex) = lmax;
tindex = find(T0<lmin & T0~ = 0);                   % 限制延伸后最小基音周期值不低于 lmin
T0(tindex) = lmin;
tindex = find(T0~ = 0);
F0(tindex) = fs./T0(tindex);
TT = pitfilterm1(T0,Extseg,vsl);                    % T0 平滑滤波
FF = pitfilterm1(F0,Extseg,vsl);                    % F0 平滑滤波
% STFT 分析,绘制语谱图
```

```
nfft = 512;
d = stftms(xx,wlen,nfft,inc);
W2 = 1 + nfft/2;
n2 = 1:W2;
freq = (n2 - 1) * fs/nfft;
```

说明:

① 程序中还是使用 tone4.wav 数据(内容为“妈妈,好吗,上马,骂人”),其中 ma 有四声的变化。

② 在程序中一样做了两次分帧,第一次分帧是为了端点检测,第二次分帧是对滤波后的数据做的,在此基础上再进行基音检测。

③ 程序中用到了 pitfilterm1 函数,是对有话段的基音周期和基音频率数据一段一段地进行平滑滤波。该函数已在 8.2 节中做过介绍。

④ 在程序清单中没有列出作图部分,可以从源程序的清单中找到。

运行 pr8_6_1 后得到的结果如图 8-6-18 和图 8-6-19 所示。图 8-6-18(a)中的垂直实线表示有话段的开始位置,而垂直虚线表示有话段的结束位置,这里给出的开始和结束位置有可能是检测基音后修正的位置。图 8-6-18(b)给出了该元音主体的区间,每个元音主体用两条点画线来含括。8-6-18(c)、(d)给出了基音周期和基音频率。

在图 8-6-19 中,提取到的基音频率与语谱图重叠在了一起,在语谱图中每个字谱图中接近底部的第一条粗黑线就是该音节发声的实际基音频率,而从主体-延伸法获取的基音频率用白线叠加在图中。可看出,估算出的基音频率和实际基音频率能很好地重合,没有出现估算的基频频率为实际基频的倍数或一半的现象。

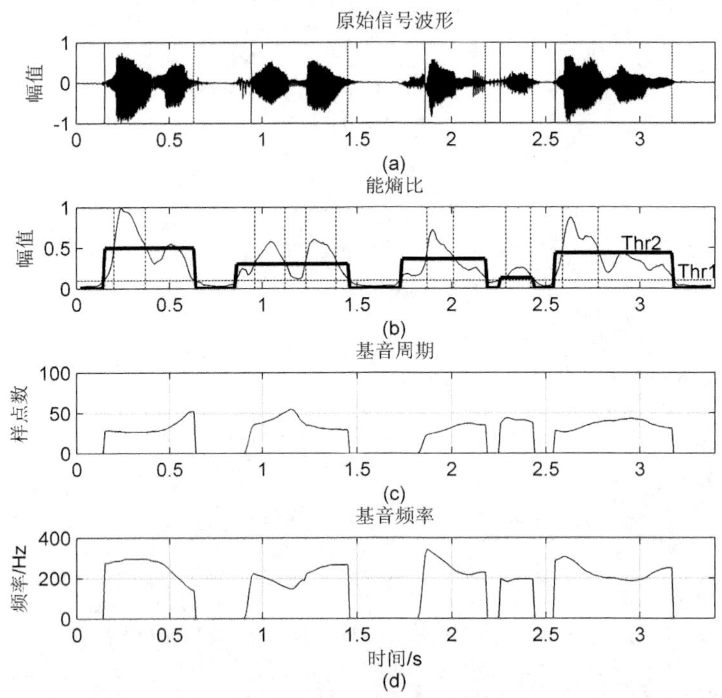

图 8-6-18　tone4.wav 数据的波形、检测出端点和主体的区间,以及用主体-延伸法检测到的基音周期和基音频率

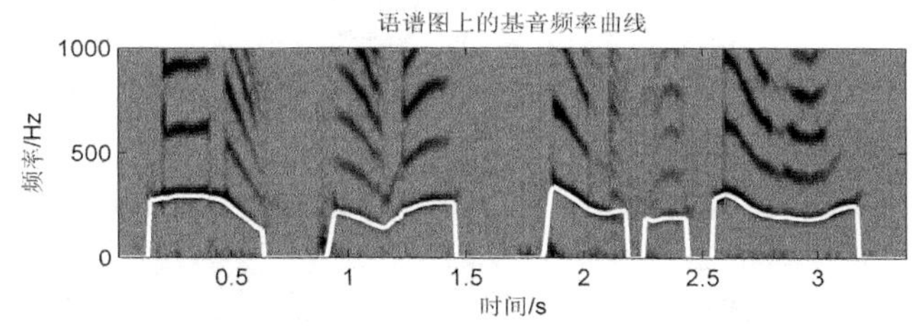

图 8-6-19　对 tone4.wav 数据用主体-延伸法检测到的基音频率叠加在语谱图上

pr8_6_1 中设置的参数有：Thr1＝0.1，r2＝0.5，c1＝10 和 c2＝15，这些参数不是固定不变的，对不同环境中的语音信号，需要做一些调整，才能获得较为满意的结果(在附录 A 中还有进一步的说明)。

在本节一开始就曾指出，主体-延伸法只是众多基音检测方法中的一种，它只能改善部分语音的基音检测，它本身还是有局限性的，对于有些语音还是不能正确地检出其基音频率，这一方面是由于语音的复杂性，另一方面还需寻找更新的基音检测方法。

8.7　带噪语音中的基音检测

以上几节介绍的方法都是对纯语音信号提取基音周期参数。本节介绍从带噪语音信号中提取基音周期参数，主要介绍小波-自相关函数法和谱减-自相关函数法。在带噪语音谱减后选用自相关法的基音检测和小波变换后也选用自相关法的基音检测，都是以自相关法为例；在谱减和小波变换后都可以选用其他的基音检测方法，如中心削波自相关法、削波三电平互相关法、AMDF 法、MAMDF、CAMDF、MCAMDF 等。在本章最后还给出了谱减-自相关法与主体-延伸法相结合的基音检测。

8.7.1　小波-自相关函数法

小波变换已在第 3 章做过介绍，按文献[1]，利用小波变换进行基音检测时，因为在基音周期检测前设置了截止频率较低的带通滤波，因此只需要进行一次小波变换，便可以检测出语音信号的基音周期。我们编制了小波变换-自相关函数基音检测的函数 Wavelet_corrm1.m，现介绍如下。

名称：Wavelet_corrm1

功能：通过离散小波变换的低频分量用自相关函数法进行基音检测。

调用格式：period = Wavelet_corrm1(y,fn,vseg,vsl,lmax,lmin)

函数程序清单如下：

```
function period = Wavelet_corrm1(y,fn,vseg,vsl,lmax,lmin)
pn = size(y,2);
if pn~ = fn, y = y'; end                             % 把 y 转换为每列数据表示一帧语音信号
period = zeros(1,fn);                                % 初始化

for i = 1 : vsl                                      % 只对有话段数据进行处理
    ixb = vseg(i).begin;
    ixe = vseg(i).end;
    ixd = ixe - ixb + 1;                             % 求取一段有话段帧的帧数
    for k = 1 : ixd                                  % 对该段有话段数据进行处理
        u = y(:,k + ixb - 1);                        % 取来一帧数据
```

```
            [ca1,cd1] = dwt(u,'db4');               % 用dwt做小波变换
            a1 = upcoef('a',ca1,'db4',1);           % 用低频系数重构信号
            ru = xcorr(a1, 'coeff');                % 计算归一化自相关函数
            aL = length(a1);
            ru = ru(aL:end);                        % 取延迟量为正值的部分
            [tmax,tloc] = max(ru(lmin:lmax));       % 在 lmin 至 lmax 范围内寻找最大值
            period(k + ixb - 1) = lmin + tloc - 1;  % 给出对应最大值的延迟量
        end
    end
```

说明:

① 输入参数 y 是分帧后的数组,一般一列为一帧信号数据;fn 是总帧数;vseg 是有话段的信息;vsl 是有话段的段数;lmax 和 lmin 分别代表 P_{max} 和 P_{min},是检测中基音周期允许的最大值和最小值。输出参数 Period 给出基音周期的估算值。

② 只对有话段的数据进行基音检测。

③ 用 dwt 做小波变换,小波母函数为 db4。小波分解后取低频系数重构信号,用该重构信号做自相关函数的基音检测。

例 8-7-1(pr8_7_1) 读入 tone4.wav 数据(内容是"妈妈,好吗,上马,骂人"),通过调用 Wavelet_corrm1 函数进行基音检测。

程序清单如下:

```
% pr8_7_1
clc; close all; clear all;
filedir = [];                               % 设置数据文件的路径
filename = 'tone4.wav';                     % 设置数据文件的名称
fle = [filedir filename]                    % 构成路径和文件名的字符串
[xx,fs] = wavread(fle);                     % 读取文件
xx = xx - mean(xx);                         % 消除直流分量
xx = xx/max(abs(xx));                       % 幅值归一化
SNR = 5;                                    % 设置信噪比
x = Gnoisegen(xx,SNR);                      % 叠加噪声
wlen = 320;   inc = 80;                     % 帧长和帧移
overlap = wlen - inc;                       % 两帧重叠长度
N = length(x);                              % 信号长度
time = (0:N-1)/fs;                          % 设置时间
y = enframe(x,wlen,inc)';                   % 第一次分帧
fn = size(y,2);                             % 取出帧长
frameTime = frame2time(fn, wlen, inc, fs);  % 计算每一帧对应的时间
T1 = 0.23;
[voiceseg,vsl,SF,Ef] = pitch_vad1(y,fn,T1);
b = [0.012280  -0.039508  0.042177  0.000000  -0.042177  0.039508  -0.012280];
a = [1.000000 -5.527146  12.854342  -16.110307  11.479789  -4.410179  0.713507];
z = filter(b,a,x);                          % 带通数字滤波
yy = enframe(z,wlen,inc)';                  % 滤波后信号分帧
lmin = floor(fs/500);                       % 基音周期的最小值
lmax = floor(fs/60);                        % 基音周期的最大值
period = zeros(1,fn);                       % 基音周期初始化
F0 = zeros(1,fn);
period = Wavelet_corrm1(yy,fn,voiceseg,vsl,lmax,lmin);   % 小波-自相关函数基音检测
tindex = find(period~ = 0);
F0(tindex) = fs./period(tindex);
TT = pitfilterm1(period,voiceseg,vsl);
FF = pitfilterm1(F0,voiceseg,vsl);
```

说明：

① 读入 tone4.wav 数据后通过 Gnoisegen 函数(Gnoisegen 函数在第 5 章做过介绍)叠加噪声，初始信噪比为 5dB。

② 在加窗分帧后先进行端点检测，滤波后再第二次分帧，调用了 Wavelet_corrm1 函数做小波-自相关函数的基音检测。

③ 清单中没有列出作图部分，从源程序中能找到。

运行 pr8_7_1 后得到的结果如图 8-7-1 所示。图 8-7-1(a)、(b)中用垂直实线表示有话段的开始，垂直虚线表示有话段的结束，图 8-7-1(b)中横点画线上标出的 T1 表示端点检测的阈值。

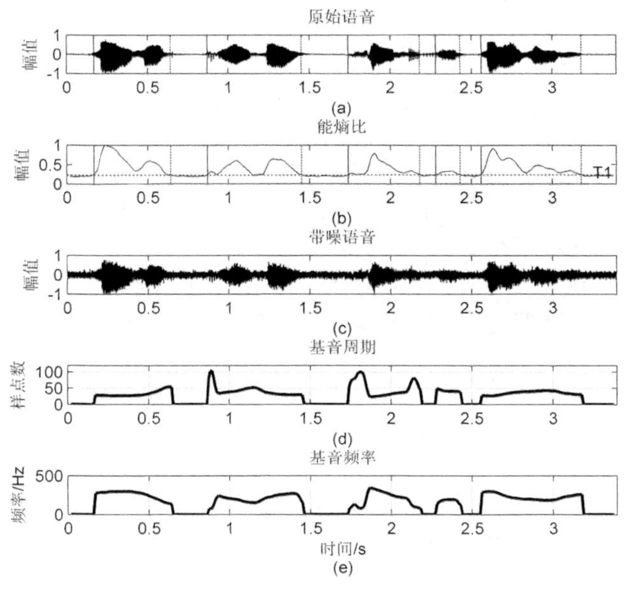

图 8-7-1　pr8_7_1 运行结果

8.7.2　谱减-自相关函数法

7.2 节介绍了谱减法，并提供了相应谱减法的 MATLAB 函数。本节只是应用其中一个谱减函数 simplesubspec 对带噪语音进行减噪，减噪后结合本章 8.3 节介绍的自相关函数法提取基音。

例 8-7-2(pr8_7_2)　读入 tone4.wav 数据(内容是“妈妈，好吗，上马，骂人”)，初始信噪比为 0dB，通过调用 simplesubspec 函数进行谱减消噪，并用自相关函数法提取基音。

程序清单如下：

```
% pr8_7_2
clear all; clc; close all;
filedir=[];                              % 设置数据文件的路径
filename='tone4.wav';                    % 设置数据文件的名称
fle=[filedir filename]                   % 构成路径和文件名的字符串
[x,fs]=wavread(fle);                     % 读取文件
x=x-mean(x);                             % 消除直流分量
```

若您对此书内容有任何疑问，可以凭在线交流卡登录MATLAB中文论坛与作者交流。

```
x = x/max(abs(x));                                      % 幅值归一化
SNR = 0;                                                % 设置信噪比
signal = Gnoisegen(x,SNR);                              % 叠加噪声
snr1 = SNR_singlech(x,signal)                           % 计算初始信噪比值
N = length(x);                                          % 信号长度
time = (0 : N-1)/fs;                                    % 设置时间刻度
wlen = 320; inc = 80;                                   % 帧长和帧移
overlap = wlen - inc;                                   % 两帧重叠长度
IS = 0.15;                                              % 设置前导无话段长度
NIS = fix((IS * fs - wlen)/inc +1);                     % 求前导无话段帧数
a = 3; b = 0.001;                                       % 设置参数 a 和 b
output = simplesubspec(signal,wlen,inc,NIS,a,b);
snr2 = SNR_singlech(x,output)                           % 计算谱减后信噪比值
y = enframe(output,wlen,inc)';                          % 分帧
fn = size(y,2);                                         % 取得帧数
time = (0 : length(x) - 1)/fs;                          % 计算时间坐标
frameTime = frame2time(fn, wlen, inc, fs);              % 计算每一帧对应的时间
T1 = 0.12;                                              % 设置基音端点检测的参数
[voiceseg,vosl,SF,Ef] = pitch_vad1(y,fn,T1);            % 基音的端点检测
b = [0.012280  -0.039508  0.042177  0.000000  -0.042177  0.039508  -0.012280];
a = [1.000000  -5.527146  12.854342  -16.110307  11.479789  -4.410179  0.713507];
z = filter(b,a,output);                                 % 带通数字滤波
yy  = enframe(z,wlen,inc)';                             % 滤波后信号分帧
lmin = floor(fs/500);                                   % 基音周期的最小值
lmax = floor(fs/60);                                    % 基音周期的最大值
period = zeros(1,fn);                                   % 基音周期初始化
period = ACF_corr(yy,fn,voiceseg,vosl,lmax,lmin);       % 用自相关函数提取基音周期
tindex = find(period~ = 0);
F0 = zeros(1,fn);
F0(tindex) = fs./period(tindex);
TT = pitfilterm1(period,voiceseg,vosl);                 % 对基音周期进行平滑滤波
FF = pitfilterm1(F0,voiceseg,vosl);                     % 对基音频率进行平滑滤波
```

说明:

① 读入 tone4.wav 数据后,通过 Gnoisegen 函数叠加噪声,初始信噪比为 0 dB。

② 在本程序中首先调用了谱减函数消噪,对减噪语音进行了两次分帧。其中,第一次分帧是为了端点检测;第二次分帧在数字带通滤波后,是为了基音检测。

③ 数字滤波器还是选用 8.1 节中介绍的带通滤波器,通带为 60～500 Hz。

④ 对滤波后的分帧数据调用 8.3.1 小节介绍的 ACF_corr 函数计算自相关函数和进行基音检测,得到基音的初估值。

⑤ 得到基音周期和基音频率的初估值后都通过 pitfilterm1 函数进行平滑滤波处理。

⑥ 清单中没有列出作图部分,从源程序中能找到。

运行 pr8_7_2 后得到的结果如图 8-7-2 所示。

图 8-7-2(a)、(d)中垂直实线表示有话段的开始,垂直虚线表示有话段的结束,图 8-7-2(d)中横点画线上标出的 T1 表示端点检测的阈值。

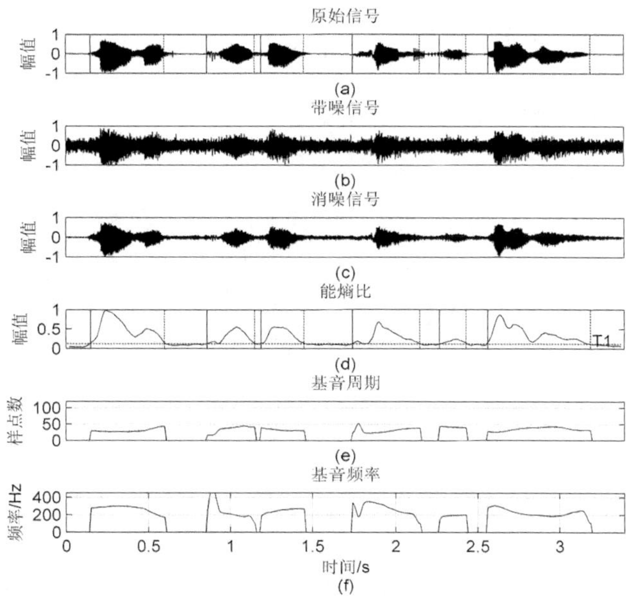

图 8-7-2　pr8_7_2 运行结果

8.7.3　谱减法与主体-延伸法相结合

在 8.7.2 小节已介绍了谱减-自相关函数法对带噪语音进行基音检测，在 8.6 节已详细说明了主体-延伸法基音检测的流程，它的基音检测也是使用自相关函数法。在本节中把谱减法与主体-延伸法相结合对带噪语音进行基音检测。同 8.7.2 中一样，在谱减降噪后直接使用主体-延伸法和自相关法相结合的基音检测。

例 8-7-3(pr8_7_3)　读入 tone4.wav 数据(内容是"妈妈，好吗，上马，骂人")，初始信噪比为 0 dB，通过调用 simplesubspec 函数进行谱减消噪，并实现用主体-延伸法和自相关法结合的基音检测。

程序清单如下：

```
% pr8_7_3
clear all; clc; close all;

filedir = [];                              % 设置语音文件路径
filename = 'tone4.wav';                    % 设置文件名
fle = [filedir filename]
SNR = 0;                                   % 设置信噪比
IS = 0.15;                                 % 设置前导无话段长度
wlen = 240;                                % 设置帧长为 25 ms
inc = 80;                                  % 设置帧移 10 ms
[xx,fs] = wavread(fle);                    % 读入数据
xx = xx - mean(xx);                        % 消除直流分量
x = xx/max(abs(xx));                       % 幅值归一化
N = length(x);
time = (0:N-1)/fs;                         % 设置时间
lmin = floor(fs/500);                      % 最高基音频率 500 Hz 对应的基音周期
lmax = floor(fs/60);                       % 最高基音频率 60 Hz 对应的基音周期
signal = Gnoisegen(x,SNR);                 % 叠加噪声
overlap = wlen - inc;                      % 求重叠区长度
NIS = fix((IS * fs - wlen)/inc  + 1);      % 求前导无话段帧数
```

```
snr1 = SNR_singlech(x,signal)                                   % 计算初始信噪比值
a = 3; b = 0.01;
output = simplesubspec(signal,wlen,inc,NIS,a,b);               % 谱减法减噪
snr2 = SNR_singlech(x,output)                                   % 计算谱减后信噪比值
yy = enframe(output,wlen,inc)';                                 % 滤波后信号分帧
time = (0 : length(x) - 1)/fs;                                  % 计算时间坐标
fn = size(yy,2);
frameTime = frame2time(fn,wlen,inc,fs);

Thr1 = 0.12;                                                    % 设置端点检测阈值
r2 = 0.5;                                                       % 设置元音主体检测的比例常数
ThrC = [10 15];                                                 % 设置相邻基音周期间的阈值
 % 用于基音检测的端点检测和元音主体检测
[voiceseg,vosl,vseg,vsl,Thr2,Bth,SF,Ef] = pitch_vads(yy,fn,Thr1,r2,10,8);
 % 60～500Hz 的带通滤波器系数
b = [0.012280  - 0.039508   0.042177   0.000000   - 0.042177   0.039508   - 0.012280];
a = [1.000000 - 5.527146  12.854342  - 16.110307   11.479789   - 4.410179   0.713507];
x = filter(b,a,xx);                                             % 数字滤波
x = x/max(abs(x));                                              % 幅值归一化
y = enframe(x,wlen,inc)';                                       % 第二次分帧
lmax = floor(fs/60);
lmin = floor(fs/500);
[Extseg,Dlong] = Extoam(voiceseg,vseg,vosl,vsl,Bth);                    % 计算延伸区间和延伸长度
T1 = ACF_corrbpa(y,fn,vseg,vsl,lmax,lmin,ThrC(1));                      % 对元音主体进行基音检测
                                                                % 对语音主体的前后向过渡区延伸基音检测
T0 = zeros(1,fn);                                               % 初始化
F0 = zeros(1,fn);
for k = 1 : vsl                                                 % 共有 vsl 个元音主体
    ix1 = vseg(k).begin;                                        % 第 k 个元音主体开始位置
    ix2 = vseg(k).end;                                          % 第 k 个元音主体结束位置
    in1 = Extseg(k).begin;                                      % 第 k 个元音主体前向延伸开始位置
    in2 = Extseg(k).end;                                        % 第 k 个元音主体后向延伸结束位置
    ixl1 = Dlong(k,1);                                          % 前向延伸长度
    ixl2 = Dlong(k,2);                                          % 后向延伸长度
    if ixl1>0                                                   % 需要前向延伸基音检测
        [Bt,voiceseg] = back_Ext_shtpm1(y,fn,voiceseg,Bth,ix1,...
        ixl1,T1,k,lmax,lmin,ThrC);
    else                                                        % 不需要前向延伸基音检测
        Bt = [];
    end
    if ixl2>0                                                   % 需要后向延伸基音检测
        [Ft,voiceseg] = fore_Ext_shtpm1(y,fn,voiceseg,Bth,ix2,...
        ixl2,vsl,T1,k,lmax,lmin,ThrC);
    else                                                        % 不需要后向延伸基音检测
        Ft = [];
    end
    T0(in1:in2) = [Bt T1(ix1:ix2) Ft];                          % 第 k 个元音主体完成了前后向延伸检测
end
tindex = find(T0>lmax);                                         % 限制延伸后最大基音周期值不超越 lmax
T0(tindex) = lmax;
tindex = find(T0<lmin & T0~ = 0);                               % 限制延伸后最小基音周期值不低于 lmin
T0(tindex) = lmin;
tindex = find(T0~ = 0);
F0(tindex) = fs./T0(tindex);
TT = pitfilterm1(T0,Extseg,vsl);                                % T0 平滑滤波
FF = pitfilterm1(F0,Extseg,vsl);                                % F0 平滑滤波
 % STFT 分析,绘制语谱图
nfft = 512;
d = stftms(xx,wlen,nfft,inc);
W2 = 1 + nfft/2;
n2 = 1:W2;
freq = (n2 - 1) * fs/nfft;
```

说明：

① 程序中处理 tone4. wav 的数据，通过 Gnoisegen 函数叠加噪声，初始信噪比为 0 dB。

② 在本程序中首先调用了谱减函数消噪，对减噪语音进行了两次分帧。其中，第一次分帧是要做端点和元音主体检测；第二次分帧在数字带通滤波后，是为了基音检测。

③ 数字滤波器还是选用 8.1 节介绍的带通滤波器，通常为 60～500 Hz。

④ 滤波后的分帧数据调用 ACF_corrbpa 函数计算自相关函数对元音主体进行基音检测，在元音主体进行基音周期初估的基础上，每个元音主体做前向和后向延伸的基音检测（调用函数 back_Ext_shtpm1 和 fore_Ext_shtpm1），即检测语音过渡区间的基频周期，最后合并为基音的初估值。

⑤ 得到基音周期和基音频率的初估值后都通过 pitfilterm1 函数进行了平滑滤波处理。

⑥ 清单中没有列出作图部分，从源程序中能找到。

运行 pr8_7_3 后得到的结果如图 8－7－3 和图 8－7－4 所示。

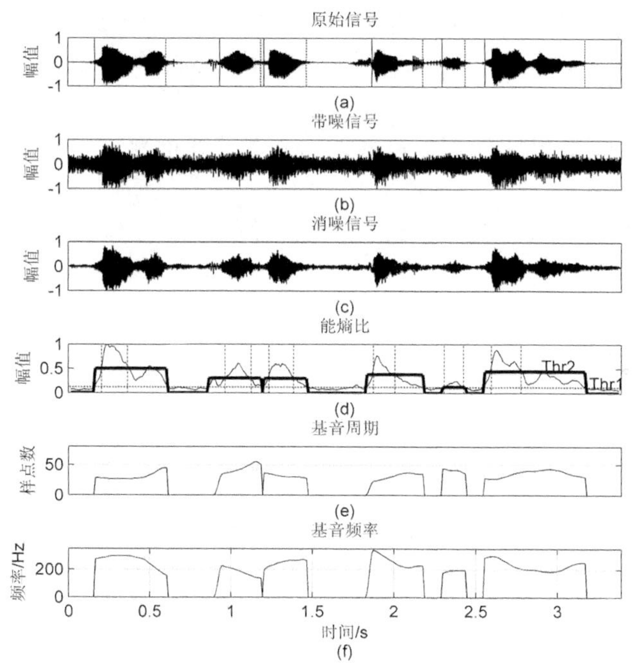

图 8－7－3　pr8_7_3 运行结果

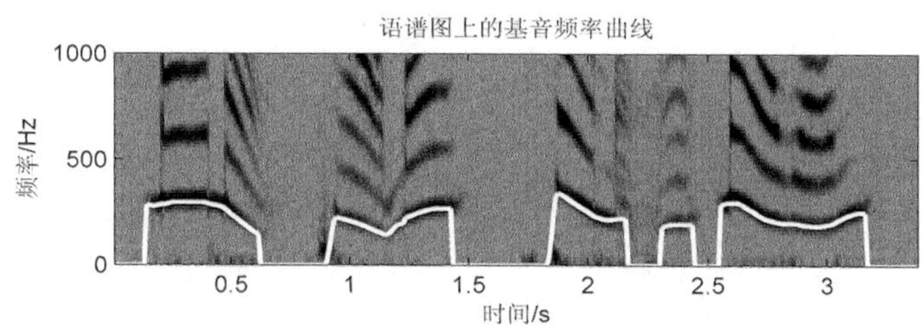

图 8－7－4　谱减-自相关和元音主体-延伸相结合检测的基音重叠到语谱图上

pr8_7_3 中设置的参数有：T1＝0.12，r2＝0.5，c1＝10 和 c2＝15。这些参数不是固定不

变的,对不同的语音信号应做一些调整。由于噪声是随机噪声,每次计算的结果都会有些差别,效果也有所不同,在谱减消噪后信噪比提高了7.5 dB。图8-7-3(a)中的垂直实线和虚线之间的是有话段,在图8-7-3(d)中每两条点画线之间表示出元音的主体,同时图中还画出了端点检测的阈值Thr1和元音主体检出的阈值Thr2。与8.6节一样,把计算出的基音频率和语谱图叠加在一起,如图8-7-4所示。在语谱图中每个字接近底部的第一条粗黑线就是该音节发声的实际基音频率,而从谱减法和主体-延伸法相结合获取的基音频率用白线叠加在图中。可看出,估算出的基音频率和实际基音频率能很好地重合。

参考文献

[1] 李辉,戴蓓蒨,陆伟前. 基于前置滤波和小波变换的带噪语音基音周期检测方法[J]. 数据采集与处理,2005,20(1):100-105.

[2] 张雪英. 数字语音处理及MATLAB仿真[M]. 北京:电子工业出版社,2010.

[3] 易克初,田斌,付强. 语音信号处理[M]. 北京:国防工业出版社,2000.

[4] 成新民,曹毓敏,赵力. 一种改进的AMDF求取语音基音的方法[J]. 微电子学与计算机,2005,22(11):162-164.

[5] 郭淑妮,姚徐,于洪志. 基于线性预测残差倒谱的基音检测[J]. 电脑与电信,2008(10):34-35.

[6] 赵力. 语音信号处理[M]. 北京:机械工业出版社,2003.

第 9 章

共振峰的估算方法

第 1 章曾经讨论过，声道可以被看成一根具有非均匀截面的声管，在发音时将起共鸣器的作用。当声门处准周期脉冲激励进入声道时会引起共振特性，产生一组共振频率，这一组共振频率称为共振峰频率或简称为共振峰。共振峰参数包括共振峰频率和频带的宽度（带宽），它是区别不同韵母的重要参数。共振峰信息包含在语音频谱的包络中，因此共振峰参数提取的关键是估计自然语音频谱包络，并认为谱包络中的极大值就是共振峰。

与基音提取相类似，要精确地对共振峰估值也是相当困难的。这些困难包括：① 虚假峰值。在正常情况下，频谱包络中的最大值完全是由共振峰引起的，但有时会出现虚假峰值。② 共振峰合并。当相邻两个共振峰频率靠得很近时难以分辨，要寻找一种理想的能对共振峰合并进行识别的共振峰提取算法有不少实际的困难。③ 高音调语音。传统的频谱包络估值方法利用的是由谐波峰值提供的样点，而高音调语音（如女声和童声的基音频率较高）的谐波间隔比较宽，因而为频谱包络估值所提供的样点比较少，从而给提取包络带来一定的困难。

常用共振峰估算方法有倒谱法和 LPC 法。本章除介绍这两种方法外，还将介绍 Hilbert - Huang 变换（HHT）法的共振峰检测。

9.1 预加重和端点检测

9.1.1 预加重

第 1 章曾指出，声门的激励源激发出斜三角脉冲串，它的 Z 变换相当于一个二阶低通的模型，而辐射模型是一个一阶高通。所以实际信号分析中常采用预加重技术，即在对信号取样之后，插入一个一阶的高通滤波器，使声门脉冲的影响减到最小，只剩下声道部分，以便于对声道参数进行分析。

预加重是一个一阶高通滤波器，用来对语音信号进行高频提升，可由软件实现，用一阶 FIR 滤波器表示为

$$s'(n) = s(n) - as(n-1) \tag{9-1-1}$$

式中，a 是一个常数。

预加重有两个作用：

① 增加一个零点，抵消声门脉冲引起的高端频谱幅度下跌，使信号频谱变得平坦及各共振峰幅度相接近；语音中只剩下声道部分的影响，所提取的特征更加符合原声道的模型。

② 由于它是一个高通滤波器，除了把高频提升外，把低频部分也进行衰减，使有些基频幅值较大时，通过预加重降低基频对共振峰检测的干扰，有利于共振峰的检测；同时减少了频谱的动态范围。

图 9-1-1 给出了一段没做预加重和做预加重后语音频谱的比较。从图中可以看出，在没有预加重时基音谱线的幅值很大，对计算包络会有影响；而在做了预加重的频谱中，基频谱

线幅值有所抑制,高频端的幅值得以提升,频谱的动态范围减小了。

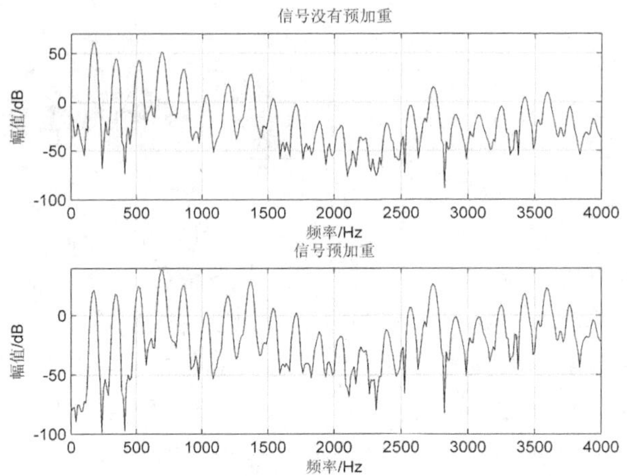

图9-1-1 一段语音没做预加重和做预加重后频谱的比较

9.1.2 端点检测

共振峰检测一般是分析韵母部分,所以在共振峰检测前先要进行端点检测。我们采用基音检测中的端点检测函数。

名称:pitch_vad1

功能:用能熵比法在语音信号中提取端点信息。

调用格式:[voiceseg,vosl,SF,Ef] = pitch_vad1(y,fn,T1,miniL)

说明:输入参数y是分帧后的数组(一般一列表示一帧数据);fn是信号分帧后的总帧数;T1是判断有话段和无话段的一个阈值;miniL是指有话段的最小帧数。输出参数voiceseg是检测到语音端点的信息(和第6章中对语音端点输出信息的说明一样);vosl表示有几个有话段;SF表示是否为有话帧,当该帧为有话段时SF = 1,否则为0;Ef是能熵比值。

9.2 倒谱法对共振峰的估算

9.2.1 倒谱法共振峰估算的原理

在8.2节介绍倒谱法提取基频时已说明了倒谱的概念和计算方法。由式(8-2-4)可知,在倒频谱域中 $\hat{u}(n)$ 和 $\hat{v}(n)$ 是相对分离的,为了提取基频,把信号在倒频谱域中分离出的 $\hat{u}(n)$ 恢复出 $u(n)$,而在这里为了提取共振峰,则是把由倒频谱域中分离出的 $\hat{v}(n)$ 恢复出 $v(n)$。具体步骤如下:

① 对语音信号 $x(n)$ 进行预加重,再进行加窗和分帧(帧长为 N),得到 $x_i(n)$,其中下标 i 表示第 i 帧。

② 对 $x_i(n)$ 做傅里叶变换,得

$$X_i(k)=\sum_{n=0}^{N-1}x_i(n)\mathrm{e}^{-\mathrm{j}2\pi kn/N} \tag{9-2-1}$$

③ 对 $X_i(k)$ 取幅值后再取对数,得

$$\hat{X}_i(k)=\log(|X_i(k)|) \tag{9-2-2}$$

④ 对 $\hat{X}_i(k)$ 进行逆傅里叶变换,得到倒谱序列

$$\hat{x}_i(n)=\frac{1}{N}\sum_{k=0}^{N-1}\hat{X}_i(k)e^{j2\pi kn/N} \tag{9-2-3}$$

⑤ 在倒频率轴上设置一个低通的窗函数 $window(n)$，一般可以设为矩形窗

$$window(n)=\begin{cases}1 & n\leqslant n_0-1 \quad 和 \quad n\geqslant N-n_0+1\\ 0 & n_0-1<n<N-n_0+1\end{cases} \tag{9-2-4}$$

$$n=0,1,\cdots,N-1$$

式中，n_0 是窗函数的宽度。

这和倒频率的分辨率有关，即和采样频率及 FFT 的长度有关。设置窗函数后，再把窗函数与倒谱序列 $\hat{x}(n)$ 相乘，得

$$h_i(n)=\hat{x}_i(n)\times \mathrm{window}(n) \tag{9-2-5}$$

为了使 $h_i(n)$ 经 FFT 后得到的包络线为实函数，在对 $\hat{x}_i(n)$ 截取时一定要满足对称性，所以在式(9-2-4)中在 $n=0$ 附近截取 n_0 条谱线，在 $n=N-1$ 附近截取 n_0-1 条谱线。

⑥ 把 $h_i(n)$ 经过傅里叶变换，就得到 $X_i(k)$ 的包络线

$$H_i(k)=\sum_{n=0}^{N-1}h_i(n)e^{-j2\pi kn/N} \tag{9-2-6}$$

⑦ 在包络线上寻找出极大值，就可获得相应的共振峰参数。

已知一帧信号 $x_i(n)$，获取频谱包络线 $H_i(k)$ 的流程图如图 9-2-1 所示。

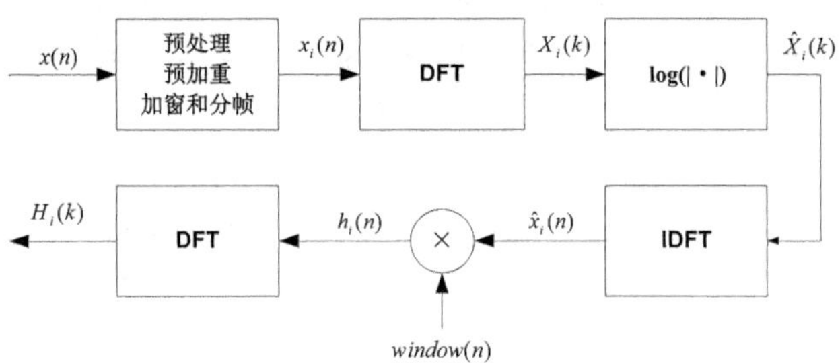

图 9-2-1　用倒谱法获取一帧语音包络线的流程图

9.2.2　倒谱法共振峰估算的 MATLAB 程序

例 9-2-1(pr9_2_1)　从 snn27.wav 读入一段语音，用倒谱的方法检测共振峰频率。

程序清单如下：

```
% pr9_2_1
clear all; clc; close all;
waveFile = 'snn27.wav';                          %设置文件名
[x, fs, nbits] = wavread(waveFile);              %读入一帧数据
u = filter([1 -.99],1,x);                        %预加重
wlen = length(u);
cepstL = 6;                                      %倒频率上窗函数的宽度
wlen2 = wlen/2;
freq = (0:wlen2 - 1) * fs/wlen;                  %计算频域的频率刻度
u2 = u. * hamming(wlen);                         %信号加窗函数
U = fft(u2);                                     %按式(9-2-1)计算
U_abs = log(abs(U(1:wlen2)));                    %按式(9-2-2)计算
Cepst = ifft(U_abs);                             %按式(9-2-3)计算
cepst = zeros(1,wlen2);
cepst(1:cepstL) = Cepst(1:cepstL);               %按式(9-2-5)计算
```

```
cepst(end - cepstL + 2:end) = Cepst(end - cepstL + 2:end);
spect = real(fft(cepst));                                % 按式(9-2-6)计算
[Loc,Val] = findpeaks(spect);                            % 寻找峰值
FRMNT = freq(Loc);                                       % 计算出共振峰频率
% 作图
pos = get(gcf,'Position');
set(gcf,'Position',[pos(1), pos(2) - 100,pos(3),(pos(4) - 140)]);
plot(freq,U_abs,'k');
hold on; axis([0 4000 -6 2]); grid;
plot(freq,spect,'k','linewidth',2);
xlabel('频率/Hz'); ylabel('幅值/dB');
title('信号频谱,包络线和共振峰值')
fprintf('%5.2f    %5.2f    %5.2f    %5.2f\n',FRMNT);
for k = 1 : 4
    plot(freq(Loc(k)),Val(k),'kO','linewidth',2);
    line([freq(Loc(k)) freq(Loc(k))],[-6 Val(k)],'color','k',...
        'linestyle','-.','linewidth',2);
end
```

说明:在程序中用 findpeaks 函数寻找峰值和峰值的位置,从峰值的位置可以导出共振峰频率。

运行 pr9_2_1 计算出的共振峰频率有:

```
650.00   1375.00   2825.00   3600.00
```

图 9-2-2 给出了一帧语音信号的频谱曲线(黑实线),以及通过倒谱计算出的包络线(黑粗线),并用黑色"○"表示出共振峰峰值的位置,用点画线标出了共振峰对应的频率。

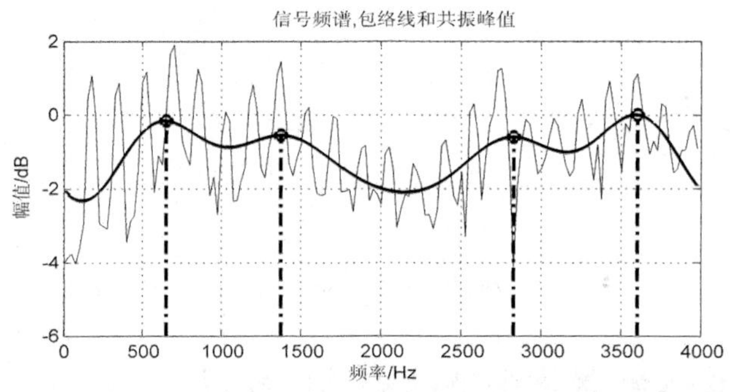

图 9-2-2　一帧语音信号的频谱,用倒谱计算出的频谱包络和共振峰频率

9.3　LPC 法对共振峰的估算

9.3.1　LPC 法共振峰估算的原理

在第 4 章已介绍过语音信号的线性预测模型,一帧语音信号 $x(n)$ 可由式(4-1-5)的差分方程表示,相应的声道传递函数 $H(z)$ 可由式(4-1-10)表示。将

$$z^{-1} = \exp(-j\omega T) \quad 或 \quad z^{-1} = \exp(-j2\pi f/f_s) \tag{9-3-1}$$

代入式(4-1-10),取功率谱模值,用 $P(f)$ 表示为

$$P(f) = |H(f)|^2 = \frac{G^2}{\left|1 - \sum_{k=1}^{p} a_k \exp(-j2\pi k f/f_s)\right|^2} \tag{9-3-2}$$

利用 FFT 方法可对任意频率求得它的功率谱幅值响应，并从幅值响应中找到共振峰的信息。用 LPC 法求取共振峰信息有两种方法：一种是用抛物线内插的方法（内插法）；另一种是用线性预测系数求取复数根的方法（求根法）。以下介绍这两种方法。

9.3.2 LPC 内插法共振峰的估算[1,2]

通过线性预测的运算可以求出一组预测系数 $\{a_k; k=1,2,\cdots,p\}$，再经过 FFT 的运算可得到声道传递函数的功率谱响应曲线，即由式(9-3-2)所表示的，其响应曲线如图 9-3-1(a)所示。图中显示有四个共振峰，分别为 F_1、F_2、F_3 和 F_4，这时共振峰频率对应于响应曲线上某一根谱线的位置。

对于任何一个共振峰都可以用抛物线内插的方法更精确地计算出共振峰频率和它的带宽。如图 9-3-1(b)所示，某一个共振峰 F_i 的局部峰值频率为 $m\Delta f$（其中 Δf 是谱图中的频率间隔），它邻近的两个频率点分别为 $(m-1)\Delta f$ 和 $(m+1)\Delta f$，这三个点在功率谱中的幅值分别为 $P(m-1)$，$P(m)$，$P(m+1)$，如图 9-3-1(b)所示。这样，可用二次方程式 $a\lambda^2+b\lambda+c$ 来拟合，以求出更精确的中心频率 F_i 和带宽 B_i。

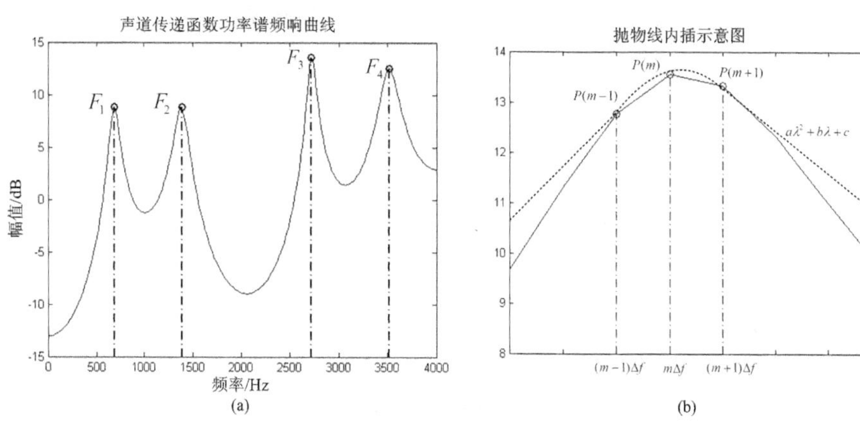

图 9-3-1 声道传递函数的功率谱曲线图和共振峰频率的抛物线内插图

为了方便计算，把频率轴的零点移到 m 处，即局部峰值频率 $m\Delta f$ 处为零，且以等间隔频率 Δf 给出功率谱值。对应于 $-\Delta f, 0, +\Delta f$ 处的功率谱值分别为 $P(m-1)$，$P(m)$，$P(m+1)$，按表示式 $P=a\lambda^2+b\lambda+c$，可列出下列方程组：

$$\left.\begin{aligned} P(m-1)&=a\Delta f^2-b\Delta f+c\\ P(m)&=c\\ P(m+1)&=a\Delta f^2+b\Delta f+c \end{aligned}\right\} \tag{9-3-3}$$

先假设 $\Delta f=1$，由此得到系数：

$$\left.\begin{aligned} a&=\frac{P(m+1)+P(m-1)}{2}-P(m)\\ b&=\frac{P(m+1)-P(m-1)}{2}\\ c&=P(m) \end{aligned}\right\} \tag{9-3-4}$$

通过求导求极大值

$$\frac{\mathrm{d}}{\mathrm{d}\lambda}(a\lambda^2+b\lambda+c)=0 \tag{9-3-5}$$

其解为

$$\lambda_p = -b/2a \tag{9-3-6}$$

考虑到实际频率间隔 Δf，该共振峰的中心频率 F_i 为

$$F_i = \lambda_p \Delta f + m\Delta f = (-b/2a + m)\Delta f \tag{9-3-7}$$

中心频率对应的功率谱值为

$$P_p = a\lambda_p^2 + b\lambda_p + c = \frac{b^2}{4a} - \frac{b^2}{2a} + c = -\frac{b^2}{4a} + c \tag{9-3-8}$$

为求带宽可设置这样的方程(见图 9-3-2)，在某一个 λ 处，它的谱值是 P_p 值的一半，即有

$$\frac{a\lambda^2 + b\lambda + c}{P_p} = \frac{1}{2} \tag{9-3-9}$$

则可以导出

$$a\lambda^2 + b\lambda + c - 0.5P_p = 0 \tag{9-3-10}$$

式(9-3-10)的根为

$$\lambda_{root} = \frac{-b \pm \sqrt{b^2 - 4a(c - 0.5P_p)}}{2a} \tag{9-3-11}$$

而半带宽 $B_i/2$ 是根值与峰值位置的差值：

$$\lambda_b = \lambda_{root} - \lambda_p \tag{9-3-12}$$

可解出

$$\lambda_b = -\frac{\sqrt{b^2 - 4a(c - 0.5P_p)}}{2a} \tag{9-3-13}$$

因为抛物线是上凸的，由式(9-3-4)计算出的 a 值为负值，所以在 λ_b 的表示式中有一个负号(取正值)。考虑到实际频率间隔 Δf，带宽为

$$B_i = 2\lambda_b \Delta f = -\frac{\sqrt{b^2 - 4a(c - 0.5P_p)}}{a}\Delta f \tag{9-3-14}$$

通过抛物线内插可以更精确地求出各共振峰的中心频率 F_i 和带宽 B_i。实际上，该方法一样可用于倒谱法对共振频率的估算，以求出更精确的共振频率和带宽。这将在第 10 章详细说明。

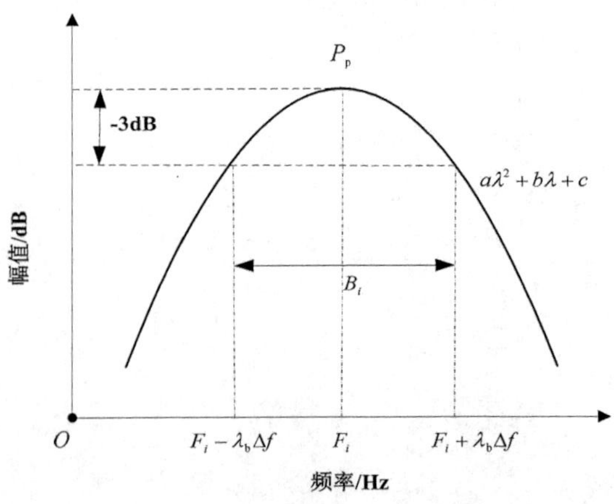

图 9-3-2 求带宽 B_i 的示意图

例 9-3-1(pr9_3_1)　对一段语音 snn27.wav 用 LPC 内插法检测共振峰频率。

程序清单如下：

```
%   pr9_3_1
clear all; clc; close all;

fle = 'snn27.wav';                                     % 指定文件名
[x,fs] = wavread(fle);                                 % 读入一帧语音信号
u = filter([1 -.99],1,x);                              % 预加重
wlen = length(u);                                      % 帧长
p = 12;                                                % LPC 阶数
a = lpc(u,p);                                          % 求出 LPC 系数
U = lpcar2pf(a,255);                                   % 由 LPC 系数求出频谱曲线
freq = (0:256) * fs/512;                               % 频率刻度
df = fs/512;                                           % 频率分辨率
U_log = 10 * log10(U);                                 % 功率谱值
subplot 211; plot(u,'k');                              % 作图
axis([0 wlen -0.5 0.5]);
title('预加重波形');
xlabel('样点数'); ylabel('幅值')
subplot 212; plot(freq,U,'k');
title('声道传递函数功率谱曲线');
xlabel('频率/Hz'); ylabel('幅值');

[Loc,Val] = findpeaks(U);                              % 在 U 中寻找峰值
ll = length(Loc);                                      % 有几个峰值
for k = 1 : ll
    m = Loc(k);                                        % 设置 m-1,m 和 m+1
    m1 = m-1; m2 = m+1;
    p = Val(k);                                        % 设置 P(m-1),P(m)和 P(m+1)
    p1 = U(m1); p2 = U(m2);
    aa = (p1 + p2)/2 - p;                              % 按式(9-3-4)计算
    bb = (p2 - p1)/2;
    cc = p;
    dm = -bb/2/aa;                                     % 按式(9-3-6)计算
    pp = -bb * bb/4/aa + cc;                           % 按式(9-3-8)计算
    m_new = m + dm;
    bf = -sqrt(bb * bb - 4 * aa * (cc - pp/2))/aa;     % 按式(9-3-13)计算
    F(k) = (m_new - 1) * df;                           % 按式(9-3-7)计算
    Bw(k) = bf * df;                                   % 按式(9-3-14)计算
    line([F(k) F(k)],[0 pp],'color','k','linestyle','-.');
end
fprintf('F  = %5.2f    %5.2f    %5.2f    %5.2f\n',F)
fprintf('Bw = %5.2f    %5.2f    %5.2f    %5.2f\n',Bw)
```

说明：

① 在程序中用 LPC 函数求出了预测系数 $\{a_i\}$，直接调用了 lpcar2pf 函数由预测系数计算出功率谱。lpcar2pf 函数是 voicebox 语音工具箱中的一个函数，已在 4.5 节介绍过。

② 也是用 findpeaks 函数从功率谱曲线上找出峰值和峰值的位置。

运行 pr9_3_1 后得到的结果如图 9-3-3 所示。程序检测出四个共振峰，经抛物线内插后，计算出的共振峰频率和带宽如下：

```
F  = 676.15    1372.53    2734.15    3513.69
Bw =  93.28     164.86     133.63     141.85
```

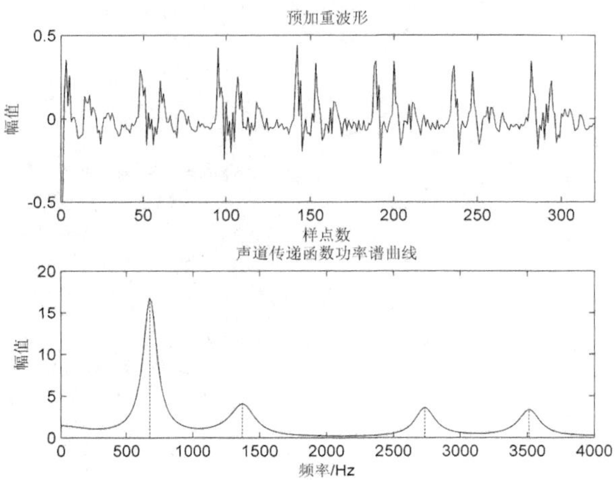

图 9-3-3　运行 pr9_3_1 后得到的结果

9.3.3　LPC 求根法共振峰的估算

声道传递函数 $H(z)$ 由式(4-1-10)表示,其中预测误差滤波器 $A(z)$ 由式(4-1-15)表示。而 $A(z)$ 的多项式系数分解可以精确地确定共振峰的中心频率和带宽。找出多项式复根在 MATLAB 中可用函数 roots 来求得,一般多项式 $A(z)$ 的根大多都是复共轭成对的根。

设 $z_i = r_i e^{j\theta_i}$ 为由 roots 求出的某一个复数根,则其共轭值 $z_i^* = r_i e^{-j\theta_i}$ 也是一个根。设与 z_i 对应的共振峰频率为 F_i,3 dB 带宽为 B_i,则 F_i 及 B_i 与 z_i 之间的关系为

$$2\pi TF_i = \theta_i \tag{9-3-15}$$

$$e^{-B_i \pi T} = r_i \tag{9-3-16}$$

其中,T 是采样周期,所以

$$F_i = \theta_i / (2\pi T) \tag{9-3-17}$$

$$B_i = -\ln r_i / \pi T \tag{9-3-18}$$

因为预测误差滤波器阶数 p 是预先设定的,所以复共轭对的数量最多是 $p/2$。因而判断某一个极点属于哪一个共振峰的问题就不太复杂,不属于共振峰的额外极点也容易排除掉,因为其带宽比共振峰带宽要大得多。

例 9-3-2(pr9_3_2)　从 snn27. wav 读入一段语音,用 LPC 求根法检测共振峰频率。

程序清单如下:

```
% pr9_3_2
clear all; clc; close all;

fle = 'snn27.wav';                          % 指定文件名
[xx,fs] = wavread(fle);                     % 读入一帧语音信号
u = filter([1 -.99],1,xx);                  % 预加重
wlen = length(u);                           % 帧长
p = 12;                                     % LPC 阶数
a = lpc(u,p);                               % 求出 LPC 系数
U = lpcar2pf(a,255);                        % 由 LPC 系数求出功率谱曲线
freq = (0:256) * fs/512;                    % 频率刻度
df = fs/512;                                % 频率分辨率
U_log = 10 * log10(U);                      % 功率谱值
subplot 211; plot(u,'k');                   % 作图
```

```
axis([0 wlen -0.5 0.5]);
title('预加重波形');
xlabel('样点数'); ylabel('幅值')
subplot 212; plot(freq,U_log,'k');
title('声道传递函数功率谱曲线');
xlabel('频率/Hz'); ylabel('幅值/dB');

n_frmnt = 4;
const = fs/(2 * pi);                              %常数
rts = roots(a);                                   %求根
k = 1;                                            %初始化
yf = [];
bandw = [];
for i = 1:length(a) - 1
    re = real(rts(i));                            %取根的实部
    im = imag(rts(i));                            %取根的虚部
    formn = const * atan2(im,re);                 %按(9-3-17)计算共振峰频率
    bw = -2 * const * log(abs(rts(i)));           %按(9-3-18)计算带宽

    if formn>150 & bw <700 & formn<fs/2           %满足条件才能成为共振峰和带宽
        yf(k) = formn;
        bandw(k) = bw;
        k = k + 1;
    end
end
[y, ind] = sort(yf);                              %排序
bw = bandw(ind);
F = [NaN NaN NaN NaN];                            %初始化
Bw = [NaN NaN NaN NaN];
F(1:min(n_frmnt,length(y))) = y(1:min(n_frmnt,length(y)));     %输出最多四个
Bw(1:min(n_frmnt,length(y))) = bw(1:min(n_frmnt,length(y)));   %输出最多四个
F0 = F(:);                                        %按列输出
Bw = Bw(:);
p1 = length(F0);                                  %在共振峰处画线
for k = 1 : p1
    m = floor(F0(k)/df);
    P(k) = U_log(m + 1);
    line([F0(k) F0(k)],[-10 P(k)],'color','k','linestyle','-.');
end
fprintf('F0 = %5.2f    %5.2f    %5.2f    %5.2f\n',F0);
fprintf('Bw = %5.2f    %5.2f    %5.2f    %5.2f\n',Bw);
```

说明：

① 用 roots 函数求出多项式的复数根，按式(9-3-17)和式(9-3-18)计算出共振峰频率和带宽。

② 当预测阶数为 12 时应有 6 对共轭复根，但有一些不是共振峰，所以设置了一些条件：

```
formn>150 & bw <700 & formn<fs/2
```

即要求共振峰的频率大于 150 Hz 和小于 $f_s/2$(采样频率的一半)，同时要求带宽小于 700 Hz。只有满足这样的条件，才可能成为共振峰。

③ 在程序中设置了最多输出四个共振峰参数，不足四个共振峰时输出将为 NaN。

运行 pr9_3_2 后得到的结果如图 9-3-4 所示，功率谱曲线上画出垂直的点画线便是共振峰频率的位置。程序检测出四个共振峰，它们的共振峰频率和带宽如下：

```
F0 = 676.47    1379.74    2731.65    3515.88
Bw = 124.71    223.35     182.76     193.93
```

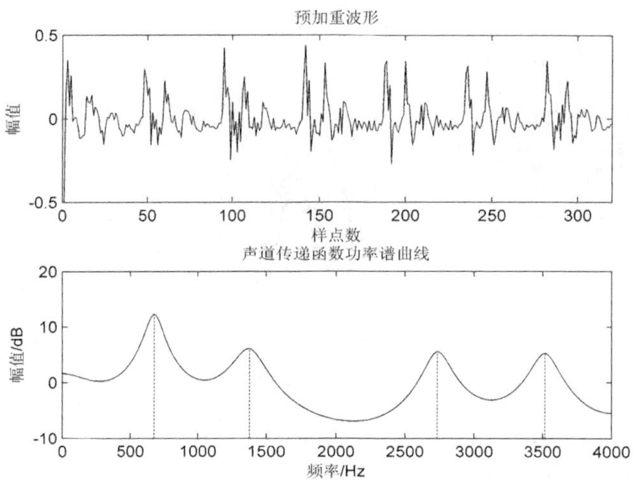

图 9-3-4　运行 pr9_3_2 后得到的结果

9.4　连续语音 LPC 法共振峰的检测

以上讨论的倒谱法和 LPC 法检测共振峰都是对一帧语音进行分析,而实际用它们对连续语音进行共振峰检测时还会有不少问题,如同本章一开始就指出过的那样。为了解决虚假峰值、共振峰的合并和高音调语音的影响等问题,不少学者做了大量的工作,但还没有成熟的方法。本节给出两种用 LPC 求根法对连续语音求共振峰轨迹的检测,一种是简单的 LPC 法;另一种是改进的 LPC 法。

9.4.1　简单的 LPC 共振峰检测

设语音信号为 $x(n)$,加窗分帧后为 $x_i(n)$,其中 i 为帧的编号。在 9.3.3 小节已介绍过用 LPC 求根法计算一帧语音信号的共振峰频率,在此基础上适当调整判断共振峰的条件,对整个语音信号进行处理,编制了相应的函数程序清单如下:

```
function formant1 = Ext_frmnt(y,p,thr1,fs)
fn = size(y,2);
formant1 = zeros(fn,3);
for i = 1 : fn
    u = y(:,i);                                          % 取一帧数据
    a = lpc(u,p);                                        % 求出 LPC 系数
    root1 = roots(a);                                    % 求根
    mag_root = abs(root1);                               % 取根的模值
    arg_root = angle(root1);                             % 取根的相角
    f_root = arg_root/pi * fs/2;                         % 把相角转换成频率
    fmn1 = [];                                           % 初始化
    k = 1;
    for j = 1:p
        if mag_root(j)>thr1                              % 是否满足条件
            if arg_root(j)>0  & arg_root(j)<pi & f_root(j)>200
                fmn1(k) = f_root(j);                     % 满足,保存共振峰频率
                k = k + 1;
            end
        end
```

```
        end
        if ~isempty(fmn1)                                       % 对求出的共振峰频率排序
            fl = length(fmn1);
            fmnt1 = sort(fmn1);
            formant1(i,1:min(fl,3)) = fmnt1(1:min(fl,3));       % 最多取三个
        end
end
```

说明：输入参数 y 是分帧后的数组，一帧数据为一列；p 为 LPC 预测的阶数；thr1 为一阈值，要求根值的幅值超过该阈值才有可能被认定为共振峰频率；fs 是采样频率。输出参数是 formant1，为 fn×3 的数组，每一帧计算出三个共振峰频率，当大于三个共振峰频率时只取三个，当不足三个共振峰频率时用 0 补。

利用 Ext_frmnt 函数就能编制用简单的 LPC 方法检测的共振峰轨迹。由于在共振峰检测中还存在一些问题和困难，本节和下节的共振峰检测都用单元音的语音信号数据。虽然有的语音句子也可以用该方法提取出较好的共振峰信息，但它们是个案，不具有普遍性。

例 9-4-1(pr9_4_1)　读入 vowels8.wav 数据(内容为\a－i－u\三个元音)，用 Ext_frmnt 函数检测共振峰轨迹。

程序清单如下：

```
% pr9_4_1
clear all; clc; close all;

filedir = [];                                           % 设置数据文件的路径
filename = 'vowels8.wav';                               % 设置数据文件的名称
fle = [filedir filename]                                % 构成路径和文件名的字符串
[xx,fs] = wavread(fle);
x = xx - mean(xx);
y = filter([1 -.99],1,x);                               % 预加重
wlen = 200;                                             % 设置帧长
inc = 80;                                               % 设置帧移
xy = enframe(y,wlen,inc)';                              % 分帧
fn = size(xy,2);                                        % 求帧数
Nx = length(y);                                         % 数据长度
time = (0:Nx-1)/fs;                                     % 时间刻度
frameTime = frame2time(fn,wlen,inc,fs);                 % 每帧对应的时间刻度
T1 = 0.1;                                               % 设置阈值 T1 和 T2 的比例常数
miniL = 20;                                             % 有话段的最小帧数
p = 9; thr1 = 0.75;
[voiceseg,vosl,SF,Ef] = pitch_vad1(xy,fn,T1,miniL);     % 端点检测
Msf = repmat(SF',1,3);                                  % 把 SF 扩展为 fn×3 的数组
formant1 = Ext_frmnt(xy,p,thr1,fs);

Fmap1 = Msf.*formant1;                                  % 只取有话段的数据
findex = find(Fmap1 == 0);                              % 如果有数值为 0 ,设为 NaN
Fmap = Fmap1;
Fmap(findex) = nan;

nfft = 512;                                             % 计算语谱图
d = stftms(y,wlen,nfft,inc);
W2 = 1 + nfft/2;
n2 = 1:W2;
freq = (n2-1)*fs/nfft;
```

说明：

① 利用 pitch_vad1 函数对输入语音信号进行端点检测。pitch_vad1 函数已在第 8 章做过介绍。

② 调用 Ext_frmnt 函数对分帧后的语音信号求取每帧的共振峰数值，把 SF 用 repmat 扩展为 fn×3 的数组，从而得到有话段的共振峰轨迹。

③ 把共振峰轨迹数组中的零值转为 NaN，主要是为了作图。

④ 语谱图已在第 2 章作过介绍，这里用 STFT 方法画出语谱图，把检测的共振峰轨迹叠加在语谱图上。

⑤ 本程序清单中没有列出作图部分，可以从源程序中找到。

运行 pr9_4_1 后得到的端点检测结果如图 9-4-1 所示，图中两条点画线之间的部分表示为有话段。

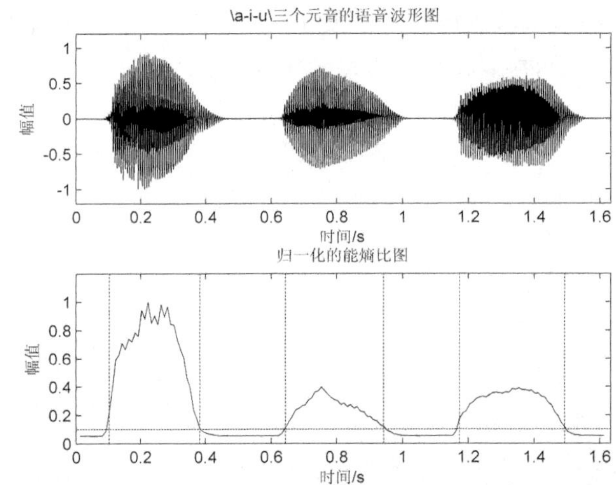

图 9-4-1 vowels8.wav 数据的波形和端点检测的结果

将检测到的共振峰轨迹叠加在语谱图上，用白线表示，如图 9-4-2 所示。

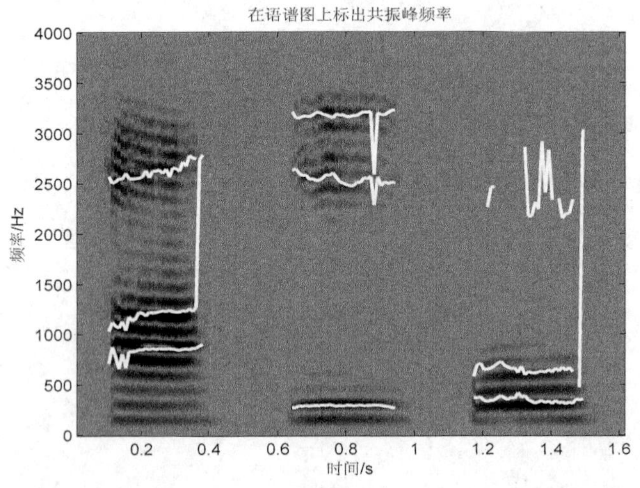

图 9-4-2 在 vowels8.wav 数据的语谱图上叠加共振峰的轨迹

9.4.2 改进的 LPC 共振峰检测

改进的 LPC 法检测共振峰轨迹是参照了波士顿大学语音实验室(SpeechLab, Boston

University)由 Satrajit Ghosh 编制的共振峰轨迹工具箱(Formant Tracker in MATLAB)改写而来的[3]。该工具箱附在源程序包的 Formant Tracker in MATLAB 子目录中。

在 Satrajit Ghosh 编制的程序中,主要是通过多次计算,每次计算时将语音信号分割成不同的帧数(设置总帧数值),然后用 LPC 求根法计算出共振峰,最后进行平均,给出平均后的共振峰值,以减少单独一次求共振峰带来的偏差。

这里先介绍在设定某一总帧数时对数据求共振峰的方法。我们以前在计算时都先设定帧长,再按帧长计算出总帧数。而该方法是对一段语音数据,先设定需要划分成多少帧,再计算出帧长,相邻两帧之间不重叠。以下函数为 seekfmts1,是已知总帧数后进行分帧,再按 LPC 求根法计算出每帧的共振峰值和整个语音的共振峰轨迹。它的程序流程如图 9-4-3 所示。

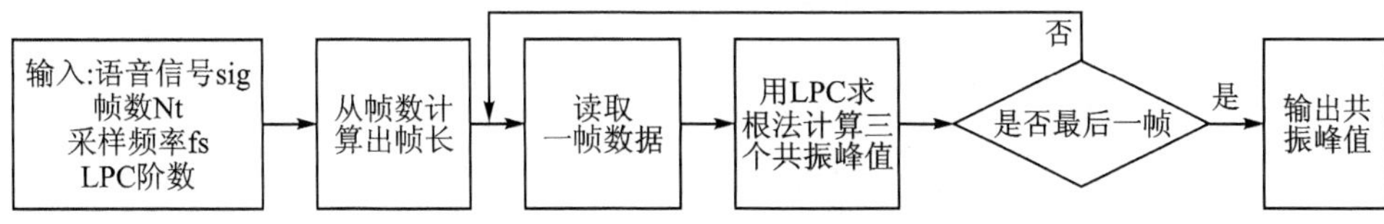

图 9-4-3　seekfmts1 函数流程图

函数的程序清单如下:

```
function [fmt] = seekfmts1(sig,Nt,fs,Nlpc)
if nargin<4, Nlpc = round(fs/1000) + 2; end;
ls = length(sig);                                          % 数据长度
Nwin = floor(ls/Nt);                                       % 帧长

for m = 1:Nt,
    lpcsig = sig((Nwin * (m - 1) + 1):min([(Nwin * m) ls]));   % 取来一帧信号

    if ~isempty(lpcsig),
        a = lpc(lpcsig,Nlpc);                              % 计算 LPC 系数
        const = fs/(2 * pi);                               % 常数
        rts = roots(a);                                    % 求根
        k = 1;                                             % 初始化
        yf = [];
        bandw = [];
        for i = 1:length(a) - 1
            re = real(rts(i));                             % 取根的实部
            im = imag(rts(i));                             % 取根的虚部
            formn = const * atan2(im,re);                  % 计算共振峰频率
            bw = - 2 * const * log(abs(rts(i)));           % 计算带宽

            if formn>150 & bw <700 & formn<fs/2            % 满足条件才能成为共振峰和带宽
            yf(k) = formn;
            bandw(k) = bw;
            k = k + 1;
            end
        end

        [y, ind] = sort(yf);                               % 排序
        bw = bandw(ind);
        F = [NaN NaN NaN];                                 % 初始化
        F(1:min(3,length(y))) = y(1:min(3,length(y)));     % 输出最多三个
        F = F(:);                                          % 按列输出
        fmt(:,m) = F/(fs/2);                               % 归一化频率
    end;
end;
```

说明:

① 函数输入 sig 是被检测的语音信号;Nt 是把该语音信号分为多少帧的总帧数;fs 是采样频率;Nlpc 是 LPC 分析的阶数。函数输出 fmt 是一个 3×Nt 的数组,存放共振峰值。该共振峰频率是按 fs/2 归一化的频率值。

② 对于每一帧数据只求出前三个共振峰,如果不足三个共振峰,不足部分用 NaN 代替。

③ 在 Satrajit Ghosh 编制的程序中相邻两帧之间是互不重叠、相互独立的。

④ 本函数中的核心部分是用 LPC 求根法计算共振峰。该方法已在 9.3.2 小节介绍过,这里的计算方法和它完全一样。

改进的 LPC 法对连续语音共振峰检测程序的流程如图 9-4-4 所示。

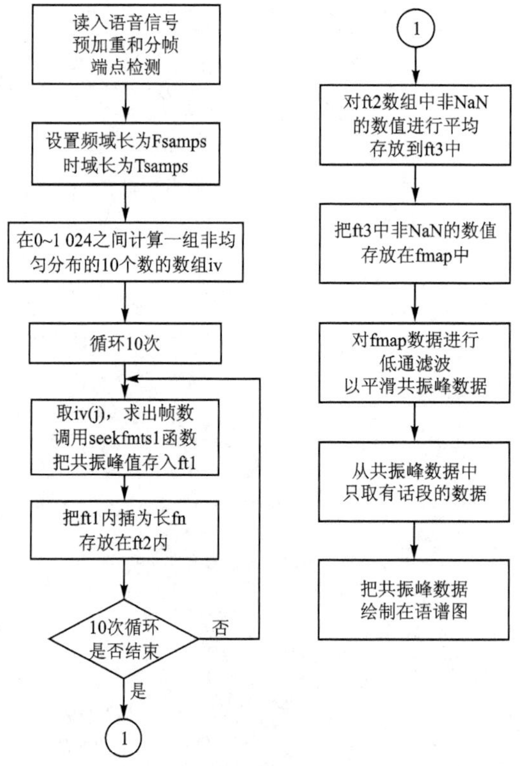

图 9-4-4 改进的 LPC 法对连续语音共振峰检测程序流程图

例 9-4-2(pr9_4_2) 用改进的 LPC 法对三个元音\a—i—u\(vowels8.wav)数据进行共振峰检测。

程序清单如下:

```
% pr9_4_2
clear all; clc; close all;

filedir = [];                                   % 设置语音文件路径
filename = 'vowels8.wav';                       % 设置文件名
fle = [filedir filename]
[x, fs, nbits] = wavread(fle);                  % 读入语音文件
y = filter([1 -.99],1,x);                       % 预加重
wlen = 200;                                     % 设置帧长
inc = 80;                                       % 设置帧移
xy = enframe(y,wlen,inc)';                      % 分帧
```

```
fn = size(xy,2);                                          % 求帧数
Nx = length(y);                                           % 数据长度
time = (0:Nx - 1)/fs;                                     % 时间刻度
frameTime = frame2time(fn,wlen,inc,fs);                   % 每帧对应的时间刻度
T1 = 0.1;                                                 % 有话段的最小帧数
miniL = 10;
[voiceseg,vosl,SF,Ef] = pitch_vad1(xy,fn,T1,miniL);       % 端点检测
Msf = repmat(SF',1,3);                                    % 把 SF 扩展为 3×fn 的数组
Fsamps = 256;                                             % 设置频域长度
Tsamps = fn;                                              % 设置时域长度
ct = 0;
warning off
numiter = 10;                                             % 循环 10 次
iv = 2.^(10 - 10 * exp( - linspace(2,10,numiter)/1.9));   % 在 0～1 024 之间计算出 10 个数
for j = 1:numiter
    i = iv(j);
    iy = fix(length(y)/round(i));                         % 计算帧数
    [ft1] = seekfmts1(y,iy,fs,10);                        % 已知帧数提取共振峰
    ct = ct + 1;
    ft2(:,:,ct) = interp1(linspace(1,length(y),iy)',...   % 把 ft1 数据内插为 Tsamps 长
    Fsamps * ft1',linspace(1,length(y),Tsamps)')';
end
ft3 = squeeze(nanmean(permute(ft2,[3 2 1])));             % 重新排列和平均处理
tmap = repmat([1:Tsamps]',1,3);
Fmap = ones(size(tmap)) * nan;                            % 初始化
idx = find(~isnan(sum(ft3,2)));                           % 寻找非 NaN 的位置
fmap = ft3(idx,:);                                        % 存放非 NaN 的数据
[b,a] = butter(9,0.1);                                    % 设计低通滤波器
fmap1 = round(filtfilt(b,a,fmap));                        % 低通滤波
fmap2 = (fs/2) * (fmap1/256);                             % 恢复到实际频率
Ftmp_map(idx,:) = fmap2;                                  % 输出数据
Fmap1 = Msf. * Ftmp_map;                                  % 只取有话段的数据
findex = find(Fmap1 = = 0);                               % 如果有数值为 0，设为 NaN
Fmap = Fmap1;
Fmap(findex) = nan;
nfft = 512;                                               % 计算语谱图
d = stftms(y,wlen,nfft,inc);
W2 = 1 + nfft/2;
n2 = 1:W2;
freq = (n2 - 1) * fs/nfft;
```

说明：

① 读入的数据是 vowels8. wav，即\a\，\i\，\u\三个元音。

② 和以前的程序一样，进行加窗和分帧，主要目的是进行端点检测，将只计算有话段内的共振峰数值。端点检测是用 pitch_vad1 函数。把 SF 用 repmat 函数扩展为 fn×3 的 Msf 数组，为得到有话段的共振峰轨迹做准备。

③ 数组 iv=2.^(10－10 * exp(－linspace(2,10,numiter)/1.9))是在 0～1 024 之间由非线性计算得到的 numiter＝10 个数。将这 10 个数设置为 10 次循环中每一次的帧长。

④ 在 10 次循环中每次从 iv 数组中取一个数作为本次循环计算时分帧的帧长，然后计算总帧数，调用 seekfmts1 函数计算共振峰频率。输出的共振峰频率存放在 ft1 中，ft1 是一个 3×帧数的数组。每一次循环时帧数都是不同的，难于统一平均处理。为了方便进一步的处理，把 ft1 都内插为 Tsamps 长存在 ft2 中，即把每次循环的帧数变成一个统一值，维数变为

3×Tsamps,而ft2是一个3×(Tsamps×10)的数组。

⑤ 10次循环结束后,10次在不同帧数条件下获得的归一化共振峰数据放在ft2数组内,通过permute、nanmean和squeeze函数,对ft2数组进行了重新排列,非NaN数据进行平均,以及在平均后把3维数据转换为2维数据。所以最后赋值于ft3时是一个Tsamps×3的数组。

⑥ 从seekfmts1函数输出的共振峰数据中有一部分数据是NaN,所以在以后的处理中要排除对NaN数据的处理。例如对ft2平均时用了nanmean函数,以后的平滑处理同样是对非NaN进行的。

⑦ seekfmts1函数输出的共振峰频率是按归一化的频率,所以要乘以fs/2转换成实际频率。

⑧ 为了平滑共振峰曲线,用了Butterworth低通滤波器。最后用端点检测中SF扩展后的Msf参数,获取有话段的共振峰值。

⑨ 语谱图已在第2章中做过介绍,这里是用STFT法绘制的。把计算出的共振峰轨迹叠加到语谱图上。

⑩ 程序中没有列出作图部分的程序,可以在源程序包的程序中找到。

对vowels8.wav数据的三个元音\a—i—u\端点检测的结果与图9-4-1相同,这里不再列出。计算出的共振峰频率轨迹叠加在语谱图上,如图9-4-5所示。

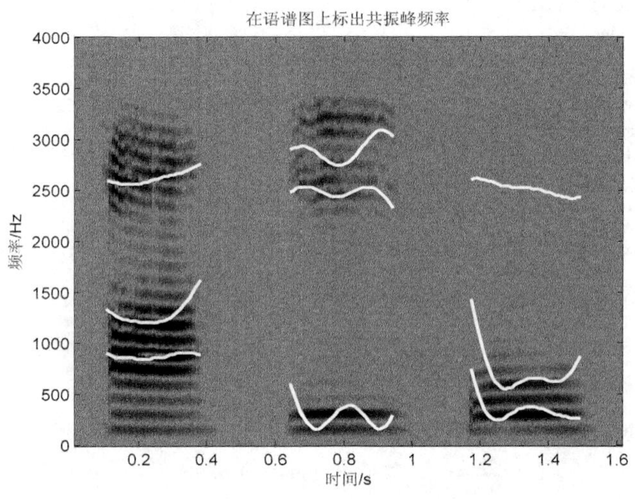

图9-4-5 \a—i—u\三个元音的LPC法提取共振峰频率轨迹叠加在语谱图上

9.5 基于Hilbert-Huang变换(HHT)的共振峰检测

HHT主要由经验模态分解(EMD)和希尔伯特变换(Hilbert Transform)两部分组成。有关EMD分解和希尔伯特变换已在第3章介绍过,下面将会对希尔伯特变换解调的特性做进一步介绍。基于HHT的共振峰检测方法是近几年发展起来的[4,5],它建立在语音的非线性模型——AM-FM模型的基础上,所以本节还将介绍AM-FM模型。HHT变换共振峰检测法同样没有解决虚假共振峰和共振峰合并的问题,故在本章最后只介绍用HHT变换法检测单元音的共振峰。

9.5.1　希尔伯特变换

1. 希尔伯特变换定义

对于一个实函数 $x(t)$，$-\infty < t < \infty$，其希尔伯特变换定义为

$$\tilde{x}(t) = H(x(t)) = \int_{-\infty}^{+\infty} \frac{x(u)}{\pi(x-u)} du = x(t) * \frac{1}{\pi t} \tag{9-5-1}$$

式中，* 表示卷积，按式(3-5-1)设 $z(t)=x(t)+j\tilde{x}(t)$ 构成解析信号(j 为 $\sqrt{-1}$，即虚数符号)。

$\tilde{x}(t)$ 可以被看成是通过一个滤波器的输出。该滤波器的激冲响应为

$$h(t) = \frac{1}{\pi t}$$

在频域内，希尔伯特变换关系可表示为

$$\tilde{X}(f) = \begin{cases} -jX(f) & f > 0 \\ jX(f) & f < 0 \end{cases} \tag{9-5-2}$$

式中，$\tilde{X}(f)$ 是函数 $\tilde{x}(t)$ 的傅里叶变换；$X(f)$ 是函数 $x(t)$ 的傅里叶变换。

由式(9-5-2)可知，求一个实函数 $x(t)$ 的希尔伯特变换，就是将 $x(t)$ 的所有正频率成分相位旋转$-90°$，将所有负频率成分相位旋转$+90°$。所以，信号 $\cos \omega t$ 的希尔伯持变换为 $\sin \omega t$。

2. 希尔伯特变换解调原理[6]

设窄带信号

$$x(t) = a(t)\cos[2\pi f_s t + \varphi(t)] \tag{9-5-3}$$

式中，f_s 是采样频率；$a(t)$ 是 $x(t)$ 的包络；$\varphi(t)$ 是 $x(t)$ 的相位调制信号。由于 $x(t)$ 是窄带信号，由这个假设可知 $a(t)$ 也是窄带信号，可设为

$$a(t) = \left[1 + \sum_{m=1}^{M} X_m \cos(2\pi f_m t + \gamma_m)\right] \tag{9-5-4}$$

式中，f_m 为调幅信号 $a(t)$ 的频率分量；γ_m 为对应于各 f_m 的初相角。

将式(9-5-4)代入式(9-5-3)，得

$$x(t) = \left[1 + \sum_{m=1}^{M} X_m \cos(2\pi f_m t + \gamma_m)\right] \cos[2\pi f_s t + \varphi(t)]$$

利用三角函数和差化积公式

$$x(t) = \cos[2\pi f_s t + \varphi(t)] + \sum_{m=1}^{M} \frac{X_m}{2} \cos[2\pi f_s t + \varphi(t) - 2\pi f_m t - \gamma_m] + \sum_{m=1}^{M} \frac{X_m}{2} \cos[2\pi f_s t + \varphi(t) + 2\pi f_m t + \gamma_m] \tag{9-5-5}$$

信号 $x(t)$ 的希尔伯特变换为

$$\tilde{x}(t) = \sin[2\pi f_s t + \varphi(t)] + \sum_{m=1}^{M} \frac{X_m}{2} \sin[2\pi f_s t + \varphi(t) - 2\pi f_m t - \gamma_m] + \sum_{m=1}^{M} \frac{X_m}{2} \sin[2\pi f_s t + \varphi(t) + 2\pi f_m t + \gamma_m] \tag{9-5-6}$$

解析信号为 $z(t)=x(t)+j\tilde{x}(t)$。将式(9-5-5)和式(9-5-6)代入并整理得

$$z(t)=\mathrm{e}^{\mathrm{j}[2\pi f_s t+\varphi(t)]}\left[1+\sum_{m=1}^{M}X_m\cos(2\pi f_m t+\gamma_m)\right]$$

设

$$A(t)=\left[1+\sum_{m=1}^{M}X_m\cos(2\pi f_m t+\gamma_m)\right] \tag{9-5-7}$$

$$\Phi(t)=2\pi f_s t+\varphi(t)$$

则从解析信号 $z(t)$ 的定义可得到：

$$z(t)=A(t)\mathrm{e}^{\mathrm{j}\Phi(t)}$$

$$A(t)=\sqrt{x^2(t)+\tilde{x}^2(t)}$$

$$\Phi(t)=\arctan\frac{\tilde{x}(t)}{x(t)}$$

与式(9-5-3)和式(9-5-4)相对比可得信号 $x(t)$ 的包络

$$a(t)=\sqrt{x^2(t)+\tilde{x}^2(t)} \tag{9-5-8}$$

$x(t)$ 相位调制信号

$$\varphi(t)=\Phi(t)-2\pi f_s t=\arctan\frac{\tilde{x}(t)}{x(t)}-2\pi f_s t \tag{9-5-9}$$

$x(t)$ 的频率调制为

$$\omega(t)=\frac{\mathrm{d}\varphi(t)}{\mathrm{d}t}=\frac{\mathrm{d}\Phi(t)}{\mathrm{d}t}-2\pi f_s \tag{9-5-10}$$

或

$$f(t)=\frac{1}{2\pi}\frac{\mathrm{d}\varphi(t)}{\mathrm{d}t}=\frac{1}{2\pi}\frac{\mathrm{d}\Phi(t)}{\mathrm{d}t}-f_s$$

由此可知，当信号 $x(t)$ 为窄带信号时，利用 $x(t)$ 的希尔伯持变换，可以求出信号的幅值解调 $a(t)$、频率解调 $f(t)$ 和相位解调 $\varphi(t)$。

3. MATLAB 中希尔伯特变换的函数

在 MATLAB 中自带有希尔伯特函数和计算瞬时频率的函数。

(1) 希尔伯特函数

名称：hilbert

功能：对序列 $x(n)$ 做希尔伯特变换为 $\tilde{x}(n)$，又将 $x(n)$ 和 $\tilde{x}(n)$ 构成解析信号的序列 $z(n)=x(n)+\mathrm{j}\tilde{x}(n)$。

调用格式：z = hilbert(x)

说明：函数 hilbert 不是单纯地对 $x(n)$ 做希尔伯特变换得到 $\tilde{x}(n)$，而是得到 $\tilde{x}(n)$ 后与 $x(n)$ 共同构成解析信号序列 $z(n)$，可以对 $z(n)$ 直接求模值和求相位角。

(2) 计算瞬时频率

名称：instfreq

功能：计算复信号的瞬时频率。

调用格式：[f,t] = instfreq(x,t)

说明：

① instfreq 函数不是 MATLAB 自带的，而是在第三方的时频工具箱中。输入参数 x 是待分析的解析信号，一定要是解析信号；而参数 t 是需要检测瞬时频率的时间区间，最大的区间是 2～length(x) - 1，缺省值是 2～length(x) - 1。输出参数 f 是计算出的瞬时频率。输出参数 t 是这样规定的：当输入参数中没有设置 t 时，输出参数中的 t 为 2～length(x) - 1；当输入参数中已设置 t 时，输出参数中的 t 与输入的 t 相同。

② 在 instfreq 函数中的参数 x 必须是列序列。

在计算瞬时频率时常会犯这样一个错误：因为计算瞬时频率时经常会把函数 hilbert 和 instfreq 一起连用，即

```
z = hilbert(x);  f = instfreq(z);
```

如果 x 是一个行序列，z 也是一个行序列，则有可能会写成

```
z = hilbert(x);  f = instfreq(z');
```

但是要注意，在 MATLAB 中转置运算(')不是一个单纯的转置，对于复参数来说，在转置以后还取其复数共轭，所以这时(z')取了转置，又取了复数共轭，这样的结果并不是我们想要的。因为 x 是一个行序列，为了保证计算的正确性，应该这样安排语句：

```
z = hilbert(x');  f = instfreq(z);
```

即在做希尔伯特变换时就转置，得到的 z 是一个列序列，调用 instfre 函数时就不需要再转置了。

例 9-5-1(pr9_5_1)　设置一个信号 $x(t)=[1+0.5\cos(2\pi 5t)]\cos[2\pi 50t+0.5\sin(2\pi 10t)]$，用 hilbert 和 instfreq 函数计算该信号的包络和瞬时频率。

先从理论上看一下，信号的包络和瞬时相位、瞬时频率应该为多少。$x(t)$ 经过离散转变为 $x(n)$，又经希尔伯特变换后构成解析信号 $z(n)$，应该有

$$z(n)=x(n)+\mathrm{j}\tilde{x}(n)$$

$$z(n)=A(n)\mathrm{e}^{\mathrm{j}\Phi(n)}$$

把 $x(t)$ 的一些数值代入，有

$$A(t)=1+0.5\cos(2\pi 5t) \qquad A(n)=1+0.5\cos(2\pi 5n/f_s)$$

$$\Phi(t)=2\pi 50t+0.5\sin(2\pi 10t) \qquad \Phi(n)=2\pi 50n/f_s+0.5\sin(2\pi 10n/f_s)$$

式中，f_s 是采样频率；$t=n/f_s$；n 是离散序列。

上式是包络和瞬时相位的表达式，而瞬时角频率为

$$\begin{aligned}\omega_0&=\frac{\mathrm{d}\Phi(t)}{\mathrm{d}t}=\frac{\mathrm{d}}{\mathrm{d}t}[2\pi 50t+0.5\sin(2\pi 10t)]\\&=100\pi+0.5\cos(2\pi 10t)\times(2\pi 10)\\&=100\pi+10\pi\cos(2\pi 10t)\end{aligned}$$

所以瞬时频率为

$$\begin{aligned}f_0&=(100\pi+10\pi\cos(2\pi 10t))/2\pi\\&=50+5\cos(2\pi 10t)\end{aligned}$$

pr9_5_1 的程序清单如下：

```
% pr9_5_1
clear all; clc; close all;

fs = 400;                                    % 采样频率
N = 400;                                     % 数据长度
n = 0:1:N-1;
dt = 1/fs;
t = n * dt;                                  % 时间序列
A = 0.5;                                     % 相位调制幅值
x = (1 + 0.5 * cos(2 * pi * 5 * t)). * cos(2 * pi * 50 * t + A * sin(2 * pi * 10 * t));  % 信号序列
z = hilbert(x');                             % 希尔伯特变换
a = abs(z);                                  % 包络线
fnor = instfreq(z);                          % 瞬时频率
fnor = [fnor(1); fnor; fnor(end)];           % 补齐
% 作图
pos = get(gcf,'Position');
set(gcf,'Position',[pos(1), pos(2) - 100,pos(3),pos(4)]);
subplot 311; plot(t,x,'k');
```

```
    title('信号波形'); ylabel('幅值'); xlabel(['时间/s' 10 '(a)']);
    subplot 312; plot(t,a,'k'); ylim([0.4 1.6]);
    title('包络线'); ylabel('幅值'); xlabel(['时间/s' 10 '(b)']);
    subplot 313; plot(t,fnor * fs,'k'); ylim([43 57]);
    title('瞬时频率'); ylabel('频率/Hz');  xlabel(['时间/s' 10 '(c)']);
```

说明:通过 instfreq 求出瞬时频率 f 只有 length(x)−2 长,它的时间刻度是 2~length(x)−1,为了使它能与 x 同长,把它在第一个和最后一个都补了一个数据,使长短与时间刻度补齐:

```
fnor = [fnor(1); fnor; fnor(end)]
```

运行 pr9_5_1 后得到的结果如图 9-5-1 所示。

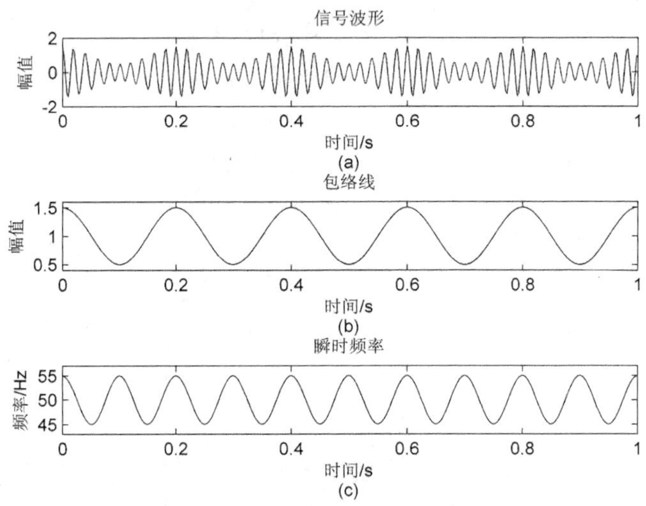

图 9-5-1 信号波形、包络曲线和瞬时频率曲线图

图 9-5-1 中(a)是信号的波形图;(b)是信号的包络曲线,它以余弦曲线 5 Hz 振荡;(c)所示是信号瞬时频率,它是以 50 Hz 为中心的余弦振荡曲线,振荡的幅值为 5 Hz,振荡频率是 10 Hz。由图(b)和图(c)得到的结果与以上理论推导得出的结果是相符的。

9.5.2 语音信号的另一种模型——AM-FM 模型

长期以来,人们对语音信号的处理常在这两个基本假设基础上,即人的发声系统是一个线性系统和语音信号是短时平稳的。而在本书前面的讨论都是以线性模型为基础的。

而 Teager 等在 1980 年发现语音信号中存在非线性成分,Maragos 在此基础上于 1993 年提出了一种新的非线性语音产生模型——声道的调频-调幅模型(AM-FM Modulation Model)。在 AM-FM 模型中语音信号的单个共振峰输出可以表示为一个调频调幅信号 $r(t)$:

$$r(t)=\alpha(t)\cos\left[2\pi f_c t+f_m\int_0^t q(\tau)\mathrm{d}\tau+\theta\right] \tag{9-5-11}$$

式中,$2\pi f_c t+f_m\int_0^t q(\tau)\mathrm{d}\tau+\theta=\Phi(t)$ 是 $r(t)$ 在 t 时刻的瞬时相位;而信号 $r(t)$ 在 t 时刻的瞬时频率为 $f(t)=f_c+f_m q(t)$。其中,载波频率 f_c 对应于共振峰频率;$|q(t)|\leqslant 1$;f_m 为共振峰带宽。$q(t)$ 和 $\alpha(t)$ 的频率要远远小于 f_c。语音信号可以被看作若干这样的共振峰调制信号的叠加:

$$s(t)=\sum_{k=1}^{K}r_k(t) \tag{9-5-12}$$

式中，K 为共振峰的个数；$r_k(t)$ 为第 k 个共振峰作为载波频率的 AM－FM 信号。

本节就以语音信号非线性模型为基础，以信号的瞬时频率和瞬时幅值来讨论共振峰的结构。

9.5.3　对 AM－FM 模型的分析

HHT 变换是由黄锷等人于 1998 年提出来的新的非平稳非线性信号分析方法，主要由经验模态分解（EMD）和希尔伯特变换分析两部分组成。EMD 以局部时间尺度为基础，它适应于非线性非平稳过程。经验模态分解具有自适应带通滤波特性，任何信号都可以被分解为有限的且为数不多的几个固有模态函数（IMF）的线性叠加。这些固有模态函数表示的是一些均值为零的窄带调频调幅信号，具有很好的希尔伯特变换特性。希尔伯特谱分析是对每个固有模态函数进行希尔伯特变换得到瞬时频率和瞬时幅度。

设信号为 $x(t)$，在 AM－FM 分析时先进行 EMD（EMD 已在第 3 章做过介绍），在 EMD 后得到 n 个 IMF 分量 $c_1,c_2,c_3,\cdots,c_n$ 和剩余项 $r_n(t)$，然后对每一个 IMF 分量 $c_i(t),i=1,\cdots,n$，求其希尔伯特变换 $d_i(t)$，再由下式计算相应的瞬时频率 $\omega_i(t)$ 和瞬时幅值 $a_i(t)$：

$$\omega_i(t)=\mathrm{d}\theta_i(t)/\mathrm{d}t \tag{9-5-13}$$

$$a_i(t)=[c_i^2(t)+d_i^2(t)]^{1/2} \tag{9-5-14}$$

式中，$\theta_i(t)$ 为瞬时相位。

$$\theta_i(t)=\arctan[d_i(t)/c_i(t)] \tag{9-5-15}$$

由每个 IMF 的瞬时频率和幅值，可将信号表示为

$$x(t)=\sum_{i=1}^{n}a_i(t)\exp\left[\mathrm{j}\int\omega_i(t)\mathrm{d}t\right] \tag{9-5-16}$$

式（9－5－16）中略去了剩余项 $r_n(t)$，因为 $r_n(t)$ 不是一个单调函数就是一个常数，对信号分析和信息提取没有实质影响。在时间-频率面上画出每个 IMF 以其幅值加权的瞬时频率曲线，这个时间-频率分布谱图就是希尔伯特谱，给出了 AM－FM 模型中频率随时间的变化。

与傅里叶变换中常数幅值和固定频率的基函数相比较，式（9－5－16）中的基函数具有时变的幅值和频率，因此可以被看成傅里叶基函数的一般形式。通过 HHT，信号内部的幅值和频率调制得以分离，在时间-频率的二维希尔伯特谱图上反映出信号非线性和非平稳的特征信息。

9.5.4　语音信号共振峰特征参数提取的 HHT 方法[4~5]

语音信号是典型的非平稳信号，由于在发声过程中声门激励与声道响应之间存在相互耦合作用而具有非线性。在语音信号中表征声道响应的共振峰特征参数具有复杂的时变性质。这种时变的共振峰分量可以用具有时变的幅值和频率（AM－FM）的信号形式表示。HHT 方法的 EMD 实质上是一组自适应的带通滤波器，其中心频率和带宽以及滤波器的组数都取决于被分析信号本身。由 EMD 得到的 IMF 具有信号自适应的 AM－FM 形式，能够很好地表示语音信号共振峰参数的这种时变特征。当采用 HHT 方法估计语音信号的共振峰频率时，为了避免和抑制各个共振峰分量在 EMD 过程中互相干扰，需要事先对各个共振峰分量进行分离，对分离后的各个共振峰分量做 EMD 分解，最后求出相应的共振峰频率及其随时间的变化曲线。

由于受口鼻辐射等的影响,语音信号在处理前需作预加重处理,以提升语音信号的高频分量,达到对共振峰频率分量的加重效果。为了分离语音信号的各个共振峰分量,可以利用中心频率分别为各个共振峰频率的带通滤波器对预加重后的信号进行滤波。表示共振峰频率的带通滤波器中心频率可以通过语音信号的傅里叶谱粗略地确定。滤波器带宽的选择以考虑共振峰频率的最大变化范围和充分抑制邻近共振峰分量为原则。通常带宽选择为200~500 Hz,对滤波器的类型一般选择线性相位有限脉冲响应(FIR)滤波器以减少共振峰分量的波形失真。在利用带通滤波器完成对共振峰分量的分离后,对各个共振峰分量进行EMD,分别得到一簇IMF。由于在滤波后的信号中对应的共振峰分量占主导地位,可以根据能量最大的原则在IMF中确定出表示共振峰分量的某阶IMF(一般为IMF_1)。设在某个滤波器输出固有模态函数的瞬时频率和瞬时幅度为$f(t)$和$a(t)$,则共振频率的计算如下:

$$f_c=\frac{\int_{t_0}^{t_0+T} f(t)[a(t)]^2 \mathrm{d}t}{\int_{t_0}^{t_0+T}[a(t)]^2 \mathrm{d}t} \tag{9-5-17}$$

式中,t_0为起始时间;T为帧的持续时间。

9.5.5 基于Hilbert-Huang变换的共振峰检测步骤和MATLAB程序

按以上所述,以HHT进行共振峰检测的主要步骤如下:

① 读入语音信号,预加重、分帧和端点检测。

② 取第m个有话段。

③ 对第k个共振峰设计FIR滤波器,并进行数字滤波。

④ 对滤波输出进行延迟校正后做EMD变换。

⑤ 取第1阶IMP,做希尔伯特变换。

⑥ 按式(9-5-15)计算瞬时相位,按式(9-5-13)和式(9-5-14)计算瞬时频率和瞬时幅值。

⑦ 按式(9-5-17)计算共振峰频率。

因为我们只对单元音用HHT法进行共振峰检测,这里是对\a—i—u\3个单元音进行检测。这3个单元音的共振峰频率分布如表9-5-1所列。

表9-5-1 \a—i—u\3个单元音的共振峰频率分布

Hz

	第1共振峰频率	第2共振峰频率	第3共振峰频率
/a/	800	1 200	3 000
/i/	300	2 300	3 000
/u/	350	650	2 200

表9-5-1给出的共振峰频率是一个平均值,对不同的发音者都会有些变化,即使同一个发音者在发音过程中也会有些改变。预加重后的信号先进行FIR数字滤波,滤波器将这3个共振峰的带宽设在200~500 Hz之间,在对第1~3个共振峰处理时FIR滤波器的带宽分别设为150 Hz、200 Hz和250 Hz。

检测\a—i—u\3个单元音共振峰的流程图如图9-5-2所示,图中的m代表\a\,\i\,\u\3个有话段中的某一个,第k个共振峰中的k代表1~3中的某一个数。

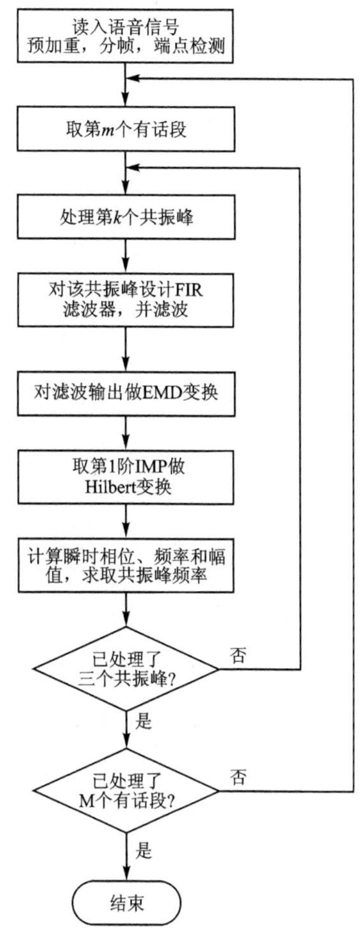

图 9-5-2　用 HHT 法检测\a—i—u\3 个单元音共振峰的流程图

例 9-5-2(pr9_5_2)　读 vowels8. wav 数据(内容为\a—i—u\3 个单元音),用 HHT 法检测共振峰。

程序清单如下:

```
%pr9_5_2
clear all; clc; close all;

Formant=[800 1200 3000;                         %设置元音共振峰参数
    300 2300 3000;
    350 650 2200];
Bwp=[150 200 250];                              %3个共振峰滤波器的半带宽
filedir=[];                                     %设置语音文件路径
filename='vowels8.wav';                         %设置文件名
fle=[filedir filename]
[xx, fs, nbits]=wavread(fle);                   %读入语音
x=filter([1 -.99],1,xx);                        %预加重
wlen=200;                                       %帧长
inc=80;                                         %帧移
y=enframe(x,wlen,inc)';                         %分帧
fn=size(y,2);                                   %帧数
Nx=length(x);                                   %数据长度
time=(0:Nx-1)/fs;                               %时间刻度
frameTime=frame2time(fn,wlen,inc,fs);           %每帧的时间刻度
```

```
T1 = 0.15; r2 = 0.5;                                  % 设置阈值
miniL = 10;
[voiceseg,vosl,SF,Ef] = pitch_vad1(y,fn,T1,miniL);    % 端点检测
FRMNT = ones(3,fn) * nan;                             % 初始化

for m = 1 : vosl                                      % 对每一有话段进行处理
    Frt_cent = Formant(m,:);                          % 取共振峰中心频率
    in1 = voiceseg(m).begin;                          % 有话段开始帧号
    in2 = voiceseg(m).end;                            % 有话段结束帧号
    ind = in2 - in1 + 1;                              % 有话段长度
    ix1 = (in1 - 1) * inc + 1;                        % 有话段在语音中的开始位置
    ix2 = (in2 - 1) * inc + wlen;                     % 有话段在语音中的结束位置
    ixd = ix2 - ix1 + 1;                              % 本有话段长度
    z = x(ix1:ix2);                                   % 从语音中取来该有话段
    for kk = 1 : 3                                    % 循环 3 次检测 3 个共振峰
        fw = Frt_cent(kk);                            % 取来对应的中心频率
        fl = fw - Bwp(kk);                            % 求出滤波器的低截止频率
        if fl<200, fl = 200;   end
        fh = fw + Bwp(kk);                            % 求出滤波器的高截止频率
        b = fir1(100,[fl fh] * 2/fs);                 % 设计带通滤波器
        zz = conv(b,z);                               % 数字滤波
        zz = zz(51:51 + ixd - 1);                     % 延迟校正
        imp = emd(zz);                                % EMD 变换
        impt = hilbert(imp(1,:)');                    % 希尔伯特变换
        fnor = instfreq(impt);                        % 提取瞬时频率
        f0 = [fnor(1); fnor; fnor(end)] * fs;         % 长度补齐
        val0 = abs(impt);                             % 求模值
        for ii = 1 : ind                              % 对每帧计算平均共振峰值
            ixb = (ii - 1) * inc + 1;                 % 该帧的开始位置
            ixe = ixb + wlen - 1;                     % 该帧的结束位置
            u0 = f0(ixb:ixe);                         % 取来该帧中的数据
            a0 = val0(ixb:ixe);                       % 按式(9-5-17)计算
            a2 = sum(a0. * a0);
            v0 = sum(u0. * a0. * a0)/a2;
            FRMNT(kk,in1 + ii - 1) = v0;              % 赋值给 FRMNT
        end
    end
end

nfft = 512;                                           % 计算语谱图
d = stftms(x,wlen,nfft,inc);
W2 = 1 + nfft/2;
n2 = 1:W2;
freq = (n2 - 1) * fs/nfft;
```

说明:

① 读入的数据是 vowels8.wav,是\a\,\i\,\u\3 个元音。读入后首先进行预加重。

② 和以前的程序一样,进行分帧,主要目的是进行端点检测,计算有话段内的共振峰数值。用 pitch_vad1 函数进行端点检测。

③ 对每一个有话段进行分析。通过端点检测已得知有话段开始和结束的帧号,放在 in1 和 in2 中,但要做 EMD 分解,需要取得该段有话音的原始数据,因此从帧号反推回在原始数据中该有话段开始和结束的位置,即 ix1 和 ix2。有了 ix1 和 ix2 就能从原始数据中取来该有话段的原始语音数据。

④ 在对每个有话段进行共振峰分析时,将从 Formant 数组中取得该共振峰预设的中心频率,并作为滤波器的中心频率;从 Bwp 数组中取得半带宽,计算滤波器的上截止频率和下截止频率,进一步用 fir1 函数设计 FIR 滤波器的参数 b。滤波器的阶数都设定为 100 阶,使阻带衰减大于 40 dB。

⑤ FIR 滤波器的输出将有延迟,它的延迟量为 N/2,其中 N 是滤波器的阶数。因为用的滤波器是 100 阶,所以把数据向后位移 50 个样点以校准延迟,即从序号 51 起重新取数据。

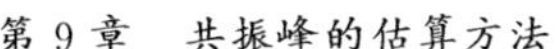

⑥ EMD 变换的函数已在第 6 章使用过，这里不再赘述。

⑦ 在 9.5.1 小节已介绍过函数 hilbert，本程序中是把 EMD 分解后的第 1 阶分量 imp(1,:)转置后调用函数 hilbert，再调用函数 instfreq 计算瞬时频率。

⑧ 在 9.5.1 小节已指出过，调用函数 instfreq(f=instfreq(x))后的输出 f 与输入 x 是不等长的，它的时间刻度是 2～(length x－1)，比 x 的长度少两个数。为了方便进一步计算，在瞬时频率 f 的前后端各补 1 个数：

```
f = [f(1); f; f(end)]
```

使 f 与 x 等长。

⑨ 在求出瞬时频率后就按式(9－5－17)计算每帧中的平均共振峰值。

⑩ 程序中没有列出作图部分的程序，可以在源程序中找到。

⑪ 在作图时，把共振峰值与语谱图叠加在一起。有关语谱图已在第 2 章做过介绍，这里不再赘述。

pr9_5_2 运行后端点检测的结果，其图形和 pr9_4_1 计算的结果一样，见图 9－4－1，这里不列出；第二幅图是把算出的共振峰轨迹叠加在语谱图上，如图 9－5－3 所示。

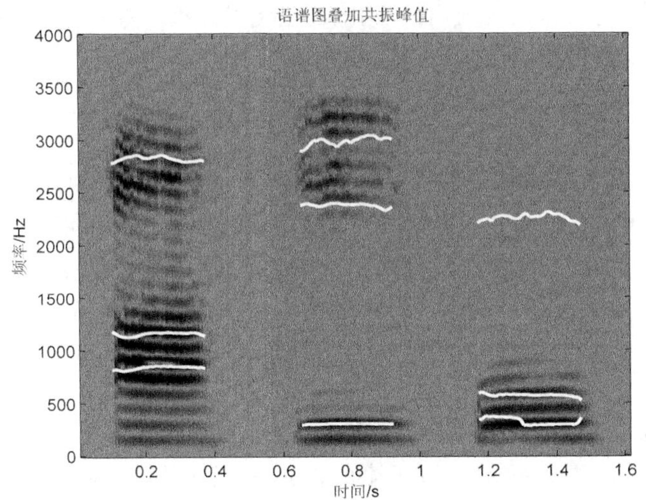

图 9－5－3　\a—i—u\3 个元音的 HHT 法提取共振峰频率轨迹叠加在语谱图上

参考文献

[1] Markel J D, Gray A H. Linear Prediction of Speech[M]. New York: Springer-verlag,1976.

[2] 杜凯. 语音信号共振峰的 LPC 分析[J]. 哈尔滨师范大学学报,1998,14(2):49-52.

[3] http://www.cns.bu.edu/～speech/ftrack.php.

[4] 黄海,陈祥献. 基于 Hilbert-Huang 变换的语音信号共振峰频率估计[J]. 浙江大学学报,2006,40(11):1926-1930.

[5] 于凤芹,肖志. 利用 Hilbert-Huang 变换的自适应带通滤波特性提取共振峰[J]. 声学技术, 2008,27(2):266-270.

[6] 陶冬玲,王墉. 希尔伯特变换解调软件的设计[J]. 成都科技大学学报,1991,(2):75-80,88.

第 10 章

语音信号的合成算法

研究语音合成的目的是为了使机器能说话或者计算机能说话。语音合成从合成技术方法上讲可分为波形合成法、参数合成法和规则合成法。

1. 波形合成法

波形合成法一般有波形编码合成和波形编辑合成两种形式。

(1) 波形编码合成

波形编码合成类似于语音编码中的波形编解码方法。该方法直接把要合成的语音的发音波形进行存储或者进行波形编码压缩后存储,合成重放时再解码组合输出。这种语音合成器只是语音存储和重放的器件。其中最简单的就是直接进行 A－D 和 D－A 转换,或称为 PCM 波形合成法。显然,用这种方法合成出语音,词汇量不可能很大,因为所需的存储空间太大了。当然,可以使用波形编码技术(如 ADPCM、APC 等)压缩一些存储量,因而在合成时要进行译码处理。

(2) 波形编辑合成

波形编辑合成是将波形编辑技术用于语音合成,通过选取音库中采取自然语音的合成单元的波形,对这些波形进行编辑拼接后输出。它采用语音编码技术,存储适当的语音基元;合成时,经解码、波形编辑拼接、平滑处理等输出所需的短语、语句或段落。

波形语音合成法是一种相对简单的语音合成技术,通常只能合成有限词汇的语音段。目前,许多专门用途的语音合成器都采用这种方式,如自动报时、报站和报警等。

2. 参数合成法

参数合成法也称为分析合成法,是一种比较复杂的方法。为了节省存储空间,必须先对语音信号进行分析,提取出语音的参数,以压缩存储量,然后由人工控制这些参数的合成。参数合成法又包括发音器官参数合成法和声道模型参数合成法。

(1) 发音器官参数合成法

发音器官参数合成法是对人的发音过程直接进行模拟的方法。它定义了唇、舌、声带的相关参数,如唇开口度、舌高度、舌位置、声带张力等,由发音参数估计声道截面积函数,进而计算声波。由于人的发音生理过程的复杂性以及理论计算与物理模拟的差别,合成语音的质量暂时还不理想。

(2) 声道模型参数合成法

声道模型参数合成法是基于声道截面积函数或声道谐振特性合成语音的方法。早期语音合成系统的声学模型,多通过模拟人的口腔的声道特性来产生。其中比较著名的有 Klatt 的共振峰合成系统,后来又产生了基于 LPC、LSP 和 LMA 等声学参数的合成系统。这些方法用来建立声学模型的过程为:首先录制声音,这些声音涵盖了人发音过程中所有可能出现的读音;提取出这些声音的声学参数,并整合成一个完整的音库。在发音过程中,首先根据需要发的音,从音库中选择合适的声学参数,然后根据从韵律模型中得到的韵律参数,通过合成算法产生语音。参数合成方法的优点是其音库一般较小,并且整个系统能适应的韵律特征的范围

较宽，这类合成器比特率低，音质适中；缺点是参数合成技术的算法复杂，参数多，并且在压缩比较大时，信息丢失亦大，合成出的语音总是不够自然和清晰。

3. 规则合成法

这是一种高级的合成方法。规则合成方法通过语音学规则产生语音。合成的词汇表不是事先确定的，系统中存储的是最小的语音单位的声学参数，以及由音素组成音节、由音节组成词、由词组成句子和控制音调、轻重音等韵律的各种规则。给出待合成的字母或文字后，合成系统利用规则自动地将它们转换成连续的语音声波。这种方法可以合成无限词汇的语句。这种算法中，用于波形拼接和韵律控制的较有代表性的算法是基音同步叠加技术(PSOLA)。该方法既能保持所发音的主要音段特征，又能在拼接时灵活调整其基频、时长和强度等超音段特征。其核心思想是，直接对存储于音库的语音运用 PSOLA 算法来进行拼接，从而整合成完整的语音。有别于传统概念上只是将不同的语音单元进行简单拼接的波形编辑合成，规则合成系统首先要在大量语音库中，选择最合适的语音单元用于拼接，并在选音过程中往往采用多种复杂的技术，最后在拼接时，要使用如 PSOLA 算法等，对其合成语音的韵律特征进行修改，从而使合成的语音能达到很高的音质。

本章将介绍一些语音合成的方法，主要介绍参数合成技术，最后介绍时域基音同步叠加技术(TD-PSOLA)。因不存在音库，所以在本章中要用到语音特性时会先分析提取参数，再做语音合成。

10.1　语音合成中数据叠接的三种方法

语音信号参数合成时可能有两种情况：一种是通过 IFFT 把一帧频域数据转换成时域数据；另一种是一组激励脉冲通过一个滤波器。不管哪一种情形，都是一帧一帧计算的。那么，最后怎么能把一帧帧的数据(帧与帧之间可能还有重叠)连接成连续的、平滑的数据流，而不使数据中间产生中断或跳变呢？本节介绍三种数据叠接的方法：重叠相加法、重叠存储法和线性比例重叠相加法。

10.1.1　重叠相加法[1]

设有两个时间系列 $h(n)$ 和 $x(n)$，它们的长度相差很大，为了提高计算效率提出了重叠相加法(Overlap Add)。若 $h(n)$ 的长度为 N，$x(n)$ 的长度为 N_1，$N_1 \gg N$；将 $x(n)$ 分为许多帧 $x_i(m)$，每帧长与 $h(n)$ 的长度相接近，然后将每帧 $x_i(m)$ 与 $h(n)$ 做卷积，最后在相邻两帧之间把时间重叠的部分相加，这种方法就称为重叠相加法。

这里先假设 $h(n)$ 不随时间变化。设 $x(n)$ 分帧后为 $x_i(m)$，相邻两帧之间互不重叠，每帧长为 M，则有

$$x_i(m) = \begin{cases} x(n) & (i-1)M+1 \leqslant n \leqslant iM \\ 0 & \text{其他值} \end{cases} \qquad (10-1-1)$$

$$1 \leqslant m \leqslant M, \quad i = 1, 2, \cdots$$

且

$$x(n) = \sum_{i=1}^{p} x_i(m) \quad 1 \leqslant m \leqslant M, n = (i-1)M + m \qquad (10-1-2)$$

式中，p 是分帧后的总帧数，$p = N_1/M$。

若您对此书内容有任何疑问，可以凭在线交流卡登录MATLAB中文论坛与作者交流。

把每帧数据 $x_i(m)$ 和 $h(n)$ 进行补零，使其长度都为 $N+M-1$：

$$\tilde{x}_i(m)=\begin{cases}x_i(m) & 1\leqslant m\leqslant M\\ 0 & M+1\leqslant m\leqslant N+M-1\end{cases} \tag{10-1-3}$$

$$\tilde{h}(m)=\begin{cases}h(m) & 1\leqslant m\leqslant N\\ 0 & N+1\leqslant m\leqslant N+M-1\end{cases} \tag{10-1-4}$$

对 $\tilde{h}(n)$ 和 $\tilde{x}_i(n)$ 计算卷积(用 * 表示)，得到

$$y_i(n)=\tilde{x}_i(n)*\tilde{h}(n) \tag{10-1-5}$$

实现式(10-1-5)卷积的方法是通过 DFT 和 IDFT 完成的，即有

$$\begin{cases}\widetilde{X}_i(k)=\mathrm{DFT}(\tilde{x}_i(n))\\ \widetilde{H}(k)=\mathrm{DFT}(\tilde{h}(n))\end{cases} \tag{10-1-6}$$

$$Y_i(k)=\widetilde{X}_i(k)\widetilde{H}(k) \tag{10-1-7}$$

$$y_i(n)=\mathrm{IDFT}(Y_i(k)) \tag{10-1-8}$$

时域的卷积可表示为频域的相乘。可注意到，$y_i(n)$ 长为 $N+M-1$，而 $\tilde{x}_i(m)$ 的有效长度为 M，故相邻两帧 $y_i(n)$ 之间有 $N-1$ 长度的数据在时间上相互重叠。把重叠部分相加，与不重叠部分共同构成输出：

$$y(n)=x(n)*h(n)=\sum_{i=1}^{p}x_i(n)*h(n) \tag{10-1-9}$$

或

$$y(n)=\sum_{i=1}^{p}y_i(n) \tag{10-1-10}$$

重叠相加法计算的示意图如图 10-1-1 所示。

以下给出 MATLAB 重叠相加法计算卷积的函数 conv_ovladd1 的清单：

```
function z = conv_ovladd1(x,h,L)
%用重叠相加法计算卷积
x = x(:)';                              %把 x 转换成一行
NN = length(x);                         %计算 x 长
N = length(h);                          %计算 h 长
N1 = L - N + 1;                         %把 x 分段的长度
x1 = [x zeros(1,L)];
H = fft(h,L);                           %求 h 的 FFT 为 H
J = fix((NN + L)/N1);                   %求分块个数
y = zeros(1,NN + 2 * L);
for k = 1 : J                           %对每段处理
    xx = zeros(1,L);
    MI = (k - 1) * N1;                  %第 i 段在 x 上的开始位置 - 1
    nn = 1:N1;
    xx(nn) = x1(nn + MI);               %取一段 xi
    XX = fft(xx,L);                     %做 FFT
    YY = XX. * H;                       %相乘进行卷积
    yy = ifft(YY,L);                    %做 FFT 逆变换求出 yi
%相邻段间重叠相加
    if k = = 1                          %第 1 块不需要做重叠相加
        for j = 1 : L
            y(j) = y(j) + real(yy(j));
        end
    elseif k = = J                      %最后一块只做 N1 个数据点重叠相加
        for j = 1 : N1
            y(MI + j) = y(MI + j) + real(yy(j));
```

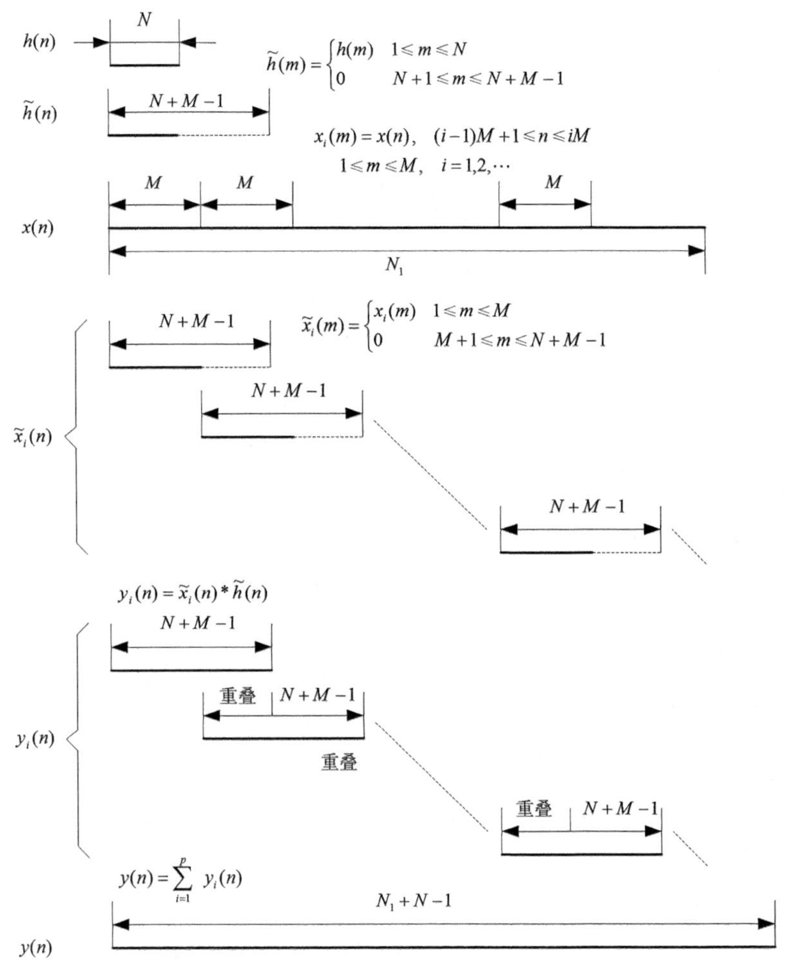

图 10-1-1　重叠相加法运算示意图

```
            end
        else
            for j = 1 : L                           % 从第 2 块开始每块都要做重叠相加
                y(MI + j) = y(MI + j) + real(yy(j));
            end
        end
    end
    nn = floor(N/2);
    z = y(nn + 1:NN + nn);                          % 忽略延迟量,取输出与输入 x 等长
```

说明：

① 输入参数 x 是信号序列;h 是滤波器的激冲响应;L 是 x 和 h 补零后的长度,即为 N+M－1。卷积输出为 z。因为 h 是一个 FIR 的滤波器,在滤波后将有 N/2 的延迟,所以在滤波输出时,对延迟量进行了校正。

② 有可能 NN 除 N1 不一定能除尽,可能会造成最后有一些数没有被处理。为了避免这种情况的发生,保证输出处理后的数据也有 N_1 长,所以在 x 后部补了 L 个零,使未被除尽部分也能被处理。

例 10-1-1(pr10_1_1)　给出一个调试程序,读入 data1.txt 文件中的数据并设计一个 FIR 滤波器,把读入的数据 y 与滤波器系数直接卷积,并与把 y 分段卷积后重叠相加的结果相比较。

程序清单如下：

```
% pr10_1_1
%把conv与重叠相加卷积conv_ovladd函数做比较
clear all; clc; close all;
y = load('data1.txt')';                          %读入数据
M = length(y);                                   %数据长
t = 0:M-1;
h = fir1(100,0.125);                             %设计FIR滤波器
x = conv(h,y);                                   %用conv函数进行数字滤波
x = x(51:1050);                                  %取无延迟的滤波器输出
z = conv_ovladd1(y,h,256);                       %通过重叠相加法计算卷积
%作图
pos = get(gcf,'Position');
set(gcf,'Position',[pos(1), pos(2)-100,pos(3),(pos(4)-140)]);
plot(t,y,'k');
title('信号的原始波形')
xlabel('样点'); ylabel('幅值');
%xlabel('n'); ylabel('Am');
figure(2)
pos = get(gcf,'Position');
set(gcf,'Position',[pos(1), pos(2)-100,pos(3),(pos(4)-100)]);
hline1 = plot(t,z,'k','LineWidth',1.5);
hline2 = line(t,x,'LineWidth',5,'Color',[.6 .6 .6]);
set(gca,'Children',[hline1 hline2]);
title('卷积和重叠相加卷积的比较')
xlabel('样点'); ylabel('幅值');
legend('卷积conv','重叠相加卷积',2)
ylim([-0.8 1]);
```

说明：

① 用load函数读入TXT文件。

② 用fir1函数设计FIR低通滤波器。滤波器阶数为100，低通带宽为0.125。

③ 对于FIR滤波器可以有两种处理方法：一种是用filter函数；另一种是用conv函数。这两种方法有什么区别呢？设数据长度为M，滤波器阶数为N。我们知道FIR滤波器的输出将会产生延迟，其延迟量为N/2。当用函数conv来滤波时得到输出数据长为M+N−1，其中正确的输出在(N/2+1)～(N/2+M)之间，而在1～N/2以及(N/2+M+1)～(N+M−1)之间都是不完全的卷积结果。所以，通过函数conv的卷积滤波能得到正确的结果；而用filter函数时，它只取输出(M+N−1)个数据中的前M个数据，其中包含了1～N/2之间的不完全的卷积结果。所以，我们用conv函数求取h和y的滤波，并在滤波输出x中只取x(51:1050)的数据。同样的原因，在函数conv_ovladd1中的最后一语句z=y(nn+1:NN+nn)中，nn是阶数的一半，NN是数据x的长度。

运行pr10_1_1时得到data1.txt文件中数据的波形如图10-1-2所示。

用直接卷积和重叠相加法卷积两种方法进行滤波的结果如图10-1-3所示。其中，灰线是直接卷积的结果；黑线是重叠相加法卷积的结果。可以看出，两条曲线很好地重合在了一起。

重叠相加法在实时处理中尤显重要，因为在实时处理时，$x(n)$是一个无限长的数据流，根本不可能等数据采样结束以后再处理，而只能对现在时刻的信号进行分帧和处理，现时处理完成后又处理下一时刻的信号。这样一帧帧地处理，而且还能保证输出是一个连续平滑的无

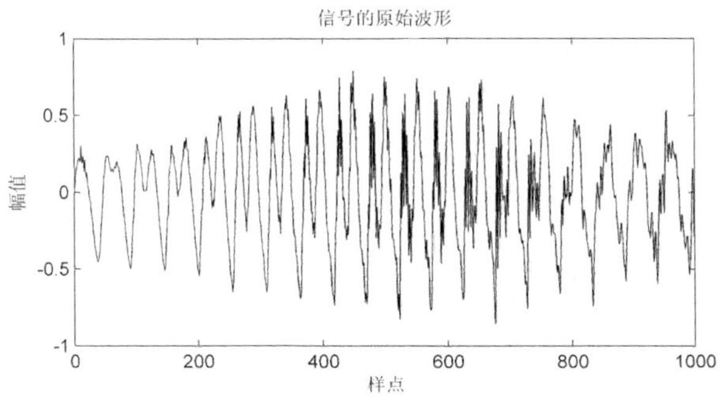

图 10-1-2　原始信号的波形图

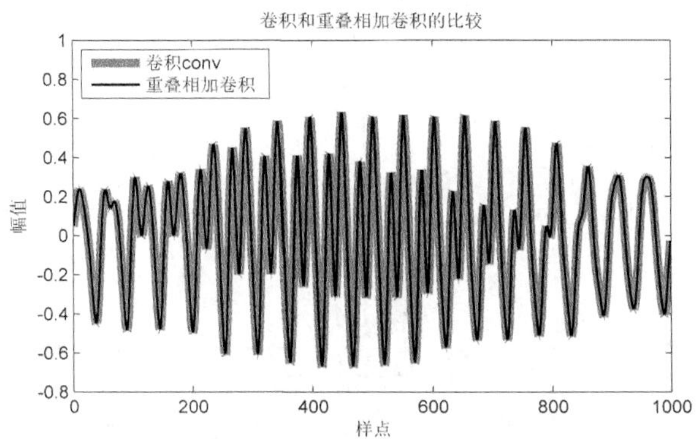

图 10-1-3　直接卷积和重叠相加法卷积滤波结果的比较

限长的数据流。同时,重叠相加法把卷积运算通过 DFT(FFT)变成相乘运算,加速了运算的速度。在硬件处理时,要把 L 设置为 2 的整数幂次,以方便 FFT 的运算(在 pr10_1_1 中把 L 设为 256)。

在实际应用中已把重叠相加法推广到从频域转换到时域的过程中。信号 $x(n)$ 是分帧的,每一帧的 $x_i(m)$ 为

$$x_i(m)=\begin{cases}x(n) & (i-1)\Delta L+1\leqslant n\leqslant(i-1)\Delta L+L\\0 & n\text{ 为其他值}\end{cases}\tag{10-1-11}$$

$$i=1,2,\cdots;m=1,\cdots,L$$

式中,L 为帧长;ΔL 为帧移;i 为帧号;而设相邻两帧之间重叠部分长为 $M=L-\Delta L$。

$x_i(m)$ 的信号经 DFT 为 $X_i(k)$,在频域中对信号进行处理后得到 $Y_i(k)$,经 IDFT 得到 $y_i(m)$。而 $y_{i-1}(m)$ 与 $y_i(m)$ 之间有 M 个样点相重叠,如图 10-1-4 所示。

$y_{i-1}(m)$ 一般已融合到 $y(n)$ 中去了。当 L 为帧长,ΔL 为帧移,i 为帧号,重叠部分长为 $M=L-\Delta L$ 时,$y_{i-1}(m)$ 在 $y(n)$ 中对应的样点位置是 $[(i-2)\Delta L+1]\sim[(i-2)\Delta L+L]$,它的重叠部分的位置是 $[(i-1)\Delta L+1]\sim[(i-1)\Delta L+M]$,$y_i(m)$ 对应 $y_{i-1}(m)$ 或 $y(n)$ 的重叠部分的位置是 $1\sim M$ 或 $1\sim(L-\Delta L)$。可以导出

$$y(n)=\begin{cases}y(n) & n\leqslant(i-1)\Delta L\\y(n)+y_i(m) & (i-1)\Delta L+1\leqslant n\leqslant(i-1)\Delta L+M,1\leqslant m\leqslant M\\y_i(m) & (i-1)\Delta L+M+1\leqslant n\leqslant(i-1)\Delta L+L,M+1\leqslant m\leqslant L\end{cases}\tag{10-1-12}$$

在 MATLAB 中，如果初始化时设置 y=zeros(N1,1)，则第 i 帧的重叠相加可写为

```
y((i-1)*dL+1:(i-1)*dL+L) = y((i-1)*dL+1:(i-1)*dL+L) + real(ifft(spec,L))
```

其中，i 是帧号，从 2 开始；dL 是帧移；L 是帧长；spec 表示 $Y_i(k)$。

在 10.2 节中介绍的 ovwelapAdd2 函数就是用重叠相加法进行语音合成的。

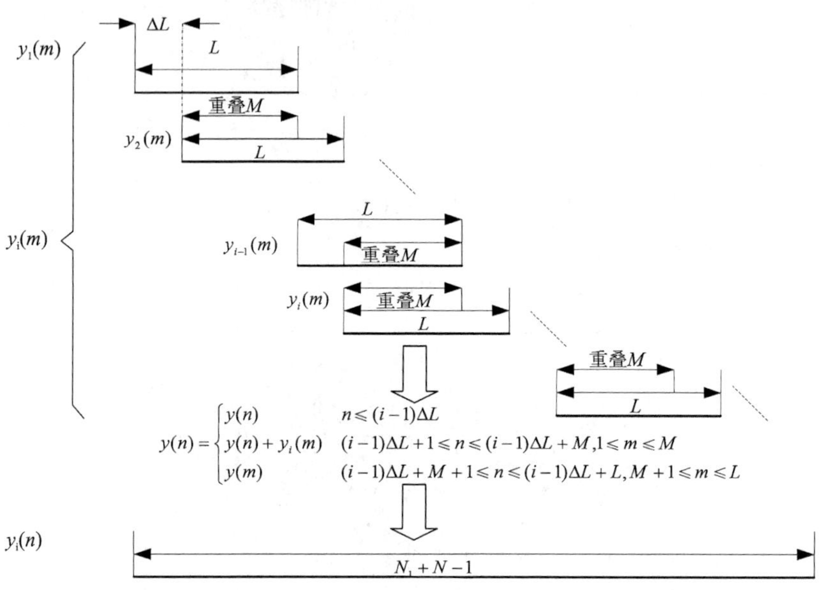

图 10-1-4　$y_i(m)$ 与 $y_{i-1}(m)$ 重叠相加示意图

10.1.2　重叠存储法[1]

重叠存储法(Overlap Save)与重叠相加法相同，设有两个时间系列 $h(n)$ 和 $x(n)$，它们的长度相差很大。若 $h(n)$ 的长度为 N、$x(n)$ 的长度为 N_1，$N_1 \gg N$。将 $x(n)$ 分帧为 $x_i(m)$，相邻两帧之间互不重叠，每帧长与 $h(n)$ 的长相接近，然后将每帧 $x_i(m)$ 与 $h(n)$ 做卷积。

这里也是先假设 $h(n)$ 是时不变的，对它的处理方法与重叠相加法相同，在后面补零值，有

$$\tilde{h}(m)=\begin{cases}h(n) & 1\leqslant n,m\leqslant N\\ 0 & N+1\leqslant m\leqslant N+M-1\end{cases} \tag{10-1-13}$$

但对 $x_i(m)$ 的处理方法与重叠相加法完全不同，每帧长为 $N+M-1$，而要求分帧后每帧的最后一个数据点都在 iM 处($i=1,2,\cdots$)，对于第 1 帧($i=1$)，数据帧的最后一点在 M 处，其长度只有 M，达不到 $N+M-1$，只能向前补 $N-1$ 个零值，所以在分帧前数据 $x(n)$ 要前向补 $N-1$ 个零值，它的结构如图 10-1-5 所示。

$$\tilde{x}(n)=\begin{cases}0 & 1\leqslant n\leqslant N-1\\ x(n-N+1) & N\leqslant n\leqslant N+N1-1\end{cases} \tag{10-1-14}$$

前向补零后的 $\tilde{x}(n)$ 进行分帧，每帧 $x_i(m)$ 为

$$x_i(m)=\tilde{x}(n)\quad (i-1)M+1\leqslant n\leqslant iM+N-1$$
$$1\leqslant m\leqslant N+M-1;\quad i=1,2,\cdots \tag{10-1-15}$$

对 $\tilde{h}(m)$ 和 $x_i(m)$ 计算卷积(用 * 表示)，得到

$$y_i(m)=x_i(m)*\tilde{h}(m) \tag{10-1-16}$$

一样通过 DFT 实现 $\tilde{h}(m)$ 和 $x_i(m)$ 做卷积，每帧卷积结果舍去前 $N-1$ 个点，而只保留最后 M 个值，即每次卷积只取 $y_i(m)$ 的最后 M 个值：

$$\begin{gathered}\tilde{y}_i(n)=y_i(m)\quad N\leqslant m\leqslant N+M-1\\(i-1)M+1\leqslant n\leqslant iM;\quad i=1,2,\cdots\end{gathered}\tag{10-1-17}$$

而输出序列为

$$y(n)=\sum\tilde{y}_i(n)\tag{10-1-18}$$

重叠存储法的运算示意图如图 10-1-5 所示。

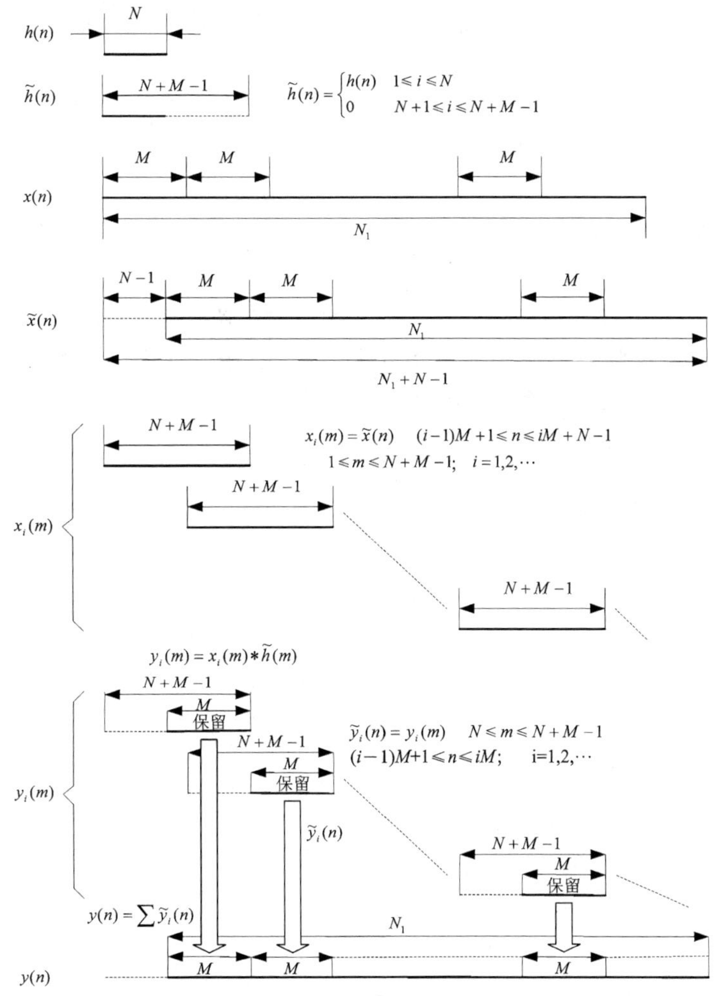

图 10-1-5　重叠存储法运算示意图

以下给出 MATLAB 重叠存储法计算卷积函数的程序清单：

```
function y = conv_ovlsav1(x,h,L)
%用重叠存储法计算卷积
x = x(:)';                          %把 x 转换成一行
Lenx = length (x);                  %计算 x 长
N = length(h);                      %计算 h 长
N1 = N - 1;
M = L - N1;
H = fft(h, L);                      %求 h 的 FFT 为 H
```

```
    x=[zeros(1,N1), x, zeros(1, L-1)];      % 前后补零
    K = floor((Lenx + N1-1)/M);             % 求分帧个数
    Y=zeros(K+1, L);
    for k=0 : K                             % 对每帧处理
        Xk=fft(x(k*M+1:k*M+L));             % 做 FFT
        Y(k+1,:)=real(ifft(Xk.*H));         % 相乘进行卷积
    end
    Y=Y(:, N:L)';                           % 在每帧中只保留最后的 M 个数据
    nm=fix(N/2);
    y=Y(nm+1:nm+Lenx)';                     % 忽略延迟量,取输出与输入 x 等长
```

说明:

① 输入参数 x 是信号序列;h 是滤波器的激冲响应;L 是每一块的长度,即为 $N+M-1$。卷积输出为 y。

② 信号序列将前后向都补零。式(10-1-14)指出需前向补零;又由于 $(N_1+N-1)/M$ 不一定是整数,为了保证输出处理后的数据也有 N_1 长,所以后向补了 L−1 个零,使未除尽部分也能被处理。

③ 同重叠相加法一样,h 是一个 FIR 滤波器,滤波器的输出将有 N/2 个样点的延迟,在函数输出前对延迟进行了校正。

例 10-1-2(pr10_1_2) 类同例 10-1-1,给出一个调试程序,读入 data1.txt 文件中的数据并设计一个 FIR 低通滤波器,阶数为 100,带宽为 0.125。把读入的数据 y 与滤波器系数直接卷积,与把 y 分段卷积后重叠存储的结果相比较。

程序清单如下:

```
% pr10_1_2
% 把 conv 与重叠存储法卷积 conv_ovlsav1 函数做比较
clear all; clc; close all;
y=load('data1.txt');                        % 读入数据
M=length(y);                                % 数据长
t=0:M-1;
h=fir1(100,0.125);                          % 设计 FIR 滤波器
x=conv(h,y);                                % 用 conv 函数进行数字滤波
x=x(51:1050);                               % 取无延迟的滤波器输出
z=conv_ovlsav1(y,h,256);                    % 通过重叠存储法计算卷积
% 作图
pos = get(gcf,'Position');
set(gcf,'Position',[pos(1), pos(2)-100,pos(3),(pos(4)-140)]);
plot(t,y,'k');
title('信号的原始波形')
xlabel('样点'); ylabel('幅值');
figure(2)
pos = get(gcf,'Position');
set(gcf,'Position',[pos(1), pos(2)-100,pos(3),(pos(4)-100)]);
hline1 = plot(t,z,'k','LineWidth',1.5);
hline2 = line(t,x,'LineWidth',5,'Color',[.6 .6 .6]);
set(gca,'Children',[hline1 hline2]);
title('直接卷积和重叠存储卷积的比较')
xlabel('样点'); ylabel('幅值');
legend('直接卷积 conv','重叠存储卷积',2)
ylim([-0.8 1]);
```

运行 pr10_2_1 后得到的卷积结果如图 10-1-6 所示。从图中可看出,直接卷积和重叠存储法卷积结果的两条曲线重合在一起。

在实际应用中也一样把重叠存储法推广到从频域转换到时域的过程中,同重叠相加法类

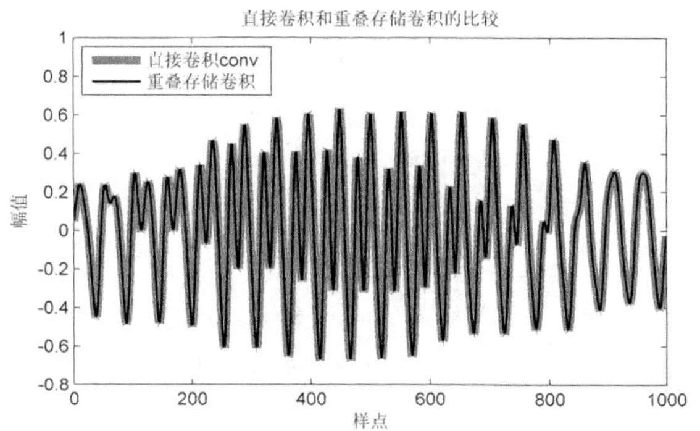

图 10-1-6　直接卷积和重叠存储法卷积滤波结果的比较

似。设 L 为帧长，ΔL 为帧移，i 为帧号，而重叠部分长为 $M=L-\Delta L$。每一帧的 $y_i(m)$ 是由频域 $Y_i(k)$ 经 IDFT (IFFT)变换过来的

$$y_i(m)=\mathrm{IDFT}(Y_i(k)) \tag{10-1-19}$$

则

$$y(n)=\begin{cases} y(n) & n \leqslant (i-1)\Delta L \\ y_i(m) & (i-1)\Delta L+1 \leqslant n \leqslant i\Delta L, 1 \leqslant m \leqslant \Delta L \end{cases} \tag{10-1-20}$$

$$i=1,2,\cdots$$

它只是把每帧由 IDFT 得到的 $y_i(m)$ 中的前部 ΔL 个样点保存在 $y(n)$ 中，如图 10-1-7 所示。

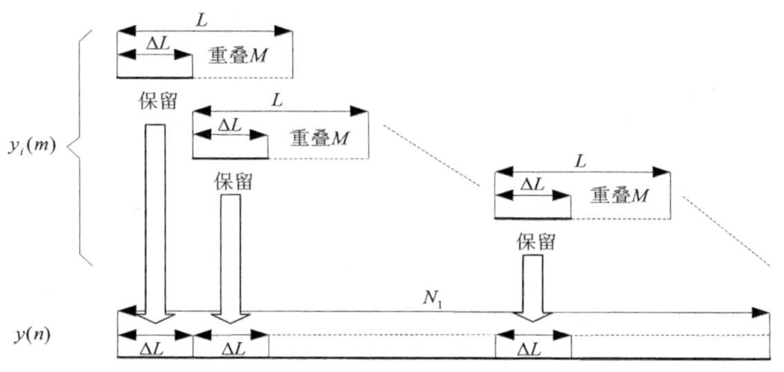

图 10-1-7　$y_i(m)$与 $y_{i-1}(m)$重叠存储示意图

在 10.3 小节中将用重叠相存储法进行语音合成。

10.1.3　线性比例重叠相加法

10.1.1 小节已介绍了重叠相加法，也已讲到该方法推广到从频域经 IDFT 转换到时域的过程。在这种情形下，原滤波器激冲响应 $h(n)$ 已不是固定不变的，而是时变的，只要这一帧的 $h_i(n)$ 与下一帧的 $h_{i+1}(n)$ 是缓慢变化的，用重叠相加法还是可以得到满意结果的。但如果这一帧的 $h_i(n)$ 与下一帧的 $h_{i+1}(n)$ 变化较大，或者不确定相邻两帧之间是否会有较大的变化时，常用线性比例重叠相加法。线性比例重叠相加法是对重叠相加法在叠加时做了修改，把重叠部分用一个线性比例计权后再相加。设重叠部分长为 M，设置两个斜三角的窗函数(权函数) w_1 和 w_2：

$$w_1(n) = (n-1)/M$$
$$w_2(n) = (M-n)/M \quad (10-1-21)$$
$$n = 1,2,\cdots,M$$

设前一帧的重叠部分为 y_1、后一帧的重叠部分为 y_2，则重叠部分的数值 y 是由 y_1 和 y_2 经线性比例重叠相加法构成的，即

$$y = y_1 \times w_2 + y_2 \times w_1 \quad (10-1-22)$$

而语音信号分帧后为 $x_i(m)$，其中帧长为 L，帧移为 ΔL，i 为帧号，而帧与帧之间的重叠部分长为 $M = L - \Delta L$。由 10.1.1 小节知，经语音信号处理后的输出 $y_{i-1}(m)$ 与 $y_i(m)$ 两帧之间有重叠，并且 $y_{i-1}(m)$ 已融合到 $y(n)$ 中去了，它在 $y(n)$ 中对应的重叠部分位置是 $[(i-1)\Delta L+1] \sim [(i-1)\Delta L+M]$。$y_i(m)$ 重叠部分的位置是 $1 \sim M$ 或 $1 \sim (L-\Delta L)$。线性比例重叠相加法中，有

$$y(n) = \begin{cases} y(n) & n \leqslant (i-1)\Delta L \\ y(n)w_2 + y_i(m)w_1 & (i-1)\Delta L+1 \leqslant n \leqslant (i-1)\Delta L+M, 1 \leqslant m \leqslant M \\ y_i(m) & (i-1)\Delta L+M+1 \leqslant n \leqslant (i-1)\Delta L+L, M+1 \leqslant m \leqslant L \end{cases} \quad (10-1-23)$$

由于在重叠部分用了线性比例的窗函数，使两帧之间的叠加部分能平滑地过渡。图 10-1-8 是线性比例重叠相加法的示意图。

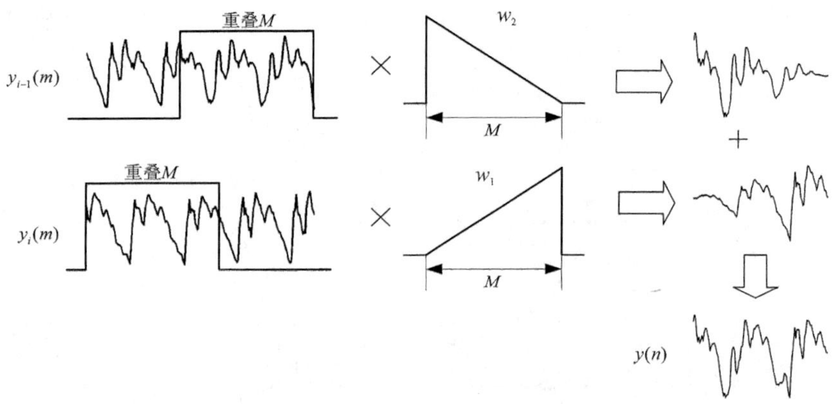

图 10-1-8　线性比例重叠相加法示意图

线性比例重叠相加法不仅可以用在语音信号合成中(在 10.4～10.6 节的语音合成中大部分都采用线性比例重叠相加法)，还可以用于其他的信号拼接中。以下举例说明。

例 10-1-3(pr10_1_3)　通过采集得到一组数据存储在 labdata1.mat 中，由于意外原因在数据中间丢失了部分数据(时间是 8.538～10.091 s，采样频率为 1 000 Hz)，使数据分为两段。为了补齐丢失的数据，用某种延伸的方法从第一段得到后向延伸数据在 ydata 第 1 列中，也从第二段得前向延伸数据在 ydata 第 2 列中(都在 labdata1.mat 文件中)。通过线性比例重叠相加法把数据补齐。

程序清单如下：

```
% pr10_1_3
clear all; clc; close all;

load Labdata1                          % 读入实验数据和延伸数据
N = length(xx);
```

若您对此书内容有任何疑问，可以凭在线交流卡登录MATLAB中文论坛与作者交流。

```
time = (0:N-1)/fs;                     % 时间标度
T = 10091 - 8538 + 1;                  % 缺少数据区间的长度
x1 = xx(1:8537);                       % 前段数据
x2 = xx(10092:29554);                  % 后段数据
y1 = ydata(:,1);                       % 延伸数据 1
xx1 = [x1; y1; x2];                    % 以延伸数据 1 合成
y2 = ydata(:,2);                       % 延伸数据 2
xx2 = [x1; y2; x2];                    % 以延伸数据 2 合成
% 用延伸数据 1 和延伸数据 2 以线性比例重叠相加合成
Wt1 = (0:T-1)'/T;                      % 构成斜三角窗函数 w1
Wt2 = (T-1:-1:0)'/T;                   % 构成斜三角窗函数 w2
y = y1.*Wt2 + y2.*Wt1;                 % 线性比例重叠相加
xx3 = [x1; y; x2];                     % 合成数据
% 作图
pos = get(gcf,'Position');
set(gcf,'Position',[pos(1), pos(2)-100,pos(3),pos(4)-240]);
plot(time,xx,'k'); axis([0 29.6 -15 10]);
title('原始信号的波形'); xlabel('时间/s'); ylabel('幅值')
line([8.537 8.537],[-15 10],'color','k','linestyle','-');
line([10.092 10.092],[-15 10],'color','k','linestyle','--');

figure(2)
pos = get(gcf,'Position');
set(gcf,'Position',[pos(1), pos(2)-100,pos(3),pos(4)+50]);
subplot 221; plot(time,xx1,'k'); axis([9.5 10.5 -10 5]);
line([10.091 10.091],[-15 10],'color','k','linestyle','-.');
title('第一段延伸后合成的波形'); xlabel(['时间/s' 10 '(a)']); ylabel('幅值')
subplot 222; plot(time,xx2,'k'); axis([8 9.5 -10 5]);
line([8.538 8.538],[-15 10],'color','k','linestyle','-.');
title('第二段延伸后合成的波形'); xlabel(['时间/s' 10 '(b)']); ylabel('幅值')
subplot 212; plot(time,xx3,'k');  axis([0 29.6 -15 10]);
line([8.537 8.537],[-15 10],'color','k','linestyle','-');
line([10.092 10.092],[-15 10],'color','k','linestyle','--');
title('线性比例重叠相加后合成的波形'); xlabel(['时间/s' 10 '(c)']); ylabel('幅值')
```

说明：

① 读入实验数据 labdata1.mat，数据在 xx 中，如图 10-1-9 所示，从图中可明显看出在 8.538～10.091 s 之间有一段是 0 值，图中用垂直实线表示丢失数据的开始位置，垂直虚线表示丢失数据的结束位置。

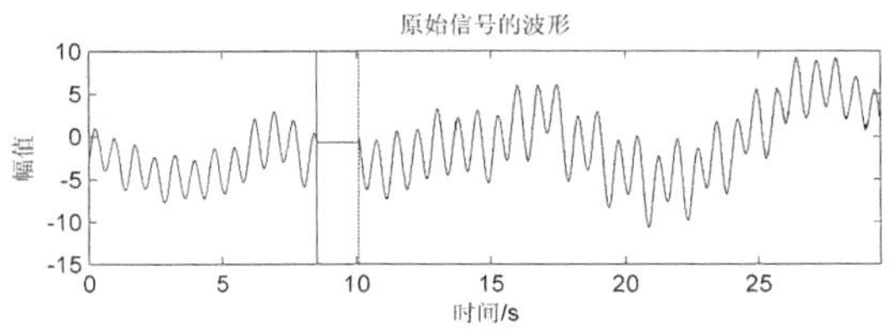

图 10-1-9　实验获得的原始信号波形

② 用延伸方法无法满足数据的连续性要求：用第一段后向延伸的数据去补足缺失部分得图 10-1-10(a)，可以看出，在 10.091 s 处出现了不连续；而用第二段前向延伸的数据去补足缺失部分得图 10-1-10(b)，可以看出，在 8.538 s 处出现了不连续。

③ 按式(10-1-21)设置斜三角窗函数 w_1 和 w_2，并按式(10-1-22)进行线性比例重叠相加合成数据，得图 10-1-10(c)。图中一样用垂直实线表示丢失数据的开始位置，垂直虚线表示丢失数据的结束位置。可见，不论在 8.538 s 处，或在 10.091 s 处，都看不到不连续的现象。

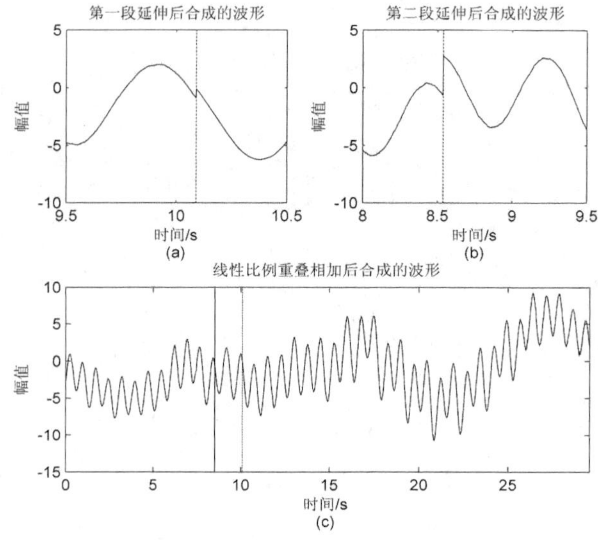

图 10-1-10　线性比例重叠相加后的信号波形

10.2　用频谱参数合成语音信号

本节将详细说明 OverlapAdd2 函数。该函数已在第 7 章使用过。OverlapAdd2 函数是由 E. Zavarehei 编写的。他在 www.mathworks.com 网站上提供了 Boll Spectral Substraction[2]，Wiener Filter[3]，MMSE STSA[4] 和 Multi - band Spectral Subtraction[5] 等多种语音增强方法的 MATLAB 程序。这些方法都是在频域中处理的，处理完成后通过 OverlapAdd2 函数合成语音。

名称：OverlapAdd2

功能：把频域中一帧一帧的频谱幅值参数和相位参数合成为连续的语音信号。

调用格式：ReconstructedSignal = OverlapAdd2(XNEW,yphase,windowLen,ShiftLen)

说明：

① 输入序列中 XNEW 是频谱幅值；yphase 是频谱相角；windowLen 是帧长；ShiftLen 是帧移。输出序列 ReconstructedSignal 是合成的语音信号。

② XNEW 和 yphase 的内容只包含正频率部分。当 windowLen 为偶数时 XNEW 和 yphase 的长度应为 windowLen/2 + 1；当 windowLen 为奇数时 XNEW 和 yphase 的长度应为(windowLen + 1)/2。

③ XNEW 和 yphase 中每一帧的信息是一列数据。

④ 在 OverlapAdd2 函数中把频域参数通过 IDFT 转换成时域数据，在相邻两帧之间的叠接数据采用 10.1.1 小节介绍的重叠相加法，即

$$y(n)=\begin{cases}y(n) & n\leqslant(i-1)\Delta L\\ y(n)+y_i(m) & (i-1)\Delta L+1\leqslant n\leqslant(i-1)\Delta L+M,1\leqslant m\leqslant M\\ y_i(m) & (i-1)\Delta L+M+1\leqslant n\leqslant(i-1)\Delta L+L,M+1\leqslant m\leqslant L\end{cases}\tag{10-2-1}$$

式中，L 代表帧长 windowLen；ΔL 代表帧移 ShiftLen；i 为帧号；$M = L-\Delta L$ 表示重叠部分长。

OverlapAdd2 函数的程序清单如下：

```
function ReconstructedSignal = OverlapAdd2(XNEW,yphase,windowLen,ShiftLen);
if nargin<2                                          % 如果没有带入 yphase 参数
    yphase = angle(XNEW);                            % 赋值
end
```

```
if nargin<3                                         % 如果没有带入 windowLen 参数
    windowLen = size(XNEW,1) * 2;                   % 赋值
end
if nargin<4                                         % 如果没有带入 ShiftLen 参数
    ShiftLen = windowLen/2;                         % 赋值
end
if fix(ShiftLen)~ = ShiftLen                        % 如果帧移带有小数
    ShiftLen = fix(ShiftLen);                       % 取整,并显示错误信息
    disp('The shift length have to be an integer as it is the number of samples.')
    disp(['shift length is fixed to ' num2str(ShiftLen)])
end
[FreqRes FrameNum] = size(XNEW);                    % 取输入谱值的帧数和频谱谱线数
Spec = XNEW. * exp(j * yphase);                     % 求取复数谱值
if mod(windowLen,2)                                 % 若 windowLen 是奇数
    Spec = [Spec;flipud(conj(Spec(2:end,:)))];      % 补上负频率部分
else                                                % 若 windowLen 是偶数
    Spec = [Spec;flipud(conj(Spec(2:end - 1,:)))];  % 补上负频率部分
end
sig = zeros((FrameNum - 1) * ShiftLen + windowLen,1); % 初始化 sig
weight = sig;
for i = 1:FrameNum                                  % 按式(10-2-1)重叠相加法把数据叠接合成
    start = (i - 1) * ShiftLen + 1;                 % 计算 i 帧在 sig 中的起始位置
    spec = Spec(:,i);                               % 取第 i 帧的频谱
    sig(start:start + windowLen - 1) = sig(start:start + windowLen - 1)...
     + real(ifft(spec,windowLen));
end
ReconstructedSignal = sig;                          % 把合成语音赋值于输出
```

说明：

① 已知幅值 XNEW 和相角 yphase,Spec＝XNEW. * exp(j * yphase)构成复数频谱。

② 复数谱中只有正频率部分,要补上负频率部分,使频谱长度为 windowLen。当 windowLen 为偶数时,XNEW 的长度是奇数,求负频率之前的 Spec 长度也是奇数,则

```
Spec = [Spec; flipud(conj(Spec(2:end - 1,:)))]
```

当 windowLen 为奇数时,XNEW 是偶数,求负频率之前的 Spec 长度也是偶数,则

```
Spec = [Spec; flipud(conj(Spec(2:end,:)))];
```

例如帧长是 256,则在频域处理时 0～fs/2 对应的谱线是 1～129,所以信号频域幅值 XNEW 和相角 yphase 的长度是 129,是奇数;按上述表达式最后求出的 Spec 长度便是 256,等于帧长。

③ 在初始化时设置了

```
sig = zeros((FrameNum - 1) * ShiftLen + windowLen,1);    % 初始化 sig
```

为一个列数据。

④ 对第 i 帧的重叠相加按式(10-2-1)为

```
y((i - 1) * dL + 1:(i - 1) * dL + M) =  y((i - 1) * dL + 1:(i - 1) * dL + M) + yi(1:M)
```

其中,i 是帧号,从 1 开始;dL 是帧移;L 是帧长;M 是重叠部分的长度;yi 是第 i 帧的合成语音 $y_i(n)$ 。由于帧长为 L,由 $Y_i(k)$ 经 IDFT 得到的 $y_i(n)$ 也长 L,同时在第 i－1 帧后 y 的有效数据长只到(i－1) * dL＋M,在之后的数据初始化时都设为 0 了,所以可以把重叠相加的关系式写为

```
y((i - 1) * dL + 1:(i - 1) * dL + L) =  y((i - 1) * dL + 1:(i - 1) * dL + L) + yi(1:L)
```

或进一步写为

```
y((i-1)*dL+1:(i-1)*dL+L) = y((i-1)*dL+1:(i-1)*dL+L)+real(ifft(spec,L))
```

其中,spec 表示 $Y_i(k)$ 。

函数中 ShiftLen 对应帧移 dL,windowLen 对应帧长 L,又用 start 表示每帧的开始位置:

```
start = (i-1) * ShiftLen + 1;
```

把这些关系代入到上式中就是函数中的表达语句:

```
sig(start:start + windowLen - 1) = sig(start:start + windowLen - 1)...
+ real(ifft(spec,windowLen));
```

在第 7 章谱减法和维纳滤波法消噪中都用 OverlapAdd2 函数进行了语音合成,可参看 7.2 和 7.3 节的例子。

10.3 线性预测系数和预测误差的语音信号合成

由第 4 章可知,语音信号序列 $x(n)$,线性预测的关系由式(4-1-12)表示,预测误差由式(4-1-14)和式(4-1-15)表示。用线性预测误差进行语音信号合成的示意图如图 10-3-1 所示。

从式(4-4-14),若已知预测误差 $e(n)$ 和预测系数 a_i,可求出合成语音

$$\tilde{x}(n)=e(n)+\sum_{i=1}^{p}a_i\tilde{x}(n-i) \tag{10-3-1}$$

图 10-3-1 中的声道参数和时变滤波器由预测系数 a_i 直接递归滤波器所构成。这样,线性预测系数和预测误差进行语音信号合成的示意图如图 10-3-2 所示。

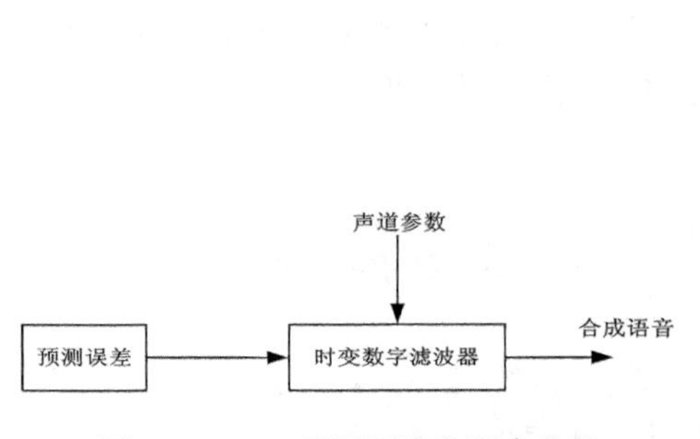

图 10-3-1 用预测误差语音信号合成示意图

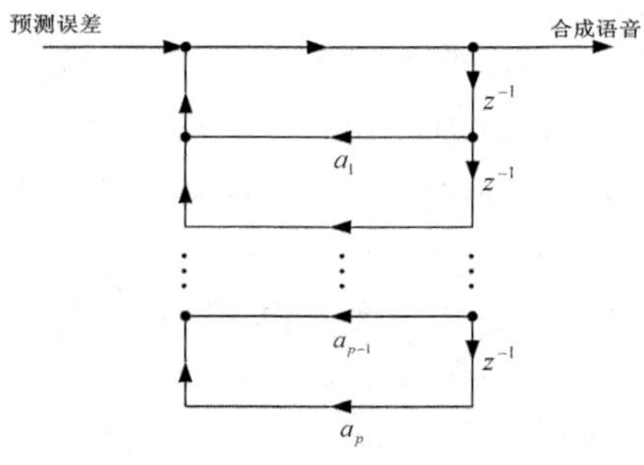

图 10-3-2 线性预测系数和预测误差语音信号合成示意图

例 10-3-1(pr10_3_1) 读入 colorcloud.wav 文件(内容为"朝辞白帝彩云间"),先对语音用线性预测方法求出预测系数和预测误差,再用预测系数和预测误差做语音合成。

程序清单如下:

```
% pr10_3_1
clear all; clc; close all;

filedir = [];                          % 设置路径
filename = 'colorcloud.wav';           % 设置文件名
fle = [filedir filename];              % 构成完整的路径和文件名
[x, fs, bits] = wavread(fle);          % 读入数据文件
x = x - mean(x);                       % 消除直流分量
x = x/max(abs(x));                     % 幅值归一
```

若您对此书内容有任何疑问,可以凭在线交流卡登录MATLAB中文论坛与作者交流。

```
xl = length(x);                                   % 数据长度
time = (0:xl - 1)/fs;                             % 计算出时间刻度
p = 12;                                           % LPC 的阶数为 12
wlen = 200; inc = 80;                             % 帧长和帧移
msoverlap = wlen - inc;                           % 每帧重叠部分的长度
y = enframe(x,wlen,inc)';                         % 分帧
fn = size(y,2);                                   % 取帧数
% 语音分析:求每一帧的 LPC 系数和预测误差
for i = 1 : fn
    u = y(:,i);                                   % 取来一帧
    A = lpc(u,p);                                 % LPC 求得系数
    aCoeff(:,i) = A;                              % 存放在 aCoeff 数组中
    errSig = filter(A,1,u);                       % 计算预测误差序列
    resid(:,i) = errSig;                          % 存放在 resid 数组中
end
% 语音合成:求每一帧的合成语音叠接成连续语音信号
for i = 1:fn
    A = aCoeff(:,i);                              % 取得该帧的预测系数
    residFrame = resid(:,i);                      % 取得该帧的预测误差
    synFrame = filter(1, A', residFrame);         % 预测误差激励,合成语音
    outspeech((i - 1) * inc + 1:i * inc) = synFrame(1:inc);   % 重叠存储法存放数据
% 如果是最后一帧,把 inc 后的数据补上
    if i = = fn
        outspeech(fn * inc + 1:(fn - 1) * inc + wlen) = synFrame(inc + 1:wlen);
    end
end;
ol = length(outspeech);
if ol<xl                                          % 把 outspeech 补零,使与 x 等长
    outspeech = [outspeech zeros(1,xl - ol)];
end
% 发声
wavplay(x,fs);
pause(1)
wavplay(outspeech,fs);
% 作图
subplot 211; plot(time,x,'k');
xlabel(['时间/s' 10 '(a)']); ylabel('幅值'); ylim([-1 1.1]);
title('原始语音信号')
subplot 212; plot(time,outspeech,'k');
xlabel(['时间/s' 10 '(b)']); ylabel('幅值'); ylim([-1 1.1]);
title('合成的语音信号')
```

说明:

① 在语音分析的循环中,将调用 lpc 函数计算每一帧的预测系数 A,并存放在 aCoeff 数组中,计算预测误差 errSig 并存放在 resid 数组中。

② 在语音合成的循环中将从 aCoeff 数组中取来该帧的预测系数 A,以及从 resid 数组中取来该帧的预测误差 residFrame,按式(10-3-1)合成一帧的语音 synFrame。

③ 在程序中用重叠存储法保存数据。对于一帧合成语音 synFrame 来说(参看式(10-1-20)和图 10-1-7),只把 synFrame 中前 inc 个样点存放在合成语音的数组 outspeech 中:

```
outspeech((i - 1) * inc + 1:i * inc) = synFrame(1:inc);
```

当是最后一帧时,要把最后一帧合成语音余留部分 synFrame(inc+1:wlen)也赋给 outspeech。

运行 pr10_3_1 程序后得到的结果如图 10-3-3 所示。其中,图 10-3-3(a)是原始的语

音信号波形;图 10-3-3(b)是合成后的语音信号波形。

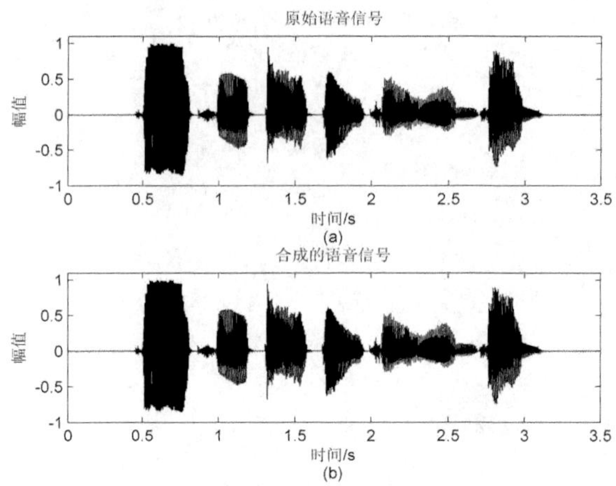

图 10-3-3　运行 pr10_3_2 后得到的结果

10.4　线性预测系数和基音参数的语音信号合成

10.4.1　预测系数和基音参数语音合成的模型

在 10.3 节中用预测系数和预测误差合成语音。而线性预测合成模型又可设计成一种源滤波器模型,即由白噪声序列和周期性激励脉冲序列构成的激励源信号,经过选通、放大并通过时变数字滤波器(由语音参数控制的声道模型),获得合成语音信号。语音合成器的示意图如图 10-4-1 所示。

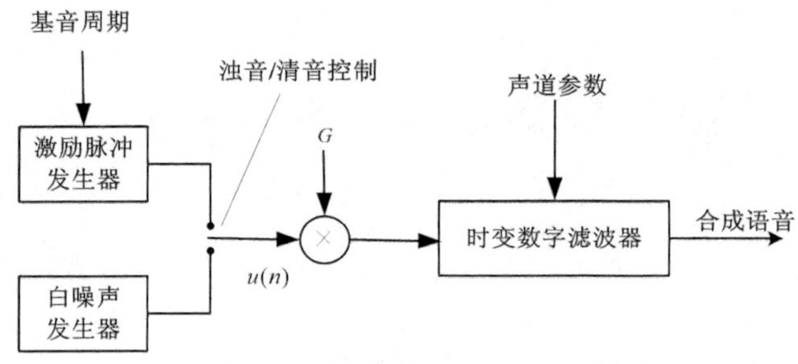

图 10-4-1　线性预测合成语音模型示意图

图 10-4-1 所示的线性预测合成语音模型可直接用在预测器系数 a_i 构成的递归型合成滤波器中,其结构如图 10-4-2 所示。用这种方法定时地改变激励参数 $u(n)$ 和预测系数 a_i,就能合成出语音。这种结构简单而直观,为了合成一个语音样本,需要进行 p 次乘法和 p 次加法。它合成的语音信号序列为

$$\tilde{x}(n)=\sum_{i=1}^{p}a_i\tilde{x}(n-i)+Gu(n) \tag{10-4-1}$$

式中,a_i 为预测系数;G 为模型增益;$u(n)$ 为激励源信号(白噪声或周期性激励脉冲序列);p 为预测器阶数。

若您对此书内容有任何疑问,可以凭在线交流卡登录MATLAB中文论坛与作者交流。

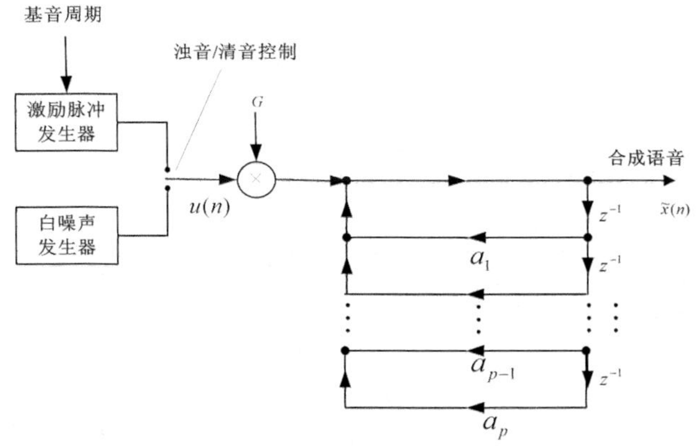

图 10-4-2　线性预测递归型合成滤波器的语音合成示意图

递归型合成滤波器结构的优点是简单和易于实现，所以曾经被广泛采用；缺点是合成语音样本需要较高的计算精度。

我们将按图 10-4-2 所示的递归型合成滤波器进行语音合成，但在介绍递归型合成滤波器进行语音合成程序前，先介绍在合成过程中怎样获得基音周期，以及怎样产生连续的、周期性的激励脉冲序列。

10.4.2　基音检测函数

8.6 节已介绍了采用自相关函数的主体-延伸基音检测方法，本节将把该方法编制成一个函数 Ext_F0ztms，以方便合成程序中调用该函数提取基音信息。

名称：Ext_F0ztms

功能：以自相关函数的主体-延伸基音检测方法提取基音信息。

调用格式：[TT,FF,Ef,SF,voiceseg,vosl,vseg,vsl,Thr2] = …
　　Ext_F0ztms(xx,fs,wlen,inc,Thr1,r2,miniL,mnlong,ThrC,doption)

说明：

① 输入参数 xx 是被检测的语音信号；fs 为采样频率；wlen 是分帧时的帧长；inc 是帧移；Thr1 为端点检测时给出的第一个阈值；r2 为检测元音主体时给出的第二个阈值的比例常数；miniL 是有话段的最小帧数；mnlong 是元音主体的最小帧数；ThrC 是含有 c1 和 c2 两个阈值，作为判断相邻和隔邻帧的基音周期的最大差值；doption 是一个开关量，用于控制在该函数运行中是否需要输出基音检测的图。输出参数 TT 是被测语音的基音周期轨迹；FF 是基音频率轨迹；Ef 是能熵比值；SF 表示某一帧是否为有话帧；voiceseg 是有话段的参数；vosl 表示有话段的段数；vseg 是元音主体的信息；vsl 表示元音主体的个数；Thr2 是按 r2 在元音主体检测中给出的第二个阈值。

② 此函数实际上是从例 8-6-1(pr8_6_1)修改而来的，除参数 doption 外，其他的变量都与 pr8_6_1 相同，可参看 pr8_6_1 及其说明。而若设置 doption = 1，则在运行时会给出如图 8-6-18 和图 8-6-19 所示的波形图和语谱图。

函数 Ext_F0ztms 的程序清单如下：

```
function [TT,FF,Ef,SF,voiceseg,vosl,vseg,vsl,Thr2] = ...
   Ext_F0ztms(xx,fs,wlen,inc,Thr1,r2,miniL,mnlong,ThrC,doption)

N = length(xx);                                  % 信号长度
time = (0 : N-1)/fs;                             % 设置时间刻度
lmin = floor(fs/500);                            % 最高基音频率 500 Hz 对应的基音周期
lmax = floor(fs/60);                             % 最高基音频率 60 Hz 对应的基音周期

yy = enframe(xx,wlen,inc)';                      % 第一次分帧
fn = size(yy,2);                                 % 取来总帧数
frameTime = frame2time(fn, wlen, inc, fs);       % 计算每一帧对应的时间
```

```
%用于基音检测的端点检测和元音主体检测
[voiceseg,vosl,vseg,vsl,Thr2,Bth,SF,Ef] = pitch_vads(yy,fn,Thr1,r2,miniL,mnlong);
% 60～500Hz的带通滤波器系数
b = [0.012280   -0.039508   0.042177   0.000000   -0.042177   0.039508   -0.012280];
a = [1.000000  -5.527146   12.854342   -16.110307  11.479789   -4.410179   0.713507];
x = filter(b,a,xx);                          %数字滤波
x = x/max(abs(x));                           %幅值归一化
y = enframe(x,wlen,inc)';                    %第二次分帧
[Extseg,Dlong] = Extoam(voiceseg,vseg,vosl,vsl,Bth);  %计算延伸区间和延伸长度
T1 = ACF_corrbpa(y,fn,vseg,vsl,lmax,lmin,ThrC(1));    %对元音主体进行基音检测
%对语音主体的前后向过渡区延伸基音检测
T0 = zeros(1,fn);                            %初始化
F0 = zeros(1,fn);
for k = 1 : vsl                              %共有vsl个元音主体
    ix1 = vseg(k).begin;                     %第k个元音主体开始位置
    ix2 = vseg(k).end;                       %第k个元音主体结束位置
    in1 = Extseg(k).begin;                   %第k个元音主体前向延伸开始位置
    in2 = Extseg(k).end;                     %第k个元音主体后向延伸结束位置
    ixl1 = Dlong(k,1);                       %前向延伸长度
    ixl2 = Dlong(k,2);                       %后向延伸长度
    if ixl1>0                                %需要前向延伸基音检测
        [Bt,voiceseg] = back_Ext_shtpml(y,fn,voiceseg,Bth,ix1,...
        ixl1,T1,k,lmax,lmin,ThrC);
    else                                     %不需要前向延伸基音检测
        Bt = [];
    end
    if ixl2>0                                %需要后向延伸基音检测
        [Ft,voiceseg] = fore_Ext_shtpml(y,fn,voiceseg,Bth,ix2,...
        ixl2,vsl,T1,k,lmax,lmin,ThrC);
    else                                     %不需要后向延伸基音检测
        Ft = [];
    end
    T0(in1:in2) = [Bt T1(ix1:ix2) Ft];       %第k个元音主体完成了前后向延伸检测
end
SF = zeros (1,fn);
for k = 1 : vosl
    SF (voiceseg (k). begin:voiceseg(k).end) = 1;
end
tindex = find(T0>lmax);                      %限制延伸后最大基音周期值不超越lmax
T0(tindex) = lmax;
tindex = find(T0<lmin & T0~ = 0);            %限制延伸后最小基音周期值不低于lmin
T0(tindex) = lmin;
tindex = find(T0~ = 0);
F0(tindex) = fs./T0(tindex);
TT = pitfilterm1(T0,Extseg,vsl);             %T0平滑滤波
FF = pitfilterm1(F0,Extseg,vsl);             %F0平滑滤波
% STFT分析,绘制语谱图
nfft = 512;
d = stftms(xx,wlen,nfft,inc);
W2 = 1 + nfft/2;
n2 = 1:W2;
freq = (n2 - 1) * fs/nfft;
%作图
if doption
    figure(101)
    pos = get(gcf,'Position');
    set(gcf,'Position',[pos(1), pos(2) - 100,pos(3),pos(4) + 85]);
    subplot 411; plot(time,xx,'k');
    title('原始信号波形'); axis([0 max(time) -1 1]); ylabel('幅值')
    for k = 1 : vosl
```

```
        line([frameTime(voiceseg(k).begin) frameTime(voiceseg(k).begin)],...
        [-1 1],'color','k');
        line([frameTime(voiceseg(k).end) frameTime(voiceseg(k).end)],...
        [-1 1],'color','k','linestyle','--');
    end
    subplot 412; plot(frameTime,Ef,'k'); hold on
    title('能熵比'); axis([0 max(time) 0 max(Ef)]); ylabel('幅值')
    line([0 max(frameTime)],[Thr1 Thr1],'color','k','linestyle','--');
    plot(frameTime,Thr2,'k','linewidth',2);
    for k = 1 : vsl
        line([frameTime(vseg(k).begin) frameTime(vseg(k).begin)],...
        [0 max(Ef)],'color','k','linestyle','-.');
        line([frameTime(vseg(k).end) frameTime(vseg(k).end)],...
        [0 max(Ef)],'color','k','linestyle','-.');
    end
    subplot 413; plot(frameTime,TT,'k');
    title('基音周期'); grid; xlim([0 max(time)]); ylabel('样点值')
    subplot 414; plot(frameTime,FF,'k');
    title('基音频率'); grid; xlim([0 max(time)]);
    xlabel('时间/s'); ylabel('频率/Hz')
    figure(102)
    pos = get(gcf,'Position');
    set(gcf,'Position',[pos(1), pos(2)-100,pos(3),(pos(4)-240)]);
    imagesc(frameTime,freq,abs(d(n2,:)));  axis xy
    m = 64; LightYellow = [0.6 0.6 0.6];
    MidRed = [0 0 0]; Black = [0.5 0.7 1];
    Colors = [LightYellow; MidRed; Black];
    colormap(SpecColorMap(m,Colors));
    hold on
    plot(frameTime,FF,'w');
    ylim([0 1000]);
    title('语谱图上的基音频率曲线');
    xlabel('时间/s'); ylabel('频率/Hz')
end
```

10.4.3　激励脉冲的产生

要产生一帧激励脉冲是很容易实现的。设帧长为 wlen,基音周期为 PT,则激励脉冲是

```
Exc_syn1 = zeros(wlen,1);
Exc_syn1(mod(1:wlen,PT) == 0) = 1;
```

得到如图 10-4-3 所示的脉冲序列,图中取帧长 wlen=240,基音周期 PT=45。

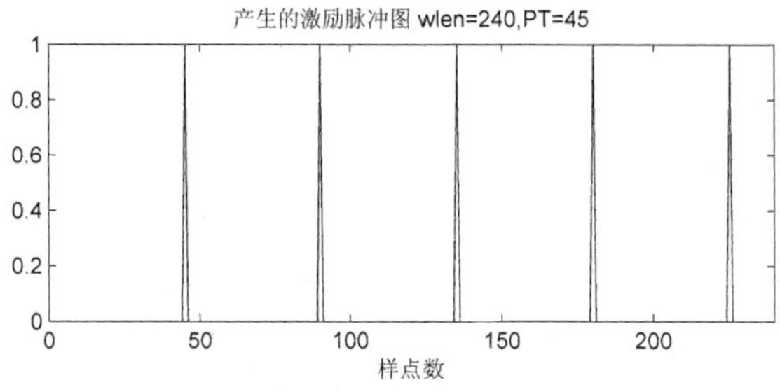

图 10-4-3　在一帧中产生的激励脉冲序列

实际上,不是只在一帧中产生激励脉冲,而是一帧一帧地连续下去,要求这一帧和上一帧之间激励脉冲序列要连续,同时这一帧和上一帧之间的帧移是 inc。这就要求本帧的第一个脉冲与上一帧的帧移区间内最后一个脉冲之间的间隔要等于本帧的基音周期 PT。例如在

图 10-4-3 中的那帧可认为是本帧的上一帧,帧长 wlen=240,基音周期 PT=45,最后一个脉冲在 225 点的位置,余留下的零值点还有 15 个。但设计本帧时并不是连接在上一帧的 240 点之后,本帧对上一帧移动了 inc 个样点。设 inc=80,要在 inc 的区间内计算出最后一个脉冲的位置为 m,这样留给下一帧前导零点的个数为 inc−m,如图 10-4-4(a)所示。

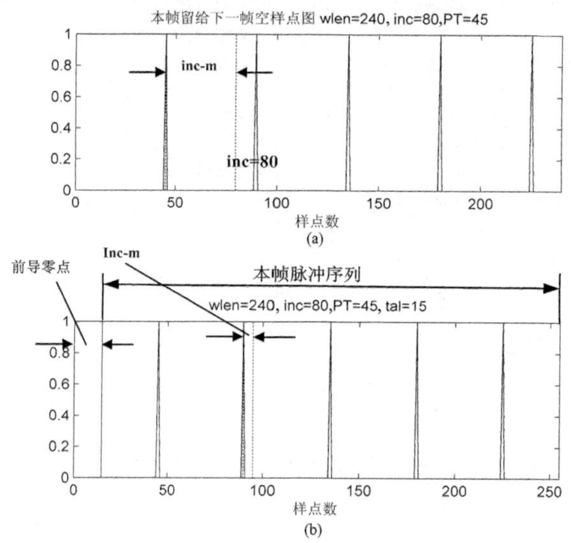

图 10-4-4　为下一帧引入的前导零点

在本帧处理时,由于上一帧余留的零值点个数为 tal (inc−m),在初始化时要把前导零点个数 tal 加到 wlen 中,并按以下关系配置产生脉冲序列才能构成连续的脉冲序列[见图 10-4-4(b)]:

```
exc_syn1 = zeros(tal + wlen,1);                    % 补了前导零点
exc_syn1(mod(1:tal + wlen,PT) = = 0) = 1;          % 设置脉冲序列
```

这仅给出产生激励脉冲的位置,但并不是用增加前导零后的序列去做语音合成的激励源。用于激励线性预测滤波器时,激励脉冲还是取本帧的 wlen 个(不包括 tal 个前导零点),即激励序列为

```
excitation = exc_syn1 (tal + 1:tal + wlen);        % 恢复到 wlen 长
```

为下一帧激励脉冲的计算还需算出本帧余留的零值点个数 tal:

```
exc_syn2 = exc_syn1(tal + 1:tal + inc);            % 取出本帧的 inc 长
index = find(exc_syn2 = = 1);                      % 在帧移区间中找出最后一个脉冲的位置
eal = length(index);
tal = inc - index(eal);                            % 为下一帧留下的前导零点
```

计算出的 tal 是为下一帧设置激励脉冲准备的前导零个数,这样循环地计算下去。但有时会发生这样的情况,因为帧移 inc=80,当前导零个数比较小,而信号的周期又比较大时(如大于 100),有可能在本帧的 exc_syn2 中一个脉冲都没有,即 index 为空的,这时要将 tal 设置为 tal=tal+inc,即把本帧没有脉冲的区间也加进去,继续传给后一帧以产生激励脉冲。

10.4.4　预测系数和基音参数语音合成的程序清单

10.4.2 小节给出了基音检测的函数 Ext_F0ztms,而检测出的基音能用于 10.4.3 小节中周期性激励脉冲的产生,在这个基础上就可以按图 10-4-2 递归型合成滤波器来进行语音合成了。

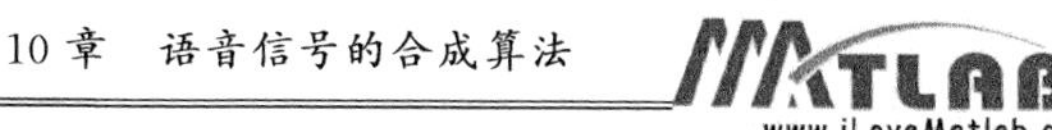

例 10－4－1(pr10_4_1)　对 colorcloud.wav(内容是"朝辞白帝彩云间")提取预测系数和检测基音,对预测系数和基音进行语音合成。

程序清单如下:

```
% pr10_4_1
clear all; clc; close all;

filedir = [];                               % 设置数据文件的路径
filename = 'colorcloud.wav';                % 设置数据文件的名称
fle = [filedir filename]                    % 构成路径和文件名的字符串
[xx,fs] = wavread(fle);                     % 读取文件
xx = xx - mean(xx);                         % 去除直流分量
x = xx/max(abs(xx));                        % 归一化
N = length(x);
time = (0:N-1)/fs;
wlen = 240;                                 % 帧长
inc = 80;                                   % 帧移
overlap = wlen - inc;                       % 重叠长度
tempr1 = (0:overlap-1)'/overlap;            % 斜三角窗函数 w1
tempr2 = (overlap-1:-1:0)'/overlap;         % 斜三角窗函数 w2
n2 = 1:wlen/2+1;
wind = hanning(wlen);                       % 窗函数
X = enframe(x,wind,inc)';                   % 分帧
fn = size(X,2);                             % 帧数
T1 = 0.1; r2 = 0.5;                         % 端点检测参数
miniL = 10;
mnlong = 5;
ThrC = [10 15];
p = 12;                                     % LPC 阶次
frameTime = frame2time(fn,wlen,inc,fs);     % 计算每帧的时间刻度
for i = 1 : fn                              % 计算每帧的线性预测系数和增益
    u = X(:,i);
    [ar,g] = lpc(u,p);
    AR_coeff(:,i) = ar;
    Gain(i) = g;
end
% 基音检测
[Dpitch,Dfreq,Ef,SF,voiceseg,vosl,vseg,vsl,T2] = ...
   Ext_F0ztms(xx,fs,wlen,inc,T1,r2,miniL,mnlong,ThrC,0);

tal = 0;                                    % 初始化前导零点
zint = zeros(p,1);
for i = 1:fn;
    ai = AR_coeff(:,i);                     % 获取第 i 帧的预测系数
    sigma_square = Gain(i);                 % 获取第 i 帧的增益系数
    sigma = sqrt(sigma_square);

    if SF(i) == 0                           % 无话帧
        excitation = randn(wlen,1);         % 产生白噪声
        [synt_frame,zint] = filter(sigma,ai,excitation,zint);   % 用白噪声合成语音
    else                                    % 有话帧
        PT = round(Dpitch(i));              % 取周期值
        exc_syn1  = zeros(wlen + tal,1);    % 初始化脉冲发生区
        exc_syn1(mod(1:tal + wlen,PT) == 0)  =  1;  % 在基音周期的位置产生脉冲,幅值为 1
        exc_syn2 = exc_syn1(tal + 1:tal + inc);     % 计算帧移 inc 区间内脉冲个数
        index = find(exc_syn2 == 1);
        excitation = exc_syn1(tal + 1:tal + wlen);  % 这一帧的激励脉冲源

        if isempty(index)                   % 帧移 inc 区间内没有脉冲
            tal = tal + inc;                % 计算下一帧的前导零点
        else                                % 帧移 inc 区间内有脉冲
            eal = length(index);            % 计算有几个脉冲
            tal = inc - index(eal);         % 计算下一帧的前导零点
```

```
            end
            gain = sigma/sqrt(1/PT);                                    % 增益
            [synt_frame,zint] = filter(gain, ai,excitation,zint);      % 用脉冲合成语音
        end
            if i = = 1
                output = synt_frame;
            else
                M = length(output);                                     % 线性比例重叠相加处理
                output = [output(1:M - overlap); output(M - overlap + 1:M). * tempr2 + ...
                    synt_frame(1:overlap). * tempr1; synt_frame(overlap + 1:wlen)];
            end
    end
    ol = length(output);                                                % 把输出 output 延长至与输入信号 xx 等长
    if ol<N
        output1 = [output; zeros(N - ol,1)];
    else
        output1 = output(1:N);
    end
    bn = [0.964775    - 3.858862    5.788174    - 3.858862    0.964775];  % 滤波器系数
    an = [1.000000    - 3.928040    5.786934    - 3.789685    0.930791];
    output = filter(bn,an,output1);                                     % 高通滤波
    output = output/max(abs(output));
    % 通过声卡发音,比较原始语音和合成语音
    wavplay(x,fs);
    pause(1)
    wavplay(output,fs);
```

说明:

① 程序中在读入语音数据并加窗分帧后,先对每帧数据进行线性预测分析,把每帧的预测系数和增益系数存放在 AR_coeff 和 Gain 数组中,以备语音合成时使用。

② 调用 Ext_F0ztms 函数进行端点检测,并进行相关函数与主体-延伸相结合的基音提取。该函数已在 10.4.2 小节介绍过。

③ 在调用 lpc 函数中得到的 g 实际上是预测误差的方差值,在用预测系数语音合成时要使激冲源(白噪声和激励脉冲)的方差与 g 相等,也就是输入递归滤波器的能量和预测误差的能量相同。所以在白噪声时用

```
[synt_frame,zint] = filter(sigma,ai,excitation,zint)
```

其中,sigma= sqrt(Gain(i)),Gain(i)是第 i 帧的增益参数 g。而周期脉冲时用

```
[synt_frame,zint] = filter(gain, ai,excitation,zint)
```

其中,gain=sigma/sqrt(1/PT)。在 filter 函数的调用中用了[y,zf]=filter(b,a,x,zi)的形式,这将在 10.5.2 小节有进一步的说明。

④ 在程序中按 10.1.3 小节介绍的线性比例重叠相加法,把各帧的合成语音叠接在一起,按式(10-1-23)有:

$$y(n)=\begin{cases}y(n) & n \leqslant i\Delta L \\ y(n)w_2+y_i(m)w_1 & i\Delta L+1 \leqslant n \leqslant i\Delta L+M, 1 \leqslant m \leqslant M \\ y_i(m) & i\Delta L+M+1 \leqslant n \leqslant i\Delta L+L, M+1 \leqslant m \leqslant L\end{cases} \tag{10-4-2}$$

为了使线性比例重叠相加,需要设置两个窗函数 w_1 和 w_2,在程序中用 tempr1 和 tempr2 表示。程序中合成语音的输出为 output,每一帧合成的语音为 synt_frame 将叠接到 output 上,一帧帧的叠接使 output 逐帧变长。对于第 1 帧因为在它之前没有合成语音,所以不需要做叠接处理,但对后面的各帧(从第 2 帧起)就需要叠接了。程序中完全是按式(10-4-2)进行的:

```
if i = = 1
    output = synt_frame;
else
    M = length(output);
    output = [output(1:M - overlap); output(M - overlap + 1:M). * tempr2 + ...
        synt_frame(1:overlap). * tempr1; synt_frame(overlap + 1:wlen)];
end
```

⑤ 我们是用三角波作为周期性的激励脉冲(因为在激励脉冲的两边都为0,相当于一个三角波),它的频域响应相当于一个低通,有丰富的低频分量。为了减少它的低频成分,在语音合成后再通过一个高通滤波器(将在10.5.1小节详细说明)。

⑥ 在程序清单中没有列出作图部分,可在源程序包中找到。

运行 pr10_4_1 后得到的结果如图 10-4-5 和图 10-4-6 所示。图 10-4-5 中显示了端点检测的结果,在图 10-4-5(b)中垂直实线和虚线之间的是元音主体,T1 给出的是端点阈值,粗黑实线 T2 给出的是检测元音主体时的阈值。图 10-4-5(c)和(d)给出了提取的基音周期和基音频率。图 10-4-6 给出了原始语音信号波形和合成语音信号的波形。

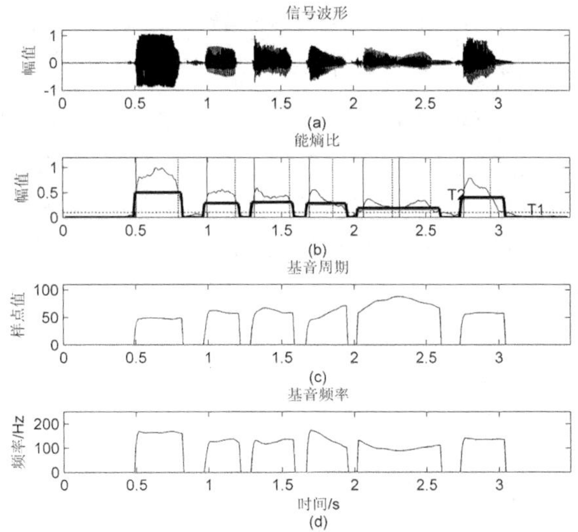

图 10-4-5 端点检测的结果及基音周期和基音频率图

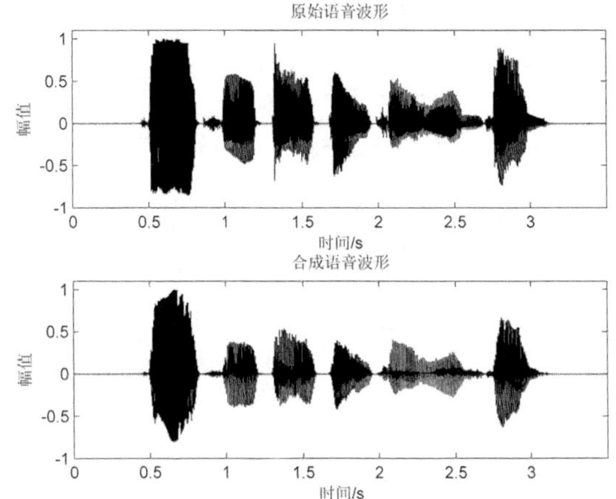

图 10-4-6 原始语音信号波形和合成语音信号的波形

10.5 基音和共振峰合成语音信号

10.5.1 共振峰和基音参数语音合成的模型

共振峰的检测已在第9章介绍过。共振峰的信息反映了声道的响应,它和基音结合能合成语音信号。共振峰语音合成器类似图1-2-6所示的模型,示意图如图10-5-1所示。

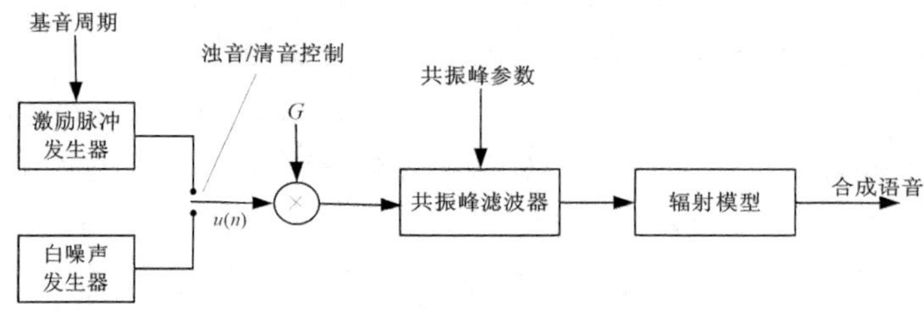

图10-5-1 共振峰和基音参数语音合成的模型示意图

为了完成共振峰和基音参数的语音合成,必须先介绍在语音合成中的共振峰检测。只有检测到了共振峰参数才能与基音结合进行语音合成。本节介绍两种用于合成语音的共振峰检测的方法:一种是用线性预测参数进行共振峰的检测;另一种是倒谱法和内插法结合的共振峰检测。一旦得到了共振峰参数(只取三个共振峰参数),把每个共振峰频率和带宽都构成一个二阶数字带通滤波器,激励源将通过并联的时变共振峰频率滤波器合成语音。具体合成器的示意图如图10-5-2所示。

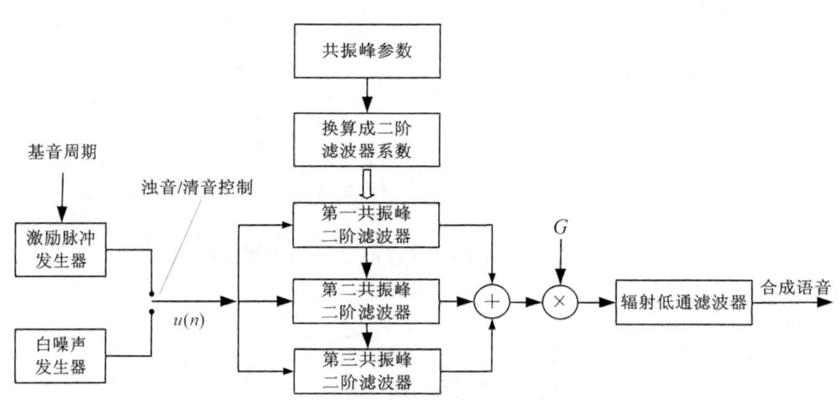

图10-5-2 并联型时变共振峰滤波器合成语音示意图

1. 线性预测系数的共振峰检测

第9章已对用线性预测系数进行共振峰频率和带宽检测做过介绍。在线性预测中,声道传递函数可写为

$$H(z)=\frac{G}{A(z)} \tag{10-5-1}$$

式中,预测误差滤波器

$$A(z)=1-\sum_{k=1}^{p}a_k z^{-k} \tag{10-5-2}$$

$A(z)$ 是一个多项式，它的根能精确地计算出共振峰频率和带宽。

设有一个根为 $z_i=|z_i|e^{j\theta_i}$，对应的共振峰频率 F_i 和带宽 B_i（下标 i 表示第 i 个共振峰）为

$$F_i=\theta_i f_s/2\pi \tag{10-5-3}$$

$$B_i=-(f_s/\pi)\ln|z_i| \tag{10-5-4}$$

式中，f_s 是采样频率；θ_i 是多项式根 z_i 的相角

$$\theta_i=\arctan\frac{\mathrm{Im}(z_i)}{\mathrm{Re}(z_i)} \tag{10-5-5}$$

式中，Im［·］和 Re［·］分别表示取复数的虚部和实部。

以上给出了用线性预测系数计算共振峰参数的一般关系式。9.4.2 小节给出了改进的线性预测共振峰检测方法。该方法是从 Satrajit Ghosh 编制的共振峰轨迹程序改编而来的，程序中用不同的窗长多次重复求取共振峰参数后进行平均，以减少计算的误差。虽然该方法并不能解决虚假峰值、共振峰合并和高音调语音影响等问题，但还是比大部分一般线性预测系数计算共振峰参数的方法要好，能解决部分语音的共振峰检测问题。本节中把 pr9_4_2 程序改编成函数 Formant_ext2，以方便在语音合成之前提取共振峰的参数。

名称：Formant_ext2

功能：用线性预测方法提取连续语音的共振峰参数。

调用格式：Fmap = Formant_ext2(x,wlen,inc,fs,SF,Doption)

说明：

① 输入参数 x 是被测语音信号；wlen 是分帧时的帧长；inc 是分帧中的帧移；fs 是采样频率；SF 表示某一帧是否为有话帧；Doption 是一个开关量：Doption = 1 时，表示共振峰检测完成后把检测结果以图形显示出来；Doption = 0 时，将不显示。输出参数 Fmap 是一个 3 × fn 的数组（fn 是总帧数），表示提取到的共振峰数值，每一帧只提取到最多三个共振峰。

② 关于本函数的工作原理可以参看 9.4.2 小节。

③ 本函数又与 pr9_4_2 有些差别。在 pr9_4_2 中还需要进行端点检测，但在本函数中是在基音检测之后，已完成了端点检测，所以利用已检测后的参数 SF。同时在 pr9_4_2 中对于有话段以外的各帧共振峰值都设为 NaN，这主要是为了作图方便；而在本函数中对于原程序中检测不到共振峰而设为 NaN 值的都改为 0 值，这主要是为了进一步计算共振峰滤波器时方便。

程序清单如下：

```
function Fmap = Formant_ext2(x,wlen,inc,fs,SF,Doption)

y = filter([1 -.99],1,x);                                   % 预加重
xy = enframe(y,wlen,inc)';                                  % 分帧
fn = size(xy,2);                                            % 求帧数
Nx = length(y);                                             % 数据长度
time = (0:Nx-1)/fs;                                         % 时间刻度
frameTime = frame2time(fn,wlen,inc,fs);                     % 每帧对应的时间刻度
Msf = repmat(SF',1,3);                                      % 把 SF 扩展为 3 × fn 的数组
Ftmp_map = zeros(fn,3);
warning off
Fsamps = 256;                                               % 设置频域长度
Tsamps = fn;                                                % 设置时域长度
ct = 0;

numiter = 10;                                               % 循环 10 次
iv = 2.^(10 - 10 * exp(-linspace(2,10,numiter)/1.9));       % 在 0～1 024 之间计算出 10 个数
for j = 1:numiter
    i = iv(j);
    iy = fix(length(y)/round(i));                           % 计算帧数
```

```
    [ft1] = seekfmts1(y,iy,fs,10);                          %已知帧数据取共振峰
    ct = ct+1;
    ft2(:,:,ct) = interp1(linspace(1,length(y),iy)',... %把 ft1 数据内插为 Tsamps 长
    Fsamps * ft1',linspace(1,length(y),Tsamps)')';
end
ft3 = squeeze(nanmean(permute(ft2,[3 2 1])));          %重新排列和平均处理
tmap = repmat([1:Tsamps]',1,3);
Fmap = ones(size(tmap)) * nan;                            %初始化
idx = find(~isnan(sum(ft3,2)));                           %寻找非 nan 的位置
fmap = ft3(idx,:);                                        %存放非 nan 的数据
[b,a] = butter(9,0.1);                                    %设计低通滤波器
fmap1 = round(filtfilt(b,a,fmap));                        %低通滤波
fmap2 = (fs/2) * (fmap1/256);                             %恢复到实际频率
Ftmp_map(idx,:) = fmap2;                                  %输出数据
Fmap = Ftmp_map';
findex = find(Fmap = = nan);
Fmap(findex) = 0;
%作图
if Doption
figure(99)
nfft = 512;
d = stftms(y,wlen,nfft,inc);
W2 = 1 + nfft/2;
n2 = 1:W2;
freq = (n2 - 1) * fs/nfft;
Fmap1 = Msf. * Ftmp_map;                                  %只取有话段的数据
findex = find(Fmap1 = = 0);                               %如果有数值为 0 ,设为 nan
Fmapd = Fmap1;
Fmapd(findex) = nan;
imagesc(frameTime,freq,abs(d(n2,:)));  axis xy
m = 64; LightYellow = [0.6 0.6 0.6];
MidRed = [0 0 0]; Black = [0.5 0.7 1];
Colors = [LightYellow; MidRed; Black];
colormap(SpecColorMap(m,Colors)); hold on
plot(frameTime,Fmapd,'w');                                %叠加上共振峰频率曲线
title('在语谱图上标出共振峰频率');
xlabel('时间/s'); ylabel('频率/Hz')
end
```

2. 倒谱的共振峰检测

第9章已介绍过倒谱法的共振峰检测,又介绍过用内插法更精确地计算共振峰频率和带宽,但在第9章只是把内插法应用于LPC的共振峰检测中。本节将把内插法推广应用于倒谱的分析中。

对语音信号 $x(n)$,进行预加重和加窗分帧后得到 $x_i(n)$,其中下标 i 表示第 i 帧。$x_i(n)$ 的傅里叶变换为

$$X_i(k)=\mathrm{DFT}[x_i(n)] \tag{10-5-6}$$

内插法是在功率谱域进行计算的。为了把内插法应用于倒谱分析,在计算倒谱时也转为功率谱域中。$P_i(k)=|X_i(k)|^2$ 是 $x_i(n)$ 的功率谱,取对数后为

$$\hat{P}_i(k)=\log[P_i(k)] \tag{10-5-7}$$

对 $\hat{P}_i(k)$ 进行逆傅里叶变换,得到倒谱序列

$$\hat{c}_i(n)=\mathrm{IDFT}[\hat{P}_i(k)] \tag{10-5-8}$$

在倒频率轴乘以低通窗函数 window(n)得

$$\hat{h}_i(n)=\hat{c}_i(n)\times \text{window}(n) \tag{10-5-9}$$

将 $\hat{h}_i(n)$ 经过傅里叶变换,得到了对数功率谱 $\hat{P}_i(k)$ 的包络线

$$\hat{H}_i(k)=\text{DFT}(\hat{h}_i(n)) \tag{10-5-10}$$

对 $\hat{H}_i(k)$ 取指数得到了 $x_i(n)$ 的功率谱 $P_i(k)$ 的包络线

$$H_i(k)=\exp(\hat{H}_i(k)) \tag{10-5-11}$$

从包络线上寻找出各个峰值就可获得相应的共振峰频率的初选参数。

在共振峰频率的初选参数中,假设某一个共振峰 F_j 的初选的峰值频率为 $m\Delta f$(Δf 是频谱中谱线间频率的间隔或称为频率分辨率),它邻近的两个频率点分别为 $(m-1)\Delta f$ 和 $(m+1)\Delta f$。这三个点在功率谱包络线上的幅值分别为 $H_i(m-1)$,$H_i(m)$,$H_i(m+1)$。

按 9.3.2 小节中的推导,可以得到共振峰频率 F_j 和带宽 B_j 为

$$\begin{aligned} F_j &= (-b/2a+m)\times\Delta f \\ B_j &= -\frac{\sqrt{b^2-4a(c-0.5H_p)}}{a}\times\Delta f \end{aligned} \tag{10-5-12}$$

式中

$$\left.\begin{aligned} a &= \frac{H_i(m+1)+H_i(m-1)}{2}-H_i(m) \\ b &= \frac{H_i(m+1)-H_i(m-1)}{2} \\ c &= H_i(m) \end{aligned}\right\} \tag{10-5-13}$$

$$H_p=-\frac{b^2}{4a}+c \tag{10-5-14}$$

3. 二阶共振峰带通滤波器的设计

不论用线性预测法还是用倒谱法,都需获得共振峰频率 F_i 和带宽 B_i(下标 i 表示第 i 个共振峰)。二阶带通数字滤波器传递函数一般可表示为

$$H(z)=\frac{b_0}{1+a_1z^{-1}+a_2z^{-2}} \tag{10-5-15}$$

该式分母中有一对共轭复数根,设为 $z_i=r_i\text{e}^{\text{j}\theta_i}$ 和它的共轭值 $z_i^*=r_i\text{e}^{-\text{j}\theta_i}$。其中,$r_i$ 是根值的幅值;θ_i 是根值的相角。对于共振峰频率的合成滤波器,就是要求该滤波器的中心频率为共振峰频率 F_i,滤波器的带宽为共振峰带宽 B_i。

在已知共振峰频率 F_i 和带宽 B_i 时,滤波器传递函数分母的极点可由式(10-5-3)和式(10-5-4)导出,即

$$\theta_i=2\pi TF_i \tag{10-5-16}$$

$$r_i=\text{e}^{-B_i\pi T} \tag{10-5-17}$$

这样,式(10-5-15)变为

$$H(z)=\frac{b_0}{(1-r_i\text{e}^{\text{j}\theta_i}z^{-1})(1-r_i\text{e}^{-\text{j}\theta_i}z^{-1})}=\frac{b_0}{1-2r_i\cos\theta_iz^{-1}+r_i^2z^{-2}} \tag{10-5-18}$$

和式(10-5-15)比较,可得 $a_1=-2r_i\cos\theta_i$ 和 $a_2=r_i^2$。

而 b_0 是一个增益系数,它使滤波器在中心频率处($z=\text{e}^{-\text{j}\theta_i}$ 时)的响应为 1,这样可导出

$$b_0=|1-2r_i\cos\theta_i\text{e}^{-\text{j}\theta_i}+r_i^2\text{e}^{-2\text{j}\theta_i}| \tag{10-5-19}$$

对于任意一组共振峰,当频率为 F_i、带宽为 B_i,都能按式(10-5-18)和式(10-5-19)设计出一个二阶带通共振峰合成滤波器。

在文献[6]中,Rabiner 建议在用共振峰并联的语音合成中除三个时变的共振峰以外,再增加一个高频固定频率的峰值进行补偿。这里,采样频率为 8 000 Hz,把中心频率选为 3 500 Hz,带宽为 100 Hz。所以在共振峰的语音合成中除了三个时变的共振峰滤波器,还增加了一个固定频率的滤波器。

编制了两个函数用于将共振峰信息转换成滤波器系数。

(1) frmnt2coeff3 函数

名称:frmnt2coeff3

功能:由一对共振峰参数(共振峰频率和带宽)设计出一个二阶带通数字滤波器的系数。

调用格式:[A,B] = frmnt2coeff3(f0,bw,fs)

说明:输入参数 f0 是共振峰频率;bw 是该共振峰带宽;fs 是采样频率。输出参数 A 和 B 是按式(10-5-18)和式(10-5-19)计算得到的值。

frmnt2coeff3 函数的程序清单如下:

```
function [A,B] = frmnt2coeff3(f0,bw,fs)
R = exp( - pi * bw/fs);                                   % 按式(10-5-17)计算极值的模值
theta = 2 * pi * f0/fs;                                   % 按式(10-5-16)计算极值的相角
poles = R. * exp(j * theta);                              % 构成复数极点
A = real(poly([poles,conj(poles)]));                      % 按式(10-5-18)计算分母系数
B = abs(A(1) + A(2) * exp(j * theta) + A(3) * exp(j * 2 * theta));   % 按式(10-5-19)计算 b0
```

(2) formant2filter4 函数

名称:formant2filter4

功能:由 3 组共振峰参数(共振峰频率和带宽)设计出三个二阶带通数字滤波器的系数,同时把固定频率的滤波参数也设计为一个二阶带通数字滤波器的系数。

调用格式:[An,Bn] = formant2filter4(F0,Bw,fs)

说明:输入参数 F0 是三个共振峰频率;Bw 是三个共振峰频率的带宽;fs 是采样频率。输出参数 An 和 Bn 为四个共振峰滤波器的系数;An 是一个 3×4 的数组,一个二阶带通数字滤波器系数 a 由 An 的一列表示;Bn 是一个 1×4 的数组。

formant2filter4 函数的程序清单如下:

```
function [An,Bn] = formant2filter4(F0,Bw,fs)
F0(4) = 3500; Bw(4) = 100;
for k = 1 : 4                              % 处理三个共振峰和一个固定峰值
    f0 = F0(k); bw = Bw(k);                % 取来共振峰频率和带宽
    [A,B] = frmnt2coeff3(f0,bw,fs);        % 计算带通滤波器系数
    An(:,k) = A;                           % 存放在 An 和 Bn 中
    Bn(k) = B;
end
```

例 10-5-1(pr10_5_1) 已知元音\a\有共振峰频率[700 900 2600]和带宽[130 70 160],使用 formant2filter4 函数设计出相应的二阶带通数字滤波器。

程序清单如下:

```
% pr10_5_1
clear all; clc; close all;

F0 = [700 900 2600];
Bw = [130 70 160];
fs = 8000;

[An,Bn] = formant2filter4(F0,Bw,fs);       % 调用函数求取滤波器系数
for k = 1 : 4                              % 对四个二阶带通滤波器作频响曲线
    A = An(:,k);                           % 取得滤波器系数
    B = Bn(k);
    fprintf('B = %5.6f   A = %5.6f   %5.6f   %5.6f\n',B,A);
    [H(:,k),w] = freqz(B,A);               % 求得响应曲线
end
```

```
freq = w/pi * fs/2;                              % 频率轴刻度
% 作图
plot(freq,abs(H(:,1)),'k',freq,abs(H(:,2)),'k',freq,abs(H(:,3)),'k',freq,abs(H(:,4)),'k');
axis([0 4000 0 1.05]); grid;
line([F0(1) F0(1)],[0 1.05],'color','k','linestyle','-.');
line([F0(2) F0(2)],[0 1.05],'color','k','linestyle','-.');
line([F0(3) F0(3)],[0 1.05],'color','k','linestyle','-.');
line([3500 3500],[0 1.05],'color','k','linestyle','-.');
title('三个共振峰和一个固定频率的二阶带通滤波器响应曲线')
ylabel('幅值'); xlabel('频率/Hz')
```

说明：

① 调用 formant2filter4 函数求得二阶带通滤波器系数 An 和 Bn。

② 求出系数并生成了该滤波器的响应曲线，如图 10-5-3 所示。

③ 在图中用垂直的点画线表示设置的共振峰的中心频率，从图中可看到带通滤波器的尖锋值与点画线相重合，说明带通滤波器的中心频率就是所设置的共振峰频率。

计算出的四组滤波器系数分别为：

```
B = 0.050759    A = 1.000000    -1.620409    0.902938
B = 0.034746    A = 1.000000    -1.479576    0.946506
B = 0.105231    A = 1.000000     0.852686    0.881911
B = 0.028938    A = 1.000000     1.776604    0.924465
```

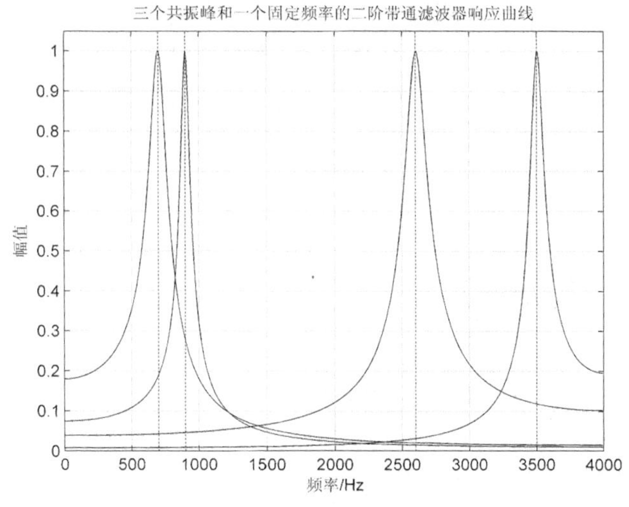

图 10-5-3 设计四个二阶共振峰带通滤波器幅值响应曲线图

4. 辐射低(带)通滤波器

在 1.2 节介绍的语音信号模型中，声门的冲激脉冲串模型相当于二阶低通，而口唇处的辐射模型相当于一阶高通，为此可以在语音共振峰检测前通过一个一阶高通滤波器（预加重），以提升高频分量；在语音合成后可以把这个高通滤波器反过来用，即将传递函数中的分子部分改为分母部分，构成低通滤波器，恢复原信号的声学模型。预加重滤波器的传递函数为

$$H(z) = 1 - az^{-1} \tag{10-5-20}$$

把它改为低通滤波器后的传递函数为

$$H(z) = \frac{1}{1 - az^{-1}} \tag{10-5-21}$$

在合成语音信号时,浊音是由三角波周期性的脉冲信号产生的,带有低频分量,在通过式(10-5-21)对应的低通滤波器时,会把不需要的低频信号放大,不仅破坏了波形,还带来了低频噪音。为了消除这部分干扰,在通过式(10-5-21)对应的低通滤波器的同时还要通过一个高通滤波器,所以实际应用中在语音合成以后将通过一个带通滤波器。它由一个低通滤波器和一个高通滤波器串接组成。在5.5.1小节中已经设计了ChebyshevII型低通滤波器,现在就参照该滤波器来设计高通滤波器。

例10-5-2(pr10_5_2) 设计ChebyshevII型高通滤波器的参数有:采样频率为8 000 Hz,通带频率为60 Hz,阻带频率为20 Hz,通带波纹为1 dB,阻带衰减为40 dB。结合式(10-5-21)的低通滤波器,给出高通滤波器和串接后的响应曲线。

程序清单如下:

```
% pr10_5_2
clear all; clc; close all;
Fs = 8000;                                      %采样频率
Fs2 = Fs/2;
fp = 60; fs = 20;                               %通带波纹和阻带频率
wp = fp/Fs2; ws = fs/Fs2;                       %转换成归一化频率
Rp = 1; Rs = 40;                                %通带和阻带衰减
[n,Wn] = cheb2ord(wp,ws,Rp,Rs);                 %计算滤波器阶次
[b1,a1] = cheby2(n,Rs,Wn,'high');               %计算滤波器系数
fprintf('b = %5.6f   %5.6f   %5.6f   %5.6f   %5.6f\n',b1);
fprintf('a = %5.6f   %5.6f   %5.6f   %5.6f   %5.6f\n',a1);
fprintf('\n');
[db,mag,pha,grd,w] = freqz_m(b1,a1);            %求出滤波器频率响应
a = [1 -0.99];
db1 = freqz_m(1,a);                             %计算低通滤波器频率响应
A = conv(a,a1);                                 %计算串接滤波器系数
B = b1;
db2 = freqz_m(B,A);
fprintf('B = %5.6f   %5.6f   %5.6f   %5.6f   %5.6f\n',B);
fprintf('A = %5.6f   %5.6f   %5.6f   %5.6f   %5.6f   %5.6f\n',A);
%作图
pos = get(gcf,'Position');
set(gcf,'Position',[pos(1), pos(2)-100,pos(3),pos(4)+100]);
subplot 221; plot(w/pi*Fs2,db1,'k');
title('低通滤波器幅值频率响应曲线')
ylim([-50 0]); ylabel('幅值/dB'); xlabel(['频率/Hz' 10 '(a)']);
subplot 222; plot(w/pi*Fs2,db,'k');
title('高通滤波器幅值频率响应曲线')
axis([0 500 -50 5]); ylabel('幅值/dB'); xlabel(['频率/Hz' 10 '(b)']);
subplot 212; semilogx(w/pi*Fs2,db2,'k');
title('带通滤波器幅值频率响应曲线'); ylabel('幅值/dB');
xlabel(['频率/Hz' 10 '(c)']); axis([10 3500 -40 5]); grid
```

说明:其中调用了freqz_m函数计算数字滤波器的频率响应,分别计算了式(10-5-21)对应的低通滤波器的频响曲线,显示在图10-5-4(a)上;计算了ChebyshevⅡ型高通滤波器的频响曲线,显示在图10-5-4(b)上;同时计算了式(10-5-21)对应的低通滤波器和ChebyshevⅡ型高通滤波器串接后带通滤波器的频响曲线,显示在图10-5-4(c)上。

ChebyshevⅡ型高通滤波器系数为:

```
b = 0.964775    -3.858862   5.788174    -3.858862   0.964775
a = 1.000000    -3.928040   5.786934    -3.789685   0.930791
```

低通滤波器和 Chebyshev Ⅱ 型高通滤波器串接后的滤波器系数为：

```
B = 0.964775     - 3.858862     5.788174     - 3.858862     0.964775
A = 1.000000     - 4.918040     9.675693     - 9.518749     4.682579     - 0.921483
```

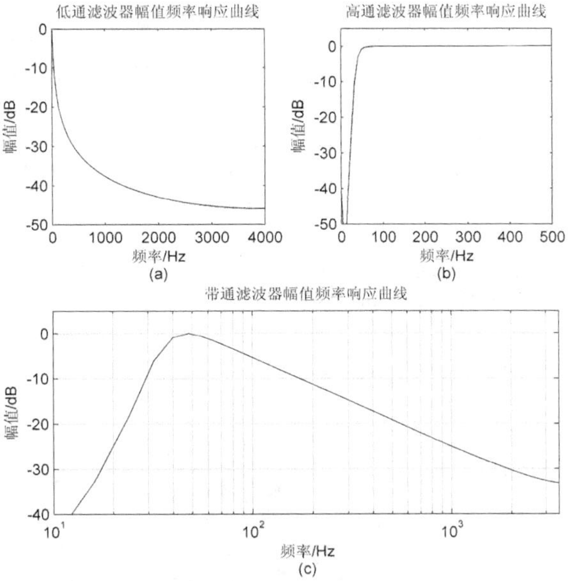

图 10-5-4　式(10-5-21)对应的低通滤波器、Chebyshev Ⅱ 高通滤波器和两个串接成带通滤波器的频响曲线

10.5.2　线性预测共振峰检测和基音参数的语音合成程序

在 10.4 节已介绍了采用自相关函数的主体-延伸的基音检测函数，本节的合成程序中就直接调用该函数来提取基音，而激励源也与 10.4 节介绍的方法相同。

例 10-5-3(pr10_5_3)　读入 colorcloud. wav 数据(内容是“朝辞白帝彩云间”)，用线性预测共振峰检测方法获取共振峰参数(调用 10.5.1 小节中的函数)，结合检测的基音参数合成语音信号。

程序清单如下：

```
% pr10_5_3
clear all; clc; close all;
filedir = [];                                    % 设置数据文件的路径
filename = 'colorcloud.wav';                     % 设置数据文件的名称
fle = [filedir filename]                         % 构成路径和文件名的字符串
[xx,fs] = wavread(fle);                          % 读取文件
xx = xx - mean(xx);                              % 去除直流分量
x1 = xx/max(abs(xx));                            % 归一化
x = filter([1 -.99],1,x1);                       % 预加重
N = length(x);
time = (0:N-1)/fs;                               % 信号的时间刻度
wlen = 240;                                      % 帧长
inc = 80;                                        % 帧移
overlap = wlen - inc;                            % 重叠长度
tempr1 = (0:overlap-1)'/overlap;                 % 斜三角窗函数 w1
tempr2 = (overlap-1:-1:0)'/overlap;              % 斜三角窗函数 w2
n2 = 1:wlen/2+1;
```

```
wind = hanning(wlen);                                   % 窗函数
X = enframe(x,wlen,inc)';                               % 分帧
fn = size(X,2);                                         % 帧数
Etemp = sum(X. * X);                                    % 计算每帧的能量
Etemp = Etemp/max(Etemp);                               % 能量归一化
T1 = 0.1; r2 = 0.5;                                     % 端点检测参数
miniL = 10;
mnlong = 5;
ThrC = [10 15];
p = 12;                                                 % 阶次
frameTime = frame2time(fn,wlen,inc,fs);                 % 每帧对应的时间刻度
Doption = 0;
% 用主体 - 延伸法基音检测
[Dpitch,Dfreq,Ef,SF,voiceseg,vosl,vseg,vsl,T2] = ...
   Ext_F0ztms(x1,fs,wlen,inc,T1,r2,miniL,mnlong,ThrC,Doption);
% % 共振峰提取
Frmt = Formant_ext2(x,wlen,inc,fs,SF,Doption);
Bwm = [150 200 250];                                    % 设置固定带宽
Bw = repmat(Bwm',1,fn);
% % 语音合成
zint = zeros(2,4);                                      % 初始化
tal = 0;
for i = 1 : fn
    yf = Frmt(:,i);                                     % 取来 i 帧的三个共振峰频率和带宽
    bw = Bw(:,i);
    [an,bn] = formant2filter4(yf,bw,fs);                % 转换成四个二阶滤波器系数
    synt_frame = zeros(wlen,1);

    if SF(i) = = 0                                      % 无话帧
        excitation = randn(wlen,1);                     % 产生白噪声
        for k = 1 : 4                                   % 对四个滤波器并联输入
            An = an(:,k);
            Bn = bn(k);
            [out(:,k),zint(:,k)] = filter(Bn(1),An,excitation,zint(:,k));
            synt_frame = synt_frame + out(:,k);         % 四个滤波器输出叠加在一起
        end
    else                                                % 有话帧
        PT = round(Dpitch(i));                          % 取周期值
        exc_syn1  = zeros(wlen + tal,1);                % 初始化脉冲发生区
        exc_syn1(mod(1:tal + wlen,PT) = = 0) = 1;       % 在基音周期的位置产生脉冲,幅值为 1
        exc_syn2 = exc_syn1(tal + 1:tal + inc);         % 计算帧移 inc 区间内的脉冲个数
        index = find(exc_syn2 = = 1);
        excitation = exc_syn1(tal + 1:tal + wlen);      % 这一帧的激励脉冲源
        if isempty(index)                               % 帧移 inc 区间内没有脉冲
            tal = tal + inc;                            % 计算下一帧的前导零点
        else                                            % 帧移 inc 区间内有脉冲
            eal = length(index);                        % 计算有几个脉冲
            tal = inc - index(eal);                     % 计算下一帧的前导零点
        end
        for k = 1 : 4                                   % 对四个滤波器并联输入
            An = an(:,k);
            Bn = bn(k);
            [out(:,k),zint(:,k)] = filter(Bn(1),An,excitation,zint(:,k));
            synt_frame = synt_frame + out(:,k);         % 四个滤波器输出叠加在一起
        end
    end
```

```
    Et = sum(synt_frame. * synt_frame);          %用能量归正合成语音
    rt = Etemp(i)/Et;
    synt_frame = sqrt(rt) * synt_frame;
        if i = = 1
            output = synt_frame;
        else
            M = length(output);                  %线性比例重叠相加处理
            output = [output(1:M - overlap); output(M - overlap + 1:M). * tempr2 + ...
                synt_frame(1:overlap). * tempr1; synt_frame(overlap + 1:wlen)];
        end
end
ol = length(output);                             %把输出 output 延长至与输入信号 xx 等长
if ol<N
    output = [output; zeros(N - ol,1)];
end
%合成语音通过带通滤波器
out1 = output;
out2 = filter(1,[1  - 0.99],out1);
b = [0.964775    - 3.858862    5.788174    - 3.858862    0.964775];
a = [1.000000    - 3.928040    5.786934    - 3.789685    0.930791];
output = filter(b,a,out2);
output = output/max(abs(output));
%通过声卡发音,比较原始语音和合成语音
wavplay(xx,fs);
pause(1)
wavplay(output,fs);
```

说明：

① 程序中调用了 10.4 节中提供的 Ext_F0ztms.m 函数，既进行了端点的检测，又进行了基音的提取；还调用了 10.5.1 节中的 Formant_ext1.m 函数提取共振峰频率的信息，该函数没有计算共振峰的带宽，所以共振峰的带宽只能设定为固定值 Bwm=[150 200 250]。

② 如果有现成的基音和共振峰参数，可以省略基音检测和共振峰检测。

③ 在语音合成部分，对取得的共振峰频率和带宽调用 formant2filter4 函数，按式(10-5-16)和式(10-5-17)重构成极点，并进一步计算出二阶共振峰带通滤波器的系数；除了计算三个共振峰带通滤波器的系数外，还计算了固定频率的带通滤波器的系数。

④ 产生激励源(白噪声和激励脉冲)的方法与 10.4 节中提供的方法相同。但产生的激励源将通过四个并联的二阶带通滤波器，把这四个滤波器的输出叠加在一起。

⑤ 在滤波过程中使用了 filter 函数，格式为

```
[y,zf] = filter(b,a,x,zi)
```

其中，zi 是 x 的初始状态矢量；zf 是 x 的最终状态矢量。在调用 filter 函数时一般都先初始化，即认为本组数据之前的数据都为零，所以在运行 filter 函数后都有一个过渡过程才使滤波器达到稳定状态。而本例中是分帧滤波，每一帧数据之前都有数据，不应该每帧滤波时都进行初始化，所以要把每帧滤波后的最终状态矢量保存下来，作为下一帧滤波时的初始状态矢量。

在程序中设置了变量 zint，其在滤波过程开始时，作为初始状态矢量；在滤波结束后，作为最终状态矢量，以备下一帧滤波使用；在下一帧使用时，上一帧的最终状态矢量就作为本帧的初始状态矢量。在 pr10_5_3 中 zint 是一个 2×4 的数组，二阶滤波器的状态矢量只有两个元素(两行)；但因有四个带通滤波器，所以是四列。而在 pr10_4_1 程序中只有一个滤波器，阶数为 p，zint 是一个 p×1 的数组。

⑥ 对每一帧滤波器输出的合成帧语音将计算能量，使合成帧语音的能量与输入帧的能量

相同,以调整合成语音的幅值。

⑦ 在共振峰滤波器输出叠加后还通过了式(10-5-21)对应的低通滤波器,以及Chebyshev Ⅱ型高通滤波器,最后构成每一帧的合成语音输出。

⑧ 在合成语音output输出中,帧与帧之间的接叠与pr10_4_1相同,用了线性比例的重叠相加法进行合成叠加。

⑨ 在列出的程序中省略了作图部分的清单,它可在源程序包中的pr10_5_3中找到。

运行pr10_5_3后给出的计算结果如图10-5-5和图10-5-6所示。

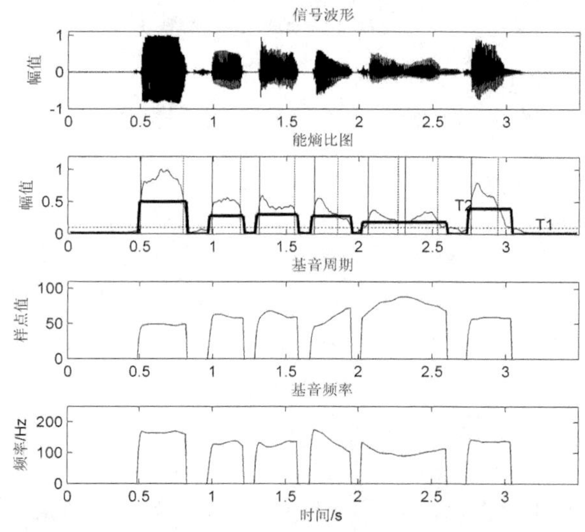

图10-5-5　端点检测、计算出基音周期和基音频率的结果

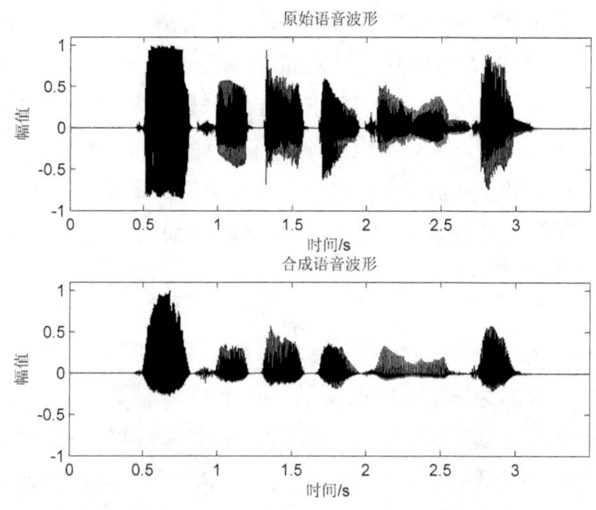

图10-5-6　原始语音波形和合成语音波形图

在10.5.1小节曾讨论过式(10-5-21)对应的低通滤波器和Chebyshev Ⅱ型高通滤波器,在pr10_5_3程序中分别把共振峰滤波器输出叠加后表示为out1,把通过式(10-5-21)对应的低通滤波器的输出表示为out2,把再通过ChebyshevⅡ型高通滤波器的输出表示为output,现在把这三个输出量显示在图10-5-7上。从图中可以看到,如果只通过式(10-5-21)对

应的低通滤波器(见图 10-5-7(b)),该低通把原信号中的低频部分放大,把语音信号似乎调制到低频噪声上了,所以一定要通过一个高通滤波器消除这部分的低频干扰。

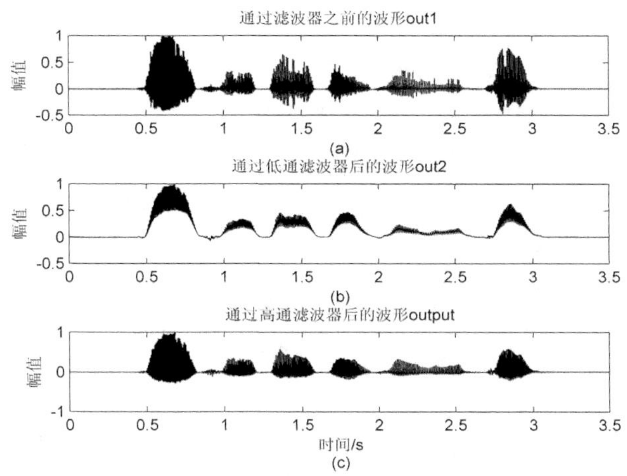

图 10-5-7　合成语音通过低通、高通滤波器前后波形的比较

10.5.3　倒谱法与内插法结合的共振峰检测和基音参数的语音合成程序

本小节沿用了 10.5.2 小节介绍的基音检测方法和激励源合成语音的方法,但提取共振峰的方法与 10.5.2 小节中的不同。采用倒谱法和内插法结合的共振峰检测已在 10.5.1 小节介绍过。

例 10-5-4(pr10_5_4)　对 colorcloud.wav 数据(内容是"朝辞白帝彩云间")用倒谱法与内插法结合的共振峰检测方法获取共振峰参数,结合检测的基音参数合成语音信号。

程序清单如下:

```
%  pr10_5_4
clear all; clc; close all;
filedir = [];                               % 设置数据文件的路径
filename = 'colorcloud.wav';                % 设置数据文件的名称
fle = [filedir filename]                    % 构成路径和文件名的字符串
[xx,fs] = wavread(fle);                     % 读取文件
xx = xx - mean(xx);                         % 去除直流分量
x1 = xx/max(abs(xx));                       % 归一化
x = filter([1 -.99],1,x1);                  % 预加重
N = length(x);
time = (0:N-1)/fs;                          % 信号的时间刻度
wlen = 240;                                 % 帧长
inc = 80;                                   % 帧移
overlap = wlen - inc;                       % 重叠长度
tempr1 = (0:overlap-1)'/overlap;            % 斜三角窗函数 w1
tempr2 = (overlap-1:-1:0)'/overlap;         % 斜三角窗函数 w2
n2 = 1:wlen/2+1;
wind = hanning(wlen);                       % 窗函数
X = enframe(x,wlen,inc)';                   % 分帧
fn = size(X,2);                             % 帧数
Etemp = sum(X.*X);
Etemp = Etemp/max(Etemp);
T1 = 0.1; r2 = 0.5;                         % 端点检测参数
miniL = 10;
```

```
mnlong = 5;
ThrC = [10 12];
p = 12;                                              % LPC 阶次
frameTime = frame2time(fn,wlen,inc,fs);              % 每帧对应的时间刻度
% 基音检测
[Dpitch,Dfreq,Ef,SF,voiceseg,vosl,vseg,vsl,T2] = ...
    Ext_F0ztms(xx,fs,wlen,inc,T1,r2,miniL,mnlong,ThrC,0);
const = fs/(2 * pi);                                 % 常数
Frmt = ones(3,fn) * nan;                             % 初始化
Bw = ones(3,fn) * nan;
zint = zeros(2,4);                                   % 初始化
tal = 0;
cepstL = 6;                                          % 倒频率上窗函数的宽度
wlen2 = wlen/2;                                      % 取帧长一半
df = fs/wlen;                                        % 计算频域的频率刻度
for i = 1 : fn
% % 共振峰和带宽的提取
    u = X(:,i);                                      % 取一帧数据
    u2 = u. * wind;                                  % 信号加窗函数
    U = fft(u2);                                     % 按式(10-5-6)计算 FFT
    U2 = abs(U(1:wlen2)).^2;                         % 计算功率谱
    U_abs = log(U2);                                 % 按式(10-5-7)计算对数
    Cepst = ifft(U_abs);                             % 按式(10-5-8)计算 IDFT
    cepst = zeros(1,wlen2);
    cepst(1:cepstL) = Cepst(1:cepstL);               % 按式(10-5-9)乘窗函数
    cepst(end - cepstL + 2:end) = Cepst(end - cepstL + 2:end);
    spect = real(fft(cepst));                        % 按式(10-5-10)计算 DFT
    [Loc,Val] = findpeaks(spect);                    % 寻找峰值
    Spe = exp(spect);                                % 按式(10-5-11)计算线性功率谱值
    ll = min(3,length(Loc));
    for k = 1 : ll
        m = Loc(k);                                  % 设置 m-1,m 和 m+1
        m1 = m - 1; m2 = m + 1;
        pp = Spe(m);                                 % 设置 P(m-1),P(m)和 P(m+1)
        pp1 = Spe(m1); pp2 = Spe(m2);
        aa = (pp1 + pp2)/2 - pp;                     % 按式(10-5-13)计算
        bb = (pp2 - pp1)/2;
        cc = pp;
        dm = - bb/2/aa;
        Pp = - bb * bb/4/aa + cc;                    % 按式(10-5-14)计算
        m_new = m + dm;
        bf = - sqrt(bb * bb - 4 * aa * (cc - Pp/2))/aa;
        F(k) = (m_new - 1) * df;                     % 按式(10-5-12)计算共振峰频率
        bw(k) = bf * df;                             % 按式(10-5-12)计算共振峰带宽
    end
    Frmt(:,i) = F;                                   % 把共振峰频率存放在 Frmt 中
    Bw(:,i) = bw;                                    % 把带宽存放在 Bw 中
end
% % 语音合成
for i = 1 : fn
    yf = Frmt(:,i);                                  % 取来 i 帧的三个共振峰频率和带宽
    bw = Bw(:,i);
    [an,bn] = formant2filter4(yf,bw,fs);             % 转换成四个二阶滤波器系数
```

```
    synt_frame = zeros(wlen,1);

    if SF(i) = = 0                                         % 无话帧
        excitation = randn(wlen,1);                        % 产生白噪声
        for k = 1 : 4                                      % 对四个滤波器并联输入
            An = an(:,k);
            Bn = bn(k);
            [out(:,k),zint(:,k)] = filter(Bn(1),An,excitation,zint(:,k));
            synt_frame = synt_frame + out(:,k);            % 四个滤波器输出叠加在一起
        end
    else                                                   % 有话帧
        PT = round(Dpitch(i));                             % 取周期值
        exc_syn1  = zeros(wlen + tal,1);                   % 初始化脉冲发生区
        exc_syn1(mod(1:tal + wlen,PT) = = 0) = 1;          % 在基音周期的位置产生脉冲,幅值为 1
        exc_syn2 = exc_syn1(tal + 1:tal + inc);            % 计算帧移 inc 区间内的脉冲个数
        index = find(exc_syn2 = = 1);
        excitation = exc_syn1(tal + 1:tal + wlen);         % 这一帧的激励脉冲源

        if isempty(index)                                  % 帧移 inc 区间内没有脉冲
            tal = tal + inc;                               % 计算下一帧的前导零点
        else                                               % 帧移 inc 区间内有脉冲
            eal = length(index);                           % 计算有几个脉冲
            tal = inc - index(eal);                        % 计算下一帧的前导零点
        end
        for k = 1 : 4                                      % 对四个滤波器并联输入
            An = an(:,k);
            Bn = bn(k);
            [out(:,k),zint(:,k)] = filter(Bn(1),An,excitation,zint(:,k));
            synt_frame = synt_frame + out(:,k);            % 四个滤波器输出叠加在一起
        end
    end
    Et = sum(synt_frame. * synt_frame);                    % 用能量归正合成语音
    rt = Etemp(i)/Et;
    synt_frame = sqrt(rt) * synt_frame;
        synt_speech_HF(:,i) = synt_frame;
        if i = = 1
            output = synt_frame;
        else
            M = length(output);                            % 线性比例重叠相加处理
            output = [output(1:M - overlap); output(M - overlap + 1:M). * tempr2 + ...
                synt_frame(1:overlap). * tempr1; synt_frame(overlap + 1:wlen)];
        end
end
ol = length(output);                                       % 把输出 output 延长至与输入信号 xx 等长
if ol<N
    output = [output; zeros(N - ol,1)];
end
out1 = output;
b = [0.964775   - 3.858862   5.788174   - 3.858862   0.964775];   % 滤波器系数
a = [1.000000   - 4.918040   9.675693   - 9.518749   4.682579   - 0.921483];
output = filter(b,a,out1);                                 % 通过低通和高通串接的滤波器
output = output/max(abs(output));                          % 幅值归一化
% 通过声卡发音,比较原始语音和合成语音
wavplay(xx,fs);
pause(1)
wavplay(output,fs);
```

若您对此书内容有任何疑问,可以凭在线交流卡登录MATLAB中文论坛与作者交流。

说明：

① 程序除了共振峰的提取外都类同于 pr10_5_3。本程序中完全按 10.5.1 小节介绍的倒谱和内插法的计算公式来获取共振峰频率和带宽,并存放在 Frmt 和 Bw 数组中,以便在语音合成中读取。在共振峰滤波器输出叠加后,也通过低通和高通串接的滤波器,最后构成合成语音的输出。

② 在列出的程序中省略了作图部分的清单,它可在源程序包中的 pr10_5_4 程序中找到。

运行 pr10_5_4 后给出计算结果,其中端点检测、基音周期和基音频率与图 10-5-5 相同不再列出,而合成语音的波形图如图 10-5-8 所示。

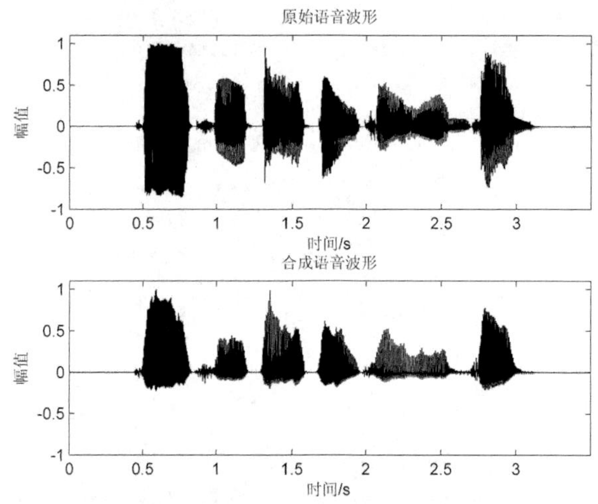

图 10-5-8　原始语音波形和合成语音波形图

10.6　语音信号的变速和变调算法

语音信号的变速和变调属于语音更改范畴。语音更改是指在保留原语音所蕴含语意的基础上,通过对说话人的语音特征进行处理,使之听起来不像是原说话人所发出的声音的过程。这一技术拥有广阔的应用前景。例如,日常生活中的语音邮件、语音库转换为语音、多媒体语音信号处理等都需要用到这种技术。

语音更改技术涉及语音信号个人特性的研究,主要分为两个方面:一个是声学参数,如共振峰频率、基频等,主要是由不同说话人的发声器官差异所决定的;另一个是韵律学参数,如不同说话人说话的快慢、节奏、口音是不一样的,主要和人们所处的环境有关。

本节中讨论的语音变速和变调只是语音更改技术的一部分。语音变速是指把一个语音在时间上缩短或拉长,而语音的采样频率以及基频、共振峰并没有发生变化;语音的变调是指把语音的基音频率降低或升高(如将男声变为女声或将女声变为男声),共振峰频率要作相应的改变,而采样频率同样没有发生变化。我们还是在线性预测参数的基础上实现语音信号的变速和变调算法。

10.6.1　语音信号的变速

10.4 节已介绍过预测系数和基音参数的语音合成,说明有了预测系数和基音信息就可以合成语音。要把语音缩短或拉长,就等于需要知道某些时刻的预测系数和基音信息。例如,设

原来语音长为 T，每帧长为 wlen，帧移为 inc，总共有 fn 帧。现在要把语音缩短，缩为时间长 T1，而帧长和帧移不变，总帧数随语音长度的减少也随之减少为 fn1。如图 10-6-1 所示，黑点是原始语音每一帧的位置，时长为 T；而灰点是缩短语音每一帧的位置，时长为 T1。缩短语音的帧数 fn1 比原始语音的帧数 fn 少。缩短语音的每一帧对应的原信号的时间已不是原始语音的时刻，往往在两个黑点之间（用灰点表示），所以要缩短语音所需的信息不能简单地把原始语音中的信息搬过来用，而要计算出原始语音上各灰点位置上的语音信息。

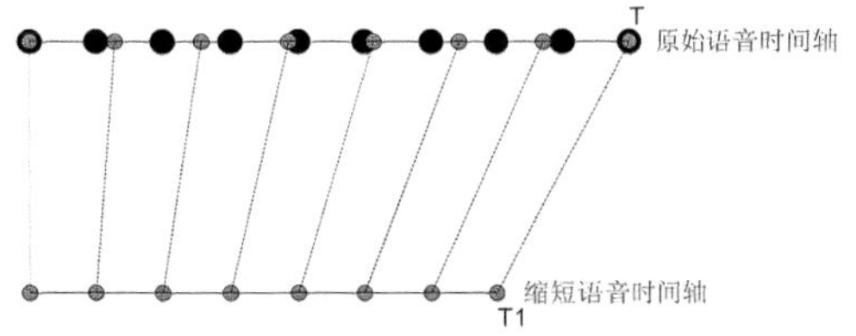

图 10-6-1　语音缩短时参数的对应关系

对于原始语音可以通过基音检测获得基音周期信息，通过线性预测分析，获得每帧的预测系数 a_i。基音周期可以通过内插得到缩短语音所要的信息，但预测系数 a_i 是不适合通过内插得到缩短语音所要的信息。在第 4 章线性预测分析中曾介绍过线谱对（LSP）。线谱对的归一化频率 LSF 反映了线性预测频域的共振峰特性。当语音从一帧往下一帧过渡时，共振峰会有所变化，LSF 也会有所变化，而在第 4 章中已指出 LSF 参数是可以进行内插的。实际上不论缩短还是拉长，都是可通过对 LSF 的内插来完成的。对语音缩短或拉长的具体步骤如下：

① 先对原始语音进行分帧，再做基音检测和线性预测分析，得到 1～fn 帧的基音参数和 1～fn 帧的预测系数 a'_i。

② 把 1～fn 帧的基音参数按新的语音时长要求内插为 1～fn1 帧的基音参数。

③ 把 1～fn 帧的预测系数 a'_i 转换成 1～fn 帧的 LSF 参数，称为 LSF1。把 1～fn 帧的 LSF1 按新的语音时长要求内插为 1～fn1 帧的 LSF2。

④ 把 1～fn1 帧的 LSF2 重构成 1～fn1 帧线性预测系数 a_i，按 10.4 节介绍的方法，用预测系数和基音参数合成语音。

这样重构的语音信号时长为 T1，再按原采样频率放音时，就能感觉到语速变了，或快（时长缩短）或慢（时长拉长），而相应的基音频率和共振峰参数都没有改变。语音变速分析合成语音的示意图如图 10-6-2 所示。

10.4 节已对原始信号进行了基音检测和预测系数的提取，同时在这两种参数的基础上完成了预测系数和基音参数的合成语音，和这里的语音变速比较，只是在基音的内插、预测系数转换为 LSF、内插后再转回预测系数上有差别。所以语音变速的程序大部分和 pr10_4_1 相同。

例 10-6-1(pr10_6_1)　读入 colorcloud.wav 数据（内容为“朝辞白帝彩云间”），实现语音变速。

程序清单如下：

```
% pr10_6_1
clear all; clc; close all;

filedir = [];                          % 设置数据文件的路径
filename = 'colorcloud.wav';           % 设置数据文件的名称
fle = [filedir filename]               % 构成路径和文件名的字符串
[xx,fs] = wavread(fle);                % 读取文件
xx = xx - mean(xx);                    % 去除直流分量
x = xx/max(abs(xx));                   % 归一化
N = length(x);
time = (0:N-1)/fs;
```

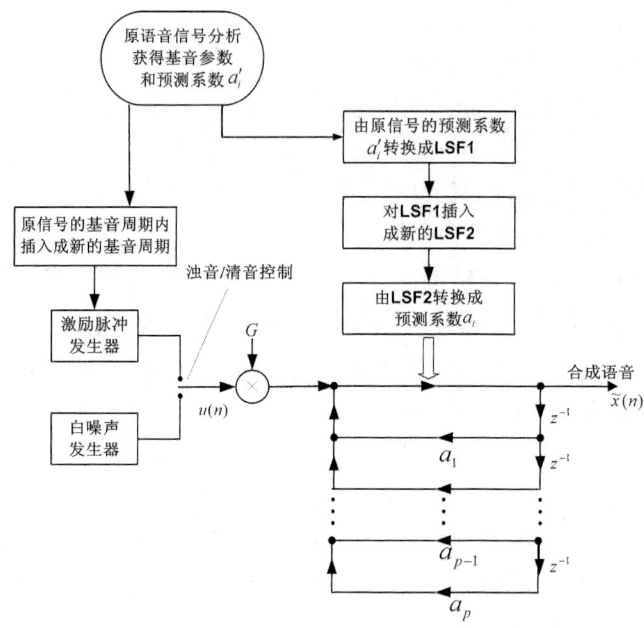

图 10-6-2　语音变速分析合成语音的示意图

```
wlen = 240;                                     % 帧长
inc = 80;                                       % 帧移
overlap = wlen - inc;                           % 重叠长度
tempr1 = (0:overlap - 1)'/overlap;              % 斜三角窗函数 w1
tempr2 = (overlap - 1: - 1:0)'/overlap;         % 斜三角窗函数 w2
n2 = 1:wlen/2 + 1;
X = enframe(x,wlen,inc)';                       % 分帧
fn = size(X,2);                                 % 帧数
T1 = 0.1; r2 = 0.5;                             % 端点检测参数
miniL = 10;
mnlong = 5;
ThrC = [10 15];
p = 12;                                         % LPC 阶次
frameTime = frame2time(fn,wlen,inc,fs);         % 计算每帧的时间刻度
in = input('请输入伸缩语音的时间长度是原语音时间长度的倍数:','s'); % 输入伸缩长度比例
rate = str2num(in);
for i = 1 : fn                                  % 求取每帧的预测系数和增益
    u = X(:,i);
    [ar,g] = lpc(u,p);
    AR_coeff(:,i) = ar;
    Gain(i) = g;
end
% 基音检测
[Dpitch,Dfreq,Ef,SF,voiceseg,vosl,vseg,vsl,T2] = ...
    Ext_F0ztms(x,fs,wlen,inc,T1,r2,miniL,mnlong,ThrC,0);
tal = 0;                                        % 初始化
zint = zeros(p,1);
% % LSP 参数的提取
for i = 1 : fn
    a2 = AR_coeff(:,i);                         % 取来本帧的预测系数
    lsf = ar2lsf(a2);                           % 调用 ar2lsf 函数求出 lsf
    Glsf(:,i) = lsf;                            % 把 lsf 存储在 Glsf 数组中
end
% 通过内插把相应数组缩短或伸长
```

```
fn1 = floor(rate * fn);                                          % 设置新的总帧数 fn1
Glsfm = interp1((1:fn),Glsf',linspace(1,fn,fn1))';               % 把 LSF 系数内插
Dpitchm = interp1(1:fn,Dpitch,linspace(1,fn,fn1));               % 把基音周期内插
Gm = interp1((1:fn),Gain,linspace(1,fn,fn1));                    % 把增益系数内插
SFm = interp1((1:fn),SF,linspace(1,fn,fn1));                     % 把 SF 系数内插
%% 语音合成
for i = 1:fn1;
    lsf = Glsfm(:,i);                                            % 获取本帧的 lsf 参数
    ai = lsf2ar(lsf);                                            % 调用 lsf2ar 函数把 lsf 转换成预测系数 ar
    sigma = sqrt(Gm(i));
    if SFm(i) == 0                                               % 无话帧
        excitation = randn(wlen,1);                              % 产生白噪声
        [synt_frame,zint] = filter(sigma,ai,excitation,zint);
    else                                                         % 有话帧
        PT = round(Dpitchm(i));                                  % 取周期值
        exc_syn1  = zeros(wlen + tal,1);                         % 初始化脉冲发生区
        exc_syn1(mod(1:tal + wlen,PT) == 0) = 1;                 % 在基音周期的位置产生脉冲,幅值为 1
        exc_syn2 = exc_syn1(tal + 1:tal + inc);                  % 计算帧移 inc 区间内的脉冲个数
        index = find(exc_syn2 == 1);
        excitation = exc_syn1(tal + 1:tal + wlen);               % 这一帧的激励脉冲源
        if isempty(index)                                        % 帧移 inc 区间内没有脉冲
            tal = tal + inc;                                     % 计算下一帧的前导零点
        else                                                     % 帧移 inc 区间内有脉冲
            eal = length(index);                                 % 计算有几个脉冲
            tal = inc - index(eal);                              % 计算下一帧的前导零点
        end
        gain = sigma/sqrt(1/PT);                                 % 增益
        [synt_frame,zint] = filter(gain,ai,excitation,zint); % 用激励脉冲合成语音
    end
    if i == 1
            output = synt_frame;
        else
            M = length(output);                                  % 重叠部分的处理
            output = [output(1:M - overlap); output(M - overlap + 1:M). * tempr2 + ...
                synt_frame(1:overlap). * tempr1; synt_frame(overlap + 1:wlen)];
        end
end
output(find(isnan(output))) = 0;
bn = [0.964775    - 3.858862    5.788174    - 3.858862    0.964775]; % 滤波器系数
an = [1.000000    - 3.928040    5.786934    - 3.789685    0.930791];
output = filter(bn,an,output);                                   % 高通滤波
output = output/max(abs(output));                                % 幅值归一化
% 通过声卡发音,比较原始语音和合成语音
wavplay(x,fs);
pause(1)
wavplay(output,fs);
```

说明:

① 程序中基音和预测系数的检测,以及语音的合成方法都和例 10 - 4 - 1 一样。

② 在程序运行后将会询问:

请输入伸缩语音的时间长度是原语音时间长度的倍数:

要求输入对语音伸缩的倍数。若要使语音拉长,输入的数大于 1,如 1.2,1.5 等;若要使语音缩短,输入的数小于 1,如 0.8,0.5 等。

③ 获取预测系数后,把它转换为 LSF 参数,并存放在 Glsf 数组中。

④ 程序中对参数内插主要通过一维矢量内插函数 interp1 完成,在程序中把合成部分要用到的以下几个参数都进行了内插:

```
Glsfm = interp1((1:fn),Glsf',linspace(1,fn,fn1))';        % 把 LSF 系数内插
Dpitchm = interp1(1:fn,Dpitch,linspace(1,fn,fn1));        % 把基音周期内插
Gm = interp1((1:fn),Gain,linspace(1,fn,fn1));             % 把增益系数内插
SFm = interp1((1:fn),SF,linspace(1,fn,fn1));              % 把 SF 系数内插
```

其中,fn 是原语音信号分帧后的总帧数;fn1 是伸缩后语音信号分帧后的总帧数。Dpitch、Gain 和 SF 都是一维数组;而 Glsf 是一个二维数组。还是用 interp1 函数进行内插,它是对 Glsf 数组一维一维地处理,但要求 Glsf 的行数是 fn 长。

⑤ 同 pr10_4_1 一样,在语音合成后通过一个高通滤波器,以减少三角波激冲序列的低频分量。

⑥ 程序中作图部分的清单省略了,它与 pr10_4_1 中的相同。

运行 pr10_6_1 时,把伸缩语音的时间长度输入为 1.5,即把语音拉长,运行后给出的计算结果如图 10-6-3 和图 10-6-4 所示。

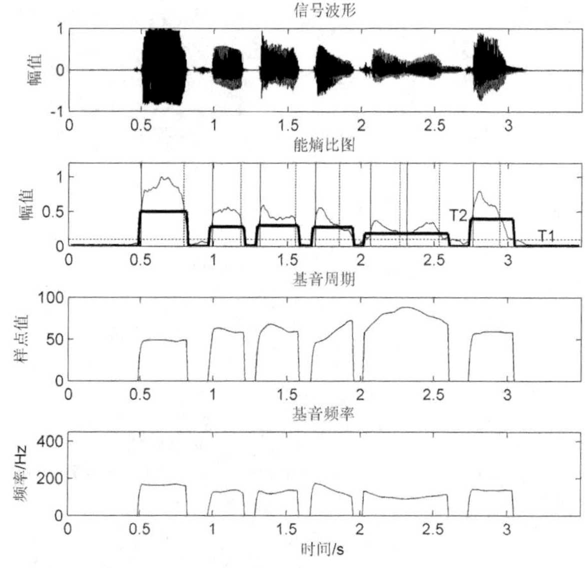

图 10-6-3　端点检测、元音主体检测、基音周期和基音频率图

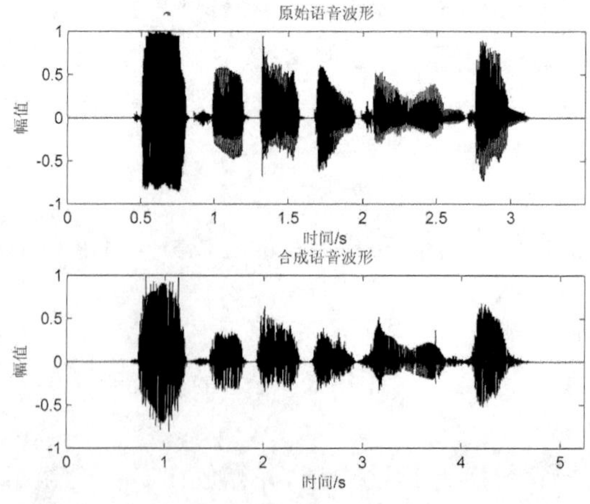

图 10-6-4　合成语音把原始语音拉长到 1.5 倍

10.6.2 语音信号的变调

语音信号的变调是指把原语音信号中的基音频率变大(可把男声变成女声)或变小(可把女声变成男声)。在 10.4 节已介绍过预测系数和基音参数的语音合成,若要变调,最简单的方法就是在合成语音过程中把基音频率改变后再合成。但文献 [7]指出,男声与女声即使发同一个元音的声音,共振峰频率也有较大的差别,这主要是由于男性和女性声道的长度不同。差别除了基音(基音是最重要的差异)以外共振峰频率也有差异,因为成年男子的声道比女子的声道长,男声的共振峰频率也会比女声的低。所以在提高或降低基音频率的同时,也要对共振峰频率做相应的调整。在 10.4 节的基础上,语音信号变调合成语音的示意图如图 10-6-5 所示。

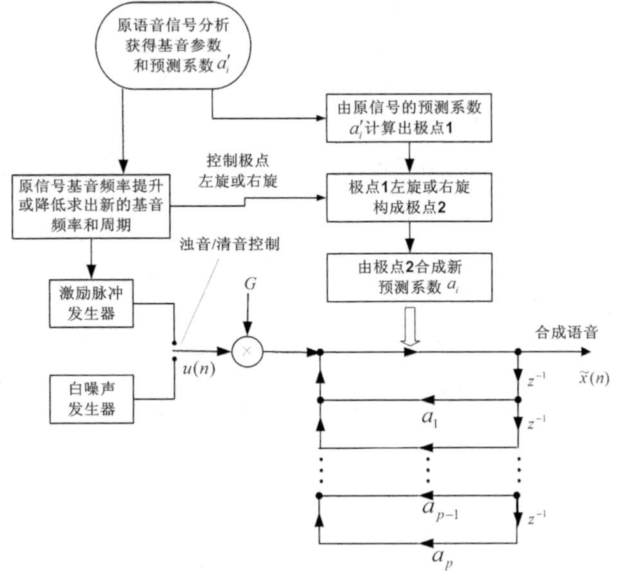

图 10-6-5 语音信号变调合成语音示意图

10.5 节已介绍过共振峰频率和预测系数之间的关系,由式(10-5-1)~式(10-5-5)所表示,预测误差滤波器 $A(z)$ 是一个由预测系数构成的多项式。由式(10-5-3)可以看出,f_s 是固定的,2π 是常数,所以任何一个共振峰值 F_i 都与根 z_i 的相位角 θ_i 有关,而相位角 θ_i 由式(10-5-5)表示为根 z_i 的虚部和实部之比的反正切。当共振峰频率增加时,θ_i 就增加,可能 $\mathrm{Im}(z_i)$ 增加,或(和) $\mathrm{Re}(z_i)$ 减小。但 z_i 的模 $|z_i|$ 是一个定值 ($|z_i|=\sqrt{[\mathrm{Im}(z_i)]^2+[\mathrm{Re}(z_i)]^2}$),所以在 $\mathrm{Im}(z_i)$ 增加时 $\mathrm{Re}(z_i)$ 必然减小。如图 10-6-6 所示的 Z 平面,其中单位圆实轴上方对应的相位角 θ_i 为正值,即 $0\sim\pi$;实轴下方对应的相角 θ_i 为负值,即 $0\sim-\pi$。

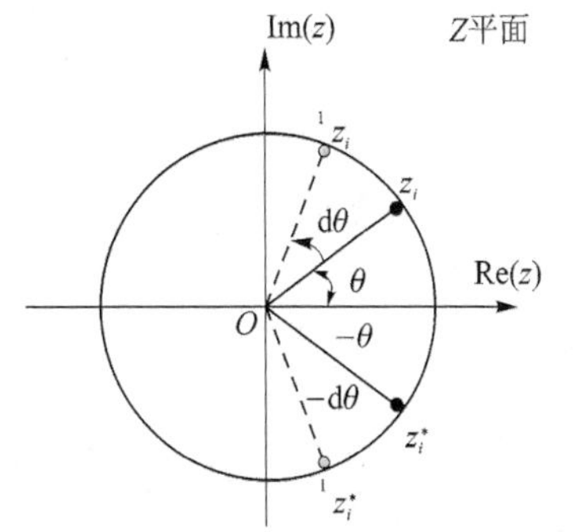

图 10-6-6 共振峰频率增加对应于根值位置的变化

图中根 z_i 的位置用黑点表示,在实轴上方共振峰增加时,相应的 θ_i 增加了 $d\theta$,根的位置将逆时针转到 ^1z_i 的位置,用灰点表示;而 z_i 的共轭值 z_i^* 虚部为负值,在实轴的下方,用黑点表示,当共振峰增加时,根 z_i^* 的位置将顺时针转到 $^1z_i^*$ 的位置,也用灰点表示。

当基音频率降低时,共振峰频率也稍有降低,在 Z 平面上根值 z_i 将逆时针转到 ${}^1z_i$ 的位置,根 z_i^* 的位置将顺时针转到 ${}^1z_i^*$ 的位置。当根值从 z_i 转到 ${}^1z_i$ 的位置以后,对应的共振峰频率为

$$ {}^1F_i = {}^1\theta_i f_s/2\pi \tag{10-6-1}$$

式中

$$ {}^1\theta_i = \arctan\frac{\mathrm{Im}({}^1z_i)}{\mathrm{Re}({}^1z_i)} = \theta_i + \mathrm{d}\theta \tag{10-6-2}$$

共振峰频率移动量(增加量或降低量)为

$$ \mathrm{d}F = {}^1F_i - F_i = ({}^1\theta_i - \theta_i)f_s/2\pi = \mathrm{d}\theta f_s/2\pi \tag{10-6-3}$$

其中

$$ \mathrm{d}\theta = {}^1\theta_i - \theta_i = 2\pi \mathrm{d}F/f_s \tag{10-6-4}$$

严格地说,基音频率变化对不同的共振峰频率变化的影响是不一样的,而且对带宽也会有一定的影响。但在这里为了简化起见,不论基音频率增加或减少多少,都将不同的共振峰频率增加或减少 100 Hz,带宽不随共振峰频率的变化而变化。

例 10-6-2(pr10_6_2) 读入 colorcloud.wav 数据(内容为"朝辞白帝彩云间"),设法把基音频率提高或降低。

程序清单如下:

```
% pr10_6_2
clear all; clc; close all;

filedir = [];                                % 设置数据文件的路径
filename = 'colorcloud.wav';                 % 设置数据文件的名称
fle = [filedir filename]                     % 构成路径和文件名的字符串
[xx,fs] = wavread(fle);
xx = xx - mean(xx);
x = xx/max(abs(xx));                         % 幅值归一化
lx = length(x);
time = (0:lx-1)/fs;                          % 求出对应的时间序列
wlen = 240;                                  % 设定帧长
inc = 80;                                    % 设定帧移的长度
overlap = wlen - inc;
tempr1 = (0:overlap-1)'/overlap;
tempr2 = (overlap-1:-1:0)'/overlap;
n2 = 1:wlen/2+1;
X = enframe(x,wlen,inc)';                    % 按照参数进行分帧
fn = size(X,2);
T1 = 0.1; r2 = 0.5;                          % 端点检测参数
miniL = 10;
mnlong = 5;
ThrC = [10 15];
p = 12;                                      % 设预测阶次
frameTime = frame2time(fn,wlen,inc,fs);      % 每帧对应的时间刻度
in = input('请输入基音频率升降的倍数:','s');  % 输入基音频率增降比例
rate = str2num(in);

for i = 1 : fn                               % 求取每帧的预测系数和增益
    u = X(:,i);
    [ar,g] = lpc(u,p);
    AR_coeff(:,i) = ar;
    Gain(i) = g;
end
% 基音检测
```

```
[Dpitch,Dfreq,Ef,SF,voiceseg,vosl,vseg,vsl,T2] = ...
    Ext_F0ztms(x,fs,wlen,inc,T1,r2,miniL,mnlong,ThrC,0);
if rate>1, sign = 1; else sign = - 1; end
lmin = floor(fs/450);                              % 基音周期的最小值
lmax = floor(fs/60);                               % 基音周期的最大值
deltaOMG  =  sign * 100 * 2 * pi/fs;               % 根值顺时针或逆时针旋转量 dθ
Dpitchm = Dpitch/rate;                             % 增减后的基音周期
Dfreqm = Dfreq * rate;                             % 增减后的基音频率
tal = 0;                                           % 初始化
zint = zeros(p,1);
for i = 1 : fn
    a = AR_coeff(:,i);                             % 取得本帧的 AR 系数
    sigma = sqrt(Gain(i));                         % 取得本帧的增益系数
    if SF(i) = = 0                                 % 无话帧
        excitation = randn(wlen,1);                % 产生白噪声
        [synt_frame,zint] = filter(sigma,a,excitation,zint);
    else                                           % 有话帧
        PT = floor(Dpitchm(i));                    % 把周期值变为整数
        if PT<lmin, PT = lmin; end                 % 判断修改后的周期值有否超限
        if PT>lmax, PT = lmax; end
        ft = roots(a);                             % 对预测系数求根
        ft1 = ft;
 % 增减共振峰频率,求出新的根值
        for k = 1 : p
            if imag(ft(k))>0,
                ft1(k)  =  ft(k) * exp(j * deltaOMG);
            elseif imag(ft(k))<0
                ft1(k)  =  ft(k) * exp( - j * deltaOMG);
            end
        end
        ai = poly(ft1);                            % 由新的根值重新组成预测系数
        exc_syn1  = zeros(wlen + tal,1);           % 初始化脉冲发生区
        exc_syn1(mod(1:tal + wlen,PT) = = 0) = 1;  % 在基音周期的位置产生脉冲,幅值为 1
        exc_syn2 = exc_syn1(tal + 1:tal + inc);    % 计算帧移 inc 区间内的脉冲个数
        index = find(exc_syn2 = = 1);
        excitation = exc_syn1(tal + 1:tal + wlen); % 这一帧的激励脉冲源
        if isempty(index)                          % 帧移 inc 区间内没有脉冲
            tal = tal + inc;                       % 计算下一帧的前导零点
        else                                       % 帧移 inc 区间内有脉冲
            eal = length(index);                   % 计算脉冲个数
            tal = inc - index(eal);                % 计算下一帧的前导零点
        end
        gain = sigma/sqrt(1/PT);                   % 增益
        [synt_frame,zint] = filter(gain,ai,excitation,zint); % 用激励脉冲合成语音
    end
    if i = = 1
        output = synt_frame;
    else
        M = length(output);                        % 重叠部分的处理
        output = [output(1:M - overlap); output(M - overlap + 1:M). * tempr2 + ...
            synt_frame(1:overlap). * tempr1; synt_frame(overlap + 1:wlen)];
    end
end
output(find(isnan(output))) = 0;
ol = length(output);                               % 把输出 output 延长至与输入信号 xx 等长
if ol<lx
```

```
    output1 = [output; zeros(lx - ol,1)];
else
    output1 = output(1:lx);
end
bn = [0.964775    -3.858862    5.788174    -3.858862    0.964775];      % 滤波器系数
an = [1.000000    -3.928040    5.786934    -3.789685    0.930791];
output = filter(bn,an,output1);                                          % 高通滤波
output = output/max(abs(output));                                        % 幅值归一化
% 通过声卡发音,比较原始语音和合成语音
wavplay(x,fs);
pause(1)
wavplay(output,fs);
```

说明:

① 在程序中基音和预测系数的检测,以及语音的合成方法都和例 10-4-1 一样。

② 在程序运行后将会询问:

请输入基音频率升降的倍数:

要求输入基音频率增加或减小的倍数。若要使基音频率增加(男声变为女声),输入的数应大于 1,如 1.2,1.5 等;若要使基音频率减小(女声变为男声),输入的数应小于 1,如 0.8,0.5 等。输入的倍数存放在变量 rate 中,用 rate 计算新的基音频率 Dfreqm 和基音周期 Dpitchm。

当 rate 大于 1 时,设置了 sign=1,说明共振峰频率将增加,Z 平面实轴上方的根值相角将逆时针旋转;当 rate 小于 1 时,设置了 sign=-1,说明共振峰频率将降低,Z 平面实轴上方的根值相角将顺时针旋转。设置 $dF=100$,按式(10-6-4)计算 $d\theta$,所以程序中有

```
if rate>1, sign = 1; else sign = -1; end
deltaOMG  =  sign * 100 * 2 * pi/fs;          % 根值顺时针或逆时针旋转量 dθ
Dpitchm = Dpitch/rate;                        % 增减后的基音周期
Dfreqm = Dfreq * rate;                        % 增减后的基音频率
```

③ 随基音频率的增减,共振峰频率也有所增加和减少,该操作只对有话段语音进行。

④ 原信号的预测系数在 a 中,为了共振峰频率的增减,先求根,对每一个根都判断根值在实轴上方还是下方。若在实轴上方,则按 $d\theta$ 旋转;若在实轴下方,则按 $-d\theta$ 旋转。旋转后构成新的根值,最后重构成预测系数 a_i:

```
ft = roots(a);                        % 对预测系数求根
ft1 = ft;
for k = 1 : p
    if imag(ft(k))>0,
        ft1(k)  =  ft(k) * exp(j * deltaOMG);
    elseif imag(ft(k))<0
        ft1(k)  =  ft(k) * exp( - j * deltaOMG);
    end
end
ai = poly(ft1);                       % 由新的根值重组成 AR 系数
```

用重构的预测系数 a_i 进行语音合成。

⑤ 同 pr10_4_1 一样,在语音合成后通过一个高通滤波器,以减少三角波冲激序列的低频分量。

⑥ 在列出的程序中省略了作图部分的清单,与 pr10_4_1 相同。

运行 pr10_6_2 时,把基音频率升为原频率的 2 倍,运行后的端点检测结果如图 10-6-7 所示,图 10-6-7(c)和 10-6-7(d)中的黑线是原始语音的基音周期和基音频率,灰线是按要求提升基音频率后的基音周期和基音频率,而合成语音的波形如图 10-6-8 所示。

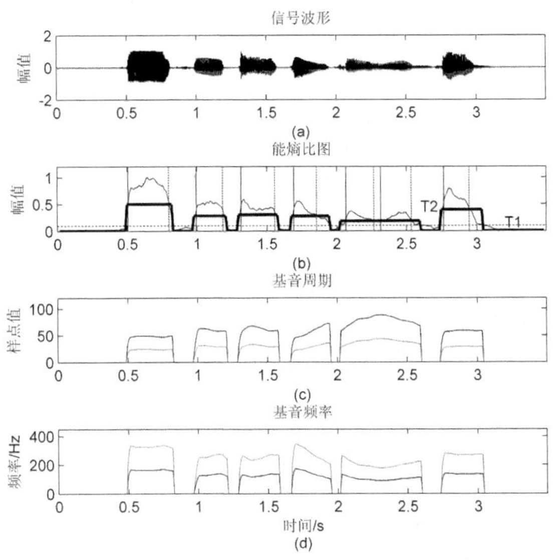

图 10－6－7　pr10_6_2 运行结果

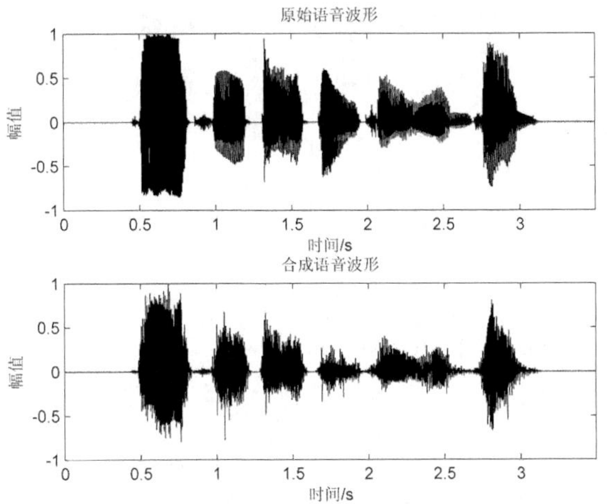

图 10－6－8　提升基音频率后合成语音的波形

10.6.3　语音信号变速又变调

10.6.1 小节介绍了语音信号变速的语音合成，10.6.2 小节介绍了语音信号变调的语音合成，本节将把变速和变调结合在一起。

例 10－6－3(pr10_6_3)　用 colorcloud.wav 数据(内容为"朝辞白帝彩云间")设法提高基音频率，并同时对语音信号进行伸缩。

程序清单如下：

```
% pr10_6_3
clear all; clc; close all;
```

```
filedir = [];                                      % 设置数据文件的路径
filename = 'colorcloud.wav';                       % 设置数据文件的名称
fle = [filedir filename]                           % 构成路径和文件名的字符串
[xx,fs,nbits] = wavread(fle);
xx = xx - mean(xx);
x = xx/max(abs(xx));                               % 幅值归一化
lx = length(x);
time = (0:lx - 1)/fs;                              % 求出对应的时间序列
wlen = 320;                                        % 设定帧长
inc = 80;                                          % 设定帧移的长度
overlap = wlen - inc;                              % 重叠长度
tempr1 = (0:overlap - 1)'/overlap;                 % 斜三角窗函数 w1
tempr2 = (overlap - 1: - 1:0)'/overlap;            % 斜三角窗函数 w2
n2 = 1:wlen/2 + 1;
X = enframe(x,wlen,inc)';                          % 按照参数进行分帧
fn = size(X,2);                                    % 总帧数
T1 = 0.1; r2 = 0.5;                                % 端点检测参数
miniL = 10;
mnlong = 5;
ThrC = [10 15];
p = 12;                                            % 设预测阶次
frameTime = frame2time(fn,wlen,inc,fs);            % 每帧对应的时间刻度
in = input('请输入伸缩语音的时间长度是原语音时间长度的倍数:','s'); % 输入伸缩长度比例
rate = str2num(in);
in = input('请输入基音频率升降的倍数:','s');  % 输入基音频率增降比例
rate1 = 1/str2num(in);
Dpitch = zeros(1,fn); Dfreq = zeros(1,fn);
for i = 1 : fn                                     % 求取每帧的预测系数和增益
    u = X(:,i);
    [ar,g] = lpc(u,p);
    AR_coeff(:,i) = ar;
    Gain(i) = g;
end
% 基音检测
[Dpitch,Dfreq,Ef,SF,voiceseg,vosl,vseg,vsl,T2] = ...
    Ext_F0ztms(xx,fs,wlen,inc,T1,r2,miniL,mnlong,ThrC,0);
Dpitchm = Dpitch * rate1;
if rate1 = = 1, sign = 0; elseif rate1>1, sign = 1; else sign = - 1; end
lmin = floor(fs/450);                              % 基音周期的最小值
lmax = floor(fs/60);                               % 基音周期的最大值
deltaOMG  =  sign * 100 * 2 * pi/fs;               % 极点左旋或右旋的 dθ
tal = 0;                                           % 初始化
zint = zeros(p,1);
for i = 1 : fn
    a2 = AR_coeff(:,i);                            % 取来本帧的预测系数
    lsf = ar2lsf(a2);                              % 调用 ar2lsf 函数求出 lsf
    Glsf(:,i) = lsf;                               % 把 lsf 存储在 Glsf 数组中
end
% 通过内插把相应数组缩短或伸长
fn1 = floor(rate * fn);                            % 设置新的总帧数 fn1
Glsfm = interp1((1:fn)',Glsf',linspace(1,fn,fn1)')';     % 把 LSF 系数内插
Dpitchm = interp1(1:fn,Dpitchm,linspace(1,fn,fn1));      % 把基音周期内插
Gm = interp1((1:fn),Gain,linspace(1,fn,fn1));            % 把增益系数内插
SFm = interp1((1:fn),SF,linspace(1,fn,fn1));             % 把 SF 系数内插
for i = 1:fn1;
    lsf = Glsfm(:,i);                              % 获取本帧的 lsf 参数
```

```
    a = lsf2ar(lsf);                                          % 调用 lsf2ar 函数把 lsf 转换成预测系数 ar
    sigma = sqrt(Gm(i));

    if SFm(i) = = 0                                           % 无话帧
        excitation = randn(wlen,1);                           % 产生白噪声
        [synt_frame,zint] = filter(sigma,a,excitation,zint);
    else                                                      % 有话帧
        PT = floor(Dpitchm(i));                               % 把周期值变为整数
        if PT<lmin, PT = lmin; end
        if PT>lmax, PT = lmax; end
        ft = roots(a);
        ft1 = ft;
% 增减共振峰频率
        for k = 1 : p
            if imag(ft(k))>0,
                ft1(k)  =  ft(k) * exp(j * deltaOMG);
            elseif imag(ft(k))<0
                ft1(k)  =  ft(k) * exp( - j * deltaOMG);
            end
        end
        ai = poly(ft1);                                       % 由新的根值重组成 AR 系数

        exc_syn1  = zeros(wlen + tal,1);                      % 初始化脉冲发生区
        exc_syn1(mod(1:tal + wlen,PT) = = 0)  =  1;           % 在基音周期的位置产生脉冲,幅值为 1
        exc_syn2 = exc_syn1(tal + 1:tal + inc);               % 计算帧移 inc 区间内的脉冲个数
        index = find(exc_syn2 = = 1);
        excitation = exc_syn1(tal + 1:tal + wlen);            % 这一帧的激励脉冲源

        if isempty(index)                                     % 帧移 inc 区间内没有脉冲
            tal = tal + inc;                                  % 计算下一帧的前导零点
        else                                                  % 帧移 inc 区间内有脉冲
            eal = length(index);                              % 计算脉冲个数
            tal = inc - index(eal);                           % 计算下一帧的前导零点
        end
        gain = sigma/sqrt(1/PT);                              % 增益
        [synt_frame,zint] = filter(gain, ai,excitation,zint); % 用激冲合成语音
    end

    if i = =1
            output = synt_frame;
        else
            M = length(output);                               % 重叠部分的处理
            output = [output(1:M - overlap); output(M - overlap + 1:M). * tempr2 + ...
                synt_frame(1:overlap). * tempr1; synt_frame(overlap + 1:wlen)];
        end
end
output(find(isnan(output))) = 0;
ol = length(output);
time1 = (0:ol - 1)/fs;
bn = [0.964775    - 3.858862    5.788174    - 3.858862    0.964775];   % 滤波器系数
an = [1.000000    - 3.928040    5.786934    - 3.789685    0.930791];
output = filter(bn,an,output);                                         % 高通滤波
output = output/max(abs(output));                                      % 幅值归一化
wavplay(x,fs);
pause(1)
wavplay(output,fs);
```

说明：

① 程序运行后将会询问：

请输入伸缩语音的时间长度是原语音时间长度的倍数：

要求输入把语音伸缩的倍数。若要使语音拉长,则输入的数大于1;若要使语音缩短,则输入的数小于1。接着会有:

请输入基音频率升降的倍数:

要求输入把基音频率增加或减小的倍数。若要使基音频率增加,则输入的数大于1;若要使基音频率减小,则输入的数小于1。

② 其他运算的方法都已在10.6.1和10.6.2小节做过介绍和说明。

设置语音时间长度的倍数为1.5,基音频率增加的倍数为2,运行pr10_6_3后合成语音的波形如图10-6-9所示。

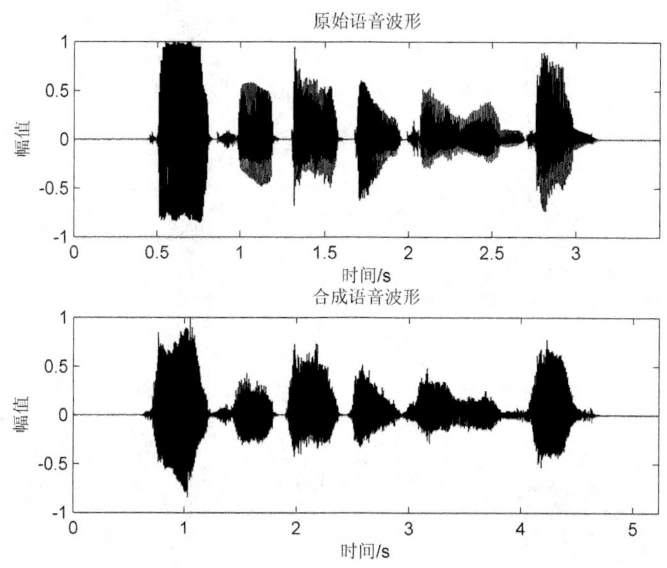

图10-6-9 提升基音频率又把语音拉长后合成语音的波形

10.7 波形拼接合成技术和时域基音同步叠加

在前几节中介绍的都是基于语音信号的参数合成,就是对语音信号首先提取它的特征参数,再根据这些特征参数来合成语音。本节将简要介绍能直接把语音波形按规则进行拼接合成的合成语音技术。该技术不仅可以对语音信号进行变速和变调,还有其他的应用前景。

10.7.1 波形拼接合成技术

当合成语音时,只有使合成单元的音段特征和超音段特征都与自然语音相近,合成的语音才能清晰、自然,二者缺一不可。就现有合成技术来讲,参数合成技术在语音合成中能灵活地改变合成单元的音段特征和超音段特征,这从理论上讲是最合理的。但是由于参数合成技术过分依赖于参数提取技术,又现今对语音产生模型的研究还不够完善,因此合成语音的清晰度往往达不到实用程度。与此相反,波形拼接语音合成技术是直接把语音波形数据库中的波形级联起来,输出连续语流。这种语音合成技术用原始语音波形替代参数,而且这些语音波形取自于自然语音的词或句子,隐含了声调、重音、发音速度的影响,合成的语音清晰自然,其质量普遍高于由参数合成的语音。

用波形拼接技术合成语音时，能很好地保持拼接单元的语音特征，因而在有限词汇合成中得到广泛的应用。但是，以往简单的波形拼接技术中，合成单元一旦确定就无法对其做任何改变，当然也就无法根据上下文来调节其韵律特征。因此，将这种方法用于合成任意文本的文语转换系统时，合成语音的自然度不高。20 世纪 80 年代末，由 E. Moulines 和 F. Charpentier 提出的基于时域波形修改的语音合成算法 PSOLA(Pitch Synchronous Overlap Add)[8]，较好地解决了语音拼接中的问题，既能保持原始发音的主要音段特征，又能在拼接时灵活调节其音高和音长等韵律特征，给波形拼接技术带来了新生，推动了波形编辑语音合成技术的发展与应用。

PSOLA 算法是波形拼接技术的一种，其主要特点是：在语音波形片断拼接之前，首先根据语义，用 PSOLA 算法对拼接单元的韵律特征进行调整，既使合成波形保持了原始语音基元的主要音段特征，又使拼接单元的韵律特征符合语义，从而获得很高的可懂度和自然度。在对拼接单元的韵律特征进行调整时，它以基音周期(而不是传统定长的帧)为单位进行波形的修改，用基音周期的完整性保证波形及频谱的连续性。PSOLA 算法使语音合成技术向实用化迈进了一大步。

汉语音节的独立性较强，音节的音段特征比较稳定，但汉语音节的音高、音长和音强等韵律特征在连续语流中变化复杂，而这些韵律特征又是影响汉语合成语音自然度的主要因素，因此，汉语适宜采用基于 PSOLA 技术的波形拼接法来合成。

PSOLA 可以分为时域基音同步叠加(TD－PSOLA)、频域基音同步叠加(FD－PSOLA)和线性预测基音同步叠加(LP－PSOLA)。本节主要介绍 TD－PSOLA 方法。

10.7.2　时域基音同步叠加(TD－PSOLA)合成技术[9,10]

实现 TD－PSOLA 的语音合成，将按以下三个步骤进行：

① 对原始语音信号进行分析，提取语音信号的基音周期，并产生分析语音信号的基音脉冲标注。

② 将原始语音信号与一系列基音同步的窗函数相乘，得到一系列有重叠的分析短时信号，进一步按韵律上的修改要求产生合成语音的基音脉冲标注，得到相应的与目标基音同步的合成语音基元。

③ 把合成语音的基元进行拼接合成，重叠相加构成合成语音信号。

1. 分析语音的基音脉冲标注

在 TD－PSOLA 的语音合成系统中，要合成出较好的声音，需要精确地估计出语音信号的基音周期以及对信号基音脉冲进行准确的标注。对基音的检测已在第 8 章做过详细的介绍，这里不再赘述。本小节主要讨论对基音脉冲的标注。基音脉冲标注在很大程度上影响着 TD－PSOLA 合成语音的质量。

在基音标注的算法中，对标注的位置一般定义如下：

① 在语音的浊音部分，基音标注都是在基音脉冲短时能量的尖峰(波峰或波谷)时刻上，这样可以使得相邻标注位置的变化比较平滑。

② 在语音的清音部分，基音标注的位置相对于邻近的浊音来说是过渡的区域。实际中，只需对语音的浊音段进行标注。

关于基音脉冲标注，目前已有不少比较成熟的算法，常采用的是动态规划的方法，标注过程是对一个个浊音段作整体处理。假设已知语音信号的基音周期，则可利用该基音周期在语音信号浊音部分中寻找基音脉冲标注的候选位置,再通过动态规划法从候选位置矩阵中求最佳路径,导出基音脉冲标注的位置,具体步骤如下:

① 找出第一个浊音段的最大峰值,该最大峰值位置 t_0 必然是一个基音脉冲的标注点。

② 取出该浊音段最大峰值对应的基音周期 T_0。

③ 在$[t_0-1.5T_0, t_0-0.5T_0]$和$[t_0+0.5T_0, t_0+1.5T_0]$区间以 t_0 为中心向左右两边寻找基音脉冲标注点的候选值,在每个搜索区间内选择三个峰值作为基音标注的候选者,并逐步扩展到整个浊音区间进行搜索寻找。

④ 对标注点的候选位置矩阵经动态规划求取最佳路径,使相邻两帧之间的标注距离为最短,在三个候选者中只有一个峰值给出基音标注,另两个峰值都达不到最短距离。这样,就可确定该浊音的基音脉冲标注点。

⑤ 对整个语音的浊音段逐个完成。

图 10-7-1 给出的是对某一个浊音段的基音标注示意图,图中的点画线表示基音标注的位置。

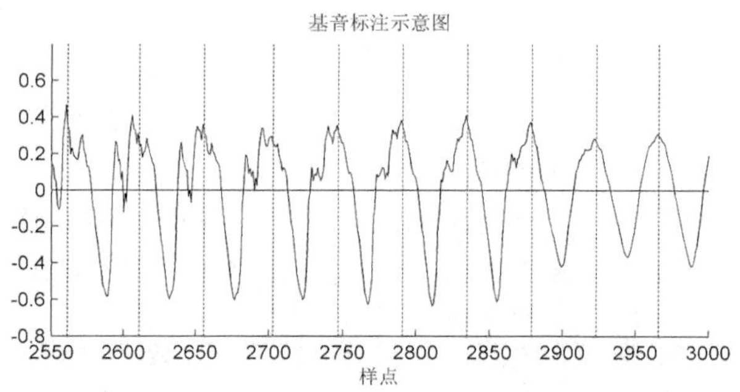

图 10-7-1　浊音段基音标注示意图

2. 时长和基频的修改

下面在分析语音的基音脉冲标注的基础上分析语音信号分帧。设分析的语音信号为 $x(n)$,分帧后的每一帧信号为

$$x_m(n)=h_m(t_m-n)x(n)$$

式中,$h_m(t)$ 为分析窗,通常采用汉明窗或海宁窗;t_m 为分析窗的中心位置,即基音脉冲标注的时间点。窗函数 $h(t)$ 的长度(也就是帧长)一般取两基音周期,所以帧长是随基音周期的变化而变化的,并且在相邻的分析窗之间存在重叠区间,如图 10-7-2 所示。

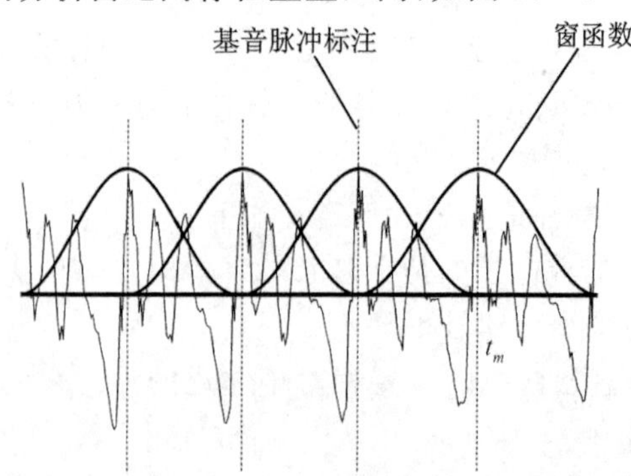

图 10-7-2　以基音脉冲标注点为中心的窗函数

在时长修改时，若时长修改因子为 γ，则合成轴的时间长度变为分析轴时间长度的 γ 倍，在保持基频不变的前提下，合成信号各个帧的信号间的间隔(基音周期)不变，而帧的数量应改变为分析信号帧数的 γ 倍。TD－PSOLA 的基本思路是在分析轴上寻找与合成轴上的时间标注点 t_q 相对应的时间点 t_m，使得 t_m 与 t_q/γ 间的距离最短。当 $\gamma>1$ 时，等于拉长语音，此时需要增加插入某些帧的信号；当 $\gamma<1$ 时，等于缩短语音，此时需要删除某些帧的信号。$\gamma>1$ 时分析轴与合成轴各帧的映射关系如图 10－7－3 所示。

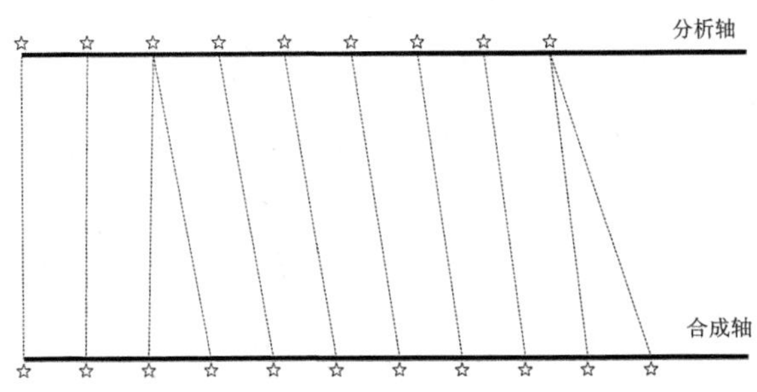

图 10－7－3　$\gamma>1$ 时合成轴与分析轴各帧的映射关系

图 10－7－3 中星号表示为一帧信号。分析信号和合成信号波形的映射关系如图 10－7－4 所示。

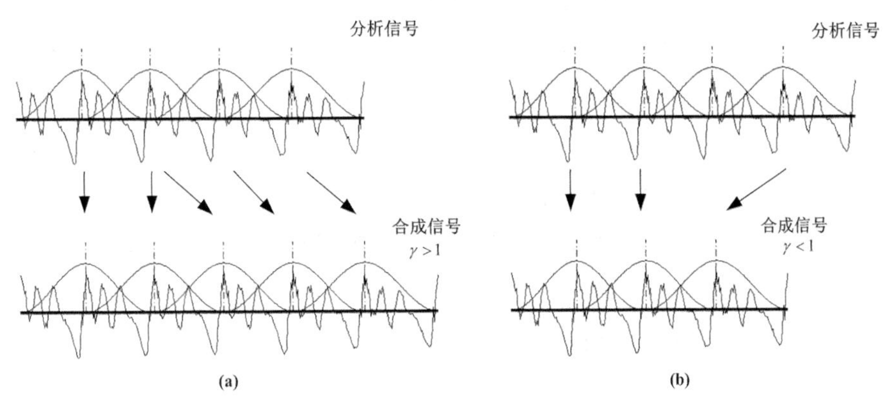

图 10－7－4　分析信号和合成信号波形的映射关系图

修改基频相对更复杂一些。在帧数不变的情况下，如果只修改基频，必然会导致最后的时长发生变化。当基音频率增加时，基音周期减小，基音脉冲之间的间距减小(对应的标注点间的间隔变小)；相反，当基音频率减小时，基音周期增加，基音脉冲之间的间距增大(对应的标注点间的间隔变大)。不论基音脉冲之间的间距变小或变大，都会使合成轴的时间长度发生变化，所以进一步将结合时长修改因子改变调整合成语音的长度。设基频修改因子为 β(基音频率变为原来的 β 倍)，当 $\beta<1$ 时，基音频率降低，基音周期增大；当 $\beta>1$ 时，基音频率增大，基音周期减小。若时长修改因子为 γ，则两者综合后实际时长的修改因子变为 $\gamma\beta$。图 10－7－5 给出了基音频率修改因子为 β 时，时长的修改因子变为 $\gamma\beta$ 的修改示意图。

3. PSOLA 语音的合成

通过对原始语音信号的基音脉冲标注，得到分析基音标注序列$\{t_m\}$，$m=1,2,\cdots,M$，它同时也是分析窗的中心位置；通过分析帧的映射得到合成基音标注序列$\{t_q\}$，$q=1,2,\cdots,Q$，

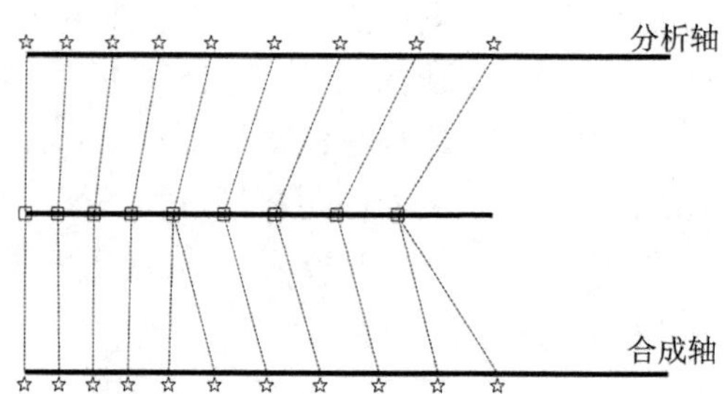

图 10-7-5 基音周期缩短(β>1)并以修改因子 $\gamma\beta$ 修改的示意图

同时也是合成窗的中心位置。t_q 和 t_m 之间的关系映射了韵律模型输出目标基频值和原始基频值之间的差异。

通过 t_m 将原始语音分解为 M 个帧信号，$x(n)$ 为原始语音信号，则可表示为

$$x(n)=\sum_{m=1}^{M}x_m(n) \tag{10-7-1}$$

式中，$x_m(n)$ 是一帧信号(在清音区间没有基音标注，但以 10ms 为一帧)，有

$$x_m(n)=h_m(t_m-n)x(n) \quad 1\leqslant m\leqslant M \tag{10-7-2}$$

式中，$h_m(t)$ 为分析窗，通常采用汉明窗函数或海宁窗函数，长度为基音周期的 2 倍。

合成语音信号同样可通过基音标注 t_q 分解为

$$y(n)=\sum_{q=1}^{Q}y_q(n) \tag{10-7-3}$$

式中，$y_q(n)$ 也是一帧合成信号

$$y_q(n)=h_q(t_q-n)y(n) \quad 1\leqslant q\leqslant Q \tag{10-7-4}$$

式中，$h_q(t)$ 为合成窗；Q 为合成帧的数目。

语音合成是使分析信号和合成信号的谱距离在最小均方差意义下为最小。首先定义分析信号与合成信号的谱距离：

$$D[x(n),y(n)]=\sum_{t_q}\frac{1}{2\pi}\int_{-\pi}^{\pi}|X_{t_m}(e^{j\omega})-Y_{t_q}(e^{j\omega})|^2 d\omega \tag{10-7-5}$$

由 DFT 的特性可导出

$$\begin{aligned}D[x(n),y(n)]&=\sum_{t_q}\sum_{n=-\infty}^{\infty}|h_m[t_m-(n+t_m)]x_m(n+t_m)-h_q[t_q-(n+t_q)]y_q(n+t_q)|^2\\&=\sum_{t_q}\sum_{n=-\infty}^{\infty}|h_m(-n)x_m(n+t_m)-h_q(-n)y_q(n+t_q)|^2\end{aligned} \tag{10-7-6}$$

由于窗函数是对称的，即 $h_m(n)=h_m(-n)$，$h_q(n)=h_q(-n)$。以 $n-t_q$ 来替换 n 可得

$$D[y(n),x(n)]=\sum_{t_q}\sum_{n=-\infty}^{\infty}|h_m(t_q-n)x_m(n-t_q+t_m)-h_q(t_q-n)y_q(n)|^2 \tag{10-7-7}$$

要使 $D[y(n),x(n)]$ 最小，$y_q(n)$ 的导数为 0，即

$$\frac{\partial D[y(n),x(n)]}{\partial y_q(n)}=0$$

可导出

$$y(n)=\frac{\sum_{t_q}\alpha_q h_q(t_q-n)y_q(n)}{\sum_{t_q}h_q^2(t_q-n)} \tag{10-7-8}$$

在一定的近似情况下，式(10-7-8)可以进一步简化为

$$y(n)=\sum_q \alpha_q y_q(n) \tag{10-7-9}$$

式中，α_q 是能量补偿因子，又可调整合成语音的幅值，实现改变合成语音的声强。

10.7.3 时域基音同步叠加(TD-PSOLA)的 MATLAB 工具箱

本节介绍 Alex Tiendungg 在网络上提供的 TD-PSOLA 的 MATLAB 工具箱[11]。该工具箱能对语音信号按时长修改因子和基频修改因子给出 PSOLA 的合成语音。工具箱在源程序的 psola 子目录中能找到，其中各函数的说明如下：

(1) PitchEstimation 函数

名称：PitchEstimation

功能：计算输入语音信号的基频轨迹。

调用格式：PitchContour = PitchEstimation(x, fs)

说明：输入参数 x 是被测语音信号；fs 是采样频率。输出参数 PitchContour 是该语音信号的基频轨迹，它的长度为语音信号的长度。该函数对输入语音信号分帧，对每帧信号调用 PitchDetection 函数求取基音频率。

(2) PitchDetection 函数

名称：PitchDetection

功能：用中心截幅的方法对输入的一帧语音信号进行基音检测。

调用格式：pitch = PitchDetection(x, fs)

说明：输入参数 x 是被测的一帧语音信号；fs 是采样频率。输出参数 pitch 是一帧的基音频率。

(3) CenterClipping 函数

名称：CenterClipping

功能：对语音信号进行中心截幅。

调用格式：[cc, ClipLevel] = CenterClipping(x, Percentage)

说明：输入参数 x 是被测语音信号；Percentage 是中心截幅的比例，它是一个百分比，截幅量按这百分比来计算。输出参数 cc 是截幅后的语音信号；ClipLevel 是截幅量，为 max(abs(x)) * Percentage。

(4) LowPassFilter 函数

名称：LowPassFilter

功能：低通滤波器。

调用格式：y = LowPassFilter(x, Fs, Fc)

说明：输入参数 x 是被测语音信号；Fs 是采样频率；Fc 是低通滤波器的截止频率。输出参数 y 是低通滤波器的输出。在第 8 章介绍基音检测时曾提过，为了减少共振峰对基音检测的影响，在基音检测之前先对语音信号进行低通滤波，在工具箱中也提供低通滤波，以提高基音提取的正确性。

(5) PitchMarking 函数

名称：PitchMarking

功能：对语音信号进行基音脉冲标注，并根据时长修改因子和基频修改因子用 PSOLA 法合成语音。

调用格式：pm = PitchMarking(x, p, fs)

说明：输入参数 x 是被测语音信号；p 是输入语音信号的基频参数；fs 是采样频率。输出参数 pm 是输入语音信号的基音脉冲标注，是一个数据序列，给出信号 x 中基音脉冲标注的位置。在函数中根据时长修改因子和基频修改因子完成 PSOLA 法的合成语音，它主要调用了 UVSplit、VoicedSegmentMarking、UnvoicedMod、psola 等函数。

(6) UVSplit 函数

名称:UVSplit

功能:根据基频参数把语音信号分为有话段和无话段。

调用格式:[u, v] = UVSplit(p)

说明:输入参数 p 是语音信号的基频参数。输出参数 v 和 u 分别给出有话段信息和无话段信息。当输入语音信号中有 K 个有话段时,v 是一个 K×2 的数组,即每个有话段带有 2 个参数,分别表示该有话段的开始位置和结束位置,以样点数为单位;对于 u 也一样,只是表示无话段的信息。

(7) VoicedSegmentMarking 函数

名称:VoicedSegmentMarking

功能:对一个有话段寻找基音脉冲标注。

调用格式:[Marks, Candidates] = VoicedSegmentMarking(x, p, fs)

说明:输入参数 x 是某一个有话段的语音信号;p 是在该有话段内的基频参数;fs 是采样频率。输出参数 Marks 是在该有话段内的基音脉冲标注;Candidates 是在该有话段内基音脉冲标注的候选者矩阵。该函数中使用动态规划法按最短距离计算出基音脉冲标注。

(8) UnvoicedMod 函数

名称:UnvoicedMod

功能:把无话段数据按时长修改因子合成语音。

调用格式:[output] = UnvoicedMod(input, fs, alpha)

说明:输入参数 input 是某个无话段数据;fs 是采样频率;alpha 是时长修改因子。输出参数 output 是按时长修改因子对该无话段数据处理后的输出。

(9) psola 函数

名称:psola

功能:对有话段语音信号按时长修改因子和基频修改因子用 psola 方法合成语音。

调用格式:[output] = psola(input, fs, anaPm, timeScale, pitchScale)

说明:输入参数 input 是某个有话段数据;fs 是采样频率;anaPm 是该有话段的基音脉冲标注;timeScale 和 pitchScale 分别为时长修改因子和基频修改因子。

(10) PlotPitchMarks 函数

名称:PlotPitchMarks

功能:画出语音信号,并把基音脉冲标注叠加在语音信号上。

调用格式:PlotPitchMarks(s, ca, pm, p)

说明:输入参数 s 是语音信号的数据;ca 是该语音信号的基音脉冲标注候选者矩阵;pm 是该语音信号的基音脉冲标注;p 是该语音信号的基频参数。该函数主要用于作图,没有输出参数。

在该工具箱中有一个例子 run.m,为了做中文注释,把文件名改为 run_c.m,它的程序清单如下:

```
% ---------------------------------------------------------------
% main script to do pitch and time scale modification of speech signal
% ---------------------------------------------------------------
% config contain all parameter of this program
global config;                                   % 全局变量 config
config.pitchScale          = 1.3;                % 设置基频修改因子
config.timeScale           = 0.8;                % 设置时长修改因子
config.resamplingScale     = 1;                  % 如果为真进行重采样
config.reconstruct         = 0;                  % 如果为真进行低通谱重构
config.displayPitchMarks   = 0;                  % 如果为真将显示基音脉冲标注
config.playWavOut          = 1;                  % 如果为真将在计算机上播放合成的语音
config.cutOffFreq          = 900;                % 低通滤波器的截止频率
config.fileIn              = '..\waves\m2.wav';  % 输入文件路径和文件名
config.fileOut             = '..\waves\syn.wav'; % 输出文件路径和文件名

% data contain analysis results
```

```
global data;                    % 全局变量 data,先初始化
data.waveOut = [];              % 按基频修改因子和时长修改因子调整后的合成语音输出
data.pitchMarks = [];           % 输入语音信号的基音脉冲标注
data.Candidates = [];           % 输入语音信号基音脉冲标注的候选名单

[WaveIn, fs] = wavread(config.fileIn);         % 读入语音文件
WaveIn = WaveIn - mean(WaveIn);                % 清除直流分量

[LowPass] = LowPassFilter(WaveIn, fs, config.cutOffFreq);   % 对信号进行低通滤波
PitchContour = PitchEstimation(LowPass, fs); % 求出语音信号的基音参数
PitchMarking(WaveIn, PitchContour, fs);        % 进行基音脉冲标注和 PSOLA 合成
wavwrite(data.waveOut, fs, config.fileOut);    % 把合成语音写入指定文件

if config.playWavOut                           % 是否播放合成的语音
    wavplay(data.waveOut, fs);
end

if config.displayPitchMarks                    % 是否显示基音脉冲标注
    PlotPitchMarks(WaveIn, data.candidates, data.pitchMarks, PitchContour);
end
```

说明:在程序中设置了 config 和 data 两个全局变量,是结构性数组,使有些参数的设置和交换都通过全局变量来完成。

例 10-7-1(pr10_7_1)　读入 bluesky3.wav 数据(内容为"蓝天,白云"),做基音脉冲标注检测。

程序清单如下:

```
% pr10_7_1
clear all; clc; close all;

filedir = [];                                  % 设置数据文件的路径
filename = 'bluesky3.wav';                     % 设置数据文件的名称
fle = [filedir filename]                       % 构成路径和文件名的字符串
[xx,fs] = wavread(fle);                        % 读取文件
xx = xx - mean(xx);                            % 去除直流分量
x = xx/max(abs(xx));                           % 归一化
N = length(x);
time = (0:N-1)/fs;

[LowPass] = LowPassFilter(x, fs, 500);         % 低通滤波
p = PitchEstimation(LowPass, fs);              % 计算基音频率
[u, v] = UVSplit(p);                           % 求出有话段和无话段信息
lu = size(u,1); lv = size(v,1);

pm = [];
ca = [];
for i = 1 : length(v(:,1))
    range = (v(i, 1) : v(i, 2));               % 取一个有话段信息
    in = x(range);                             % 取有话段数据
% 对一个有话段寻找基音脉冲标注
    [marks, cans] = VoicedSegmentMarking(in, p(range), fs);

    pm = [pm  (marks + range(1))];             % 保存基音脉冲标注位置
    ca = [ca;  (cans + range(1))];             % 保存基音脉冲标注候选名单
end
% 作图
figure(1)
pos = get(gcf,'Position');
set(gcf,'Position',[pos(1), pos(2)-150,pos(3),pos(4)+100]);
subplot 211; plot(time,x,'k'); axis([0 max(time) -1 1.2]);
for k = 1 : lv
```

```
    line([time(v(k,1)) time(v(k,1))],[-1 1.2 ],'color','k','linestyle','-')
    line([time(v(k,2)) time(v(k,2))],[-1 1.2 ],'color','k','linestyle','--')
end
title('语音信号波形和端点检测');
xlabel(['时间/s' 10 '(a)']); ylabel('幅值');
% figure(2)
% pos = get(gcf,'Position');
% set(gcf,'Position',[pos(1), pos(2)-100,pos(3),(pos(4)-160)]);
subplot 212; plot(x,'k'); axis([0 N -1 0.8]);
line([0 N],[0 0],'color','k')
lpm = length(pm);
for k = 1 : lpm
    line([pm(k) pm(k)],[0 0.8],'color','k','linestyle','-.')
end
xlim([3000 4000]);
title('部分语音信号波形和相应基音脉冲标注');
xlabel(['样点' 10 '(b)']); ylabel('幅值');
```

说明：

① 因为只对语音信号做基音脉冲标注检测,所以进行了基音频率的检测、分离有话段和无话段,在此基础上获取每个有话段的基音脉冲标注。

② 在基音检测之前先进行低通滤波,截止频率设置为 500 Hz:

```
[LowPass] = LowPassFilter(x, fs, 500);      % 低通滤波
```

③ 利用基音频率的参数进行有话段和无话段分离,获取有话段信息 v 和无话段的信息 u。图 10-7-6(a)中的实线表示一段有话段的开始位置,虚线表示有话段的结束位置。

④ 对每个有话段调用 VoicedSegmentMarking 函数获得该有话段的基音脉冲标注。图 10-7-6(b)中给出了部分语音波形的基音脉冲标注,用点画线表示。

运行 pr10_7_1 后得到的结果如图 10-7-6 所示。

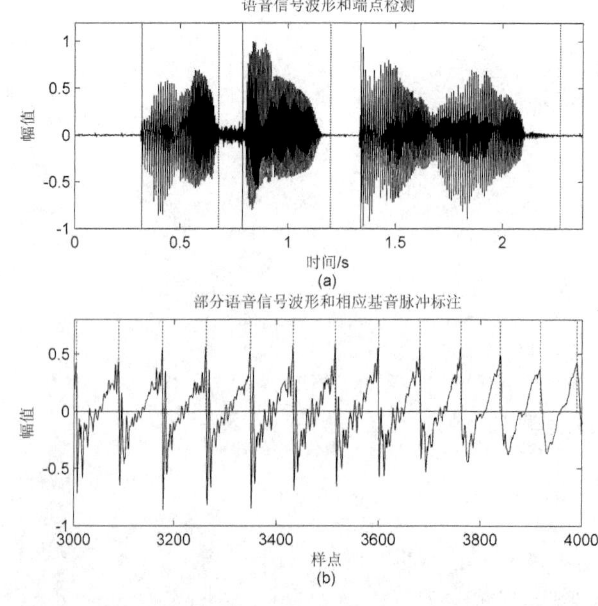

图 10-7-6　语音信号波形和端点检测的结果以及部分波形的基音脉冲标注

例 10-7-2(pr10_7_2)　读入 colorcloud.wav 数据(内容是“朝辞白帝彩云间”),改变时长和基音频率,用 TD-PSOLA 方法合成语音。

程序清单如下:

```
% pr10_7_2
clear all; clc; close all;

global config;                              % 全局变量 config
config.pitchScale          = 2.0;           % 设置基频修改因子
config.timeScale           = 1.5;           % 设置时长修改因子
config.resamplingScale     = 1;             % 重采样
config.reconstruct         = 0;             % 如果为真进行低通谱重构
config.cutOffFreq          = 500;           % 低通滤波器的截止频率
% config.fileOut           =[];             % 输出文件路径和文件名

global data;               % 全局变量 data,先初始化
data.waveOut = [];         % 按基频修改因子和时长修改因子调整后的合成语音输出
data.pitchMarks = [];      % 输入语音信号的基音脉冲标注
data.Candidates = [];      % 输入语音信号基音脉冲标注的候选名单

filedir=[];                                 % 设置数据文件的路径
filename='colorcloud.wav';                  % 设置数据文件的名称
fle=[filedir filename]                      % 构成路径和文件名的字符串
[xx,fs]=wavread(fle);                       % 读取文件
xx=xx-mean(xx);                             % 去除直流分量
WaveIn=xx/max(abs(xx));                     % 归一化
N=length(WaveIn);
time=(0:N-1)/fs;

[LowPass] = LowPassFilter(WaveIn, fs, config.cutOffFreq);   % 对信号进行低通滤波
PitchContour = PitchEstimation(LowPass, fs); % 求出语音信号的基音轨迹
PitchMarking1(WaveIn, PitchContour, fs);    % 进行基音脉冲标注和 PSOLA 合成
output=data.waveOut;
N1=length(output);
time1=(0:N1-1)/fs;
wavplay(xx,fs);
pause(1)
wavplay(output,fs)
% 作图
subplot 211; plot(time,xx,'k');
xlabel('时间/s'); ylabel('幅值');
axis([0 max(time) -1 1.2 ]); title('原始语音')
subplot 212; plot(time1,output,'k');
xlabel('时间/s'); ylabel('幅值');
axis([0 max(time1) -1 1.5 ]); title('PSOLA 合成语音')
```

说明:

① pr10_7_2 类同于程序 run.m,程序中设置基频修改因子为 2,时长修改因子为 1.5。

② A. Tiendungg 提供的原程序中 psola.m 有不完善之处,现修改并改名为 psola1.m,调用 psola 函数的 PitchMarking 函数也改名为 PitchMarking1 函数,所以在 pr10_7_2 中看到的是调用了 PitchMarking1 函数。

运行 pr10_7_2 后得到的合成语音波形如图 10-7-7 所示。

A. Tiendungg 提共的 PSOLA 工具箱在源程序的 psola 子目录中,作者修改后作为 PSOLA 工作的工具箱在源程序的 psola_lib 子目录中。

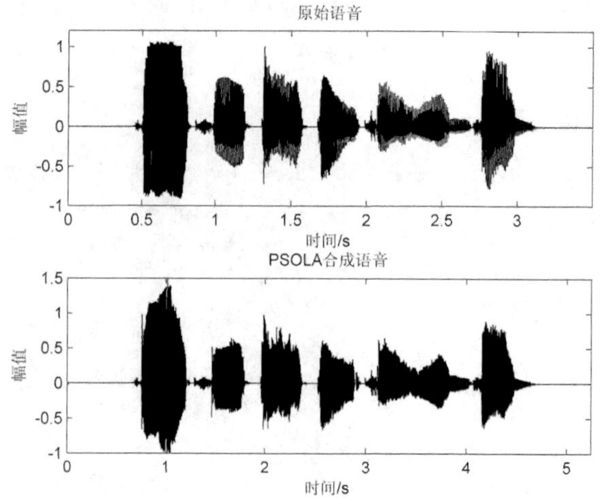

图 10-7-7　基频修改因子为 2、时长修改因子为 1.5 时 PSOLA 合成语音波形图

参考文献

[1] Oppenheim A V, Ronald W. Schafer Digital Signal Processing[M]. New Jersey:Prentice-Hall Inc. ,1975.

[2] http://www. mathworks. cn/matlabcentral/fileexchange/7675-boll-spectral-subtraction.

[3] http://www. mathworks. cn/matlabcentral/fileexchange/7673-wiener-filter.

[4] http://www. mathworks. cn/matlabcentral/fileexchange/10143-mmse-stsa.

[5] http://www. mathworks. cn/matlabcentral/fileexchange/7674-multi-band-spectral-subtraction.

[6] Rabiner L R, Schafer R W. Digital Processing of Speech Signals[M]. New Jersery: Prentice-Hall Inc. , 1978.

[7] 马大猷,沈嵘. 声学手册[M]. 北京:科学出版社,1983.

[8] Moulines E, Charpentier F. Pitch-Synchronous Waveform Processing Techniques for Text-to-Speech Synthesi Using Diphones[J]. Speech Communication,1990(9):453-467.

[9] 吕士楠,初敏,许洁萍,等. 汉语语音合成——原理和技术[M]. 北京:科学出版社,2012.

[10] 韩纪庆,张磊,郑铁然. 语音信号处理[M]. 北京:清华大学出版社,2004.

[11] http://github. com/tiendung/voice-changer.

附录 A

程序的调试和修改

本书正文部分给出了基于 MATLAB 对语音信号的分析和合成方法，以及相应的 MATLAB 程序，可以对语音信号进行一些基本处理。但对于任何一个语音信号，它都是一个个体，可能有其自身的特征，对于前文中提供的程序有可能适用，能提取满意的特性，获得较好的结果，也有可能不适用。在不适用时，有时改变一些参数就适用了，但有时仅改变参数可能还解决不了问题，因此要调整部分程序。那么对于较复杂的程序怎样进行调试呢？本附录以主体-延伸的基音检测为例，说明怎样利用 MATLAB 语言对一个复杂的问题进行分解，进而逐步查找问题，以达到调试程序和修改程序的目的。

A.1 准备工作

在对语音信号进行处理之前，必须先做一些准备工作，以便在后续的语音信号处理中能提取到较客观的特征参数。

1. 消除直流分量和消除趋势项

第 5 章已介绍过消除直流分量和消除趋势项，这里看两个例子。

例 A-1-1(pra_1_1) 我们已多次用过语音信号 colorcloud.wav(内容为“朝辞白帝彩云间”)，该信号就带有直流分量。用该信号计算能熵比值，比较消除直流分量前和消除直流分量后两信号能熵比图的差别。

程序清单如下：

```
% pra_1_1
clear all; clc; close all;

filedir = [];                                   %设置数据文件的路径
filename = 'colorcloud.wav';                    %设置数据文件的名称
fle = [filedir filename]                        %构成路径和文件名的字符串
[xx,fs] = wavread(fle);                         %读取文件
xx = xx/max(abs(xx));                           %幅值归一化
N = length(xx);                                 %信号长度
time = (0 : N-1)/fs;                            %设置时间刻度
wlen = 320;                                     %帧长
inc = 80;                                       %帧移
yy = enframe(xx,wlen,inc)';                     %消除直流分量前分帧
fn = size(yy,2);
frameTime = frame2time(fn,wlen,inc,fs);         %每帧对应的时间
Ef = Ener_entropy(yy,fn);                       %计算能熵比值
figure(1)
pos = get(gcf,'Position');
set(gcf,'Position',[pos(1), pos(2)-100,pos(3),(pos(4)-100)]);
subplot 211; plot(time,xx,'k');
line([0 max(time)],[0 0],'color','k','linestyle','-.');
title('消除直流分量前的信号波形图'); xlabel('时间/s'); ylabel('幅值');
subplot 212; plot(frameTime,Ef,'k'); grid;
```

```
title('能熵比图'); xlabel('时间/s'); ylabel('幅值');
xx = xx - mean(xx);                                 % 消除直流分量
x = xx/max(abs(xx));                                % 幅值归一化
y = enframe(x,wlen,inc)';                           % 消除直流分量后分帧
Ef = Ener_entropy(y,fn);                            % 计算能熵比值
figure(2)
pos = get(gcf,'Position');
set(gcf,'Position',[pos(1), pos(2) - 100,pos(3),(pos(4) - 100)]);
subplot 211; plot(time,x,'k');
line([0 max(time)],[0 0],'color','k','linestyle','-.');
title('消除直流分量后的信号波形图'); xlabel('时间/s'); ylabel('幅值');
subplot 212; plot(frameTime,Ef,'k'); grid;
title('能熵比图'); xlabel('时间/s'); ylabel('幅值');
```

说明:程序中调用了计算信号能熵比值的函数,该函数是按式(6-7-4)编制的。它的调用格式为

```
Ef = Ener_entropy(y,fn)
```

输入参数 y 是信号分帧后的数组;fn 是分帧后的总帧数。输出参数 Ef 是能熵比值。函数 Ener_entrop 的程序清单能在源程序包中找到,这里不再列出。

运行 pra_1_1 后得到消除直流分量前的能熵比图(如图 A-1-1 所示)和消除直流分量后的能熵比图(如图 A-1-2 所示)。在图 A-1-1 中可以看到,消除直流分量前部分无语音区域能熵比的值还很大(已用圆圈起来),而在图 A-1-2 中就没有这种现象。所以,如果用没有消除直流分量的能熵比值直接进行端点检测很容易把无语段误判为有语段。

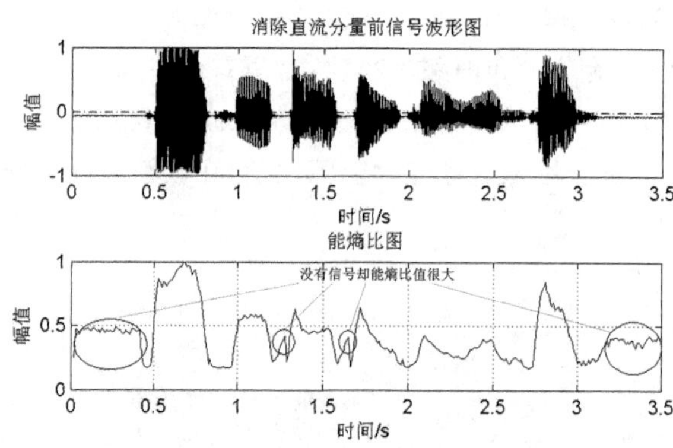

图 A-1-1 消除直流分量前的信号波形图和能熵比值图

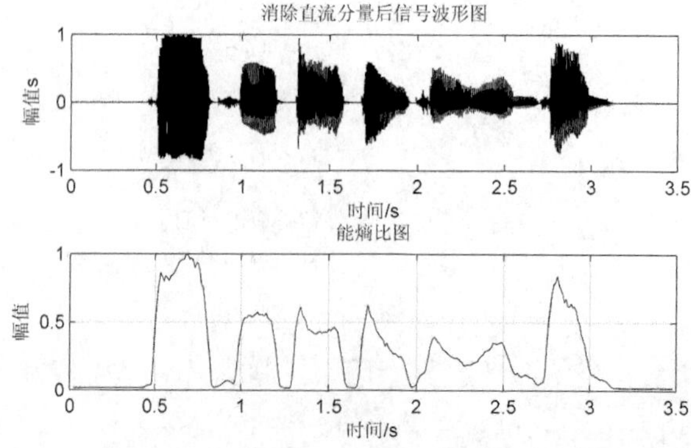

图 A-1-2 消除直流分量后的信号波形图和能熵比值图

例 A-1-2(pra_1_2) 读入 digits1_10.wav 数据(内容是 10 个数字 1,2,…,10),该信号带有趋势项,按第 7 章介绍的方法消除趋势项,并对这两个信号都计算能熵比值,比较消除趋势项前和消除趋势项后能熵比值的差别。

程序清单如下:

```
% pra_1_2
clear all; clc; close all;

[xx,fs,nbit] = wavread('digits1_10.wav');
N = length(xx);
time = (0:N-1)/fs;                                  % 计算时间刻度
x1 = xx/max(abs(xx));                               % 幅值归一化
wlen = 320;                                         % 帧长
inc = 80;                                           % 帧移
yy = enframe(x1,wlen,inc)';                         % 分帧
fn = size(yy,2);
frameTime = frame2time(fn,wlen,inc,fs);             % 每帧对应的时间
Ef = Ener_entropy(yy,fn);                           % 计算能熵比值
figure(1)
pos = get(gcf,'Position');
set(gcf,'Position',[pos(1), pos(2)-100,pos(3),(pos(4)-100)]);
subplot 211; plot(time,x1,'k');
axis([0 max(time) -1 1]);
title('带有趋势项的语音信号'); xlabel('(a)'); ylabel('幅值');
subplot 212; plot(frameTime,Ef,'k'); grid;
title('能熵比图'); xlabel(['时间/s' 10 '(b)']); ylabel('幅值');
axis([0 max(time) 0 1]);

xx = xx/max(abs(xx));                               % 幅值归一化
[x,xtrend] = polydetrend(xx, fs, 4);                % 消除趋势项
y = enframe(x,wlen,inc)';                           % 分帧
Ef = Ener_entropy(y,fn);                            % 计算能熵比值
figure(2)
pos = get(gcf,'Position');
set(gcf,'Position',[pos(1), pos(2)-100,pos(3),(pos(4)-100)]);
subplot 211; plot(time,x,'k');
line([0 max(time)],[0 0],'color','k');
title('消除趋势项的语音信号'); xlabel('(a)'); ylabel('幅值');
axis([0 max(time) -1 1]);
subplot 212; plot(frameTime,Ef,'k'); grid;
title('能熵比图'); xlabel(['时间/s' 10 '(b)']); ylabel('幅值');
axis([0 max(time) 0 1]);
figure(1); subplot 211;
line([time],[xtrend],'color',[.6 .6 .6],'linewidth',2);
```

说明:

① 在程序中调用函数 polydetrend 消除趋势项,该函数已在第 7 章中介绍过。

② 在程序中又调用了函数 Ener_entropy 计算能熵比,该函数已在例 A-1-1 中介绍过。

③ 从消除趋势项前的波形图看,信号中似乎有一个线性的趋势项,实际上是一个抛物线的趋势项。求出的趋势项曲线在图中用灰线画了出来(如图 A-1-3(a)所示)。

运行 pra_1_2 后得到的结果如图 A-1-3 和图 A-1-4 所示。从图中可看出,未经消除趋势项之前的能熵比图非常差,根本无法做端点检测;而消除趋势项之后情况就完全不同了。

2. 语谱图和能熵比图

对于要处理的语音信号最好先做一个语谱图。在第 8 和第 9 章都已多次用到语谱图。这

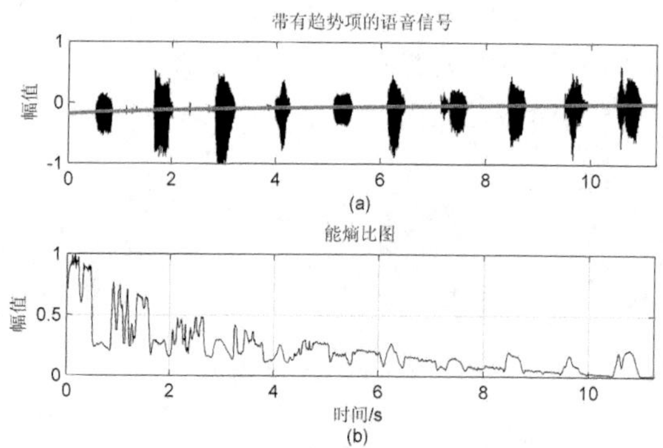

图 A-1-3 消除趋势项之前的波形图和能熵比值图

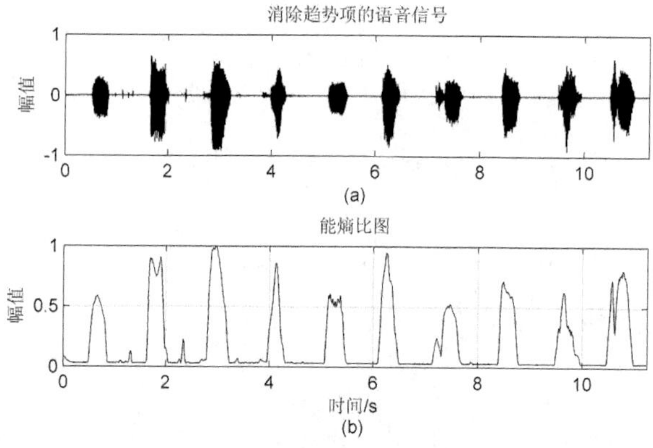

图 A-1-4 消除趋势项之后的波形图和能熵比值图

里给出一个画语谱图的函数 plot_spectrogram，程序清单如下：

```
function plot_spectrogram(x,wlen,inc,nfft,fs)
if nargin<5, fs = 1; end                                 % 若没有输入 fs,设 fs = 1
d = stftms(x,wlen,nfft,inc);                             % 短时傅里叶变换
W2 = 1 + nfft/2;                                         % 正频率的长度
n2 = 1:W2;
freq = (n2 - 1) * fs/nfft;                               % 计算频率
fn = size(d,2);                                          % 总帧数
frameTime = frame2time(fn,wlen,inc,fs);                  % 计算每帧对应的时间
imagesc(frameTime,freq,abs(d(n2,:)));   axis xy          % 作图
m = 64; LightYellow = [0.6 0.6 0.6];
MidRed = [0 0 0]; Black = [0.5 0.7 1];
Colors = [LightYellow; MidRed; Black];
colormap(SpecColorMap(m,Colors));
```


说明：

① 函数中主要是调用函数 stftms 进行短时傅里叶分析，该函数和语谱图的绘制已在第 2 章做过介绍。

② 输入参数 x 是要处理的语音信号；wlen 是帧长；inc 是帧移；nfft 是 FFT 的长度；fs 是采样频率，如果不带参数 fs，函数将以归一化频率来计算语谱图。因为仅画出语谱图，没有输出参数。

对要处理的语音信号也可以先做一个能熵比图，这样如果要做端点检测，可以知道阈值

T1应设置为多少。计算能熵比的函数 Ener_entropy 已在例 A-1-1 中给出,这里不再赘述。

例 A-1-3(pra_1_3) 读入 deepstep.wav 数据(内容为"深深浅浅的脚印"),作语谱图和能熵比值图。

程序清单如下:

```
% pra_1_3
clear all; clc; close all;
filedir = [];                                   %设置数据文件的路径
filename = 'deepstep.wav';                      %设置数据文件的名称
fle = [filedir filename]                        %构成路径和文件名的字符串
[xx,fs] = wavread(fle);                         %读取文件
x = xx/max(abs(xx));                            %幅值归一化
N = length(x);                                  %信号长度
time = (0 : N-1)/fs;                            %设置时间刻度
wlen = 320;                                     %帧长
inc = 80;                                       %帧移
nfft = 512;                                     %每帧 FFT 的长度
plot_spectrogram(x,wlen,inc,nfft,fs);           %画出语谱图
title('语谱图'); xlabel('时间/s'); ylabel('频率/Hz');

y = enframe(x,wlen,inc)';                       %分帧
fn = size(y,2);                                 %总帧数
frameTime = frame2time(fn,wlen,inc,fs);
Ef = Ener_entropy(y,fn);                        %计算能熵比值
figure(2)
pos = get(gcf,'Position');
set(gcf,'Position',[pos(1), pos(2)-100,pos(3),(pos(4)-200)]);
plot(frameTime,Ef,'k'); grid;
title('能熵比图'); xlabel('时间/s'); ylabel('幅值');
```

说明:调用函数 plot_spectrogram 画出了语谱图,如图 A-1-5 所示;又调用函数 Ener_entropy 计算了能熵比值,作图如图 A-1-6 所示。

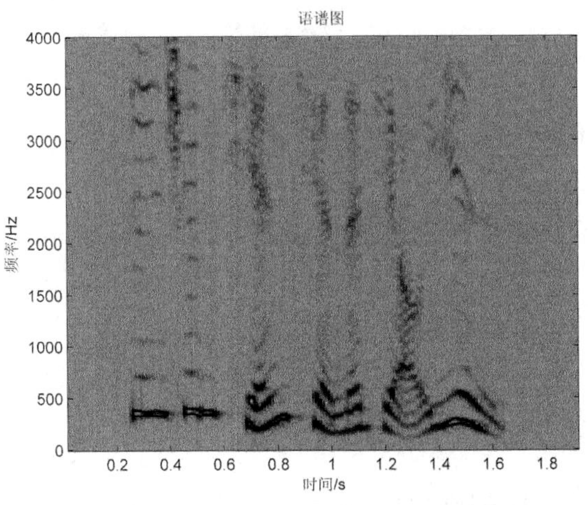

图 A-1-5 语音信号 deepstep.wav 的语谱图

3. 减 噪

关于减噪已在第7章做过详细的介绍,这里再给出一个例子。

例 A-1-4(pra_1_4) 从声卡采集到的一个语音信号(存储在 hello28n.wav 文件中)带有工频信号及其谐波,通过谱减法消除噪声。

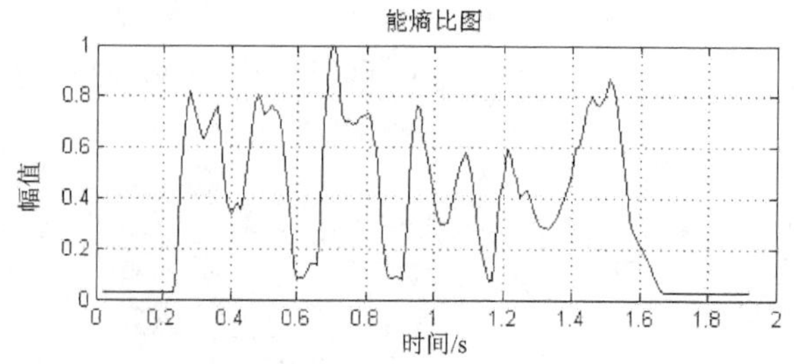

图 A-1-6　语音信号 deepstep.wav 的能熵比值图

pra_1_4 可以从源程序包中找到,这里不再列出。程序中减噪调用了函数 simplesubspec。运行 pra_1_4 后得到的结果如图 A-1-7 所示。从图中可看出,谱减运算后噪声明显减少了。

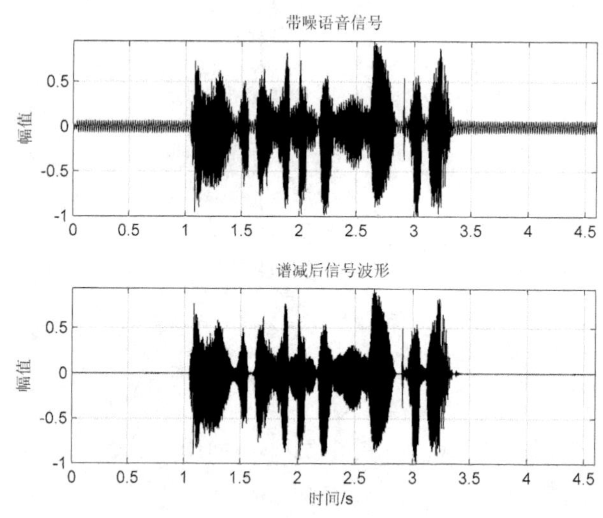

图 A-1-7　hello28n.wav 语音信号减噪前和减噪后的波形图

A.2　元音主体中的基音检测与调试

在 8.6 节介绍基音检测的主体-延伸法时,把基音检测分为先在主体中检测,再前向和后向地延伸检测,最后把检测的结果合在一起。本节先介绍在元音主体中的基音检测和调试,A.3 节再介绍在延伸区间的基音检测和调试。

程序编制的过程都是从一个个小程序汇合成一个大程序,其中可能有几个函数,程序运行时往往是函数套函数,要调试时往往变得相当困难。有时中间的函数发生问题,都不知该怎样着手去发现问题和解决问题。

在程序编制的过程中产生各种问题是正常的,尤其对于语音信号的处理,由于语音的复杂性,不可能用某一程序对于所有的语音都能得到满意的处理结果。所以,在处理某一个特殊语音信号时若发生问题,就要设法解决这些问题,就要寻找问题发生在什么地方,是什么类型的问题,这样才能找到有针对性的解决问题的方法。

在 MATLAB 语言中有很方便的语句,能把中间结果打印和显示出来,所以在这里提供一些用于显示元音主体中基音检测的主要中间参数的程序和函数。

1. 在元音主体区间观察自相关函数的曲线

在 8.6 节已详细说明了元音主体基音的检测，是调用 ACF_corrbp1 函数，这里将该函数细化，观察其内部的中间结果，如果调用中发生问题，可知道怎样去查找和修改，或者怎样去替换成其他的检测方法。

我们是用自相关函数来检测基音周期，所以先观察每帧自相关函数的曲线，并获取第一次提取到的元音主体基音的初估值。编制了函数 corrbp_test1 来计算和显示每帧的自相关函数，介绍如下。

名称：corrbp_test1

功能：指定某一个元音主体，观察该元音主体的每一帧自相关函数曲线，获取该元音主体基音的初估值，计算均值和方差。

调用格式：period = corrbp_test1(y,fn,vseg,vsl,lmax,lmin,ThrC,tst_i1)

程序清单如下：

```
function period = corrbp_test1(y,fn,vseg,vsl,lmax,lmin,ThrC,tst_i1)
pn = size(y,2);
if pn~ = fn, y = y'; end                              % 把 y 转换为每列数据表示一帧语音信号
wlen = size(y,1);                                     % 帧长
period = zeros(1,fn);                                 % 初始化
c1 = ThrC(1);
i = tst_i1;
    ixb = vseg(i).begin;
    ixe = vseg(i).end;
    ixd = ixe - ixb + 1;                              % 求取一段有话段帧的帧数
    fprintf('ixd = %4d\n',ixd);
    Ptk = zeros(3,ixd);
    Vtk = zeros(3,ixd);
    Ksl = zeros(1,3);
    figure(50);
    pos = get(gcf,'Position');
    set(gcf,'Position',[pos(1), pos(2) - 100,pos(3),pos(4)]);
    for k = 1 : ixd
        u = y(:,k + ixb - 1);                         % 取来一帧信号
        ru = xcorr(u,'coeff');                        % 计算自相关函数
        ru = ru(wlen:end);                            % 取正延迟量部分
        subplot 211; plot(u,'k');
        title(['第' num2str(k) '帧波形']);
        xlabel('(a)'); ylabel('幅值');
        subplot 212;
        plot(ru,'k'); grid; xlim([0 150]);
        title(['第' num2str(k) '帧自相关函数 R']);
        [Sv,Kv] = findmaxesm3(ru,lmax,lmin);          % 获取三个极大值的数值和位置
        lkv = length(Kv);
        Ptk(1:lkv,k) = Kv';                           % 把每帧的三个极大值位置存放在 Ptk 数组中
        fprintf('%4d    %4d     %4d     %4d\n',k,Kv);
        xlabel(['样点数' 10 '(b)']); ylabel('幅值');
        pause
    end
    Kal = Ptk(1,:);
    meanx = mean(Kal);                                % 计算 Kal 均值
    thegma = std(Kal);                                % 计算 Kal 标准差
    mt1 = meanx + thegma;                             % 设置置信区间上界
    mt2 = meanx - thegma;                             % 设置置信区间下界
    fprintf('meanx = %5.4f    thegma = %5.4f    mt1 = %5.4f    mt2 = %5.4f\n',...
        meanx,thegma,mt1,mt2);
```

```
%画出元音主体基音初估值曲线
figure(51);clf
pos = get(gcf,'Position');
set(gcf,'Position',[pos(1), pos(2) - 100,pos(3),pos(4) - 200]);
plot(1:ixd,Ptk(1,1:ixd),'ko - ','linewidth',2); hold on
plot(1:ixd,Ptk(2,1:ixd),'k * - ',1:ixd,Ptk(3,1:ixd),'k + - ');
xlabel(' 样点数 '); ylabel(' 基音周期 ');
line([1 ixd],[meanx meanx],'color','k','linestyle','- - ');
line([1 ixd],[meanx + thegma meanx + thegma],'color','k',...
    'linestyle','- .');
line([1 ixd],[meanx - thegma meanx - thegma],'color','k',...
    'linestyle','- .');
period = Kal;
return
```

说明:

① 输入参数 y 是分帧后的数组,一般一列表示一帧;fn 是总帧数;vseg 是元音主体的信息;vsl 是元音主体的个数;lmax 和 lmin 分别代表 P_{max} 和 P_{min},给出延迟量的范围,在这个区间寻找自相关函数的峰值;ThrC 含有 c1 和 c2 两个阈值;tst_i1 指定观察第几个元音主体。输出参数 period 是指定元音主体的基音周期值。

② 在函数中,对每一帧计算出相关函数后就显示出一帧的波形和相关函数的波形,并用 pause 语句暂停,以便观察每帧的相关函数曲线。

例 A-2-1(pra_2_1) 读入 deepstep.wav 数据(内容为"深深浅浅的脚印"),调用函数 corrbp_test1,观察第 3 个元音主体的相关函数及基音周期值。

程序清单如下:

```
% pra_2_1
clear all; clc; close all
filedir = [];                                  %设置数据文件的路径
filename = 'deepstep.wav';                     %设置数据文件的名称
fle = [filedir filename]                       %构成路径和文件名的字符串
[xx,fs] = wavread(fle);                        %读取文件
xx = xx - mean(xx);                            %消除直流分量
xx = xx/max(abs(xx));                          %幅值归一化
wavplay(xx,fs);
N = length(xx);                                %信号长度
time = (0 : N - 1)/fs;                         %设置时间刻度
wlen = 320;                                    %帧长
inc = 80;                                      %帧移
overlap = wlen - inc;                          %两帧重叠长度
lmin = floor(fs/300);                          %最高基音频率 500 Hz 对应的基音周期
lmax = floor(fs/60);                           %最高基音频率 60 Hz 对应的基音周期
yy = enframe(xx,wlen,inc)';                    %第一次分帧
fn = size(yy,2);                               %取来总帧数
frameTime = frame2time(fn, wlen, inc, fs);     %计算每一帧对应的时间
Thr1 = 0.1;                                    %设置端点检测阈值
r2 = 0.5;                                      %设置元音主体检测的比例常数
ThrC = [10 15];                                %设置相邻基音周期间的阈值
%用于基音检测的端点检测和元音主体检测
[voiceseg,vosl,vseg,vsl,Thr2,Bth,SF,Ef] = pitch_vads(yy,fn,Thr1,r2,6,5);
%作图
figure(1)
pos = get(gcf,'Position');
set(gcf,'Position',[pos(1), pos(2) - 100,pos(3),pos(4)]);
```

```
subplot 211; plot(time,xx,'k');
title('原始信号波形图'); axis([0 max(time) -1 1]);
xlabel('(a)'); ylabel('幅值');
for k=1 : vosl
        line([frameTime(voiceseg(k).begin) frameTime(voiceseg(k).begin)],...
        [-1 1],'color','k');
        line([frameTime(voiceseg(k).end) frameTime(voiceseg(k).end)],...
        [-1 1],'color','k','linestyle','--');
end
subplot 212; plot(frameTime,Ef,'k'); hold on
title('能熵比图'); axis([0 max(time) 0 max(Ef)]);
xlabel(['时间/s' 10 '(b)']); ylabel('幅值');
line([0 max(frameTime)],[Thr1 Thr1],'color','k','linestyle','--');
plot(frameTime,Thr2,'k','linewidth',2);
for k=1 : vsl
        line([frameTime(vseg(k).begin) frameTime(vseg(k).begin)],...
        [0 max(Ef)],'color','k','linestyle','-.');
        line([frameTime(vseg(k).end) frameTime(vseg(k).end)],...
        [0 max(Ef)],'color','k','linestyle','-.');
end
% 60~500Hz 的带通滤波器系数
b=[0.012280  -0.039508  0.042177  0.000000  -0.042177  0.039508  -0.012280];
a=[1.000000 -5.527146  12.854342  -16.110307  11.479789  -4.410179  0.713507];
x=filter(b,a,xx);                        % 数字滤波
x=x/max(abs(x));                         % 幅值归一化
y=enframe(x,wlen,inc)';                  % 第二次分帧
m=3;
fprintf('m=%4d\n',m);
T1=corrbp_test1(y,fn,vseg,vsl,lmax,lmin,ThrC,m);
```

说明：

① 在读入语音信号后先做分帧，并进行端点和元音主体检测(调用 pitch_vads 函数)，这些在第 8 章已介绍过。检测后把端点和元音主体检测的结果显示在图中，如图 A-2-1 所示。

② 把输入信号进行低通滤波，以减少共振峰的干扰。滤波输出再做一次分帧，然后调用函数 corrbp_test1，计算第 3 个元音主体每一帧的相关函数，并求出基音周期。这方法在第 8 章也介绍过。

第 3 个元音主体共有 16 帧，从每帧自相关函数中获得的三个峰值对应的位置为

帧号	第一组	第二组	第三组
1	34	67	99
2	35	68	102
3	36	70	103
4	36	70	0
5	38	19	79
6	41	81	121
7	39	79	119
8	37	74	110
9	36	71	106
10	34	68	101
11	33	64	93
12	30	59	89
13	29	56	83
14	27	132	0
15	27	0	0
16	52	0	0

运行 pra_2_1 后首先得到信号的端点和元音主体检测的结果,如图 A-2-1 所示。图中垂直实线和虚线之间的为有话段,在两条点画线之间的是元音主体。

对于每一帧信号都能得到该帧的波形和自相关函数的曲线图,如图 A-2-2 所示,这里只选择了第 7 帧来说明。

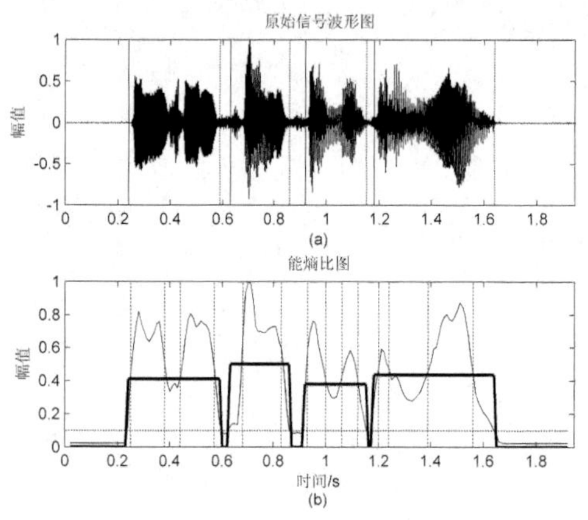

图 A-2-1 deepstep 信号的端点和元音主体检测结果图

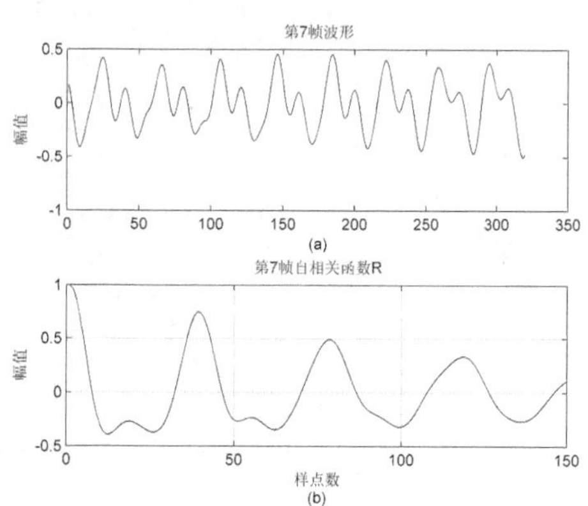

图 A-2-2 第 3 个元音主体第 7 帧波形和自相关函数曲线图

检测完 16 帧后,把基音候选数组都显示出来,并把第一组的数据用粗黑线表示,计算了第一组数据的均值和方差值,画出了置信区间(均值用虚线,置信区间用点画线表示),如图 A-2-3 所示。

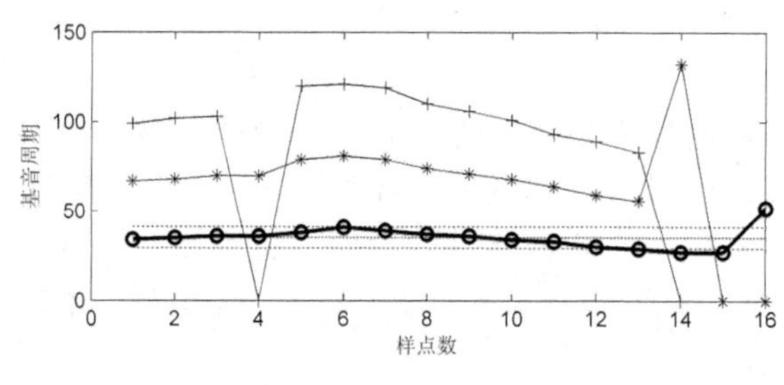

o-o—第一组　*-*—第二组　+-+—第三组

图 A-2-3 第 3 个元音主体基音候选数组图

程序运行中给出了第一次计算置信区间的一些数值如下:

```
meanx = 33.6250    thegma = 4.5735    mt1 = 38.1985    mt2 = 29.0515
```

其中,meanx 表均值;thegma 表示标准偏差值;mt1 表示置信区的上界;mt2 表示置信区的下界。

从图中可以看到,第一组数值中有一些数值在置信区间之外。这将在下一步进行处理。

2. 第二次置信区间的计算

调用 corrbp_test11 函数,得到元音主体基音周期的候选数组(程序中存放在 Ptk 数组里),并计算第一组候选值(程序中存放在 Kal 数组里)的置信区间,然后做进一步处理:寻找基音周期的候选数组中哪些数值在置信区间内,并取大的一个数值存放在 Pam 数组中;对 Pam 非零值进行置信区间的计算。把 Pam 在置信区间内的数值赋于 Pamtmp。程序运行后画出了第二次的置信区间及数组 Pamtmp 的曲线。

名称:corrbp_test11

功能:指定某一个元音主体,观察该元音主体的基音候选数组中哪一些数值是在第二次置信区间内,成为元音主体基音周期不完整的初估值。

调用格式:period = corrbp_test11(y,fn,vseg,vsl,lmax,lmin,ThrC,tst_i1)

程序清单如下:

```
function period = corrbp_test11(y,fn,vseg,vsl,lmax,lmin,ThrC,tst_i1)
pn = size(y,2);
if pn~ = fn, y = y'; end                              % 把 y 转换为每列数据表示一帧语音信号
wlen = size(y,1);                                     % 帧长
period = zeros(1,fn);                                 % 初始化
c1 = ThrC(1);
i = tst_i1;
    ixb = vseg(i).begin;
    ixe = vseg(i).end;
    ixd = ixe - ixb + 1;                              % 求取一段有话段帧的帧数
    fprintf('ixd = %4d\n',ixd);
    Ptk = zeros(3,ixd);
    Vtk = zeros(3,ixd);
    Ksl = zeros(1,3);
    for k = 1 : ixd
        u = y(:,k + ixb - 1);                         % 取来一帧信号
        ru = xcorr(u,'coeff');                        % 计算自相关函数
        ru = ru(wlen:end);                            % 取正延迟量部分
        [Sv,Kv] = findmaxesm3(ru,lmax,lmin);          % 获取三个极大值的数值和位置
        lkv = length(Kv);
        Ptk(1:lkv,k) = Kv';                           % 把每帧三个极大值位置存放在 Ptk 数组中
    end
    Kal = Ptk(1,:);
    figure(51);clf
    pos = get(gcf,'Position');
    set(gcf,'Position',[pos(1), pos(2) - 100,pos(3),(pos(4) - 200)]);
    plot(1:ixd,Ptk(1,1:ixd),'ko - ',1:ixd,Ptk(2,1:ixd),'k * - ',1:ixd,...
    Ptk(3,1:ixd),'k + - ');
    xlabel('样点数'); ylabel('基音周期'); hold on
    % 计算第一次置信区间
    meanx = mean(Kal);                                % 计算 Kal 均值
    thegma = std(Kal);                                % 计算 Kal 标准差
    mt1 = meanx + thegma;                             % 设置置信区间上界
    mt2 = meanx - thegma;                             % 设置置信区间下界
    fprintf('meanx = %5.4f    thegma = %5.4f    mt1 = %5.4f    mt2 = %5.4f\n',...
        meanx,thegma,mt1,mt2);
    line([1 ixd],[meanx meanx],'color','k','linestyle','- - ');
    line([1 ixd],[meanx + thegma meanx + thegma],'color','k',...
        'linestyle','- .');
    line([1 ixd],[meanx - thegma meanx - thegma],'color','k',...
        'linestyle','- .');
    if thegma< = 5, period = Kal; return; end
    Ptemp = zeros(size(Ptk));
    Ptemp(1,(Ptk(1,:)<mt1 & Ptk(1,:)>mt2)) = 1;       % 检查各组数据有否在置信区间内
    Ptemp(2,(Ptk(2,:)<mt1 & Ptk(2,:)>mt2)) = 1;
    Ptemp(3,(Ptk(3,:)<mt1 & Ptk(3,:)>mt2)) = 1;
    Pam = zeros(1,ixd);
    for k = 1 : ixd                                   % 在 Pam 中存放置信区间内大的数值
        if Ptemp(1,k) = = 1
            Pam(k) = max(Ptk(:,k). * Ptemp(:,k));
        end
```

```
end
%计算第二次置信区间
mdex = find(Pam~ = 0);
meanx = mean(Pam(mdex));                    %计算 Pam 非零值区间的均值
thegma = std(Pam(mdex));                    %计算 Pam 非零值区间的标准差
mt1 = meanx + thegma;                       %设置置信区间上界
mt2 = meanx - thegma;                       %设置置信区间下界
pindex = find(Pam<mt1 & Pam>mt2);           %寻找在置信区间的数据点
fprintf('meanx2 = %5.4f   thegma = %5.4f   mt1 = %5.4f   mt2 = %5.4f\n',...
    meanx,thegma,mt1,mt2);
line([1 ixd],[meanx meanx],'color',[.6 .6 .6],'linestyle','--');
line([1 ixd],[meanx + thegma meanx + thegma],'color',...
    [.6 .6 .6],'linestyle','-.');
line([1 ixd],[meanx - thegma meanx - thegma],'color',...
    [.6 .6 .6],'linestyle','-.');
Pamtmp = zeros(1,ixd);
Pamtmp(pindex) = Pam(pindex);               %设置 Pamtmp
period = Pamtmp;
line([1:ixd],[Pamtmp(1:ixd)],'color',[.6 .6 .6],'linewidth',3);
title('在第二次置信区间内元音主体基音周期的初估值');
```

说明:函数的输入参数和输出参数与函数 corrbp_test1 相同。

例 A-2-2(pra_2_2) 读入 deepstep.wav 数据(内容为“深深浅浅的脚印”),调用函数 corrbp_test11,观察第 3 个元音主体基音周期的初估值。除了调用函数 corrbp_test11 外,pra_2_2 与 pra_2_1 基本相同。所以,程序清单可以从源程序包中找到,这里不再列出。

运行 pra_2_2 后给出了第 3 个元音主体基音周期不完整的初估值曲线图,图中用灰粗线表示(因为在初估值曲线中可能有一些数值为零),如图 A-2-4 所示。

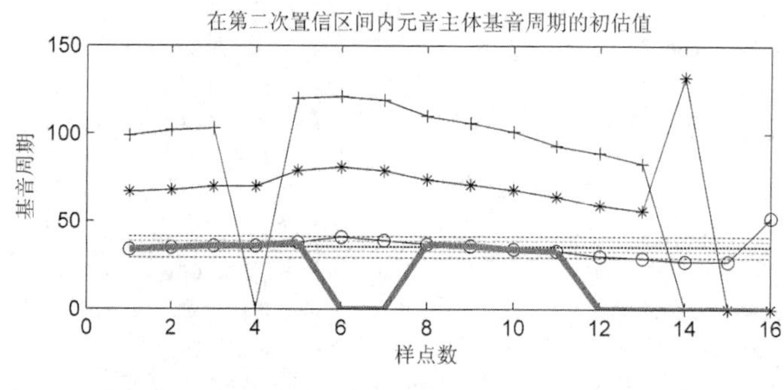

○-○—第一组 *-*—第二组 +-+—第三组

图 A-2-4 经计算第二次置信区间第 3 个元音主体基音周期不完整的初估值图

图中灰色虚线表示第二次置信区间计算的均值;灰色点画线表示第二次置信区间计算的上界和下界。同时给出数值如下:

```
meanx2 = 35.7500   thegma = 2.8959   mt1 = 38.6459   mt2 = 32.8541
```

其中,meanx2 表示均值;thegma 表示标准偏差值;mt1 表示置信区间的上界;mt2 表示置信区间的下界。第二次置信区间比第一次的更窄,在图中 Pamtmp 用灰线表示,Pamtmp 中在第二次置信区间外的点都表示为零值,所以把这次对基音的估值称为不完整的初估值。

3. 在元音主体区间最短距离准则的搜寻和后处理

对于基音周期的不完整的初估值(在 Pamtmp 数组中),即其中可能有一部分数据为零值,我们已知基音候选数组在 Ptk 中,则首先按最短距离准则,当 Pamtmp 处于零值的位置时,在 Ptk 中寻找满足式(8-6-5)时最短距离的数值,还要满足式(8-6-6)。如果不能满足,则进行后处理:或内插,或外延。由于零值位置的不同,分别调用 ztcont11,ztcount21 和 ztcount31 来完成。

函数 corrbp_test12 是在 corrbp_test11 基础上进一步做最短距离准则的搜寻和后处理。

名称:corrbp_test12

功能:指定某一个元音主体,从该元音主体的基音候选数组寻找出元音主体基音周期不完整的初估值,进一步按最短距离准则搜寻,找不到合适的基音周期时进行后处理,得到元音主体基音周期的初估值。

调用格式:period = corrbp_test12(y,fn,vseg,vsl,lmax,lmin,ThrC,tst_i1)

程序清单如下:

```
function period = corrbp_test12(y,fn,vseg,vsl,lmax,lmin,ThrC,tst_i1)
pn = size(y,2);
if pn~ = fn, y = y'; end                    % 把 y 转换为每列数据表示一帧语音信号
wlen = size(y,1);                           % 帧长
period = zeros(1,fn);                       % 初始化
c1 = ThrC(1);
i = tst_i1;
    ixb = vseg(i).begin;
    ixe = vseg(i).end;
    ixd = ixe - ixb + 1;                    % 求取一段有话段帧的帧数
    fprintf('ixd = % 4d\n',ixd);
    Ptk = zeros(3,ixd);
    Vtk = zeros(3,ixd);
    Ksl = zeros(1,3);
    for k = 1 : ixd
        u = y(:,k + ixb - 1);               % 取来一帧信号
        ru = xcorr(u,'coeff');              % 计算自相关函数
        ru = ru(wlen:end);                  % 取正延迟量部分
        [Sv,Kv] = findmaxesm3(ru,lmax,lmin); % 获取三个极大值的数值和位置
        lkv = length(Kv);
        Ptk(1:lkv,k) = Kv';                 % 把每帧三个极大值位置存放在 Ptk 数组中
    end
    Kal = Ptk(1,:);
    figure(51);clf
    pos = get(gcf,'Position');
    set(gcf,'Position',[pos(1), pos(2) - 100,pos(3),(pos(4) - 200)]);
    plot(1:ixd,Ptk(1,1:ixd),'ko - ',1:ixd,Ptk(2,1:ixd),'k * - ',...
        1:ixd,Ptk(3,1:ixd),'k + - ');
    xlabel(' 样点数 '); ylabel(' 基音周期 '); hold on
    % 计算第一次置信区间
    meanx = mean(Kal);                      % 计算 Kal 均值
    thegma = std(Kal);                      % 计算 Kal 标准差
    mt1 = meanx + thegma;                   % 设置置信区间上界
    mt2 = meanx - thegma;                   % 设置置信区间下界
    fprintf('meanx = % 5.4f   thegma = % 5.4f   mt1 = % 5.4f   mt2 = % 5.4f\n',...
        meanx,thegma,mt1,mt2);
    line([1 ixd],[meanx meanx],'color','k','linestyle','- - ');
    line([1 ixd],[meanx + thegma meanx + thegma],'color','k','linestyle','- .');
    line([1 ixd],[meanx - thegma meanx - thegma],'color','k','linestyle','- .');
    if thegma>5,

        Ptemp = zeros(size(Ptk));
        Ptemp(1,(Ptk(1,:)<mt1 & Ptk(1,:)>mt2)) = 1;   % 检查各组数据有否在置信区间
        Ptemp(2,(Ptk(2,:)<mt1 & Ptk(2,:)>mt2)) = 1;
        Ptemp(3,(Ptk(3,:)<mt1 & Ptk(3,:)>mt2)) = 1;

        Pam = zeros(1,ixd);                 % 在 Pam 中存放置信区间内大的数值
        for k = 1 : ixd
            if Ptemp(1,k) = = 1
```

若您对此书内容有任何疑问,可以凭在线交流卡登录MATLAB中文论坛与作者交流。

```
                Pam(k) = max(Ptk(:,k).*Ptemp(:,k));
            end
        end
        %计算第二次置信区间
        mdex = find(Pam~= 0);
        meanx = mean(Pam(mdex));                        %计算 Pam 均值
        thegma = std(Pam(mdex));                        %计算 Pam 标准差
        if thegma<0.5, thegma = 0.5; end
        mt1 = meanx + thegma;                           %设置置信区间上界
        mt2 = meanx - thegma;                           %设置置信区间下界
        pindex = find(Pam<mt1 & Pam>mt2);               %寻找在置信区间的数据点
        fprintf('meanx2 = %5.4f    thegma = %5.4f    mt1 = %5.4f    mt2 = %5.4f\n',...
            meanx,thegma,mt1,mt2);
        line([1 ixd],[meanx meanx],'color',[.6 .6 .6],'linestyle','--');
        line([1 ixd],[meanx + thegma meanx + thegma],'color',[.6 .6 .6],...
            'linestyle','-.');
        line([1 ixd],[meanx - thegma meanx - thegma],'color',[.6 .6 .6],...
            'linestyle','-.');
        Pamtmp = zeros(1,ixd);
        Pamtmp(pindex) = Pam(pindex);                   %设置 Pamtmp
        line([1:ixd],[Pamtmp(1:ixd)],'color',[.6 .6 .6],'linewidth',3);

        if length(pindex)~= ixd
            bpseg = findSegment(pindex);                %计算置信区间内的数据分段信息
            bpl = length(bpseg);                        %置信区间内的数据分成几段
            bdb = bpseg(1).begin;                       %置信区间内第一段的开始位置
            if bdb~= 1                                  %如果置信区间内第一段开始位置不为 1
                Ptb = Pamtmp(bdb);                      %置信区间内第一段开始位置的基音周期
                Ptbp = Pamtmp(bdb + 1);
                pdb = ztcont11(Ptk,bdb,Ptb,Ptbp,c1);    %将调用 ztcont11
                Pam(1:bdb - 1) = pdb;                   %把处理后的数据放入 Pam 中
            end
            if bpl>= 2
                for k = 1 : bpl - 1                     %如果在 Kal 中间有数据在置信区间外
                    pdb = bpseg(k).end;
                    pde = bpseg(k + 1).begin;
                    Ptb = Pamtmp(pdb);
                    Pte = Pamtmp(pde);
                    pdm = ztcont21(Ptk,pdb,pde,Ptb,Pte,c1);   %调用 ztcont21
                    Pam(pdb + 1:pde - 1) = pdm;         %把处理后的数据放入 Pam 中
                end
            end
            bde = bpseg(bpl).end;
            Pte = Pamtmp(bde);
            Pten = Pamtmp(bde - 1);
            if bde~= ixd                                %如果置信区间内最后一段的开始位置不为 ixd
                pde = ztcont31(Ptk,bde,Pte,Pten,c1);    %将调用 ztcont31
                Pam(bde + 1:ixd) = pde;                 %把处理后的数据放入 Pam 中
            end
        end
        period(ixb:ixe) = Pam;
    else
        period(ixb:ixe) = Kal;
    end
    plot(1:ixd,period(ixb:ixe),'k-','linewidth',2);
    title('元音主体基音周期的初估值');
```

说明:函数的输入参数和输出参数与函数 corrbp_test1 相同。

例 A-2-3(pra_2_3)　读入 deepstep.wav 数据(内容为"深深浅浅的脚印"),调用函数 corrbp_test12,观察第 3 个元音主体基音周期的初估值。

pra_2_3 与 pra_2_1 基本相同,除了调用函数 corrbp_test12 外。所以程序清单可以从源程序包中找到,这里不再列出。

运行 pra_2_3 后经过按最短距离准则的搜寻以及后处理,给出了第 3 个元音主体基音周期的初估值曲线图,如图 A-2-5 所示。

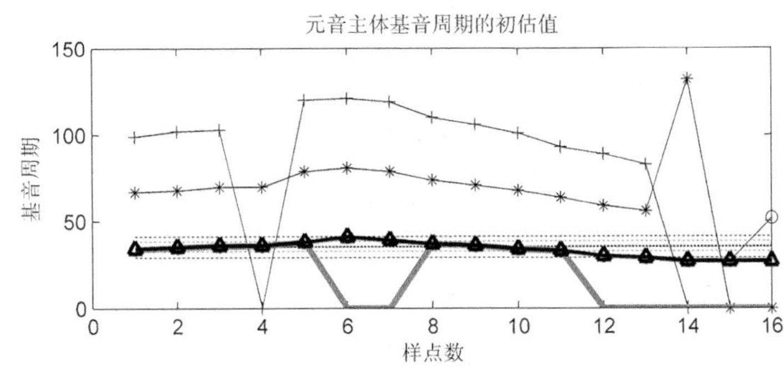

○-○—第一组　*-*—第二组　+-+—第三组

图 A-2-5　第 3 个元音主体基音周期的初估值图

图 A-2-5 中,由灰线表示出元音主体基音周期的不完整初估值,其中有部分是零值,经过最短距离准则的搜寻以及后处理元音主体基音周期的初估值用三角黑线表示,把原零值位置上都补上了合适的数值。图 A-2-5 中大部分都是取 Ptk 中第一组的数值,但在 16 的位置处没有合适数值时便用外延的方法获取。

A.3　元音主体前后向延伸中的基音检测与调试

在对元音主体基音检测以后,就可以对前后向延伸区间进行基音检测。8.6 节已详细说明了检测的方法。元音主体基音检测的正确性对延伸区间的基音检测有很大的影响,如果元音主体基音检测不正确往往会误导延伸区间基音周期的检测,因为在延伸区间是按元音主体的基音向外按最短距离准则搜寻,一旦元音主体基音本身不正确,其搜寻时也会导致在延伸区间基音检测不正确。本节介绍在延伸区间观察自相关函数及按最短距离准则搜寻和后处理。

1. 在延伸区间观察自相关函数的曲线

8.6 节已介绍过元音延伸区间的基音检测分为前向和后向。延伸区前向基音检测将调用 back_Ext_shtpm 函数,后向基音检测将调用 fore_Ext_shtpm 函数,但不论调用其中哪一个函数,它们中间都通过调用 Ext_corrshtpm 函数来完成。本节对 Ext_corrshtpm 函数进行细化,以观察其内部的中间结果。

我们同样是用自相关函数来检测基音周期,所以先观察每帧自相关函数的曲线,并获取基音估值的候选数组。主要编制了函数 Ext_corrshtp_test1 用来计算每一帧的自相关函数,现介绍如下。

名称:Ext_corrshtp_test1

功能:指定某一个元音主体的延伸区间(前向或后向),观察该延伸区间的每一帧自相关函数曲线,获取基音估值的候选数组。

调用格式:[Pm,vsegch,vsegchlong] = Ext_corrshtp_test1(y,sign,TT1,XL,ixb,lmax,lmin,ThrC)

程序清单如下:

```
function [Pm,vsegch,vsegchlong] = Ext_corrshtp_test1(y,sign,TT1,XL,ixb,...
    lmax,lmin,ThrC)
wlen = size(y,1);
Emp = 0;                                            % 初始设置 Emp
c1 = ThrC(1); c2 = ThrC(2);
figure(50);
    pos = get(gcf,'Position');
   set(gcf,'Position',[pos(1), pos(2) - 100,pos(3),pos(4)]);
% 循环 XL 次前向或后向延伸区间提取基音周期初估值
for k = 1 : XL
    j = ixb + sign * k;                             % 修正帧的编号
    u = y(:,j);                                     % 取来一帧信号
    ru = xcorr(u,'coeff');                          % 计算自相关函数
    ru = ru(wlen:end);                              % 取正延迟量部分
    figure(50)
    subplot 211; plot(u,'k');
    title(['第' num2str(k) '帧波形']);
     xlabel('(a)'); ylabel('幅值');
    subplot 212;
    plot(ru,'k'); grid; xlim([0 150]);
    title(['第' num2str(k) '帧自相关函数 R']);
    xlabel(['样点数' 10 '(b)']); ylabel('幅值');
    [Sv,Kv] = findmaxesm3(ru,lmax,lmin);        % 获取三个极大值的数值和位置
    Ptk(:,k) = Kv';
    fprintf('%4d    %4d    %4d    %4d\n',k,Kv);
    pause
end
figure(51)
    pos = get(gcf,'Position');
    set(gcf,'Position',[pos(1), pos(2) - 100,pos(3),(pos(4) - 200)]);
    plot(1:XL,Ptk(1,1:XL),'ko-',1:XL,Ptk(2,1:XL),'k*-',1:XL,...
        Ptk(3,1:XL),'k+-'); grid;
    xlabel('样点数'); ylabel('基音周期')
    title('延伸区间基音周期候选数组图');
    Pm = Ptk(1,:);
    vsegch = 0; vsegchlong = 0;
```

说明:

① 输入参数 y 是语音信号分帧后的数组;sign 是一个符号量,或为 1(后向延伸),或为 −1(前向延伸);TT1 是在后向延伸时元音主体最后一个数据点的基音周期值(该数据点的帧号设为 ixb),或在前向延伸时元音主体第一个数据点的基音周期值(该数据点的帧号设为 ixb);XL 是延伸区间的长度;ixb 是元音主体端点的帧号;lmax 和 lmin 分别代表 P_{max} 和 P_{min},给出延迟量的范围,在这个区间中寻找自相关函数的峰值;ThrC 含有 c1 和 c2 两个阈值。输出参数 Pm 是延伸区间的基音周期;vsegch 是 1 或是 0,1 表示需要对 voiceseg 进行修正,0 表示不需要。当需要对 voiceseg 进行修正时,vsegchlong 给出修正的长度。

② 在计算每一帧数据的自相关函数后,都作图给出每帧自相关函数的曲线,如图 A-3-2 所示。在对所有的帧都计算自相关函数后,给出了基音周期候选数组图,如图 A-3-3 所示。

例 A-3-1(pra_3_1) 读入 tone4.wav 数据(内容为"妈妈,好吗,上马,骂人"),调用函数 Ext_corrshtp_test1,观察第 5 个元音主体后向延伸区间的相关函数及基音周期初估值。

程序清单如下:

```
% pra_3_1
clear all; clc; close all

filedir = [];                                          % 设置数据文件的路径
filename = 'tone4.wav';                                % 设置数据文件的名称
fle = [filedir filename]                               % 构成路径和文件名的字符串
[xx,fs] = wavread(fle);                                % 读取文件
xx = xx - mean(xx);                                    % 消除直流分量
xx = xx/max(abs(xx));                                  % 幅值归一化
N = length(xx);                                        % 信号长度
time = (0 : N-1)/fs;                                   % 设置时间刻度
wlen = 320;                                            % 帧长
inc = 80;                                              % 帧移
overlap = wlen - inc;                                  % 两帧重叠长度
lmin = floor(fs/500);                                  % 最高基音频率 500 Hz 对应的基音周期
lmax = floor(fs/60);                                   % 最高基音频率 60 Hz 对应的基音周期

yy = enframe(xx,wlen,inc)';                            % 第一次分帧
fn = size(yy,2);                                       % 取来总帧数
frameTime = frame2time(fn, wlen, inc, fs);             % 计算每一帧对应的时间
Thr1 = 0.1;                                            % 设置端点检测阈值
r2 = 0.5;                                              % 设置元音主体检测的比例常数
ThrC = [10 15];                                        % 设置相邻基音周期间的阈值
%用于基音检测的端点检测和元音主体检测
[voiceseg,vosl,vseg,vsl,Thr2,Bth,SF,Ef] = pitch_vads(yy,fn,Thr1,r2,6,5);
figure(1)
pos = get(gcf,'Position');
set(gcf,'Position',[pos(1), pos(2)-100,pos(3),pos(4)]);
subplot 311; plot(time,xx,'k');
title('原始信号波形'); axis([0 max(time) -1 1]);
xlabel('(a)'); ylabel('幅值');
for k = 1 : vosl
        line([frameTime(voiceseg(k).begin) frameTime(voiceseg(k).begin)],...
        [-1 1],'color','k');
        line([frameTime(voiceseg(k).end) frameTime(voiceseg(k).end)],...
        [-1 1],'color','k','linestyle','--');
end
subplot 312; plot(frameTime,Ef,'k'); hold on
title('能熵比'); axis([0 max(time) 0 max(Ef)]);
line([0 max(frameTime)],[Thr1 Thr1],'color','k','linestyle','--');
plot(frameTime,Thr2,'k','linewidth',2);
xlabel('(b)'); ylabel('幅值');
for k = 1 : vsl
        line([frameTime(vseg(k).begin) frameTime(vseg(k).begin)],...
        [0 max(Ef)],'color','k','linestyle','-.');
        line([frameTime(vseg(k).end) frameTime(vseg(k).end)],...
        [0 max(Ef)],'color','k','linestyle','-.');
end
% 60~500Hz 的带通滤波器系数
b = [0.012280  -0.039508  0.042177  0.000000  -0.042177  0.039508  -0.012280];
a = [1.000000  -5.527146  12.854342  -16.110307  11.479789  -4.410179  0.713507];
x = filter(b,a,xx);                                    % 数字滤波
x = x/max(abs(x));                                     % 幅值归一化
y = enframe(x,wlen,inc)';                              % 第二次分帧

[Extseg,Dlong] = Extoam(voiceseg,vseg,vosl,vsl,Bth);  % 计算延伸区间和延伸长度
T1 = ACF_corrbpa(y,fn,vseg,vsl,lmax,lmin,ThrC);       % 对元音主体进行基音检测
subplot 313; plot(frameTime,T1,'k'); %xlim([0 max(time)])
title('主体基音周期'); xlim([0 max(time)]);
```

```
xlabel(['时间/s' 10 '(c)']); ylabel('样点数');
%对语音的前后向过渡区延伸基音检测
T0 = zeros(1,fn);                                    %初始化
F0 = zeros(1,fn);
k = 5;
    ix1 = vseg(k).begin;                             %第k个元音主体开始位置
    ix2 = vseg(k).end;                               %第k个元音主体结束位置
    in1 = Extseg(k).begin;                           %第k个元音主体前向延伸开始位置
    in2 = Extseg(k).end;                             %第k个元音主体后向延伸结束位置
    ixl1 = Dlong(k,1);                               %前向延伸长度
    ixl2 = Dlong(k,2);                               %后向延伸长度
XL = ixl2;
fprintf('k = %4d    XL = %4d\n',k,XL);
sign = 1;                                            %后向延伸区间检测
TT1 = round(T1(ix2));                                %元音主体最后一个点的基音周期
ixb = ix2;
[Pm,vsegch,vsegchlong] = Ext_corrshtp_test1(y,sign,TT1,XL,ixb,lmax,lmin,ThrC);
```

说明:

① 在程序中先调用 pitch_vads 函数进行端点和元音主体检测。该函数已在 8.6 节介绍过。在检测完成后经滤波分帧,调用 ACF_corrbpa 函数提取元音主体的基音,得图 A-3-1。

② 从图 A-3-1 中可看到第 5 个元音主体在基音检测中将要往前向和后向进行延伸区间的基音检测,同时相应的帧数也较多。本程序是做后向延伸区间的检测,所以 sign=1。设置好参数后就调用 Ext_corrshtp_test1 函数进行后向延伸区间的基音检测。

运行 pra_3_1 后得到端点和元音主体检测和元音主体基音周期图,如图 A-3-1 所示。程序中第 5 个元音主体后向延伸将有 17 帧,在进行自相关函数计算时,可以得到每一帧数据的波形和自相关函数曲线,在图 A-3-2 中给出了第 13 帧数据的波形和自相关函数。对各帧自相关函数都计算完成后,获得在延伸区间基音周期候选的数组,如图 A-3-3 所示,它们的数值如下:

```
 1    33    65    97
 2    34    67   101
 3    35    69   103
 4    35    70   104
 5    36    71   106
 6    36    72   107
 7    37    73   109
 8    37    74   110
 9    37    74   111
10    38    76   112
11    78    37   112
12    80    36     0
13    81    36     0
14    83    35     0
15    85    35     0
16    88    35     0
17    93    35     0
```

例 A-3-2(pra_3_2) 读入 tone4. wav 数据(内容为"妈妈,好吗,上马,骂人"),调用函数 Ext_corrshtp_test1,观察第 5 个元音主体前向延伸区间的相关函数及基音周期值。

程序清单类同 pra_3_1,只是修改几个参数,尤其要设 sign=-1。程序清单可以从源程序包中找到,这里不再列出。

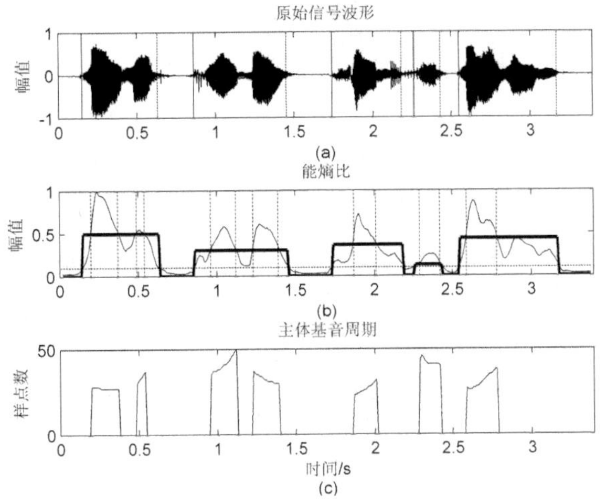

图 A-3-1　端点和元音主体检测和元音主体基音周期图

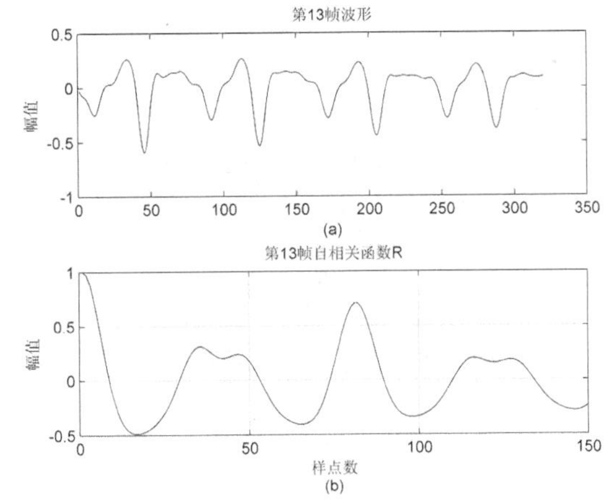

图 A-3-2　第5个元音主体后向延伸中第13帧数据波形和自相关函数曲线图

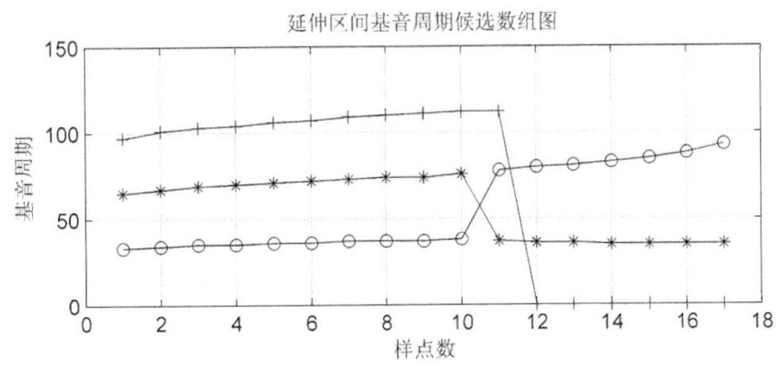

o-o—第一组　*-*—第二组　+-+—第三组

图 A-3-3　第5个元音主体后向延伸区间基音周期候选数组图

运行 pra_3_2 后得到的端点和元音主体检测和元音主体基音周期图与图 A-3-1 相同，这里不再列出。在本程序中第5个元音主体前向延伸将有13帧，在进行自相关函数计算时，可以得到每一帧数据的波形和自相关函数曲线，在图 A-3-4 中给出了第5帧数据的波形和自相关函数。对各帧自相关函数都计算完成后，获得在延伸区间基音周期候选数组，如图 A-3-5 所示，基音周期候选数组的数值如下：

1	22	44	0
2	0	0	0
3	106	0	0
4	106	0	0
5	93	0	0
6	0	0	0
7	0	0	0
8	122	0	0
9	125	0	0
10	0	0	0
11	0	0	0
12	125	0	0
13	121	0	0

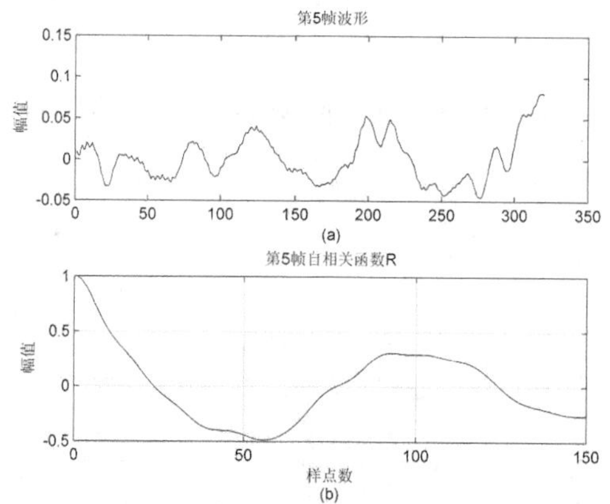

图 A-3-4　第 5 个元音主体前向延伸中第 5 帧数据波形和自相关函数曲线图

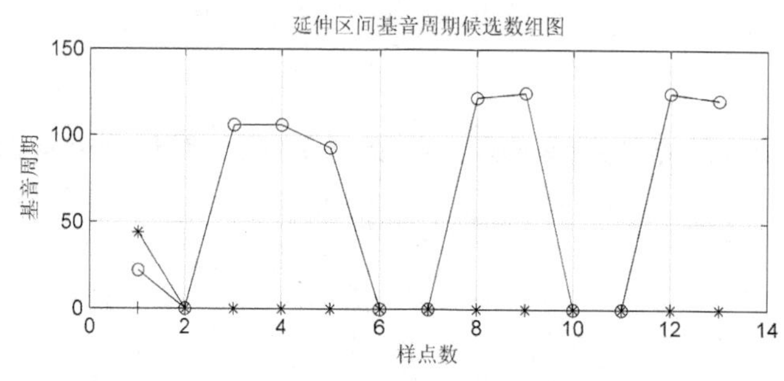

o-o—第一组　*-*—第二组　+-+—第三组

图 A-3-5　第 5 个元音主体前向延伸区间基音周期候选数组图

2. 在延伸区间按最短距离准则的搜寻和后处理

不论元音主体的前向还是后向延伸区间的基音检测，都是在元音主体基音检测之后，并已知元音主体内的基音周期。把元音主体的第一个(或最后一个)基音周期作为基准，往前向(或后向)延伸区间按最短距离准则进行基音周期的搜寻，搜寻的条件已在 8.6 节做过说明，要符合式(8-6-8) 或式(8-6-9)。在 Ext_corrshtp_test1 函数的基础上，编制了函数 Ext_corrshtp_test11，以观察在延伸区间获取基音周期候选数组后前向或后向搜寻基音周期的中间过程。函数 Ext_corrshtp_test11 介绍如下：

名称：Ext_corrshtp_test11

功能:指定某一个元音主体的延伸区间(前向或后向),在延伸区间获取基音周期候选数组后观察按最短距离准则进行基音周期的搜寻和后处理。

调用格式:[Pm,vsegch,vsegchlong] = Ext_corrshtp_test11(y,sign,TT1,XL,ixb,lmax,lmin,ThrC)

程序清单如下:

```
function [Pm,vsegch,vsegchlong] = Ext_corrshtp_test11(y,sign,TT1,XL,ixb,...
    lmax,lmin,ThrC)
wlen = size(y,1);
Emp = 0;                                                % 初始设置 Emp
c1 = ThrC(1); c2 = ThrC(2);
% 循环 XL 次前向或后向延伸区间提取基音周期初估值
for k = 1 : XL
    j = ixb + sign * k;                                 % 修正帧的编号
    u = y(:,j);                                         % 取来一帧信号
    ru = xcorr(u,'coeff');                              % 计算自相关函数
    ru = ru(wlen:end);                                  % 取正延迟量部分
    [Sv,Kv] = findmaxesm3(ru,lmax,lmin);                % 获取三个极大值的数值和位置
    Ptk(:,k) = Kv';
    fprintf('%4d    %4d    %4d    %4d\n',k,Kv);
end
    figure(51)
    pos = get(gcf,'Position');
    set(gcf,'Position',[pos(1), pos(2) - 100,pos(3),(pos(4) - 200)]);
    plot(1:XL,Ptk(1,1:XL),'ko-',1:XL,Ptk(2,1:XL),'k*-',...
        1:XL,Ptk(3,1:XL),'k+-'); grid;
    xlabel('样点数'); ylabel('基音周期'); hold on
    Pm = Ptk(1,:);
    vsegch = 0; vsegchlong = 0;
% 按最短距离寻找基音周期
Pkint = zeros(1,XL);
Ts = TT1;                                               % 初始设置 Ts
Emp = 0;                                                % 初始设置 Emp
for k = 1 : XL                                          % 循环
    Tp = Ptk(:,k);                                      % 在 Ts 与本帧的三个峰值中寻找最小差值
    Tz = abs(Ts - Tp);
    [tv,tl] = min(Tz);                                  % 最小的位置在 tl,数值为 tv
    if k == 1                                           % 是否第 1 帧
        if tv <= c1, Pkint(k) = Tp(tl); Ts = Tp(tl);    % 是,tv 小于 c1,设置 Pkint 和 Ts
        else Pkint(k) = 0; Emp = 1; end                 % tv 大于 c1,Pkint 为 0,Emp = 1,Ts 不变
    else                                                % 不是第 1 帧
        if Pkint(k-1) == 0                              % 上一帧 Pkint 是否为 0
            if tv < c2, Pkint(k) = Tp(tl); Ts = Tp(tl); % 是,tv 小于 c2,设置 Pkint 和 Ts
            else Pkint(k) = 0; Emp = 1; end             % tv 大于 c2,Pkint 为 0,Emp = 1,Ts 不变
        else                                            % 上一帧 Pkint 不为 0
            if tv <= c1, Pkint(k) = Tp(tl); Ts = Tp(tl); % tv 小于 c1,设置 Pkint 和 Ts
            else Pkint(k) = 0; Emp = 1; end             % tv 大于 c1,Pkint 为 0,Emp = 1,Ts 不变
        end
    end
end
line([1:XL],[Pkint(1:XL)],'color',[.6 .6 .6],'linewidth',3);
% 内插处理
Pm = Pkint;
vsegch = 0;
vsegchlong = 0;
if Emp == 1
    pindexz = find(Pkint == 0);                         % 寻找零值区间的信息
    pzseg = findSegment(pindexz);
    pzl = length(pzseg);                                % 零值区间有几处
```

```
    for k1 = 1 : pzl                          % 取一段零值区间
        zx1 = pzseg(k1).begin;                % 零值区间开始位置
        zx2 = pzseg(k1).end;                  % 零值区间结束位置
        zxl = pzseg(k1).duration;             % 零值区间长度
        if zx1~ = 1 & zx2~ = XL               % 零值点处于延伸区的中部
            deltazx = (Pm(zx2 + 1) - Pm(zx1 - 1))/(zxl + 1);
            for k2 = 1 : zxl                  % 线性内插
                Pm(zx1 + k2 - 1) = Pm(zx1 - 1) + k2 * deltazx;
            end
        elseif zx1 = = 1 & zx2~ = XL          % 零值点发生在延伸区首部
            deltazx = (Pm(zx2 + 1) - TT1)/(zxl + 1);
            for k2 = 1:zxl                    % 利用 TT1 线性内插
                Pm(zx1 + k2 - 1) = TT1 + k2 * deltazx;
            end
        else                                  % 零值点发生在延伸区尾部
            vsegch = 1;
            vsegchlong = zxl;
        end
    end
end
plot(1:XL,Pm,'k','linewidth',2);
title('延伸区间基音周期初估值');
```

说明：

① 输入参数 y 是语音信号分帧后的数组；sign 是一个符号量，或为 1(后向延伸)，或为 −1(前向延伸)；TT1 是在后向延伸时元音主体最后一个数据点的基音周期值(该数据点的帧号设为 ixb)，或在前向延伸时元音主体第一个数据点的基音周期值(该数据点的帧号设为 ixb)；XL 是延伸区间的长度；ixb 是元音主体端点的帧号；lmax 和 lmin 分别代表 P_{max} 和 P_{min}，给出延迟量的范围，在这个区间寻找自相关函数的峰值；ThrC 含有 c1 和 c2 两个阈值。输出参数 Pm 是延伸区间的基音周期；vsegch 是 1 或是 0，1 表示需要对 voiceseg 进行修正，0 表示不需要。当需要对 voiceseg 进行修正时，vsegchlong 给出修正的长度。

② 该函数是在 Ext_corrshtp_test1 基础上并结合了 Ext_corrshtpm 修改而来的，程序流程图可以参看图 8-6-13 和图 8-6-14。先同 Ext_corrshtp_test1 一样计算出延伸区间的基音周期候选数组 Ptk，已知元音主体基音周期的端点值，按最短距离准则在延伸区间的 Ptk 中寻找，当找到满足式(8-6-8) 或式(8-6-9)的基音周期时，则存放在 Pkint(k)中；否则，Pkint(k)为 0，且 Emp 为 1。

③ 按最短距离准则寻找结束后发现 Emp 为 1，说明有部分(或全部)Pkint(k)为 0，需要进行后处理。由 Pkint(k)所处的位置决定内插或修改 voiceseg 信息。

例 A-3-3(pra_3_3) 读入 tone4.wav 数据(内容为“妈妈，好吗，上马，骂人”)，调用函数 Ext_corrshtp_test11，对第 5 个元音主体已计算了后向延伸区间的基音周期候选数组，观察按最短距离准则进行基音周期的搜寻和后处理。

程序清单如下：

```
% pra_3_3
clear all; clc; close all

filedir = [];                             % 设置数据文件的路径
filename = 'tone4.wav';                   % 设置数据文件的名称
fle = [filedir filename]                  % 构成路径和文件名的字符串
[xx,fs] = wavread(fle);                   % 读取文件
xx = xx - mean(xx);                       % 消除直流分量
xx = xx/max(abs(xx));                     % 幅值归一化
```

```
N = length(xx);                                  % 信号长度
time = (0 : N-1)/fs;                             % 设置时间刻度
wlen = 320;                                      % 帧长
inc = 80;                                        % 帧移
overlap = wlen - inc;                            % 两帧重叠长度
lmin = floor(fs/500);                            % 最高基音频率 500 Hz 对应的基音周期
lmax = floor(fs/60);                             % 最高基音频率 60 Hz 对应的基音周期

yy = enframe(xx,wlen,inc)';                      % 第一次分帧
fn = size(yy,2);                                 % 取来总帧数
frameTime = frame2time(fn, wlen, inc, fs);       % 计算每一帧对应的时间
Thr1 = 0.1;                                      % 设置端点检测阈值
r2 = 0.5;                                        % 设置元音主体检测的比例常数
ThrC = [10 15];                                  % 设置相邻基音周期间的阈值
%用于基音检测的端点检测和元音主体检测
[voiceseg,vosl,vseg,vsl,Thr2,Bth,SF,Ef] = pitch_vads(yy,fn,Thr1,r2,6,5);
figure(1)
pos = get(gcf,'Position');
set(gcf,'Position',[pos(1), pos(2) - 100,pos(3),pos(4)]);
subplot 311; plot(time,xx,'k');
title('原始信号波形图'); axis([0 max(time) -1 1]);
xlabel('(a)'); ylabel('幅值');
for k = 1 : vosl
        line([frameTime(voiceseg(k).begin) frameTime(voiceseg(k).begin)],...
        [-1 1],'color','k');
        line([frameTime(voiceseg(k).end) frameTime(voiceseg(k).end)],...
        [-1 1],'color','k','linestyle','--');
end
subplot 312; plot(frameTime,Ef,'k'); hold on
title('能熵比图'); axis([0 max(time) 0 max(Ef)]);
xlabel('(b)'); ylabel('幅值');
line([0 max(frameTime)],[Thr1 Thr1],'color','k','linestyle','--');
plot(frameTime,Thr2,'k','linewidth',2);
for k = 1 : vsl
        line([frameTime(vseg(k).begin) frameTime(vseg(k).begin)],...
        [0 max(Ef)],'color','k','linestyle','-.');
        line([frameTime(vseg(k).end) frameTime(vseg(k).end)],...
        [0 max(Ef)],'color','k','linestyle','-.');
end
 % 60~500 Hz 的带通滤波器系数
b = [0.012280   -0.039508   0.042177    0.000000   -0.042177   0.039508   -0.012280];
a = [1.000000 -5.527146   12.854342   -16.110307  11.479789   -4.410179   0.713507];
x = filter(b,a,xx);                                   % 数字滤波
x = x/max(abs(x));                                    % 幅值归一化
y = enframe(x,wlen,inc)';                             % 第二次分帧
[Extseg,Dlong] = Extoam(voiceseg,vseg,vosl,vsl,Bth); % 计算延伸区间和延伸长度
T1 = ACF_corrbpa(y,fn,vseg,vsl,lmax,lmin,ThrC);      % 对元音主体进行基音检测
figure(1)
subplot 313; plot(frameTime,T1,'k');
title('主体基音周期');
xlabel(['时间/s' 10 '(c)']); ylabel('样点数');
 %对语音的前后向过渡区延伸基音检测
T0 = zeros(1,fn);                                     % 初始化
F0 = zeros(1,fn);
 % break
k = 5;
      ix1 = vseg(k).begin;                            % 第 k 个元音主体开始位置
      ix2 = vseg(k).end;                              % 第 k 个元音主体结束位置
```

```
        in1 = Extseg(k).begin;                       % 第 k 个元音主体前向延伸开始位置
        in2 = Extseg(k).end;                         % 第 k 个元音主体后向延伸结束位置
        ixl1 = Dlong(k,1);                           % 前向延伸长度
        ixl2 = Dlong(k,2);                           % 后向延伸长度
    XL = ixl2;
    sign = 1;                                        % 后向延伸区间检测
    TT1 = round(T1(ix2));                            % 元音主体最后一个点的基音周期
    ixb = ix2;

    [Pm,vsegch,vsegchlong] = Ext_corrshtp_test11(y,sign,TT1,XL,ixb,lmax,lmin,ThrC);
    figure(2)
    pos = get(gcf,'Position');
    set(gcf,'Position',[pos(1), pos(2) - 100,pos(3),pos(4) - 200]);

    PT = T1(ix1:ix2);
    ixd = ix2 - ix1 + 1;
    plot(1:ixd,PT,'k','linewidth',3); grid;
    line([ixd:ixd + XL],[T1(ix2) Pm(1:XL)],'color',[.6 .6 .6],'linewidth',3);
    title(['第' num2str(k) '个元音主体与后向延伸基音周期曲线']);
    ylim([0 60]); ylabel('基音周期'); xlabel('样点数');
    legend('元音主体基音周期','后向延伸基音周期',4);
```

说明:在程序中先调用 pitch_vads 函数进行端点和元音主体检测,该函数已在 8.6 节介绍过。在检测完成后经滤波分帧,调用 ACF_corrbpa 函数提取元音主体的基音。本程序是做后向延伸区间的检测,所以 sign=1。设置好参数后就调用 Ext_corrshtp_test11 函数进行后向延伸区间的基音检测。

运行 pra_3_3 后得到的端点和元音主体检测和元音主体基音周期图与图 A-3-1 相同,这里不再列出。程序中从第 5 个元音主体后向延伸将有 17 帧,可以得到延伸区间基音周期候选的数组,在已知第 5 个元音主体最后一个点的基音周期时,通过按最短距离准则的搜寻,检测到延伸区间基音周期初估值如图 A-3-6 中黑线所示。图中画出了延伸区间基音周期候选的三组数,从图中看出,当按最短距离准则寻找基音周期时,初始选用第一组的候选值,但到第 11 点处,第一组的候选值不再满足式(8-6-8)或式(8-6-9)的要求,而第二组的候选值却能满足要求,所以选用了第二组的候选值。

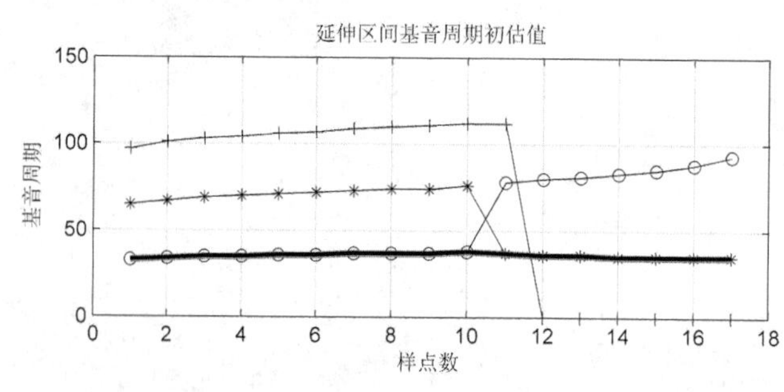

○-○—第一组　*-*—第二组　+-+—第三组

图 A-3-6　第 5 个元音主体后向延伸区间基音周期的初估值

运行 pra_3_3 后还把第 5 个元音主体的基音周期和后向延伸区间的基音周期画在一张图中,可看到基音周期的连续变化,如图 A-3-7 所示。

例 A-3-4(pra_3_4)　读入 tone4.wav 数据(内容为"妈妈,好吗,上马,骂人"),调用函数 Ext_corrshtp_test11,在对第 5 个元音主体计算了前向延伸区间的基音周期候选数组后,观察按最短距离准则进行基音周期的搜寻和后处理。程序与 pra_3_3 相同,只是把后向改为前

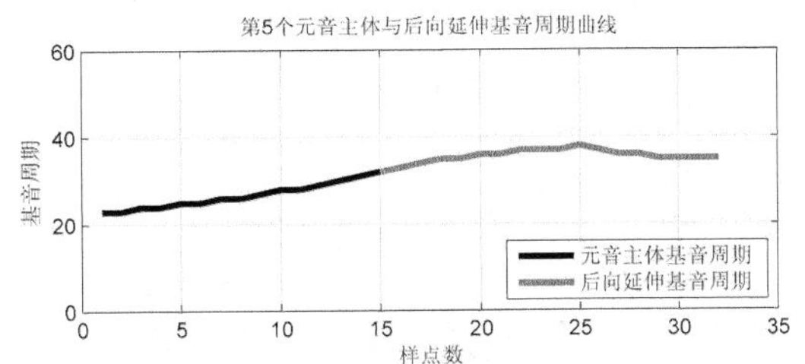

图 A-3-7　第 5 个元音主体的基音周期和后向延伸区间的基音周期连续变化曲线

向(sign=—1)，同时在前向基音检测后要把输出数据进行倒序排列(已在 8.6 节做过说明)。程序清单能从源程序中找到，这里不再列出。

运行 pra_3_4 后得到延伸区间基音周期候选的数组，通过按最短距离准则的搜寻和后处理，检测到延伸区间基音周期初估值如图 A-3-8 中黑线所示，其中除了第 1 点有数值外，其余的点都为 0 值。说明除第 1 点外检测不到合适的基音周期。同时 pra_3_4 将第 5 个元音主体的基音周期和前向延伸区间的基音周期画在一张图中，可看到基音周期的变化，如图 A-3-9 所示。

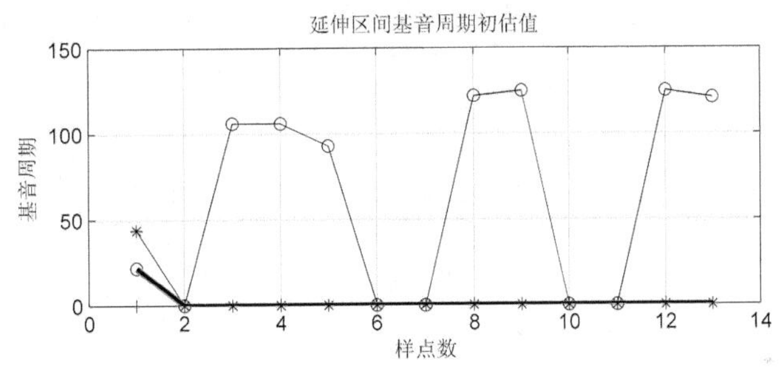

○-○—第一组　*-*—第二组　+-+—第三组

图 A-3-8　第 5 个元音主体前向延伸区间基音周期的初估值

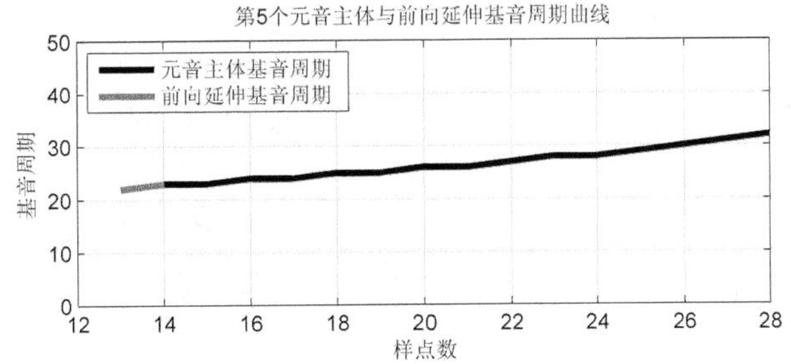

图 A-3-9　第 5 个元音主体的基音周期和前向延伸区间的基音周期连续变化曲线

从图 A-3-8 可看到延伸区间的基音周期初估值中部分数据是 0 值，按 8.6 节的介绍，将需要对 voiceseg 参数进行修改。运行 pra_3_4 给出修改的信息有：

```
vsegch =    1   vsegchlong =    12
```

说明要对 voiceseg 参数进行修改，修改的长度为 12。

把 tone4 数据中"上"这个音(在元音主体检测中属第 5 个元音主体)在图 A-3-1 中得到的端点检测结果与例 8-6-1 得到的最终的端点检测结果进行比较，如图 A-3-10 所示。

图 A-3-10(a)给出了初始得到的“上”这个音的有话段的开始位置(是例 A-3-1 得到的结果);图 A-3-10(b)给出在了前向延伸区间基音检测后对 voiceseg 参数进行修改“上”这个音有话段的开始位置(是例 8-6-1 得到的结果)。从图中可看出,“上”这个音的有话段开始位置被后移和修正了。其实,从图还可看出“好”这个音的有话段开始位置也被修正了。

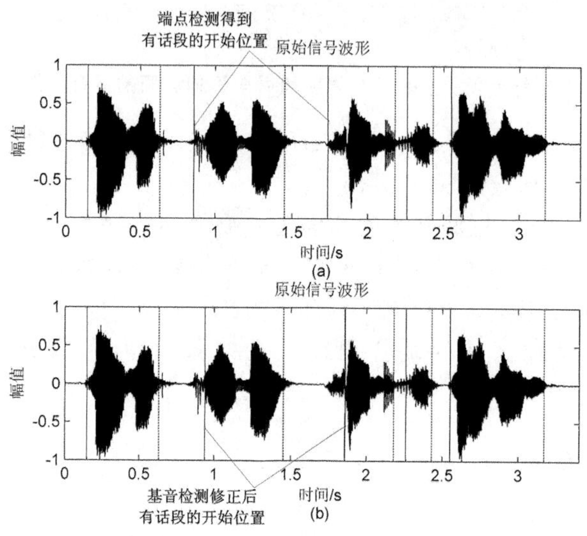

图 A-3-10 例 A-3-1 与例 8-6-1 中“上”这个音的有话段开始位置的比较

A.4 更多中间数据的检测

在 A.2 和 A.3 中只介绍了观察部分的中间数据,如果想观察任意的中间数据,或要深入到更下层的函数中,例如在元音主体基音检测中,要深入到 findmaxesm3,ztcont11,ztcount21 或 ztcont31 中去,那么该怎样观察和调试呢?

在 MATLAB 中可以用 plot 和 fprintf 等语句把中间的数值或以作图形式或以数值形式显示出来。但若想更深入地了解或修改,则可以把想深入了解的那部分数据先写入一个.mat 文件中,单独编写成一个程序。以下举例来说明。

例 A-4-1(pra_4_1) 在例 A-2-3 元音主体基音检测中,想更深入地了解函数 ztcont31 的工作过程,了解在 ztcont31 中有哪些数据是以最短距离准则获得的,哪些数据是从最短距离准则得不到而需要外延的。

为了深入观察函数 ztcont31 的工作过程,把函数 corrbp_test12 修改为 corrbp_test12c,其中在求出 Pamtmp 的数值后便把需要进一步用到的数据存放到文件中:

```
save dpstp_tmpdata1.mat Ptk Pamtmp pindex c1 meanx mt1 mt2
```

函数 corrbp_test12c 的程序清单在源程序包中可以找到,这里不再列出。

在运行 pra_2_3 之前把原调用函数 corrbp_test12 修改为调用函数 corrbp_test12c,把 pra_2_3.m 存为 pra_2_3c.m,运行 pra_2_3c,就能产生 dpstp_tmpdata1.mat 文件。读入 dpstp_tmpdata1.mat 文件,编写程序观察函数 ztcont31 的工作过程。

程序清单如下:

```
% pra_4_1
clear all; clc; close all;
load dpstp_tmpdata1.mat
ixd = length(Pamtmp);
Pam = Pamtmp;
    bpseg = findSegment(pindex);                 % 计算置信区间内的数据分段信息
    bpl = length(bpseg);                         % 将置信区间内的数据分成几段
    bdb = bpseg(1).begin;                        % 置信区间内第一段的开始位置
    if bdb~ = 1                                  % 如果置信区间内第一段开始位置不为 1
        Ptb = Pamtmp(bdb);                       % 置信区间内第一段开始位置的基音周期
        Ptbp = Pamtmp(bdb + 1);
        pdb = ztcont11(Ptk,bdb,Ptb,Ptbp,c1);     % 将调用 ztcont11
        Pam(1:bdb - 1) = pdb;                    % 把处理后的数据放入 Pam 中
    end
    if bpl> = 2
        for k = 1 : bpl - 1                      % 如果中间有数据在置信区间外
            pdb = bpseg(k).end;
            pde = bpseg(k + 1).begin;
            Ptb = Pamtmp(pdb);
            Pte = Pamtmp(pde);
            pdm = ztcont21(Ptk,pdb,pde,Ptb,Pte,c1);  % 调用 ztcont21
            Pam(pdb + 1:pde - 1) = pdm;          % 把处理后的数据放入 Pam 中
        end
    end
    Pam2 = ones(1,ixd) * nan;                    % 为了能画出处理后中间数据的曲线
    Pam2(pdb + 1:pde - 1) = pdm;                 % 设置了 Pam2
    Pam2(pdb) = Ptb; Pam2(pde) = Pte;
    bde = bpseg(bpl).end;
    Pte = Pamtmp(bde);
    Pten = Pamtmp(bde - 1);
    if bde~ = ixd                                % 如果置信区间内最后一段开始位置不为 kl
% 以下是由函数 ztcont31 的内容编制而来的
        fn = size(Ptk,2);                        % 取来 Ptk 有多少列
        kl = fn - bde;                           % 取得在置信区间外有多少个数据点
        T0 = Pte;                                % 置信区间内最后一段最后一个数据点的基音周期值
        T1 = Pten;                               % 置信区间内最后一段最后第二个数据点的基音周期值
        pde = zeros(1,kl);                       % 初始化 pde
        for k = 1:kl                             % 循环
            j = k + bde;
            [mv,ml] = min(abs(T0 - Ptk(:,j)));   % 按式(8-6-5)寻找最小差值
            pde(k) = Ptk(ml,j);                  % 找到 ml
            fprintf('k = %4d    %4d    ',k,pde(k));
            TT = Ptk(ml,j);
            if abs(T0 - TT)>c1                   % 如果不满足式(8-6-6)
                TT = 2 * T0 - T1;                % 向后外推延伸
                pde(k) = TT;
                fprintf(' 外延为 %4d',pde(k));
            end
            fprintf('\n');
            T1 = T0;
            T0 = TT;
        end
% 函数 ztcont31 结束
        Pam(bde + 1:ixd) = pde;                  % 把处理后的数据放入 Pam 中
        Pam3 = ones(1,ixd) * nan;                % 为了能画出处理后尾部数据的曲线
        Pam3(bde + 1:ixd) = pde;                 % 设置了 Pam3
        Pam3(bde) = Pte;
```

```
    end
figure(1)
pos = get(gcf,'Position');
set(gcf,'Position',[pos(1), pos(2) - 100,pos(3),(pos(4) - 200)]);
plot(1:ixd,Ptk(1,:),'kO','linewidth',3); hold on
plot(1:ixd,Pamtmp,'k','linewidth',3);
line([0 ixd],[meanx meanx],'color',[.6 .6 .6],'lineStyle','-');
line([0 ixd],[mt1 mt1],'color',[.6 .6 .6],'lineStyle','--');
line([0 ixd],[mt2 mt2],'color',[.6 .6 .6],'lineStyle','--');
line([1:ixd],[Pam2(1:ixd)],'color',[.6 .6 .6],'linewidth',3,'lineStyle','-');
line([1:ixd],[Pam3(1:ixd)],'color',[.6 .6 .6],'linewidth',3,'lineStyle','--');
xlabel('样点值'); ylabel('基音周期');
```

说明：

① 该程序实际上主要部分是函数 corrbp_test12 中的内容，只是在调用 ztcont31 处把函数 ztcont31 的内容直接放在了程序中，这样能直接观察函数 ztcont31 是怎么工作的，在处理元音主体基音检测中有哪些数据是按最短距离准则获得的，哪些数据是通过外延获得的。

② 读入 dpstp_tmpdata1.mat 文件将包含有 Ptk，Pamtmp，pindex，c1，meanx，mt1 和 mt2 等数据，其中 meanx，mt1 和 mt2 是第二次置信区间计算的结果。

③ 从例 A-2-3 可知，deepstep 数据第 3 个元音主体有 16 帧，从图 A-2-4 可知，经计算，第二次置信区间元音主体基音周期不完整的初估值中有两部分在置信区之外，一部分在初估值的中部(6 和 7 两个点)；另一部分在初估值的尾部(12～16 共 5 个点)。而函数 ztcont31 是处理尾部的 5 个点。

④ 在程序中把按最短距离准则获得的和通过外延获得的基音周期都显示出来，就能明白有哪些数据是按最短距离准则获得的，哪些数据是通过外延获得的。

⑤ 在程序中为了方便显示，把初估值中部处理后的基音周期设为 Pam2，而初估值尾部处理后的基音周期设为 Pam3，在图中分别用灰线和灰色点画线表示出来。

运行 pra_4_1 后显示尾部 5 个点处理后的基音周期值：

```
k =   1    30
k =   2    29
k =   3    27
k =   4    27
k =   5    52   外延为   27
```

这些数据能说明第 1～4 点是按最短距离准则获得的，而第 5 点按最短距离准则获得的数值为 52，显然不能满足式(8-6-6)的要求，所以只能通过外延，所以 k=5 的一行中标明了“外延”，得基音周期为 27。

运行 pra_4_1 得到的结果如图 A-4-1 所示。

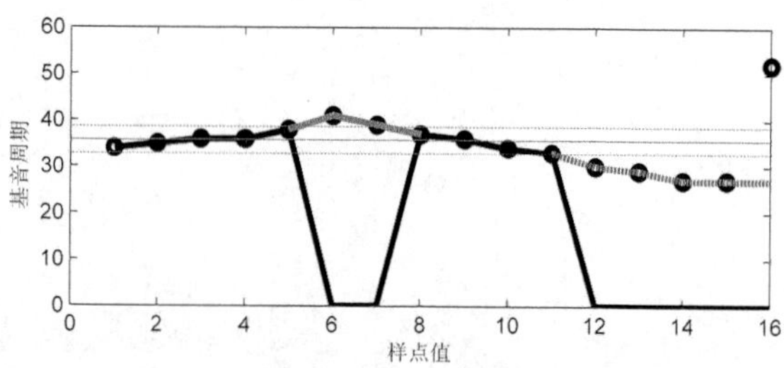

图 A-4-1　函数 ztcont31 获得的基音周期

在图 A-4-1 中,水平灰色实线是计算第二次置信区间的均值;水平灰色虚线是置信区间的上边界值和下边界值;粗黑色实线是 Pamtmp,即为元音主体基音周期不完整的初估值,在第二次置信区间外的点均为 0 值;粗灰色实线是补足该不完整初估值的中间部分;粗灰色虚线是补足该不完整初估值的尾部,即是函数 ztcont31 计算的结果。

本节仅仅给出一种方法,说明当运行某些复杂程序出现错误时,可以把发生错误前的中间数据存入.mat 文件;而编制包含有产生错误程序段的测试程序,目的是观察原程序中任意细微的部分,以便发现程序中产生错误的原因,以及调试和修改程序。

A.5 参数的调整

在基音检测中,有许多参数是人为设置的,对于不同的语音,有些参数必须进行调整,这样才能得到满意的检测结果。

在基音检测中,设置的参数有:端点和元音主体检测中的 Thr1 和 r2(在调用 pitch_vads 函数中的参数时,Thr1 是在能熵比值中判断有话帧的阈值,r2 是判断元音主体阈值的比例常数);在自相关函数计算中判断基音候选值的区间时有参数 lmax 和 lmin(lmax 是允许的基音周期最大值,lmin 是允许的基音周期最小值);在按最短距离准则判断时有参数 c1 和 c2(c1 和 c2 是 ThrC 的两个值,c1 是相邻两帧之间基音周期之差允许的最大阈值,c2 是相隔 1 帧或 1 帧以上的两帧之间基音周期之差允许的最大阈值)。此外,还有 miniL 和 mnlong 也是调用 pitch_vads 函数中的参数,miniL 是有话段最小的帧数,mnlong 是元音主体最小的帧数)。一般参数取值为:Thr1=0.1,r2=0.5,lmax=fs/60,lmin=fs/500,c1=10,c2=15,miniL=10,mnlong=8。

在例 A-2-1 处理 deepstep.wav 数据中设置了 lmin=fs/300,主要是为了人为地产生一些不合适的基音数据,方便 A.4 中的说明。通过以下两个例子可以看出,当选用不同阈值时,会给出不同的结果。

例 A-5-1 在 pr8_6_1 中读入 firegold.wav 数据(内容为"患难见知已,烈火炼真金")比较设置不同参数值时的程序运行结果。

开始选择的参数为:Thr1=0.1,r2=0.5,lmax=fs/60,lmin=fs/500,c1=10,c2=15,miniL=10,mnlong=8,程序运行的结果如图 A-5-1(a)所示。在图中已指出有部分字的基音并没有检出。

当修改 Thr1 为 Thr1=0.05 时,程序运行的结果如图 A-5-1(b)所示。从图中可看出,图 A-5-1(a)中没有检出基音的部分已被检出。

例 A-5-2 在 pr8_6_1 中读入 doct3.wav 数据(内容为"将顺利出站,充实到上海市二三级医院")比较设置不同参数值时的程序运行结果。

开始选择的参数为:Thr1=0.1,r2=0.5,lmax=fs/60,lmin=fs/500,c1=10,c2=15,miniL=10,mnlong=8,程序运行的结果如图 A-5-2(a)所示。在图中已指出有部分字的基音并没有检出,并有频率加倍的现象。

若把参数修改为:Thr1=0.05,r2=0.2,lmax=fs/60,lmin=fs/300,c1=15,c2=20,miniL=8,mnlong=5,程序运行的结果如图 A-5-2(b)所示。从图中可看出,图 A-5-2(a)中没有检出基音的部分都已被检出,频率加倍也被修正。

参数的改变能改善基音的检测,但是主体-延伸法只能改善部分语音的基音检测,它本身

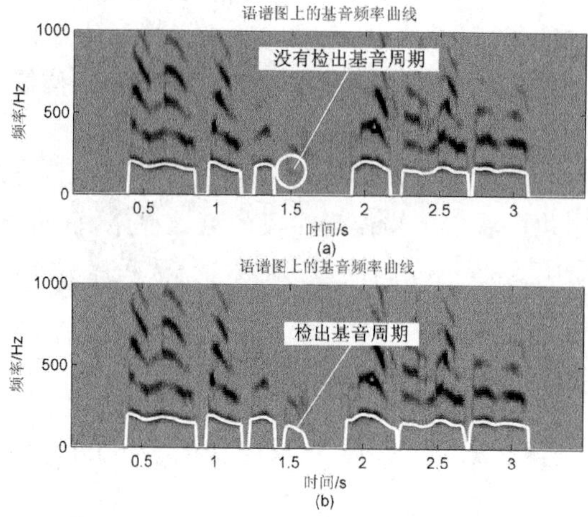

图 A-5-1　不同参数 Thr1 的程序运行结果

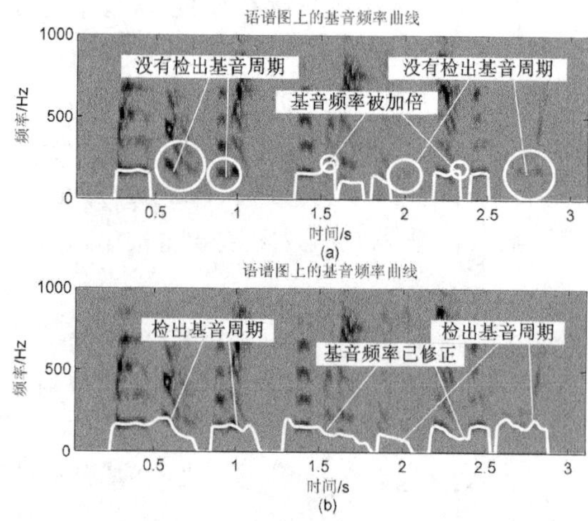

图 A-5-2　不同参数 Thr1,r2,c1,c2,lmin,miniL 和 mnlong 的程序运行结果

还是有局限性的,对于有些语音还是不能正确地检出其基音频率,这一方面是由于语音的复杂性,另一方面还需寻找更新的基音检测方法。

附录 B

本书自编函数速查表

函　数	功　能	章　节
ACF_clip	用中心削波自相关函检测基音	8.3
ACF_corr	用自相关函数检测基音	8.3
ACF_corrbpa	元音主体内用自相关函数法进行基音检测	8.6,8.7,10.4,A.3
ACF_threelevel	用三电平削波互相关函数检测基音周期	8.3
ACFAMDF_corr	自相关函数和平均幅度差函数相结合的基音检测	8.4
add_noisedata	将任意噪声数据按信噪比叠加在纯净语音上	5.3,7.1
add_noisefile	将任意噪声文件数据按信噪比叠加在纯净语音上	5.3,6.9
AMDF_1	用短时平均幅度差函数估算基音周期	8.4
AMDF_mod	改进短时平均幅度差函数估算基音周期	8.4
back_Ext_shtpm1	前向延伸区间基音检测函数	8.6,8.7,10.4
CAMDF_1	用循环平均幅度差函数来估算基音周期	8.4
CAMDF_mod	用改进循环平均幅度差函数来估算基音周期	8.4
conv_ovladd1	用重叠相加法计算卷积	10.1
conv_ovlsav1	用重叠存储法计算卷积	10.1
corrbp_test1	指定某一个元音主体,观察该元音主体每一帧自相关函数曲线,获取基音估值的候选数组	A.2
corrbp_test11	观察指定元音主体的基音候选数组中哪一些数值是在第二次置信区间内,成为基音周期不完整的初估值	A.2
corrbp_test12	观察指定元音主体的基音候选数组中按最短距离搜寻和后处理	A.2
emdcomment	emd 的中文注释程序	3.5
Ener_entropy	计算信号的能熵比值	A.1
Ext_corrshtp_test1	观察指定元音主体-延伸区间的每一帧自相关函数曲线,获取基音估值的候选数组	A.3

Ext_corrshtp_test11	观察在指定元音主体-延伸区间的基音周期候选数组中按最短距离准则进行基音周期搜寻和后处理	A.3
Ext_corrshtpm	延伸区间基音周期检测基本函数	8.6
Ext_F0ztms	以自相关函数的主体-延伸法检测基音信息	10.4,10.5,10.6
Ext_frmnt	用 LPC 求根法计算一帧语音信号的共振峰频率	9.4
Extoam	计算出每个元音主体向过渡区间延伸的范围和长度	8.6,8.7,10.4,A.3
findmaxesm3	从自相关函数中提取三个峰值的幅值和位置	8.6,A.2,A.3
fore_Ext_shtpm1	后向延伸区间基音检测函数	8.6,8.7,10.4
Formant_ext2	用线性预测方法提取连续语音的共振峰参数	10.5
formant2filter4	把三组共振峰频率和带宽设计成三个二阶带通滤波器,并设计固定参数滤波器	10.5
frame2time	计算出每帧对应的时间	2.3,2.4,6.1,6.2,6.3,6.5,6.9,8.2,8.6,8.7, 9.4,9.5,10.4, 10.5, 10.6,A.1,A.2,A.3
frmnt2coeff3	把一对共振峰参数(频率和带宽)设计成一个二阶带通数字滤波器的系数	10.5
Gnoisegen	按信噪比产生高斯白噪声并叠加到纯语音上	5.3,6.2,6.5,7.2,7.3,8.7
latticem	用几何平均格型法求出线性预测的系数	4.3
lpc2lpccm	由预测系数求得 LP 倒谱 lpcc	4.4
lpcc_dist	计算两个语音之间 lpcc 系数的距离	4.4
mel_dist	计算两个语音之间 MFCC 系数的距离	3.3
mfcc_m	计算 MFCC 系数	3.3,6.5
Mtmpsd_ssb	用多窗谱功率谱估算进行改进的谱减运算	6.9,7.2
multimidfilter	多次中值滤波	6.2,6.4,6.5,6.6,6.7,6.8
pitch_vad1	用能熵比法进行适合于基音提取的端点检测	7.3,8.1,8.2,8.7,9.1,9.4,9.5
pitch_vads	用能熵比法进行端点检测和元音主体检测	8.6,8.7,10.4,A.2

pitfilterm1	把中值滤波和线性平滑相结合的平滑处理	8.2,8.3,8.4,8.5,8.6,8.7,10.4
plot_spectrogram	画出语音信号的语谱图	A.1
polydetrend	消除语音信号中的多项式趋势项	5.4,A.1
pwelch_2	短时功率谱函数	2.4
seekfmts1	已知总帧数进行分帧,按 LPC 法求出共振峰值	9.4,10.5
simplesubspec	用基本谱减法对带噪语音进行减噪	6.9,7.2,A.1
SNR_singlech	计算一通道带噪语音的信噪比	5.3,5.5,6.9,7.1,7.2,7.3,8.7
steager	计算一维信号的 Teager 能量	6.8
stftms	短时傅里叶变换函数	2.4,5.5,8.6,8.7,9.4,9.5,10.4,10.5,A.1
vad_ezm1	用短时平均能量和过零率检测语音端点	6.1
vad_ezr	用短时平均能量和过零率检测带噪语音端点	6.2
vad_ezrm	用短时平均能量和过零率检测带噪语音端点(包含平滑处理)	6.2
vad_param1D	用一个参数 dst1 提取语音端点的位置	6.2,6.3,6.4,6.5,6.7,6.8,6.9
vad_param1D_revr	用一个参数 dst1 提取语音端点的位置,但是参数是反向比较	6.2,6.3,6.6
vad_param2D	用两个参数 dst1 和 dst2 提取语音端点的位置	6.2
vad_param2D_revr	用两个参数 dst1 和 dst2 提取语音端点的位置,dst2 是反向比较	6.2,6.8
Wavelet_corrm1	通过离散小波变换的低频分量用自相关函数法进行基音检测	8.7
wavlet_barkms	把语音信号按 wname 母小波分解成 5 层小波包,构成 17 个 BARK 子带滤波输出	6.4
zc2	计算分帧后数据的过零率	6.1,6.2
ztcont11	对元音主体基音周期的前部进行修正	8.6,A.2,A.4
ztcont21	对元音主体基音周期的中部进行修正	8.6,A.2,A.4
ztcont31	对元音主体基音周期的后部进行修正	8.6,A.2

附录 C

本书应用的 MATLAB 函数速查表

函数	功能	章节
abs	取绝对值	2.3,2.4,3.1,3.3,3.4,4.4,4.5,5.3,5.4,5.5,6.3,6.4,6.6,6.7,6.8,6.9,7.1,7.2,7.3,8.1,8.2,8.5,8.6,8.7,9.2,9.3,9.4,9.5,10.3,10.4,10.5,10.6,10.7,A.1,A.3,A.4
adaptfilt.lms	LMS 自适应滤波器	7.1
angle	求相角	4.5,7.2,7.3,9.4
appcoef	提取一维离散小波变换近似分量	3.4
arcov	用协方差法求线性预测系数	4.2
ar2lsf	线性预测计算中预测系数转换成 LSF	4.5,10.6
atan2	四象限内反正切	9.3,9.4
axes	在任意位置建立坐标系	2.4
axis	控制坐标系刻度	2.4,3.1,3.3,3.4,4.2,4.4,4.5,5.5,6.1,6.2,6.3,7.1,7.2,7.3,8.3,8.4,8.5,9.3,10.1,10.4,10.5,10.7,A.1,A.3
blackman	blackman 窗函数	5.5
boxcar	boxcar 窗函数	5.5
break	中断循环	6.4
buffer2	分帧	2.1
butter	Butterworth 滤波器设计	5.5,6.3,9.4,10.5
buttord	求 Butterworth 滤波器阶数	5.5,6.3
cceps	计算复倒谱	3.1
CenterClipping	对语音信号进行中心截幅	10.7
cheb1ord	求契比雪夫Ⅰ型滤波器阶数	5.5
cheb2ord	求契比雪夫Ⅱ型滤波器阶数	5.5,10.5
cheby1	契比雪夫Ⅰ型滤波器设计	5.5
cheby2	契比雪夫Ⅱ型滤波器设计	5.5,10.5

clc	命令窗清空	2.3,2.4,3.1,3.2,3.3,3.4,3.5,4.2,4.3,4.4,4.5,5.3,5.4,5.5,6.1,6.2,6.3,6.4,6.5,6.6,6.7,6.8,6.9,7.1,7.2,7.3,8.1,8.2,8.3,8.4,8.5,8.6,8.7,9.2,9.3,9.4,9.5,10.1,10.3,10.4,10.5,10.6,10.7,A.1,A.2,A.3,A.4
clear	从存储器中清除变量和函数	2.3,2.4,3.1,3.2,3.3,3.4,3.5,4.2,4.3,4.4,4.5,5.3,5.4,5.5,6.1,6.2,6.3,6.4,6.5,6.6,6.7,6.8,6.9,7.1,7.2,7.3,8.1,8.2,8.3,8.4,8.5,8.6,8.7,9.2,9.3,9.4,9.5,10.1,10.3,10.4,10.5,10.6,10.7,A.1,A.2,A.3,A.4
clf	清除当前图形	2.4,A.2,A.3
close	关闭指定窗口	2.3,2.4,3.1,3.2,3.3,3.4,3.5,4.2,4.3,4.4,4.5,5.3,5.4,5.5,6.1,6.2,6.3,6.4,6.5,6.6,6.7,6.8,6.9,7.1,7.2,7.3,8.1,8.2,8.3,8.4,8.5,8.6,8.7,9.2,9.3,9.4,9.5,10.1,10.3,10.4,10.5,10.6,10.7,A.1,A.2,A.3,A.4
colormap	设置调色查寻表	5.5,10.4,10.5,A.1
conj	取复数共轭	4.5,10.5
conv	计算卷积	4.5,5.5,9.5,10.1,10.5
cos	余弦	3.3,5.5,7.1,9.5
cwt	一维连续小波变换	3.4
dct	离散余弦变换	3.2,3.3
deconv	反卷积和多项式除法	4.5
detcoef	提取一维离散小波变换细节分量	3.4
detrend	消除趋势项	5.4
disp	显示矩阵或文本	5.3
double	把数值转换为双精度	3.3
dwt	单尺度一维离散小波变换	3.4,8.7
ellip	椭圆滤波器设计	5.5,8.1,8.5
ellipord	求椭圆滤波器阶数	5.5,8.1,8.5

emd	EMD 分解	3.5,6.8,9.5
enframe	分帧	2.1,2.3,2.4,3.3,4.4,4.5,5.4,6.1,6.2,6.3,6.8,6.9,7.2,7.3,8.2,8.3,8.4,8.6,8.7,9.2,9.4,9.5,10.3,10.4,10.5,A.1,A.2,A.3
error	显示错误信息	4.5
exp	指数	4.5,9.4,10.5,10.6
fft	快速傅里叶变换	2.4,3.1,3.3,4.4,6.4,6.6,6.7,6.9,7.1,7.2,7.3,8.2,8.5,9.2,10.1,10.5
figure	建立图形窗口	3.1,3.3,3.4,4.4,4.5,5.5,6.1,6.2,6.3,7.1,10.1,10.4,10.5,10.7,A.1,A.2,A.3,A.4
filter	滤波函数	3.3,4.2,5.5,6.3,7.3,8.3,8.4,8.5,8.6,8.7,9.2,9.3,9.4,9.5,10.3,10.4,10.5,10.6,A.2,A.3
filtfilt	零相位滤波函数	9.4,10.5
find	按逻辑关系寻找指定的元素	6.1,6.2,6.5,6.6,7.2,8.1,8.4,8.6,8.7,9.4,10.4,10.5,10.6,A.2,A.3
findpeaks	寻找峰值幅值和位置	3.4,8.2,9.2,9.3,10.5
findSegment	按参数组合寻找每一组开始位置、结束位置和长度	6.1,6.2,6.5,8.1,8.6,A.2,A.3,A.4
fir1	FIR 滤波器设计	7.1,9.5,10.1
fix	朝零方向取整	2.1,2.4,3.3,3.5,6.1,6.2,6.4,6.5,6.6,6.9,7.2,7.3,8.2,8.5,8.7,10.1,10.3,10.5
fliplr	矩阵做左右翻转	8.6
floor	朝负无穷方向取整	6.6,6.9,8.3,8.4,8.6,8.7,9.3,9.4,10.1,10.4,10.6,A.2,A.3
for-end	循环语句,指定循环次数	2.3,2.4,3.3,3.5,4.4,4.5,5.3,6.1,6.2,6.3,6.4,6.5,6.6,6.7,6.8,6.9,7.1,7.2,7.3,8.1,8.2,8.3,8.4,8.5,8.6,9.2,9.3,9.4,10.1,10.3,10.4,10.5,10.6,10.7,A.2,A.3,A.4
fprintf	按格式将数据写入文件或显示	4.2,4.3,4.4,4.5,5.3,5.5,6.1,6.2,7.1,7.2,7.3,8.1,8.2,8.3,9.2,9.3,10.5,A.2,A.3,A.4

frame	分帧	2.1
freqz	用滤波器系数计算幅频和相频响应	5.5,10.5
freqz_m	改进的 freqz	5.5,8.1,10.5
full	将稀疏矩阵变成满阵	3.3
function	附加在 MATLAB 库函数中的新函数	4.2,4.3,4.4,4.5,5.3,5.4,6.1,6.2,6.5,7.2,7.3,8.1,8.2,8.3,8.4,8.6,9.4,10.1,10.4,10.5,A.1,A.2,A.3
get	取得目标图形性质	4.5,6.1,6.2,7.1,9.2,10.1,10.4,10.7,A.1,A.2,A.3
global	定义全程变量	10.7
grid	对二维和三维图形加格栅	2.3,3.1,3.3,4.3,5.5,6.1,6.2,7.2,7.3,8.1,8.2,8.3,8.4,8.5,9.2,10.4,10.5,A.1,A.2,A.3
hamming	汉明窗	3.3,5.5,6.3,6.9,7.2,7.3,8.2,8.5,9.2
hanning	海宁窗	2.1,2.3,2.4,5.5,8.2,8.5,10.4,10.5
hilbert	hilbert 变换函数	9.5
hold	保持当前图形	3.1,3.3,4.4,8.3,8.4,8.5,9.2,10.4,10.5,A.3
icceps	计算逆复倒谱	3.1
idct	离散余弦逆变换	3.2
ideal_lp	理想 FIR 滤波器	5.5
idwt	单尺度一维离散小波逆变换	3.4
if-end	条件语句	2.3,2.4,4.5,6.1,6.2,6.5,6.6,6.9,7.2,7.3,8.1,8.2,8.3,8.4,8.5,8.6,9.3,9.4,10.1,10.3,10.4,10.5,10.6,10.7,A.1,A.2,A.3,A.4
ifft	快速傅里叶逆变换	3.1,8.2,8.5,9.2,10.1,10.5
imag	取复数虚部	4.4,9.3,9.4,10.6
imagesc	将三维矩阵转换为二维图像	2.4,5.5,10.4,10.5,A.1
input	提示用户输入	10.6
instfreq	计算瞬时频率	9.5
interp1	一维内插	9.4,10.5,10.6
isempty	确认是否为空	6.6,8.4,8.6,9.4,10.4,10.5,10.6
isnan	确认是否为 NaN	9.4,10.5,10.6

isreal	确认是否为 real	4.5
kaiser	Kaiser 窗函数	5.5
legend	在图形上显示说明	3.3,4.3,4.4,5.4,8.4,8.5,10.1
length	向量长度	2.1,2.3,3.4,4.5,5.3,5.4,5.5,6.1,6.2,6.3,6.5,6.8,6.9,7.1,7.2,8.1,8.2,8.6,8.7,9.2,9.3,9.4,9.5,10.1,10.4,10.5,10.6,10.7,A.1,A.2,A.3,A.4
line	建立直线	3.1,3.3,3.5,4.3,4.4,4.5,6.1,6.2,6.3,8.2,8.3,8.4,8.5,9.2,9.3,10.1,10.4,10.5,10.7,A.1,A.2,A.3,A.4
linsmooth	线性平滑处理	8.2
linspace	线性空间矢量	9.4,10.5
load	从磁盘上检索文件	3.1,7.1,10.1,A.4
log	取以 e 为底的对数	3.1,3.3,6.6,6.7,6.9,8.1,8.2,8.5,8.6,9.2,9.3,9.4,10.5
log10	取以 10 为底的对数	4.3,4.4,4.5,5.3,5.5,6.5,6.7,6.9,9.3
LowpassFilter	低通滤波	10.7
lpc	计算线性预测系数	4.2,4.3,4.4,8.5,9.3,9.4,10.3,10.4,10.5,10.6
lpc2lpccm	把线性预测系数转换成线性预测倒谱系数	4.4
lpcao2rf	在线性预测计算中将声道面积转换成反射系数	4.4
lpcar2ff	在线性预测计算中将预测系数转换成频谱系数	4.2,4.4,4.5
lpcar2ls	在线性预测计算中将预测系数转换成 LSF	4.5
lpcar2pf	在线性预测计算中将预测系数转换成功率谱	4.3,9.3
lpcar2rf	在线性预测计算中将预测系数转换成反射系数	4.4
lpcar2zz	在线性预测计算中将预测系数转换成极点	4.4
lpcauto	用自相关法求线性预测系数	4.2
lpc_coefficientm	用自相关计算 LPC 系数	4.2

lpcls2ar	在线性预测计算中将 LSF 转换成预测系数	4.4
lpcrf2ao	在线性预测计算中将反射系数转换成声道面积	4.4
lpcrf2ar	在线性预测计算中将反射系数转换成预测系数	4.4
lsf2ar	在线性预测计算中将 LSF 转换成预测系数	4.5,10.6
max	求最大分量	3.3,3.4,4.4,4.5,5.3,5.4,5.5,6.1,6.2,6.3,6.4,6.5,6.7,6.8,6.9,7.1,7.2,7.3,8.2,8.3,8.4,8.5,8.6,8.7,10.3,10.4,10.5,10.6,10.7,A.1,A.3
mean	求平均值	2.3,3.4,5.3,6.1,6.2,6.3,6.4,6.5,6.6,6.7,6.8,6.9,7.1,7.2,7.3,8.2,8.6,8.7,9.4,10.3,10.4,10.5,10.6,10.7,A.1,A.2,A.3
medfilt1	中值滤波	6.2,8.6
melbankm	在 Mel 频率上设计平均分布的滤波器	3.3
min	求最小分量	3.4,4.5,5.5,6.6,7.2,8.3,8.4,8.6,9.3,10.5,A.4
mod	相除取模	5.5,8.2,8.4,10.4,10.5,10.6
nanmean	对非 nan 数值平均	9.4,10.5
num2str	把数值转换为字符串	3.4,5.3,6.3,7.2,A.2,A.3
ones	1 矩阵	6.1,6.2,7.3,8.2,9.4,9.5,10.5,A.4
OverlapAdd2	在语音合成中用重叠相加法合成语音	7.2,7.3,10.2
pause	等候用户响应	7.1,7.2,7.3,10.3,10.4,10.5,10.6,A.2,A.3
periodogram	周期图法计算信号的功率谱密度	2.4
permute	变更矩阵的排列	9.4,10.5
PitchDetection	用中心截幅法对一帧语音基音进行检测	10.7
PitchEstimation	计算输入语音的基频轨迹	10.7
PitchMarking	对语音信号进行基音脉冲标注,并按 PSOLA 合成语音	10.7
PitchMarking1	对 PitchMarking 的修改	10.7

plot	绘制向量或矩阵图	2.3,2.4,3.1,3.2,3.3,3.4,3.5,4.2,4.3,4.4,4.5,5.3,5.4,5.5,6.1,6.2,6.3,7.1,7.2,7.3,8.1,8.2,8.3,8.4,8.5,8.6,9.2,9.3,9.5,10.1,10.3,10.4,10.5,10.7,A.1,A.2,A.3,A.4
PlotPitchMarks	画出语音信号并叠加上基音脉冲标注	10.7
pmtm	多窗谱估算功率谱密度	7.2
poly	特征多项式	4.5,10.5,10.6
polyfit	多项式曲线拟合	5.4
polyval	多项式计算	5.4
psola	对有话段语音信号按时长修改因子和基频修改因子用psola方法合成语音	10.7
psola1	对psola的修改	10.7
pwelch	求Welch功率谱密度	2.4
pwelch_2	求短时Welch功率谱密度	2.4
randn	正态分布随机数矩阵	5.3,7.1,10.4,10.5,10.6
rceps	计算实倒谱和最小相位重构	3.1,6.5
real	取复数实部	3.1,4.4,9.2,9.3,9.4,10.1,10.5
rem	除法求余	4.5
repmat	复制矩阵	2.1,9.4,10.5
resample	改变采样速率	5.3,6.4,8.5
return	返回调用函数	A.2
roots	求多项式根	4.5,9.4,10.6
round	四舍五入到最接近的整数	5.3,5.5,8.6,9.4,10.4,10.5,10.6
save	把工作空间变量存入磁盘	A.4
segment	分帧	2.1,7.2,7.3
set	设定目标性质	2.4,4.5,6.1,6.2,6.4,6.8,7.1,9.2,10.1,10.4,10.7,A.1,A.2,A.3
sin	正弦	3.3,3.5,7.1,9.5
size	求取矩阵大小	2.3,2.4,3.3,3.5,4.4,5.5,6.1,6.2,6.3,6.4,6.5,6.8,6.9,7.2,7.3,8.1,8.3,8.4,8.6,8.7,9.4,9.5,10.3,10.4,10.5,10.7,A.1,A.2,A.3,A.4
sort	按升序或降序排序	4.5,9.3,9.4

SpecColorMap	设置绘制谱图彩色板	2.4,5.5,10.4,10.5,A.1
sprintf	在给定格式下把数字转换为字符串	6.4
sqrt	求平方根	3.3,4.2,4.3,5.3,6.5,6.7,6.9,9.3,10.4,10.5,10.6
squeeze	把矩阵中维数为1的项删除	9.4,10.5
SSBoll79	谱减法语音增强	7.2
SSBoll79m	SSBoll79的中文注释	7.2
SSBoll79m_2	SSBoll79的修改	7.2
std	求标准偏差	8.6,A.2
str2num	将字符串转换为数值	10.6
subplot	在指定位置建立坐标系	2.3,3.1,3.2,3.4,3.5,4.2,4.4,4.5,5.3,5.4,5.5,6.1,6.2,6.3,7.1,7.2,7.3,8.2,8.3,8.4,8.5,8.6,9.3,9.5,10.1,10.3,10.4,10.5,10.7,A.1,A.2,A.3
sum	元素求和	2.3,4.2,4.3,5.3,6.1,6.2,6.6,6.7,6.9,8.1,8.2,8.4,8.6,8.7,9.4,9.5,10.5,A.1
Switch - case	多分支结构	6.1,6.2
title	为二维或三维图形加标题	2.3,2.4,3.1,3.2,3.3,3.4,4.3,4.4,4.5,5.3,5.4,5.5,6.1,6.2,7.1,7.2,7.3,8.1,8.2,8.3,8.4,8.5,8.6,9.2,9.3,9.5,10.1,10.3,10.4,10.5,10.7,A.1,A.2,A.3
triang	Bartlett(三角)窗函数	5.5
UnvoicedMod	把无话段语音按时长修改因子合成语音	10.7
upcoef	一维系数的直接小波重构	8.7
UVSplit	按基频参数把语音分为有话段和无话段	10.7
vad	用对数谱距离判断一帧数据是否为有话帧	6.5,7.2,7.3
var	求方差	6.4
VoicedSegmentt-Marking	对一个有话段语音寻找基音脉冲标注	10.7
waitbar	显示等待的进度条图	6.4,6.8,7.3

warning	警告打开或关闭	9.4,10.5
wavedec	多尺度一维离散小波变换	3.4,6.8
waverec	多尺度一维离散小波重构	3.4
wavplay	将向量转换成声信号	7.1,7.2,7.3,10.3,10.4,10.5,10.6,10.7
wavread	读入.wav文件	2.1,2.3,2.4,3.3,3.4,4.2,4.3,4.4,4.5,5.3,5.4,5.5,6.1,6.2,6.3,6.4,6.5,6.9,7.1,7.2,7.3,8.2,8.5,8.6,8.7,9.2,9.3,9.4,9.5,10.3,10.4,10.5,10.6,10.7,A.1,A.2,A.3
wavwrite	向磁盘写入.wav文件	10.7
WienerScalart96	维纳滤波语音增强	7.3
WienerScalart96m	WienerScalart96中文注释	7.3
WienerScalart96m_2	WienerScalart96的修改	7.3
wpcoef	分解一维小波包系数	3.4
wpdec	一维小波包分解	3.4,6.4
wprcoef	分解一维小波包系数的重构	3.4,6.4
wprec	一维小波包分解的重构	3.4
xcorr	计算相关函数	2.3,6.3,8.3,8.4,8.5,A.2,A.3
xlabel	在 x 轴做文本标记	2.3,2.4,3.1,3.2,3.3,3.5,4.3,4.4,4.5,5.3,5.4,5.5,6.1,6.2,6.3,7.1,7.2,7.3,8.1,8.2,8.3,8.4,8.5,8.6,9.2,9.3,9.5,10.1,10.3,10.4,10.5,10.7,A.1,A.3,A.4
xlim	设置 x 轴坐标的范围	2.4,4.2,4.5,8.2,8.3,10.7A.2,A.3
ylabel	在 y 轴做文本标记	2.3,2.4,3.1,3.3,3.4,3.5,4.2,4.3,4.4,4.5,5.3,5.4,5.5,6.1,6.2,6.3,7.2,7.3,8.1,8.2,8.3,8.4,8.5,8.6,9.2,9.3,9.5,10.1,10.3,10.4,10.5,A.3,A.4
ylim	设置 y 轴坐标的范围	5.4,7.1,7.2,7.3,8.1,9.5,10.1,10.3,10.5
zeros	零矩阵	2.1,2.4,3.1,3.3,4.2,4.4,6.1,6.2,6.6,6.8,7.1,7.2,7.3,8.1,8.2,8.3,8.4,8.5,8.6,8.7,9.4,10.1,10.4,10.5,10.6,A.2,A.3,A.4